HYDRAULIC CONTROL SYSTEMS

건설기계 유압공학

Noah D. Manering 저

안경관 · 정헌술 · 황성호 역

WILEY

도서출판 홍릉

HYDRAULIC CONTROL SYSTEMS

by Noah D. Manring

건설기계 유압공학

HYDRAULIC CONTROL SYSTEMS

인 쇄 : 2025년 5월 19일 초판 1쇄
발 행 : 2025년 5월 26일 초판 1쇄

역 자 : 안경관 · 정헌술 · 황성호
발행인 : 송 준
발행처 : 도서출판 홍릉
주 소 : 01093 서울시 강북구 인수봉로 50길 10
등 록 : 1976년 10월 21일 제5-66호

전 화 : 02-999-2274~5, 903-7037
팩 스 : 02-905-6729
e-mail : hongpub@hongpub.co.kr
http://www.hongpub.co.kr
ISBN : 979-11-5600-494-3(93550)

정 가 : 38,000원

낙장 및 파본은 구입처나 본사에서 교환하여 드립니다.

머리말

허버트 메리트(Herbert Merritt)가 저술한 '유압 제어 시스템(Hydraulic Control System)'이 출판된 지 38년이 흘렀다. 지난 30년 동안 발표된 거의 모든 연구 논문이 이 책을 참조했기 때문에, 메리트의 연구를 '명저서'라고 부르는 것은 과장이 결코 아니다. 유압 제어 산업에 종사하는 모든 사람들이 메리트를 이 분야의 권위자로 인정하고 있다. 1967년에 메리트의 책이 출판된 이후로 다른 많은 교재들이 문헌에 실렸지만, 그의 책이 제시한 일반적인 원리와 유체 역학의 엄격한 식 유도는 대체할 수 없었다. 그러나 메리트의 책에는 학계에서 사용하기에 약간 부적합한 부분이 있다. 즉, 그의 교재에는 숙제나 예제 문제 같은 교육 자료가 포함되어 있지 않다. 게다가 38년이라는 긴 시간 동안 기술이 발전함에도 불구하고 내용의 최신화가 이루어지지 않아, 이제는 전반적인 내용을 최신화할 필요가 있다는 요구가 늘었다. 수년 간 많은 학자들이 메리트의 책을 대체하기 위한 공동 프로젝트에 대해 논의해 왔다. 비록 우리의 의도는 의미가 있었지만, 이 프로젝트는 성공하지 못했다. 그래서 본 저자는 이 교재를 어떻게 개선할 수 있을지 탐색하는 시도를 했다. 허버트 메리트에게 이 개선된 교재가 제공되고 있다는 사실에 큰 감사를 표한다. 만약 현재의 이 교재가 그의 작업보다 개선되었다면, 본 저자는 이것이 대단한 성과라고 생각한다.

이 작업은 메리트의 교재가 가진 교육적인 부족함을 채우고, 내용을 현대적으로 최신화하기 위해 시작되었다. 교수들의 요구를 충족시키기 위해, 기본적인 내용이 책에 추가되었다. 이 기본 내용은 유체 역학과 시스템 역학의 기본적인 개념을 다룬다. 또한, 각 장에는 학생들이 연습할 수 있도록 숙제가 포함되어 있다. 사례 연구는 책 곳곳에 '사례 연구'라고 언급되며, 이는 책의 주요 내용을 설명하고, 학생들이 수식을 어떻게 이해하고 적용하는지를 보여주기 위한 것이다.

과거 30년 동안의 연구로 인해 기술이 발전하였기 때문에, 이 책에는 새로운 기술 정보도 추가되었다. 특히, 밸브 섹션에는 과도 유체력에 대한 더 자세한 분석이 포함되었고, 메리트의 책에서 빠진 포펫 밸브에 대한 내용도 추가되었다. 펌프 분야에서는 기어 펌프와 축 피스톤 펌프의 유량 리플에 대한 논의가 새롭게 다루어졌고, 최신 펌프 제어 문제에 대한 분석도 포함되었다. 유압 시스템 설계 부분에서는 캐나다 사스카추완 대학의 리차드 버튼이 제안한 방법론을 책 전체에 걸쳐 사용되었다. 이 방법론은 시스템의 부하 지점에서 시작해서 전원 공급원까지 분석을 확장하여 설명한다. 논의된 제어 시스템은 단순화된 모델을 사용하여 위치, 속도 및 제어 입력의 목표를 설명하고, 비례-적분-미분(PID) 제어기에 대해서도 언급한다.

현재 이 책은 집필 노력의 결과물이지만, 분명 독자들이 언젠가는 이 책의 부족한 점을 발견할 것이다. 이런 배경을 감안하여, 누군가 이 책을 향후 수정할 것을 환영하며, 38년이라는 긴 시간을 기다리지 않고 행동해주기 바란다.

유압 제어 시스템은 방앗간에서 사용되던 돌을 회전시키는 전통적인 방법만큼 오래전부터 사용되어 왔다. 하지만 현대를 생각해보면, 19세기 말에는 새로운 일차 동력원이 발명되었고, 이는 공장 시스템의 발달을 필요로 했다. 예를 들어, 와트의 증기 기관과 같은 발명품들이 등장했다. 이 시기에, 동력을 한 곳에서 다른 곳으로 옮기는 방법으로 기계적인 방식이 사용되었다. 하지만 이 방법은 제어하기 어렵고 정확하지 않은 문제가 있었다. 이를 해결하기 위해, 기계적 시스템 대신 유압을 이용한 방식이 선택되었다. 산업 혁명 동안, 유체 동력의 개발이 중요하게 여겨졌고, 산업 국가인 영국은 큰 유압 회로를 개발하여 공장에 필요한 동력을 전달했다. 이런 발전에도 불구하고, 유압 제어 시스템의 발전은 곧 큰 도전을 맞이하게 되었다. 20세기 초반, 전력 산업이 크게 성장하면서, 전기가 유압으로 생산된 에너지보다 더 경제적이고 멀리 전송될 수 있다는 사실이 밝혀졌다. 이 발견과 당시의 엔지니어링 필요성 때문에, 유체 동력 산업은 수십 년 동안 거의 발전하지 못하는 위기에 처하게 되었다.

2차 세계대전 때는 빠르게 대응할 수 있는 송전 장치가 필요했다. 이런 장치는 전함의 대포나 육상 차량에도 쓰였다. 하지만 당시에는 전기에너지를 많이 소비하는 재료 때문에 전기 모터의 효율이 제한되었고, 그래서 철이 많이 들어간 모터에서는 토크가 적게 발생하였다. 이 때문에 전기장치로는 토크를 빠르게 전달하는 데 한계가 있었다. 2차 세계대전 중 유압으로 동력을 전달하는 방식이 좋은 해결책이 되었는데, 이 방식은 매우 큰 토크를 관성에 비해 높은 비율로 제공했다. 오늘날에도 유체동력은 여전히 중요한 역할을 하고 있다. 이를 더 잘 이해하기 위해, 미국 정부는 유압으로 힘을 전달하는 기술의 기본 과학을 연구하는 MIT 프로그램에 자금을 지원했다. 이 연구는 결국 교과서로 발간되었고, 이 교과서는 많은 실무 엔지니어들의 지도 아래 현재 유체 동력 산업이 부활하는 데 기여했다. 사실, 2차 세계대전 이후 유압 제어 산업은 중요한 역할을 해왔습니다. 유체 동력 분야에서 중요한 역할을 한 것은 Herbert Merritt의 '유압 제어 시스템' 책이며, 이 책은 여전히 전 세계적으로 인정받고 있다.

지난 38년 동안 유럽과 아시아의 일부 지역을 제외한 유체 동력의 강한 입지에도 불구하고, 대학에서는 거의 40년간 유압 제어 시스템에 관한 연구가 거의 사라졌다. 그 이유는 대부분의 기술 개발이 독점적이었기 때문이다. 하지만 오늘날 대학에서는 유체 동력 제어 시스템에 대한 관심이 다시 생겨나고 있다. 이 관심은 대부분 고속 마이크로프로세서의 증가와 기계 시스템을 갖춘 컴퓨터의 발전된 인터페이스를 포함하는 메카트로닉스 분야와 관련이 있다. 유압 제어 시스템이 작동하는 복잡한 환경은 기계 설계 연구에서도 중요한 주제로 나타났다. 유압 동력 전달의 주된 장점은 원래부터 역동적이고 반응이 빠른 전달이었고, 이는 여전히 유압 시스템의 기대치로 남아있다. 현재 강조되고 있는 것은 연속적인 최적화된 제어, 유압 부품의 크기와 무게를 줄이는 것, 무전력 상태에서의 최대 효율, 다양한 조건에서의 높은 효율과 성능, 비용과 관련된 다른 문제들이다.

산업계는 연구와 교육에서 도움을 주는 대학과의 협력을 강화하려고 노력하고 있다. 이런 노력은 국립 유체 동력 협회(NFPA)가 시작한 학술적 지원과 실험실 연구에 대한 자금 지원으로 미국 내에서 뚜렷하게 나타나고 있다. 역사적으로, 기술 발전을 위한 좋은 환경을 마련한 것은 대학이었다. 예를 들어, MIT는 현대 유압 제어 시스템 개발의 첫걸음을 도왔다. 이 기술이 계속 발전하면서, 우리는 이 책이 대학에서 유체 역학을 가르치고 연구하는 데 도움이 되기를 바란다. 또한, 이 책은 유압 제어 시스템의 최신 기술을 알기 쉽게 설명하여 산업계에도 유용한 자료가 되기를 진심으로 희망한다. 이 책에는 강의와 실용적인 정보가 모두 담겨 있어, 유압 제어 시스템을 가르치는 교수나 학생, 그리고 이 분야에서 일하는 엔지니어나 대학원생에게 도움이 될 것이다. 이 책은 유압 부품과 제어 시스템에 관한 최근 논의를 지원하기 위해 기본적인 공학 개념을 다루고 있다. 이 책은 제어 이론에 관한 책이 아니라 시스템 설계에 중점을 둔 책이다. 하지만 이 책의 제어 부분은 제어 시스템을 만들기 위한 첫걸음으로 실습하는 엔지니어에게 유용하다. 이 책을 읽는 학생들은 유체 역학, 동력 시스템, 그리고 기본적인 제어 이론을 학습할 것이다. 이 책의 첫 부분은 이런 기초 지식을 다루고, 강사들은 학생들이 다음 단계로 나아가기 전에 이 기초를 잘 이해하도록 도와야 한다.

차례 I

PART 01 유체 특성

PART 02 유체 역학

PART 06 유압 액추에이터

PART 07 밸브 제어

PART 08 펌프 제어 유압 시스템

PART 01

유체 특성

1.1. 개요

이 교재는 압력을 가한 유체를 이용해 전력을 조절 가능하게 전송하는 과학과 기술에 대해 다룬다. 시작하기에 앞서, 유압 시스템에서 자주 사용되는 유체의 기본 성질을 알아보는 것이 좋다. 이 장에서는 액체의 상태를 설명하는 유체 특성에 대해 소개한다. 압력을 가한 유체에 속도를 부여하는 것이 유압을 통해 전력을 전송하는 수단이므로, 유체의 압력화와 유체의 유동 저항을 설명하는 물리적 메커니즘을 고려하는 것이 중요하다. 이어지는 내용에서는 액체의 질량 밀도와 상태 방정식을 특성화하는 벌크 계수에 대해 논의된다. 이 계수들은 유체 벌크 탄성률과 열팽창 계수를 다루는 후속 절에서 확장된다. 또 다른 중요한 유체 특성으로는 점도가 있다. 이 매개변수는 유체 흐름의 임피던스와 유압 유체의 전단에 관련된 열 생성을 이해하는 데 도움이 되기 때문에 논의된다. 화학적 구성, 열전도성, 유체 증기압 등의 다른 유체 특성 주제도 다룬다. 이 장은 유체 유형에 대한 요약과 다양한 유압 유체 선택에 대한 실용적 제안으로 마무리된다.

1.2. 유체 질량 밀도

1.2.1 상태 방정식

어떤 물질에 대한 상태 방정식은 그 물질의 질량밀도가 압력과 온도와 같은 외부 조건에 따라 달라지기 때문에 그 물질의 질량 밀도를 나타내는 데 사용되어진다. 많은 물질에서 상태 방정식은 매우 복잡하고 정확히 설명하기 어렵다. 비교적 단순한 상태 방정식의 예는 이상 기체 상태방정식이다. 이 경우 이상 기체 법칙은 결정된 기체 상수를 사용하여 기체의 압력과 온도를 질량 밀도와 관련시키는 데 사용된다. 이 결과는 다음과 같이 주어진다.

$$\rho = \frac{P}{RT}, \tag{1.1}$$

여기서 ρ는 기체의 질량 밀도, T는 켈빈 또는 랭킨으로 표시되는 기체의 절대 온도는 절대 기체 압력, R은 특정 기체에 따라 정해진 일반적인 *기체 상수*를 나타낸다. 불행히도, 액체의 경우, 상태 방정식은 그렇게 간단하지 않다. 그러나 액체는 상당히 압축되지 않기 때문에, 액체의 질량 밀도가 노출 온도 및 압력 조건에 따라 크게 변하지 않을 것임을 의미한다.
이 결과는 다음 식과 같이 주어진다.

$$\rho = \rho_o + \left.\frac{\partial \rho}{\partial P}\right|_o (P - P_o) + \left.\frac{\partial \rho}{\partial T}\right|_o (T - T_o), \tag{1.2}$$

여기서 ρ_0, P_0 및 T_0는 각각 기준 밀도, 압력 그리고 온도를 각각 나타낸다.
이 상태 방정식은 다음과 같은 정의를 나타내는 데 더 의미가 있다.

$$\frac{1}{\beta} \equiv \frac{1}{\rho}\frac{\partial \rho}{\partial P} \qquad \text{and} \qquad \alpha \equiv -\frac{1}{\rho}\frac{\partial \rho}{\partial T}, \tag{1.3}$$

여기서 β는 등온 *유체 체적 탄성계수*이고, α는 *등온적 유체 열팽창 계수*이다.
식 (1.2)와 함께 식 (1.3)을 사용하면 액체의 다음 상태 방정식을 얻을 수 있다.

$$\rho = \rho_o\left[1 + \frac{1}{\beta_o}(P - P_o) - \alpha_o(T - T_o)\right]. \tag{1.4}$$

이 방정식에서 유체가 비압축성이라는 것이 옳다면, 유체 체적 탄성률 β은 아주 크고 열팽창 계수 α는 아주 작다는 것을 추측할 수 있다. 실제로 이것은 유압 작동유의 경우이다.
이 장의 후속 절에 나와 있다.

✿ The taylor series는 3장의 3.3.2절에서 논의된다.

1.2.2 밀도 - 부피 관계

유체 질량 밀도와 유체 체적 간의 관계를 평가하기 위해, 질량 M의 유체 원소를 생각해보자. 이 질량은 다음과 같이 기술될 수 있다.

$$M = \rho V, \tag{1.5}$$

여기서, ρ는 유체 질량 밀도이고, V는 유체 요소의 부피이다. 이 질량의 미세한 변화는 다음과 같이 기술될 수 있다.

$$dM = \rho\, dV + V\, d\rho. \tag{1.6}$$

질량 자체는 감소되거나 증가할 수 없기 때문에, 식 (1.6)의 좌변은 0이어야 한다. 따라서 유체 밀도와 유체 체적간의 다음과 같은 미분 관계를 나타낼 수 있다.

$$-\frac{1}{\rho}\, d\rho = \frac{1}{V}\, dV. \tag{1.7}$$

조건 1과 조건 2 사이에 이 방정식의 양측을 통합하면 유체 질량 밀도와 유체 체적 사이에 다음과 같은 관계가 성립한다.

$$\frac{\rho_1}{\rho_2} = \frac{V_2}{V_1}. \tag{1.8}$$

식 (1.5)를 사용하면 조건 1의 질량이 조건 2의 질량과 같아야 한다는 것을 알 수 있다. 이러한 밀도 및 부피 관계는 유체 체적 탄성 계수에 대한 다음 논의에서 활용되어 진다.

1.3. 유체 체적 탄성 계수

1.3.1 정의

등온 유체 체적 탄성률은 일정한 온도에서의 유체의 탄성 또는 "신축성"을 나타낸다. 이 특성은 질량을 일정하게 유지하면서 유체의 부피가 감소하는 응력과 변형률 시험을 사용하여 실험적으로 결정된다. 이 과정에서 유체의 응력은 유체 압력을 측정하여 계산된다. 유체 압력 대 유체 변형의 그래프가 구해지고, 이 그래프에서 직선의 기울기가 유체의 탄성을 설명한다. 이 기울기는 일반적으로 *유체 체적 탄성 계수*라고 부른다. 그림 1.1은 액체의 응력-변형률 곡선을 보여준다. 이 그림에서 볼 수 있듯이 응력-변형률 곡선은 선형이 아니므로, 그 기울기는 압력에 따라 크기가 변하게 된다. 그림 1.1에서는 활선 체적 탄성 계수 K와 접선 체적 탄성률 β를 보여준다.

그림 1.1을 사용하면 활선 체적 탄성 계수가 다음과 같이 정의되어 있음을 알 수 있다.

$$\text{K} = \frac{\Delta P}{\Delta \varepsilon}, \tag{1.9}$$

여기서 P는 유체 압력이고, ε는 유체의 변형률이다. 활선 체적 탄성계수의 경우, 유체의 변형률은 다음과 같이 정의된다.

$$\varepsilon \equiv \frac{\Delta V}{V_o} = \frac{V_o - V}{V_o}, \tag{1.10}$$

여기서 V_o는 대기압에서의 유체 체적, V는 대기압 이외의 특정 압력에서의 유체 체적이다. 그림 1.1과 식 (1.10)으로부터 다음과 같은 식을 구할 수 있다.

$$\Delta P = P - P_1 \quad \text{and} \quad \Delta\varepsilon = \frac{V_1 - V}{V_o}. \tag{1.11}$$

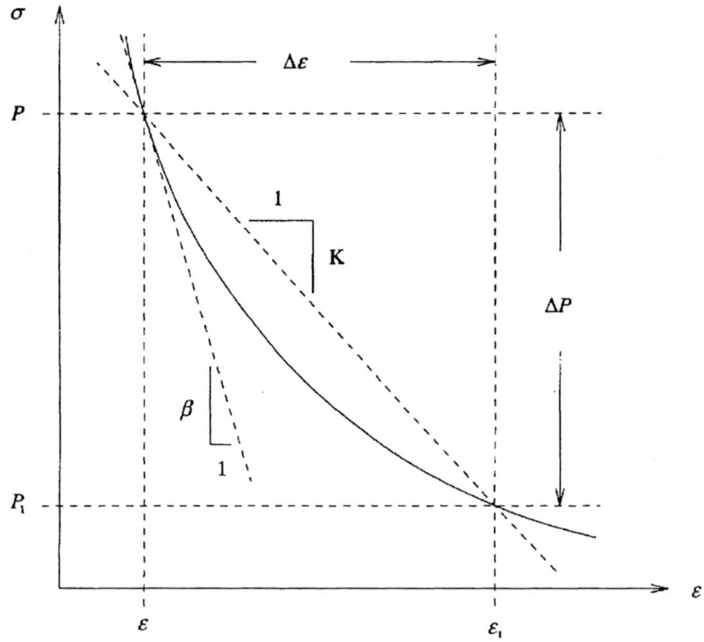

그림 1-1
유체의 활선 체적 탄성 계수와 접선체적 탄성 계수를 위한 응력-변형률 곡선

식 (1.11)을 식 (1.9)에 대입하면 다음과 같은 체적 탄성 계수가 구해진다.

$$\mathrm{K} = \frac{V_o(P - P_1)}{V_1 - V}. \tag{1.12}$$

관례에 따라, 체적 탄성 계수를 구하기 위한 기준 압력과 부피는 $P_1 = 0$과 $V_1 = V_0$로 주어진다. 이 관례와 함께, 게이지 압력이 가정된다.
이들 기준값을 식 (1.12)에 대입하면 다음의 체적 탄성 계수에 대한 이전의 표현이 유도된다.

$$\mathrm{K} = \frac{V_o P}{V_o - V} = \frac{\rho P}{\rho - \rho_o}. \tag{1.13}$$

이 결과에서 식 (1.8)과 같이, 유체 체적 V와 유체 밀도 ρ의 관계를 사용한다. 접선 유체 체적 탄성 계수는 그림 1.1의 응력-변형률 곡선에 접하는 다음과 같은 선의 기울기로 정의된다. 이 양은 다음의 극한을 이용하여 수학적으로 표현되어 진다.

$$\beta = \lim_{\Delta\varepsilon \to 0} \frac{\Delta P}{\Delta \varepsilon} = \frac{dP}{d\varepsilon}. \tag{1.14}$$

접선 체적 탄성 계수의 계산을 위한 유체 변형률은 다음과 같이 정의된다.

$$\varepsilon \equiv -\ln\left(\frac{V}{V_o}\right). \tag{1.15}$$

이 시점에서 독자는 접선 체적 탄성 계수의 유체 변형률은 세컨트 체적 탄성 계수와 다르게 정의된다는 것을 인지해야 한다. 식 (1.10)을 참조하라.
사실, 세컨트 체적탄성계수에서 사용되는 변형률 정의는 식 (1.15)에서 제시된 스트레인 정의보다 훨씬 더 일반적이고 예상하기 쉽다.
이것은 물론 재료 변형률의 정의가 세컨드 벌크 계수의 형태와 매우 유사한 고체 역학의 관점에서 특히 그렇다. 식 (1.15)를 이용하여 접선 체적 탄성 계수의 변형을 설명하는 것은 일반적으로는 원칙보다 관례에 따른 문제이다. 그러나 $V/V_o \approx 1$의 값에 대해 식 (1.15)가 식 (1.10)에서 제시된 것처럼 균열 부피 모듈로 선형적으로 근사 될 수 있다는 것을 알 수 있다. 액체는 상당히 압출할 수 없으므로, 이 근사는 쉽게 정당화되며 두 변형률 정의는 본질적으로 동일하게 간주 될 수 있다.
식 (1.15)를 사용하면, 다음과 같이 나타난다.

$$d\varepsilon = -\frac{1}{V}dV. \tag{1.16}$$

따라서 접선 유체 체적 탄성계수는 다음과 같이 더 명확하게 표현될 수 있다.

$$\beta = -V\frac{dP}{dV} = \rho\frac{dP}{d\rho}. \tag{1.17}$$

참고 : 이 결과에서 우리는 (1.7)과 같이 유체 체적 V와 유체의 밀도 ρ를 구한다.

1.3.2 유효 체적 탄성 계수

일반 방정식

유체 체적 탄성 계수는 체적 변형을 겪을 때 유체의 탄성을 설명하기 위해 사용된다. 이 탄성은 종종 유압 제어 시스템 내의 고주파 공진에 기인하는 탄성 효과를 나타낸다. 고주파 공진은 짜증나는 소음 문제와 진동 부품의 조기 고장을 야기시킬 수 있다. 그러나 공진은 제어되는 일반 장치의 지배적인 고유 주파수보다 훨씬 높은 주파수에서 발생하기 때문에 일반적으로 제어 문제의 대상이 되지 않는다. 반면에, 유압 시스템의 유효 탄성 계수는 시스템 내에 포함된 공기 혹은 다량의 압축 유체 혹은 지나치게 부드러운 유체 용기로 인해, 유압 시스템의 공진 주파수가 훨씬 낮아지고, 따라서 제어가 어려워질 수도 있게 된다.

그림 1.2는 액체와 공기의 유체 혼합물로 채워진 유연 용기(flexible container)의 개략도를 보여준다. 피스톤을 왼쪽으로 이동시켜 유체를 압축하는 동시에 용기의 물리적인 체적도 반경 방향으로 팽창한다. 간단한 분석을 위해, 축 방향으로의 용기의 변형은 무시한다. 챔버의 총 부피는 다음과 같이 주어진다.

$$V = V_o + V_\delta - Ax = V_l + V_a, \tag{1.18}$$

여기서 V_o는 용기의 초기 체적, V_δ는 챔버를 확장함으로서 생기는 추가 체적, A는 피스톤의 단면적, x는 피스톤 변위, V_l는 챔버 내의 액체 부피, V_a는 챔버 내의 공기 부피이다. 식 (1.18)의 각 변으로부터 팽창 체적(V_δ)을 감산함으로써, 유효 부피는 다음과 같이 정의된다.

$$V_e = V_o - Ax = V_l + V_a - V_\delta. \tag{1.19}$$

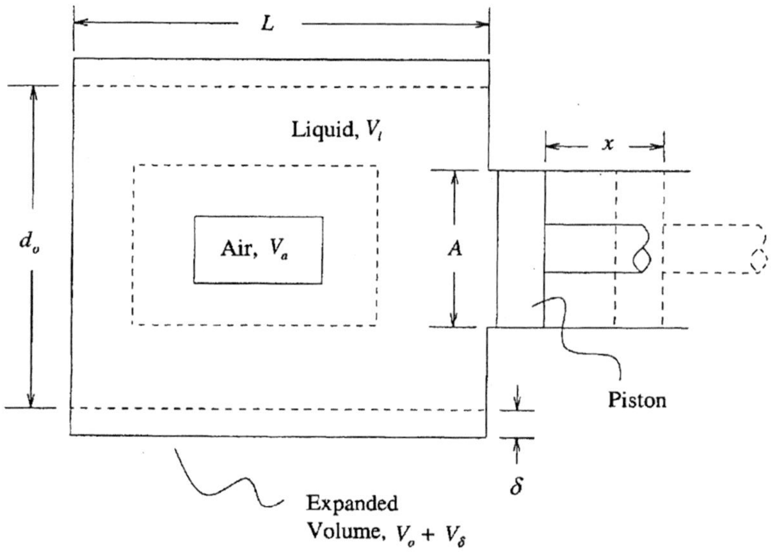

그림 1-2
액체와 기체의 유체 혼합물로 채워진 가압 유연 용기

유효 체적에 대한 이 정의는 챔버의 변형량 특성을 알지 못하더라도 전체 변형률을 쉽게 계산할 수 있으므로 유용하다. 유효 체적의 변화는 다음과 같은 미분으로 표현된다.

$$dV_e = dV_l + dV_a - dV_\delta. \tag{1.20}$$

식 (1.17)의 일반적인 형태를 사용하면 그림 1.2에 표시된 장치의 경우 유효 유체 체적 탄성 계수는 다음의 식과 같이 표현된다.

$$\frac{1}{\beta_e} = -\frac{1}{V_e}\frac{dV_e}{dP}, \tag{1.21}$$

여기서, β_e는 유효 유체 체적 탄성 계수이고, V_e는 변형을 받는 유효 체적이며, P는 유압 시스템 내의 유체 압력이다. 식 (1.20)을 식 (1.21)에 대입하면 다음의 유효 유체 체적 탄성 계수를 구할 수 있다.

$$\frac{1}{\beta_e} = \frac{V_l}{V_e}\left(-\frac{1}{V_l}\frac{dV_l}{dP}\right) + \frac{V_a}{V_e}\left(-\frac{1}{V_a}\frac{dV_a}{dP}\right) + \frac{1}{V_e}\frac{dV_\delta}{dP}. \tag{1.22}$$

정의에 따르면, 액체와 공기의 체적 탄성 계수는 각각 다음과 같이 주어진다.

$$\frac{1}{\beta_l} = -\frac{1}{V_l}\frac{dV_l}{dP} \quad \text{and} \quad \frac{1}{\beta_a} = -\frac{1}{V_a}\frac{dV_a}{dP}. \tag{1.23}$$

유효 유체 체적에 대하여 용기의 체적 탄성 계수를 다음과 같이 정의하는 것도 유용합니다.

$$\frac{1}{\beta_c} = \frac{1}{V_e}\frac{dV_\delta}{dP}. \tag{1.24}$$

식 (1.24)의 정의는 체적 및 차등 체적의 용어는 다른 체적량을 기반으로 하기 때문에 식 (1.23)과는 다른 형태이다. 이러한 차이점에 대해서는 나중에 자세히 설명한다. 식 (1.23)과 식 (1.24)을 식(1.22)에 대입하면 그림 1.2에 나타난 유효 유체 체적 탄성 계수에 관한 다음의 결과를 얻을 수 있다.

$$\frac{1}{\beta_e} = \frac{V_l}{V_e}\frac{1}{\beta_l} + \frac{V_a}{V_e}\frac{1}{\beta_a} + \frac{1}{\beta_c}. \tag{1.25}$$

이 식의 부피 비율은 액체와 공기의 분수비를 나타낸다. 식 (1.19)를 식 (1.25)와 함께 사용하면 다음 식을 구할 수 있다.

$$\frac{1}{\beta_e} = \left(1 + \frac{V_\delta}{V_e}\right)\frac{1}{\beta_l} + \left(1 - \frac{\beta_a}{\beta_l}\right)\frac{V_a}{V_e}\frac{1}{\beta_a} + \frac{1}{\beta_c}. \tag{1.26}$$

$V_e \gg V_\delta$와 $\beta_l \gg \beta_a$라고 가정하면, 식 (1.26)은 거의 식 (1.27)에 근접한다.

$$\frac{1}{\beta_e} = \frac{1}{\beta_l} + \frac{V_a}{V_e}\frac{1}{\beta_a} + \frac{1}{\beta_c}. \tag{1.27}$$

식 (1.27)은 그림 1.2에 나타난 유연한 용기 내에서 유효 유체 탄성 계수를 설명하는데 유용한 형식이다. 그러나 이 방정식에는 아직 알려지지 않은 값이 포함되어있어, 향후 논의가 필요하다.

등가 스프링 시스템

그림 1.3은 그림 1.2에 표시된 가압 챔버와 동일한 스프링 시스템을 보여준다. 등가 스프링 시스템은 유압 시스템의 유효 스프링 상수와 진동의 고유 진동수 감소에 대한 통찰력을 제공하는 데 유용하다. 그림 1.3의 상단부에는 스프링으로 나누어진 내부 피스톤을 가지는 원통이 나타내고 있다. 우측 스프링은 시스템 내의 공기의 스프링 상수를 나타내고, 중간 스프링은 액체의 스프링 상수를 나타내는 데 사용되고, 좌측 스프링은 용기의 스프링 상수를 모사하는 데 사용된다. 피스톤은 실린더 내에서 자유롭게 미끄러지며 입력 F에 따라 위치를 변경할 수 있다.

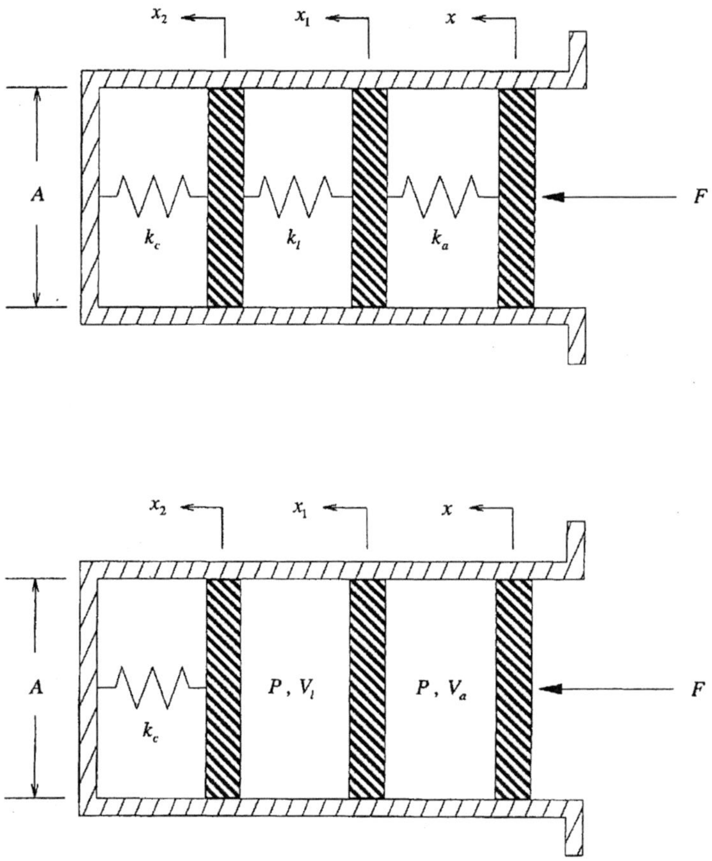

그림 1-3
액체, 공기 및 용기의 압축 효과를 보여주는 등가 스프링 시스템

전체적인 시스템 관점에서, 입력 힘은 다음과 같이 기술될 수 있다.

$$F = xk_e, \tag{1.28}$$

여기서 x는 첫 번째 피스톤의 변위이고, K_e는 전체 시스템의 유효 스프링 상수이다. 스프링 시스템의 정적 분석으로부터, 입력 힘은 다음과 같이 기술될 수 있다.

$$F = (x - x_1)k_a = (x_1 - x_2)k_l = x_2k_c, \tag{1.29}$$

여기서 K_a, K_l 및 K_c는 각각 공기, 액체 및 용기의 스프링 상수이다. 식 (1.29)로부터 다음 식이 유도되어 진다.

$$\begin{aligned} x_2 &= \frac{F}{k_c}, \\ x_1 &= x_2 + \frac{F}{k_l} = \frac{F}{k_c} + \frac{F}{k_l}, \\ x &= x_1 + \frac{F}{k_a} = \frac{F}{k_c} + \frac{F}{k_l} + \frac{F}{k_a}. \end{aligned} \tag{1.30}$$

식 (1.28)에서 $x = F/k_e$ 임을 알 수 있다. 식 (1.30)의 맨 아래 결과에 이 식을 대입하면 시스템의 유효 스프링 상수에 대한 다음 식이 유도된다.

$$\frac{1}{k_e} = \frac{1}{k_c} + \frac{1}{k_l} + \frac{1}{k_a}. \tag{1.31}$$

이것은 일련의 스프링에 대해 유효 스프링 상수를 설명하는 데 사용되는 고전적인 표현이다.

그림 1.3의 하단부는 특정 스프링이 제거된 상태로 도시되어 있으며, 여기서는 피스톤 사이의 공간은 액체와 공기로 가득 차 있고, 대신 용기는 단단한 재료를 변형시키는 효과를 나타내는 가장 좋은 모델이기 때문에 용기를 등가하는 스프링이 표현한다. 그림 1.3의 하단부에서 입력 힘은 공기 또는 액체)의 압력과 해당 피스톤의 단면적을 곱한 값과 정적으로 등가임을 알 수 있다. 이 힘은 다음과 같이 표현된다.

$$F = PA. \tag{1.32}$$

식 (1.21)의 주어진 유효 유체 체적탄성계수의 정의로부터, 시스템 내의 압력은 미분 방정식으로 나타난다.

$$dP = -\beta_e \frac{1}{V_e} dV_e, \tag{1.33}$$

여기서, β_e는 유효 유체 체적 탄성 계수이고, V_e는 유체의 유효 체적이다. 식 (1.33)을 풀면 유체 압력에 대해 다음과 같은 결과가 나온다.

$$P = \beta_e \ln\left(\frac{V_o}{V_e}\right) \approx \beta_e\left(\frac{V_o}{V_e} - 1\right), \tag{1.34}$$

여기서 V_o는 압력이 0일 때 유체의 부피이다. **참고** : 식 (1.34)의 우변은 $V \approx V_e$로 가정하며, 이것은 유체 체적의 변화가 작다는 것을 의미한다. 식 (1.32)와 함께 식 (1.34)를 사용하면 등가 스프링 시스템에의 입력 힘에 대하여 다음과 같은 결과를 얻을 수 있다.

$$F = \beta_e\left(\frac{V_o}{V_e} - 1\right)A. \tag{1.35}$$

식 (1.35)와 식 (1.28)을 동등하다고 두면, 시스템의 유효 스프링 상수는 다음과 같이 얻어진다.

$$\frac{1}{k_e} = \frac{1}{\beta_e}\frac{V_e}{A^2}. \tag{1.36}$$

이 결과에서 식 (1.19)로부터 $V_e = V_o - Ax$임을 알 수 있다. 공기와 액체에 대한 유효 유체 체적 탄성 계수 및 체적 탄성 계수의 정의는 [식 (1.21) 및 (1.23) 비교] 형태가 유사하기 때문에, 앞선 해석결과를 그림 1.3의 공기와 액체 기둥에 동일하게 적용할 수 있다. 그 결과 공기 및 액체의 스프링 상수를 다음과 같이 구할 수 있다.

$$\frac{1}{k_a} = \frac{1}{\beta_a}\frac{V_a}{A^2} \quad \text{and} \quad \frac{1}{k_l} = \frac{1}{\beta_l}\frac{V_l}{A^2}. \tag{1.37}$$

그림 1.3의 정적 해석결과로부터, 다음 식이 유도된다.

$$k_c x_2 = PA. \tag{1.38}$$

식 (1.24)는 용기의 체적 탄성 계수의 정의를 나타내고 있으며, 시스템 내의 유체 압력에 대한 등가 식을 개발하는 데 사용될 수 있다. 이 식은 식 (1.24)을 재배열함으로써 다음과 같이 표현할 수 있다.

$$dP = \beta_c \frac{1}{V_e} dV_\delta. \tag{1.39}$$

이 방정식을 풀면 다음 식을 얻는다.

$$P = \beta_c \frac{1}{V_e} V_\delta = \beta_c \frac{1}{V_e} Ax_2, \tag{1.40}$$

여기서 $V_\delta = Ax_2$이다.

식 (1.40)을 식 (1.38)에 대입하면 용기의 탄성 계수에 대해 다음의 결과를 얻을 수 있다.

$$\frac{1}{k_c} = \frac{1}{\beta_c}\frac{V_e}{A^2}. \tag{1.41}$$

식 (1.36), (1.37) 및 (1.41)의 결과를 식 (1.31)에 대입하면 시스템의 유효 유체 체적 탄성 계수는 다음과 같이 나타낼 수 있다.

$$\frac{1}{\beta_e} = \frac{V_l}{V_e}\frac{1}{\beta_l} + \frac{V_a}{V_e}\frac{1}{\beta_a} + \frac{1}{\beta_c}, \tag{1.42}$$

이것은 식 (1.25)와 정확히 동일한 표현이다. 주: 적절히 단순화를 하면, 이 결과는 식 (1.27)의 형태로 더 압축할 수 있다.

이 모든 논의는 유압 시스템 내에서의 압축효과는 액체, 공기 및 용기 자체의 강성을 나타내는 일련의 스프링으로 간주 된다. 이 스프링은 직렬로 배열되어 있기 때문에 시스템의 전체 강성은 각각의 강성보다 항상 작아지게 된다. 각각의 탄성 계수는 기하학적 형상 및 체적 탄성 계수에 달려 있다. 다음으로 액체, 공기 및 용기의 체적 탄성 계수를 차례대로 고려한다.

액체의 체적 탄성 계수.

실험으로부터, 제한된 압력 범위에 걸쳐 모든 액체의 체적 탄성 계수가 압력에 비례하여 증가한다는 것이 알려져 있다. 즉,

$$\mathrm{K} = \mathrm{K}_o + mP, \tag{1.43}$$

여기서 K_o는 제로 게이지 압력에서의 액체의 체적 탄성 계수 절편이고, m은 기울기를 각각 나타내고 있다. 액체의 경우, m 값은 모든 온도에서 실질적으로 동일하다. 그러나 K_0의 값은 온도 의존성을 가지고 있다. 식 (1.43)은 최대 약 800bar까지 광유 및 다른 유압유에 유효하다. 이 같은 식은 약 3000bar까지의 물에도 유효하다. 결과적으로 K_o와 m에 대한 적절한 값이 임의의 액체에 대해 알려져 있다면, 그 액체에 대한 체적 탄성 계수는 식 (1.43)을 사용하여 쉽게 계산된다. 식 (1.43)을 식 (1.13)과 등식관계를 설정함으로써 다음 식이 얻어진다.

$$V = V_o\left(1 - \frac{P}{\mathrm{K}_o + mP}\right) \quad \text{and} \quad \frac{dP}{dV} = -\frac{(\mathrm{K}_o + mP)^2}{\mathrm{K}_o V_o}. \tag{1.44}$$

이 결과를 식 (1.17)에 대입하면 액체 파라미터 K_o 및 m의 함수로서 액체의 체적 탄성 계수의 기울기를 평가하는 데 사용할 수 있는 다음 식이 산출된다.

$$\beta_l = K_o\left(1 + \frac{(m-1)P}{K_o}\right)\left(1 + \frac{mP}{K_o}\right). \tag{1.45}$$

표 1.1은 유압 시스템에서 보통 사용되는 액체의 일반적인 유체 특성을 나타낸다.

공기의 체적 탄성 계수

공기의 유체 체적 탄성 계수를 결정하는 방법에는 두 가지가 있다. 한 가지 방법은 공기의 온도를 일정하게 유지하는 것이다(*등온 과정*). 그리고 또 다른 방법은 액체의 팽창 및 압축시 공기 체적의 내부 또는 외부로의 열전달이 없다고 가정한다(*단열 과정*). 등온선 가정은 유체 체적 탄성 계수의 정의와 더 일치하지만, 단열 가정이 보편적으로 더 널리 사용된다 [1].

공기의 등온 체적탄성계수에 대한 식을 구하기 위하여, 일정한 온도 조건에서 식 (1.1)의 이상기체 방정식을 사용한다. 그 결과 다음의 식으로 표현된다.

표 1-1. 유체의 체적 탄성 계수 특성 K_o and m (K_oV의 단위는 kbar)

Temperature, °C	Mineral Oil	Water	Water Glycol	Water in Oil Emulsion	Phosphate Ester*
0	20.7	19.7	32.0	20.8	29.7
10	19.8	20.9	31.8	20.2	28.1
20	19.0	21.8	31.5	19.6	26.5
30	18.1	22.4	31.1	19.0	25.0
40	17.3	22.6	30.5	18.4	23.6
50	16.4	22.7	29.9	17.8	22.3
60	15.6	22.5	29.1	17.2	21.1
70	14.7	22.2	28.2	16.6	19.9
80	13.9	21.6	27.2	16.0	18.8
90	13.0	21.1	26.0	15.4	17.8
100	12.2	20.4	24.8	14.8	16.9
m (for all temperatures)	5.6	3.4	4.5	5.0	5.5

✿ 22℃에서 50 cSt 이상의 점도

$$\frac{\rho}{P} = \frac{1}{RT} = \text{constant}, \tag{1.46}$$

여기서 ρ는 공기의 밀도, P는 공기 압력, R은 기체 상수, T는 일정한 공기 온도를 각각 나타내고 있다. 식 (1.46)의 미분을 취하면 다음과 같은 결과를 얻을 수 있다.

$$\frac{1}{P}\,d\rho - \frac{\rho}{P^2}\,dP = 0. \tag{1.47}$$

이 등식을 다시 정렬하면 공기의 등온 체적 탄성 계수에 관한 식을 도출할 수 있다. 이 결과는 다음과 같이 주어진다.

$$\frac{1}{\beta_a} = \frac{1}{\rho}\frac{d\rho}{dP} = \frac{1}{P}. \tag{1.48}$$

즉, 공기의 등온 체적 탄성 계수는 단순히 유체의 압력 그 자체이다.

공기의 단열 체적 탄성 계수는 공기와 주위의 액체 또는 용기 재료 사이에서 열전달이 발생하지 않는다고 가정하여 다음과 같이 구할 수 있다. 열역학 제 1법칙과 이상 기체상태방정식을 사용하면, 다음의 식이 얻어진다.

$$PV_a^{\gamma} = \text{constant}, \tag{1.49}$$

여기서 P는 공기 압력, V_a는 공기 체적, 그리고 γ는 등체적 비열에 대한 등압 비열의 비를 나타내고 있다. 이 때, 공기의 경우 $\gamma = 1.4$이다. 식 (1.49)를 미분하면, 다음의 식을 얻을 수 있다.

$$V_a^{\gamma}\,dP + P\gamma V_a^{(\gamma-1)}\,dV_a = 0. \tag{1.50}$$

이 식을 V_a^{γ}로 나누고 양변을 재정렬하면 유압 시스템 내에서 동반되는 공기의 체적 탄성률에 대한 다음 식이 구해진다.

$$\frac{1}{\beta_a} = -\frac{1}{V_a}\frac{dV_a}{dP} = \frac{1}{P\gamma}. \tag{1.51}$$

식 (1.48)과 (1.51)를 비교하면 공기의 단열 체적탄성계수가 등온 체적 탄성 계수보다 1.4 배 차이가 있음을 보여준다. 등온 체적 탄성 계수는 체적 탄성 계수를 정의하는 데 사용된 상태 방정식과 더 잘 호환되지만 단열 체적 탄성 계수가 더 자주 사용되므로 다음 예제에서는 단열 체적 탄성 계수를 적용한다.

용기의 체적 탄성 계수

용기의 체적 탄성 계수를 고려하기 위해, 그림 1.2에 표시된 원통형 용기를 대상으로 한다. 이 용기의 체적은 다음과 같이 주어진다.

$$V_c = \frac{\pi}{4}d^2L, \tag{1.52}$$

여기서, d는 용기의 직경이고, L은 용기의 길이이다.

용기가 반경 방향으로만 팽창한다고 가정하면, 용기의 팽창 된 체적은 다음과 같이 표현된다.

$$V_c = \frac{\pi}{4}(d_o + 2\delta)^2 L = \frac{\pi}{4} d_o^2 \left[1 + 4\left(\frac{\delta}{d_o}\right) + 4\left(\frac{\delta}{d_o}\right)^2\right] L, \tag{1.53}$$

여기서 d_o는 용기의 원래 직경이며, δ는 그림 1.2에 표시된 바와 같이 반경방향 변형량이다. $\delta/d_o \ll 1$, 이라고 가정하면, 용기의 부피는 다음과 같이 근사화될 수 있다.

$$V_c = V_o + V_\delta, \tag{1.54}$$

여기서 원래의 체적과 변형된 체적이 다음과 같이 각각 주어지면,

$$V_o = \frac{\pi}{4} d_o^2 L \qquad \text{and} \qquad V_\delta = \pi d_o \delta L. \tag{1.55}$$

이것들은 용기의 총 부피를 설명하기 위해 식 (1.18)에서 사용된 체적 용어에 대한 보다 명확한 표현이라는 점에 주목하자. 재료 강도 교과서[2]에서 우리는 두꺼운 두께의 실린더의 반경방향의 처짐은 다음과 같이 주어짐을 알 수 있다.

$$\delta = \frac{d_o}{2} \frac{P}{E} \left(\frac{D_o^2 + d_o^2}{D_o^2 - d_o^2} + \nu\right), \tag{1.56}$$

여기서 P는 내부 압력, E는 실린더 재질의 인장 탄성 계수, ν는 푸아송 비(Poisson's ratio), D_o는 실린더의 원래 외경이다.

참고 : 식 (1.56)의 결과는 두꺼운 실린더와 얇은 실린더 모두에 유효하다.

식 (1.55)와 (1.56)을 함께 사용하면 실린더의 변형된 부피가 다음과 같이 나타낼 수 있다.

$$V_\delta = \frac{\pi}{2} d_o^2 \frac{P}{E} \left(\frac{D_o^2 + d_o^2}{D_o^2 - d_o^2} + \nu\right) L. \tag{1.57}$$

위 식에 대하여 압력 P에 대한 미분은 다음과 같다.

$$\frac{dV_\delta}{dP} = \frac{\pi}{2} \frac{d_o^2 L}{E} \left(\frac{D_o^2 + d_o^2}{D_o^2 - d_o^2} + \nu\right). \tag{1.58}$$

원래의 체적에 대한 챔버 내 체적의 비율이 1보다 훨씬 작다고 가정하면 즉, $Ax/V_o \ll 1$, 식 (1.19)를 사용하여 챔버 유효 체적은 다음 식과 같이 주어진다.

$$V_e \approx V_o = \frac{\pi}{4} d_o^2 L. \tag{1.59}$$

식 (1.58)과 식 (1.59)을 식 (1.24)에 대입하면 다음의 용기의 체적 탄성 계수를 얻을 수 있다.

$$\frac{1}{\beta_c} = \frac{2}{E}\left(\frac{D_o^2 + d_o^2}{D_o^2 - d_o^2} + \nu\right). \tag{1.60}$$

용기의 내부 지름 $d_o = D_o - 2t$(여기서 t는 용기의 두께)로 주어질 때, 용기의 체적탄성계수의 등가 식은 다음과 같이 쓸 수 있다.

$$\frac{1}{\beta_c} = \frac{2}{E}\left[\frac{D_o}{2t}\left(1 + \frac{t}{D_o - t}\right) - (1 - \nu)\right]. \tag{1.61}$$

위 결과의 두 가지 특별한 경우는 의미가 있다. 두꺼운 벽의 경우, $D_o/d_o \gg 1$.로 가정 할 수 있다. 이 경우 식 (1.60)은 다음과 같이 근사화될 수 있다.

$$\frac{1}{\beta_c} = \frac{2(1 + \nu)}{E}. \tag{1.62}$$

한편, 얇은 벽의 실린더의 경우, $D_o/t \gg 1$.으로 가정할 수 있다. 이 경우 식 (1.61)을 근사화하면 다음 식을 얻을 수 있다.

$$\frac{1}{\beta_c} = \frac{D_o/t}{E}. \tag{1.63}$$

식 (1.62) 및 (1.63)은 용기의 체적 탄성 계수의 범위를 다음과 같이 나타낼 수 있다.

$$\frac{2(1 + \nu)}{E} < \frac{1}{\beta_c} < \frac{D_o/t}{E}. \tag{1.64}$$

표 1-2는 유압 용기를 구성하는 데 사용되는 일반적인 재료의 탄성 계수와 포아송 비를 나타낸다.

사례연구

이 매개 변수에 대해 예상 할 수 있는 큰 편차를 설명하기 위하여, 유효 체적 탄성 계수의 일반적인 계산을 고려하는 것은 필요하다. 70℃의 온도에서 20 MPa(0.2 kbar)로 가압 되는 석유계 작동유를 생각해 보자. 또한, 외경이 벽두께의 6배가 되는 원통형 용기 안에 유체가 포함된 경우를 고려해 보겠다. 식 (1.45)와 표 1.1로부터 이 액체에 대한 접선 체적탄성계수는 15.82 kbar임을 알 수 있다. 식 (1.51)로부터 공기의 체적 탄성 계수는 0.28 kbar이다. 이때 다음 두 가지 경우에 대해 이 시스템의 유효 체적 탄성률을 계산하라.

1. 용기가 강철로 제조되고 액체에 공기가 혼입되어 있지 않은 경우
2. 용기가 고압 호스 재료로 제조되고 액체에 1% 체적비의 공기가 혼입된 경우

첫 번째 경우에 있어서, 용기의 체적 탄성 계수는 식 (1.61)과 표 1-2에 나와 있는 강재의 재료 특성을 이용하여 계산될 수 있다. 계산 결과, 강재 용기의 경우 $\beta_c = 504.63$임을 보여 준다. 식 (1.27)에 이 결과를 사용하면 유효 체적 탄성률은 다음과 같이 계산될 수 있다.

표 1-2. 일반적인 유압용기에서의 재료 특성

Property	Steel	Ductile Cast Iron	Copper	Brass	Aluminum	High-Pressure Hose*	TPE†
E	2069	1655	1103	1034	724	59	0.0393
ν	0.30	0.28	0.30	0.34	0.33	0.47	0.47

✿ 유연하고 스테인레스강 합금에 의해 강화됨(더 정확한 숫자는 제조업체에 문의하시오).
✿ 열가소성 엘라스토머(용융 가공 고무)

$$\frac{2(1+\nu)}{E} < \frac{1}{\beta_c} < \frac{D_o/t}{E}.$$

유사하게, 두 번째 경우에 있어서, 용기의 체적 탄성 계수는 식 (1.61)과 표 1-2에 나와 있는 고압 호스의 재료 특성을 사용하여 계산할 수 있다. 이 계산에서 호스의 체적 탄성 계수 $\beta_c = 13.82$를 나타내고 있다. 식 (1.27)에 이 결과를 사용하면 유효 체적 탄성 계수는 다음과 같이 계산될 수 있다.

$$\begin{aligned}\beta_e &= \left(\frac{1}{\beta_l} + \frac{V_a}{V_e}\frac{1}{\beta_a} + \frac{1}{\beta_c}\right)^{-1} \\ &= \left(\frac{1}{15.82\ \text{kbar}} + 0.01 \times \frac{1}{0.28\ \text{kbar}} + \frac{1}{13.82\ \text{kbar}}\right)^{-1} \\ &= 5.84\ \text{kbar}.\end{aligned}$$

이 두 결과를 비교하면 매우 유사한 유체이지만 유효 체적 탄성 계수가 63%나 차이가 있음을 알 수 있으며, 이 차이의 대부분은 단순히 다른 용기에 유체를 넣은 결과다.

요약

선행 연구는 유효 체적 탄성 계수가 다양한 물리적 고려의 결과라는 것을 보여 주었다. 이러한 고려 사항에는 액체의 특성, 액체 내에 혼입된 공기의 양 및 유체를 담을 장치의 유연성 등을 포함한다. 요약하면, 유압시스템의 구성에 따라 유효 체적탄성계수가 큰 차이가 있을 수 있다. 앞서 언급 한 바와 같이, 유효 체적 탄성 계수의 이러한 변화는 유체의 공기 함유량에 크게 의존하며, 또한 유체의 순환 시스템의 방식에 의존할 수도 있다. 예를 들어, 유체가 순환 후 유압탱크를 통해 귀환하는 개방 회로 시스템은 대부분의 유체가 시스템의 작동 구성 요소 내에 포함되어있는 폐쇄 회로 시스템보다 많은 공기가 혼입될 수 있다고 의심할 수 있다. 유압탱크와 관련된 또 다른 이슈는 유압탱크 내에서 발생하는 난류 혼합의 영향이다. 이는 각 응용에서 도입되는 공기 발생의 양에 큰 영향을 준다. 유체 체적탄성계수의 불확실성은 응용하는 회로에 따라 다르기 때문에, 실제적인 시스템에서의 유체 체적 탄성 계수를 측정하는데 사용되어지는 기술을 검토할 필요가 있다. 이것은 다음 장의 주제가 될 것이다.

1.3.3 유체 체적 탄성 계수 측정

그림 1.4는 일반적으로 액체와 공기의 혼합물로 구성된 유체에 의해 지지되는 피스톤을 가진 밀폐 된 용기를 보여준다. 피스톤의 단면적은 A로 표시된다. 유체 압력이 제로 게이지 압력일 때 유체 기둥의 높이는 l_o로 표시된다. 힘 F가 피스톤에 가해지면 유체 기둥의 높이가 치수 x만큼 감소한다. 분명히, 작용한 힘을 지지하기 위해, 용기 내의 유체 압력이 증가해야 한다. 유체의 체적 탄성 계수의 정의로부터, 밀폐된 용기 내의 유체 압력은 다음과 같이 다르게 표현될 수 있다.

$$dP = -\beta \frac{1}{V} dV, \tag{1.65}$$

여기서 β는 유효 유체체적탄성계수이며 V는 유효 유체체적이다.
β를 상수로 취급함으로써 식 (1.65)는 해를 가지게 되며, 이 해를 정리하면 다음의 유효 체적탄성계수가 다음 식으로 주어진다는 것을 알 수 있다.

$$\beta = \frac{P}{\ln(V_o/V)}, \tag{1.66}$$

여기서 V_o는 압력이 0일 때 챔버의 유체 체적이다. 이 체적은 Al_o로 더 명확하게 주어질 것이다. 형상으로부터, 압축 후 유효 유체 체적은 다음과 같이 쓸 수 있다.

$$V = V_o - Ax = A(l_o - x). \tag{1.67}$$

이 결과를 식 (1.66)에 대입하면 그림 1.4에 표시된 장치의 유효 유체 체적 탄성 계수에 대한 다음 결과가 나타난다.

$$\beta = \frac{P}{\ln[l_o/(l_o - x)]}. \tag{1.68}$$

이 방정식으로부터, 유체의 체적 탄성 계수를 결정하기 위해 측정되어야 하는 파라미터는 유체 압력(P), 유체 기둥(l_o)의 원래 높이 및 피스톤 (x)의 변위라는 것을 알 수 있다.

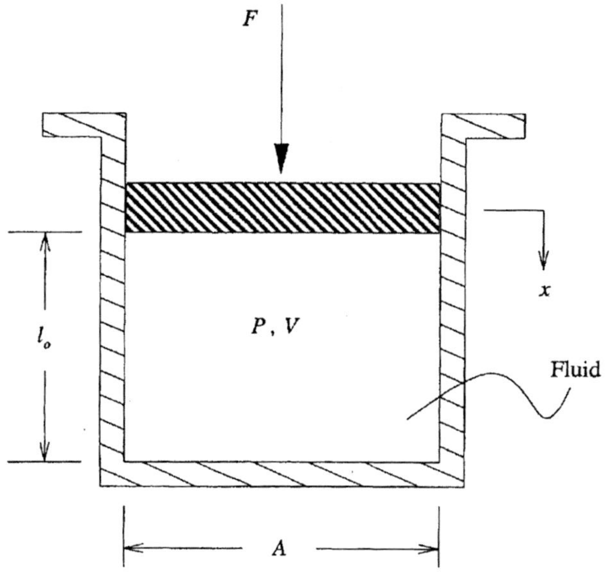

그림 1-4
닫힌 용기 내에서 유체 체적 탄성 계수를 측정하는 데 사용되어진 테스트 장치 형상

모든 실험자가 알고 있듯이, 식 (1.68)에 표시된 매개 변수의 측정값은 실제 값에서 항상 약간 벗어난다. 프라임 기호를 사용하여 이러한 측정된 매개 변수를 표시하는 경우 유체 체적 탄성 계수에 대한 측정값은 다음과 같다.

$$\beta' = \frac{P'}{\ln[l'_o/(l'_o - x')]}. \tag{1.69}$$

이 표현을 사용하면, 측정에서 무차원 불확실성은 다음과 같이 정의 수 있다.

$$\varepsilon = \frac{\beta - \beta'}{\beta} \tag{1.70}$$

식 (1.68)을 사용하면, 무차원 불확실성은 다음과 같이 보다 명확하게 표현될 수 있다.

$$\varepsilon = 1 - \beta' \frac{\ln[l_o/(l_o - x)]}{P}, \tag{1.71}$$

여기서 프라임 기호가 붙지 않은 P, l_o 및 x의 값은 이러한 매개 변수의 알 수 없는 실제값이다. 측정 불확실성이 작다고 가정하면 식 (1.71)의 1차 테일러 급수전개는 다음과 같이 쓸 수 있다.

$$\varepsilon = \left(\frac{\partial \varepsilon}{\partial P}\right)' (P - P') + \left(\frac{\partial \varepsilon}{\partial l_o}\right)' (l_o - l'_o) + \left(\frac{\partial \varepsilon}{\partial x}\right)' (x - x'). \tag{1.72}$$

식 (1.71)을 사용하고 $x'/l_0' \ll 1$이라고 가정하면, 다음 식을 얻을 수 있다.

$$\left(\frac{\partial \varepsilon}{\partial P}\right)' = \frac{1}{P'}, \qquad \left(\frac{\partial \varepsilon}{\partial l_o}\right)' \approx \frac{1}{l_o'}, \qquad \left(\frac{\partial \varepsilon}{\partial x}\right)' \approx -\frac{1}{x'}. \tag{1.73}$$

이 결과를 다시 식 (1.72)로 대입하면 밀폐된 용기에서 유체 체적 탄성 계수를 측정하는 것과 관련된 불확실성에 대하여 다음과 같은 결과가 얻어진다.

$$\varepsilon = \frac{P}{P'} + \frac{l_o}{l_o'} - \frac{x}{x'} - 1. \tag{1.74}$$

독자는 프라임 기호가 붙은 변수가 측정된 값이라는 것을 상기할 것이며, 프라임 기호가 붙지 않은 변수는 참값이다. 압력과 변위를 측정하는 데 사용되는 계측기의 정확도는 일반적으로 계측기 자체의 전체 측정 영역에 대한 비율로 정의된다. 즉, 측정된 매개 변수에 대한 정확한 물리값은 계측기의 제조업체가 식별한 범위 내에 있다. 수학적으로 볼 때, 측정의 불확실성의 최대 범위는 다음과 같이 기술될 수 있다.

$$(P - P') = \pm \xi_P P_{\max}, \qquad (l_o - l_o') = \pm \xi_l l_{\max}, \qquad (x - x') = \pm \xi_x x_{\max}, \tag{1.75}$$

여기서 ξ_p, ξ_l 및 ξ_x의 값은 계측기 제조업체가 제공하며, $P_{\max}$, $l_{\max}$ 및 $x_{\max}$는 이 계측기의 최대 측정 범위다. 식 (1.72), (1.73) 및 (1.75)의 결과를 사용하여 최대 측정 불확실성에 대한 식은 다음과 같이 주어진다.

$$\varepsilon_{\max} = \pm\left(\xi_P \frac{P_{\max}}{P'} + \xi_l \frac{l_{\max}}{l_o'} + \xi_x \frac{x_{\max}}{x'}\right). \tag{1.76}$$

식 (1.76)은 그림 1.4에 표시된 기계 장치의 유체 체적탄성계수 측정과 관련된 최대 불확실성 범위를 나타낸다. 스트레인 게이지식 압력 변환기를 사용하는 경우, 전 측정영역의 ±1.5% 오차 내에서 압력을 측정할 수 있다는 것이 일반적이다. 즉, $\xi_p = 0.015$이다. 변위와 같은 선형 치수 측정을 위하여, 사용되는 방법은 고정밀 좌표 측정 기계(CMM)에서부터 교정된 눈금자를 이용한 간단한 육안 검사까지 다양하다. 따라서 선형 측정을 위한 정확도의 범위는 유체 기둥의 원래 높이의 $\pm 1 \times 10^{-4}\,\%$와 $\pm 1\%$ 사이에 있다 [3]. 이것은 $1 \times 10^{-6} < \xi < 0.01$을 의미한다. 실제로 선형 변위 측정을 위해 선형가변차동변환기(LVDT)를 사용하는 것이 일반적이다. 이러한 장치는 일반적으로 전체 계측범위의 $\pm 0.5\%$ 범위내에서는 정확하다. 즉, $\xi_x = 0.005$이다.

사례 연구

그림 1.4에 나와 있는 테스트 장치는 유효 유체 체적 탄성 계수를 측정하는 데 사용된다. 이 값을 측정하는 동안, 각 계측기는 최대 용량의 절반만 사용되며, 이 계측기의 정확도는 $\xi_P = 0.015$, $\xi_l = 0.005$ 및 $\xi_x = 0.005$로 주어진다.

체적 탄성 계수의 측정에서 불확실성을 계산하기 위하여, 식 (1.76)이 사용된다. 이 계산은 다음과 같이 주어진다.

$$\begin{aligned}\beta_e &= \left(\frac{1}{\beta_l} + \frac{V_a}{V_e}\frac{1}{\beta_a} + \frac{1}{\beta_c}\right)^{-1} \\ &= \left(\frac{1}{15.82\ \text{kbar}} + 0.01 \times \frac{1}{0.28\ \text{kbar}} + \frac{1}{13.82\ \text{kbar}}\right)^{-1} \\ &= 5.84\ \text{kbar}.\end{aligned} \quad \text{(식)}$$

이 결과는 측정 불확실성 $\pm 5\%$를 나타내고 있다.

앞의 사례 연구에서 볼 수 있듯이 유효 유체 체적 탄성 계수의 측정은 결과에 대한 상당한 정도의 신뢰를 유지하면서 그림 1.4에 표시된 장치로 수행 할 수 있다. 물론 이 측정의 불확실성은 계측기의 품질, 작동 범위 및 측정 작동점에 따라 더 좋거나 더 나빠질 수 있다. 실험을 수행하여 측정이 가치가 있는지 여부를 확인하거나 적절한 테스트 장치를 설계하기 이전에 어떤 경우에도 불확실성의 범위를 확인해야 한다. 식 (1.76)은 그림 1.4에 표시된 장치와 관련된 이 불확실성을 확인하는 도구를 제공한다. 또한 그림 1.4의 장치는 실제 유압 제어 시스템을 적절히 나타낼 수도 있고 그렇지 않을 수도 있는 실험 장치임을 언급해야 한다. 유체 체적 탄성 계수의 현장 측정은 이전 연구 [4]에서 고려했다. 그러나 이러한 측정은 비싸고 매우 불확실한 것으로 나타났으므로 이 방법은 다소 의문의 여지가 있다. 요약하면, 독자는 유효 유체 체적 탄성 계수가 가질 수 있는 가변성의 범위와 실험적 관점에서도 그 값에 대한 신뢰를 얻는데 어려움을 감수해야 한다. 실제로 유압 제어 시스템을 모사할 때 유체 체적 탄성 계수에 대한 사양은 모델의 가장 임의적인 측면 중 하나가 되며, 이 매개 변수는 종종 안정적인 혹은 불안정한 유압 구성 요소 또는 시스템 사이의 결정 요인이 되기 때문에 적절하게 선정하기가 어렵다. 유체 체적 탄성 계수의 영향은 교재의 다음 장에서 설명되어 진다.

1.4. 열유체 특성

1.4.1 열팽창 계수

정의

유압 작동유에 대한 등온 열팽창 계수는 식 (1.3)에 제시되어 있고 여기서는 밀도 및 체적의 항으로 편의상 재작성되었다.

$$\alpha = -\frac{1}{\rho}\frac{d\rho}{dT} = \frac{1}{V}\frac{dV}{dT}, \tag{1.77}$$

여기서 T는 유체 온도다. 열팽창 계수 α는 유체의 온도가 증가하거나 감소함에 따라 유체 밀도(또는 부피)의 변화를 나타낸다. 유체는 공기와 액체로 구성되어 있으며 유체 용기는 온도 변화에 따라 팽창 또는 수축을 하므로 전체 유체 시스템의 유효 열팽창 계수를 고려하는 데 유용하다.

유효 열팽창 계수

유효 열팽창 계수는 그림 1.2의 장치와 식 (1.19)에서 주어진 유체의 유효 부피 V_e를 고려하여 평가할 수 있다. 이 체적은 공기와 액체로 구성되며 용기 자체의 작은 처짐에 맞게 조절된다. 유효 부피를 사용하여, 우리는 열팽창 계수를 다음과 같이 계산할 수 있다.

$$\alpha_e = \frac{1}{V_e}\frac{dV_e}{dT}. \tag{1.78}$$

이 결과에 식 (1.20)의 미소 부피 dV_e를 대입하면 유효 열팽창 계수에 대한 다음 식이 산출된다.

$$\alpha_e = \frac{V_l}{V_e}\left(\frac{1}{V_l}\frac{dV_l}{dT}\right) + \frac{V_a}{V_e}\left(\frac{1}{V_a}\frac{dV_a}{dT}\right) - \frac{1}{V_e}\frac{dV_\delta}{dT}, \tag{1.79}$$

여기서, V_l는 액체의 부피, V_a는 공기의 부피, V_ξ는 그림 1.2에 표시된 용기의 팽창된 부피이다. 정의에 따르면, 액체 및 공기에 대한 열팽창 계수는 각각 다음과 같이 주어진다.

$$\alpha_l = \frac{1}{V_l}\frac{dV_l}{dT} \quad \text{and} \quad \alpha_a = \frac{1}{V_a}\frac{dV_a}{dT}, \tag{1.80}$$

그리고 용기의 열팽창 계수에 대한 편리한 정의는 다음과 같다.

$$\alpha_c = \frac{1}{V_e}\frac{dV_\delta}{dT}. \tag{1.81}$$

다시 말해 독자는 용기의 열팽창 계수 α_c에 대한 정의는 α_1과 α_a의 정의와는 다소 차이가 있다. 식 (1.80) 및 (1.81)을 식(1.79)에 대입하면 다음의 유효 열팽창 계수에 대한 결과를 얻을 수 있다.

$$\alpha_e = \frac{V_l}{V_e}\alpha_l + \frac{V_a}{V_e}\alpha_a - \alpha_c. \tag{1.82}$$

이 식에서 부피비는 용기 내의 액체와 공기의 비를 나타낸다. 식 (1.8)과 함께 식 (1.19)을 사용하면 다음 식을 얻을 수 있다.

$$\alpha_e = \left(1 + \frac{V_\delta}{V_e}\right)\alpha_l + \left(1 - \frac{\alpha_l}{\alpha_a}\right)\frac{V_a}{V_e}\alpha_a - \alpha_c. \tag{1.83}$$

여기서 $V_e \gg V_\delta$이기 때문에, 식 (1.83)은 다음과 같이 근사화될 수 있다.

$$\alpha_e = \alpha_l + \left(1 - \frac{\alpha_l}{\alpha_a}\right)\frac{V_a}{V_e}\alpha_a - \alpha_c. \tag{1.84}$$

표 1-3은 미네랄 오일과 물의 열팽창 계수를 온도에 따라 산정할 때 현재 이용할 수 있는 데이터의 일부 목록을 보여준다. 유압 작동유의 열팽창 계수와 관련된 더 많은 자료는 미국 육군에 의해 발간되어져 있고 정확한 정보를 위하여 참조할 수 있다 [8]. 다음 단락에서는 공기와 유압 용기의 열팽창 계수에 대해 설명한다.

표 1-3 유압 시스템에서 사용되는 다양한 액체의 체적 열팽창 계수 [10^{-4}/(°C 또는 °K) 단위로 보고됨]

	Temperature, °C						
	0	20	40	60	80	100	120
Mineral oil	7.00	7.00	7.00	7.00	7.00	7.00	7.00
Water	−0.68	1.73	3.60	5.04	6.24	7.28	8.40

공기에 대한 등온 열팽창 계수는 식 (1.1)의 이상 기체 방정식을 사용하여 결정될 수 있다. 압력팽창계수를 유도하기 위하여 이상기체 방정식을 다음과 같이 변형한다.

$$\rho T = \frac{P}{R} = \text{constant}, \tag{1.85}$$

여기서 압력 P는 등압 요건을 만족하도록 일정하다. 이 식을 미분하면 다음과 같은 결과를 얻을 수 있다.

$$\rho\, dT + T\, d\rho = 0. \tag{1.86}$$

공기에 대한 열팽창 계수에 대해 다음 식이 성립한다.

$$\alpha_a = -\frac{1}{\rho}\frac{d\rho}{dT} = \frac{1}{T}. \tag{1.87}$$

여기서 T는 절대 온도를 나타낸다. 따라서 공기의 열팽창 계수는 다음 식으로 표현된다.

$$\alpha_a = \frac{1}{(T_C + 273.15)\ °C \text{ or } °K} = \frac{1}{(T_F + 459.67)\ °F \text{ or } °R}, \tag{1.88}$$

여기서 T_c와 T_P는 각각 섭씨와 화씨로 계측한 유체 온도를 나타낸다. 용기의 열팽창 계수는 식 (1.81)에 주어져 있다. 그림 1.2의 원통형 용기 형상과 식 (1.54) 및 (1.55)를 사용하면 용기의 순간 체적을 계산할 수 있다. 식 (1.55)의 Vδ의 미분은 온도의 변화에 따른 용기의 체적 변화가 다음과 같이 주어진다는 것을 보여준다.

$$\frac{dV_\delta}{dT} = \pi d_o L \frac{d\delta}{dT}, \tag{1.89}$$

여기서는 d_o는 용기의 원래 안지름, L은 용기의 길이, δ는 용기의 온도 증가로 인한 내부 반경의 성장이다. 용기의 유효 부피에 대해 식 (1.59)의 근사값을 사용하면,

$$\alpha_c = \frac{1}{V_e}\frac{dV_\delta}{dT} = 4\frac{1}{d_o}\frac{d\delta}{dT}. \tag{1.90}$$

정의에 따르면, 선형 열팽창 계수는 다음과 같이 주어진다.

$$\gamma = \frac{1}{l}\frac{dl}{dT}, \tag{1.91}$$

여기서 l은 온도 증가에 따라 커지는 길이 차원의 값이다.
여기서 선형으로 커지는 차원의 물리량은 용기의 직경이라면, 다음 식이 성립한다.

$$l = d_o + 2\delta \approx d_o \quad \text{and} \quad \frac{dl}{dT} = 2\frac{d\delta}{dT}. \tag{1.92}$$

식 (1.90) 및 (1.91)의 결과를 사용하여 용기의 열팽창 계수를 다음 식으로 근사할 수 있다.

$$\alpha_c = 2\gamma, \tag{1.93}$$

여기서 γ는 용기 재료의 선형 열팽창 계수이며, 재료 핸드북에 나와 있다. 재료 핸드북 및 식 (1.93)을 사용하면 일반적인 유압 용기의 열팽창 계수를 구할 수 있으며, 표 1-4에 정리하여 나타내고 있다.

사례 연구

열팽창 계수에서 예상되는 가능한 변화를 고려하기 위해 원통형 용기 내에서 70℃의 온도에 있는 광물유를 다시 고려해 보자. 표 1.3에서 이 액체의 열팽창 계수는 $7\times10^{-4}/℃$이다. 식 (1.88)을 사용하면, 공기의 열팽창 계수는 $3\times10^{-3}/℃$이다. 다음 두 가지 경우에서 유체의 유효 열팽창 계수를 계산하여라.

1. 용기가 강철로 제조되고 액체에 공기가 혼입되어 있지 않은 경우
2. 용기가 고압 호스 재료로 이루어지고 액체가 1%의 공기($V_a/V_e=0.01$)를 가질 경우

표 1-4 유압 용기 제조에 일반적으로 사용되는 재료에 대한 열팽창의 부피 계수

α_c	Steel	Ductile Cast Iron	Copper	Brass	Aluminum	High-Pressure Hose*	TPE†
10^{-6}/°C or °K	22.0	26.4	34.0	38.0	48.0	447	460
10^{-6}/°F or °R	12.2	14.7	18.8	21.2	26.6	248	256

* 유연하고 강화된 스테인레스 스틸 브레이드(보다 정확한 수치는 제조업체에 문의하시오)
† 열가소성 탄성체 (용융 가공 고무)

첫 번째 경우, 표 1-4의 강철 용기의 열팽창 계수인 $\alpha_c=22\times10^{-6}/℃$와 식 (1.84)를 사용하면, 유효 열팽창 계수는 다음과 같이 계산될 수 있다.

$$\alpha_e = \alpha_l - \alpha_c = \frac{7\times10^{-4}}{℃} - \frac{22\times10^{-6}}{℃} = \frac{6.78\times10^{-4}}{℃}.$$

마찬가지로, 두 번째 경우에 대해 표 1-4를 사용하여 고압 호스의 열팽창 계수를 결정할 수 있다. 이 표에서 호스에 대하여 $\alpha_c=447\times10^{-6}/℃$를 보여준다. 방정식 (1.84)와 이 결과를 사용하면 유효 열팽창 계수는 다음과 같이 계산될 수 있다.

$$\alpha_e = \alpha_l + \left(1 - \frac{\alpha_l}{\alpha_a}\right)\frac{V_a}{V_e}\alpha_a - \alpha_c = \frac{7 \times 10^{-4}}{°C} + \left(1 - \frac{7 \times 10^{-4}}{3 \times 10^{-3}}\right)$$
$$\times 0.01 \times \frac{7 \times 10^{-4}}{°C} - \frac{447 \times 10^{-6}}{°C}$$
$$= \frac{2.58 \times 10^{-4}}{°C}.$$

이 두 결과를 비교하면 매우 유사한 유체에 대하여 계산된 유효 열팽창 계수는 약 62% 차이가 있음을 알 수 있다. 다시 말해, 이 차이의 대부분은 단순히 다른 용기에 유체를 넣은 결과이다.

앞의 사례 연구에서 유효 열팽창 계수는 유압 제어 시스템 내에서 사용되는 유체에 대해 크게 다를 수 있음을 나타냈다. 이 예에서 볼 수 있듯이, 열팽창 계수는 공기의 적절한 비율에는 크게 영향을 받지 않으며, 이것은 앞의 열팽창 계수 모델에서 열팽창 계수는 온도가 유일한 매개 변수이기 때문에 온도가 동일하면 열팽창 계수는 변하지 않는다는 것을 알 수 있다.
한편, 이 예는 유체의 유효 열팽창 계수가 동일 유체를 가진 유압 회로 내에서 다양한 관로의 재료를 통과할 때 체적탄성계수에 크게 영향을 받는다는 것을 보여 주었다.

열팽창 계수 측정

유압 제어 시스템 내의 온도 변화가 압력 변화와 비슷하지 않기 때문에 열팽창 계수에 대한 정확한 값은 유체 체적 탄성 계수에 대한 정확한 값을 갖는 것만큼은 중요하지 않다. 이러한 이유로 우리는 유효 열팽창 계수에 대한 측정 기술(및 관련 불확실성)에 대한 광범위한 논의를 포함하지 않는다. 그러나 독자는 이 기법들이 원칙적으로 유체 체적 탄성 계수를 측정하기 위해 기술된 기법과 다르지 않다는 것을 알아야 한다. 1.3.3절에 설명된 것과 유사한 유형의 실험에 사용할 수 있으며 각 계측의 불확실성도 계산할 수 있다

1.4.2 열 전도성

열이 재료(유체 또는 고체)를 통해 전달되는 속도는 푸리에 법칙에 따라 결정된다. 이 법칙은 관측된 현상과 상태를 기반으로 열유속(단위 면적당 열)이 등온 표면에 수직인 방향의 온도 구배에 직접 비례함을 나타낸다. 그림 1.5는 이러한 현상을 보여준다. 정의에 따르면, 재료의 열전도도는 다음과 같이 주어진다.

$$k = -\frac{q_x}{A}\frac{1}{(\partial T/\partial x)} \approx \frac{q_x}{A}\frac{\Delta x}{\Delta T}, \tag{1.94}$$

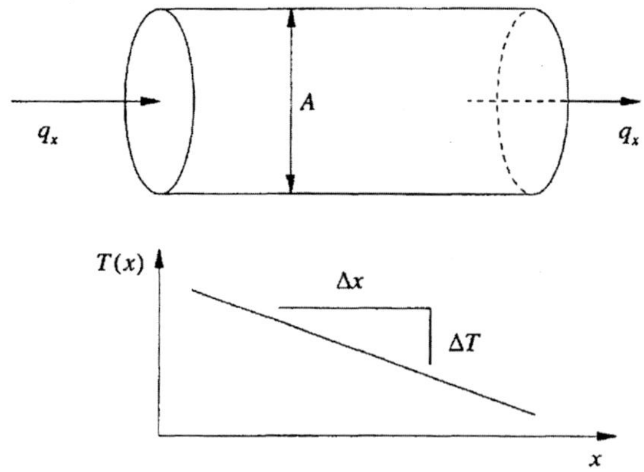

그림 1-5
한 차원상에서 좌표 체계와 열이 흐르는 방향 온도 구배 간의 상관관계

여기서 q_x는 재료를 통해 전달되는 열, A는 열류(heat flow)에 수직인 단면적, x는 열류 방향의 치수, T는 재료의 온도를 각각 나타내고 있다. 표 1-5는 온도에 따라 변하는 광물유와 물의 열전도도 값을 나타낸다.

1.4.3 비열(Specific Heat)

비열은 작은 온도 상승에 대한 물질의 내부 에너지 변화를 결정하는 데 유용한 열역학적 특성이다. 따라서 일정한 체적을 유지하는 물질의 비열은 다음과 같이 주어진다.

$$c_\nu \equiv \left.\frac{\partial u}{\partial T}\right|_v, \tag{1.95}$$

여기서 u는 그 물질의 내부 에너지이다. 내부 에너지가 물질에 추가된 열의 척도로 고려된다면, 우리는 비열 c_ν가 물질의 온도를 단위 온도(**예:** 1℃ 또는 1K)만큼 올리기 위해 필요한 추가 열량임을 알 수 있다. 엔탈피의 열역학적 특성은 다음 식으로 주어진다.

$$h \equiv u + Pv, \tag{1.96}$$

여기서 u는 그 물질의 내부에너지, P는 압력, v는 특정 부피를 나타낸다. 정의에 의해, 일정 압력을 유지하기 위한 어떤 물질의 비열은 다음과 같이 주어진다.

$$c_P \equiv \left.\frac{\partial h}{\partial T}\right|_P. \tag{1.97}$$

식 (1.96)을 온도에 대해 미분함으로서, 다음을 알 수 있다.

표 1-5 석유 기반 광물유와 물의 열전도도 K값(단위: 10−3W/(m℃))

	Temperature, ℃						
	0	20	40	60	80	100	120
Mineral oil	147	145	145	141	138	137	135
Water	569	598	628	650	668	679	686

$$c_P = \left.\frac{\partial h}{\partial T}\right|_P = \left.\frac{\partial u}{\partial T}\right|_P + P\left.\frac{\partial v}{\partial T}\right|_P = \left.\frac{\partial u}{\partial T}\right|_P + Pv\alpha, \tag{1.98}$$

여기서 α는 열팽창 계수다. 액체에서는 α가 매우 작기 때문에(표 1-3 참조), 내부 에너지의 변화는 엔탈피의 변화와 거의 동일하고, 따라서 유압 제어 시스템 내에서 일반적으로 사용되는 액체인 경우 다음 식이 성립한다.

$$c_v = c_P \tag{1.99}$$

표 1-6은 유체 온도에 따라 변하는 광물유와 및 물의 비열을 보여준다. 이 결과는 다음 장에서 유로 내의 압력 강하로 인한 유체 내 온도 상승을 계산하는 데 사용된다.

1.5. 유체 점성

1.5.1 정의

고체 역학으로부터 선형 변형 영역 내에서는 고체 내의 전단 응력은 전단 변형률에 비례한다. 고체의 경우, 전단 응력과 전단 응력을 관련짓는 비례 상수를 *전단 탄성계수*라고하며 종종 기호 G로 표시된다.

전단 응력이 고체에 적용될 때, 재료의 일정한 변형이 발생하고, 전단 응력이 해제될 때까지 재료는 일정한 변형된 형상을 유지하면서 기계적 스프링과 같이 위치 에너지를 저장한다. 고체는 힘을 받았을 때 그 모양이 고정되면서 에너지를 저장하지만, 유체에 힘이 작용하면 그렇게 모양이 고정되어 에너지를 저장하지 않고, 계속해서 모양이 변하며 에너지를 위치 에너지나 다른 형태로 변환된다. 오히려 지속적으로 적용되는 전단응력의 경우, 유체는 열의 형태로 에너지를 분산시키면서 지속적으로 변형된다. 이 경우 실험적으로 유체 내의 전단 응력이 전단 변형률과 비례한다는 것이 관찰되며, 이 관계에서의 비례 상수를 *유체의 절대 점도*라고 불리고 기호 μ로 표시된다. 수학적으로 이 관계를 다음과 같이 설명한다.

표 1.6 석유 기반 유체 및 물의 비열 cp [kJ/(kg℃)로 표기]

	Temperature, ℃						
	0	20	40	60	80	100	120
Mineral oil	1.796	1.868	1.951	2.035	2.118	2.206	2.294
Water	4.217	4.184	4.178	4.184	4.195	4.214	4.239

$$\tau = \mu \dot{\gamma}, \tag{1.100}$$

여기서 τ는 유체 내의 전단 응력이고 $\dot{\gamma}$는 전단 변형률이다.

참고 : 식 (1.100)은 액체와 기체 모두에 적용가능하다.

그림 1.6은 유체의 박막으로 분리된 두 개의 평행 판을 보여준다. 바닥판은 고정되어 있으며 상부판은 U라는 주어진 속도로 유체 매질을 가로 질러 당겨진다. 실험에서, 유체는 두 평판의 표면에 "고착"되어 유체의 속도가 바닥판이 0이고 상부판에서의 유체 속도는 U로 주어진다. 두 판 사이에서 유체 속도 u는 y의 함수로서 변한다. 두 입자 p_1과 p_2는 유체 매개물 내에서 움직이는 것으로 나타난다. 어느 한 시점에서 두 입자는 서로 일직선상에 있지만 다음 순간에는 한 입자가 다른 입자보다 앞서 있다. 두 번째 순간의 입자 위치는 그림 1-6에 작은 따옴표 표기법을 사용하여 나타난다. 이 입자들의 삼각형 관계에 의해 형성된 각도 [기호] delta y는 *유체의 전단 변형률*이라고 불리고, 이 정의는 고체 역학에서도 공통으로 사용되는 용어이다. 기하학에서 볼 때,

$$\delta\gamma \approx \tan(\delta\gamma) = \frac{\delta x}{\delta y}. \tag{1.101}$$

유체 입자의 움직임으로부터, 두 번째 순간의 각 입자의 위치는 다음과 같이 주어진다.

$$x_1' = u_1\,\delta t \qquad \text{and} \qquad x_2' = u_2\,\delta t, \tag{1.102}$$

여기서 u_1과 u_2는 입자 1과 2의 속도이며, δt는 두 경우 사이의 시간 간격이다.

입자 2의 두 번째 위치로부터 입자 1의 두 번째 위치를 빼면 두 번째 순간에서 상대변위를 다음과 같이 구할 수 있다.

$$\delta x = \delta u\,\delta t, \tag{1.103}$$

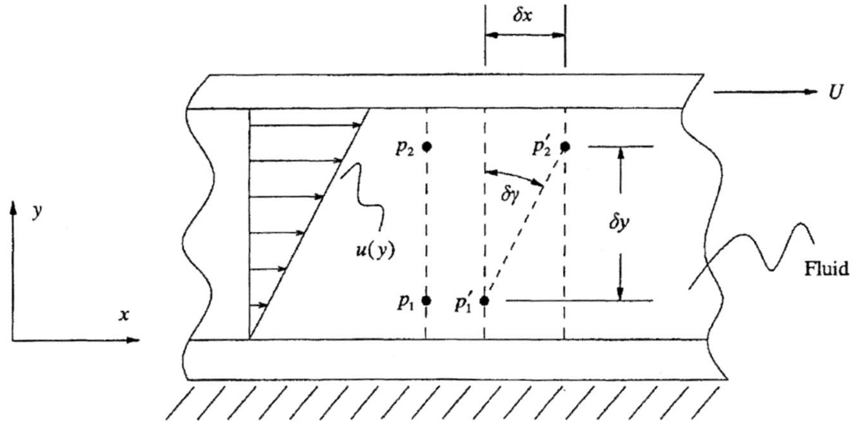

그림 1-6
유체 내의 전단 변형을 보여주는 개략도

여기서 δu는 $u_2 - u_1$으로 주어진다. 식 (1.103)을 식(1.101)에 대입하면 유체 전단변형률, 시간, 유체 속도 및 높이 변수 y 사이에 다음 관계식이 유도된다.

$$\frac{\delta\gamma}{\delta t} = \frac{\delta u}{\delta y}. \tag{1.104}$$

δt와 δy가 0에 가까워질 때, 다음 식이 성립한다.

$$\dot{\gamma} = \frac{d\gamma}{dt} = \frac{du}{dy}, \tag{1.105}$$

여기서 $\dot{\gamma}$는 전단 변형율이고, du/dy는 y방향에서의 속도 기울기이다. 방정식 (1.100)과 (1.105)를 사용하면 유체 내의 전단 응력은 다음과 같이 나타낼 수 있다.

$$\tau = \mu \frac{du}{dy}. \tag{1.106}$$

이 결과로부터 절대 유체 점도는 다음과 같이 정의된다.

$$\mu \equiv \frac{\tau}{\partial u / \partial y}. \tag{1.107}$$

이 정의에 따라, 전단 응력 대 전단 변형률의 비율 그래프는 점성도와 동일한 기울기를 가진 선형이어야 한다. 점도의 실제 값은 작동유의 종류에 따라 다르며 점성도는 유체마다 다르고, 같은 유체라도 온도에 따라 그 값이 많이 바뀐다. 전단 응력이 전단 변형률의 속도와 선형적인 관계를 가지는 유체를 *뉴톤 유체*라고 한다. 전단 응력과 변형률 사이에 일정한 비율이 유지되지 않는 유체를 *비 뉴턴 유체*라고 한다. $\nu = \mu/\rho$로 정의되며, 여기서 ρ는 유체의 밀도이다. 물리적으로 말해서, 유체의 점도는 유체 자체의 운동과 관련된 마찰 계수의 한 형태이다.

1.5.2 점성 항력 계수

점성 항력 계수는 에너지가 어떻게 분산되는지 이해하기 위해 동적 시스템 모델링에서 널리 사용되는 매개 변수이다. 이 계수는 유체의 전단 원리에 기초를 두고 있기 때문에, 여기서 다루는 내용에 매우 적합하다. 그림 1.6에 나와 있는 상부와 하부 사이에 유체층이 있는 두 판의 상황을 생각해보라. 상부 판을 움직일 때, 그 사이의 유체층을 통해 일정한 힘이 필요하다는 것을 알 수 있다. 이러한 저항력은 점성 항력이라고 하며, 다음과 같이 표현될 수 있다.

$$F = \tau A, \tag{1.108}$$

여기서 τ는 상부판의 접촉면에서의 유체 전단 응력이고, A는 이 판에서의 접촉면이다.
식 (1.106)을 사용하면 상판의 전단 응력은 $\mu U/h$로 주어지며, 여기서 μ는 유체 점도, U는 상면의 슬라이딩 속도, h는 유체의 두 판 사이에 존재하는 막 두께이다. 유체 전단에 대한 이 표현을 사용하면 상판에 점성 항력에 대해 다음과 같은 표현이 쓰여질 수 있다.

$$F = cU, \tag{1.109}$$

점성 항력은 다음과 같이 주어진다.

$$c = \frac{\mu A}{h}. \tag{1.110}$$

이 식에서, 점성 마찰 계수는 유체 점도와 표면 접촉 면적 A가 증가함에 따라 감소하고 유체 필름 두께 h가 증가함에 따라 감소한다. 유압 제어 시스템을 작동시키는 데 사용되는 기계 장치 내에서 움직이는 가동부 사이의 유체 막 두께는 종종 미크론 정도이다. 그러므로 대부분의 적용에서 점성 항력 계수는 점성 에너지 소산을 설명하는 중요한 매개 변수가 된다.

1.5.3 점도 차트 및 모델

점도는 일반적으로 분석적으로 예측하기보다 측정되는 유체의 특성이다. 일반적인 SAE 오일에 대해 이러한 측정 데이터를 보여 주는 도표가 그림 1.7에 나와 있다. 매우 일반적인 유압 작동유는 SAE 10W 작동유이다. 절대 점도의 단위는 그림 1.7에 pascal-seconds(Pa s) 단위로 표시된다. 또한 영국 단위체계에서는 micro-Reyn(μReyn)을 사용하게 되고 SI시스템에서 절대 점도는

centipoise(cP)로 보고하는 것이 일반적이다. 이 단위는 다음과 같은 정의에 따라 서로 관련이 있다.

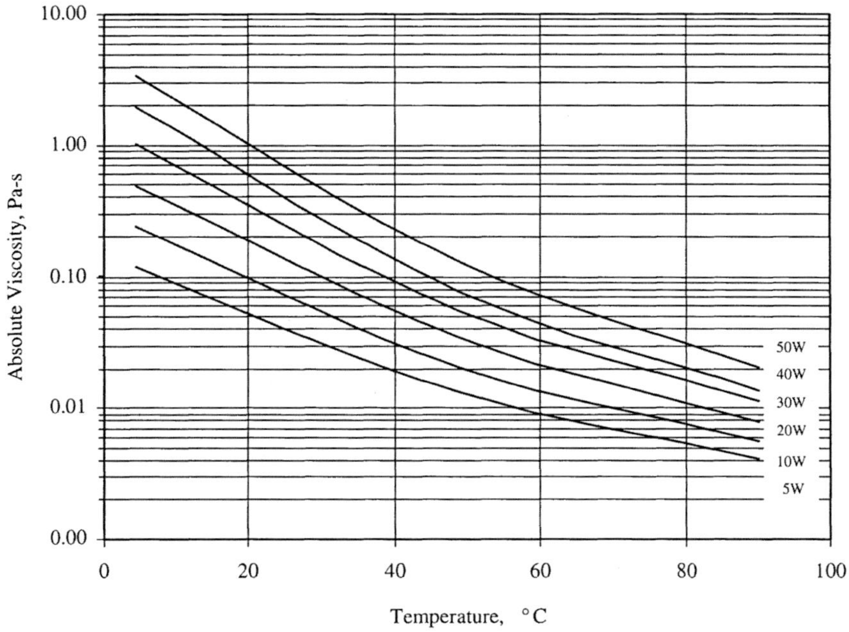

그림 1-7

SAE급 작동유의 유체 점도

$$1 \times 10^6\ \mu\text{Reyn} = 1\ \text{psi-s}, \qquad 1 \times 10^3\ \text{cP} = 1\ \text{Pa-s}. \tag{1.111}$$

유압 작동유의 모든 체적 특성과 함께, 작동유의 점도는 압력 및 온도 조건에 따라 크게 달라진다. 예를 들어, 작동유의 절대 점도는 온도에 따라 현저하게 감소하는 경향이 있고 압력에 따라 완만하게 증가하는 경향이 있다. 온도 및 압력의 변화로 점도는 기하급수적으로 변하게 되며, 2가지 요인의 변화에 대한 점도 변화는 다음과 같이 수학적으로 쓰여질 수 있다.

$$\mu = \mu_o \exp[\alpha(P - P_o) - \lambda(T - T_o)], \tag{1.112}$$

여기서 μ_o는 P_o 및 T_o에서의 점도이고 α 및 λ는 특정 작동유에 따른 상수를 나타낸다.

참고: 이 식의 α는 열팽창 계수가 아니다. 광물성 오일의 경우, 압력 계수가 0 게이지 압력에서의 점도와 관련이 있는 것이 실험적으로 입증되었고, 차원 관계식은 다음과 같다:

$$\alpha = [0.6 + 0.965 \log_{10}(\mu_o)] \times 10^{-8}, \tag{1.113}$$

여기서 μ_o는 centipoise단위로 측정되며, α의 단위는 Pascals^{-1}이다 [5]. 그림 1.7은 SAE 등급 작동유의 점도 차트로, 표준 대기압에서 온도에 따라 변한다. 점도 지수는 점도가 온도에 따라 얼마나 빨리 떨어지는지를 나타내는 데 사용된다. 점도가 온도에 따라 급격하게 감소하지 않으면, 작동유는 *높은* 점도 지수를 가지고 있다고 말한다. 유체 점도가 온도에 따라 급격히 떨어지면, 작동유는 *낮은* 점도 지수를 가지고 있다고 말한다.

이 절에서는 주로 유압 제어 시스템을 작동시키기 위해 사용되기 때문에 광물유의 점도에 초점을 맞추어 설명했다. 그러나 다른 작동유도 사용될 수 있으며, 작동유 제조사들로부터 이들 유체에 대한 점도 데이터를 얻을 수 있다. 사용되는 작동유 종류에 관계없이 유체 제어 시스템의 연속 작동을 위해 유체 점도가 다음 범위 내에서 유지되는 것이 권장된다:

$$7.8\ \text{cP} < \mu < 95.7\ \text{cP} \quad \text{and} \quad 1.1\ \mu\text{Reyn} < \mu < 13.8\ \mu\text{Reyn}. \tag{1.114}$$

최적의 작동 점도는 $\mu = 11.3\ \text{cP} = 1.6\ \mu\text{Reyn}$이다. 최대 콜드 스타트 점도는 1390 cP(201 μReyn) 미만인 것이 좋으며 최소 간헐 점도는 5.0 cP(0.7 μReyn) 이상이 권장된다.

1.6. 증기압

모든 액체는 일정한 온도와 압력에서 기화가 되고 상태변화를 일으킨다. 이 때의 압력을 *증기압* 이라고 하며, 반드시 특정 온도를 명시해야 한다. 예를 들어, 물은 온도가 100℃에 도달하면 대기압에서 기화하는 성질이 있다. 즉, 100℃의 물의 증기압은 절대 압력 101 kPa이다. 압력이 1기압(101 kPa) 이하로 떨어지면 물은 더 낮은 온도에서 기화될 것이다. 유사하게, 압력이 증가하여 1기압 이상에서는 물은 100℃ 이상의 온도에서만 기화하게 된다. 이 증기 기포에 대한 논의는 증기 기포는 공기와 같이 용액에 용해되지 않고, 붕괴되기 때문에 중요하다. 증기 기포가 유압 기계의 표면 근처에서 붕괴되면 침식과 극단적인 손상을 초래할 수 있다. 이 현상은 R. E. Froude(1810-1879년)에 의해 만들어진 용어인 *캐비테이션(cavitation)*이라고 친숙하게 언급된다. 고속 제트 기류에서 발생하는 국부적인 압력 감소 때문에 유압 시스템 내에서 증기 기포는 적당한 온도에서 형성된다. 일단 이러한 기포가 높은 압력에 노출되면 유체 속도가 감소되고 과도한 압력을 생성하는 격렬한 움직임으로 기포가 붕괴된다. 표면 근처에서 기포 붕괴가 발생하면 이러한 일시적인 압력은 고체 물질에 높은 응력을 유도하여 표면을 파괴할 만큼 충분히 커질 수 있다. 캐비테이션에 반복적으로 노출되면 결국 표면이 부식되고 머지않아 구조 부분이 완전히 파괴될 수 있다. 650°C 부근에서 작동하는 석유계 작동유의 증기압은 매우 낮다. 즉 절대 압력은 350 Pa 미만이다 [6]. 물-글리콜 용액 및 유중수 혼합물에 함유된 물의 비율이 높기 때문에 이들 유체는 석유계 유체보다 훨씬 높은 증기압을 가지고 있다.

1.7. 화학적 특성

이 장에서는 유체의 특성을 나타내기 위해 주로 사용되어지는 다양한 용어가 정의된다. 이 용어들은 앞 절에서 논의한 것과 같이 양적 정의를 가지고 있지 않다. 대신 질적 의미를 포함하고 있으며 이 절에서 설명하고자 한다 [1, 7, 9].

유화성(Emulsivity). 이 특성은 유체가 물과 기름 같이 섞이지 않는 두 종류의 액체를 섞어 안정된 혼합물인 유화액을 형성하는 능력을 설명한다. 유화액은 보통 기름 같은 액체를 다른 액체 속에 잘 분산시켜 작은 방울들로 만들어지고, 때로는 끈적한 물질을 사용해서 이 혼합을 유지한다.

윤활성(Lubricity). 이 유체의 특성은 유체의 "기름기"를 나타내며 윤활유로 사용할 때 그 적절성을 나타낸다. 많은 오일은 자연적으로 경계 윤활 특성을 가진 일부 분자 종을 포함한다. 피마자유와 같은 일부 식물성 오일은 미네랄 오일에 비해 더 우수한 자연 윤활 성분을 포함하고 있다. 따라서 첨가제는 일반적으로 윤활성을 향상시키기 위해 광유에 첨가됩니다. 적당한 윤활 특성이 부족하게 되면, 마모가 심하게 되고 나아가 유압 부품의 수명을 단축시킨다.

열 안정성(Thermal Stability). 이 유체의 특성은 고온에서 화학 반응과 분해에 저항하는 유체의 능력을 설명한다. 유체는 온도가 증가함에 따라 더 격렬하게 반응하여 고체 반응 생성물을 형성 할 수 있다.

산화안정성(Oxidative stability). 이 유체의 특성은 산소 함유 물질, 특히 공기와의 반응에 저항하는 능력을 설명한다. 이러한 반응은 유체 내에 고체 부산물을 생성할 수 있다.

수분안정성(Hydrolytic stability). 이 유체의 특성은 불원하는 고체 생성을 저항하거나 안정적인 수분-오일 유화액이 형성될 수 있음을 설명한다. 이러한 유화액은 윤활 능력을 감소시키고 녹이 발생하며 부식을 촉진한다. 유화액 생성을 억제하기 위해 탈유제 첨가제가 자주 사용된다.

호환성(Compatibility). 이 유체의 특성은 "모든 것을 아우르는" 특성으로, 그 유체가 노출된 모든 재료와의 화학 반응을 저항하는 능력을 설명한다. 예를 들어, 일부 유체는 인장 고무와의 반응으로 부드러워져 비호환성을 유발할 수 있다. 물은 밀봉과 가스켓을 부드럽게 하여 불안정한 인장력을 유발할 수 있다.

기포발생(Foaming). 이 용어는 유체가 주로 공기와 결합하여 유화액을 형성하는 능력을 설명하는 데 사용된다. 유입된 공기는 윤활 능력과 액체의 체적 탄성률을 감소시킨다. 체적탄성계수의 감소는 심각한 동적 제한할 수 있으므로, 유체는 유화액을 형성하지 않고 공기를 방출할 수 있는 능력이 있어야 한다. 거품 방지 첨가제는 이 능력을 촉진하는 데 사용된다.

인화점(Flashing Point). 휘발성 오일의 증기가 섬광과 함께 점화될 수 있는 가장 낮은 온도를 나타낸다.

흐름점(Pour point). 유체가 흐를 수 있는 최저온도이다.

취급 특성(Handling properties). 유체의 독성과 냄새, 색깔, 저장 특성을 나타낸다. 이러한 특성들은 유체를 다루거나 사용하는 과정에서 주의를 요하며, 부적절한 취급은 사용자에게 불편함이나 위험을 초래할 수 있다.

1.8. 유체 유형 및 선택

1.8.1 석유 기반 유체

석유 기반 유체는 유압 시스템에서 가장 흔하게 사용되는 유체다. 이들은 정제되어 유압 제어 시스템에 적합한 특성을 가지도록 만들어진 복합 탄화수소 혼합물이다. 다양한 첨가제가 석유계 유체용으로 판매된다. 이러한 첨가제에는 산화, 거품 및 부식 방지제가 포함된다. 첨가제를 사용하여 점도 지수를 높이고 유체의 윤활성을 향상시킬 수 있다.

1.8.2 합성 유체

합성 유체는 석유 기반의 유체에 내화성 대체물을 제공하는 데 사용되며 이들을 제조하는 데 사용되는 기본 원료의 이름을 따서 명명된다. 이러한 유체의 예로는 인산 에스테르와 규산 에스테르가 있다.

1.8.3 생분해성 유체

생분해성은 물질이 무해한 생성물로 분해될 수 있는 생명체의 활동에 의한 능력을 말한다. 환경적 문제로 인해 생분해성 유체는 유압 제어 시스템에서 중요한 대안이다. 특히 이동식 유압 산업에서는 광물 오일의 우발적 유출이 장기간 토양 및 수질 오염을 일으킬 수 있기 때문이다. 다양한 종류의 생분해성 유체가 사용 가능하다. 가장 기본적인 생분해성 유체는 식물성 오일, 특히 유채에서 추출한 오일이다. 다른 생분해 가능한 고성능 유체는 에스테르 기반의 합성 유체이다. 에스테르 기반 합성 유체는 더 넓고 다양한 범위의 성능(특히 저온에서)을 제공하지만, 매우 비용이 많이 들어 많은 응용 분야에서 사용을 금지하고 있다.

1.8.4 물

수압은 최근 유압 엔지니어 사이에 점점 더 관심을 가지는 주제이다. 그 이유는 물이 주변에서 풍부하게 구할 수 있고 매우 저렴하기 때문이다. 또한 물은 환경에 매우 친화적이어서 수력 고장 또는 유출 사고 시 오염에 대한 우려가 적다. 반면에, 물은 수압을 동력 전달 매체로 사용하고 있어 극복해야 할 몇 가지 단점이 있다. 이 단점들 중에서도 물은 박테리아 성장의 형태로 생명을 유지할 수 있는 능력을 가지고 있다. 이러한 성장은 수압 시스템 내에서 내부의 오염원을 항상 가지고 있어, 이는 결국 고장을 일으킬 수 있다. 물의 또 다른 단점은 상변화 사이의 온도 범위가 매우 좁다는 것이다. 0℃에서 물이 얼고 100℃ (표준 대기압에서)에서 증발한다. 이 좁은 범위의 온도에서 물이 액체로 존재해야 한다는 점은 많은 수압 적용에 있어서 쉽게 극복이 되지 않는 이유이기도 하다. 물은 또한 유압 시스템의 수명을 연장하는 데 필요한 윤활 특성이 부족하고 점도가 낮다. 물의 또 다른 단점은 유압 기계를 만드는 데 일반적으로 사용되는 철 물질에 부식성이 있다는 것이다. 물을 작동 매체로 사용하려면 기계 부품을 폴리머 형태의 재료로 코팅해야 한다. 즉, 낮은 강도의 폴리머가 손상되지 않도록 표면 응력이 적어야 한다. 이 때문에 유압 시스템은 낮은 압력에서만 작동하게 되고, 그 결과 시스템의 전력 밀도, 즉 동일한 크기에서 발휘할 수 있는 동력이 감소하게 된다.

1.8.5 유체 선택

작동유를 선택할 때 다음과 같은 특성을 염두에 두어야 한다.

1. 유체는 베어링 및 밀봉 표면에 사용되는 재료와 호환되는 좋은 윤활성을 나타내야 한다.
2. 유체는 광범위한 작동 온도 범위에서 높은 점도 지수를 나타내야 한다.
3. 유체는 긴 수명을 제공해야 한다(최소 5000 시간). 이는 열, 물, 산화 및 전단에 대한 안정성을 의미한다.
4. 유체는 환경 요구 사항과 호환되어야 한다. 이 생분해성 유체의 사용을 요구할 수도 있고 하지 않을 수도 있다.
5. 유체는 유압 시스템의 만족스러운 동적 응답을 위해 높은 체적 탄성계수를 가져야 한다. 일반적으로 이것은 유체가 공기의 흡수에 저항하고 발포하는 경향이 낮아야 함을 의미한다.
6. 유체는 일반적으로 저렴한 비용과 널리 이용 가능해야 한다.

7. 유체는 인화성에 대한 내성을 나타내야 한다.
8. 유체는 시스템에서 멀리 열을 전달할 목적으로 높은 열 전도성을 나타내야 한다.
9. 유체는 캐비테이션을 방지하기 위해 낮은 증기압과 높은 끓는 온도를 나타내야 한다.

1.9. 결론

결론적으로 이 장에서는 유압 시스템에 대해 일반적으로 논의되는 다양한 물리적 특성을 고려했습니다. 이러한 특성은 유체의 질량 밀도, 열 특성, 유체 점도 및 캐비테이션 가능성 및 화학적 호환성과 관련이 있다. 이 간략한 개요는 세부적인 내용이 아니며, 독자는 유체 특성 데이터가 다양하게 흩어져있는 잡다한 텍스트를 참조한다. 이 문서의 나머지 부분에서는 여기에 언급된 유체 특성을 참조하여 유압 제어 시스템의 전반적인 성능을 설명한다. 다음 장의 유체 역학에서는 여기서 소개된 용어와 정의들을 이미 이해하고 있다고 전제하고 설명될 것이다.

1.10. 참고 문헌

[1] Merritt, H. E. 1967. *Hydraulic Control Systems.* John Wiley & Sons, New York.

[2] Boresi A. P., R. J. Schmidt, and O. M. Sidebottom. 1993. *Advanced Mechanics of Materials,* 5th ed. John Wiley & Sons, New York.

[3] Doebelin, E. O. 1990. *Measurement Systems: Application and Design,* 4th ed. McGraw Hill, New York, NY.

[4] Manring, N. D. 1997. The effective fluid bulk-modulus within a hydrostatic transmission. *ASME Journal of Dynamic Systems, Measurement, and Control* 119:462-66.

[5] Hutchings, 1. M. 1992. *Tribology: Friction and Wear of Engineering Materials.* CRC Press, London.

[6] Esposito, A. 2000. *Fluid Power with Applications,* 5th ed. Prentice~Hall, Upper Saddle River, New Jersey.

[7] Yeaple, F. 1996. *Fluid Power Design Handbook,* 3d ed. Marcel Dekker, New York.

[8] United States Army Material Command. 2000. *Engineering Design Handbook : Hydraulic*

Fluids. University Press of Hawaii, Honolulu.

[9] Radhakrishnan, M. 2003. *Hydraulic Fluids: A Guide to Selection, Test Methods and Use*. American Society of Mechanical Engineers, New York.

1.11. 과제

1.11.1 유체 질량 밀도

1.1 표준 기준 상태(압력=1 atm., 온도=250°C)에서의 물의 밀도는 1000 kg/m^3 이다. 압력을 20 MPa로 올리고 온도를 80°C로 올리면 물의 유체 밀도를 계산해라.

참고: 기준 상태에서 물의 체적 탄성 계수는 22 kbar이며 열팽창 계수는 200×10^{-6}/°C이다.

1.2 대기압 및 100°C의 온도에서 작동유의 밀도는 842 kg/m^{3}이다. 압력이 40 MPa로 증가하고 온도가 0°C로 낮아질 때 유체 밀도의 변화율을 계산해라.

참고: 원래 상태에서 유체의 체적 탄성 계수는 12 kbar이며 열팽창 계수는 7×10^{-4}/°C이다.

1.3 열린 용기에는 무게가 7 lbf이고 부피가 1 gal의 유압 작동유가 들어가 있다. 작동유의 온도가 100°F 올라가고 유체의 양은 1.01 gal로 증가한다. 유압 작동유의 원래 밀도와 최종 밀도는 어떻게 되는가? 이 유체의 열팽창 계수는 얼마인가?

1.11.2 체적 탄성 계수

1.4 실험을 통해 고정된 질량의 수용액에 대하여 다음의 방정식에 따라 유체의 압력이 변화하는 것으로 나타났다:

$$P = \frac{K_o(V_o - V)}{V_o - m(V_o - V)},$$

여기서 K_o와 m은 실험 상수, V_o는 압력이 0일 때의 유체 부피, V는 압력 P와 관련된 유체 부피입니다. 세컨트 벌크 모듈러스 K와 접선 벌크 모듈러스 β에 대한 정의를 사용하면 각각에 대한 표현, $m=4.5$ 및 $V=0.98\,V_o$에 대한이 두 결과의 백분율 차이는 얼마인가?

1.5 외경 20 mm, 벽두 께 2.5 mm인 황동 튜브 내부에 부유 공기(부피 기준)가 1%인 광유의 유효 유체 체적 탄성률을 계산하라. 유체 압력이 2100 kPa이고 작동 온도가 90℃라고 가정한다. 모든 과정은 등온으로 가정한다.

1.6 그림 1.4에 표시된 것과 비슷한 용기 내 유체의 유효 유체 체적 탄성률을 결정하기 위해 실험실에서 측정한다. $\frac{1}{2}$-in에는 6000-psi 압력 변환기(풀 스케일 판독 값의 ±1.5% 이내의 정밀도)가 사용된다. 선형 측정 차동 변압기(LVDT) (전체 스케일 판독 값의 ±1.5% 이내)를 사용하여 측정한다. 컨테이너의 원래 깊이는 1 ft ±0.1 in이다. 실험 기록은 다음 표에 나와 있다.

Fluid Pressure P, psi	Displacement x, in.	Bulk Modulus β, psi	Maximum Error ε_{max}
1500	0.203		
3000	0.274		
4500	0.336		
6000	0.389		

이 데이터를 사용하여 측정된 유체 체적 탄성 계수와 측정과 관련된 불확실도에 대해 표의 나머지 부분을 기입하라.
측정을 유용하다고 생각하기 시작한 시점은 언제인가?

1.11.3 열 유체 특성

1.7 고압 호스 내에서 3%의 공기가 들어있는 유압 유체의 유효 열팽창 계수를 계산하라. 작동 온도는 40℃이다.

1.8 550 W/1m^{2}의 열 ftux는 2.54 mm 두께의 수압 유체 정체 된 필름에서 측정된다. 유체 필름을 가로지르는 온도 강하는 10℃입니다. 작동유의 열전도 계수 계산하라.

1.11.4 유체 점도

1.9 그림 1.7을 사용하여 50℃의 작동 온도에서 10W petroleumbased 유체의 ftuid 점도를 결정하십시오. 식 (1.111)을 사용하여 이 결과를 μReyn 및 centipoise 눈금으로 변환하라.

1.10 10W 유압 유체는 70℉ 및 대기압에서 사용된다. 식 (1.112)와 그림 1.7을 사용하여 온도가 200℉로 증가하면 유체 특성 λ을 계산하십시오. 압력도 6000 psi로 증가하면 새로운 점도는 얼마인가? 당신의 의견에 압력이 많은 영향을 미치는가?

PART 02

유체 역학

2.1. 서론

유체 흐름은 유압 제어 시스템에 있어 기본적인 개념이다. 불행하게도, 유체 흐름의 물리학은 간단한 문제가 아니므로, 이 책의 전체 장은 실제 유체 흐름 문제를 해결하는 기본적인 방법을 설명하는데 집중한다. 이 장에서는 유체 운동을 지배하는 Navier-Stokes 방정식을 소개한다.
또한, 이 방적식이 근사될 수 있는 유동 영역과 레이놀즈 수에 따라 해결될 수 있는 방정식에 대해 논의한다.
이 근사값들을 통해 우리는 일반적으로 유압 제어 시스템 내에 존재하는 경계와 기하학적 형태에 대한 방정식을 해결할 것이다. 또한, 과도 압력 현상(갑작스럽게 변하는 압력 현상)과 유압 에너지를 만들어내는 과정도 같이 고려될 것이다. 끝으로, 이 장은 기계나 장비에서 마찰을 줄이는 윤활에 대한 기본적인 원리를 설명하며 결론을 맺을 것이다.

2.2. 지배 방정식

2.2.1 Navier – Stokes(N – S) 방정식

Navier-Stokes 방정식은 다음과 같이 벡터 형식으로 표현된다.

$$\rho\left(\frac{\partial \mathbf{u}}{\partial t} + \mathbf{u}\ \nabla\mathbf{u} - \mathbf{f}\right) = -\nabla p + \mu\ \nabla^2\mathbf{u}, \tag{2.1}$$

여기서 ρ는 유체 밀도, $\mathbf{u}$는 유체의 속도 벡터, t는 시간, $\mathbf{f}$는 유체에 작용하는 모든 체력(body force)을 포함하는 벡터, p는 유체 압력, μ는 유체 점도입니다. 식 (2.1)에서 ∇는 기울기 연산자이고 ∇^2는 라플라스 연산자이다.
유동장 내에서 발생할 수 있는 현상의 잠재적인 척도가 잠재적으로 존재하기 때문에, 무차원 형태의 Navier-Stokes 방정식을 쓰는 것이 유용하다. 이를 위해 다음 정의를 도입한다.

$$\begin{gathered} \mathbf{u} = \hat{\mathbf{u}}U, \qquad t = \hat{t}\tau, \qquad \mathbf{f} = \hat{\mathbf{f}}F, \qquad p = \hat{p}P, \\ \nabla = \hat{\nabla}\frac{1}{L}, \qquad \nabla^2 = \hat{\nabla}^2\frac{1}{L^2}, \end{gathered} \tag{2.2}$$

여기서 캐럿은 무차원 양을 나타내며, U는 유동장의 특성 속도이고, τ는 유동 내의 일부 과도 현상에서 전형적으로 나타나는 시간 양이며, F는 유체에 작용하는 고유 체력이며, P는 유체의 특성 압력, L은 유동장 내의 특성 길이 차원이다. 식 (2.2)를 식 (2.1)에 대입하면 Navier-Stokes 방정식에 대해 다음과 같은 무차원 결과를 얻을 수 있다.

$$\left(\frac{\rho L^2}{\mu\tau}\right)\frac{\partial\hat{\mathbf{u}}}{\partial\hat{t}} + \mathrm{Re}\,\hat{\mathbf{u}}\,\hat{\nabla}\hat{\mathbf{u}} - \hat{\nabla}^2\hat{\mathbf{u}} = \left(\frac{\rho L^2 F}{\mu U}\right)\hat{\mathbf{f}} - \left(\frac{PL}{\mu U}\right)\hat{\nabla}\hat{p}, \tag{2.3}$$

여기서 Re는 *레이놀즈 수*이고, 다음과 같이 정의된다.

$$\mathrm{Re} = \frac{\rho UL}{\mu}. \tag{2.4}$$

체력이 없는 경우의 정상 유동에서, Navier-Stokes 방정식은 다음과 같은 형태로 감소된다.

$$\mathrm{Re}\,\hat{\mathbf{u}}\,\hat{\nabla}\hat{\mathbf{u}} - \hat{\nabla}^2\hat{\mathbf{u}} = -\left(\frac{PL}{\mu U}\right)\hat{\nabla}\hat{p}. \tag{2.5}$$

이 방정식은 풀기가 복잡하고 보통 수치적 결과를 얻기 위해 컴퓨터의 집중적인 사용이 필요하다. 따라서, 다음 장에서 방정식 (2.5)를 분석적으로 풀 수 있는 유체 흐름의 영역들을 고려할 것이다.

2.2.2 높은 레이놀즈 수 흐름

N-S 방정식에서

우리는 레이놀즈 수가 높다거나 낮다고 말할 때, 우리는 단지 상대적인 양을 말하고 있다. 레이놀즈 수는 무언가에 비해 높거나 낮아야 한다. 차원이 없는 형태의 Navier - Stokes 방정식으로부터 우리는 각 항의 적절한 스케일링이 캐럿이 붙은 양들이 대략 단위와 같게 만들어야 함을 알 수 있다. 이 경우 레이놀즈 수는 대류 가속 항 $\hat{\mathbf{u}}\,\widehat{\nabla}\,\hat{\mathbf{u}}$을 증폭하거나 감쇠시키는데 사용되므로 식의 다른 모든 항과의 관계에서 해당 항을 가중한다. 만약 레이놀즈 수가 1 보다 훨씬 크다면, 방정식 (2.5)에 따라 이를 증명할 수 있다.

$$\mathrm{Re}\,\hat{\mathbf{u}}\,\hat{\nabla}\hat{\mathbf{u}} = -\left(\frac{PL}{\mu U}\right)\hat{\nabla}\hat{p}. \tag{2.6}$$

차원 형식에서 이 식은 다음과 같이 표현될 수 있다.

$$\rho\mathbf{u}\,\nabla\mathbf{u} = -\nabla p. \tag{2.7}$$

예를 들어 x 방향으로 1차원 유동장을 고려한다면, 식 (2.7)은 다음과 같이 표현될 수 있다.

$$\rho u \frac{du}{dx} = -\frac{dp}{dx}, \tag{2.8}$$

여기서 u는 x 방향의 유체 속도이다. 이 식을 적분하면 다음 결과를 얻을 수 있다.

$$p + \rho \frac{1}{2} u^2 = \text{constant} \tag{2.9}$$

이 식은 일반적으로 *베르누이(Bernoulli)* 방정식으로 잘 알려져 있다(체력이 작용하지 않을 때). 베르누이 방정식은 외부 힘이 작용하지 않을 때 유체 흐름을 설명하는 공식이다. 이 공식은 아주 빠르게 흘러가는 상황, 즉 레이놀즈 수가 1보다 훨씬 클 때 유용하며, 유체가 꾸준히 흐르는 상태에서 특정 경로를 따라서 적용된다.

자유물체도에서

베르누이 방정식을 물리적으로 깊이 이해하려면 유체가 흐르는 공간에서 각 유체 요소에 작용하는 힘을 살펴보는 것이 유익하다. 예를 들어, 그림 2.1에 나타난 자유물체도에서는 x 방향으로 압력이 작용하는 유체 요소를 보여준다. 레이놀즈 수가 높아 유체 요소의 측면에 작용하는 전단력을 고려하지 않고, 대신 뉴턴의 제 2 법칙을 적용하여 압력에 의해 유체 요소에 작용하는 힘과 선형 운동량의 시간에 따른 변화율이 일치하도록 설정한다. 이러한 접근 방식으로 얻은 결과는 다음과 같다.

$$\delta m \frac{du}{dt} = p\ \delta y\ \delta z - \left(p + \frac{dp}{dx}\delta x\right)\delta y\ \delta z, \tag{2.10}$$

여기서 δm은 유체 요소의 질량, u는 x 방향의 유체 속도, t는 시간, p는 유체 압력, x, y 및 z는 유체 유동장을 설명하는 데카르트 좌표계이다. 정의에 따르면 유체 요소의 질량은 다음과 같이 주어진다.

$$\delta m = \rho\ \delta x\ \delta y\ \delta z, \tag{2.11}$$

여기서 ρ는 정상 상태의 유동 문제의 경우, 유체 속도 u는 시간 t에 따라 변하지 않는다. 그러나, 속도는 좌표 위치 x에 따라 달라질 수 있고, 이 위치도 시간이 흐름에 따라 바뀐다. 그래서 미적분학의 연쇄 법칙을 적용해보면 유체 요소에 대한 선형 운동량이 시간에 따라 어떻게 변하는지 다음과 같이 쓸 수 있다.

$$\frac{du}{dt} = \frac{du}{dx}\frac{dx}{dt} = u\frac{du}{dx}. \tag{2.12}$$

식 (2.11)과 식 (2.12)를 식 (2.10)에 대입하면 유체 요소의 운동량을 설명하는 다음과 같은 결과가 얻을 수 있다:

$$\rho u \frac{du}{dx} = -\frac{dp}{dx}, \tag{2.13}$$

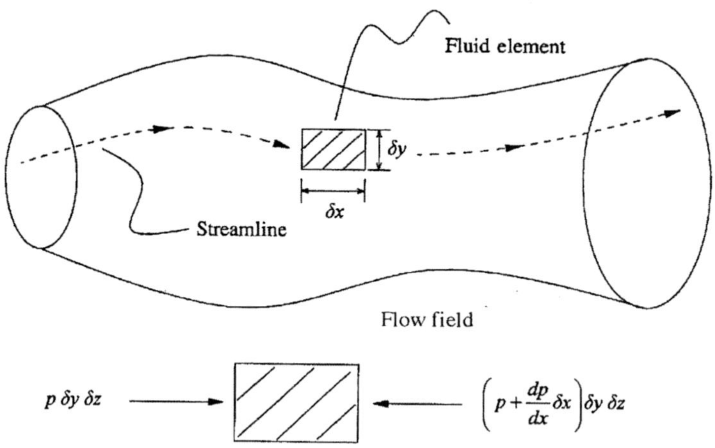

그림 2-1
높은 레이놀즈 수 흐름을 가지는 유체 요소의 자유물체도

이는 식 (2.8)과 같은 지배 방정식이다. 이 방정식에 대한 해답은 베르누이 방정식으로 주어지며 식 (2.9)에 표시된다.

2.2.3 낮은 레이놀즈 수 유동

▌N-S 방정식에서.

낮은 레이놀즈 수 유동의 경우, 레이놀즈 수는 1보다 훨씬 작아야 한다. 이런 조건 하에서, 식 (2.5)에서 볼 수 있듯이, 유동을 지배하는 방정식은 다음과 같이 주어진다:

$$\hat{\nabla}^2\hat{\mathbf{u}} = \left(\frac{PL}{\mu U}\right)\hat{\nabla}\hat{p}. \tag{2.14}$$

이 결과는 차원이 있는 형태로 다음과 같이 쓸 수 있다:

$$\mu\, \nabla^2\mathbf{u} = \nabla p. \tag{2.15}$$

x 방향(유동과 같은 방향)에서만 압력이 변하고 속도가 y 방향(유동 수직 방향)에서 변하는 1차원

유동장을 고려하면 식 (2.15)는 다음과 같이 명시적으로 쓰여질 수 있다.

$$\mu \frac{d^2u}{dy^2} = \frac{dp}{dx}. \tag{2.16}$$

y에 대해 이 결과를 두 번 적분하면 다음의 유체 속도를 구할 수 있다.

$$u = \frac{1}{2\mu}\frac{dp}{dx}y^2 + C_1 y + C_2, \tag{2.17}$$

여기서 C_1과 C_2는 일반적으로 x에 의존하는 적분 "상수"이다. 속도가 유동장 내의 두 위치에서 지정되면, $u(y_1)=u_1$과 $u(y_2)=u_2$의 적분 상수는 다음과 같이 얻을 수 있다.

$$C_1 = \frac{(u_1 - u_2)}{(y_1 - y_2)} - \frac{1}{2\mu}\frac{dp}{dx}(y_1 + y_2) \quad \text{and} \quad C_2 = \frac{y_1u_2 - y_2u_1}{(y_1 - y_2)} + \frac{1}{2\mu}\frac{dp}{dx}y_1y_2. \tag{2.18}$$

식 (2.18)을 식 (2.17)에 대입하면 유체 속도는 다음과 같은 결과를 나타난다:

$$u = \frac{1}{2\mu}\frac{dp}{dx}(y - y_1)(y - y_2) + u_1\frac{(y - y_2)}{(y_1 - y_2)} - u_2\frac{(y - y_1)}{(y_1 - y_2)}. \tag{2.19}$$

단위 너비당 유체 체적 유동률 Q는 y_1과 y_2 사이의 간격을 통해 다음과 같이 주어진다:

$$Q = \int_{y_1}^{y_2} u\, dy = \frac{1}{12\mu}\frac{dp}{dx}(y_1 - y_2)^3 - \frac{(u_1 + u_2)}{2}(y_1 - y_2). \tag{2.20}$$

비압축성 유체의 질량 보존 법칙에서, 우리는 $dQ/dx = 0$임을 알고 있다. 질량 보존 법칙을 사용하면, 식 (2.20)에서 다음과 같이 나타난다:

$$\frac{d}{dx}\left(\frac{h^3}{\mu}\frac{dp}{dx}\right) = 12\,\overline{U}\frac{dh}{dx}, \tag{2.21}$$

여기서 유체 간극은 $h = y_2 - y_1$이고 평균 유체 속도는 $\overline{U} = (u_2 + u_1)$로 주어진다. **참고 :** 이 방정식에서 평균 유체 속도는 좌표 x와는 독립적이라고 가정한다. 식 (2.21)은 1 차원 유동에 대한 고전 *레이놀즈 방정식*으로 알려져 있다. h는 x와 독립적이라고 가정하면, 식 (2.21)은 다음과 같이 나타난다.

$$\frac{d^2p}{dx^2} = 0. \tag{2.22}$$

이 방정식의 해는 다음과 같다.

$$p = C_3 x + C_4, \tag{2.23}$$

여기서 C_3와 C_4는 적분 상수이다. 이 결과는 x에 대한 압력의 선형적인 변화를 설명한다. 만약 유동장의 두 지점에서 압력을 p_1과 p_2로 각각 정하고, 그 위치를 x_1과 x_2라고 한다면, 적분 상수는 다음과 같이 계산할 수 있다.

$$C_3 = \frac{(p_1 - p_2)}{(x_1 - x_2)} \quad \text{and} \quad C_4 = p_1 - \frac{(p_1 - p_2)}{(x_1 - x_2)} x_1. \tag{2.24}$$

이 결과를 식 (2.23)에 대입하면 다음과 같은 압력 방정식을 얻을 수 있다:

$$p = p_1 + \frac{(p_1 - p_2)}{(x_1 - x_2)} (x - x_1). \tag{2.25}$$

이 결과는 두 평면 사이의 유체 압력 분포를 설명해준다. 만약 유체의 두께 h가 위치 x에 따라 변할 수 있다고 가정하면, 우리는 더 많은 현상을 발견할 수 있다. 이에 대한 자세한 내용은 이 책의 2.7절에서 찾아볼 수 있다.

자유물체도에서

낮은 레이놀즈 수 문제에 대해 더 물리적인 통찰을 얻기 위해, 우리는 그림 2-2와 같이 유체 요소의 자유물체도를 살펴보는 것이 도움이 된다. 이 유체 요소는 x 방향의 압력 구배와 y 방향의 속도 구배가 있는 1차원 유동장에서 가져온 것이다. 유체 요소에 작용하는 힘은 x 방향의 압력 구배와 y 방향의 유동 전단에서 나온다. 레이놀즈 수가 낮기 때문에, 선형 운동량의 시간 변화율은 무시되고, 힘의 합력은 0이 된다. 이 결과는 다음과 같이 주어진다.

$$0 = p\,\delta y\,\delta z - \left(p + \frac{dp}{dx}\delta x\right)\delta y\,\delta z + \left(\tau + \frac{d\tau}{dy}\delta y\right)\delta x\,\delta z - \tau\,\delta x\,\delta z, \tag{2.26}$$

여기서 p는 유체 압력이고 τ는 유체 전단력이다. 식 (2.26)을 단순화하면 다음의 결과가 산출된다.

$$\frac{d\tau}{dy} = \frac{dp}{dx}. \tag{2.27}$$

뉴톤 유체의 경우 유체 전단력은 다음과 같다:

$$\tau = \mu \frac{du}{dy}, \tag{2.28}$$

여기서 μ는 절대 유체 점도이고, u는 x 방향의 유체 속도이다. 식 (2.28)을 식 (2.27)에 대입하면 다음 결과가 산출된다.

$$\mu \frac{d^2u}{dy^2} = \frac{dp}{dx}, \tag{2.29}$$

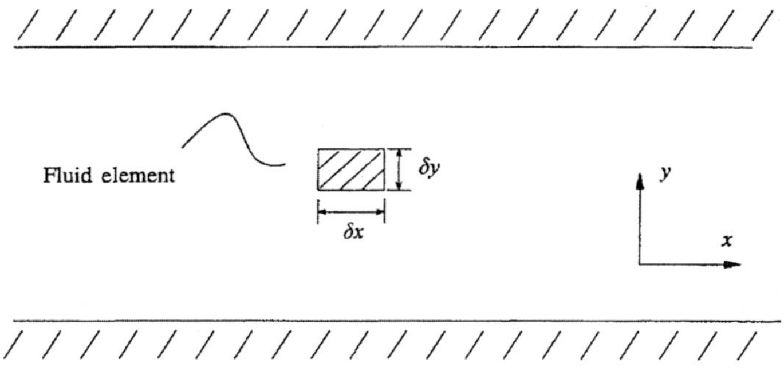

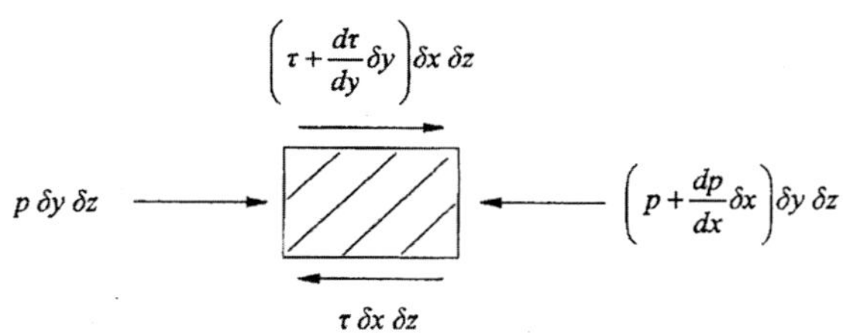

그림 2-2
낮은 Reynolds 수에서의 유체 요소의 자유물체도

이는 Navier-Stokes 방정식에서 유도된 것과 동일한 지배 방정식이다. 이 방정식의 해는 이전과 같다. 식 (2.16)을 참고하라.

사례 연구

첨부된 그림은 위치 2에서의 단면적이 급격하게 변화하는 원통형 유로를 보여준다. 작동유의 밀도는 850 kg/m^3 이며 점도는 0.02 Pa s이다. 통로를 통과하는 일정한 유속은 기호 Q로 표시되며 0.10 liter/min이다. 도면에 도시된 두 개의 직경은 $d_1 = 1\text{m}$ 및 $d_2 = 1\text{mm}$로 주어진다. 그림에서 단면 1과 2의 레이놀즈 수를 계산하라. 각 단면에서의 유동을 설명하는 방정식은 무엇일까? 또한, 이 방정식들이 의미하는 물리적 개념은 무엇인가?

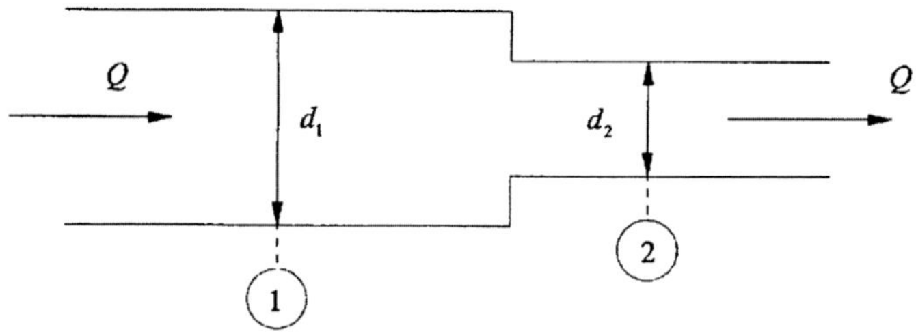

단면 1을 통과하는 유속은 $4Q/(\pi d_1^2)$으로 주어진다. 문제에서 제공된 데이터를 사용하여 이 속도를 계산하면 2.1×10^{-6} m/s라고 계산되어 진다. 이 결과를 이용해서, 단면 1의 유동 통로에서 레이놀즈 수는 다음과 같이 계산된다.

$$\mathrm{Re} = \frac{\rho U_1 d_1}{\mu} = \frac{850\ \mathrm{kg/m^3} \times 2.1 \times 10^{-6}\ \mathrm{m/s} \times 1\ \mathrm{m}}{0.02\ \mathrm{Pa\ s}} = 0.09.$$

레이놀즈 수식은 이 통로 단면에서 유체의 움직임을 모델링하는데 사용된다. 이 경우 유체의 움직임은 점도에 크게 좌우되므로, 유체의 관성 효과는 크게 고려하지 않아도 된다. 단면 2에서 유속은 $4Q/(\pi d_2^2)$로 주어지며 이 속도는 2.1 m/s로 계산된다.

이 결과를 이용하면, 단면 2의 유동 통로에서 레이놀즈 수는 다음과 같이 계산된다:

$$\mathrm{Re} = \frac{\rho U_2 d_2}{\mu} = \frac{850\ \mathrm{kg/m^3} \times 2.1\ \mathrm{m/s} \times 0.001\ \mathrm{m}}{0.02\ \mathrm{Pa\ s}} = 90.$$

이 값이 1보다 매우 크기 때문에, 섹션 2의 유체 흐름은 높은 레이놀즈 수를 가진 것으로 나타난다. 그러므로, 이 구간에서 유체 흐름을 설명하기 위해서는 Bernoulli 방정식을 사용해야 이 경우, 유체의 움직임은 관성의 영향을 많이 받고, 점도 효과는 상대적으로 중요하지 않다.

2.2.4 난류 대 층류

*난류 유동*은 주어진 지점에서의 속도가 크기와 방향이 불규칙하게 변하는 유체 흐름으로 정의된다. 층류는 고체 경계 부근의 유선형 흐름으로 정의된다.

참고 : 유선은 속도장에 접선이다.

Osborne Reynolds(1842-1912)에 의해 수행된 실험에서, 원형 파이프에서의 흐름이 레이놀즈 수가 2100 미만일 때는 일관되게 층류로, 레이놀즈 수가 4000을 초과할 때는 일관되게 난류로 관찰되었다. 레이놀즈 수가 2100과 4000 사이일 경우에는 흐름이 전이 상태에 있었던 것으로 관찰되었고, 이 조건은 난류의 시작을 예측하는 고전적 실험으로 자주 사용된다. 이는 레이놀즈 수의 함수로서 난류의 시작을 예측하기 위한 것이다.

이전의 레이놀즈 수가 낮은 레이놀즈 수와 높은 레이놀즈 수에 대한 논의에서 우리는 1보다 훨씬 적은 Reynolds 수와 1보다 훨씬 큰 Reynolds 수의 경우를 구분하였다.

유체 유동의 경우, 낮은 레이놀즈 수 유동을 층류라하고 높은 레이놀즈 수 유동을 난류라 한다. 일부 흐름 영역에서는 이 언어가 정확할 수 있지만 모든 곳에서 적용되지는 않는다. 그러나 레이놀즈 수가 4000을 초과하는 높은 레이놀즈 수 흐름의 경우, 난류가 존재할 가능성이 크다. 이러한 높은 레이놀즈 수 흐름은 난류로 분류될 수 있다. 결론적으로, 모든 낮은 레이놀즈 수 흐름은 층류이지만, 높은 레이놀즈 수 흐름은 레이놀즈 수 자체에 따라 난류 또는 층류일 수 있다.

2.2.5 제어량 분석

레이놀즈 수송 정리: Navier-Stokes 방정식은 주어진 유동장을 통해 흐르는 특정 유체 요소의 운동을 지배한다. 이 방정식은 유동장 자체에 관한 상세한 정보를 이해하는 데 그러나, 이러한 상세한 정보는 우리가 알아야 할 것보다 종종 더 많은 정보를 제공한다. 여기, 우리는 유동장이 주어진 공간 또는 제어량에 미치는 영향에 대해서만 관심이 있다. 유체가 제어량에 작용할 때 유체의 전반적인 효과를 연구하려면 Reynolds 이송 정리(Reynolds transport theorem)로 알려진 분석 도구를 사용해야 한다. 이 정리의 다음 전개는 표준 유체 역학 교과서에서 찾을 수 있다 [1].

그림 2-3은 두 시점에서 고정된 제어부피(점선으로 정의됨)를 보여준다. 시간 t에, 제어량은 B에 의해 주어진 어떤 유체 속성으로 특징지어지는 유체 입자들의 시스템을 포함하고 있다. 일반적으로, 관심 있는 유체 속성은 속도, 질량, 온도 등이 될 수 있다. 이 시점에서 우리는 일반화된 유체 속성을 고려할 것이고, 분석에 따라 그 물리적 정의를 명시할 것이다. 그림 2.3은 또한 시간 $t+\delta t$의 두 번째 순간에 원래 입자 시스템의 스냅 샷을 보여준다. 이 두 번째 순간에 입자의 원래 시스템이 제어량 밖으로 이동하기 시작했고 새로운 유체 입자 그룹이 제어량에 들어가기 시작했다. 첫 번째 시점에서 우리는 원래 입자 시스템의 유체 속성이 제어부피 내의 유체 속성과 동일하다는 것을 알고 있다. 그 이유는 이것이 정확히 같은 공간을 차지하기 때문이다. 우리는 이를 수학적으로 다음과 같이 적는다:

$$B_{sys}(t) = B_{cv}(t). \tag{2.30}$$

두 번째 순간에 원래 시스템의 유체 특성이 다음과 같은 식으로 나타남을 알 수 있다.

$$B_{sys}(t + \delta t) = B_{cv}(t + \delta t) + B_{II}(t + \delta t) - B_{I}(t + \delta t), \tag{2.31}$$

여기서 B_{I} 는 방금 제어량을 입력 한 새로운 입자와 관련된 유체 특성이고, B_{II}은 방금 제어량을 빠져 나온 원래 시스템의 입자와 관련된 유체 특성이다. 시간에 대한 원래 시스템의 유동성의 변화는 다음과 같이 주어진다.

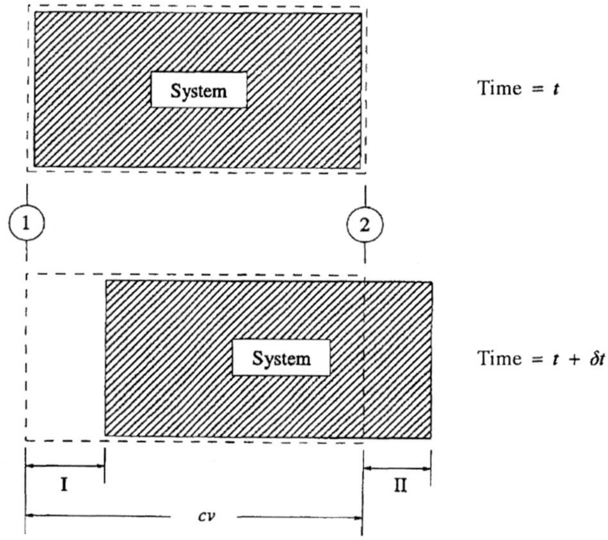

그림 2-3
경계선 2를 가로 질러 이동하는 입자 시스템으로 점선으로 표시된 제어량

$$\frac{\delta B_{sys}}{\delta t} = \frac{B_{sys}(t + \delta t) - B_{sys}(t)}{\delta t}. \tag{2.32}$$

식 (2.30)과 식 (2.31)을 식 (2.32)에 대입하면 다음 결과가 산출된다.

$$\frac{\delta B_{sys}}{\delta t} = \frac{B_{cv}(t + \delta t) - B_{cv}(t)}{\delta t} + \frac{B_{II}(t + \delta t)}{\delta t} - \frac{B_{I}(t + \delta t)}{\delta t}. \tag{2.33}$$

δt가 0이되면, 우리는 다음을 알 수 있다.

$$\lim_{\delta t \to 0} \frac{\delta B_{sys}}{\delta t} = \frac{DB_{sys}}{Dt}, \tag{2.34}$$

여기서 D는 유체 속성 B의 전체 또는 물질 유도체를 나타 내기 위해 사용되었다. 이 표기는 유체 입자가 시간에 따라 어떻게 변하는지를 추적하는 라그랑지 관점을 반영하고 있다. 즉, 유체 속성 B가 시간이 지남에 따라 어떻게 변하는지를 나타내는 비율을 나타낸다.

$$B_{cv} = b_{cv}m_{cv} = \int_{v_{cv}} b_{cv}\rho_{cv}\, dV, \tag{2.35}$$

여기서, b_{cv}는 제어 볼륨 내의 특정 유체 속성이고, m_{cv}는 제어 볼륨 내의 유체 질량이며, ρ_{cv}는 제어 볼륨 내의 유체 질량 밀도이며, v_{cv}는 제어 볼륨 자체의 부피이다. 이 결과를 사용하면 식 (2.33)의 오른쪽에 있는 첫 번째 항이 0으로 진행됨에 따라 극한에서 평가될 수 있다. 이 결과는 다음과 같다.

$$\lim_{\delta t \to 0} \frac{B_{cv}(t + \delta t) - B_{cv}(t)}{\delta t} = \frac{\partial B_{cv}}{\delta t} = \frac{\partial}{\partial t} \int_{v_{cv}} b_{cv} \rho_{cv} \, dV. \tag{2.36}$$

식 (2.33)의 오른쪽에 있는 두 번째 항을 고려하기 위해, 우리는 제어량을 떠나는 시스템 유체 특성의 양을 고려해야 한다. 이 유체의 양은 다음과 같이 쓸 수 있다.

$$B_{II}(t + \delta t) = b_2 \, \delta m_2 = b_2 \rho_2 \, \delta V_2, \tag{2.37}$$

여기서 b_2는 경계 2에서의 특정 κ uid 특성이고, ρ_2는 경계 2에서의 유체 질량 밀도이며, δm_2 및 δV_2는 시간 t에서 경계 2를 넘은 질량 및 체적이다. 그 사실을 인식하면

$$\delta V_2 = \delta t \int_{A_2} u_2 \, dA, \tag{2.38}$$

여기서 u_2는 유체 속도 교차 경계 2이며, 이는 다음과 같이 나타낼 수 있다.

$$B_{II}(t + \delta t) = b_2 \, \delta m_2 = \delta t \int_{A_2} b_2 \rho_2 u_2 \, dA. \tag{2.39}$$

유사하게, 식 (2.33)의 우변에 있는 제 3 항은 다음과 같이 쓸 수 있다.

$$B_I(t + \delta t) = b_1 \, \delta m_1 = \delta t \int_{A_1} b_1 \rho_1 u_1 \, dA, \tag{2.40}$$

여기서 첨자 1은 제어 볼륨의 경계 1에 관련된 특성을 나타낸다. 식 (2.33)과 식 (2.34), 식 (2.39) 및 식 (2.40)의 결과를 식 (2.33)과 함께 사용하면 유체의 시스템이 통과할 때의 전체 시간 변화율 제어 볼륨:

$$\frac{DB_{sys}}{Dt} = \frac{\partial}{\partial t} \int_{v_{cv}} b_{cv} \rho_{cv} \, dV_{cv} + \int_{A_2} b_2 \rho_2 u_2 \, dA_2 - \int_{A_1} b_1 \rho_1 u_1 \, dA_1. \tag{2.41}$$

이것은 그림 2-3에 나온 간단한 제어 볼륨에 대한 레이놀즈 수송 정리이다. 흐름이 많은 다른 위치에서 제어 볼륨으로 들어오고 나가고 있다. 이는 관심 유동 및 유동성 속성이 삼차원적인 성질을 가질 수 있는 더 일반적인 경우에는, 레이놀즈 운송 정리에 대한 다음과 같은 표현이 작성될 수 있다:

$$\frac{D\mathbf{B}}{Dt} = \frac{\partial}{\partial t}\int_{\text{cv}} \rho\mathbf{b}\, dV + \int_{\text{cs}} \rho\mathbf{b}(\mathbf{u}\cdot\hat{\mathbf{n}})\, dA, \tag{2.42}$$

여기서 **B**는 시스템의 유체 특성이고, **b**는 제어 체적의 특정 유체 특성이며, **u**는 제어 체적으로 들어가고 나가는 속도 벡터이고, $\hat{\mathbf{n}}$는 제어 체적에서 정상적으로 바깥쪽으로 향하는 단위 벡터이다. 유동체가 제어면의 경계를 넘는 위치. 이 방정식의 굵게 표시된 표기법은 벡터 양을 나타낸다. 이 결과는 고정 된 제어 볼륨에 유효하다. **u**가 상대 속도의 표현으로 간주되면 식 (2.42)는 일정한 속도로 움직이는 제어량에도 적용된다. 식 (2.42)의 오른쪽에있는 첫 번째 항은 제어 볼륨 자체 내의 유동 자산의 시간 변화율을 나타낸다. 식 (2.42)의 오른쪽에있는 두 번째 항은 시간에 대한 제어 체적 경계를 가로 지르는 유체 속성의 외적 및 외적을 설명한다.

Reynolds 수송 정리는 유압 제어 밸브를 설계하고 평가하는 데 매우 강력한 도구이다. 이 도구는 밸브의 기계 부품에 가해지는 힘을 분석하기 위해 4장에서 광범위하게 사용된다. 다음 단락은 레이놀즈 교통 정리의 실제적인 사용을 설명하기 위해 제공된다.

질량의 보존

제어량에 대한 질량 보존을 고려하기 위해 레이놀즈 수송 정리와 질량 자체의 유동성을 사용한다. 다른 말로,

$$\mathbf{B} = M \qquad \text{and} \qquad \mathbf{b} = 1, \tag{2.43}$$

여기서 M은 제어 볼륨 내의 유체 시스템의 질량이다. 식 (2.42)와 함께 이들 식을 사용하면, 시스템 내의 전체 시간 변화율은 다음과 같이 주어진다.

$$\frac{D}{Dt}M = \underbrace{\frac{\partial}{\partial t}\int_{\text{cv}} \rho\, dV}_{\substack{\text{Time rate of change}\\ \text{of mass within}\\ \text{the control volume}}} + \underbrace{\int_{\text{cs}} \rho\,(\mathbf{u}\cdot\hat{\mathbf{n}})\, dA.}_{\substack{\text{Inflow of mass across}\\ \text{the control-volume boundary}}} \tag{2.44}$$

시스템 내에 질량 소스가 없다면, 식 (2.44)의 왼쪽은 항상 0이어야 한다. 따라서 시스템의 질량 보존은 다음과 같이 나타낼 수 있다.

$$0 = \frac{\partial}{\partial t}\int_{\text{cv}} \rho\, dV + \int_{\text{cs}} \rho(\mathbf{u}\cdot\hat{\mathbf{n}})\, dA. \tag{2.45}$$

이 결과는 제어 볼륨 내의 유동 질량의 순 변화가 제어 체적의 경계를 가로 질러 발생하는 모든 질량의 합과 같아야 한다는 것을 나타낸다. **참고 :** 이 유량은 제어 볼륨 안팎의 방향에 따라 양수 및 음수이다.

$$\mathbf{F} = \int_{cs} \rho(\mathbf{u}\cdot\hat{\mathbf{n}})\, dA = \int_{A_1} \rho\mathbf{u}_1(\mathbf{u}_1\cdot\hat{\mathbf{n}}_1)\, dA_1 + \int_{A_2} \rho\mathbf{u}_2(\mathbf{u}_2\cdot\hat{\mathbf{n}}_2)\, dA_2$$
$$= -\int_{A_1} \rho\left(\frac{Q^2}{A_1^2}\hat{\mathbf{i}} + 0\hat{\mathbf{j}}\right) dA_1 - \int_{A_2} \rho\left(\frac{Q^2}{A_2^2}\cos(\theta)\,\hat{\mathbf{i}} + \frac{Q^2}{A_2^2}\sin(\theta)\,\hat{\mathbf{j}}\right) dA_2.$$

$\mathrm{F} = F_x\hat{\mathrm{i}} + F_y\hat{\mathrm{j}}$ 임을 알면, 이 결과는 제어 볼륨에 가해진 스칼라 힘이 다음과 같이 됨을 알 수 있다.

$$F_x = -\rho\, Q^2\left(\frac{1}{A_1} + \frac{\cos(\theta)}{A_2}\right) \quad \text{and} \quad F_y = -\rho Q^2\,\frac{\sin(\theta)}{A_2}.$$

이 결과의 음수 부호는 아크 모양 도관에 의해 제어 볼륨에 가해지는 실제 반응이 그림에 표시된 화살표의 반대 방향임을 나타낸다. 또한, 유체의 운동량(유체가 가진 움직임의 정도)은 도관을 통한 유체의 체적 흐름을 조정하거나 도관의 형태나 크기를 변화시켜 조절할 수 있다.

2.3. 유체 흐름

2.3.1 레이놀즈 수

유동 특성

앞서 논의한 것처럼 레이놀즈 수는 고려중인 유체 흐름 유형을 특성화하고 분석을 위한 적절한 지배 방정식을 식별하는 데 사용된다. 레이놀즈 수는 일반적으로 식 (2.4)에 표시되었으며 편의상 다음과 같이 재작성되었다.

$$\mathrm{Re} = \frac{\rho UL}{\mu}, \tag{2.49}$$

여기서 ρ는 유체 밀도, U는 유동장 내의 대표적인 유체 속도, L은 유동장 내의 대표적인 길이 치수, μ는 절대 유체 점도이다. 유압 제어 시스템에서 유량의 레이놀즈 수를 계산하기 위해, 시스템 내의 모든 유체 흐름이 완전히 유체로 채워진 도관 내부에 있어야 한다는 가정이 필요하다. 이는 시스템 내에 열린 채널 흐름이 없다는 것을 의미한다.

이러한 유체 통로는 유량의 평균 유체 속도와 관련된 단위 시간당 일정량의 유체를 운반하는 데 사용된다. 또한, 통로의 크기 및 기하학적 형상은 유동장 내에서 길이의 특성을 특성화하는데 사용될 수 있다.
통로 형상으로부터 우리는 대표적인 유체 속도와 유동장 내의 대표적인 길이 차원을 다음과 같이 명시할 것이다.

$$U = \frac{Q}{A} \qquad \text{and} \qquad L = D_h, \tag{2.50}$$

Q는 유체의 체적 유량, A는 유로 단면적, D_h는 유로 단면의 수경 직경을 나타낸다. 이들 식을 식 (2.49)로 대입하면 유압 제어 시스템 내에서의 유량을 특성화하는 데 사용할 레이놀즈 수에 대한 다음식이 산출된다.

$$\mathrm{Re} = \frac{\rho Q D_h}{\mu A}. \tag{2.51}$$

해당 유체 통로 내에서의 유체 유형을 특성화하기 위해 다음 분류가 재강조된다.

$$\begin{aligned} \mathrm{Re} &= \frac{\rho Q D_h}{\mu A} >> 1 \qquad \text{high-Reynolds-number flow} \\ \mathrm{Re} &= \frac{\rho Q D_h}{\mu A} << 1 \qquad \text{low-Reynolds-number flow.} \end{aligned} \tag{2.52}$$

높은 Reynolds 수를 특징으로 하는 유동의 경우, 유체 운동의 지배 방정식은 식 (2.7)에 표시된 Bernoulli 방정식에 의해 주어진다. 레이놀즈 수에 의해 특징 지워지는 유동의 경우, 유체 운동의 거동 방정식은 식 (2.15)에 나타난 레이놀즈 방정식에 의해 주어진다. 유체 흐름의 이러한 분류는 유압 제어 시스템 내에서 유체 흐름을 모델링하는 데 사용될 수 있는 중요한 방정식을 설명하기 위해 다음 하위 절에서 사용될 것이지만, 먼저 우리는 유로 그 자체의 기하학적 구조를 고려해야 한다.

유압 직경

유압 직경은 비원형 단면을 가진 유로에서 사용되는 개념이다. 원형 유로의 면적을 계산하는 방정식을 살펴보면,

$$A = \frac{\pi}{4} D_h^2, \tag{2.53}$$

유압 직경 D_h는 유로의 원형 직경에 사용된다. 이 시점에서 주어진 π의 정의를 상기하는 것이 유용하다.
완벽한 원의 기하학에서 이 정의는

$$\pi \equiv \frac{\text{circle circumference}}{\text{circle diameter}}. \tag{2.54}$$

식 (2.53)에서 다음과 같이 수정한다.

$$\pi \rightarrow \frac{\text{flow passage perimeter}}{\text{hydraulic diameter}} = \frac{S}{D_h} \tag{2.55}$$

일반적으로 형성된 유동 통로의 유압 직경은 다음과 같이 쓸 수 있다.

$$D_h = \frac{4A}{S}, \tag{2.56}$$

여기서 A는 단면적이며, S는 유동 통로 둘레이다. **참고 :** 원형 모양의 유로의 경우 수력 직경은 단순히 원의 직경을 나타낸다. 방정식 (2.51)에서 Reynolds 수를 계산할 때 수식 (2.56)에 표시된 수력 직경을 사용해야 한다.

2.3.2 베르누이 유량과 오리피스

오리피스 방정식 개발

유압 제어 시스템의 모델링을 위해 개발되는 가장 실용적인 방정식 중 하나는 클래식 *오리피스 방정식*이다. 이 방정식은 Bemoulli 방정식을 기반으로 하므로 일정하고, 비압축성이며, 높은 레이놀즈 수 흐름에 적용할 수 있다.

그림 2.4는 흐름 통로를 양측으로 구분하는 날카로운 모서리가 있는 통로를 보여준다. 오리피스의 단면적은 A_o로 주어 지지만, 감소 된 면적 A_2는 오리피스를 통과하는 유체 유선의 단면적을 나타낸다. 이 횡단면 영역에서 관찰되는 축소 현상은 “vena contracta”로 알려져 있으며, 유체가 오리피스를 통해 흐를 때 유동 챔버의 벽을 따라 이동하면서 날카로운 90° 각도를 돌아갈 수 없기 때문에 발생한다. 그림 2.4에서 볼 수 있는 곡선 형태의 유선은, 유로의 중심선에 가장 높은 압력이 있고 오리피스의 가장자리에서 가장 낮은 압력이 관찰되는 상태에서, 유로의 중심선에 수직 방향으로 압력 차이가 존재함을 보여준다. 축류 영역과 오리피스 면적의 비율을 수축 계수라고 한다. 수학적으로 이 계수의 정의는 다음과 같다.

$$C_c \equiv \frac{A_2}{A_o}. \tag{2.57}$$

수축 계수는 유로의 다양한 형상에 대해 실험적으로 결정된다. 이러한 실험 결과 중 일부는 그림 2.5에 설명되어 있다. 그림 2.4의 유동장과 식 (2.9)에 나타난 Bemoulli 방정식으로부터 횡단면 1과

2에서 측정 된 유체 압력 u와 유체 압력 p의 관계는 다음과 같이 나타낼 수 있다.

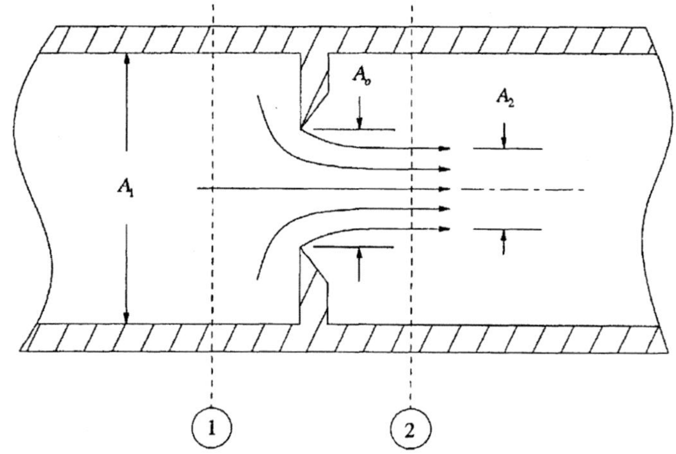

그림 2-4

날카로운 모서리 오리피스를 통과하는 높은 레이놀즈 수의 흐름. A2는 계약자의 영역을 나타낸다.

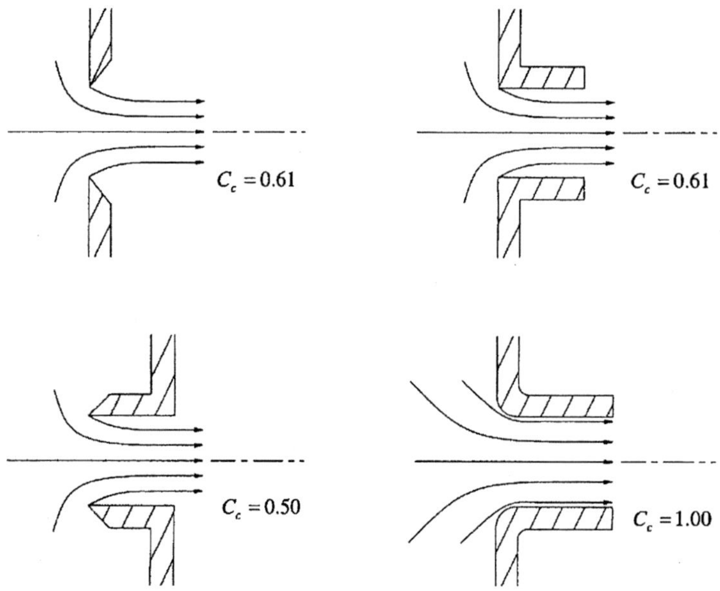

그림 2-5

다양한 원형 기하학에 대해 실험적으로 결정된 수축 계수

$$u_2^2 - u_1^2 = \frac{2}{\rho}(p_1 - p_2). \tag{2.58}$$

비압축성 유체의 경우, 질량의 보존은

$$Q = u_1 A_1 = u_2 A_2, \tag{2.59}$$

여기서 Q는 오리피스를 통과하는 용적 유량이다. 방정식 (2.57)과 방정식 (2.59)을 방정식 (2.58)에 대입하면 고전 오리피스 방정식으로 알려진 다음 결과가 산출된다.

$$Q = A_o C_d \sqrt{\frac{2}{\rho}(p_1 - p_2)}, \tag{2.60}$$

여기서 C_d는 배출 계수로 불리며 다음 식으로 주어진다.

$$C_d = \frac{C_c}{\sqrt{1 - C_c^2\left(\frac{A_o}{A_1}\right)^2}}. \tag{2.61}$$

A_o는 일반적으로 A_1보다 훨씬 적으므로 배출 계수는 대개 수축 계수 C_c에 매우 가깝다. 그러나 일반적으로 배출 계수는 특정 기하학의 경우 실험적으로 결정되어야 한다. 형상이 정확히 알려지지 않았거나 실험 결과를 얻을 수 없는 경우 일반적으로 0.62의 날카로운 모서리 오리피스 결과가 배출 계수로 사용된다.

오리피스 방정식의 사용

이전에 언급했듯이, 식 (2.60)은 일정하고, 비압축성이며, 높은 Reynolds 수 흐름(즉, Re 〉〉 1)에서만 유효하다. 이러한 조건이 충족되면 식 (2.60)을 사용할 수 있다. 모델링을 위해서는 오리피스 방정식이 종종 무시되곤 한다. 이는 비정상 유동, 압축 가능성이 있는 유동, 또는 낮은 레이놀즈 수를 가진 유동의 체적 유량을 계산할 때, 식 (2.60)을 사용하기 때문이다. 이러한 접근법은 물리적 정확성보다는 수학적 편의성을 우선시하는 결과로, 오리피스 방정식의 기본 가정을 위반하기도 한다. 오리피스 방정식은 손쉬운 계산을 가능하게 하며, 이는 컴퓨터를 통해서도 간단히 수행될 수 있다. 따라서, 이 방정식은 유압 제어 시스템 내에서 유체 흐름을 모델링하는 데 있어 중요한 역할을 한다.

2.3.3 Poiseuille 유량 및 환형 누설 방정식

일반

레이놀즈 수가 1보다 훨씬 적다면 유동 저항은 유체 운동량과 반대되는 점성 전단 효과에 의해 지배적일 것이다.

이 경우, 우리는 분석을 위해서 낮은 레이놀즈 수를 가진 유동에 대해 식 (2.15)에 기술된 방정식을 사용하는 것이 필요하다. 다음 논의에서는 원형 유로에 대한 Poiseuille의 법칙과 유압 시스템 내의 누설 모델링에 유용한 환상 누설 방정식을 나타낸다. 이 하위 절의 논의를 마무리하며, 비원형 덕트의 형상에 대해서도 설명할 예정이다.

Poiseuille의 법칙

그림 2.6은 낮은 레이놀즈 수의 흐름이 발생하는 튜브의 원형 단면을 보여준다. 원통형 형상을 통한 1차원 유동의 경우, 식 (2.15)는 다음과 같이 명시적으로 기술될 수 있다.

$$\mu \frac{1}{r}\frac{\partial}{\partial r}\left(r\frac{\partial u}{\partial r}\right) = \frac{\partial p}{\partial z}, \tag{2.62}$$

여기서 r 및 z는 통로의 반경 및 축 방향 치수이다. 축 방향 치수는 용지에 수직이다. 이 방정식에서 유체 압력 p는 반경 방향 치수와 무관하며 유체 속도 u는 축 방향 치수와 무관하다. r에 대해 식 (2.62)을 한 번 통합하면 다음 결과가 산출된다:

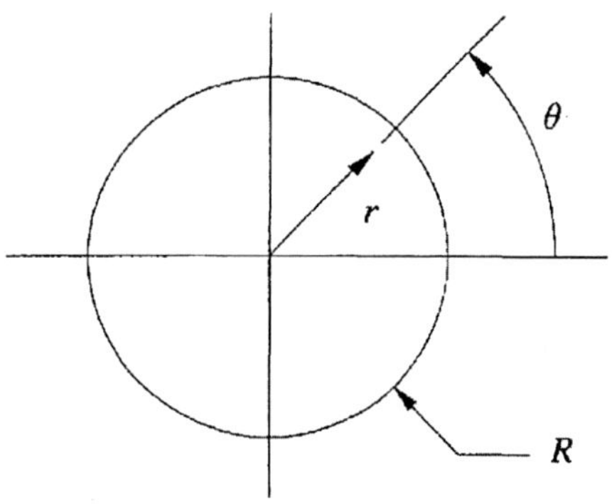

그림 2-6
낮은 레이놀즈 수의 흐름이 발생하는 순환 유로

$$\frac{du}{dr} = \frac{r}{2\mu}\frac{dp}{dz} + C_1\frac{1}{r}, \tag{2.63}$$

여기서 C_1은 적분 상수이다. r과 관련하여 이 결과를 다시 통합하면 유체 속도에 대해 다음과 같은 결과를 얻을 수 있다:

$$u = \frac{r^2}{4\mu}\frac{dp}{dz} + C_1\ln(r) + C_2, \tag{2.64}$$

여기서 C_2는 다른 상수 적분이다. $u'(r=0)=0$ 및 $u(R)=0$, 여기서 $u'=du/dr$이고 R은 원통형 통로의 바깥 쪽 반지름이다. 이것은 다음과 같다.

$$C_1 = 0 \qquad \text{and} \qquad C_2 = -\frac{R^2}{4\mu}\frac{dp}{dz}. \tag{2.65}$$

이 결과를 식 (2.64)에 대입하면 원형 모양의 통로를 통과할 때 저 레이놀즈 수 흐름에 대한 다음 속도 프로파일이 생성된다:

$$u = -\frac{1}{4\mu}\frac{dp}{dz}(R^2 - r^2). \tag{2.66}$$

이 결과를 노래할 때, 통로를 통한 용적 유량은 다음과 같이 주어진다.

$$Q = \int_A u\,dA = 2\pi\int_0^R ur\,dr = -\frac{\pi R^4}{8\mu}\frac{dp}{dz}. \tag{2.67}$$

z에 대한 압력 구배를 결정하기 위해, 우리는 비압축성 유체에 대한 질량 보존 법칙이 다음과 같은 식을 필요로 한다는 것을 알고 있다.

$$\frac{dQ}{dz} = 0. \tag{2.68}$$

이 요구 사항과 식 (2.67)을 바탕으로, 압력이 z에 대해 선형적으로 변하며, 이 변화의 기울기가 다음과 같이 주어진다는 사실을 알 수 있다.

$$\frac{dp}{dz} = -\frac{p_1 - p_2}{z_2 - z_1} = -\frac{\Delta p}{l}, \tag{2.69}$$

p_1 및 p_2는 유로 내의 위치 z_1 및 z_2에서의 유체 압력이다.

이 결과를 식 (2.67)에 대입하면 원통형 통로를 통과하는 유체 흐름에 대해 다음식이 산출된다.

$$Q = \frac{\pi R^4}{8\mu}\frac{\Delta p}{l}. \tag{2.70}$$

이 결과는 일반적으로 *Poiseuille의 low* 또는 *하겐-포 아즈 이유 법칙*으로 알려져 있으며 낮은 레이놀즈 수 흐름을 겪는 원형 유로에 유효하다.

환상 형 누설 방정식

알려진 바와 같이, 유압 제어 시스템에서 낮은 레이놀즈 수 유량 방정식의 가장 유용한 응용 예는 환상 형 누설 방정식이다. 그림 2.7의 왼쪽은 둥근 삽입물이 있는 원형 튜브의 끝 단면을 보여준다. 이 그림에서 Poiseuille 흐름은 원형 튜브와 원형 삽입을 사이에서 종이에 수직 방향으로 발생한다. 삽입물은 편심 치수 e만큼 튜브로부터 중심에 위치하지 않는다. 치수 (P)가 상기 튜브의 내측 표면에 위치하는 반면 차원 r_o는 삽입물 외부 표면에 위치한다. 튜브의 내부 표면에 대한 방정식은 그림 2.7의 데카르트 좌표계를 사용하여 다음과 같이 표현될 수 있다.

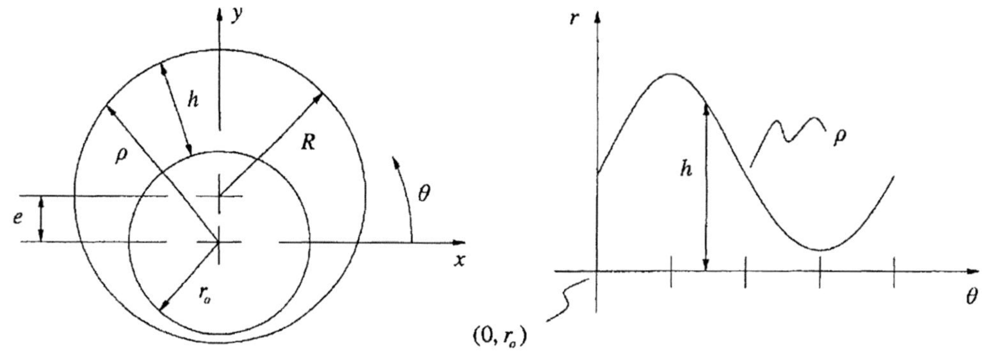

그림 2-7

환형 누설 경로의 도식

$$x^2 + (y - e)^2 = R^2, \tag{2.71}$$

여기서 R은 튜브의 내부 반경이다. 그림 2.7에 나타난 극좌표 시스템에서

$$x = \rho \cos(\theta) \qquad \text{and} \qquad y = \rho \sin(\theta). \tag{2.72}$$

식 (2.72)를 식 (2.71)에 대입하면 관의 내부 표면을 ρ와 θ의 함수로 나타내는 다음과 같은 2차 표현식을 얻을 수 있다.

$$\rho^2 - [2 \sin(\theta) e]\rho - (R^2 - e^2) = 0. \tag{2.73}$$

ρ에 대한 식 (2.73)을 풀고 2차 방정식의 해 중에서 타당한 것만을 골라내어, 그림 2.7에 표시된 좌표계와 관련하여 튜브의 내부 반경에 대한 다음식이 산출된다.

$$\rho = e \sin(\theta) + \sqrt{R^2 - [e \cos(\theta)]^2}. \tag{2.74}$$

e의 값이 작은 경우, 식 (2.74)는 다음과 같이 근사될 수 있다.

$$\rho = R + \sin(\theta)e. \tag{2.75}$$

그림 2.7의 오른쪽은 삽입물과 튜브 사이의 유체 막 두께 h의 그림이다($h=\rho-r_o$). 그림의 이면은 왼쪽에 표시된 방사형 기하학의 데카르트 버전으로 생각할 수 있다. U는 θ과 $(r-r_o)$에 의해 주어진 "데카르트" 변수를 사용한다.
식 (2.15)는 갭 내의 유체 속도가

$$u = -\frac{1}{2\mu}\frac{dp}{dz}(\rho - r)(r - r_o), \tag{2.76}$$

여기서 $r=r_o$ 및 $r=\rho$에서의 논 슬립 경계 조건이 적용되고, z는 종이 밖으로 연장되는 데카르트 좌표이다. 방정식 (2.76)은 압력 p가 z 방향에서만 변화하고 ρ는 θ의 함수로 변할 수 있다고 가정한다. 일단 유체 속도 프로파일이 알려지면 그림 2.7에 표시된 환형 기하학의 틈을 통한 용적 유량 7은 일반적으로 다음과 같이 쓰여질 수 있다.

$$Q = \int_A u\, dA = \int_0^{2\pi}\int_{r_o}^{\rho} ur\, dr\, d\theta. \tag{2.77}$$

식 (2.75)의 결과를 식 (2.76)에 대입하면 식 (2.77)에 대한 해는 다음과 같이 주어진다.

$$\begin{aligned} Q = &-\frac{\pi(R - r_o)^3(R + r_o)}{12\mu}\frac{dp}{dz} \\ &\times \left\{1 + 3\left[\frac{e}{(R - r_o)}\right]^2 \frac{R}{(R + r_o)} + \frac{3}{8}\left[\frac{e}{(R - r_o)}\right]^4 \frac{(R - r_o)}{(R + r_o)}\right\}. \end{aligned} \tag{2.78}$$

검사를 통해 이 방정식의 마지막 항은 무시할 수 있음을 알 수 있다. 이때 편심율을 정의하면 다음과 같이 나타난다.

$$\varepsilon = \frac{e}{R - r_o}, \tag{2.79}$$

얇은 갭 $R+r_o \approx 2R$에 대해 그림 2.7의 환형 갭을 통과하는 용적 유량은 다음과 같이 더 간결하게 표현될 수 있다.

$$Q = -\frac{\pi R(R - r_o)^3}{6\mu}\frac{dp}{dz}\left(1 + \frac{3}{2}\varepsilon^2\right). \tag{2.80}$$

질량의 보존은 z 방향의 용적 유량이 일정해야 하므로, 이 방향의 압력 구배도 일정해야 한다는 것은 분명하다. 따라서 체적 유량은 다음과 같은 형태로 더욱 단순화될 수 있다.

$$Q = \frac{\pi R(R - r_o)^3}{6\mu}\frac{\Delta p}{l}\left(1 + \frac{3}{2}\varepsilon^2\right), \tag{2.81}$$

여기서 Δp는 z 방향의 압력 강하(지면위로)이고 l은 z 방향으로의 유로의 길이다.

식 (2.81)은 유체 동역학에서 고전적인 누수 현상을 나타내며, 유압 제어 시스템의 모델링에서 유체 흐름의 특별한 응용 분야 중 하나이다. 누수가 발생하는 주된 이유는 유압 시스템에서 회전 부품이 고정 부품과 완벽하게 동심원을 이루지 않기 때문이다. 흐름 통제 밸브의 오류 조절이나 정지가 필요하지 않을 때, 가장 쉬운 방법은 원형으로 흐름 경로를 만드는 것이다. 이러한 구조로 인해, 흐름 경로와 도관 삽입물의 내부 벽은 서로 동심원을 이루지 않고, 따라서 두 부품 사이의 이심률 비율을 고려해야 한다. 식 (2.79)에서 볼 수 있듯이, 이 두 부품 사이에 발생하는 이심률은 n_1과 n_2 사이의 이심률에 큰 영향을 미친다. 이심률 비율이 1인 경우, 틈새를 통한 유량이 완벽하게 중심이 맞는 경우에 예상되는 양보다 1.5배 많다는 것을 알 수 있다.

식 (2.81)을 사용하는 사용자는 이 결과가 엄격히 말해서 완전히 발달한 낮은 레이놀즈 수 흐름에만 유효하다는 것을 기억해야 한다. 레이놀즈 수 자체는 2.3.1 단원에 제시된 내용을 통해 확인되어야 한다. 그림 2-7의 원형 슬롯을 위한 레이놀즈 수 계산 시, 유압 직경이 $D_h = 2(R - r_b)$에 의해 잘 근사된다는 것이 나타난다.

연구 사례

25 mm 반경의 피스톤은 길이 75 mm의 원형 보어 내부에 맞도록 설계되었다. 피스톤의 한쪽 끝의 유체 압력은 16 MPa인 반면 피스톤 반대쪽의 유체 압력은 0 게이지 압력이다.
피스톤과 보어 사이의 반경 방향 틈새는 10 μm, 유체 점도는 0.03 Pa s, 유체 밀도는 850 kg/m^3 이다. 편심 율이 1.0이라고 가정하면, 식 (2.81)에 제시된 환형 누설 방정식을 사용하여 갭을 통한 용적 유량을 계산한다. 이것이 실제로 낮은 레이놀즈 수 흐름인지 확인하려면 레이놀즈 수를 확인하라. 편심비가 0일 때 용적 유량과 새로운 레이놀즈 수는 얼마인가?

식 (2.81)을 활용하면, 편심율이 1인 환형 간격을 통과하는 유체의 용적 유량을 다음과 같이 계산할 수 있다.

$$\begin{aligned} Q &= \frac{\pi R(R - r_o)^3}{6\mu}\frac{\Delta p}{l}\left(1 + \frac{3}{2}\varepsilon^2\right) \\ &= \frac{\pi \times 25\ \text{mm} \times (10\ \mu\text{m})^3}{6 \times 0.03\ \text{Pa s}} \times \frac{16\ \text{MPa}}{75\ \text{mm}} \times \left(1 + \frac{3}{2} \times 1.0^2\right) \\ &= 0.014\ \text{liters/min}. \end{aligned}$$

이것이 실제로 낮은 레이놀즈 수의 흐름인지를 확인하기 위해 식 (2.51)을 사용하여

$$\text{Re} = \frac{\rho Q D_h}{\mu A} = \frac{850 \text{ kg/m}^3 \times 0.014 \text{ liters/min} \times (2 \times 10\ \mu\text{m})}{0.03 \text{ Pa s} \times (2\pi \times 25 \text{ mm} \times 10\ \mu\text{m})} = 0.084.$$

레이놀즈 수는 1보다 훨씬 적기 때문에 유량은 낮은 레이놀즈 수의 유량이며 용적 유량을 계산하는 데 사용되는 고리형 누설 방정식이 유효하다. 편심 율이 완벽하게 중심에 놓인 피스톤에 대해 0이되면 용적 유량과 레이놀즈 수는 2/5의 비율로 감소한다. 이는 새로운 용적 유량이 0.0056 리터/분이고 새로운 레이놀즈 수는 0.034임을 의미한다.

기타 덕트 형상

그림 2.8은 Poiseuille 유량이 발생할 수 있는 일반화 된 영역을 보여준다. 데카르트 좌표계는 다음과 같다. 그림은 흐름이 z 방향(지면위로)으로 발생한다고 가정한다.

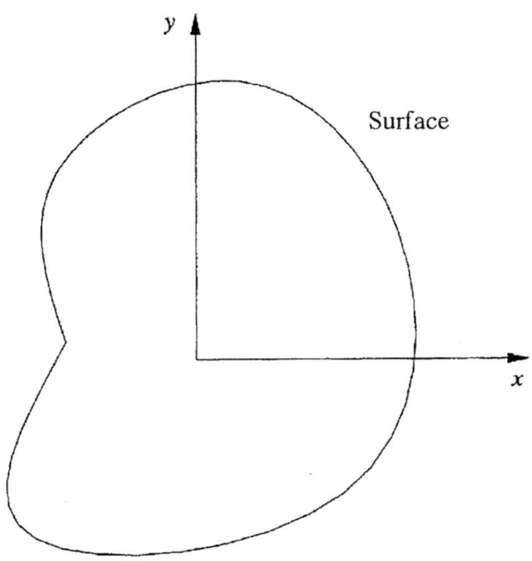

그림 2-8
임의 형태의 유로

식 (2.15)의 일반적인 형태를 사용하면 유체 흐름의 지배 방정식은 다음과 같이 나타낼 수 있다.

$$\frac{\partial^2 u}{\partial x^2} + \frac{\partial^2 u}{\partial y^2} = \frac{1}{\mu}\frac{\partial p}{\partial z}. \tag{2.82}$$

이 공식에서 암시된 바와 같이 유체 속도는 z 방향으로 변화하지 않으며 유체 압력은 x 및 y 방향으로 변하지 않는다고 가정한다. 질량의 보존은 z 방향의 압력 구배가 일정해야 한다. 따라서 식 (2.82)의 우변은 상수여야 한다.

이 경우 식 (2.82)은 Poisson 방정식의 표준 형식이며, 임의로 형성된 덕트의 표면에 미끄럼 경계 조건을 적용함으로써, 즉 표면에서의 u가 제로와 같고, 이 방정식은 널리 알려진 해결책인 고전적인 Dirichlet 문제를 나타낸다. 이러한 해결책 중 일부는 유압 기계 내에 존재하는 일반적인 공통 흐름 통로 형상에 대한 그림 2.9에 제시되어 있다. 이 그림에서, $\Delta \rho$는 z 방향에서의 압력 강하(지면위로)이고, 1은 z 방향에서의 유로의 길이이다.

그림 2.9에 표시된 타원형 기하학의 특별한 경우는 a와 b가 같은 경우에 발생한다. 이 경우, 유로의 기하학은 완벽한 원이 되며, 체적 유량 방정식은 식 (2.70)에 주어진 Poiseuille의 법칙으로 감소한다.

Ellipse $Q = \frac{\pi (a b)^3}{4\mu (a^2 + b^2)} \frac{\Delta p}{l}$	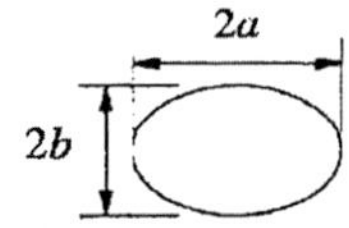
Equilateral triangle $Q = \frac{a^4}{185\mu} \frac{\Delta p}{l}$	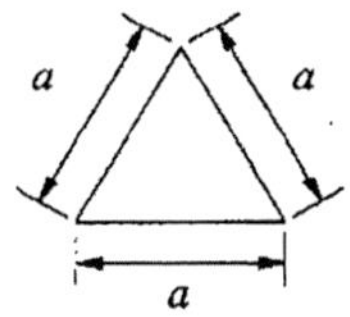
Rectangle, $w \gg h$ $Q = \frac{wh^3}{12\mu} \frac{\Delta p}{l}$	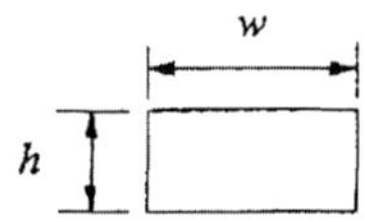
Rectangle $Q = \frac{wh^3}{12\mu}\left[1 - \frac{192h}{w\pi^5} \tanh\left(\frac{\pi w}{2h}\right)\right] \frac{\Delta p}{l}$	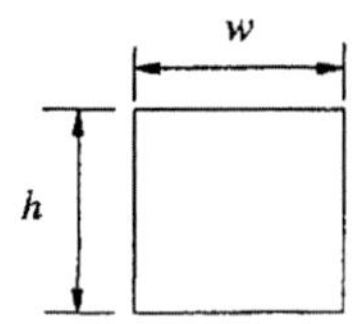

그림 2-9

다양한 모양의 유로를 통과하는 Poiseuile

2.3.4 파이프 흐름

▍완전 발달 유동

앞 하위 절에서는 유체가 일정한 단면적을 가진 파이프를 통해 주어진 길이 l 만큼 흐르는 것으로 가정했다. 파이프를 통과하면서 압력이 떨어지는 양은 $(\Delta\rho)$로 나타났으며, 유체 흐름은 압력 구배와 반대 방향으로 발생했다. 또한, 앞선 하위 절에서는 유동이 낮은 레이놀즈 수를 가지는 유형으로 가정되었다. 명시적으로 언급되지는 않았지만, 사용된 또 다른 가정은 유체의 흐름이 완전히 발달되었다는 것이다. 이 하위 절에서는 난류와 층류 유동 체제에 대해 완전 발달된 유동이 무엇인지 정의하겠다.

그림 2.10은 파이프의 입구 영역을 보여준다. 유체가 파이프로 들어가면서, 유동 통로의 전체 횡단면에서 유체의 속도는 사실상 균일하다. 유동이 파이프를 통과함에 따라, 유체는 내부 표면에 점착하기 시작하여, 내부 경계에 더 가까운 입자들에 대해 점점 증가하는 마찰 저항을 생성한다. 파이프의 입구 길이 l_e 내에서는 유체 속도가 균일하게 유지되는 비점성 유동의 점차 감소하는 핵심 부분이 존재한다. 이 비점성 핵심 부분이 사라지면, 유동은 완전 발달된 것으로 여겨진다. 완전 발달된 유동을 달성하기 위해 필요한 파이프의 입구 길이 l_e는 난류 및 층류 유동 모두에서 레이놀즈 수와 잘 맞는 경향이 있다. 이러한 입구 길이는 실험을 통해 결정되었으며, 그 결과 다음과 같은 관계를 밝혀냈다:

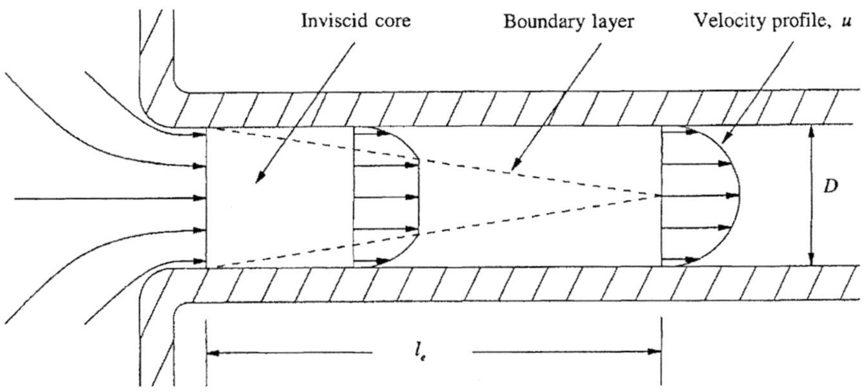

그림 2-10
입구 영역 근처의 파이프 흐름의 도식

$$\frac{l_e}{D} = 0.06\text{Re} \qquad \text{laminar flow}$$
$$\frac{l_e}{D} = 4.40\text{Re}^{1/6} \qquad \text{turbulent flow.} \tag{2.83}$$

독자는 층류가 일반적으로 레이놀즈 수가 2100 미만일 때 나타난다는 사실을 기억할 것이다. 반면, 일정한 난류 유동은 레이놀즈 수가 4000을 넘어설 때 관찰된다.

차원 분석

차원 분석은 물리적 문제를 설명하는 차원 있는 변수들을 무차원 그룹으로 결합하여 문제를 단순화하고 이해를 돕는 과정이다. 이 분석법은 기본 원리에서부터 정확한 형태가 알려져 있지 않을 때 물리적 방정식을 생성하는 강력한 도구이다. 또한, 실험을 통한 이론의 검증에 필요한 매개변수의 수를 줄이는 데에도 유용하다. 여기서는 차원 분석의 개념을 제시하고 그 개념을 파이프 흐름이라는 주제에 적용할 것이다.

20세기 초 에드거 버킹엄(Edgar Buckingham, 1867-1940)은 차원 분석의 주요 특징을 보여주는 이론을 발표했다. 이 정리는 일반적으로 *Buckinghám pi 정리*로 알려져 있으며 간단히 다음과 같이 나타난다: A_1, A_2,..., A_m에 의해 주어진 물리적 현상 (밀도, 질량, 길이, 속도 등)을 설명하는 m 차원 변수가 있는 경우, 이 변수들 사이에는 기능적 관계가 존재한다.

$$\psi(A_1, A_2, ..., A_m) = 0. \tag{2.84}$$

다시 말해, 이 정리는 우리의 변수 A_1, A_2,..., A_m이 완전하고 관련성이 있다면 문제의 해가 자연스럽게 존재함을 명시한다.

물론, 이것은 우리가 문제에 영향을 미치는 변수들에 대해 미리 알고 있어야 하고, 이러한 중요한 변수들이 없다면 차원 분석을 제대로 진행할 수 없다는 것을 뜻한다. 우리가 다루고 있는 문제에 대해 필요하고 관련 있는 모든 변수들의 목록이 있다고 가정할 때, 이 변수들은 길이, 시간, 질량 같은 기본적인 물리 차원들을 포함하며, 이를 통해 우리는 이 변수들이 어떻게 서로 관련되어 있는지를 보여줄 수 있다.

길이, 시간 및 질량과 같은 차원 변수리스트에 n 차원이 포함되어 있다면, 버킹검 파이 정리(Buckingham pi theorem)는 동일한 물리적 문제를 설명하는 데 사용할 수 있는 $m-n$ 무차원 변수 그룹이 존재하며, 이는 동일한 물리적 문제를 설명하는 데 사용될 수 있다. 이 무 차원 그룹은 Π_1, Π_2, ..., $\Pi_{(m-n)}$,에 의해 주어지고 다음과 같은 새로운 함수 관계로 표현될 수 있다.

$$\Psi(\Pi_1, \Pi_2, ..., \Pi_{(m-n)}) = 0. \tag{2.85}$$

참고할 점은 방정식 (2.85)을 만족하는 무차원 그룹은 다양할 수 있지만, 실제 응용이나 역사적 배경으로 인해 특정 그룹들이 더 선호된다. 유체 역학 분야에서 레이놀즈 수는 오랜 기간 동안 많은 연구에 중요한 지표로 사용되어 왔다. 그렇기 때문에 유체 역학 문제를 분석할 때 레이놀즈 수를 대표하는 무차원 그룹으로 고려하는 것이 좋다. 또한, 레이놀즈 수와 연계하여 다른 무차원 그룹도 식별하고 사용될 수 있다.

그림 2.10에서 보여지는 것과 같은 파이프를 통한 유체 흐름을 고려할 때, 우리는 이 흐름이 특정 매개변수들에 의존할 것이라는 합리적인 가정을 할 수 있다.

Parameter	Symbol	Dimensions
Pressure drop	Δp	$\frac{M}{T^2 L}$
Fluid velocity	V	$\frac{L}{T}$
Pipe diameter	D	L
Pipe length	l	L
Fluid density	ρ	$\frac{M}{L^3}$
Fluid viscosity	μ	$\frac{M}{TL}$
Pipe surface roughness	ε	L

여기서 치수 M, T 및 L은 질량, 시간 및 길이를 나타낸다.
이 리스트에 따르면, 파이프를 통한 유체 흐름 문제를 설명하는 데 관련 있는 매개변수가 7개 있다고 가정하며, 이 매개변수를 설명하는 데에는 질량, 시간, 그리고 길이의 세 가지 차원만 사용된다고 가정한다. 따라서 이 문제에서 $m=7$이고 $n=3$이며 이 문제를 설명하기 위해 네 개의 무차원 그룹을 사용할 수 있다. 다시 말해, 이 물리적 문제는 다음과 같이 설명될 수 있다.

$$\psi(\Delta p, V, D, l, \rho, \mu, \varepsilon) = 0, \tag{2.86}$$

달리 설명하자면

$$\Psi(\Pi_1, \Pi_2, \Pi_3, \Pi_4) = 0. \tag{2.87}$$

식 (2.86)과 (2.87)을 비교하면 차원 분석의 한 장점이 명확히 드러난다. 즉, 물리적 문제의 복잡성이 독립 변수가 일곱 개인 것에서 네 개로 줄어들었다. 실험적인 관점에서 보면, 이것은 매개변수를 7개가 아니라 4개의 무차원 그룹만 측정하면 되기 때문에 매우 유용하다. 파이프를 통한 유체 흐름 문제를 고려할 때, 다음과 같은 무차원 그룹을 선택할 수 있다.

$$\Pi_1 = \mathrm{Re} = \frac{\rho V D}{\mu}, \qquad \Pi_2 = \frac{\Delta p}{\frac{1}{2}\rho V^2}, \qquad \Pi_3 = \frac{l}{D}, \qquad \Pi_4 = \frac{\varepsilon}{D}. \tag{2.88}$$

1차 무차원 그룹으로 레이놀즈 수를 선택하는 이유는 이 수가 유체 역학에서 역사적으로 널리 사용되어 온 수치이기 때문이다.
두 번째 무차원 그룹을 선택하는 것은 베르누이 방정식의 핵심 요소들을 고려함으로써 간단해진다. 직관적으로, 파이프를 따라 압력이 감소하는 정도는 파이프의 길이에 비례할 것으로 예상할 수 있다. 따라서 이 관계를 이용하여 파이프의 길이를 무차원화하면, 다음과 같은 식을 얻을 수 있다.

$$\frac{\Delta p}{\frac{1}{2}\rho V^2} = \frac{l}{D}\varphi\left(\text{Re}, \frac{\varepsilon}{D}\right). \tag{2.89}$$

식 (2.89)에서 함수 φ는 알려져 있지 않으며 일반적으로 실험을 통해 결정되어야 한다. 이 함수는 일반적으로 마찰 계수로 정의되며, 식 (2.89)에서 다음과 같이 나타난다

$$f = \varphi\left(\text{Re}, \frac{\varepsilon}{D}\right) = \frac{\Delta p}{\frac{1}{2}\rho V^2}\frac{D}{l}. \tag{2.90}$$

식 (2.90)을 재배치함으로써, 파이프를 가로지르는 압력 강하는 다음과 같이 표현될 수 있다.

$$\Delta p = f\frac{1}{2}\rho V^2\frac{l}{D}. \tag{2.91}$$

레이놀즈 수가 낮은 유동에서는 이 압력 강하를 식 (2.70)에 주어진 Poiseuille 법칙으로도 결정할 수 있다. Poiseuille 법칙을 재배열하면 다음과 같다.

$$\Delta p = \frac{8\mu Ql}{\pi R^4} = \frac{32\mu Vl}{D^2}, \tag{2.92}$$

여기서 $Q = \pi R^2 V$ 및 $D = 2R$로 인식된다. 식 (2.91) 및 (2.92)를 서로 같게 설정하면, 낮은 레이놀즈 수의 마찰 계수는 다음과 같이 닫힌 형태로 결정될 수 있다.

$$f = \frac{64\mu}{DV\rho} = \frac{64}{\text{Re}}. \tag{2.93}$$

이 결과는 낮은 레이놀즈 수 유동에서는 마찰 계수가 표면 거칠기와 관련이 없다는 것을 나타낸다. 이는 실험적으로 확인된 사실이며, 특히 저 레이놀즈 수 유동에서는 이러한 현상이 발생한다. 그러나 높은 레이놀즈 수 유동에서는 표면 거칠기가 중요한 역할을 한다. 이러한 실험 결과는 잘 알려진 무디 다이어그램(그림 2-11)에 표시되어 있다. 이 다이어그램에서 주목할 점은 마찰 계수가 레이놀즈 수와는 무관하고, 파이프 유동이 난류로 특징 지어질 때 표면 거칠기에 강하게 의존한다는 것이다.

2.4. 압력 손실

2.4.1 주요 손실

이전 절에서는 직선 파이프 내의 압력 손실을 논의하였다. 이러한 압력 손실은 일반적으로 수력 시스템에서의 주 압력 손실로 간주되며, 대개는 식 (2.91)에 따라 표현된다. 이 압력 손실은 파이프의 형태와 레이놀즈 수에 따라 일어나는 것이다. 대부분의 수력 시스템은 긴 직선 파이프 부분을 포함하고 있지만, 짧고 구부러진 부분도 있다. 이러한 짧고 구부러진 섹션에서 발생하는 압력 손실은 부손실로 불리며, 다음 절에서 살펴보겠다.

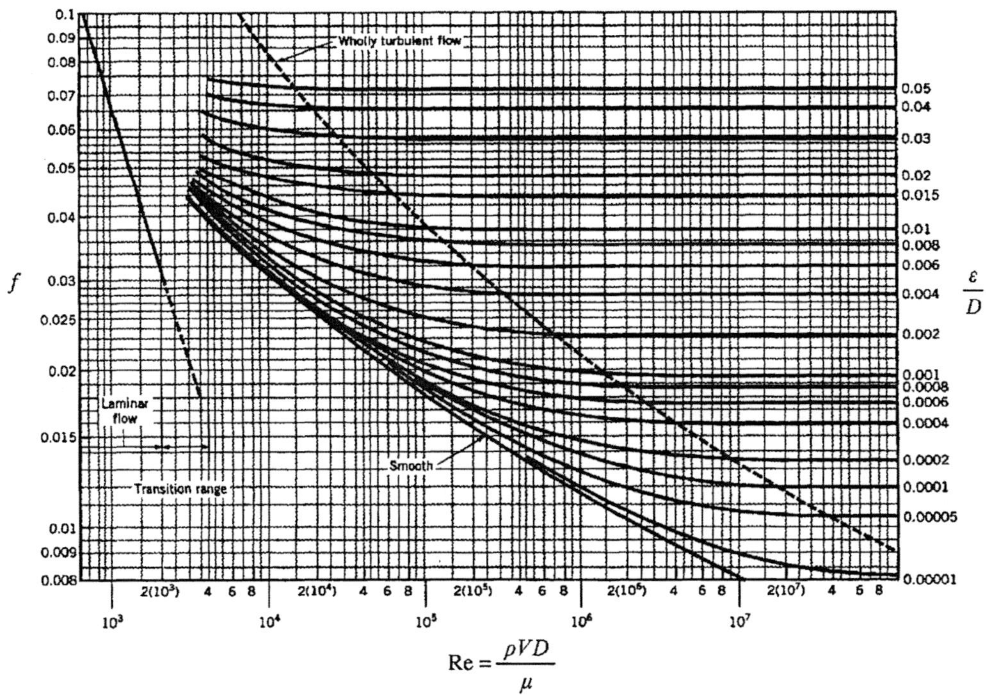

그림 2-11

Moody 다이어그램. (Munson et al. [1]에서 발췌)

2.4.2 비주요 손실

이전에 언급한 것처럼, 부손실은 일반적으로 매우 구불구불한 짧은 유체 통로를 통해 발생하는 손실이다. 이러한 손실은 시스템 내에서 급격한 기하학적 변화로 인해 발생하며, 일반적으로 밸브, 유압 피팅 또는 유동 경로에서의 급한 구부러짐과 같은 것으로 도입된다. 이러한 손실을 부손실로 분류하는 것은 종종 오해의 소지가 있다. 왜냐하면 이러한 부손실은 종종 주손실보다 크며, 수력 제어 시스템의 전력 손실과 열 생성을 분석할 때 고려해야 할 때가 많기 때문이다.

식 (2.88)은 수력 시스템 내에서 발생하는 주요 압력 손실을 결정하는 데 사용된 무차원 그룹을 보여준다. 이 공식에서 파이프의 길이는 유동 경로의 주요 기하학적 특성을 설명하는 데 사용되었다. 그러나 더 복잡한 기하학을 갖는 경우, 중요한 기하학적 특성을 결정하는 것이 더 어려울 수 있다. 부손실을 고려할 때는 보다 일반적이고 실험적으로 의존하는 식을 사용하여 압력 손실을 모델링하는 것이 편리하며, 식은 다음과 같다.

$$\frac{\Delta p}{\frac{1}{2}\rho V^2} = \varphi(\text{Re, geometry}). \tag{2.94}$$

이 표현은 시스템 내의 직선 파이프 섹션을 고려하여 작성된 식인 식 (2.89)와 비교되어야 한다. 다시 말해, 특정 유동 기하학에 대해 φ의 평가는 실험적으로 수행되어야 한다. 일반적으로 식 (2.94)의 실험 결과는 손실 계수로 참조되며, 기호 K_L로 표시되며, 부손실 압력은 다음과 같이 표현된다.

$$\Delta p = \mathrm{K}_L \frac{1}{2} \rho V^2. \tag{2.95}$$

식 (2.94)에서 손실 계수는 레이놀즈 수와 유동 경로의 기하학적 특성에 따라 달라진다고 가정된다. 대부분의 수력 시스템에서는 부손실 유동 기하학에서 유체 속도가 상당히 높다. 이는 일반적으로 고정된 체적 유량에 따라 제한된 유동 영역과 관련이 있다. 따라서 레이놀즈 수도 높다. 이러한 경우에는 그림 2.11에 나와 있는 무디 차트를 참고할 수 있다. 이 차트에는 손실 계수가 레이놀즈 수보다는 유동 통로의 기하학에 더 의존한다는 내용이 나와 있다. 특히 높은 레이놀즈 수 영역에서는 마찰 계수(손실 계수)에 대한 선이 비교적 평평하게 나타난다. 식은 다음과 같다.

$$\mathrm{K}_L = \varphi(\text{geometry}). \tag{2.96}$$

그림 2.12는 대형 저장소에서 파이프로 유체가 유입되는 네 가지 기하 조건과 그에 따른 손실 계수를 보여준다. 이 상황에서 압력 강하는 주로 기하적 변화 벽면을 따라 발생한다. 보다 급격한 기하학에 대해서는 손실 계수가 점점 커진다. 사실, 유입 기하학의 모서리를 둥글게 하는 것만으로도 손실 계수를 크게 줄일 수 있다. 이 효과는 그림 2.13에서 더 자세히 설명되어 있으며, 파이

프 입구 영역의 반경 기하학에 따른 실험 결과로 손실 계수가 보고된다.

그림 2.14는 파이프를 빠져나와 동일한 유체의 대형 저장소로 들어가는 네 가지 기하 조건과 그에 따른 손실 계수를 보여준다. 이 경우 유체 유동은 급격한 기하적 변화 벽면을 따라 발생하는 전단 응력보다는 저수지에서의 난류 혼합에 의해 그만큼 많이 저항받지 않는다. 이 저항은 여전히 점성 유형의 손실이며, 유체의 속도가 저장소 내에서 거의 정지되므로, 유체와 관련된 모든 운동 에너지가 마찰열의 형태로 소멸 된다. 대형 저수지로 유체가 입구하는 경우, 손실 계수는 일정하다.

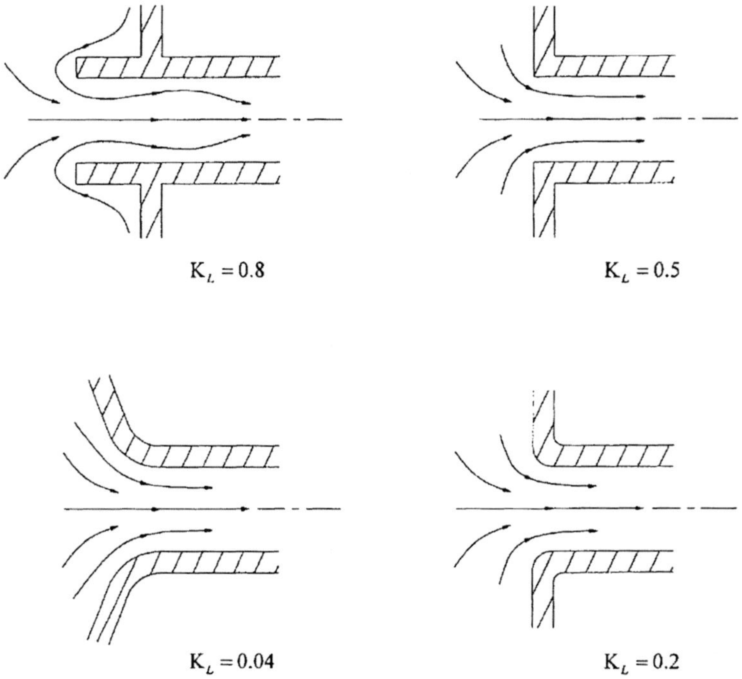

그림 2-12
입구 유동 조건에 대한 손실 계수

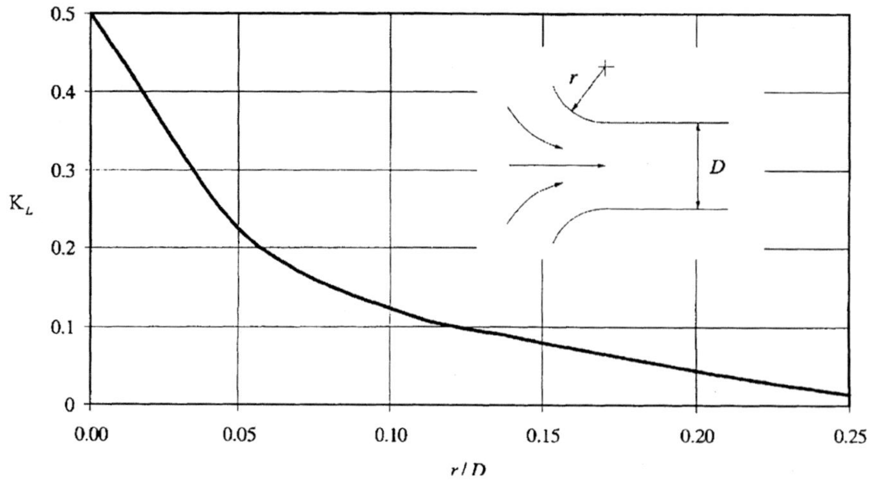

그림 2-13
둥근 입구 유동 조건에 대한 손실 계수

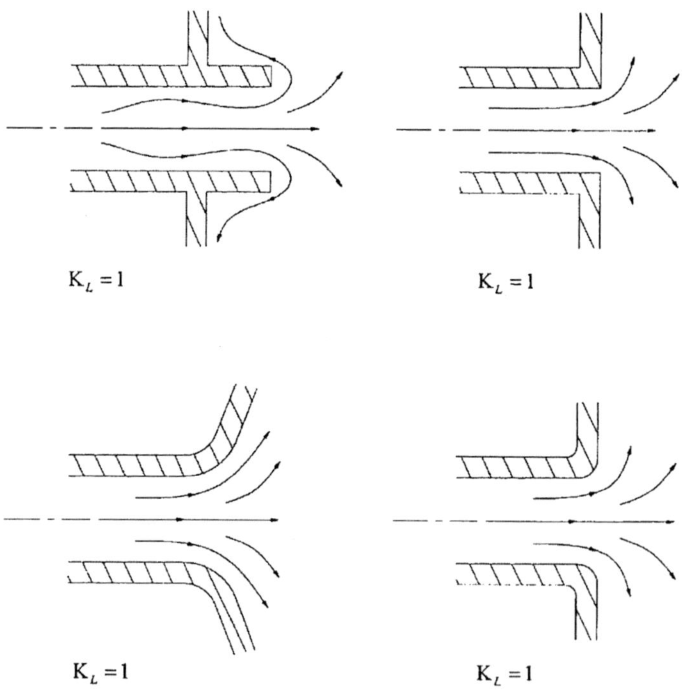

그림 2-14
출구 유동 조건에 대한 손실 계수

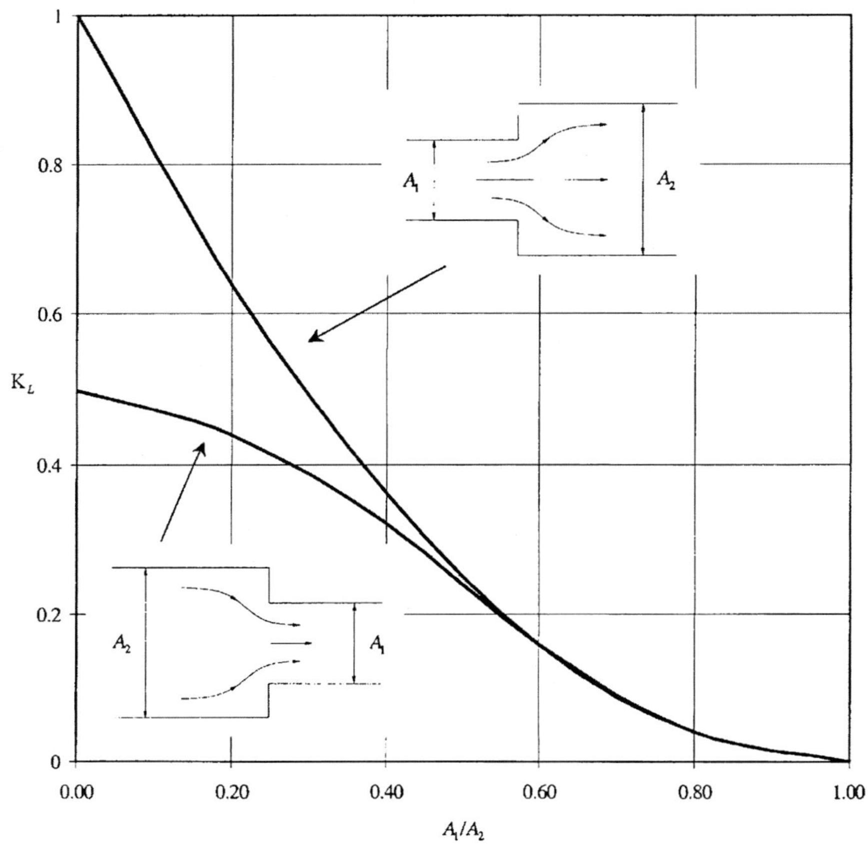

그림 2-15

갑작스런 수축 및 파이프 팽창에 대한 손실 계수

파이프 자체의 급격한 팽창 또는 수축이 있는 파이프 흐름에서도 약간의 손실이 발생한다. 이러한 손실 계수는 두 가지 유형의 기하학적 변경에 대해 그림 2.15에 나와 있다. **참고** : 파이프의 갑작스런 확장과 관련된 기하학은 실험 데이터와 일치하는 닫힌 형식의 근사값을 가진다. 갑작스런 수축과 관련된 기하학적 형상은 실험적 결정이 필요하다 [1]. 그림 2.15에서는 $A_1 \ll A_2$ 일 때 케이스가 그림 2.12 및 2.14에 표시된 것과 같이 무한 저장 기 상태에 접근하고 있음을 알 수 있다. $A_1 = A_2$ 일 때, 기하학적 변화가 없기 때문에 손실 계수는 0이다.

그림 2.16은 이전 저자 [2]에 의해 보고된 파이프 벤드와 관련된 손실 계수를 보여준다. 이 데이터에서 큰 굴곡에서는 압력 손실이 증가하지만 굴곡에 대한 최소 손실은 약 4.5의 굴곡 - 대 직경 - 파이프 직경 비율에 대해 달성된다는 것을 알 수 있다. 일반적으로 유압 시스템에서 관찰되는 다른 손실 계수는 표 2.1에 나와 있다.

연구 사례

그림은 180° 엘보를 사용하여 연결된 두 개의 동일한 원통형 도관세그먼트를 보여준다. 매개 변수는 유체 밀도는 850 kg/m^{3}이고 유체 점도는 0.02 Pa s이다. 파이프 거칠기는 모든 곳에서 0.5 mm이다.

$$Q = 45 \text{ liters/min}, \quad D = 20 \text{ mm}, \quad L = 1 \text{ m},$$
$$d = 8 \text{ mm}, \quad r = 32 \text{ mm}.$$

유체 밀도는 850 kg/m^{3}이고, 유체 점도는 0.02 Pa s이다. 파이프의 거칠기는 어디서나 0.5 mm이다. 유로의 입구와 배출 사이에 예상되는 총 압력 강하를 계산하라. 직선 파이프 섹션을 통한 압력 강하는 식 (2.91)에 주어진 주요 압력 강하 방정식을 사용하여 계산할 수 있다. 이 식은 일반적으로 파이프의 거칠기와 레이놀즈 수에 따라 달라지는 마찰 계수를 사용한다. 식 (2.51)을 사용하여 레이놀즈 수를 계산하면 2029이다. 이는 정상 유동이며, 이는 식 (2.93)을 사용하여 마찰 계수를 0.0315로 계산할 수 있다는 것을 의미한다

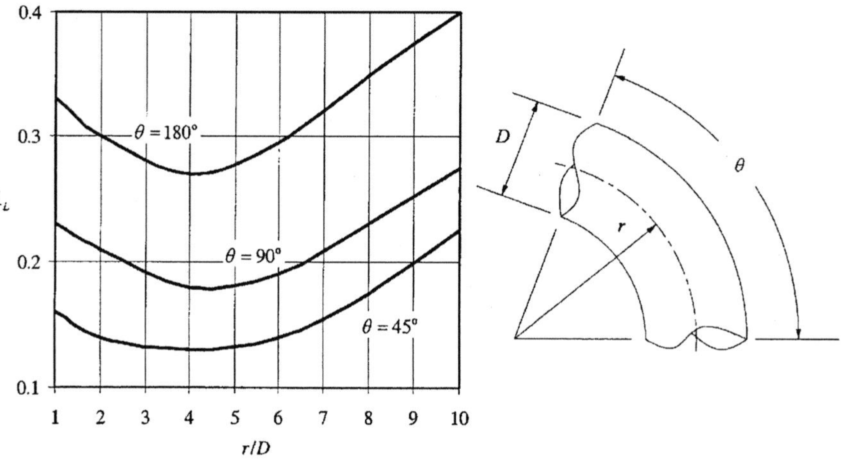

그림 2-16

파이프 굴곡에 대한 손실 계수.

$$\Delta p = 2 \times f \frac{1}{2} \rho V^2 \frac{l}{D} = 2 \times 0.0315 \times \frac{1}{2} \times 850 \frac{\text{kg}}{\text{m}^3} \times \left(2.387 \frac{\text{m}}{\text{s}}\right)^2 \times \frac{1 \text{ m}}{0.02 \text{ m}} = 7.6 \text{ kPa}.$$

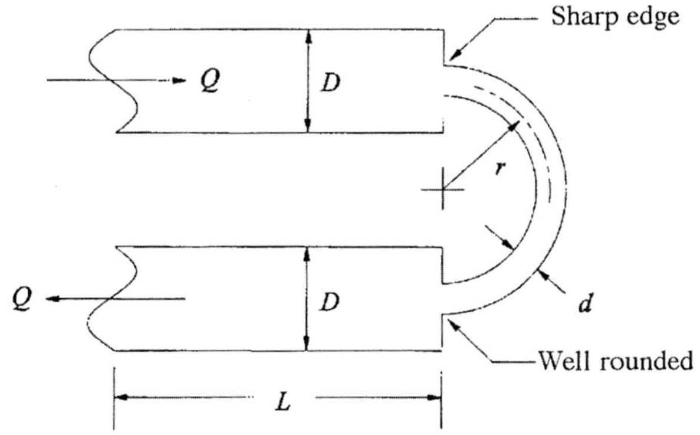

도표에 표시된 시스템 내에는 세 가지 소압력 강하가 있다. 시스템 내에는 날카로운 모서리에서의 압력 강하, 팔꿈치에서의 압력 강하, 그리고 둥근 모서리에서의 압력 강하가 있다. 날카로운 모서리의 손실 계수는 0.5이고, 180° 팔꿈치를 통한 손실 계수는 0.275이다. 둥근 모서리의 손실 계수는 1이다. 이들을 모두 더하면 순 손실 계수가 1.775가 된다. 팔꿈치를 통한 유체 속도를 14.9 m/s로 계산하면, 팔꿈치를 통한 총 압력 강하를 구할 수 있다.

표 2.1 유압 시스템 내의 전형적인 손실 계수

Device	K_L Typical Value	K_L Typical Range
Tee	0.9	0.2–2.0
Diffuser	0.8	0.2–1.2
Check valve	0.8	0.5–1.5
Gate valve (fully open)	0.15	0.1–0.3
Gate valve (1/4 closed)	0.26	—
Gate valve (1/2 closed)	2.1	—
Gate valve (3/4 closed)	17.0	—
Ball valve (fully open)	0.05	—
Ball valve (1/3 closed)	5.5	—
Ball valve (1/3 closed)	210.0	—
Butterfly valve (fully open)	0.2	0.2–0.6
Globe valve (fully open)	4.0	3.0–10.0

$$\Delta p = K_L \frac{1}{2}\rho V^2 = 1.775 \times \frac{1}{2} \times 850\,\frac{\text{kg}}{\text{m}^3} \times \left(14.9\,\frac{\text{m}}{\text{s}}\right)^2 = 167.5\ \text{kPa}.$$

이 계산을 이전에 한 계산과 비교하면, 소압력 손실이 주 압력 손실보다 크다. 시스템을 통한 총 압력 손실은 175 kPa이다. 45 liters/min의 체적 유량에서 이 압력 강하로 인해 132 W의 열로 소멸되는 것을 보여줄 수 있다.

2.5. 압력 변화

2.5.1 유압 파이프

일반 방정식

유압 도관 내의 과도 현상은 압력에 대한 유체의 압축성을 나타내는 유체 상태 방정식과 질량 방정식의 비정상적인 운동량 및 보존을 사용하여 분석된다. 그림 2.17은 유압 도관 내의 무한소 제어 부피를 보여준다. 도관의 전체 길이는 치수 L로 주어지며 도관의 단면적은 A로 주어진다. 제어 볼륨의 무한 길이는 δx 제어 볼륨은 공간에 고정되어 있으며, 유압 유체가 제어 부피를 통해 x 방향으로 통과되는 것으로 나타난다.

x 방향의 체적 제어 볼륨의 길이가 짧기 때문에 압력, 밀도 및 유체 속도는 제어 볼륨 자체의 길이에 따라 선형적으로 변화하는 것으로 나타난다. 그림 2.17의 제어량에 식 (2.44) 적용하면 유압 도관의 질량 보존은 다음과 같이 표현될 수 있다.

$$\frac{\partial}{\partial t}\int_0^{\delta x}\left(\rho + \frac{\partial \rho}{\partial x}x\right)A\,dx - u\rho A + \left(\rho + \frac{\partial \rho}{\partial x}\delta x\right)\left(u + \frac{\partial u}{\partial x}\delta x\right)A = 0. \qquad (2.97)$$

제어 볼륨의 단면적이 일정하고 2차적으로 작은 항을 무시하면, 그림 2.17에 나타난 제어 볼륨에 대한 질량 보존은 다음과 같다.

$$\frac{\partial \rho}{\partial t} + \frac{\partial (u\rho)}{\partial x} = 0. \qquad (2.98)$$

마찬가지로, 그림 2.17의 제어 볼륨에 식 (2.48)을 적용함으로써 유압 도관의 유체 운동량 보존을 표현할 수 있다.

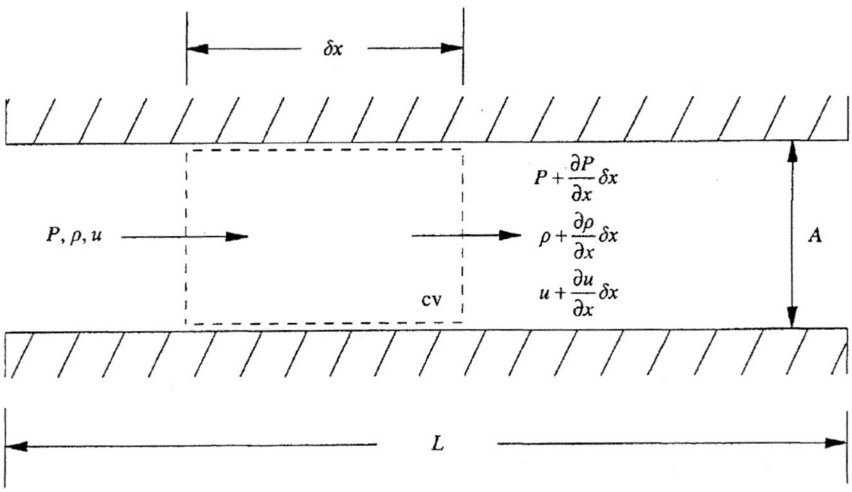

그림 2-17
유압 도관의 제어량 분석

$$PA - \left(P + \frac{\partial P}{\partial x}\delta x\right)A = \frac{\partial}{\partial t}\int_0^{\delta x}\left(\rho + \frac{\partial \rho}{\partial x}x\right)\left(u + \frac{\partial u}{\partial x}x\right)A\,dx - \rho u^2 A$$
$$+\left(\rho + \frac{\partial \rho}{\partial x}\delta x\right)\left(u + \frac{\partial u}{\partial x}\delta x\right)^2 A. \tag{2.99}$$

2차적으로 작은 항을 무시함으로써, 방정식은 다음과 같이 단순화될 수 있다 :

$$\frac{\partial P}{\partial x} + \frac{\partial (u\rho)}{\partial t} + \frac{\partial (u^2\rho)}{\partial x} = 0. \tag{2.100}$$

액체의 상태 방정식으로부터 거리와 시간에 대한 밀도와 압력의 변화는 다음과 같이 쓸 수 있다.

$$\frac{1}{\rho}\frac{\partial \rho}{\partial x} = \frac{1}{\beta}\frac{\partial P}{\partial x} \quad \text{and} \quad \frac{1}{\rho}\frac{\partial \rho}{\partial t} = \frac{1}{\beta}\frac{\partial P}{\partial t}, \tag{2.101}$$

여기서 β는 유체 체적 탄성 계수이다.

무 차원 방정식

유압 도관 내의 압력 과도 현상의 지배적인 물리적 기여 요인에 대한 통찰력을 얻으려면 각 물리량을 문제 내에서 해당 매개 변수의 특성을 나타내는 값으로 조정하여 일반 방정식의 무차 원화가 편리할 것이다. 이 매개 변수의 크기 조정은

$$P = \hat{P}P_o, \qquad u = \hat{u}u_o, \qquad \rho = \hat{\rho}\rho_o, \qquad x = \hat{x}L, \qquad t = \hat{t}\tau, \tag{2.102}$$

여기서 caret가 있는 파라메타는 무 차원이고 오더 1인 반면 P_o, u_o 및 ρ_o는 특성 압력, 속도 및 밀도이다

문제 내에서의 ftuid의 길이 L은 그림 2.17에 표시된 도관의 길이이고, T는 도관 내에서 발생하는 현상의 특징적인 시간 척도이다. 식 (2.102)를 식 (2.98)로 대체함으로써, 무 차원 질량 방정식은 다음과 같이 쓸 수 있다.

$$\frac{\partial\hat{\rho}}{\partial\hat{t}} + \left(\frac{u_o\tau}{L}\right)\frac{\partial(\hat{u}\hat{\rho})}{\partial\hat{x}} = 0. \tag{2.103}$$

유사하게 식 (2.102)를 식 (2.100)으로 대입하면 무차원 운동량 방정식은 다음과 같이 쓸 수 있다.

$$\frac{\partial\hat{P}}{\partial\hat{x}} + \left(\frac{\rho_o u_o L}{\tau P_o}\right)\frac{\partial(\hat{u}\hat{\rho})}{\partial\hat{t}} + \left(\frac{\rho_o u_o^2}{P_o}\right)\frac{\partial(\hat{u}^2\hat{\rho})}{\partial\hat{x}} = 0. \tag{2.104}$$

유사하게, 무차원화 방정식은 다음과 같이 표현될 수 있다.

$$\frac{1}{\hat{\rho}}\frac{\partial\hat{\rho}}{\partial\hat{x}} = \frac{P_o}{\beta}\frac{\partial\hat{P}}{\partial\hat{x}} \quad \text{and} \quad \frac{1}{\hat{\rho}}\frac{\partial\hat{\rho}}{\partial\hat{t}} = \frac{P_o}{\beta}\frac{\partial\hat{P}}{\partial\hat{t}}. \tag{2.105}$$

질량 방정식과 상태 방정식을 결합하여 질량 보존을 위해 다음 무 차원 표현을 작성할 수 있다.

$$\frac{\partial\hat{P}}{\partial\hat{t}} + \left(\frac{u_o\tau}{L}\right)\hat{u}\frac{\partial\hat{P}}{\partial\hat{x}} + \left(\frac{\beta u_o\tau}{P_o L}\right)\frac{\partial\hat{u}}{\partial\hat{x}} = 0. \tag{2.106}$$

유사하게, 운동 방정식과 상태 방정식을 결합함으로써, 유체 운동량의 보존을 위해 다음의 무 차원 표현이 기술될 수 있다 :

$$\left(\frac{1}{\hat{\rho}} + \frac{\rho_o u_o^2}{\beta}\hat{u}^2\right)\frac{\partial\hat{P}}{\partial\hat{x}} + \left(\frac{\rho_o u_o L}{\tau P_o}\right)\frac{\partial\hat{u}}{\partial\hat{t}} + \left(\frac{\rho_o u_o L}{\tau\beta}\right)\hat{u}\frac{\partial\hat{P}}{\partial\hat{t}} + \left(\frac{\rho_o u_o^2}{P_o}\right)\frac{\partial(\hat{u}^2)}{\partial\hat{x}} = 0. \tag{2.107}$$

특성 치수의 다음 비율을 만족하면

$$\frac{u_o\tau}{L} << 1 << \frac{\beta}{P_o} \quad \text{and} \quad \frac{\rho_o u_o^2}{P_o} << 1 \approx \frac{\rho_o u_o L}{\tau P_o}, \tag{2.108}$$

식 (2.106)과 (2.107)로부터 무 차원 질량 및 운동량 방정식이 다음과 같은 형태로 나타낼 수 있다.

$$\frac{\partial \hat{P}}{\partial \hat{t}} + \left(\frac{\beta u_o \tau}{P_o L}\right)\frac{\partial \hat{u}}{\partial \hat{x}} = 0 \qquad \text{mass}$$
$$\frac{\partial \hat{P}}{\partial \hat{x}} + \left(\frac{\rho_o u_o L}{\tau P_o}\right)\frac{\partial \hat{u}}{\partial \hat{t}} = 0 \qquad \text{momentum,} \tag{2.109}$$

여기서 $\hat{\rho}$는 동등한 단일성을 취한다. **참고 :** 식 (2.109)은 식 (2.108)이 만족되는 상황에서만 유효하다. 이러한 조건 하에서, 유체 속도는 일반적으로 작으며 유압 도관 내의 과도 현상은 짧은 시간에 발생한다. u_o와 τ는 작다.

이 결과는 무차원 분석의 효과를 보여준다. 이러한 종류의 분석이 없으면 방정식에서 중요하지 않은 항을 제거할 수 없으며, 질량 및 운동량 방정식의 복잡성은 여전히 유지된다.

▌방정식 요약

식 (2.102)를 식 (2.109)로 다시 대입하면 질량 및 운동량 방정식을 다음과 같이 다시 계산할 수 있다.

$$\frac{\partial P}{\partial t}\frac{1}{\beta} + \frac{\partial u}{\partial x} = 0 \quad \text{mass} \qquad \text{and} \qquad \frac{\partial P}{\partial x}\frac{1}{\rho} + \frac{\partial u}{\partial t} = 0 \quad \text{momentum.} \tag{2.110}$$

이 방정식은 *파동 방정식*으로 더 잘 알려져 있다. 여기서 ρ는 솔루션 프로세스에서 상수로 처리된다. 0이 아닌 경계 조건을 갖는 방정식의 해법은 이전 문헌 [3]에서 시도되었다.

2.5.2 수격 작용

수격 작용(water hammer)은 유압 파이프 라인에서 유체가 갑작스러운 속도 변화로 인해 발생하는 압력 변화 현상을 의미한다. 이 갑작스러운 속도 변화는 파이프 내에서 압력파를 전파시키고 종종 파이프에 망치가 치는 소리와 유사한 소음을 유발한다. 따라서 이 현상은 수격 작용이라고 불린다. 유압 도관 내에서 파동 방정식을 생성하기 위해 수행된 이전 분석은 일반적으로 수격 작용에도 적용된다. 그러나 이 절에서는 간단한 에너지 균형을 사용하여 압력파 내에서의 최대 압력에 대한 더 구체적인 결과를 도출한다. 이 최대 압력은 일반적으로 수압 분석에서 원하는 결과이다. 왜냐하면 최대 수압 하강은 주로 수압 현상과 관련된 문제인 큰 소음과 파이프 파열의 어려움을 줄이기 때문이다. 그림 2-8은 초기 속도 u_o로 고체 경계에 접근하는 유체 열을 보여준다. 이 움직임과 관련된 운동 에너지는 다음과 같다.

$$KE = \frac{1}{2} Mu_o^2 = \frac{1}{2} \rho_o V_o u_o^2, \tag{2.111}$$

여기서 M은 유체 컬럼의 질량, ρ_o는 컬럼의 초기 유체 밀도, V_o는 컬럼의 초기 유체 체적이다. 유체 칼럼이 단단한 경계에 부딪치면 유체의 속도가 급격히 감소하고, 이로 인해 유체 칼럼은 초기 운동과 관련된 에너지를 흡수하기 위해 형태가 변형된다. 유체가 거의 압축되지 않기 때문에 변형은 작으며, 이 변형 과정에서 유체 내에 저장된 에너지는 기계용 스프링과 비슷한 방식으로 취급될 수 있다. 기계용 스프링에 저장된 잠재 에너지의 고전적 표현은 다음과 같다.

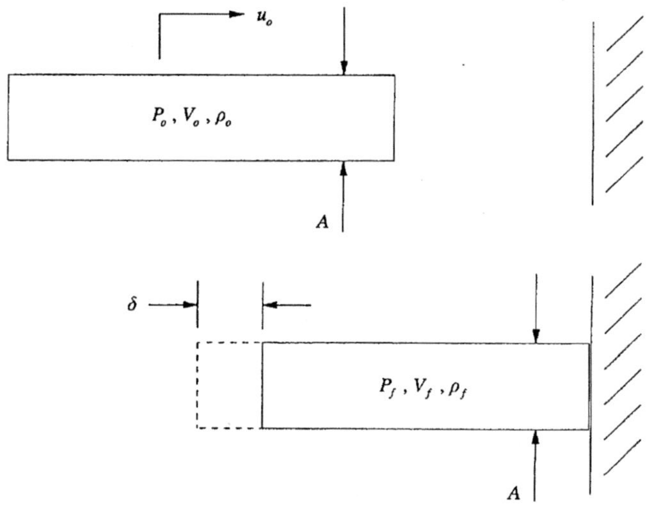

그림 2-18
유체 칼럼의 속도가 갑자기 변화한다.

$$PE = \frac{1}{2} k\delta^2, \tag{2.112}$$

여기서 k는 스프링 상수이고, δ은 그림 2.18에 표시된 바와 같이 스프링 또는 유체 컬럼의 변형이다. Hooke의 법칙을 사용하면 스프링 속도 자체가 다음과 같이 쓸 수 있다.

$$k = \frac{F}{\delta} = \frac{(P_f - P_o)A}{\delta}, \tag{2.113}$$

여기서 F는 유체 기둥에 작용하는 "스프링 력", P_f는 벽에서의 유체 기둥의 최종 압력, P_o는 유체 기둥의 초기 압력, A는 유체 기둥의 불변 단면적 유체 칼럼이다.
액체의 상태 방정식으로부터 유체 칼럼의 변화가 다음과 같이 나타남을 알 수 있다.

$$A\delta = (V_o - V_f) \approx \frac{V_o}{\beta}(P_f - P_o), \tag{2.114}$$

여기서 β는 체적 탄성 계수이다. 식 (2.113)과 식 (2.114)을 식 (2.112)과 함께 사용하면 압축 유체의 열에 저장된 잠재적 에너지에 대해 다음 결과를 작성할 수 있다.

$$\mathrm{PE} = \frac{1}{2}\frac{V_o}{\beta}(P_f - P_o)^2. \tag{2.115}$$

식 (2.111) 및 (2.115)을 서로 같게 설정하고 용어를 재정렬하면 이동하는 유체 기둥 내부에서 갑자기 유체가 정지하여 발생하는 최대 유체 압력에 대해 다음 결과가 산출된다.

$$P_f = P_o + u_o\,\rho_o\,c, \tag{2.116}$$

여기서, c는 within the liquid에 의해 주어진 액체 매체 내의 소리의 속도이다.

$$c = \sqrt{\beta/\rho_o}. \tag{2.117}$$

식 (2.116)에서 수력 해머 현상으로 인한 최대 압력은 유체 특성 및 초기 유체 속도의 결과라는 것을 알 수 있다. 이 결과는 유체 칼럼의 길이에 의존하지 않으므로 엔지니어가 사용할 수 있는 유일한 실제 조정은 수격 작용 효과를 감소시키는 것은 유체 자체의 초기 속도를 감소시킨다. 주어진 용적 유량에 대해, 이는 더 큰 단면적 A를 갖는 파이프를 사용하여 수행될 수 있다.

2.5.3 다양한 제어 볼륨 내의 압력 상승률

이 절에서는 유압 제어 시스템의 분석과 모델링에 유용한 중요한 방정식 중 하나를 유도한다. 이 방정식을 *압력 상승률 방정식*이라고 한다. 그림 2.19에서는 균질한 유체로 채워진 통제 부피가 나타난다. 다시 말해, 제어 볼륨 내의 압력과 유체 밀도는 일정하다. 그림에서 오른쪽에 있는 피스톤은 통제 부피의 크기를 조절하며, 왼쪽에서 유체의 부피 유량 Q가 제어 볼륨으로 흐른다. 통제 부피 내의 순간 유체 질량은 다음과 같다.

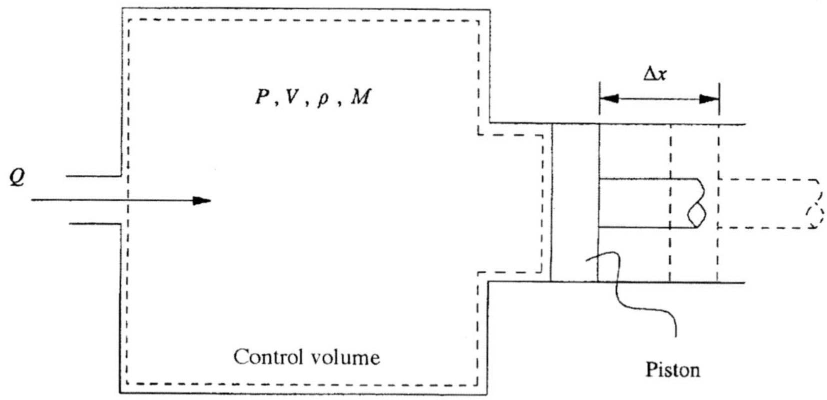

그림 2-19
다양한 제어 볼륨의 개략도

$$M = \rho V, \tag{2.118}$$

여기서, ρ는 유체 밀도이고, V는 제어 체적 내의 유체의 순간 체적이다. 식 (2.118)을 시간에 대해 한 번 분화함으로써, 제어 체적 내의 질량 변화의 시간 변화율은 다음과 같이 표현될 수 있다.

$$\frac{dM}{dt} = \frac{d\rho}{dt} V + \rho \frac{dV}{dt}. \tag{2.119}$$

질량의 보존으로부터 식 (2.119)의 좌변은 다음과 같이 주어진다.

$$\frac{dM}{dt} = \rho Q, \tag{2.120}$$

Q는 제어 체적으로 들어가는 유체의 총 용적 유량이다.
액체의 상태 방정식으로부터 다음을 알 수 있다.

$$\frac{d\rho}{dt} = \frac{\rho}{\beta}\frac{dP}{dt}, \tag{2.121}$$

여기서 β는 체적 탄성 계수이다. 식 (2.120) 및 식 (2.121)을 식 (2.119)에 대입하고 항을 재정렬하면 다음 방정식이 산출된다.
그림 2.19의 다양한 제어 볼륨 내에서의 압력 상승 속도:

$$\frac{dP}{dt} = \frac{\beta}{V}\left(Q - \frac{dV}{dt}\right). \tag{2.122}$$

이것은 압력 상승률 방정식이다. 이 방정식은 변화하는 제어 체적 내에서의 압력 변화가 챔버에 들어가고 나가는 유체량과 제어 체적 자체의 변화율 사이의 절충에 기인함을 의미한다.
이 압력 변화 원리는 간단하며 제어 체적의 예를 사용하여 설명할 수 있다. 예를 들어 풍선을 생각해보자. 공기가 풍선 안으로 불어 가면 풍선의 압력이 상승한다. 이 압력 상승에 응답하여, 풍선은 팽창하고 그 체적을 변화시킴으로써 압력을 감소시키는 성질이있다. 체적이 체적 유량에 비례하여 더 이상 풍선에서 변화하지 않으면 압력이 급격히 증가하고 풍선이 터진다. 이 기본 현상은 유압 회로 전체에서 발생하며 유체의 어느 부분이 가압되고 있는지를 고려해야 한다. 식 (2.122)의 기본 형식은 이 책의 후속 절에서 자주 사용된다.

연구 사례

치약의 새로운 관은 원래의 30 ml가 2% 감소 할 때까지 아래쪽 끝에서 말려 올라간다. 갑자기 치약 튜브가 파손되어 치약이 치약 압력에 비례하는 체적 유량으로 튜브 밖으로 분출하도록 낮은 레이놀즈 수 누출이 발생하면 누출에 대한 비례 상수는 1.2 ml/(MPa s)로 주어지며 치약의 체적 탄성 계수는 90 MPa라 하자.
이 때 달성된 최대 치약 압력을 계산하시오. 치약 튜브가 파손 된 후, 치약 압력이 평형값의 98%에 도달하는데 얼마나 걸리는가?

이 사례 연구의 두 가지 질문은 모두 식 (2.122)의 기본 형태를 사용하여 답변할 수 있다. 이때 식 (2.122)에서 튜브가 아랫부분에서 말려 올라갈 때 튜브 내에서 달성되는 최대 압력을 결정하려면 체적 유량을 제로로 설정하고 압력 상승률 방정식을 닫힌 형태로 해결하면 된다. 이 결과는 다음과 같다.

$$P = P_o + \beta \ln\left(\frac{V_o}{V}\right),$$

여기서 P_o는 원래의 치약 압력, β는 치약의 부피 계수, V_o는 치약의 원래 부피이다. 문제 진술에서 우리는 치약 튜브가 파손되었을 때, $V_o/V = 1.02$임을 알 수 있다.
최초의 치약 압력을 0으로 설정하면, 치약 튜브의 파열 압력은 1.8 MPa로 계산된다.

튜브가 파손된 후 치약 압력이 평형 값의 98%에 도달하는 데 걸리는 시간을 결정하기 위해, 식 (2.122)에서의 변화는 무시되고 용적 유량은 $Q = -KP$로 설정된다. 여기서 K는 문제 설명에서 주어진 비례 계수이고 P는 즉각적인 치약 압력이다. 식 (2.122)와 함께 이 모델을 사용하면 과도 압력 문제에 대한 게빙 미분 방정식은 다음과 같다.

$$\frac{V}{\mathrm{K}\beta}\dot{P} + P = 0,$$

여기서 점 표기법은 시간에 대한 도함수를 나타낸다. 이 방정식에 대한 해결책은 과도 응답의 98%가 사라질 때 나타난다.

$$t = 4\,\frac{V}{\mathrm{K}\beta} = 4 \times \frac{0.98 \times 30\ \mathrm{ml}}{1.2\ \mathrm{ml/(MPa\ s)} \times 90\ \mathrm{MPa}} = 1.09\ \mathrm{s}.$$

여기에 제시된 것과 같은 1계 미분 방정식에 대한 해는 3장에서 더 자세히 논의된다.

2.6. 유압 및 동력

2.6.1 유체 동력

"전력"은 노력의 양과 그 노력이 가하는 속도의 비를 포함하는 개념이다. 예를 들어, 기계 시스템에서는 힘을 속도로 곱한 것이나 토크를 각속도로 곱한 것으로 정의된다. 전기 시스템에서는 전압에 전류를 곱한 것으로 정의되며, 유압 시스템에서는 유체 전력이라고도 불리며 압력에 체적 유량을 곱한 것이다. 이 절에서는 이러한 전력 관계를 작업의 첫 번째 원리를 통해 간단히 설명하고 있다. 그림 2.20은 x 방향으로 힘을 받는 유체 칼럼을 보여준다. 적용된 힘은 $F = PA$로 주어지며, 유체 칼럼의 횡단면 면적은 A이고, x에서의 유체의 압력은 P이다. 이 정의에 따라, 유체에 작용하는 미소한 작업량은 적용된 힘과 미소한 유체 이동을 곱한 것으로 표현된다.

$$dW = F\,dx, \tag{2.123}$$

여기서 W는 작업이고 F와 x는 그림 2.20에 나와 있다. $F = PA$이므로 식 (2.123)은 유체 압력 P에 의한 유체에서 수행된 작업이 다음과 같이 주어진다는 것을 나타낼 수 있다.

$$dW = PA\,dx = P\,dV, \tag{2.124}$$

전력의 정의는 작업의 시간 변화율에 의해 결정된다. 이 방정식의 양변을 미소 시간 dt로 나누면 그림 2.20에 표시된 통로를 통해 유압적으로 전달되는 전력은 다음과 같이 나타낼 수 있다.

$$\frac{dW}{dt} = P\,\frac{dV}{dt} = PQ, \tag{2.125}$$

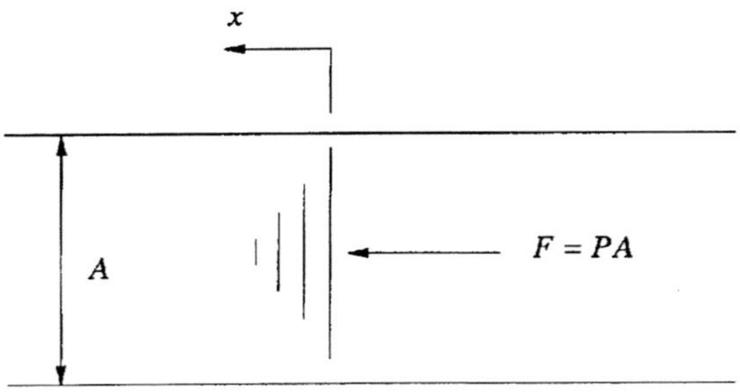

그림 2-20

적용된 힘을 가진 유체 칼럼의 개략도

여기서 Q는 유체의 체적 흐름율로 정의된다. 이 결과는 후속 장에서 유압 구성 요소와 제어 시스템의 효율성을 논할 때 광범위하게 사용될 것이다.

2.6.2 유압 시스템의 열 발생

유압 시스템은 유용한 작업을 수행하는 모든 시스템과 마찬가지로, 유압 시스템도 100%보다 낮은 효율로 작동한다. 이는 유압 제어 시스템 내의 일부 전력이 주 전력 흐름에서 분산되어 결국 열로 전환되어야 한다는 것을 의미한다. 실제 유압 시스템 내에서 이 열을 방출해야 하는 필요로 인해 전체 제어 시스템과 함께 냉각기와 열전달 장치가 존재한다.

열 생성 및 온도 상승 문제를 고려하기 위해 제한된 구멍을 통과하는 유체를 보여주는 그림 2.21을 살펴보라. 제한된 구멍은 유동 통로에 압력 강하를 생성하며, 유체를 구멍을 통과시키기 위해 필요한 전력은 다음과 같이 주어진다.

$$\dot{W} = Q\,(P_1 - P_2), \tag{2.126}$$

여기서 Q는 오리피스를 통과하는 체적 흐름률이며, $P_1 - P_2$는 구멍을 통과하는 압력 강하이다. 모든 이 에너지가 유체로 들어가고 주위 환경으로 분산되지 않는다고 가정하면, 열역학적으로 유도된 결과로부터 밸브를 통해의 온도 상승은 다음과 같이 주어질 수 있다.

$$T_2 - T_1 = \frac{\dot{W}}{c_p\,\dot{m}}, \tag{2.127}$$

여기서 c_p는 유체의 비열이며, $\dot{m}$는 오리피스를 통과하는 유체의 질량 유량이다. 질량 유량이 $\dot{m} = \rho Q$에 의해 주어지고, 여기서 ρ는 유체의 질량 밀도이고, 식 (2.126) 및 (2.127)은 오리피스를 통과하는 유체의 온도 상승 그림 2.21은 다음에 의해 주어진다.

$$T_2 - T_1 = \frac{P_1 - P_2}{c_p \rho}. \tag{2.128}$$

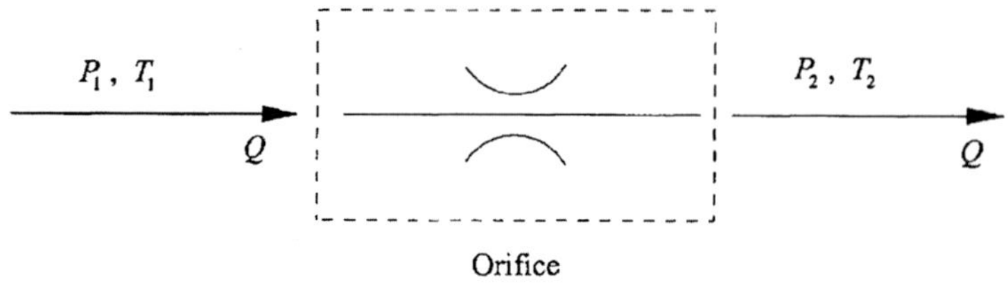

그림 2-21
흐름 제한기를 통한 온도 변화

제 1장의 표 1-6에서 알 수 있듯이, 광물 오일의 비열은 800℃에서 약 2.118 kJ/(kg ℃)이다. 광물 오일의 밀도는 대략 850 kg/m^3 이다. 이 두 가지 숫자를 식 (2.128)과 함께 사용하면, 유체 흐름 통과구간 간의 압력 강하당 유압 유체의 온도가 1 메가파스칼당 약 0.56℃ 증가한다는 것을 보여줄 수 있다. 이는 1000 psi의 압력 강하당 약 2.55℉ 증가하는 것과 동일하다. 분명히, 유압 시스템 내에서 연이어 발생하는 압력 강하는 유체의 온도를 급격하게 올릴 것이다. 이러한 생성된 열은 결국 열전도 또는 대류 방법을 사용하여 배출되어야 하며, 이는 유압 시스템이 일반적으로 냉각 시스템으로 구비되어 있는 이유이다.

2.7. 윤활 이론

일반

마찰 공학 시스템에서 유체 윤활제는 표면 자체보다 낮은 전단 강도를 갖는 단단한 슬라이딩 표면 사이에 재료 층을 도입하는 데 사용된다. 이는 고체 표면을 손상시키지 않고 슬라이딩을 용이하게하며 종종 극한의 출력 밀도를 특징으로하는 효과적인 베어링을 제공한다. 즉, 유체의 박막은 엄청난 하중을 전달하는데 사용될 수 있다. 이 섹션에서는 두 개의 슬라이딩 표면 사이의 윤활 현상을 설명하는 데 사용되는 일반 방정식을 소개한다. 이러한 방정식은 유압 제어 시스템 내의 기계 부품이 적절히 윤활되도록 하는 설계 엔지니어에게 매우 중요하다.

경사 진 베어링 패드

그림 2.22는 평면과 정지한 표면에 대해 상대적으로 슬라이딩하는 기울어진 베어링 패드를 보여 준다. 베어링 패드의 x 방향 속도는 U로 주어지고, y 방향의 음의 속도는 V로 주어진다. 직교 좌표계는 베어링 패드와 함께 x 방향으로만 이동하며, x 축은 평면 표면을 따라 유지된다. 두 표면 사이에는 x 방향으로만 크기가 변하는 압력을 가진 유체가 존재한다(하지만 y 방향으로는 그렇지 않음). 유체 막 두께는 x 방향으로 변하며, 그림 2-22에서 h로 표시된다.

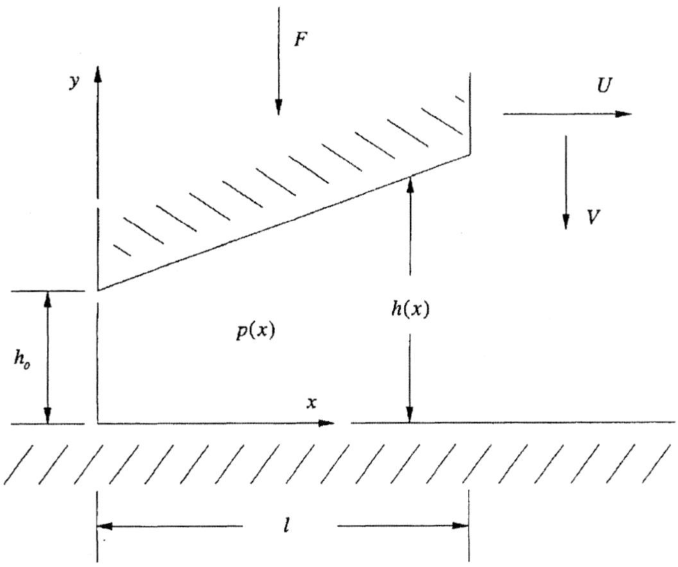

그림 2-22
베어링 패드의 윤활되지 않은 평평한 표면

그림 2.22의 윤활 조건을 분석하기 위해 낮은 Reynolds 수유량 및 질량 보존에 대한 운동량 보존을 사용한다. 식 (2.19)는 낮은 Reynolds 수 흐름에 대한 운동량 방정식의 결과인 x 방향의 유체 속도 프로파일을 제공한다.
그림 2.22의 기하학을 사용하면 이 결과는 다음과 같이 표현될 수 있다.

$$u = -\frac{1}{2\mu}\frac{dp}{dx}(h-y)\,y + U\frac{y}{h}, \tag{2.129}$$

여기서 μ는 유체의 점성이며, 압력과 유체 막 두께 모두 x 방향으로 변한다. 이 결과를 사용하여 x 방향으로의 체적 유량(단위 폭당)은 다음과 같이 작성될 수 있다.

$$\int_0^h u\,dy = -\frac{1}{12\,\mu}\frac{dp}{dx}h^3 + \frac{U}{2}h. \tag{2.130}$$

비압축성 유동의 경우, 2차원 유동에 대한 질량 보존은 다음과 같이 주어진다.

$$\frac{\partial u}{\partial x} + \frac{\partial v}{\partial y} = 0, \tag{2.131}$$

여기서 v는 y 방향의 유체 속도 [4]이다. 이 항목의 분석을 위해, 질량 보존을 다음과 같이 작성하는 것이 더 편리할 것이다.
다음 형식:

$$\int_0^h \left(\frac{\partial u}{\partial x} + \frac{\partial v}{\partial y}\right) dy = \int_0^h \frac{\partial u}{\partial x}\,dy + \int_0^h \frac{\partial v}{\partial y}\,dy = 0. \tag{2.132}$$

미적분학에서 우리는 다음을 알 수 있다.

$$\int_0^h \frac{\partial}{\partial x} g(x, y)\,dy = \frac{\partial}{\partial x}\int_0^h g(x, y)\,dy - (g|_{y=h})\frac{\partial h}{\partial x}. \tag{2.133}$$

이 일반적인 형식을 사용하면

$$\int_0^h \frac{\partial u}{\partial x}\,dy = \frac{\partial}{\partial x}\int_0^h u\,dy - U\frac{\partial h}{\partial x} \quad \text{and} \quad \int_0^h \frac{\partial v}{\partial y}\,dy = -V. \tag{2.134}$$

이 결과를 식 (2.132)로 대입하면 질량 보존을 위해 다음과 같다.

$$\frac{\partial}{\partial x}\int_0^h u\,dy = U\frac{\partial h}{\partial x} + V. \tag{2.135}$$

이 결과를 식 (2.130)과 결합하면 그림 2.22에 표시된 윤활 문제에 대한 다음 관리 방정식이 산출된다.

$$\frac{\partial}{\partial x}\left(-\frac{1}{12\mu}\frac{dp}{dx}h^3\right) = \frac{U}{2}\frac{\partial h}{\partial x} + V. \tag{2.136}$$

이 결과를 x와 관련하여 한 번 통합하면

$$\frac{dp}{dx} = -\frac{6U\mu}{h^2} - \frac{12\mu V(x + C_1)}{h^3}, \tag{2.137}$$

여기서 C_1은 적분 상수이다. h는 일반적으로 x의 함수로 다양 할 수 있기 때문에 더 진행하기 전에 그 형식을 학습해야 한다.

단순화를 위해, 그림 2.22에 나와 있는 부적합한 표면의 근사는 유체 막 두께의 선형 변화로 나타낼 수 있다. 이것에 대한 표현은 다음과 같다.

$$h = h_o + mx, \tag{2.138}$$

여기서 h_o는 그림 2.22에 나와 있으며, m은 변동의 선형 기울기이다. 식 (2.138)을 식 (2.137)로 대체하고 적분하면 두 표면 사이의 유체 압력에 대해 다음 결과가 산출된다.

$$p(x) = \frac{6U\mu}{m(h_o + mx)} + \frac{6V\mu[h_o + m(C_1 + 2x)]}{[m(h_o + mx)]^2} + C_2. \tag{2.139}$$

다음 경계 조건을 적용하여

$$p(0) = P_o \qquad \text{and} \qquad p(l) = P_l, \tag{2.140}$$

식 (2.139)의 적분 상수는 다음과 같이 결정될 수 있다.

$$\begin{aligned} C_1 &= \frac{h_o^2(h_o + lm)^2 (P_o - P_l)}{6l(2h_o + lm)V\mu} - \frac{h_o l}{2h_o + lm} - \frac{h_o(h_o + lm)U}{(2h_o + lm)V}, \\ C_2 &= -\frac{h_o^2 (P_o - P_l)}{lm (2h_o + lm)} - \frac{6(mU + 2V)\mu}{m^2 (2h_o + lm)} + P_l. \end{aligned} \tag{2.141}$$

이 결과를 다시 식 (2.139)로 대입하면 유체 압력에 대해 다음 결과가 산출된다.

$$\begin{aligned} p(x) = &\frac{x[h_o^2(P_l - P_o)(2h_o + mx) + 6l(mU + 2V)(l - x)\mu]}{l(2h_o + ml)(h_o + mx)^2} \\ &+ \frac{h_o^2 P_o + mx(2h_o + mx)P_l}{(h_o + mx)^2}. \end{aligned} \tag{2.142}$$

그림 2.22에 표시된 두 표면 사이의 유체의 하중 전달 능력은 다음과 같다.

$$F = \int_0^l p(x)\,dx = \frac{6(mU + 2V)\mu}{m^3}\ln\left(1 + \frac{lm}{h_o}\right) + \frac{l[lm^3 P_l + h_o m^2(P_l + P_o) - 12\,(mU + 2V)\mu]}{m^2(2h_o + lm)}. \tag{2.143}$$

방정식 요약

위의 방정식은 그림 2.22에 나와 있는 기울어진 베어링 패드의 압력과 하중 특성을 설명한다. 대부분의 경우 베어링 패드의 기울기는 매우 작다. 따라서 이 효과는 기울기 변화 m의 작은 값에 대한 테일러 급수의 첫 번째와 두 번째 항을 살펴보면 이해할 수 있다. 이를 통해 m의 작은 값에 대한 압력 및 하중 수용능력은 다음과 같이 표현할 수 있다.

이 방정식에서 볼 수 있듯이 윤활 과정에서 세 가지 유형의 윤활이 나타난다. 첫 번째 유형은 *정정 윤활*이라고 하며 어떤 속도 효과에도 독립적인 것으로 나타난다. 따라서 이 유형의 윤활은 두 판 사이로 유체를 밀어 넣으려는 경계 압력의 결과이다. 정수 학적 압력 구배에서 발생하는 흐름은 *Poiseuille flow*로 불리며, 평면 표면의 경우 이 윤활 용어는 두 판 사이의 유체 막 두께 h_o와는 독립적으로 작용한다. 그럼에도 불구하고 결과가 유효하려면 어느 정도의 유체 막 두께가 존재해야 한다.

$$p(x) = \underbrace{P_o + \frac{[2h_o + 3m(l - x)]\,x}{2h_o l}(P_l - P_o)}_{\text{Hydrostatic}} + \underbrace{\frac{3m(l - x)x\mu}{h_o^3}U}_{\text{Hydrodynamic}} + \underbrace{\frac{3(l - x)[2h_o - m(l + 4x)]x\mu}{h_o^4}V}_{\text{Squeeze film}}, \tag{2.144}$$

$$F = \underbrace{\frac{l}{2}(P_l + P_o) + \frac{l^2 m}{4h_o}(P_l - P_o)}_{\text{Hydrostatic}} + \underbrace{\frac{l^3 m\,\mu}{2h_o^3}U}_{\text{Hydrodynamic}} + \underbrace{\frac{l^3(2h_o - 3lm)\mu}{2h_o^4}V}_{\text{Squeeze film}}. \tag{2.145}$$

두 번째 윤활 유형으로 수식 (2.144) 및 (2.145)에서 나타난 것은 *유체 역학적 윤활*이라고 불리며, 두 표면 사이의 상대적인 슬라이딩 속도 U에 직접 비례하는 것으로 나타난다. 상대 미끄럼 속도에 의해 생성된 흐름은 *Couette flow*이라고 하며, 여기서 존재하는 무슬립 경계 조건으로부터 발생한다. 이 윤활 유형이 효과적으로 작동하려면, 지배 방정식을 통해 알 수 있듯이, 표면이 비평평해야 한다는 조건 ($m \neq 0$)을 충족되어야 한다. 또한 이 윤활유형은 유체 필름 두께 h_o에 매우 크게 의존하며, 파라미터 값이 작을 때 유체 역학 윤활 항이 매우 클 수 있음을 주목해야 한다.

최종적으로, 식 (2.144) 및 (2.145)에 도시된 제 3 유형의 윤활은 압착 필름 윤활로 알려져 있다. 이 윤활 용어는 표면 사이에 존재하는 상대적 하강 속도로 인해 유체 필름 자체에 압착 효과를 발생시킨다. 이러한 유형의 윤활은 비 평탄 표면에 의존하지 않지만 항상 유체 막 두께에 크게 의존한다. 그림 2.22에 나온 베어링 패드가 기울어져서 일어나는 하향 운동은 단기적인 현상이다. 그로 인해 발생하는 압착 필름 윤활은 윤활 과정에서 일시적으로만 기여를 한다. 이는 베어링의 표면이 지속적으로 윤활되는 데 이 방식을 전적으로 의존할 수 없음을 의미한다.

2.8. 결론

이 장은 유압 제어 시스템에 관련된 유체 역학의 가장 기본적인 개념들에 대한 기본적인 개요를 독자에게 제공하려고 시도했다. 그러므로 이 장은 이 주제에 대한 철저한 설명에는 턱없이 부족하며, 유체 역학에 대한 보다 심층적인 이해를 위해 독자들에게는 전문 서적[1, 4]을 참고할 것을 권장한다. 후속 장에서는 여기서 제시된 많은 개념들이 크게 의존될 것이다. 예를 들어, 레이놀즈 수송 정리는 다양한 밸브 유형에 대한 반복적인 분석을 수행하고 밸브를 작동시키기 위해 극복해야 할 유체력을 결정하는 데에 중요하게 의존될 것이다. 고전적인 오리피스 방정식은 대규모 및 소규모 흐름을 모델링하는 데 광범위하게 사용될 것이고, 낮은 레이놀즈수 흐름 방정식은 유압 제어 시스템 내부의 누설 현상을 모델링하는 데 기초가 될 것이다. 또한, 압력 상승률 방정식은 유압 제어 시스템 내의 과도 압력 현상을 평가하고 불안정성을 야기할 수 있는 경향이 있는 현상들을 여러 차례 다루는 데 사용될 것이다. 요약하자면, 유체 역학의 주제는 유압 제어 시스템의 동작을 이해하는 데 기초적인 역할을 하며, 엔지니어는 이 장에서 다룬 주제들을 이러한 시스템의 성능을 향상시키는 데 유용한 자원으로 여길 것이다.

2.9. 참고 문헌

[1] Munson, B. R., D. F. Young, and T. H. Okiishi. 1998. *Fundamentals 01 Fluid Mechanics,* 3d ed. John Wiley & Sons, New York.

[2] Merritt, H. E. 1967. *Hydraulic Control Systems.* John Wiley & Sons, New York.

[3] Blackburn, J. F., G. Reethof, and J. L. Shearer. 1960. *Fluid Power Control.* The Technology Press of the Massachusetts Institute of Technology and John Wiley & Sons, New York.
[4] Currie, 1. G. 1993. *Fundamental Mechanics 01 Fluids,* 2d ed. McGraw-Hill, New York.

2.10. 과제

2.10.1 지배 방정식

2.1 지름이 40 나노 미터인 긴 파이프를 통해 발생하는 유체 흐름을 줄이는 데 관심이 있다. 파이프를 통과하는 유체의 평균 속도는 1 m/s가 될 것으로 예상된다. 유체는 절대 점도가 0.02 Pa s이고 밀도가 850 kg/m^{3}인 작동유이다. 레이놀즈를 계산하고, 이것이 레이놀즈 수위가 높은지 또는 낮은지를 결정한다. 이 흐름은 난류일까? 층류일까? 이 경우 유체 운동을 유도하는 방정식은 무엇인가?

2.2 앞선 문제는 20-ms의 기간 동안 유체 흐름을 줄이는 데 관심이 있다고 가정 해보자. 이 경우 유체 흐름이 과도 효과를 무시할 수 있는가? 운동 방정식은 무엇인가? 이 경우 유체가 필요한가? 이 문제를 수작업으로 풀 수 있는가? 설명하라.

2.3 소방용 호스 노즐은 A_i로 주어진 입구 영역과 A_d에 의해 주어진 배출 영역을 갖는다. 노즐을 통과하는 과정에서 25 psi의 압력 감소가 발생한다. 유속이 높은 Reynolds-nurnber 유형이라고 가정하면 면적은 얼마인가? 100 ft/sec의 토출 속도를 발생시키는 비율 A_i/A_d? 노즐 입구 속도는 얼마인가?

2.4 문제 2.3의 정보와 레이놀즈 수송 정리를 사용하여, 노즐을 고정시키기 위해 필요한 힘을 결정하라. 유동이 안정적이며 노즐 입구 영역이 1.5 in.^{2} 라고 가정한다.

2.10.2 유체 흐름

2.5 1 mm×0.5 mm 직사각형 모양의 오리피스는 20-MPa의 가압 호스를 대기압에서 저장소로 흐르는 유압 유체를 조절하는 데 사용된다. 배출 계수가 0.62이고 유체 밀도가 850 kg/m^{3}인 고전 오리피스 방정식을 사용하여 이 구절을 따라 용적 유량을 계산하라. 이 유속을 특징 짓는 Reynolds nurnber는 무엇입니까? 점도는 0.01 Pa s? 이 흐름은 층류인가 아니면

난류인가? 오리피스 방정식이 적용되는가? 그 이유는 무엇인가?

2.6 문제 2.5를 사용하여, 0.05와 같은 Reynolds 수의 특징이되는 체적 유량을 계산하라 낮은 레이놀즈 수). 유량 채널이 10 nm라고 가정하면, 채널의 압력 강하는 얼마인가?

2.7 높은 레이놀즈 수 조건에서 오리피스를 통과하는 유체의 체적 유속을 결정하기 위해 기하학적 분석을 이용하여 표현식을 도출해야 한다. 이 연습을 위한 물리적 파라미터의 관련 목록은 체적 유량 Q, 오리피스 Δp를 가로 지르는 압력 강하, 오리피스 A_o의 단면적, 축류 부의 단면적 A_v 및 유체 밀도 ρ. 이 문제를 설명하기 위해 몇 개의 무차원 그룹이 작성될 수 있는가? 결과가 고전 오리피스 방정식과 어떻게 비교되는가?

2.10.3 유압

2.8 수반되는 그림은 45 gpm의 용적 유량으로 유체를 운반하는 데 사용되는 배관 섹션을 보여준다. 파이프 직경은 1 인치이며 다음 길이 치수가 적용된다. $L_1 = 36$ 인치, $L_2 = 24$ 인치 및 $L_3 = 18$ 인치 파이프의 평균 굴곡 반경은 2 인치이다. 게이트 밸브는 반 폐쇄 상태이다. 파이프의 표면 거칠기는 0.05 in이고 유체 밀도는 53 lbm/ft^{3}이며 유체 점도는 3 μReyn이다. 파이프를 통한 압력 강하를 계산하라.

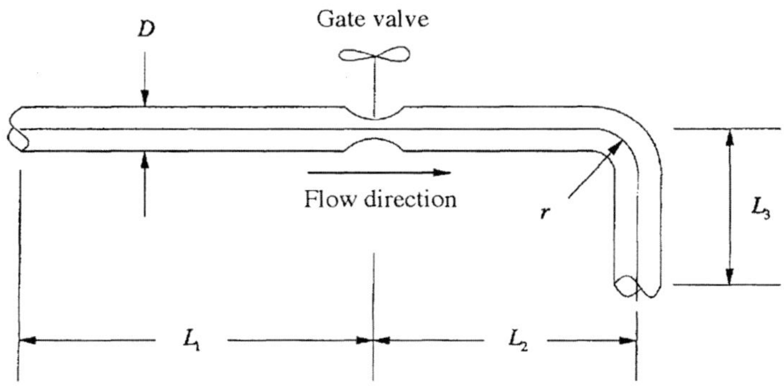

2.9 20 리터 용량의 컨테이너가 유압 오일로 가득 차 있고 처음에는 2100 kPa의 압력을 받고 있다. 사고로 인해 컨테이너가 한쪽면이 깨져서 용량이 4% 영구적으로 줄어든다. 유체의 체적 탄성률이 1 GPa라고 할 때, 사고 이후 컨테이너 내부의 압력이 얼마가 될지 계산하라.

2.10 문제 2.9의 결과를 사용하여, 용기가 부서진 후에 느린 누출이 발생하면 용기가 대기압에 도달하는 데 걸리는 시간을 계산하라. 이때 누설 계수는 2×10^{-13}m^3/(Pa s)

2.10.4 유압 동력

2.11 문제 2.8에 대해 파이프 어셈블리를 통한 압력 강하로 인해 손실되는 전력량을 계산하라. 이 모든 힘이 작동유를 가열하는 것으로 가정하면 작동유의 온도 상승을 예측할 수 있다.

2.12 유압 펌프는 55 cm^3/rev의 유량을 생산하며 2100 um에서 구동된다. 흡기 압력이 제로 게이지 압력이고 토출 압력이 30 MPa인 경우, 이 펌프에서 공급되는 입력을 계산하라. 펌프 효율이 100%이면 펌프 축의 입력 토크는 얼마인가?

HYDRAULIC CONTROL SYSTEMS

PART 03

동적 시스템과 제어

3.1. 서론

이 교재의 주요 내용은 유압 제어 시스템에 대해 설명하고 있다. 유압 제어 시스템은 특정 제어 목표를 달성하기 위해 설계된 유체 구동 시스템이다. 이는 독특한 동적 특성으로 시장에서 자리 잡았으며, 특히 "강성"이라고 불리는 유압 제어 시스템의 동적 반응이 주목할 만하다. 이는 시스템이 매우 적은 관성 저항과 오버슛으로 상당한 힘을 발휘할 수 있음을 의미한다.
이 장에서는 동적 반응의 특성을 규명하기 위해 동적 분석 및 고전 제어 이론의 기초를 검토하고 요약한다. 이어지는 절에서는 동적 시스템의 모델링과 이러한 시스템의 선형화, 그리고 일차 및 이차 동적 시스템 행동에 대한 논의를 포함한다. 이러한 절에 이어 동적 시스템의 특성을 고려하는 데 사용될 수 있는 세 가지 분석 방법, 즉 상태 공간 분석, 블록 다이어그램 및 라플라스 변환, 그리고 주파수 응답 분석이 소개된다. 이 장의 마지막 부분에서는 기본 제어 및 피드백 보상에 대한 주제를 제시한다. 이 교재에서는 비례-적분-미분(PID)이라는 고전적인 방식을 사용하여 선형 시스템을 제어하는 방법에 초점을 맞춘다. 이 장은 기존의 반응 특성이 정의되고, 동적 분석의 기본 도구가 후속 장에서 사용됨에 따라 전체 교재를 통해 참조 자료로 사용될 것이다.

3.2. 모델링

3.2.1 일반

이 장은 제어 대상, 즉 *플랜트* 또는 제어 목표를 달성하기 위해 사용되는 *동적 시스템*이 존재한다고 가정하고 시작한다. 동적 시스템의 특성과 구동을 기초적으로 이해하지 못하면 제어에 대한 논의는 다소 어려울 수 있다.
엔지니어로서 우리는 실험적 또는 분석적 모델링 기법을 통해 동적 시스템을 이해하게 된다. 이 절에서는 비교적 간단한 시스템에 관한 모델링 기초를 논의할 것이다. 이 모델링 예시들은 분석 기법과 유압 제어 시스템 내에서 접할 수 있는 시간 변동 시스템의 기본 구조를 보여주기 위해 제시된다.

3.2.2 기계 시스템

역학 교과서에서 논의할 가장 고전적인 시스템 중 하나는 그림 3.1에 표시된 회전진자이다. 강체 역학의 기본 원리를 사용하여, 이 진자에 대한 운동 방정식은 회전축 점 O에 대한 모멘트를 합산하고 그 점에 대해 이동하는 물체에 대한 각운동량의 시간 변화율과 동일하게 설정하여야 한다. 그 결과 다음과 같다.

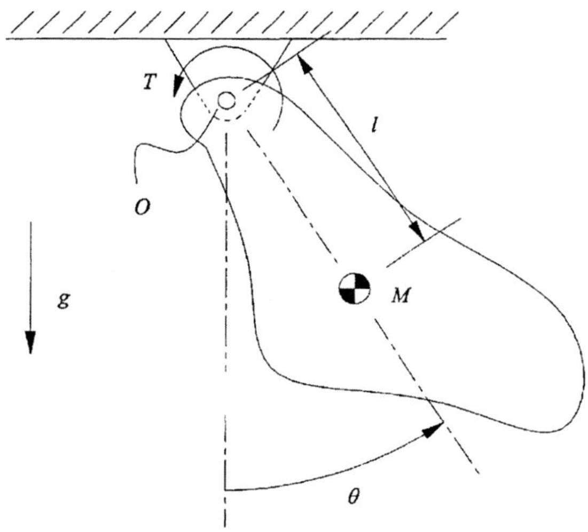

그림 3-1
스윙 진자

$$I_o\ddot{\theta} = T - C\dot{\theta} - Mgl\sin(\theta), \tag{3.1}$$

여기서 I_0은 O에 대한 진자의 질량 관성 모멘트, T는 각 위치를 제어하기 위해 진자에 적용되는 외측 쌍, C는 점성 항력 계수, M은 진자의 질량, g는 중력 상수이며, 치수 l과 θ는 그림 3.1에 나와 있다. 이 방정식은 진자가 입력 공차 T에 반응할 때의 물리적 거동을 설명한다. 또한, 이 방정식을 *시스템 모델*이라고도 한다.

식 (3.1)은 언뜻 보기에 선형인 것처럼 보이지만 θ는 일반적으로 비선형이며 그 해법을 위해 수치적 기법이 요구된다.

이 장의 다음 부분에서는 진자 작동 범위 내에서 사용할 수 있는 간단한 해결 방법을 찾기 위해 모델을 어떻게 단순화할지에 대해 설명한다. 잠시 모델의 복잡한 부분을 미루고, 유압 제어 시스템이 움직이는 기계 부품으로 만들어지고 결국 기계적 출력과 연결된다는 사실을 이해하는 것이 중요하다. 이런 관점에서, 예를 들어 그림 3.1에 나타난 기계 시스템을 모델링하는 것은 이 책에서 다루는 주제에 아주 중요하다.

3.2.3 유체 기계 시스템

그림 3.2는 유압 제어 시스템에서 일반적으로 발견되는 또 다른 동적 하위 시스템을 보여준다. 이 시스템은 가압 유체를 사용하여 피스톤을 변위시키는 간단한 유압 액추에이터이다. 가압 된 유체는 피스톤의 왼쪽에 있는 챔버 내부에 존재하는 반면 스프링과 외부의 힘 F는 피스톤의 오른쪽에 가해진다. 힘이 가해지면, 유체는 Q에 의해 주어진 체적 유량으로 챔버 내로 제어 가능하게 주입되고, Q를 음으로 함으로써 챔버로부터 배출될 수 있다. 이 챔버의 순간 체적은 다음과 같이 주어진다.

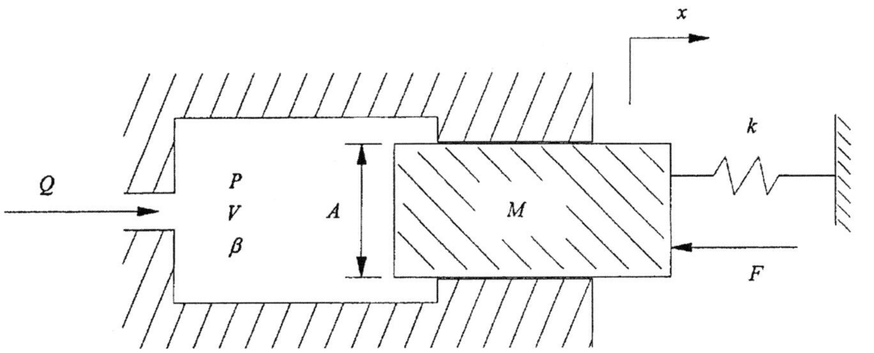

그림 3-2
유압 액추에이터

$$V = V_o + Ax, \tag{3.2}$$

여기서, V_o는 x가 0일 때 챔버의 부피이고, A는 피스톤의 단면적이다.
이 결과를 사용하여 2장의 압력 상승 속도 방정식을 다음과 같이 챔버에 적용할 수 있다.

$$\dot{P} = \frac{\beta}{V_o + Ax}(Q - C_l P - A\dot{x}), \tag{3.3}$$

여기서 P는 챔버 압력, β는 유체 체적 탄성 계수, C_l는 누설 계수이다. 다음으로, 피스톤에 걸리는 힘을 모두 더하고 그 힘들을 피스톤의 선형 운동량 시간 변화율과 같이 놓으면 다음의 피스톤에 대한 운동 방정식이 도출된다.

$$M\ddot{x} = PA - C\dot{x} - kx - F, \tag{3.4}$$

여기서 M은 피스톤의 질량, C는 점성 항력 계수, k는 스프링 상수, F는 피스톤에 작용할 수 있는 하중에 의한 가해진 힘이다.

식 (3.3)과 식 (3.4)는 그림 3.2에 나타난 물리적 시스템의 거동을 설명하는 데 사용된다. 이 방정식으로부터 시스템은 피스톤의 압력, 속도 및 변위 중 발생하는 비선형 커플링을 갖는 3차 시스템임을 알 수 있다. 다시 말하면, 이 시스템은 일반적으로 연관된 미분 방정식의 해를 구하기 위해 수치적 방법을 필요로 한다. 이 장의 다음 절에서는 시스템 작동의 제한된 범위 내에서 솔루션을 얻기 위해 이러한 비선형 모델을 정격 동작점에 대하여 선형화한다.

3.2.4 전자 기계 시스템

현대 유압 제어 시스템 내에서 전자 인터페이스는 시스템 출력을 제어하기 위하여 입력 신호를 조정하는 역할을 한다. 솔레노이드 및 토크 모터는 이러한 기능을 위해 자주 사용된다. 그림 3.3은 기계 시스템에 대해 작동하는 전자기(armature)를 변위시키는 데 사용되는 전자기 액추에이터를 보여준다. 와이어 코일은 와이어를 통해 흐르는 전류에 비례하는 전자기력을 전기자에 적용한다. 전자력에 대한 비례 상수는 다음의 자기 결합 계수이다.

$$\alpha = 2\pi rNB, \tag{3.5}$$

여기서 r은 평균 코일 반경, N은 코일에서 사용되는 와이어 감긴 횟수, B는 전기자의 자속 밀도이다. 전기자에 작용하는 힘의 합력을 구하고 이를 전기자의 시간 비율과 동일하게 설정하면 다음의 전기자에 대한 운동방정식을 얻을 수 있다.

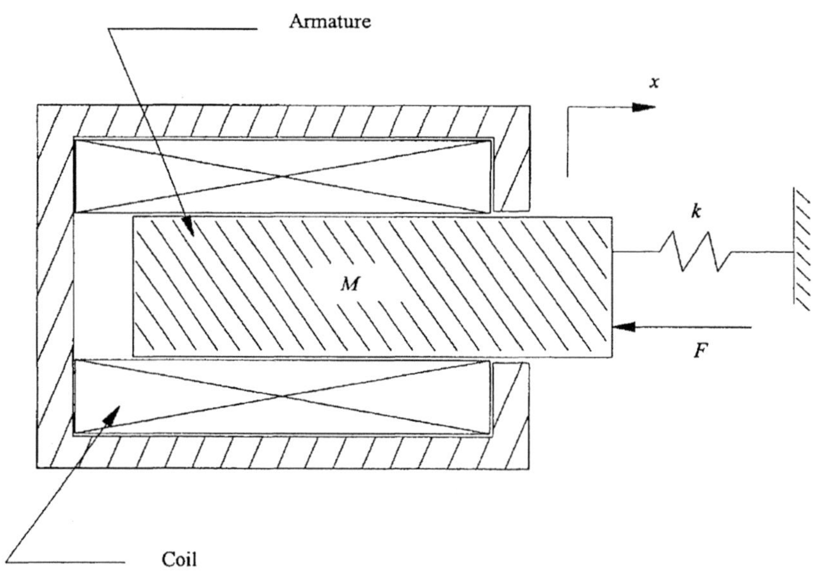

그림 3-3
전자기 액추에이터

$$M\ddot{x} = \alpha i - C\dot{x} - kx - F, \tag{3.6}$$

여기서 M은 전기자의 질량, i는 코일의 전류, C는 점성 계수, k는 전기자의 운동을 방해하는 스프링의 탄성계수, F는 액추에이터에 의해 이동에 따라 작용하는 부하이다. 코일의 전기 회로는 그림 3.4에 나와 있다. 이 회로는 코일에 걸리는 인가 전압 v, 코일 인덕턴스 L 및 저항 R과 전기자의 운동으로 인한 유도 기전력 $e = \alpha\dot{x}$이다. 키르히호프의 전압 법칙을 적용하면 와이어를 통과하는 전류의 시간에 대한 변화율을 다음의 미분 방정식으로 작성할 수 있다.

$$L\dot{i} + Ri = v - \alpha\dot{x}. \tag{3.7}$$

식 (3.6)과 (3.7)은 그림 3.3에 표시된 물리적 시스템의 과도 동작을 설명하는 데 사용된다. 이 방정식으로부터 이 시스템은 자기 결합 계수 α를 통해 결합된 3차 시스템이라는 것을 알 수 있다. 앞의 두 예제와 달리 이 시스템은 선형이며 수치적 방법을 사용하지 않고도 해를 구할 수 있다.

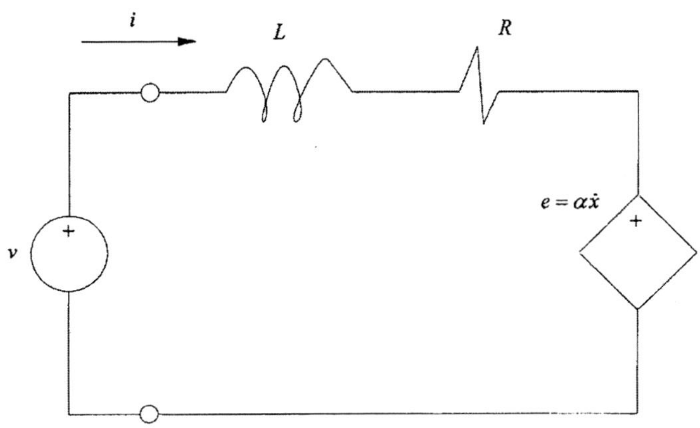

그림 3-4
그림 3.3에 표시된 와이어 코일용 전기 회로

3.2.5 요약

앞서 언급했듯이 모델링은 물리적 시스템을 지능적으로 제어하기 위한 필수적인 첫 단계이다. 앞서 본 예시들을 통해, 물리 모델이 제어되는 시스템의 종류에 따라 달라지며, 종종 다른 차수와 비선형 특성을 가진다는 것이 명확해진다. 모델의 차수가 높아질수록, 또는 비선형 구성요소가 복잡해질수록, 물리 시스템의 복잡성이 증가하여 제어 문제를 더 어렵게 만든다. 다음 절에서는 작동 범위를 제한하여 모델을 단순화할 수 있는 선형화 방법에 대해 설명할 것이다. 이후 절에서는 1차 및 2차 시스템 모델의 이해가 더 높은 차수의 시스템보다 훨씬 앞서며, 따라서 실제로 감소된 1차 또는 2차 모델을 사용하여 제어 문제와 시스템의 일시적인 행동에 대한 더 많은 물리적 통찰력을 제공할 수 있다는 것을 보여줄 것이다. 간단히 말해서, 선형 1차 및 2차 시스템 모델은 우리에게 매우 유용하며, 이 책에서는 가능한 한 이런 방식으로 물리 시스템을 표현하려고 한다. 물론, 지나치게 단순화된 시스템도 한계가 있기 때문에, 선형화와 차수 감소가 잘 이해되는 상황에 대한 접근 방식이 필요하다.

3.3. 선형화

3.3.1 일반

선형화는 시스템의 비선형 지배 방정식을 선형으로 만들고 시스템을 설명하기 위한 표현 기술이다. 이 기술은 유압 제어 시스템에 특히 유용하다. 왜냐하면 유압 시스템은 대부분의 동적 시스템보다 더 높은 비선형성을 포함하고 있기 때문에 선형화 작업이 더 필수적이다. 선형화 기술을 논의하기 전에, 선형 대 비선형 방정식이 의미하는 것을 설명하는 것이 도움이 될 것이다.

n개의 미지수를 갖는 선형 방정식은 다음과 같은 형태의 방정식이다.

$$f(x_1, x_2, ..., x_n) = a_1x_1 + a_2x_2 + \cdots + a_nx_n - b_1, \tag{3.8}$$

여기서 a_1, a_2, ..., a_n 및 b_1은 실수이고 x_1, x_2, ..., x_n은 변수이다. 예를 들어, 방정식 $f(x_1) = \sin(x_1)$은 식 (3.8)의 형태로 나타나지 않기 때문에 비선형 방정식이다. 설명하자면, x_1의 작은 값은 $\sin(x_1) = x_1$의 함수로 식 (3.8)에 표시된 형태의 선형 방정식이다. 다시 말하지만, 수학적 편의를 위해 비선형 방정식 대신 선형 방정식을 사용하고자 한다. 이러한 편의는 선형 방정식에 대한 포괄적인 지식에서 비롯되어 처리하기 쉬운 반면, 비선형 방정식은 우리가 해결하고 처리하는 것이 훨씬 어렵다. 이 절에서는 비선형 방정식을 선형화하는 데 사용되는 방법을 보여준다.

3.3.2 테일러 급수 전개

*테일러 급수*는 독립 변수 x에 대해 적어도 하나의 미분을 갖는 비선형 방정식을 선형화하기 위한 수학 도구로 사용되는 역수이다. 일반적으로 테일러 시리즈는 다음과 같이 쓸 수 있다.

$$
\begin{aligned}
f(x) &= \sum_{k=0}^{\infty} \frac{f^k(x_o)}{k!}(x - x_o)^k \\
&= f(x_o) + f'(x_o)(x - x_o) + \frac{f''(x_o)}{2!}(x - x_o)^2 \\
&\quad + \cdots + \frac{f^n(x_o)}{n!}(x - x_o)^n + \cdots ,
\end{aligned} \tag{3.9}
$$

여기서 x_o는 독립 변수의 작동점, !는 팩토리얼 연산자(예를 들어 $n = 1 \cdot 2 \cdot 3 \cdot n$)이고, 프라임은 독립변수 x에 대한 미분을 나타낸다. x_o가 0일 때, 테일러 급수는 Maclaurin 급수로 알려지게 된다. 독립 변수 x가 정격값 x_o의 근방에 머물러 있을 때 분명히 테일러 급수의 고차 항은 점차 작아진다. 다시 말하면, $(x - x_o)^2 > (x - x_o)^3 > \ldots > (x - x_o)^n$이 경우, 2차 항이 충분히 작으면 테일러 계열은 무시될 수 있고, 식 (3.9)의 테일러 급수 전개는 다음과 같이 표현된다.

$$
f(x) \approx f(x_o) + f'(x_o)(x - x_o). \tag{3.10}
$$

식 (3.8)과 비교하여 알 수 있듯이 이 형태의 테일러 전개는 정의에 따라 선형적이다. 그러나 x가 x_o에서 너무 멀리 벗어나지 않는 한 원래 함수 $f(x)$를 합리적으로 표현한 것만 남아 있다. 함수 f가 둘 이상의 독립 변수에 의존할 때, 이 함수에 대한 테일러 급수는 다음과 같다.

$$
\begin{aligned}
f(x_1, x_2, \ldots, x_n) &\approx f(x_{1_o}, x_{2_o}, \ldots, x_{n_o}) + \left.\frac{\partial f}{\partial x_1}\right|_o (x_1 - x_{1_o}) \\
&\quad + \left.\frac{\partial f}{\partial x_2}\right|_o (x_2 - x_{2_o}) + \cdots + \left.\frac{\partial f}{\partial x_n}\right|_o (x_n - x_{n_o}),
\end{aligned} \tag{3.11}
$$

여기서 편미분은 독립 변수 x_{1_o}, x_{2_o}, ..., x_{n_o}의 정격 조건에서 계산되는 것으로 표시되며 이 값으로부터의 편차는 작은 것으로 간주된다.

3.3.3 선형화의 예

수학적 예

함수의 선형화를 위한 테일러 급수 전개의 사용을 설명하기 위해 다음에 주어진 비선형 접선 함수를 고려하라.

$$
f(x) = \tan(x). \tag{3.12}
$$

x_o부근에서 이 함수를 선형화하기 위해 식 (3.10)의 일반적인 형태를 사용하여 다음의 선형화를 구한다.

$$f(x) \approx \tan(x_o) + \sec^2(x_o)(x - x_o). \tag{3.13}$$

동적 시스템에서 인수가 "작은 값"인 경우에 삼각 함수를 선형화하는 것은 매우 일반적이다. 이 말은 함수가 맥클로린(Maclaurin) 급수로 평가된다는 의미이다. 즉 x_o가 작아서 0으로 간주된다. 여기에 표시된 경우, "x의 작은 값에 대해"

$$f(x) = \tan(x) \approx x. \tag{3.14}$$

유사하게, 학생은 다음과 같이 맥클로린(Maclaurin) 급수가 사인 함수와 코사인 함수 모두로 쓰여질 수 있음을 보여줌으로써 이 기법에 대한 확신을 가져야 한다.

$$\sin(x) \approx x \quad \text{and} \quad \cos(x) \approx 1. \tag{3.15}$$

기계 시스템 예

그림 3.1에 표시된 스윙 진자는 다음 방정식을 사용하여 수학적으로 모델링 되었다.

$$I_o\ddot{\theta} = T - C\dot{\theta} - Mgl\sin(\theta), \tag{3.16}$$

여기서 I_o은 진자의 질량 관성 모멘트, T는 진자에 적용되는 커플, C는 점성 항력 계수, M은 진자의 질량, g는 중력 상수, l과 θ은 그림 3.1에 나와 있다. 이전에 언급했듯이, 이 방정식은 사인 함수의 비선형성 때문에 현재 형태로는 간단한 해법이 없다. 이런 이유로, 이 간단한 시스템에 대한 수치 해법이 종종 필요하다. 그러나 첫 번째 종류의 Jacobian 타원 함수를 사용하는 닫힌 형태의 해는 에너지가 보존되어 있다고 가정할 때 찾을 수 있다. 즉, $C=0$이다. 이 결과의 파생에 대해서는 Greenwood [1]를 참조해라. 식 (3.16)의 비선형 형식은 다소 문제가 있지만 선형 형식은 앞서 설명한 선형화 기술을 사용하여 결정할 수 있다. 진자가 휴식에서 멀리 벗어나지 않는다고 가정하면 θ은 작을 것이며 사인 함수에 대한 Maclaurin 급수는 다음과 같이 쓸 수 있다.

$$\sin(\theta) \approx \theta. \tag{3.17}$$

식 (3.16)에이 결과를 사용하면 진폭이 $\theta = 0$ 부근에서 움직이는 것을 설명하는 다음 선형 방정식을 작성할 수 있다.

$$I_o\ddot{\theta} = T - C\dot{\theta} - Mgl\theta. \tag{3.18}$$

우리가 선형 시스템을 잘 이해하고 있기 때문에, 이 방정식을 닫힌 형태의 해를 찾는 것은 크게 어렵지 않다.

이 때, 식 (3.16)보다 선호된다. 이 2차 선형 시스템에 대한 해는 후속 절에서 논의될 것이다.

유체 기계 시스템 예

그림 3.2에 나타난 유체역학적 시스템의 지배 방정식은 방정식 (3.3)과 (3.4)에 제시되었다. 이 방정식들의 비선형성은 시간에 따라 변하는 부피에서 비롯되며, 이는 압력 상승률 방정식에서 나타난다. 편의를 위해 이 식은 다음과 같이 다시 작성된다.

$$\dot{P} = \frac{\beta}{V_o + Ax}(Q - C_l P - A\dot{x}), \tag{3.19}$$

여기서 V_o는 x가 0일 때 챔버의 부피, A는 유압 피스톤의 단면적, P는 챔버 압력, β는 유체 체적 탄성 계수, C_l는 누설 계수이다. x, Q, P에 대해 이 방정식의 우변을 선형화하면, 다음과 같이 나타낼 수 있다.

$$\dot{P} = \frac{\beta}{V_o}(Q - C_l P - A\dot{x}), \tag{3.20}$$

여기서 선형화에 대한 정격값은 $x = x = 0$, $\dot{Q} = C_l P_o$ 및 $P = P_o$로 주어진다. 압력 상승 속도 방정식은 이제 선형 형태이며 표준 선형 해법을 이용해 풀 수 있다. 이 시스템의 운동 방정식(방정식 (3.4)) 역시 이미 선형 형태로 되어 있기 때문에, 전체 시스템을 선형적으로 다음과 같이 설명할 수 있다.

$$\dot{P} = \frac{\beta}{V_o}(Q - C_l P - A\dot{x}) \quad \text{and} \quad M\ddot{x} = PA - C\dot{x} - kx - F, \tag{3.21}$$

여기서 M은 피스톤의 질량, C는 점성 항력 계수, k는 스프링 속도, F는 하중에서 작용하는 하중에 의해 작용하는 힘이다.
다시 말하면, 이 방정식들은 방정식의 선형화에서 명시된 특정 작동 조건에 대해 유효하다. 이 방정식들은 피스톤이 조금씩 천천히 움직이는 경우나, 유체 분사율(injection rate)이 누설율에 가까운 상황에서만 실제로 맞게 적용된다.

전자 기계 시스템 예

그림 3.3에 표시된 전기기계 시스템은 본래 선형적인 특성을 가지고 있다. 방정식 (3.6)과 (3.7)을 살펴보면 이 시스템이 선형적이라는 것을 알 수 있다. 그래서 이 시스템을 별도로 선형화할 필요 없이, 바로 선형 방식을 이용해 연구하면 된다. 이 방정식들이 적용되는 범위는 원래 모델에 설정된 제한 조건들에 따라 결정된다.

3.4. 동적 거동

3.4.1 1차 응답

일반

이 장에서는 그림 3.5에 나타난 1차 스프링-댐핑 시스템을 다룰 것이다. 1차 선형 모델은 시스템의 시간 응답을 설명할 수 있는 가장 간단하고 기본적인 형태이므로, 이 모델은 많은 시스템의 시간 응답을 기본적으로 이해하는 데 도움이 될 것이다. 특히, 이 시스템의 시정수는 우리에게 중요하다.

그림 3.5에서 시스템의 스프링 속도는 기호 k로 표시되고 점성 감쇠 계수는 기호 c로 표시된다. 시스템의 변위 $x(t)$는 시간이 지남에 따라 변하며, 시스템에 작용하는 힘 역시 시간에 따라 일반적으로 변화한다. 다음 단락에서는 이 시스템의 비가진(excitation이 없는 상태)과 조화 강제(harmonic excitation) 상태에서의 응답을 살펴볼 것이다

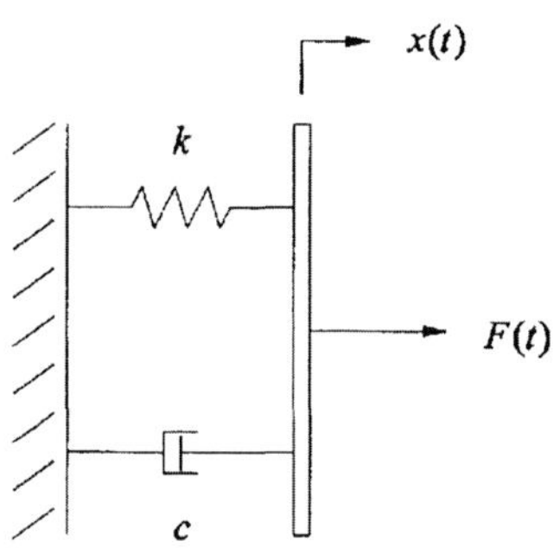

그림 3-5

1차 스프링-감쇠 시스템

영 입력 응답

그림 3.5에서 시스템에 적용된 외력을 무시함으로써 이 시스템의 자유 응답에 대한 운동 방정식은 다음과 같다.

$$c\dot{x} + kx = 0, \tag{3.22}$$

이는 균일한 유형의 선형 1차 미분 방정식이다. 이 시스템에 적용할 수 있는 표준 해법을 사용하여, 우리는 특정한 방식으로 해를 찾고자 한다.

$$x = Ae^{st} \quad \text{and} \quad \dot{x} = Ase^{st}, \tag{3.23}$$

여기서 s는 시스템의 고유값(eigenvalue)으로 알려져 있다. 식 (3.23)을 식 (3.22)로 대체함으로써, 이 시스템의 특성 방정식은 다음과 같이 쓸 수 있다.

$$cs + k = 0, \tag{3.24}$$

여기서 단일 근은 다음과 같이 나타난다.

$$s = -\frac{k}{c} = -\frac{1}{\tau}. \tag{3.25}$$

이 결과에서 T는 시스템의 *시정수*라고 부른다. 식 (3.25)를 식 (3.23)에 대입하면 시스템 변위에 대해 다음과 같은 시변 결과가 산출된다.

$$x = x_o e^{-t/\tau}, \tag{3.26}$$

여기서 x_o는 평형 상태에서 시스템의 *초기* 변위이다. 1차 시스템의 영 대입 응답은 그림 3.6에 나와 있다. 이 응답은 시스템의 4시간 내에서 완료된 응답의 약 98%와 함께 시간이 지남에 따라 감소하는 것으로 나타난다.

고조파 자극에 대한 시간 응답

정현파 입력에 대한 1차 시스템의 시간 응답을 고려하기 위해, 그림 3.5에 나타난 시스템의 적용된 힘을 다음과 같이 나타난다.

$$F(t) = kA\cos(\omega t), \tag{3.27}$$

여기서 k는 시스템의 스프링 상수, A는 시스템의 변위 진폭, ω는 강제 주파수이다.
그림 3.5에서 이 표현식을 사용하면, 시스템의 운동 방정식은 다음과 같이 쓸 수 있다.

$$c\dot{x} + kx = kA\cos(\omega t). \tag{3.28}$$

일반적으로 이 방정식의 해는 "안정된 해"에 "과도 해"를 더함으로써 결정된다. 과도 솔루션은 이전 논의의 주제로 식 (3.26)에 나와 있다. 정현파 입력에 대한 안정적인 해는 미정 계수들의 방법 및 다음 형태의 해를 사용함으로써 결정될 수 있다.

$$x = C_1\sin(\omega t) + C_2\cos(\omega t) \quad \text{and} \quad \dot{x} = C_1\omega\cos(\omega t) - C_2\omega\sin(\omega t), \tag{3.29}$$

여기서 C_1 및 C_2는 아직 결정되지 않은 계수들이다. 식 (3.29)를 식 (3.28)에 대입하면 다음식이 산출된다.

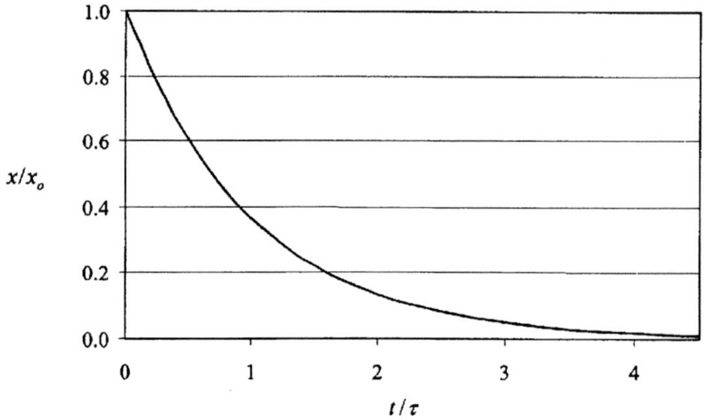

그림 3-6
영 입력 스프링 댐퍼 시스템의 1차 응답

$$(c\omega C_1 + kC_2)\cos(\omega t) - (c\omega C_2 - kC_1)\sin(\omega t) = kA\cos(\omega t). \tag{3.30}$$

이 방정식을 만족 시키려면,

$$c\omega C_1 + kC_2 = kA \qquad \text{and} \qquad c\omega C_2 - kC_1 = 0. \tag{3.31}$$

이 두 방정식의 동시 해법은 계수 C_1과 C_2에 대해 다음과 같은 결과를 산출한다.

$$C_1 = (\tau\omega)\frac{A}{(\tau\omega)^2 + 1} \qquad \text{and} \qquad C_2 = \frac{A}{(\tau\omega)^2 + 1}, \tag{3.32}$$

식 (3.25)와 같이 $\tau = c/k$이다. 식 (3.32)을 식 (3.29)에 대입하면 조화 진동계의 변위에 대한 다음 해를 얻을 수 있다.

$$x = \frac{A}{(\tau\omega)^2 + 1}[(\tau\omega)\sin(\omega t) + \cos(\omega t)]. \tag{3.33}$$

이것은 시간이 증가함에 따라 반복되는 정현파 거동을 나타내기 때문에 식 (3.28)에 대한 *안정적인 해법*으로 알려져 있다.
그림 3.7은 정현파 입력에 대한 1차 시스템의 시간 응답의 예를 보여준다. 진동의 진폭은 약화되고 진동의 위상은 약간 오른쪽으로 이동한다. 도시된 바와 같이, 이 예는 $\tau\omega = 1$로 특징 지워지는 시스템에 대한 것이다.

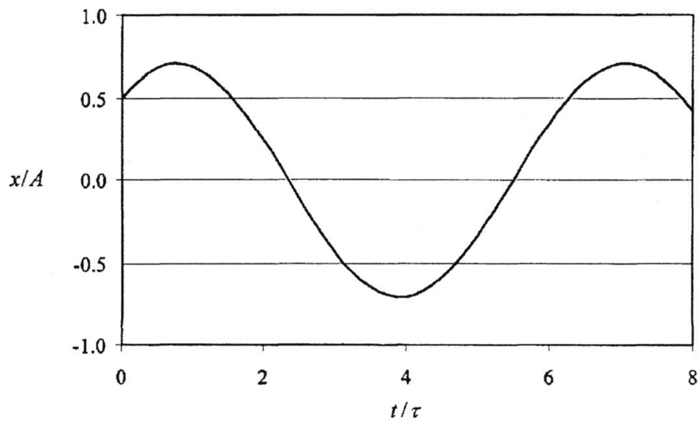

그림 3-7
ω=1인 정현파 강제 스프링–감쇠 시스템의 1차 시간응답의 예

주파수 응답

적절한 삼각 함수 공식을 사용하면 식 (3.33)에 대한 또 다른 표현은 다음과 같이 나타낼 수 있다.

$$x = X\cos(\omega t - \varphi), \tag{3.34}$$

여기에

$$X = \frac{A}{\sqrt{(\tau\omega)^2 + 1}} \quad \text{and} \quad \varphi = \tan^{-1}(\tau\omega). \tag{3.35}$$

이 결과에서 X는 조화 응답의 진폭이고 φ는 위상각이다.
식 (3.35)에서 볼 수 있듯이 이 양은 모두 여기 주파수 ω의 함수이다. 그림 3.8은 정규화된 진폭 및 위상각을 71ω의 함수로 나타낸 도표이다. 이 그래프에서 얻은 물리적인 통찰력은 강제 진동 주파수가 상당히 증가함에 따라 시스템이 진폭 그래프에 표시된 것처럼 입력에 응답하지 않는다는 것이다. 이 같은 조건하에서, 위상각은 $\pi/2$에 접근한다. 그림 3.8은 *주파수 응답선도*로 알려져 있다.

1차 시스템의 성능 지표 중 하나로 주파수 응답에 기반한 사양이 있다. 이 사양은 "대역폭 주파수"로 명명되며, 시스템이 입력된 사인파를 충분히 정확하게 추적할 수 있는 최대 입력 주파수의 범위로 정의된다. 관례에 따라, 대역폭 주파수는 입력 진폭 ω에서 취해지고, 출력 진폭 X는 입력 진폭 A의 $\sqrt{2}/2$ 배만큼 감쇠된다. $X/A = \sqrt{2}/2$ 인 경우에 대한 식 (3.35)를 풀면, 1차 시스템에 대한 대역폭 주파수는

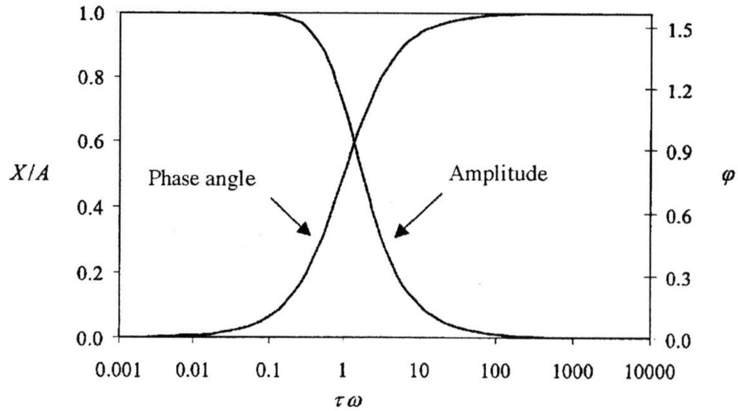

그림 3-8
1차 주파수 응답

$$\omega_{bw} = \frac{1}{\tau}, \tag{3.36}$$

시정수 T는 방정식 (3.25)에서 주어진다. 일반적으로 시스템이 빠르게 반응하기를 원한다면 큰 대역폭 주파수와 작은 시정수가 바람직하다.

3.4.2 2차 응답

일반

이전 섹션에서는 논의할 가장 간단한 동적 시스템인 1차 시스템을 고려했다. 이 섹션에서는 그림 3.9에 표시된 2차 스프링 - 질량 - 감쇠 시스템을 고려한다.
이 시스템은 관성에 대한 추가 고려 사항으로 인해 복잡성이 증가했다.
1차 시스템에서는 시정수가 중요했지만 2차 시스템을 고려할 때 고유 진동수와 감쇠비가 중요하다.
그림 3.9에서 시스템의 스프링 속도가 주어진다.
기호 k에 의해 점성 감쇠 계수는 기호 c로 주어지고, 시스템의 질량은 기호 m으로 표시된다. 시스템 $x(t)$의 변위는 시간에 따라 변하는 것으로 도시되고, 시스템 $F(t)$에 적용되는 힘은 또한 일반적으로 시변적이다.

영 입력 시간 응답

그림 3.9에서 시스템에 외력을 무시함으로써 이 시스템의 자유 응답에 대한 운동 방정식은

$$m\ddot{x} + c\dot{x} + kx = 0, \tag{3.37}$$

이는 균질 형의 선형 2차 미분 방정식이다. 이 방정식의 보다 편리하고 표준적인 형태는

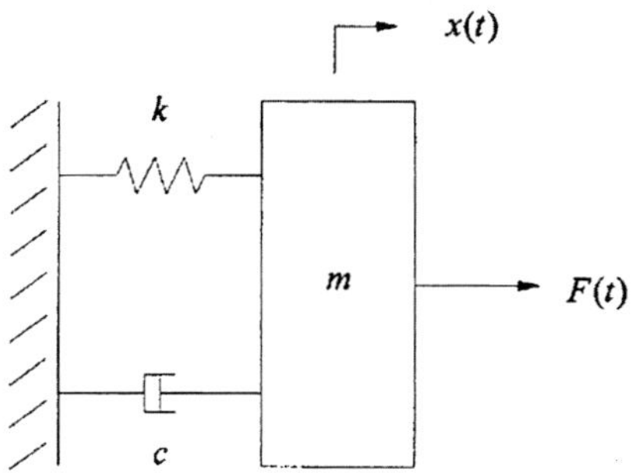

그림 3-9
차 스프링－질량－감쇠 시스템

$$\ddot{x} + 2\zeta\omega_n\dot{x} + \omega_n^2 x = 0, \tag{3.38}$$

비 감쇠된 고유 진동수와 무차 원음 감쇠비는 각각 다음과 같이 주어진다.

$$\omega_n = \sqrt{\frac{k}{m}} \quad \text{and} \quad \zeta = \frac{c}{2m\omega_n}. \tag{3.39}$$

첫 번째 시스템을 위해 사용된 유사한 솔루션 기술에 따라, 우리는 식 (3.38)에 대한 해답을 찾는다.

$$x = Ae^{st}, \quad \dot{x} = Ase^{st}, \quad \ddot{x} = As^2e^{st}, \tag{3.40}$$

여기서 s는 시스템의 고유치(eigenvalue)라고 불린다. 식 (3.40)을 식 (3.38)에 대입하면 시스템에 대한 다음과 같은 특성 방정식이 생성된다:

$$s^2 + 2\zeta\omega_n s + \omega_n^2 = 0. \tag{3.41}$$

이 방정식에 대한 두 가지 해법은

$$s_1 = (-\zeta + \sqrt{\zeta^2 - 1})\omega_n \quad \text{and} \quad s_2 = (-\zeta - \sqrt{\zeta^2 - 1})\omega_n. \tag{3.42}$$

우리의 시스템은 선형이기 때문에, 그리고 특성 방정식에 대한 두 가지 솔루션이 있기 때문에, 강제 방정식에 대한 일반적인 해법은 다음과 같다.

$$x = A_1 e^{s_1 t} + A_2 e^{s_2 t}, \tag{3.43}$$

s_1 및 s_2는 식 (3.42)에 주어지고, A_1및 A_2는 일반적으로 복소수 일 수 있다. 분명히 2차 반응의 특성은 감쇠 비율 ζ의 값에 달려 있다. 그림 3.10은 그래프를 보여준다. 그림 3.10은 실제 가상 평면에서의 고유값 s_1과 s_2의 그래프을 보여주는데, 이는 흔히 *스플란*이라고 불린다. 이 그림은 감쇠비의 함수로 고유치 궤적을 그려서 ζ 변화에 따른 기본 응답 특성을 나타낸다. 예를 들어, $\zeta = 0$의 경우, 고유값 $\pm\omega_n i$이 조건은 *한계 안정성(marginal stability)*으로 알려져 있다. $0 < \zeta < 1$인 경우, 고유치는 복합체 공액은 ω_n에 의해 주어진 반경을 갖는 원상의 실수축에 대해 대칭적으로 위치된다. 이 시스템은 종종 과소 평가되고 있다. 결정적으로 *감쇠* 된 상태는 ζ가 단일성에 접근하고 두 개의 고유치가 실수축의 값 $-\omega_n$에 의해 주어질 때 발생한다.
시스템의 과다 감쇠 상태는 ζ가 무한대에 점근적으로 접근할 때 발생한다. 이러한 조건하에서, 하나의 고유치는 0을 향하는 경향이 있고, 다른 하나는 음의 무한대를 향하는 경향이 있다. 각각의 감쇠 조건은 다음 단락에서 설명한다.

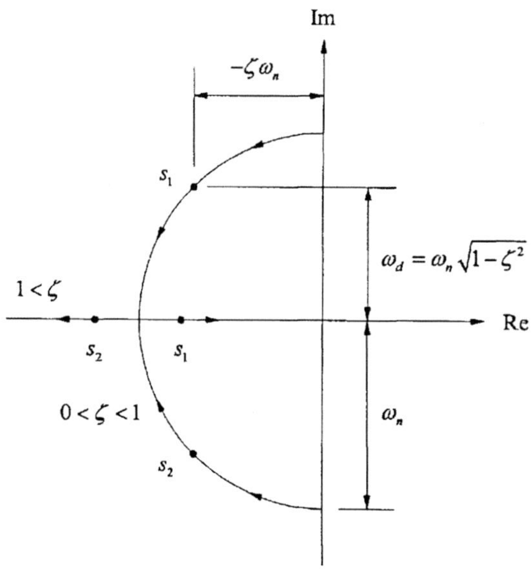

그림 3-10
2차 시스템에 대한 고유 그래프

부족감쇠 반응. 마진 1의 안정성과 미약한 응답 조건을 고려하기 위해, 우리는 이러한 조건이 $0 \le \zeta < 1$에 의해 주어진 감쇠 비율에 의해 특징지어진다는 것을 상기할 수 있다. 이러한 조건하에서 식 (3.43)의 일반적인 해를 다음과 같이 표현하는 것이 편리하다. 다음 형식 :

$$x = e^{-\zeta\omega_n t}(A_1 e^{\omega_d i t} + A_2 e^{-\omega_d i t}), \tag{3.44}$$

그림 3.10의 감쇠된 고유 진동수는 다음과 같이 주어진다.

$$\omega_d = \omega_n\sqrt{1 - \zeta^2}. \tag{3.45}$$

여기서 오일러 등가 식을 사용하는 것이 효과적이다.

$$e^{\theta i} = \cos(\theta) + i\sin(\theta). \tag{3.46}$$

이 등가 식으로부터, 다음을 알 수 있다.

$$e^{\omega_d i t} = \cos(\omega_d t) + i\sin(\omega_d t) \quad \text{and} \quad e^{-\omega_d i t} = \cos(\omega_d t) - i\sin(\omega_d t). \tag{3.47}$$

이들 결과를 식 (3.44)로 대입하면

$$x = e^{-\zeta\omega_n t}\{A_1[\cos(\omega_d t) + i\sin(\omega_d t)] + A_2[\cos(\omega_d t) - i\sin(\omega_d t)]\}. \tag{3.48}$$

전술 한 바와 같이, 계수 A_1 및 A_2는 일반적으로 복잡하다. 이러한 계수를 다음과 같은 형식으로 표현하면

$$A_1 = a_1 + b_1 i \quad \text{and} \quad A_2 = a_2 + b_2 i, \tag{3.49}$$

식 (3.48)은 다음과 같이 재작성 될 수 있다.

$$\begin{aligned} x = {} & e^{-\zeta\omega_n t}[(a_1 + a_2)\cos(\omega_d t) - (b_1 - b_2)\sin(\omega_d t)] \\ & + e^{-\zeta\omega_n t}[(a_1 - a_2)\sin(\omega_d t) + (b_1 + b_2)\cos(\omega_d t)]i. \end{aligned} \tag{3.50}$$

이 해의 가상 부분이 사라지기 위해서는 다음과 같은 요구 사항이 충족되어야 한다.

$$a_1 = a_2 = \frac{\alpha}{2} \quad \text{where} \quad b_1 = -b_2 = -\frac{\beta}{2}, \tag{3.51}$$

여기서 α와 β는 엄밀하게 실수다.
식 (3.51)을 식 (3.50)에 대입하면 저감쇠 영입력 2차 미분 방정식 시스템의 응답에 대해 다음 결과가 생성된다.

$$x = e^{-\zeta\omega_n t}[\alpha\cos(\omega_d t) + \beta\sin(\omega_d t)]. \tag{3.52}$$

이 방정식은 시간에 감쇠하는 진동 응답을 나타낸다. 계수 α 및 β는 초기 조건을 지정하여 결

정해야 한다.

시스템 $x(0)=x_o$ 및 $\dot{x}(0)=\dot{x}_o$의 합이다. 이러한 초기 조건에서

$$x_o = \alpha \quad \text{and} \quad \dot{x}_o = \alpha\zeta\omega_n + \beta\omega_d. \tag{3.53}$$

α와 β에 대한 두 개의 방정식을 풀면 다음 결과가 산출된다.

$$\alpha = x_o \quad \text{and} \quad \beta = \frac{\dot{x}_o - x_o\zeta\omega_n}{\omega_d}. \tag{3.54}$$

식 (3.54)를 식 (3.52)에 대입하면, 2차 시스템의 미약한, 영 입력 응답에 대한 다음 해가 작성될 수 있다.

$$x = e^{-\zeta\omega_n t}\left[x_o \cos(\omega_d t) + \frac{\dot{x}_o - x_o\zeta\omega_n}{\omega_d}\sin(\omega_d t)\right]. \tag{3.55}$$

그림 3.11은 부족감쇠, 영 입력 2차 응답의 그래프를 보여준다. 이 그래프는 초기 속도가 0인 시스템에 대해 생성되었다. 그림에서 알 수 있듯이 감쇠 비율이 증가하면 진동 진폭이 감소하고 응답 속도가 훨씬 빨라진다. 이것은 점성 마찰을 통해 에너지가 소산되는 것을 나타낸다.

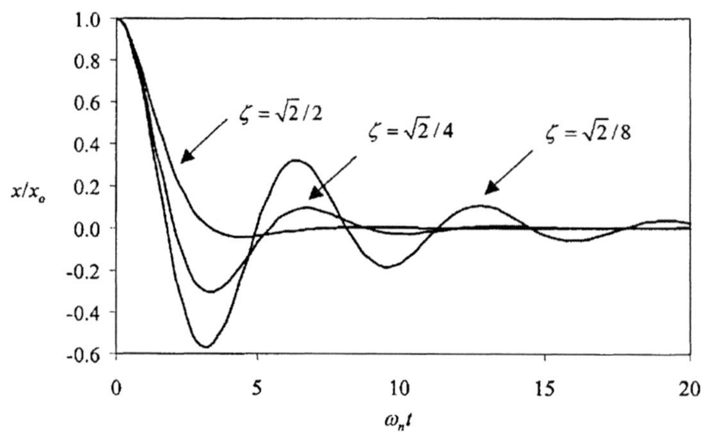

그림 3-11

$\dot{x}=0$일 때 부족감쇠와 영 입력 2차 응답

비판적 및 과도 응답. 비판적으로 감쇠된 것을 고려하기 위해, 비강제 2차 시스템에서, 우리는 이 조건이 $\zeta=1$로 특징지어진다. 이 경우, 특성 방정식에 대한 해답이 주어진다. 따라서 이것은 $s_1=s_2=-\omega_n$인 이중근에 의해 구해진다. 이러한 조건 하에서, 식 (3.38)의 일반적인 해는

$$x = e^{-\omega_n t}(A_1 + A_2 t), \tag{3.56}$$

여기서 계수 A_1과 A_2는 문제의 초기 조건 $x(0) = x_o$와 $\dot{x}(0) = \dot{x}_o$에 의존한다. 초기 조건과 식 (3.56)으로부터 우리는 다음을 알 수 있다.

$$x_o = A_1 \quad \text{and} \quad \dot{x}_o = -\omega_n A_1 + A_2. \tag{3.57}$$

이 두 방정식에 대한 A의 동시 해는 계수 A_1과 A_2에 대해 다음과 같은 결과를 산출한다.

$$A_1 = x_0 \quad \text{and} \quad A_2 = \dot{x}_o + \omega_n x_o. \tag{3.58}$$

이 결과를 식 (3.56)으로 대입하면 임계감쇠 영입력 2차 응답을 설명할 때 다음과 같은 결과를 얻게 된다.

$$x = e^{-\omega_n t}[\dot{x}_o\, t + (1 + \omega_n t)x_o]. \tag{3.59}$$

영 입력 2차 시스템의 과감쇠 응답을 고려하기 위해, 이 조건은 $\zeta > 1$에 의해 주어진 감쇠비로 특징 지워진다는 것을 상기할 수 있다. 이 조건 하에서 식 (3.43)의 편리한 형태는 다음과 같다.

$$x = e^{-\zeta\omega_n t}(A_1\, e^{\sqrt{\zeta^2-1}\omega_n t} + A_2\, e^{-\sqrt{\zeta^2-1}\omega_n t}), \tag{3.60}$$

여기서 계수 A_1 및 A_2는 이제 엄밀하게 실수이다. 이 방정식은 시간에 따라 감쇠되는 비주기적인 반응을 설명한다. 시스템의 초기 조건을 $x(0) = x_o$와 $\dot{x}(0) = \dot{x}_o$로 둔다면, 다음과 같이 나타낼 수 있다.

$$x_o = A_1 + A_2, \quad \text{and} \quad \dot{x}_o = -\zeta\,\omega_n(A_1 + A_2) + \sqrt{\zeta^2 - 1}\,\omega_n(A_1 - A_2). \tag{3.61}$$

이 두 방정식에 대한 연립해는 이 문제의 계수에 대해 다음과 같은 결과를 산출한다.

$$A_1 = \frac{\dot{x}_o + (\zeta + \sqrt{\zeta^2 - 1})\omega_n x_o}{2\sqrt{\zeta^2 - 1}\,\omega_n} \quad \text{and} \quad A_2 = -\frac{\dot{x}_o + (\zeta - \sqrt{\zeta^2 - 1})\omega_n x_o}{2\sqrt{\zeta^2 - 1}\,\omega_n}. \tag{3.62}$$

이 계수를 식 (3.60)에 대입하면 과감쇠된 강제 2차 시스템의 응답에 대한 다음식이 산출된다.

$$\begin{aligned} x = {} & \frac{e^{-\zeta\omega_n t}}{2\sqrt{\zeta^2 - 1}}(e^{\sqrt{\zeta^2-1}\omega_n t} - e^{-\sqrt{\zeta^2-1}\omega_n t})\,\frac{\dot{x}_o}{\omega_n} \\ & + \frac{e^{-\zeta\omega_n t}}{2\sqrt{\zeta^2 - 1}}[(\zeta + \sqrt{\zeta^2 - 1})e^{\sqrt{\zeta^2-1}\omega_n t} - (\zeta - \sqrt{\zeta^2 - 1})e^{-\sqrt{\zeta^2-1}\omega_n t}]x_o. \end{aligned} \tag{3.63}$$

그림 3.12는 임계감쇠 및 과감쇠의 영 입력 2차 응답 즉, 식 (3.59) 및 (3.63)의 그래프를 보여 준다. 이 그래프는 초기 속도가 0인 시스템에 대해 얻어진 그래프이다. 감쇠 비율이 증가함에 따라 응답은 훨씬 늦어지게 된다.

계단 입력에 대한 시간 응답

우리는 이제 입력이 갑자기 계단적으로 인가되는 시스템에 주의를 기울인다. 그림 3.9로부터 일반적인 입력 $F(t)$이 인가되는 시스템의 운동 방정식은 다음 식으로 주어진다.

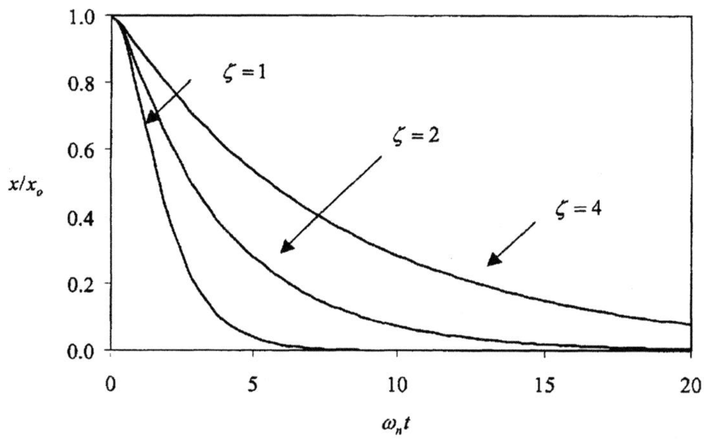

그림 3-12

$\dot{x}_o = 0$일 때 임계 감쇠 또는 과감쇠 영입력 2차 응답

$$\ddot{x} + 2\zeta\omega_n\dot{x} + \omega_n^2 x = F(t)/m, \tag{3.64}$$

여기서 감쇠비와 고유 진동수는 식 (3.39)와 같다. 계단파 입력인 경우, 입력 힘은 다음과 같이 편리하게 쓸 수 있다.

$$F(t) = kAu(t), \tag{3.65}$$

여기서 k는 스프링 상수, A는 시스템의 정상 변위 진폭, $u(t)$는 다음과 같이 정의된 단위 스텝 함수이다.

$$u(t) = \begin{cases} 0 & t < 0 \\ 1 & t > 0 \end{cases}. \tag{3.66}$$

이 함수의 $t = 0$에서의 불연속성은 약간 문제가 있으며 단위 스텝 응답을 시스템의 단위 임펄스 응답의 시간 적분으로 간주하여 처리된다. 이 내용은 표준적인 동적시스템 교과서에 잘 설명되어 있으며 자세한 내용은 [3]을 참고하기 바란다. 이 작업의 목적을 위해 스텝 응답은

$$x = A\left\{1 - e^{-\zeta\omega_n t}\left[\cos(\omega_d t) + \frac{\zeta\omega_n}{\omega_d}\sin(\omega_d t)\right]\right\}, \tag{3.67}$$

여기서 감쇠 고유 진동수는 식 (3.45)에 주어진다. 이 결과에서 시스템은 저 감쇠형으로 가정된다. 그림 3.13은 부족감쇠된 2차 시스템에 대한 스텝 응답의 전형적인 그래프를 도시한다.

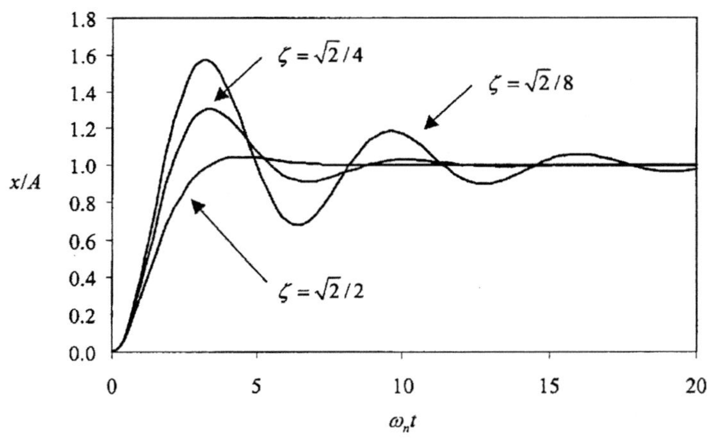

그림 3-13
저감쇠 2차 시스템의 스텝 응답

저감쇠 응답 특성.

그림 3.14는 저 감쇠 2차 시스템의 계단 응답의 개략도를 보여 주며, 중요한 응답 특성이 측정된다. 이러한 특성에는 상승 시간 t_r, 정착 시간 t_s 및 최대 과도 출력 $x_{\max}$가 포함된다. 최대 과도 출력은 최대 첨두치의 항으로 논의된다. 정의에 따르면, 상승 시간은 시스템 출력이 시스템 입력 부근에 도달하는 데 걸리는 시간이다. 저자에 따라 시스템 입력의 주변을 다르게 정의한다. 그러나 우리의 목적을 위해 입력 주변을 입력 값 자체로 정의하고 시스템 상승 시간은 시스템이 시스템 입력 값의 0에서 100%로 이동하는 데 필요한 시간이다. $x(t_r) = A$에 대한 식 (3.67)을 풀고 항을 재정렬하면 부족감쇠 2차 시스템의 상승 시간은 다음과 같이 주어진다.

$$t_r = \frac{\pi - \arctan(\sqrt{1-\zeta^2}/\zeta)}{\omega_d}. \tag{3.68}$$

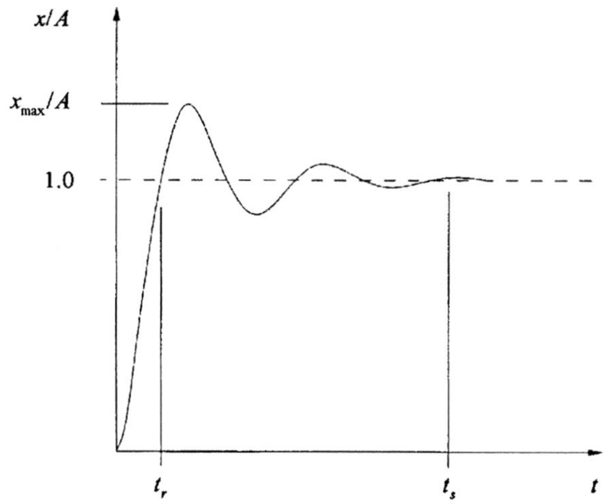

그림 3-14
부족감쇠 2차 시스템의 응답 특성

arctan 함수는 인수가 0일 때 원점을 통과하고 인수가 무한대로 갈 때 $\pi/2$에 점근적으로 접근하기 때문에 상승 시간의 한계를 다음과 같이 표현할 수 있다.

$$\frac{\pi}{2\omega_d} \leq t_r \leq \frac{\pi}{\omega_d}. \tag{3.69}$$

시스템의 고유 진동수를 늘림으로써 상승 시간을 단축할 수 있다. 시스템의 감쇠 비율이 $\zeta = \sqrt{2}/4 = 0.35$인 경우, 상승 시간은 식 (3.68)을 사용하여 다음과 같이 계산될 수 있다.

$$t_r \approx \frac{2}{\omega_n}. \tag{3.70}$$

이 결과는 대부분의 저감쇠 2차 시스템의 상승 시간을 추정하는 데 사용될 수 있는 근사치다.

최대 첨두치는 다음과 같이 정의된다.

$$M_p = \frac{x_{\max} - A}{A} \times 100\%, \tag{3.71}$$

여기서 독자는 A가 시스템의 정상 상태 변위라는 것을 기억할 것이다. $x_{\max}$를 결정하기 위해 식 (3.67)은 시간에 대해 미분되어야 하고 0으로 설정되어야 한다. 이 결과가 시간에 대하여 풀리면, $x_{\max}$를 결정하기 위해 식 (3.67)로 다시 대체 할 수 있다. 식 (3.71)에서 이 결과를 사용하면 시스템의 최대 첨두치에 대해 다음 결과를 얻을 수 있다.

$$M_p = e^{-\pi\zeta/\sqrt{1-\zeta^2}} \times 100\%. \tag{3.72}$$

여기에서 감쇠 비율 ζ를 증가시킴으로써 최대 첨두치가 감소될 수 있으며 이것이 최대 첨두치가 의존하는 유일한 매개 변수라는 것을 보여줄 수 있다.

정착 시간을 논의하기 위해 동적 응답이 발생하는 점근선을 고려하는 것이 유용하다. 이 점근선은 시스템 출력을 제한하는 두 개의 지수로 정의된다. 출력 경계는 다음과 같이 수학적으로 쓸 수 있다.

$$1 - e^{-\zeta\omega_n t} < x/A < 1 + e^{-\zeta\omega_n t}. \tag{3.73}$$

각 경계 곡선의 시간 상수는 $1/(\zeta\omega_n)$로 주어지며, 이 시간 상수의 4배로 정착 시간을 정의하는 것이 일반적이므로, 다음과 같이 나타낸다.

$$t_s = \frac{4}{\zeta\omega_n}. \tag{3.74}$$

분명히, 정착 시간을 줄이기 위해서는 감쇠비와 비감쇠 고유 진동수의 곱을 증가시켜야 한다.

정현파 가진에 대한 시간 응답

그림 3.9에 나타난 2차 시스템의 정현파 입력에 대한 응답을 고려하기 위해 시스템에 작용하는 힘을 다음과 같이 나타낸다.

$$F(t) = kA\cos(\omega t), \tag{3.75}$$

여기서, k는 스프링 상수, A는 스프링의 신장된 진폭, ω는 조화로 가해진 힘의 주파수이다. 그림 3.9와 함께 이 식을 사용하면 2차 시스템의 운동 방정식은 다음과 같이 나타낼 수 있다.

$$\ddot{x} + 2\zeta\omega_n\dot{x} + \omega_n^2 x = \omega_n^2 A\cos(\omega t), \tag{3.76}$$

감쇠되지 않은 고유 진동수와 감쇠 비율은 식 (3.39)에서 정의된다.

이 방정식에 대한 정상 상태 응답을 찾으려면, 미정 계수의 방법을 사용하여 다음과 같은 형식의 해를 구할 수 있다.

$$\begin{gathered} x = C_1\sin(\omega t) + C_2\cos(\omega t), \qquad \dot{x} = C_1\omega\cos(\omega t) - C_2\omega\sin(\omega t), \\ \ddot{x} = -C_1\omega^2\sin(\omega t) - C_2\omega^2\cos(\omega t). \end{gathered} \tag{3.77}$$

이 식을 식 (3.76)으로 대체하고 항을 모으면 다음 식이 유도된다.

$$\omega_n^2 A\cos(\omega t) = (C_1\omega_n^2 - C_1\omega^2 - C_2\omega 2\zeta\omega_n)\sin(\omega t) + (C_2\omega_n^2 - C_2\omega^2 + C_1\omega 2\zeta\omega_n)\cos(\omega t). \tag{3.78}$$

삼각함수 항 앞에 계수를 비교함으로써, 다음 식을 얻을 수 있다.

$$C_1(\omega_n^2 - \omega^2) - C_2\omega 2\zeta\omega_n = 0 \quad \text{and} \quad C_2(\omega_n^2 - \omega^2) + C_1\omega 2\zeta\omega_n = \omega_n^2 A. \tag{3.79}$$

C_1과 C_2에 대해 이 두 방정식을 풀면 다음 결과가 얻어진다.

$$C_1 = \frac{A\left(2\zeta\dfrac{\omega}{\omega_n}\right)}{\left[1-\left(\dfrac{\omega}{\omega_n}\right)^2\right]^2 + \left(2\zeta\dfrac{\omega}{\omega_n}\right)^2} \quad \text{and} \quad C_2 = \frac{A\left[1-\left(\dfrac{\omega}{\omega_n}\right)^2\right]}{\left[1-\left(\dfrac{\omega}{\omega_n}\right)^2\right]^2 + \left(2\zeta\dfrac{\omega}{\omega_n}\right)^2}. \tag{3.80}$$

이 결과를 식 (3.77)로 다시 대입하면 다음과 같은 정현파 입력에 의한 2차 시스템의 응답을 구할 수 있다.

$$x = \frac{A}{\left[1-\left(\dfrac{\omega}{\omega_n}\right)^2\right]^2 + \left(2\zeta\dfrac{\omega}{\omega_n}\right)^2}\left\{2\zeta\frac{\omega}{\omega_n}\sin(\omega t) + \left[1-\left(\frac{\omega}{\omega_n}\right)^2\right]\cos(\omega t)\right\}. \tag{3.81}$$

주파수 응답

적절한 삼각함수 공식을 사용하면 식 (3.81)은 다음과 같은 형식으로 작성될 수 있다.

$$x = X\cos(\omega t - \varphi), \tag{3.82}$$

여기서,

$$X = \frac{A}{\sqrt{\left[1-\left(\dfrac{\omega}{\omega_n}\right)^2\right]^2 + \left(2\,\zeta\dfrac{\omega}{\omega_n}\right)^2}} \quad \text{and} \quad \varphi = \tan^{-1}\left[\frac{2\,\zeta\dfrac{\omega}{\omega_n}}{1-\left(\dfrac{\omega}{\omega_n}\right)^2}\right]. \tag{3.83}$$

이 결과에서 X는 정현파 입력에 대한 응답의 진폭이고 φ는 위상각이다. 식 (3.83)에서 볼 수 있듯이 이 양은 모두 가진 주파수 ω의 함수이다. 그림 3.15는 주파수 응답의 진폭 그래프를 보여준다. 이 그래프에서 응답의 진폭은 시스템의 고유 진동수 근처의 작동 주파수와 작은 감쇠 값에 대해 매우 크게 나타난다.

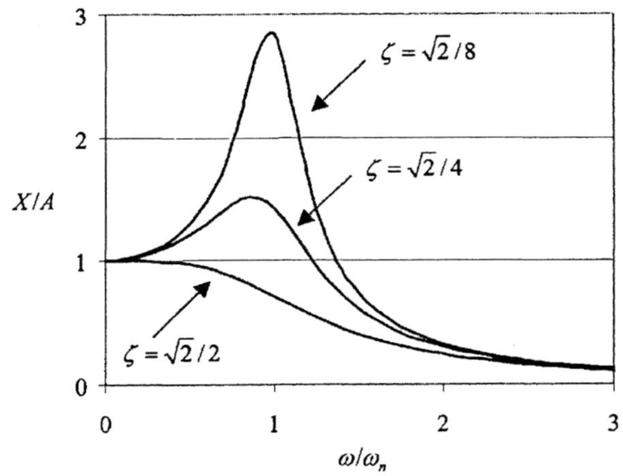

그림 3-15

2차 시스템의 진폭 응답

실제 시스템에서 종종 문제가 되는 이러한 작동 조건으로 인해, 자연 주파수와 강제 주파수를 가능한 한 서로 멀리 떨어뜨려 두는 것이 바람직하다. 그림 3.16은 주파수 응답의 위상선도를 보여준다. 이 그래프에서 고주파수 발진은 입력 가진에 대해 180° 위상차로 응답을 유도하는 경향이 있음을 알 수 있다. $\omega/\omega_n = 1$인 공진 조건의 경우, 진폭과 위상은 다음과 같다.

$$X = \frac{A}{2\zeta} \qquad \text{and} \qquad \varphi = \frac{\pi}{2}. \tag{3.84}$$

결과에서 볼 수 있듯이, 저감쇠된 시스템의 경우, 공진 조건 근처에서 진동의 진폭은 매우 커질 수 있다.

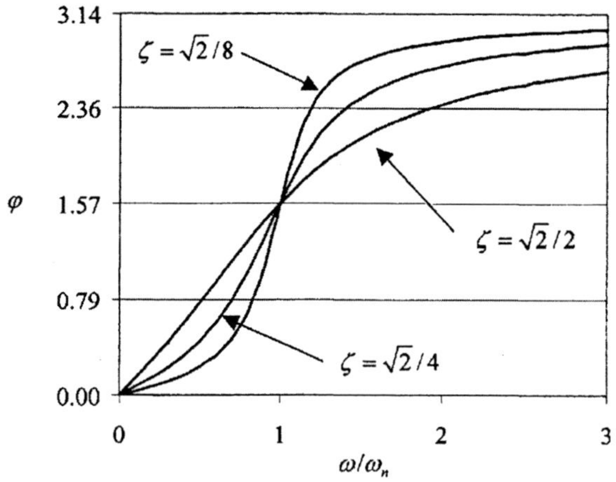

그림 3-16
2차 시스템의 위상 응답

1차 시스템과 마찬가지로 2차 시스템의 성능 사양 중 하나는 주파수 응답 측면에서 제공된다. 이 사양은 시스템의 출력이 입력 사인 곡선을 만족스럽게 추적 할 수 있는 최대 입력 주파수로 정의되는 대역폭 주파수로 알려져 있다 [2]. 관례에 따라, 대역폭 주파수는 출력 진폭 X가 $\sqrt{2/2}$에 의해 감쇄되는 입력 주파수 ω가 된다. $X/A = \sqrt{2}/2$ 인 경우의 식 (3.83)을 풀면 2차 시스템의 대역폭 주파수는 다음과 같이 주어진다.

$$\omega_{bw} = \omega_n\sqrt{(1 - 2\,\zeta^2) + \sqrt{2 - 2\,\zeta^2(1 - \zeta^2)}}, \tag{3.85}$$

비 감쇠된 고유 진동수와 감쇠 비율은 식 (3.39)에 주어진다. 일반적으로 시스템이 빠르게 응답하려면 광대역 주파수가 바람직하다.

연구 사례

그림 3.9에 표시된 질량 스프링 감쇠 시스템은 다음 매개 변수로 특징 지워진다.

$$m = 0.85\ \text{kg}, \qquad c = 65\ (\text{N s})/\text{m}, \qquad k = 25\ \text{N/mm}.$$

시스템의 비감쇠 고유 진동수, 감쇠비, 감쇠된 고유 진동수, 대역폭 주파수, 상승 시간, 최대 오버슈트 비율 및 정착 시간을 계산한다.

감쇠되지 않은 고유 진동수와 2차 시스템의 감쇠 비율은 식 (3.39)와 같다. 이 문제에 대한 이러한 계산은 다음과 같다.

$$\omega_n = \sqrt{\frac{k}{m}} = \sqrt{\frac{25\ \text{N/mm}}{0.85\ \text{kg}}} = 171.5\ \text{rad/s} = 27.3\ \text{Hz}.$$

$$\zeta = \frac{c}{2m\omega_n} = \frac{65\ \text{N s/m}}{2 \times 0.85\ \text{kg} \times 171.5\ \text{rad/s}} = 0.223.$$

이 시스템은 저감쇠 형이기 때문에 감쇠된 고유 진동수, 상승 시간, 최대 첨두치 및 정착 시간의 2차 파라미터를 계산할 수 있다. 이 양은 식 (3.45), (3.68), (3.72) 및 (3.74)에서 발견되며 다음과 같이 계산된다.

$$\begin{aligned}
\omega_d &= \omega_n\sqrt{1-\zeta^2} = 171.5\ \text{rad/s} \times \sqrt{1-0.223^2} \\
&= 167.2\ \text{rad/s} = 26.6\ \text{Hz} \\
t_r &= \frac{\pi - \arctan(\sqrt{1-\zeta^2}/\zeta)}{\omega_d} = \frac{\pi - \arctan(\sqrt{1-0.223^2}/0.223)}{167.2\ \text{rad/s}} \\
&= 10.7\ \text{ms} \\
M_p &= e^{-\pi\zeta/\sqrt{1-\zeta^2}} \times 100\% = \exp\left(\frac{-\pi \times 0.223}{\sqrt{1-0.223^2}}\right) \times 100\% = 48.75\% \\
t_s &= \frac{4}{\omega_n\zeta} = \frac{4}{171.5\ \text{rad/s} \times 0.223} = 104.6\ \text{ms}.
\end{aligned}$$

이 시스템의 대역폭 주파수는 식 (3.85)와 같다. 이 결과는 40.9 Hz로 계산될 수 있다.

3.4.3 고차원 응답

이 절에서 우리는 1차 및 2차 동적 시스템을 고려해 보았다. 앞서 언급했듯이, 이 시스템은 우리가 이 동적 특성을 잘 알고 있기 때문에, 동적 반응을 간결하게 표현할 수 있어 연구하기에 적합하다. 예를 들면, 1차 시스템에서 시정수는 반응 속도가 얼마나 빨리 감소하는지를 알려주고, 2차 시스템에서는 자연 주파수와 감쇠비가 시스템이 얼마나 빠르게 반응하고 안정화되는지를 나타내 주는 중요한 지표이다. 고차 시스템을 분석할 때는 이러한 용어들을 사용하지만, 구체적인 수학적 정의까지는 활용하지 않을 것이다. 이 책에서는 유압 제어 시스템을 주로 1차나 2차 시스템으로 다루면서 수학적 용어의 일관성을 유지하려 한다. 모델이 적절히 사용되도록 그 한계에 대해 설명할 것이고, 복잡한 시스템을 이해하기 위해 때때로 고차 시스템에 대한 수치 분석이나 실험 방법을 적용할 필요가 있다.

3.5. 시/도 분석

3.5.1 일반

상태 공간 분석은 동적 시스템의 움직임을 설명하는 방정식들을 표현하는데 유용한 방법이다. 이 방법은 어떤 차수의 시스템에도 적용될 수 있고, 컴퓨터를 이용한 방정식들의 수치 계산에도 잘 맞다. 예를 들어, MATLAB 프로그램은 이 상태 공간 표현 방식을 많은 분석 작업에 사용한다. 상태 공간 방법은 선형이든 비선형이든, 시간에 따라 변하든 변하지 않든 시스템에 모두 쓸 수 있지만, 우리가 앞으로 논의할 내용은 선형이고 시간에 변화가 없는 시스템에 한정한다.

3.5.2 상태 - 공간 방정식

상태 공간 방정식은 상태 변수, 입력 변수, 그리고 출력 변수로 구성된다. 선형 시불변 시스템의 경우, 이러한 변수들은 다음 상태 공간 방정식을 통해 서로 연관된다:

$$\dot{\mathbf{x}} = \mathbf{Ax} + \mathbf{Bu} \qquad \text{and} \qquad \mathbf{y} = \mathbf{Cx} + \mathbf{Du}, \tag{3.86}$$

여기서 x는 상태 변수의 벡터, u는 입력 변수의 벡터, A는 *상태 행렬*, B는 *입력 행렬*, C는 *출력 행렬*, D는 *직접 전송 행렬*이라고 한다.

식 (3.86)의 첫 번째 방정식을 상태 방정식이라고 부르며 두 번째 방정식을 출력 방정식이라고 한다. 상태 변수 벡터를 생성하기 위해, n차 미분 방정식을 n개의 일차 미분 방정식들로 나타낼 수 있다는 사실을 활용한다. 이 과정은 방정식의 각 상태를 정확하게 정의하고, 그 정의에 따라 방정식을 새롭게 표현함으로써 이루어진다. 예를 들어, 주어진 세 번째 차수의 미분 방정식을 고려해라.

$$a_3\dddot{y} + a_2\ddot{y} + a_1\dot{y} + a_o y = u(t). \tag{3.87}$$

이 방정식의 상태를 다음과 같이 정의하면,

$$x_1 = y, \qquad x_2 = \dot{y}, \qquad x_3 = \ddot{y}, \tag{3.88}$$

치환에 의해 식 (3.87)은 다음의 세 개의 1차 미분 방정식을 사용하여 기술될 수 있음을 알 수 있다.

$$\begin{aligned} \dot{x}_1 &= x_2 \\ \dot{x}_2 &= x_3 \\ \dot{x}_3 &= -\frac{a_2}{a_3}x_3 - \frac{a_1}{a_3}x_2 - \frac{a_o}{a_3}x_1 + \frac{1}{a_3}u(t). \end{aligned} \tag{3.89}$$

n차 시스템의 경우, 이 결과는 다음과 같이 일반화될 수 있다.

$$\begin{aligned}\dot{x}_1 &= x_2\\ \dot{x}_2 &= x_3\\ &\vdots\\ \dot{x}_{n-1} &= x_n\\ \dot{x}_n &= -\alpha_n x_n - \cdots - \alpha_2 x_2 - \alpha_1 x_1 + \alpha_o u(t).\end{aligned} \tag{3.90}$$

이 1차 미분 방정식을 식 (3.86)으로 표현한다면,

$$\mathbf{x} = \begin{Bmatrix} x_1 \\ x_2 \\ x_3 \\ \vdots \\ x_n \end{Bmatrix}, \quad \mathbf{A} = \begin{bmatrix} 0 & 1 & 0 & \cdots & 0 \\ 0 & 0 & 1 & \cdots & 0 \\ \vdots & \vdots & \vdots & & \vdots \\ 0 & 0 & 0 & \cdots & 1 \\ \alpha_1 & \alpha_2 & \alpha_3 & \cdots & \alpha_n \end{bmatrix}, \quad \mathbf{B} = \begin{Bmatrix} 0 \\ 0 \\ 0 \\ \vdots \\ \alpha_o \end{Bmatrix}. \tag{3.91}$$

출력 행렬은 원하는 대로 조정될 수 있으며 직접 전송 행렬은 대개 0이다.

3.5.3 특성 방정식

상태 - 공간 공식은 특성 방정식(characteristic equation)이라 불리는 것에서 시스템의 고유치를 계산하는 편리한 방법을 허용한다. 시스템의 특성 방정식은 다음과 같이 결정될 수 있다.

$$\text{Characteristic equation} = \det[\mathbf{A} - s\mathbf{I}] \tag{3.92}$$

여기서 A는 상태 행렬이고 I은 항등 행렬이며 det는 확률 연산자를 나타난다.
특성 방정식은 변수 s의 n차 다항식으로 나타나는데, 여기서 n은 동적 시스템을 설명하기 위해 사용된 1차 미분 방정식의 개수를 의미한다. 이 다항식을 0으로 설정하고 근을 구함으로써, 시스템의 고유한 값들을 찾아낼 수 있다. 이 고유값들은 시스템이 어떻게 시간에 따라 반응하는지를 알려주는 데 중요한 요소로 사용된다. 예를 들어, 2차 시스템에서 이러한 결과는 방정식 (3.42)에서 확인할 수 있다.

3.6. 블록 다이어그램과 라플라스 변형

3.6.1 일반

선형 시간 불변 시스템을 표현하는 또 다른 편리한 방법은 블록 다이어그램과 라플라스 변환(Laplace transformation)이다. 블록 다이어그램은 동적 시스템 내에서 일어나는 일련의 사건들을 시각적으로 보여주는 데 아주 좋은 도구이다. 이는 앞으로 다룰 여러 장에 걸쳐 널리 사용될 것이다. 블록 다이어그램이 가능한 이유는 라플라스 변환 덕분에, 이 절은 라플라스 변환에 대해 설명하며 시작하고, 이후 블록 다이어그램을 조작하는 데 필요한 대수적 방법들에 대해 소개할 것이다.

3.6.2 라플라스 변형

❙ 정의

라플라스 변환은 시간 영역 함수를 라플라스 영역 함수로 변환한다. 이 변환은 다음과 같이 정의된다.

$$L[f(t)] = F(s) = \int_0^\infty f(t)e^{-st}\,dt, \tag{3.93}$$

여기서 L은 라플라스 연산자이고, s는 라플라스 변수이고, $f(t)$는 $f(0^-)=0$이 되도록 변환되는 시간 함수이다. 즉, 시간 함수의 초기 조건은 0이다. 라플라스 변환 연산을 설명하기 위해 다음에 주어진 지수 함수를 고려하라.

$$f(t) = \begin{cases} 0 & t<0 \\ Ae^{-\alpha t} & t \ge 0 \end{cases}. \tag{3.94}$$

이 함수를 식 (3.93)에 의해 주어진 일반 정의에 대입하면 지수 함수의 시간 함수에 대해 다음과 같은 라플라스 변환을 얻을 수 있다.

$$F(s) = \int_0^\infty Ae^{-\alpha t}e^{-st}\,dt = \int_0^\infty Ae^{-(s+\alpha)t}\,dt = -\frac{A}{s+\alpha}e^{-(s+\alpha)t}\Big|_0^\infty = \frac{A}{s+\alpha}. \tag{3.95}$$

라플라스 변환 동작을 설명하기 위해 고려 될 수 있는 또 다른 시간 함수 예는 스텝 함수에 의해 주어진다.

$$f(t) = \begin{cases} 0 & t < 0 \\ A & t \geq 0 \end{cases} \tag{3.96}$$

이 결과를 식 (3.93)으로 대입하면 다음과 같은 라플라스 변환이 생성된다.

$$F(s) = \int_0^{\infty} Ae^{-st}\, dt = -\frac{A}{s} e^{-st} \Big|_0^{\infty} = \frac{A}{s}. \tag{3.97}$$

표 3.1은 시간 영역과 라플라스 영역을 변환하는 데 사용할 수 있는 여러 라플라스 변환 쌍을 보여준다.

▌미분 정리

식 (3.93)에 주어진 라플라스 변환의 정의는 다음과 같은 부분을 통합하여 사용할 수 있다.

$$\mathrm{L}[f(t)] = -\frac{f(t)}{s} e^{-st} \Big|_0^{\infty} + \frac{1}{s} \int_0^{\infty} \left[\frac{d}{dt} f(t) \right] e^{-st}\, dt. \tag{3.98}$$

이 방정식의 우변은 라플라스 변수 s로 나눈 $f(t)$의 미분의 라플라스이다. 식 (3.98)을 평가하고 재배치함으로써,

$$\mathrm{L}\left[\frac{d}{dt} f(t) \right] = sF(s), \tag{3.99}$$

$f(0) = 0$일 때의 초기 조건에 대해 라플라스 변수에 의한 곱셈이 라플라스 영역에서의 미분 연산을 수행함을 알 수 있다.

▌통합 정리

라플라스 변환의 정의를 사용하면 다음과 같이 나타낼 수 있다.

$$\mathrm{L}\left[\int f(t)\, dt \right] = \int_0^{\infty} \left[\int f(t)\, dt \right] e^{-st}\, dt. \tag{3.100}$$

부분별로 통합하면,

$$\mathrm{L}\left[\int f(t)\, dt \right] = -\frac{1}{s} \left[\int f(t)\, dt \right] e^{-st} \Big|_0^{\infty} + \frac{1}{s} \int_0^{\infty} \left[\frac{d}{dt} \int f(t)\, dt \right] e^{-st}\, dt. \tag{3.101}$$

이 방정식의 우변 항은 단순히 시간 함수 $f(t)$의 라플라스입니다. 식 (3.101)을 평가하고 정리하면

표 3.1 선택된 라플라스 변환 쌍

Time Function	Laplace Transform
Unit step	$\frac{1}{s}$
t	$\frac{1}{s^2}$
$\frac{t^{n-1}}{(n-1)!} \quad (n = 1, 2, 3, ...)$	$\frac{1}{s^n}$
$t^n \quad (n = 1, 2, 3, ...)$	$\frac{n!}{s^{n+1}}$
e^{-at}	$\frac{1}{s+a}$
te^{-at}	$\frac{1}{(s+a)^2}$
$\frac{1}{(n-1)!} t^{n-1} e^{-at} \quad (n = 1, 2, 3, ...)$	$\frac{1}{(s+a)^n}$
$t^n e^{-at} \quad (n = 1, 2, 3, ...)$	$\frac{n!}{(s+a)^{n+1}}$
$\sin(\omega t)$	$\frac{\omega}{s^2+\omega^2}$
$\cos(\omega t)$	$\frac{s}{s^2+\omega^2}$
$\frac{1}{a}(1-e^{-at})$	$\frac{1}{s(s+a)}$
$\frac{1}{b-a}(e^{-at}-e^{-bt})$	$\frac{1}{(s+a)(s+b)}$
$\frac{-1}{b-a}(ae^{-at}-be^{-bt})$	$\frac{s}{(s+a)(s+b)}$
$\frac{1}{ab}\left[1-\frac{1}{b-a}(be^{-at}-ae^{-bt})\right]$	$\frac{1}{s(s+a)(s+b)}$
$\frac{1}{a^2}[at-1+e^{-at}]$	$\frac{1}{s^2(s+a)}$
$e^{-at}\sin(\omega t)$	$\frac{\omega}{(s+a)^2+\omega^2}$
$e^{-at}\cos(\omega t)$	$\frac{s+a}{(s+a)^2+\omega^2}$
$\frac{e^{-at}}{2\omega^2}\left\{(a-b)t\cos(\omega t)+\left[\omega t-\frac{(a-b)}{\omega}\right]\sin(\omega t)\right\}$	$\frac{s+b}{[(s+a)^2+\omega^2]^2}$

$$L\left[\int f(t)\,dt\right] = \frac{1}{s}F(s), \tag{3.102}$$

이 조건일 때,

$$\int f(t)\,dt\Big|_0 = 0. \tag{3.103}$$

식 (3.102)로부터, 라플라스 변수로 나누는 것은 라플라스(Laplace) 도메인에서의 통합 연산을 수행함을 알 수 있다.

3.6.3 부분 분수 확장

일반

라플라스 변환으로부터 시간 함수를 찾는 역 과정을 *역 라플라스 변환*이라고 한다. 이 변형은 다음과 같이 쓰여질 수 있다.

$$L^{-1}[F(s)] = F^{-1}(s) = f(t). \tag{3.104}$$

역 라플라스 변환을 수행하는 편리한 방법은 라플라스 변환을 공지된 라플라스 변환 쌍들(예를 들어, 표 3-1)의 합과 같이 보이게 만들고 이들 알려진 변환 쌍들을 사용하여 시간 함수 자체를 결정하는 것이다.
달리 말해, 라플라스 함수가 다음과 같이 주어진다면,

$$F(s) = F_1(s) + F_2(s) + \cdots + F_n(s), \tag{3.105}$$

오른쪽의 개별 라플라스 변환이 알고 있는 경우, 역 라플라스 변환은 다음과 같이 된다.

$$F^{-1}(s) = F_1^{-1}(s) + F_2^{-1}(s) + \cdots + F_n^{-1}(s), \tag{3.106}$$

각각의 역 라플라스 변환이 잘 알려져 있다. 알려진 라플라스 변환 쌍을 식별하기 위해 부분 분수 확장 방법이 유용하다.

서로 다른 두 실근

Laplace 함수가 다음과 같이 쓰이면

$$F(s) = \frac{N(s)}{(s + p_1)(s + p_2)\cdots(s + p_n)}, \tag{3.107}$$

여기서 $-P_1$, $-P_2$등은 함수의 분모에 대한 뿌리(극점)이고, 이 함수의 부분 분수 확장은 다음과 같이 쓸 수 있다.

$$F(s) = \frac{C_1}{(s+p_1)} + \frac{C_2}{(s+p_2)} + \cdots + \frac{C_n}{(s+p_n)}. \tag{3.108}$$

예를 들어 다음과 같은 라플라스 함수를 생각해 보라.

$$F(s) = \frac{100(s+6)}{(s+1)(s+3)(s+10)}. \tag{3.109}$$

분모의 근이 실수이고 서로 다르기 때문에, 이 라플라스 함수는 방정식 (3.108)의 형태에 따라 확장될 수 있다. 이 확장은 다음과 같이 제시된다.

$$F(s) = \frac{C_1}{(s+1)} + \frac{C_2}{(s+3)} + \frac{C_3}{(s+10)}. \tag{3.110}$$

이 결과를 식 (3.109)와 동일시함으로써,

$$\begin{aligned} 0 &= C_1 + C_2 + C_3, \\ 100 &= 13C_1 + 11C_2 + 4C_3, \\ 600 &= 30C_1 + 10C_2 + 3C_3. \end{aligned} \tag{3.111}$$

이 방정식의 해는 다음과 같이 주어진다.

$$C_1 = \frac{250}{9}, \qquad C_2 = -\frac{150}{7}, \qquad C_3 = -\frac{400}{63}. \tag{3.112}$$

이 결과를 식 (3.110)과 표 3-1을 사용하여 대입하면

$$\begin{aligned} F(s) &= \frac{250}{9(s+1)} - \frac{150}{7(s+3)} - \frac{400}{63(s+10)}, \quad \text{and} \\ F^{-1}(s) &= f(t) = \frac{250}{9}e^{-t} - \frac{150}{7}e^{-3t} - \frac{400}{63}e^{-10t}. \end{aligned} \tag{3.113}$$

반복 및 실제 루트

Laplace 함수가 다음과 같이 쓰이면

$$F(s) = \frac{N(s)}{(s+p_1)^m}, \tag{3.114}$$

분모에서 $-P_1$이 m번 반복되는 근(극점)일 경우, 이 함수의 부분분수 전개는 다음과 같이 쓸 수 있다.

$$F(s) = \frac{C_1}{(s+p_1)} + \frac{C_2}{(s+p_1)^2} + \cdots + \frac{C_m}{(s+p_1)^m}. \tag{3.115}$$

예를 들어, 다음과 같은 라플라스 함수를 생각해 보라.

$$F(s) = \frac{10(s+2)}{s^3}, \tag{3.116}$$

분모의 근이 0이고, 이 근이 세 번 반복되는 경우, 방정식 (3.115)의 기본 형태를 이용하여 이 라플라스 함수를 확장하고 표현할 수 있다.

$$F(s) = \frac{C_1}{s} + \frac{C_2}{s^2} + \frac{C_3}{s^3}. \tag{3.117}$$

이 결과를 식 (3.116)과 같게 함으로써,

$$C_1 = 0, \qquad C_2 = 10, \qquad C_3 = 20. \tag{3.118}$$

식 (3.117)과 표 3-1을 사용하여 이 결과를 대입하면

$$F(s) = \frac{10}{s^2} + \frac{20}{s^3} \qquad \text{and} \qquad F^{-1}(s) = f(t) = 10t + 10t^2. \tag{3.119}$$

서로 다른 복소수 근

Laplace 함수의 분모에 복소수인 근이 있을 때, 이 근들은 복소 공액 쌍으로 나타난다.
이 경우 Laplace 함수의 일반적인 형식은 다음과 같다.

$$F(s) = \frac{N(s)}{(s+p_1)(s+p_2)(s+p_3)(s+p_4)\cdots(s+p_{n-1})(s-p_n)}, \tag{3.120}$$

$-P_1$ 및 $-P_2$등은 분모에 대해 복소 공액근이다.
서로 다른 복소 근을 가진 Laplace 함수는 다음과 같은 형태로 전개된다.

$$F(s) = \frac{C_1 s + C_2}{(s+p_1)(s+p_2)} + \frac{C_3 s + C_4}{(s+p_3)(s+p_4)} + \cdots + \frac{C_{n-1}s + C_n}{(s+p_{n-1})(s+p_n)}. \tag{3.121}$$

예를 들어, 라플라스 함수가 다음과 같을 경우

$$F(s) = \frac{s + 10}{(s + p_1)(s + p_2)(s + p_3)(s + p_4)}, \tag{3.122}$$

여기에

$$p_1 = 2 + 3j, \quad p_2 = 2 - 3j, \quad p_3 = 1 + j, \quad p_4 = 1 - j. \tag{3.123}$$

이 경우, 라플라스 함수는 다음과 같이 쓸 수 있다.

$$F(s) = \frac{C_1 s + C_2}{(s + p_1)(s + p_2)} + \frac{C_3 s + C_4}{(s + p_3)(s + p_4)}. \tag{3.124}$$

이 방정식을 식 (3.122)와 동일하게 설정하면,

$$C_1 = \frac{9}{85}, \quad C_2 = -\frac{56}{85}, \quad C_3 = -\frac{9}{85}, \quad C_4 = \frac{74}{85}. \tag{3.125}$$

이 결과를 식 (3.124)에 대입하고 표 3-1을 사용하여 다음의 라플라스 및 역 라플라스 변환을 쓸 수 있다.

$$\begin{aligned} F(s) &= \frac{9s - 56}{85(s^2 + 4s + 13)} - \frac{9s - 74}{85(s^2 + 2s + 2)} = \frac{9}{85}\left[\frac{(s + 2)}{(s + 2)^2 + 3^2}\right] \\ &\quad - \frac{74}{255}\left[\frac{3}{(s + 2)^2 + 3^2}\right] - \frac{9}{85}\left[\frac{(s + 1)}{(s + 1)^2 + 1^2}\right] \\ &\quad + \frac{83}{85}\left[\frac{1}{(s + 1)^2 + 1^2}\right], \quad \text{and} \\ F^{-1}(s) = f(t) &= e^{-2t}\left[\frac{9}{85}\cos(3t) - \frac{74}{255}\sin(3t)\right] \\ &\quad - e^{-t}\left[\frac{9}{85}\cos(t) - \frac{83}{85}\sin(t)\right]. \end{aligned} \tag{3.126}$$

반복되고 복잡한 뿌리

Laplace 함수의 분모에 중복되는 복소수 근이 있는 경우, Laplace 방정식은 다음과 같이 표현될 수 있다.

$$F(s) = \frac{N(s)}{[(s + p_1)(s + p_2)]^m}, \tag{3.127}$$

여기서 $-P_1$ 및 $-P_2$는 분모에 대한 복소 공액 근이다. 이 경우 부분 분수 확장은 다음과 같이 쓸 수 있다.

$$F(s) = \frac{C_1 s + C_2}{[(s + p_1)(s + p_2)]} + \frac{C_3 s + C_4}{[(s + p_1)(s + p_2)]^2} + \cdots + \frac{C_{2m-1} s + C_{2m}}{[(s + p_1)(s + p_2)]^m}. \tag{3.128}$$

에 의해 주어진 라플라스 함수를 구해라.

$$F(s) = \frac{(s + 1)(s + 4)}{[(s + p_1)(s + p_2)]^2}, \tag{3.129}$$

여기에,

$$p_1 = 1 + 2j \qquad p_2 = 1 - 2j. \tag{3.130}$$

이 경우, 뿌리가 반복되고 복잡한 경우, Laplace 함수는 다음과 같이 쓸 수 있다.

$$F(s) = \frac{C_1 s + C_2}{[(s + p_1)(s + p_2)]} + \frac{C_3 s + C_4}{[(s + p_1)(s + p_2)]^2}. \tag{3.131}$$

이 방정식을 식 (3.129)와 동일하게 설정하면,

$$C_1 = 0, \qquad C_2 = 1, \qquad C_3 = 3, \qquad C_4 = -1. \tag{3.132}$$

이 결과를 식 (3.131)과 표 3-1을 사용하여 대입하면

$$F(s) = \frac{1}{[(s + 1)^2 + 2^2]} + \frac{3s - 1}{[(s + 1)^2 + 2^2]^2}, \quad \text{and}$$
$$F^{-1}(s) = f(t) = \frac{e^{-t}}{2}\cos(2t) + \frac{e^{-t}}{36}[2t\cos(2t) + (3t - 1)\sin(2t)]. \tag{3.133}$$

개요

간단히 말하면, 여기서 소개된 부분 분수 전개는 서로 조합하여 사용할 수 있다. 실근과 복소근이 혼합된 경우에도 적용할 수 있다.

부분 분수 전개를 사용하는 이유는 역 라플라스 변환을 수행하기 위해서이며, 이를 위해서는 Table 3-1과 유사한 변환 표를 사용한다.

3.6.4 블록 다이어그램

▌일반

블록 다이어그램은 동적 시스템을 그림으로 나타내는 데 사용된다. 이 다이어그램은 시스템의 인과 관계를 이해하고 시스템의 동적 특성을 개선하는 데 도움이 된다. 블록 다이어그램은 덧셈과 곱셈의 기호를 사용하여 동적 시스템을 도표화 한다. 라플라스 변수는 이러한 다이어그램에서 매우 유용하며, 대수적 연산인 곱셈과 나눗셈을 통해 미분 및 적분을 수행할 수 있다. 이 절에서는 3.2절에서 소개된 물리 시스템을 사용하여 블록 다이어그램을 만드는 방법을 설명한다.

▌기계 시스템 예

그림 3.1은 비선형 동적 행동을 보이는 진자를 보여준다. 이 시스템의 선형화된 방정식은 편의를 위해 여기서 다시 쓰여진다.

$$I_o\ddot{\theta} = T - C\dot{\theta} - Mgl\theta. \tag{3.134}$$

이 방정식에서, I_o은 O점에 대한 진자의 질량 관성 모멘트, T는 진자에 적용되는 한 쌍, C는 점성 항력 계수, M은 진자의 질량, g는 중력 상수, 치수 l과 θ은 그림 3.1에 나와 있다.
이 동적 시스템의 블록 다이어그램을 만들기 위해서는, 식 (3.134)의 우변이 등호의 좌변을 만들기 위해 더해지는 항으로 이루어져 있다는 것을 먼저 알아차려야 한다. 블록 다이어그램을 만들 때, 우변의 항들을 "입력 신호"로 간주하고 좌변의 항을 출력 신호로 취급하는 것이 편리하다. 그림 3.17에서 단계 1은 우변의 항들이 더해져 좌변 항을 생성하는 원형 합산 기호를 보여준다. 입력 화살표 근처의 음의 부호는 합산 과정에서 뺄셈이 수행된다는 것을 나타낸다. 그림 3.17의 단계 2로 넘어가기 전에, 학생은 단계 1과 식 (3.134) 간의 관계를 이해했는지 확인해야 한다.
블록 다이어그램을 만드는 다음 단계는 시스템의 상태 변수를 나타내는 도표를 준비하는 것이다. 여기서 상태 변수는 θ와 θ이다. 그림 3.17의 단계 2에서는 합산 기호의 출력 신호를 1/10으로 곱함으로써 최고 차수 미분인 θ를 도식적으로 결정할 수 있다. 참고로, 사각형 블록은 입력 신호와의 곱셈을 나타낸다.

그림 3.17의 3 계단은 시스템의 상태 변수를 설명하기 위해 Laplace 변수 s를 사용하는 것을 보여준다. θ에 $1/s$를 곱하면 라플라스 적분이 취해지고 출력 신호는 θ로 주어진다. 마찬가지로 θ을 $1/s$로 곱하면 라플라스 적분이 취해지고 출력 신호는 θ로 나타난다. 이 방식으로, 상태 변수는 블록 다이어그램에서 적분 연산의 출력 신호로 표시된다.
마지막으로, 그림 3.17의 단계 4에서는 식 (3.134)로 설명된 시스템에 대한 완성된 블록 다이어그램이 제시된다. 이 단계에서는 상태 변수를 곱셈 블록과 함께 사용하여 합산 기호의 입력 신호를 생성한다. 상태 변수 라인에서 가져오는 분기는 *피드백 신호*로 알려져 있는데, 이는 이들이 역방

향으로 향하며 시스템의 입력 신호에 기여하기 때문이다.

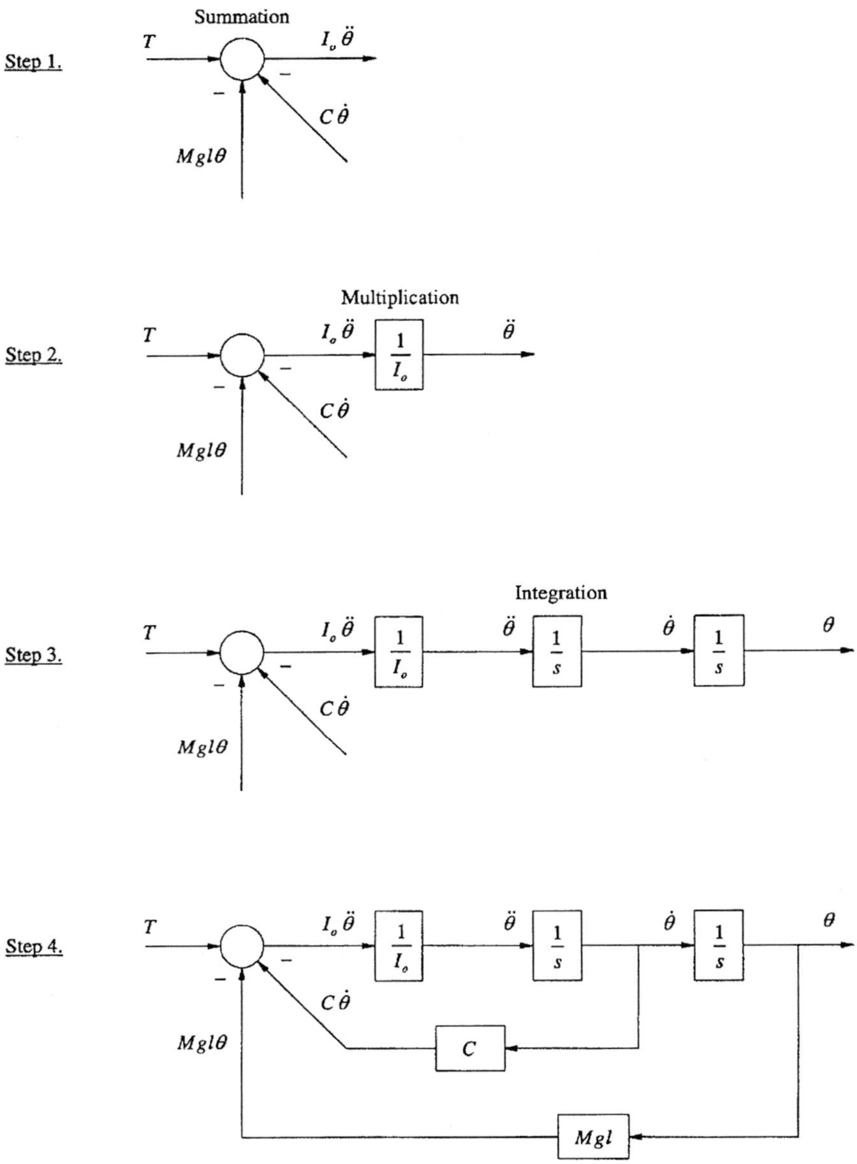

그림 3-17

그림 3-1에 표시된 시스템의 블록 다이어그램 만들기

유체 기계 시스템 예

그림 3.2는 액추에이터를 변위시키는 수단으로 가압 유체를 사용하는 유체 기계 시스템을 보여준다.

이 시스템에 대한 선형 운동 방정식은 식 (3.21)에 나와 있으며 여기에서 다시 작성된다.

$$\dot{P} = \frac{\beta}{V_o}(Q - C_l P - A\dot{x}) \quad \text{and} \quad M\ddot{x} = PA - C\dot{x} - kx - F, \tag{3.135}$$

여기서 P는 유체 압력, β는 유체 체적 탄성률, V_o는 피스톤 챔버 내의 공칭 유체 체적, Q는 체적 유량이다. 그리고 피스톤 챔버 내에서는 C는 누설 계수, A는 피스톤의 단면적, x는 액추에이터 변위이다.

시스템의 기계적 부분에 대해 M은 피스톤의 질량, C는 점성 항력 계수, k는 스프링 율, F는 피스톤에 작용할 수 있는 하중에 의한 가해진 힘이다.

식 (3.135)에 표시된 방정식 시스템의 블록 다이어그램을 작성하기 위해 먼저 압력 방정식을 고려하고 시작한다. 그림 3.18은 식 (3.135)에 표시된 압력 방정식의 합산 특성을 먼저 인식하여 이 블록 다이어그램을 구성하는 프로세스를 보여준다. 그림 3.18의 1 계단을 참조하라. 게이브 압력 방정식이 합계 기호로 표시되면 그림 3.18의 2 계단을 사용하여 상태 변수 P를 나타내는 회로도를 준비 할 수 있다. 이것은 합산 기호의 출력에 비율 β/V_o를 곱하여 수행된다. 그림 3.18의 계단 3은 라플라스(Laplace) 적분 연산자를 사용하여 상태 미분의 적분을 보여 주며 계단 4는 지금까지 가장 완벽한 형태이다.

다음으로, 우리는 유체 기계 시스템에서 피스톤의 운동 방정식을 고려할 것이다. 이것은 식 (3.135)의 두 번째 부분이다. 그림 3.19는 이 파트의 블록 다이어그램을 구성하는 프로세스를 보여준다. 이 그림에서 볼 수 있듯이 블록 다이어그램을 구성하는 첫 번째 계단은 식 (3.135)의 두 번째 부분을 나타내는 합계 블록을 만드는 것이다. 과정의 2 계단은 상태 변수 $\dot{x}$와 x를 묘사하기 위해 합계 기호의 출력에 $1/M$을 곱하는 것이다. 적분 연산자를 사용하여 이러한 상태를 묘사한 후 분기 신호를 곱셈 블록에 연결하여 합산 기호에 대한 피드백 신호를 생성한다.

유체 역학 시스템의 블록 다이어그램을 구성하는 마지막 계단은 압력 다이어그램을 피스톤 다이어그램과 결합하는 것이다. 이 두 다이어그램은 그림 3.20에 나와 있는 연결 블록을 사용하여 연결된다.

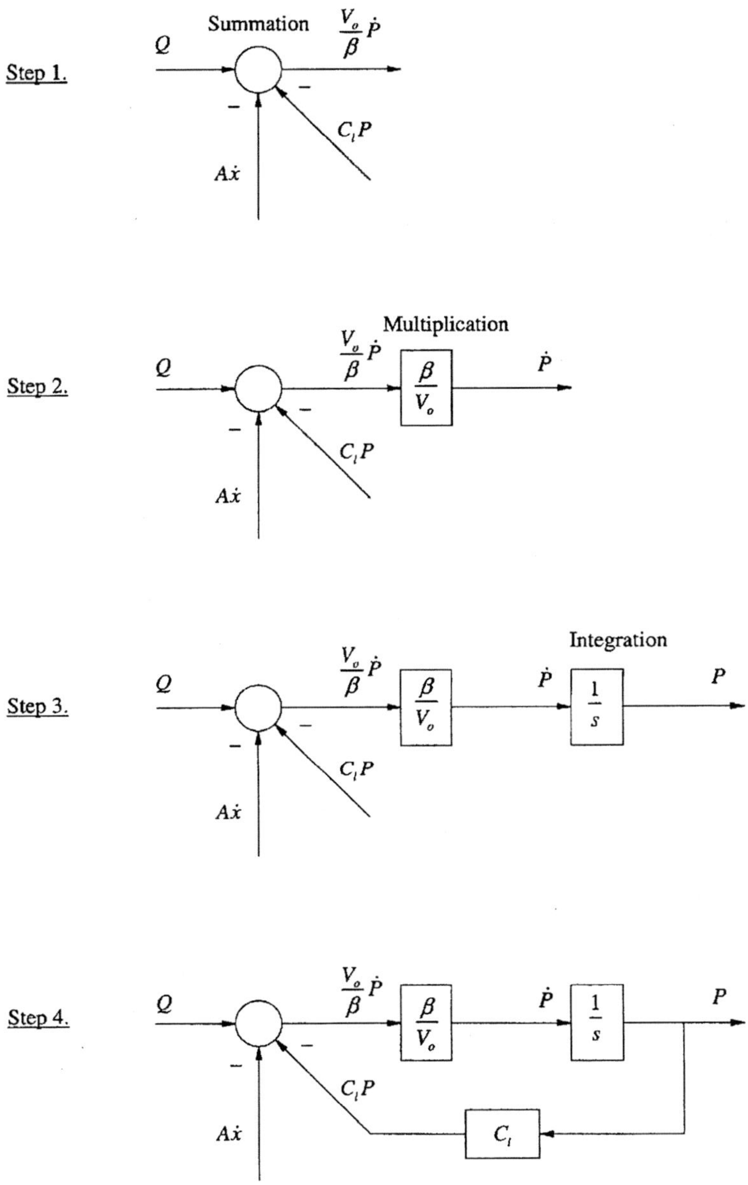

그림 3-18

그림 3-2의 압력 부분의 블록 다이어그램 만들기

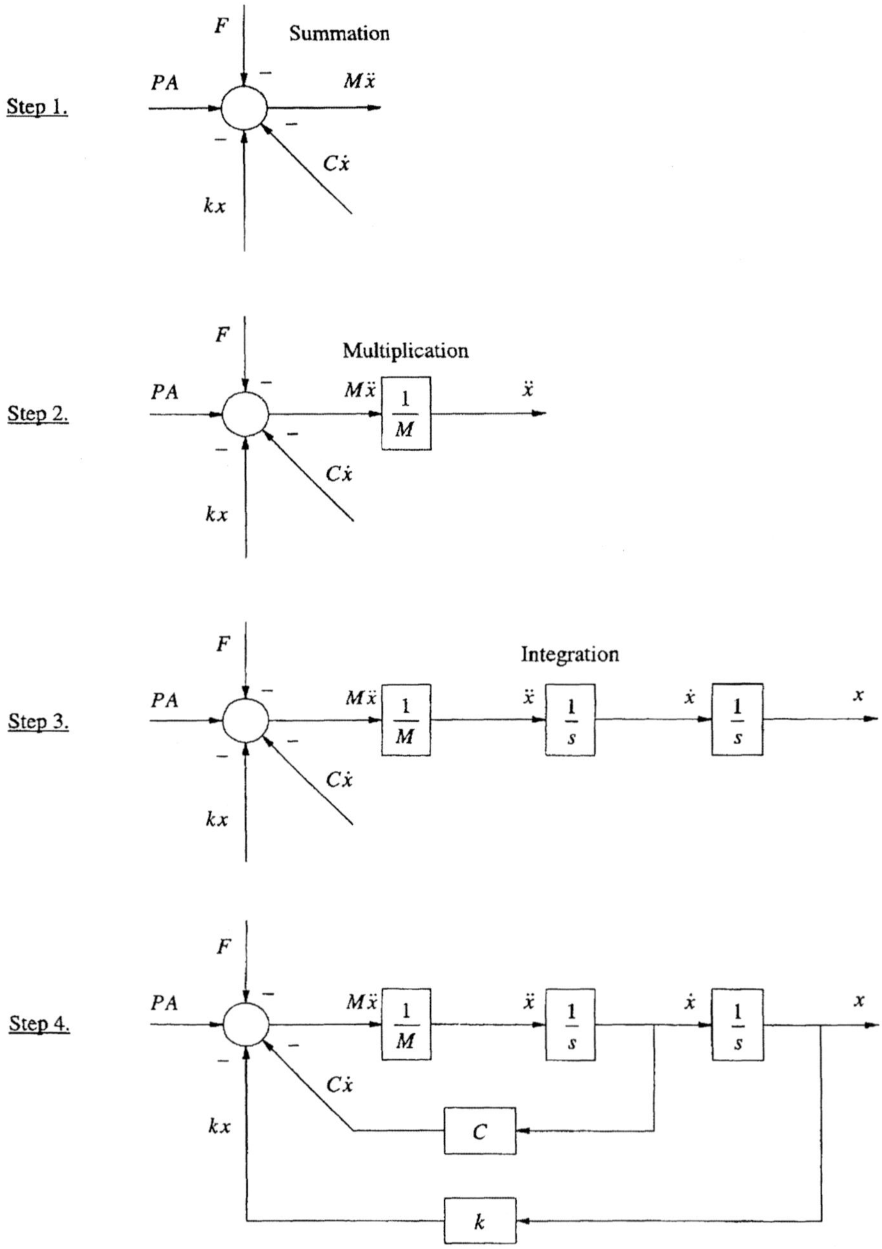

그림 3-19

그림 3-2의 피스톤 부분에 대한 블록 다이어그램 만들기

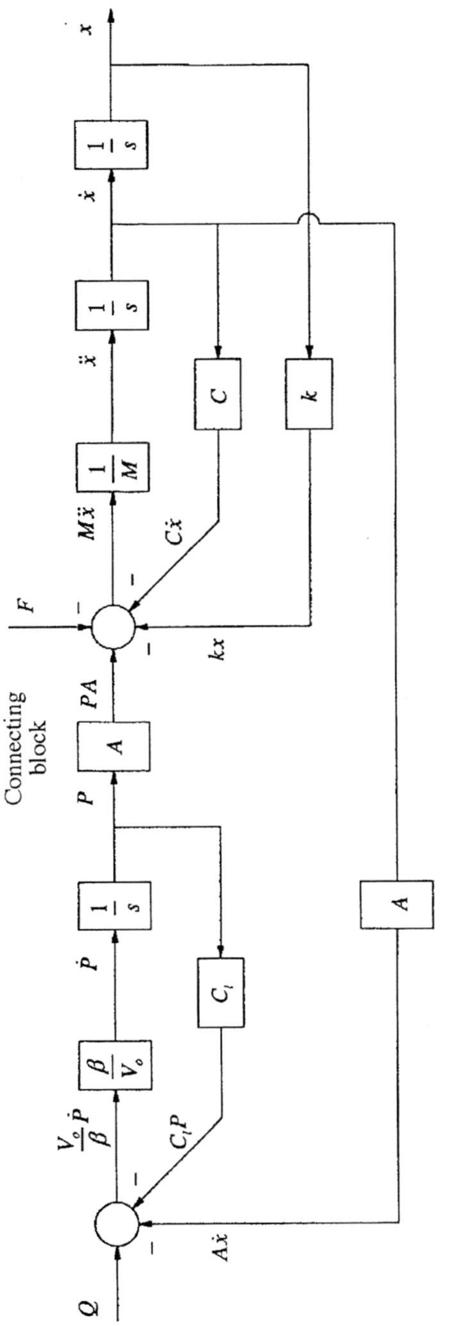

그림 3-20

그림 3.2의 유체 기계 시스템에 대한 블록 다이어그램

전자 기계 시스템 예

그림 3.3은 전류가 기계식 피스톤을 변위시키는데 사용되는 전자기 액추에이터를 보여준다. 피스톤 운동 및 전류에 대한 지배 방정식은 식 (3.6)과 (3.7)에 주어지며 편의를 위해 여기에 다시 쓰여 있다.

$$L\dot{i} = v - Ri - \alpha\dot{x} \quad \text{and} \quad M\ddot{x} = \alpha i - C\dot{x} - kx - F, \tag{3.136}$$

여기서 L은 코일 인덕턴스, i는 코일을 통해 흐르는 전류, R은 코일 저항, v는 코일에 인가되는 전압, α는 자기 결합 계수(식 3.5 참조)이고, x는 전기자의 변위이다. 또한 식 (3.136)에서 M은 전기자의 질량, C는 전기자의 감쇠 계수, k는 암체의 양의 운동을 저항하는 스프링 계수, 그리고 F는 암체에 가해지는 힘이다.

전기자 구동 장치의 블록 다이어그램을 구성하기 위해, 우리는 식 (3.136)의 첫 번째 부분을 먼저 고려한다. 여기서 전류가 동적으로 설명된다.

그림 3.21과 같이 현재 방정식은 합계 기호를 사용하여 개략적으로 표현할 수 있다. 이 때, 합계 기호의 출력에 $1/L$을 곱하면 Laplace 연산자를 사용하여 기호 i로 표시된 전류의 동적 상태를 나타낼 준비가 된다. 그림 3.21의 단계 3은 이 프로세스를 설명한다. 마지막으로, 전류 신호의 출력 분기를 곱셈 블록 R을 통해 합산 기호에 연결함으로써, 현재 역학에 대한 블록 다이어그램이 지금까지 가장 완전한 형태로 구성된다.

다음으로, 암체에 대한 블록 다이어그램을 구성해야 한다. 이 다이어그램은 그림 3.2에 나와 있는 유체기계 시스템의 피스톤과 매우 유사한 방식으로 구성된다. 다만, 입력으로 사용되는 합산 기호의 입력이 압력의 배수가 아니라 전류의 배수임을 제외하면 비슷하다. 그림 3.19와 3.22를 비교해라. 1부터 4까지의 단계는 전기기계 시스템의 암체에 대한 블록 다이어그램을 구성하는 데 이전 블록 다이어그램 구성과 동일하다.

그림 3.3에 표시된 전체 시스템의 블록 다이어그램을 구성하는 마지막 단계는 전류 다이어그램을 암체 다이어그램에 연결하는 것이다. 이것은 자기 결합 계수를 통해 이루어지며, 최종 블록 다이어그램은 그림 3.23에 나와 있다.

요약

요약하면, 블록 다이어그램은 동적 시스템의 주요 방정식을 그래픽적으로 나타내는 방법을 제공한다. 이는 주어진 시스템 내의 원인과 결과 관계를 시각화하는 매우 유용한 방법이며, 시스템의 동적 응답을 변경하기 위해 수행할 수 있는 다양한 조정에 대한 통찰력을 제공한다. 또한, 이러한 구성은 MATLAB의 Simulink와 같은 동적 시뮬레이션 패키지의 그래픽 사용자 인터페이스(GUI)와 같은 프로그램에서 매우 보편적인 도구가 된다.

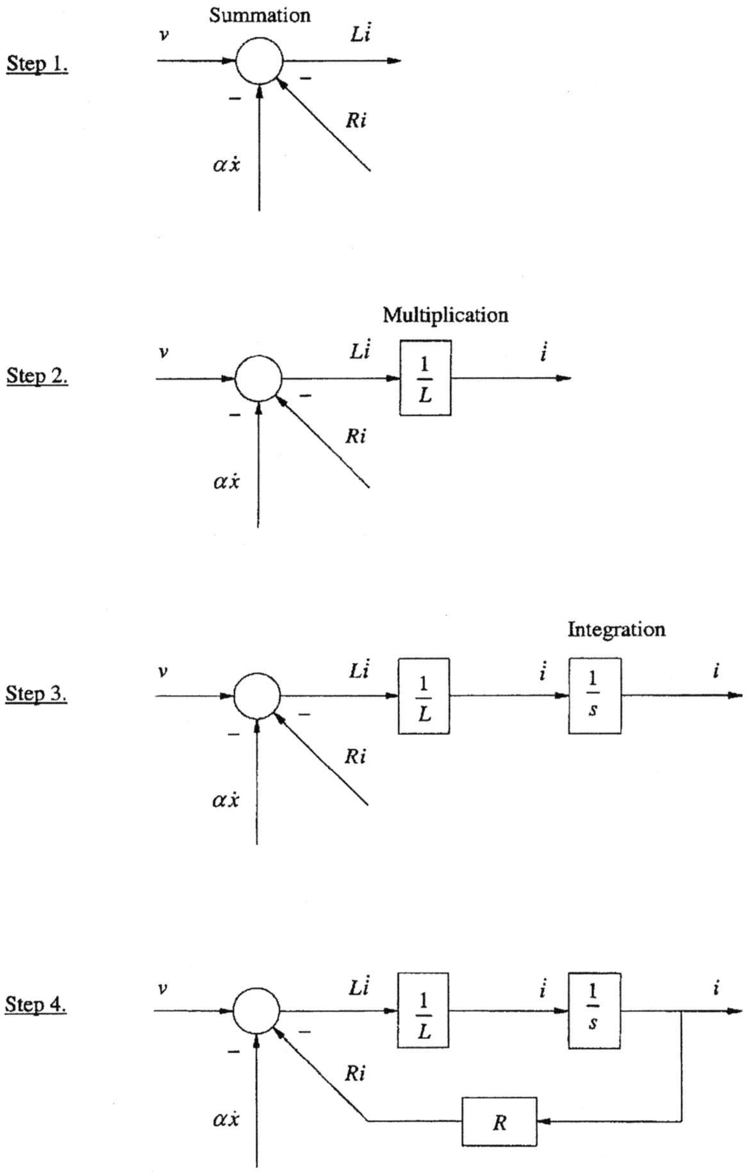

그림 3-21

그림 3.3의 현재 부분에 대한 블록 다이어그램 만들기

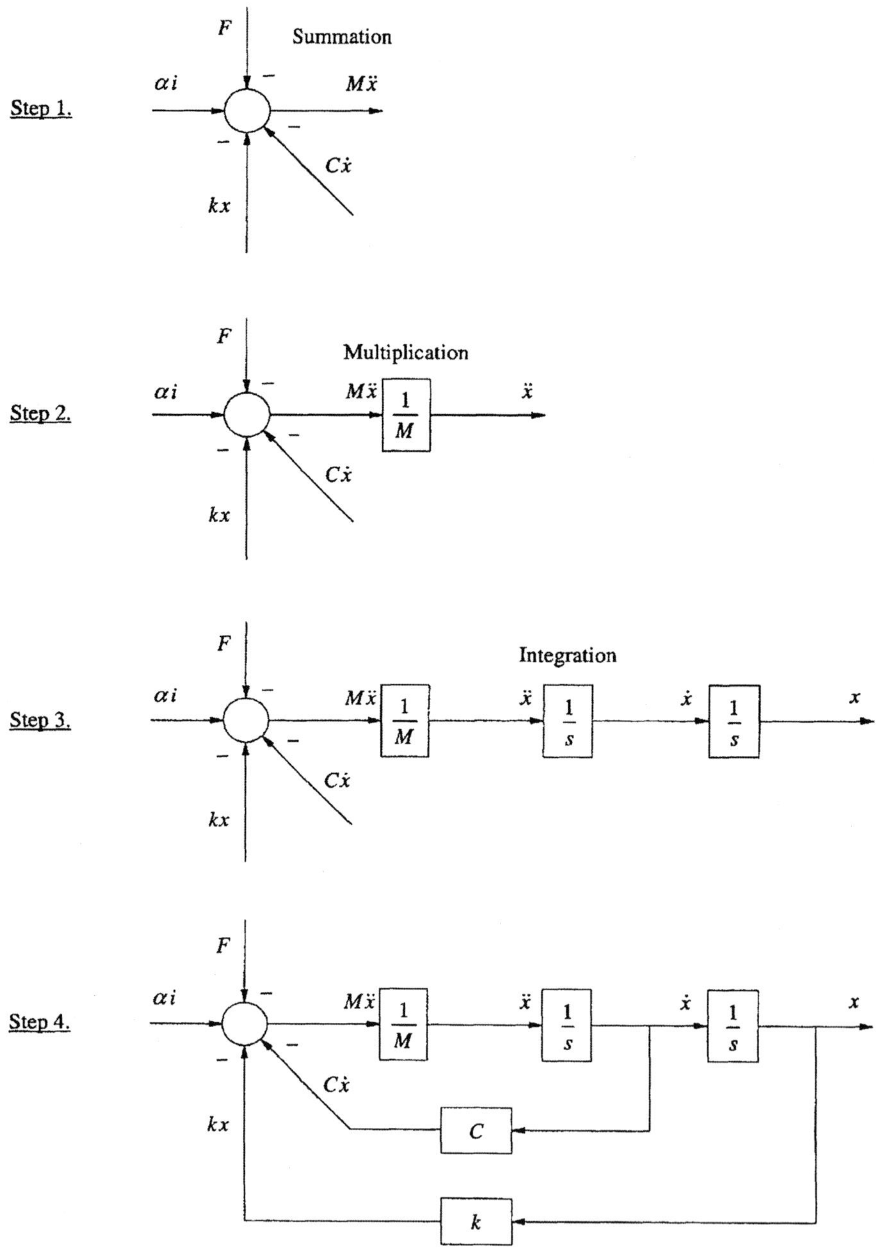

그림 3-22

그림 3.3의 전기자 부분에 대한 블록 다이어그램 만들기

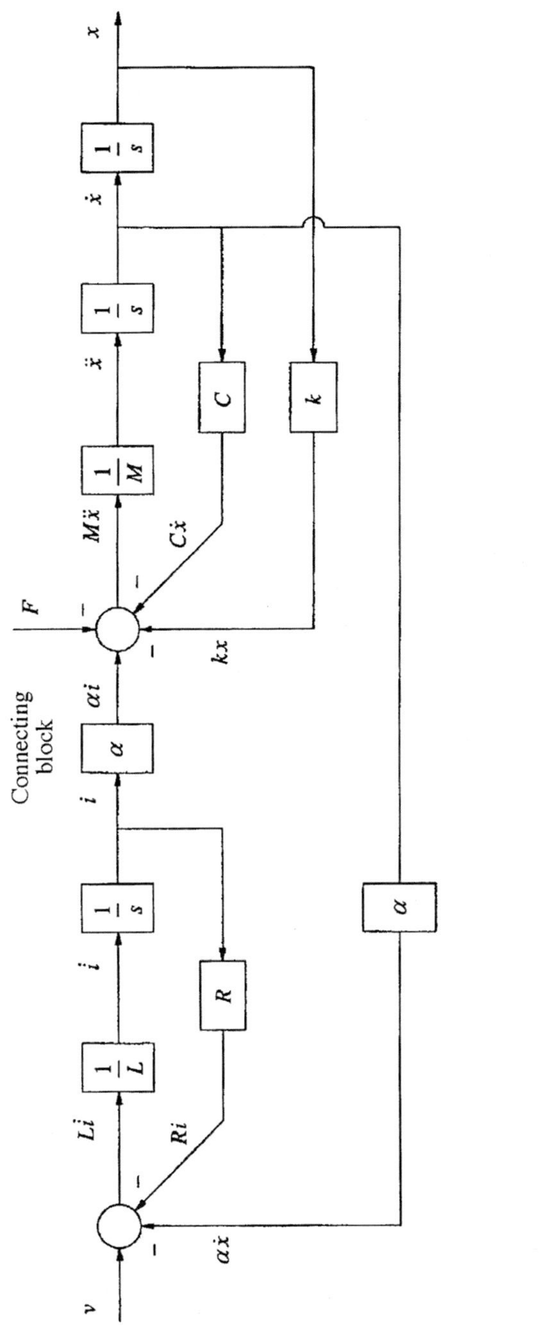

그림 3-23

그림 3.3의 전기 기계 시스템에 대한 블록 다이어그램

3.7. 안정성

3.7.1 일반

동적 시스템이 초기 안정 상태에서 흔들리면, 두 가지 경우가 있다. 시스템이 초기 조건에서 벗어나다가 다시 안정 상태로 돌아갈 수도 있고, 흔들림이 점점 커져서, 시스템이 결국 실패하거나 물리적 장애물에 도달할 수도 있다. 시스템이 흔들린 후에도 안정 상태로 돌아오면, 그 시스템은 안정적이라 할 수 있다. 하지만 흔들림이 계속 커진다면, 시스템은 불안정하다고 간주된다. 불안정한 제어 시스템은 대체로 쓸모가 없기 때문에, 시스템의 안정성은 동적 시스템에서 가장 중요한 특성 중 하나이다. 이 절에서는 전통적인 Routh-Hurwitz 안정성 기준(1877)을 사용하여 선형 시스템의 안정성을 살펴볼 것이다.

3.7.2 안정성 기준

안정성과 복잡한 평면

선형 시스템의 안정성은 특성 방정식의 근이 복소평면 상에 어디에 위치하는지로 알 수 있다. 그림 3.10은 안정한 2차 선형 시스템에서 특성 방정식의 근이 복소평면 상에 어떻게 위치하는지를 보여준다.

이 그림에서, 2차 특성 방정식의 근은 모두 실수 부분이 음수인 복소켤레로 표시되어 있다. 이 음수 실수 부분은 시스템을 안정하게 만들어준다. 왜냐하면 이것은 일시적인 반응의 지수적으로 감소하거나 증가하는 정도를 결정하기 때문이다. 예를 들어, 방정식 (3.55)에서 무감쇠 및 미감쇠 2차 시스템의 일시적인 반응을 보면 된다.

이 방정식에서, 지수항의 음수 부호는 특성 방정식의 해결에서 얻은 음수 실수 부분을 나타낸다. 이 음수 부호는 시스템의 진동 반응이 시간이 지남에 따라 점차 감소할 것임을 의미한다. 시간이 무한히 지나면, 시스템은 안정상태로 수렴할 것이다. 다시 말해, 시스템은 특성 방정식에서 결정된 실수 부분의 음수 부호에 따라 안정적인지 알 수 있다.

2차 시스템의 경우, 특성 방정식은 식 (3.41)에 주어진다. 고차 시스템의 경우, 특성 방정식은 상태 공간에서 문제를 공식화하고 식 (3.92)에 설명 된 수학 함수를 수행하여 결정할 수 있다. 이 결과를 0으로 설정하면 n차 시스템의 특성 방정식의 근을 결정하기 위한 다음 표현식을 작성할 수 있다:

$$a_o s^n + a_1 s^{n-1} + \cdots + a_{n-1} s + a_n = 0, \tag{3.137}$$

여기서는 시스템 계수이고, s는 시스템 고유치이다. 방정식 (3.137)을 시스템의 고유치에 대해 푸는 것으로써, 특성 방정식의 근이 결정되며, 이 해의 실수 성분의 부호는 시스템이 안정적인지 아닌지를 나타낸다. 3차 이상의 다항식의 해를 찾는 것은 일반적으로 숫자적인 방법 없이는 어렵거나 불가능하다. 따라서 우리는 복소평면의 오른쪽에 나타나는 고유치의 수를 계산하기 위해 체계적인 방법을 사용하는 것이 편리하다.

이 접근법은 *Routh-Hurwitz 안정 기준*으로 알려져 있으며 다음 단락에서 논의될 것이다.

Routh-Hurwitz 안정성 기준

Routh-Hurwitz 안정성 기준은 복소 평면의 오른쪽에 나타나는 시스템 고유치의 수를 결정하는데 유용하다. 이 기준은 여기서 증명 없이 제시될 것이다. 하지만, 독자들은 이 주제를 더 철저하게 다루는 다른 문헌을 참고하기를 권장한다 [2,4].

Routh-Hurwitz 안정성 기준의 첫 번째 부분은 시스템의 안정성을 위한 필요조건은 특성 방정식의 모든 계수가 양수여야 한다는 것이다. 방정식 (3.137)에서는 모든 계수가 음수인 경우에는 특성 방정식의 양쪽을 음수로 곱하여 특성 방정식의 양쪽을 음수로 곱하여 첫 번째 부분을 만족시킬 수 있다. 이렇게 함으로써, Routh-Hurwitz 안정성 기준의 첫 번째 부분을 충족시킬 수 있으며, 그 다음으로 넘어갈 수 있다. 만약 이 첫 번째 부분을 충족시킬 수 없다면, 시스템은 불안정하며, 더 이상의 절차를 따를 필요가 없다.

$$\begin{array}{lccccc} s^n & a_o & a_2 & a_4 & a_6 & \cdots \\ s^{n-1} & a_1 & a_3 & a_5 & a_7 & \cdots \\ s^{n-2} & b_1 & b_2 & b_3 & b_4 & \cdots \\ s^{n-3} & c_1 & c_2 & c_3 & c_4 & \cdots \\ \vdots & \vdots & \vdots & & & \\ s^2 & d_1 & d_2 & & & \\ s^1 & e_1 & & & & \\ s^o & f_1 & & & & \end{array} . \tag{3.138}$$

Routh-Hurwitz 안정성 기준의 두 번째 부분은 특성 방정식과 식 (3.138)의 형식을 사용하여 형성된 Routh 배열을 사용한다. 식 (3.138)에서는 특성 방정식의 계수가 정해지면, 나머지 계수는 다음과 같이 계산될 수 있다:

$$\begin{array}{llll} b_1 = \dfrac{a_1a_2 - a_oa_3}{a_1} & b_2 = \dfrac{a_1a_4 - a_oa_5}{a_1} & b_3 = \dfrac{a_1a_6 - a_oa_7}{a_1} & \cdots \\ c_1 = \dfrac{b_1a_3 - a_1b_2}{b_1} & c_2 = \dfrac{b_1a_5 - a_1b_3}{b_1} & c_3 = \dfrac{b_1a_7 - a_1b_4}{b_1} & \cdots \\ \vdots & \vdots & \vdots & \vdots \end{array} \tag{3.139}$$

2차 시스템

2차 시스템의 경우 특성 방정식은 다음 식으로 표시된다.

$$a_o s^2 + a_1 s^1 + a_2 s^o = 0. \tag{3.140}$$

Routh-Hurwitz 안정성 기준의 첫 번째 부분부터 시스템이 안정화되는 경우 특성 방정식의 모든 계수가 양수임을 보여 주어야 한다. 안정성 기준의 이 부분은 다음과 같다.

$$a_o, a_1, a_2 > 0. \tag{3.141}$$

식 (3.138)과 (3.139)의 형태를 사용하면, 2차 시스템을 위한 Routh 배열은 다음과 같이 쓸 수 있다.

$$\begin{array}{lll} s^2 & a_o & a_2 \\ s^1 & a_1 & \\ s^o & a_2 & \end{array} . \tag{3.142}$$

안정성을 위해서는, Routh 표의 첫 번째 열의 계수들이 모두 같은 부호여야 한다. 간단히 말해, 이는 방정식 (3.141)에서 주어진 안정성 조건과 동일하다. 따라서, 2차 시스템의 안정성을 위한 유일한 조건은 특성 방정식의 모든 계수가 양수여야 한다는 것이다.

3차 시스템

3차 시스템의 경우 특성 방정식은 다음 식으로 표시된다.

$$a_o s^3 + a_1 s^2 + a_2 s^1 + a_3 s^o = 0. \tag{3.143}$$

안정성을 위해 Routh-Hurwitz 안정성 기준의 첫 번째 부분을 사용하여 특성 방정식의 모든 계수가 양수임을 나타내야 한다.
이 안정성 기준의 이 부분은 다음과 같이 주어진다.

$$a_o, a_1, a_2, a_3 > 0. \tag{3.144}$$

식 (3.138)과 (3.139)의 형태를 사용하면 3차 시스템의 Routh 배열은 다음과 같이 쓸 수 있다.

$$
\begin{array}{lcc}
s^3 & a_o & a_2 \\
s^2 & a_1 & a_3 \\
s^1 & \dfrac{a_1a_2 - a_oa_3}{a_1} & \\
s^o & a_3 &
\end{array}
\quad . \qquad (3.145)
$$

안정성을 위해 Routh 배열의 계수의 첫 번째 열은 같은 부호를 가져야 한다. 식 (3.144)의 요구 사항이 충족되면 식 (3.145)로부터 세 번째 시스템의 나머지 안정성 요구 사항은 다음과 같이 나타낼 수 있다.

$$a_1a_2 > a_oa_3. \qquad (3.146)$$

3차 시스템이 안정하기 위해서는 식 (3.144)와 (3.146)이 모두 만족되어야 한다.

연구 사례

그림 3.2에 나와 있고 식 (3.21)에 의해 설명된 유체 기계 시스템의 경우, 특성 방정식은 다음과 같이 쓸 수 있다.

$$a_os^3 + a_1s^2 + a_2s + a_3 = 0,$$

여기에

$$a_o = \frac{MV_o}{\beta}, \qquad a_1 = C_lM, \qquad a_2 = \frac{kV_o}{\beta} + A^2, \qquad a_3 = kC_l.$$

이 결과에서 점성 항력 계수 C는 가정된 작은 크기로 인해 무시된다. 제 3 시스템에 대한 Routh-Hurwitz 안정성 기준, 즉 식 (3.146)을 사용하면, 그림 3.2에 도시된 바와 같은 유압 기계 시스템의 안정성 요구 사항에 대한 간단한 표현이 개발된다.

앞의 계수를 식 (3.146)에 대입하고 결과를 단순화하면 시스템에 대해 다음과 같은 안정성 기준이 생성된다.

$$\beta A^2 > 0.$$

분명히 이 기준은 항상 만족되므로 그림 3.2의 유체 역학 시스템은 우수한 안정성을 나타낼 것으로 기대합니다. 이 분석 방법은 2장 유압 제어 밸브의 안정성을 논의하기 위해 4장에서 사용된다.

| 고차원 시스템

Routh-Hurwitz 안정성 기준은 2차 및 3차 시스템의 안정성을 결정하는 유용한 도구를 제공하는 것으로 나타난다. 이 실습에서 나온 안정성 요구 사항은 실제로 안정 시스템 설계에 유용하며 유압 제어 시스템 분석에 적용된다. 그러나 시스템 주문이 커짐에 따라 만족되어야 하는 안정성 요구 사항의 수가 증가하는 경향이 있다.

시스템 주문이 늘어남에 따라 Routh-Hurwitz 안정성 기준을 안정적인 시스템을 설계하기 위한 폐쇄형 도구로 사용하는 것이 점점 더 어려워지고 있다. 그럼에도 불구하고 이 기준은 고차원 시스템의 안정성 평가에 여전히 유효하며 선험적 설계가 아니라면 검증에 사용될 수 있다.

3.7.3 요약

안정성은 동적 시스템의 가장 중요한 특성 중 하나라는 점에 주목했다. Routh-Hurwitz 안정성 기준은 모든 선형 시스템의 안정성을 평가하는 데 유용한 도구이며 2차 또는 3차 유형의 안정적인 시스템을 설계하기 위한 강력한 수단을 제공한다. 시스템이 안정적이라고 판단되면 다음으로 가장 중요한 고려 사항은 시스템의 동적 응답과 관련이 있다.

유리한 방법으로 동적 응답을 조정하기 위해 피드백 보상은 종종 제어 엔지니어가 사용한다. 다음 절에서 피드백 보상은 표준 비례 적분 제어(PID) 제어 구조를 사용하여 논의된다. 이것은 엔지니어가 이용할 수 있는 유일한 제어 구조는 아니지만, 표준 제어 구조이며 피드백 제어 시스템을 설계하기 위한 훌륭한 출발점을 제공한다.

3.8. 보상

3.8.1 일반

이 절에서는 피드백 보상에 대한 중요한 주제를 다룰 것이다. 이 주제는 제어 문제를 다루며, 조정된 제어기 설계가 제어된 시스템의 출력 응답을 변경하는 데 사용될 수 있다는 것을 보여준다. 이 주제를 설명하기 위해, 고전적인 2차 동적 시스템을 우리의 제어 대상으로 선택할 것이다. 이 시스템의 블록 다이어그램은 그림 3.24에 표시되어 있다. 여기서 $u(t)$는 시스템에 대한 컨트롤러 입력이고, ω_n은 시스템의 비감쇠 고유 주파수이며, ζ는 감쇠비이며, x는 시스템이다. 출력을 제어 할 수 있다. 이 시스템의 운동 방정식은 다음과 같이 주어진다.

$$\ddot{x} + 2\zeta\,\omega_n \dot{x} + \omega_n^2 x = u(t). \tag{3.147}$$

다음 하위 절에서는 이 이슷템에 제어 입력을 설명한다.

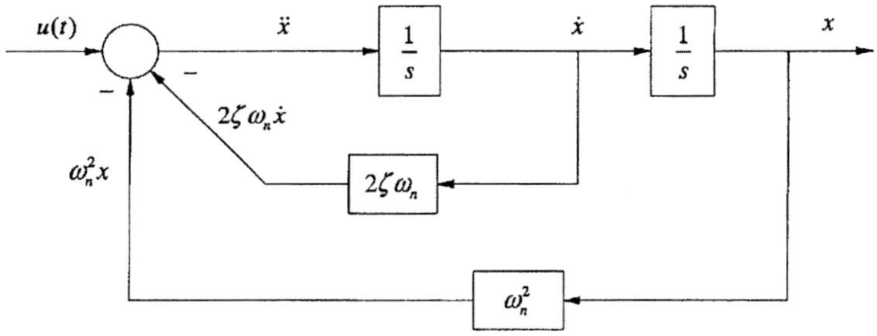

그림 3-24
고전적인 2차 시스템의 블록 다이어그램

3.8.2 제어기 설계

오류 역학

동적 시스템은 원하는 출력과 순간적으로 다른 시변 출력을 특징으로 한다.
실제 출력과의 차이점은 다음과 같은 *시스템 오류*로 알려져 있다.

$$\varepsilon = x_d - x, \tag{3.148}$$

여기서 x는 실제 시스템의 출력이고 x_d는 원하는 시스템 출력이다. 원하는 시스템 출력이 조절 제어 문제를 설명하는 상수라고 가정하면 시스템 동역학은 동적 동역학 및 원하는 일정 시스템 출력으로 표현될 수 있다. 방정식 (3.148)을 사용하면 시스템 동역학은 다음과 같이 표현될 수 있다.

$$x = x_d - \varepsilon, \qquad \dot{x} = -\dot{\varepsilon}, \qquad \ddot{x} = -\ddot{\varepsilon}. \tag{3.149}$$

식 (3.149)을 식 (3.147)에 대입하면 2차 시스템의 오차 동역학에 대한 다음식이 산출된다.

$$\ddot{\varepsilon} + 2\zeta\omega_n\dot{\varepsilon} + \omega_n^2\varepsilon = \omega_n^2 x_d - u(t). \tag{3.150}$$

선형 시스템 용 컨트롤러

선형 시스템의 제어에 관한 고전 교과서의 간단한 글을 보면 비례 적분 제어(PID) 컨트롤러가 우주 왕복선 어플리케이션을 포함한 많은 물리적 시스템을 제어하기 위한 기초로 사용되었음을 알 수 있다. 이 컨트롤러는 관찰된 출력에 대한 응답으로 시스템에 대한 입력 신호를 조정하도록 설계되었다. 그림 3.25는 기존 PID 컨트롤러의 블록 다이어그램을 보여준다.

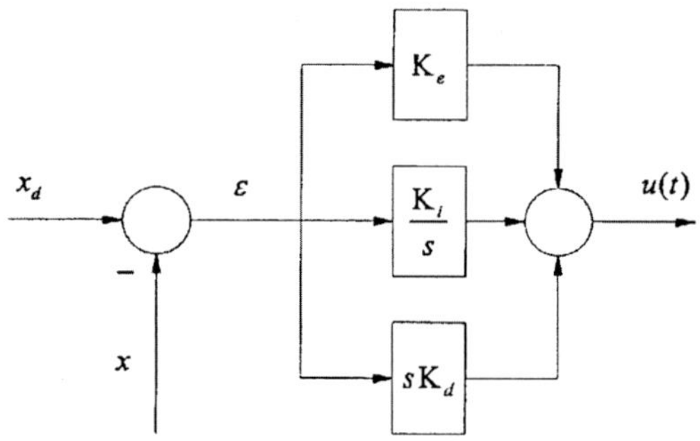

그림 3-25
클래식 PID 제어기의 블록 다이어그램

이 그림에서 시스템의 원하는 출력은 합계 기호 x_d에 대한 입력으로 표시된다. 동적 시스템의 실제 출력은 x로 표시되고 원하는 출력과 실제 출력 간의 계산 된 오차는 e로 표시되며 조정 입력 $(u(t))$로 표시된다. 이 도식의 곱셈 블록에서 우리는 비례 제어기 게인 K_e를 적분 제어기 게인 K_i와 미분 제어기 게인 K_d를 봅니다. 기호 s는 표준 라플라스 변수이며, 곱셈 또는 나눗셈에 사용되는지 여부에 따라 미분 연산 또는 적분 연산을 나타낸다. 그림 3.25에 나와 있는 것처럼, 컨트롤러 블록은 오차 신호와 곱해져 조정된 출력 신호 $u(t)$를 생성하기 위해 합산된다. 그런 다음 이 신호는 동적 시스템의 컨트롤러 입력 신호로 사용된다. 이 블록 다이어그램은 그림 3.24에 나와 있는 동적 시스템과 직접적으로 연결될 수 있음에 유의해야 한다. 그림 3.25의 블록 다이어그램을 사용하여, PID 컨트롤러에서의 조정된 입력 신호는 다음과 같이 작성될 수 있다.

$$u(t) = K_e\varepsilon + K_i \int \varepsilon \, dt + K_d\dot{\varepsilon}, \tag{3.151}$$

컨트롤러 게인은 최종적으로 동적 시스템의 원하는 출력을 기반으로 선택된다. 이 컨트롤러는 다음 하위 절에서 다양한 구성으로 설명할 것이다.

3.8.3 비례 제어

비례 제어(P control)는 입력 신호를 동적 시스템으로 조정하는 데 사용할 수 있는 가장 단순한 제어다. 적분 및 미분 게인을 0으로 설정함으로써 식 (3.151)을 사용하여 P 제어의 제어 신호를 다음과 같은 형식으로 나타낼 수 있다.

$$u(t) = K_e\varepsilon. \tag{3.152}$$

이 결과를 식 (3.150)에 대입하면 P 제어 시스템의 오차 역학은 다음과 같다.

$$\ddot{\varepsilon} + 2\zeta\omega_n\dot{\varepsilon} + (\omega_n^2 + K_e)\,\varepsilon = \omega_n^2 x_d. \tag{3.153}$$

오차 동역학 방정식에 대한 정상 상태의 해는 식 (3.153)의 시간 미분을 0으로 설정하고 ε를 해결함으로써 결정될 수 있다. 이 결과는 다음 식으로 나타난다.

$$\varepsilon = \frac{\omega_n^2 x_d}{\omega_n^2 + K_e} \tag{3.154}$$

이는 비례 제어 시스템에 대한 정상 상태 오류가 0이 아님을 보여준다. 이 0이 아닌 정상 상태 오차는 비례 제어 시스템의 잘 알려진 특성이며 일반적으로 정상 상태 오차가 존재한다. 다시 말해, 정상 상태에서 시스템 오차가 발생할 수밖에 없다는 것이다. 비례 제어 이득 K_e를 증가시킴으로써 정상 상태 오차가 감소 될 수 있다. 그러나, 이것은 현재 논의될 다른 동적 문제를 야기할 수 있다.

2차 P 제어 시스템의 오차 다이나믹은 모든 2차 시스템과 밀접한 관련이 있는 테 노니 ology 로지, 즉 감쇠가 없는 고유 진동수와 감쇠비를 사용하여 논의할 수 있다.

이 두 양은 식 (3.37)에 표시된 집중 매개 변수에 대해 식 (3.39)에서 정의된다. 식 (3.153)과 식 (3.39)의 일반 형식을 사용하여 P 제어 시스템의 오차 다이나믹에 대한 비감쇠 고유 진동수와 감쇠비가 각각 다음과 같이 주어진다.

$$\Omega_n = \sqrt{\omega_n^2 + K_e} \qquad \text{and} \qquad Z = \zeta\,\frac{\omega_n}{\Omega_n}. \tag{3.155}$$

방정식 (3.68)~(3.74)에서 언급했듯이, 비감쇠 고유 진동수와 감쇠비는 시스템의 과도 응답에 결정적인 영향을 미친다.

비례 게인 K_e를 증가시키면 감쇠가 없는 고유 진동수가 증가하여 시스템 상승 시간을 감소시키는 경향이 있다. 그러나 이 조정은 감쇠 비율을 감소시키는 경향이 있으며, 이는 다시 최대 첨두치를 증가시킨다.

이 두 번째 효과는 아마도 동적 응답에 가장 부정적인 영향을 미친다. 흥미롭게도 비례 게인의 조정은 정착 시간에 영향을 미치지 않는다는 것을 알 수 있다.

3.8.4 비례 적분 제어

비례 적분 제어(PI 제어)는 동적 시스템에 일반적으로 사용되는 제어이다. 이 제어는 식 (3.151)에서 미분 게인을 0으로 설정하여 구성 할 수 있으며 다음 결과를 얻는다.

$$u(t) = K_e\varepsilon + K_i \int \varepsilon \, dt. \tag{3.156}$$

이 결과를 식 (3.150)에 대입하면 비례 적분 제어 시스템의 오차 동역학은 다음과 같다.

$$\ddot{\varepsilon} + 2\zeta\omega_n\dot{\varepsilon} + (\omega_n^2 + K_e)\varepsilon = \omega_n^2 x_d - K_i \int \varepsilon \, dt. \tag{3.157}$$

시간에 대해 이 방정식의 1차 미분을 취함으로써, 오차 동역학 방정식의 미분 형태는 다음과 같이 쓸 수 있다.

$$\dddot{\varepsilon} + 2\zeta\omega_n\ddot{\varepsilon} + (\omega_n^2 + K_e)\dot{\varepsilon} + K_i\varepsilon = 0. \tag{3.158}$$

식 (3.158)에 대해 알아야 할 첫 번째 점은 이 시스템의 정상 상태 오류가 0이라는 것이다. 이것은 시간 도함수를 0으로 설정하고 ε를 해결하여 결정할 수 있다. 정상 상태 조건에서 제로 오차를 갖는 이러한 특징은 제어기 설계의 통합 부분에 기인하며, 일반적으로 피드백 루프에서 적분 이득을 사용하는 주요 원인이다.
독자는 간단한 적분 제어 시스템이 0이 아닌 정상 상태 오류를 나타냄을 상기해야 한다.
적분 제어 시스템에 대한 오차 역학을 논의하기 위해 식 (3.158)의 차수를 1만큼 줄이는 것이 유용할 것이다. 이것은 식 (3.158)의 $\dddot{\varepsilon}$ 항이 다른 시간 미분항에 비해 매우 빨리 사라질 때 동적 응답을 고려할 때 무시 될 수 있다. 이러한 조건에서 오차 동역학 방정식은 다음과 같이 쓸 수 있다.

$$\ddot{\varepsilon} + \frac{\omega_n^2 + K_e}{2\zeta\omega_n}\dot{\varepsilon} + \frac{K_i}{2\zeta\omega_n}\varepsilon = 0. \tag{3.159}$$

이 2차 방정식의 동적 응답은 모든 2차 시스템에 밀접한 용어를 사용하여 논의될 수 있으며, 즉 감쇠되지 않은 고유 진동수와 감쇠비를 결정한다.
식 (3.159)에 나타낸 집중 매개 변수 그룹과 식 (3.39)의 일반 형식을 사용하면, 적분 제어 시스템의 오차 역학에 대한 비감쇠 고유 진동수와 감쇠비는 각각 다음과 같이 나타낼 수 있다.

$$\Omega_n = \sqrt{\frac{K_i}{2\zeta\omega_n}} \quad \text{and} \quad Z = \frac{\omega_n^2 + K_e}{4\zeta\omega_n\Omega_n}. \tag{3.160}$$

방정식 (3.68)부터 (3.74)를 통해, 시스템의 과도 응답에 대한 비례 게인과 적분 게인의 조절 효과를 정성적으로 결정할 수 있다. 예를 들어, 적분 게인 K를 증가시켜 상승 시간을 줄일 수 있으며, 비례 게인 K_e를 증가시켜 최대 백분율 오버슈트와 정착 시간을 줄일 수 있다. PI 컨트롤러의 활용에 있어 주요 이점 중 하나는, 2차 시스템 내에서 비례 게인 및 적분 게인을 개별적으로 조정함으로써, 상호 경합하지 않는 응답 특성들을 세밀하게 조율할 수 있다는 점에 있다. 이는 컨트롤러의 조정을 매우 쉽게 만들며, 특히 이러한 조정이 컴퓨터를 통해 이루어질 수 있다면 더욱 그러하다.

3.8.5 PID 제어

PID 제어는 그림 3.25와 식 (3.151)의 전체 제어 구조를 사용한다. 식 (3.151)을 식 (3.150)에 대입하면, PID 제어 시스템의 오차 역학은 다음과 같다.

$$\ddot{\varepsilon} + (2\zeta\omega_n + \mathrm{K}_d)\dot{\varepsilon} + (\omega_n^2 + \mathrm{K}_e)\varepsilon = \omega_n^2 x_d - \mathrm{K}_i \int \varepsilon\, dt. \tag{3.161}$$

시간에 대해 이 방정식의 1차 미분을 취함으로써, 오차 동역학 방정식의 미분 형태는 다음과 같이 쓸 수 있다.

$$\dddot{\varepsilon} + (2\zeta\omega_n + \mathrm{K}_d)\,\ddot{\varepsilon} + (\omega_n^2 + \mathrm{K}_e)\dot{\varepsilon} + \mathrm{K}_i\varepsilon = 0. \tag{3.162}$$

이 시스템의 정상 상태 오류는 0입니다. PI 제어 시스템과 마찬가지로 정상 상태 조건에서 오차가 0인 이 기능은 컨트롤러 설계의 필수적인 부분에서 비롯된다. 일반적으로 피드백 루프에서 적분 게인을 사용하려는 주된 원인이기도 하다. 독자는 간단한 P 제어 시스템이 0이 아닌 정상 상태 오류를 나타냄을 상기해야 한다.

PID 제어 시스템의 오차 역학을 논의하기 위해 식 (3.162)의 차수를 1만큼 줄이는 것이 유용할 것이다. 이것은 식 (3.162)의 $\dddot{\varepsilon}$ 항이 다른 시간 미분 항에 비해 매우 빨리 사라질 때 동적 응답을 고려할 때 안전하게 무시 될 수 있다. 이러한 조건에서 오차 동역학 방정식은 다음과 같이 쓸 수 있다.

$$\ddot{\varepsilon} + \frac{\omega_n^2 + \mathrm{K}_e}{2\zeta\omega_n + \mathrm{K}_d}\dot{\varepsilon} + \frac{\mathrm{K}_i}{2\zeta\omega_n + \mathrm{K}_d}\varepsilon = 0. \tag{3.163}$$

이 2차 방정식의 동적 응답은 모든 2차 시스템에 밀접한 용어, 즉 감쇠가 없는 고유 진동수와 감쇠비를 사용하여 논의할 수 있다.
식 (3.163)과 식 (3.39)의 일반 매개 변수 그룹을 사용하여, PID 제어 시스템의 오차 역학에 대한 비감쇠 고유 진동수와 감쇠비가 각각 다음과 같이 주어진다.

$$\Omega_n = \sqrt{\frac{\mathrm{K}_i}{2\zeta\omega_n + \mathrm{K}_d}} \quad \text{and} \quad \mathrm{Z} = \frac{\omega_n^2 + \mathrm{K}_e}{2(2\zeta\omega_n + \mathrm{K}_d)\Omega_n}. \tag{3.164}$$

이 결과로부터 미분 게인은 시스템의 비감쇠 고유 진동수와 감쇠비를 결정하는 데 중요한 역할을 한다는 것을 알 수 있다.

이 컨트롤러 설계는 미분 제어의 조정이 시스템의 출력 응답에 영향을 미치기 때문에 조정하기가 훨씬 더 어렵다. 미분 제어를 사용하는 주요 목적은 시스템의 안정성을 높이는 것이다. 이는 작동기 오류를 예측하고 제어 신호에 조기 교정 조치를 도입함으로써 달성된다 [4].

3.8.6 제어 게인 선정

앞선 소절에서는 보상 시스템의 동적 반응이 시스템 매개변수와 PID 컨트롤러를 위해 선택된 제어 게인을 기반으로 제시되었다. 이러한 논의에서 보듯이, 시스템의 출력 반응은 PID 컨트롤러를 위한 적절한 게인을 선정함으로써 설계될 수 있지만, 실제로는 제어 게인 선택을 제한하는 물리적 포화 한계가 존재한다. 이 소절에서는 PI 컨트롤러를 사용하여 제어될 시스템을 위한 합리적인 제어 게인을 선정하기 위한 방법론을 제시할 것이다.

그림 3.26은 시스템 오류 s 및 PI 컨트롤러 출력 $u(t)$ 대 시간의 개략도를 보여준다. 설계도에 표시된 것처럼 오류는 다음과 같이 모델링된다.

그것은 시간과 관련하여 선형적으로 감소하지만 실제 오류 응답은 제어되는 시스템의 물리적 특성에 따라 달라진다.

그림 3.26에 표시된 오류에 대한 선형 모델은 오류 응답에 대한 첫 번째 근사값이며 아직 최적화되지 않은 PI 제어 시스템에 대한 합리적인 게인을 선택하는 데 사용된다.

그림 3.26에서 볼 수 있듯이 오류값이 최대값인 최악의 시나리오로 시작된다. 이 때, $\varepsilon_{\max}$ 시간이 $t_{\max}$와 같으면 오류가 완전히 사라진다. 이 오차에 대한 선형 근사는 다음과 같이 수학적으로 표현된다.

$$\varepsilon = \varepsilon_{\max} - \frac{\varepsilon_{\max}}{t_{\max}} t. \tag{3.165}$$

이 모델을 식 (3.156)에 오류로 대입하면 컨트롤러 출력에 대해 다음과 같은 2차 표현식이 생성한다.

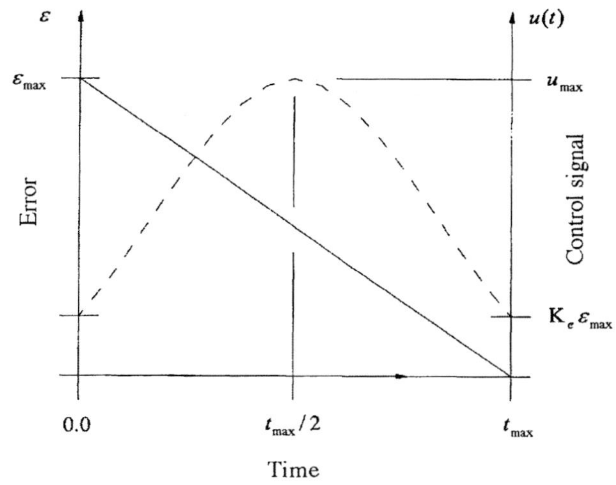

그림 3-26
근사 오차 및 제어 출력

$$u(t) = -\frac{K_i \varepsilon_{max}}{2t_{max}} t^2 + \frac{(K_i t_{max} - K_e)\, \varepsilon_{max}}{t_{max}} t + K_e \varepsilon_{max}. \tag{3.166}$$

이 함수를 최대화함으로써, 최대 제어기 출력 U_{max}는 다음과 같이 나타난다.

$$t = \frac{K_i t_{max} - K_e}{K_i}. \tag{3.167}$$

이 결과를 식 (3.166)으로 다시 대입하면 최대 제어기 출력은 다음과 같이 나타난다.

$$u_{max} = \frac{(K_e^2 + K_i^2 t_{max}^2)\varepsilon_{max}}{2K_i t_{max}}. \tag{3.168}$$

이 최대 제어기 출력은 그림 3.26과 같다. 시간이 $t_{max}/2$ 일 때, 선택된 이 최대 지점은 임의적으로 보일 수 있으나, 컨트롤러의 효과적인 반응을 이끌어내기 위한 의도적인 결정이다.
식 (3.167)에서 t를 $t_{max}/2$와 동일하게 설정함으로써, 식 (3.167) 및 (3.168)의 동시 해를 사용하여 다음과 같이 나타난다.

$$K_e = \frac{4}{5}\frac{u_{max}}{\varepsilon_{max}} \quad \text{and} \quad K_i = \frac{2K_e}{t_{max}}. \tag{3.169}$$

앞서 언급한 것처럼 시스템 오류에 대한 이상화된 모델 때문에, 방정식 (3.169)의 결과는 PI 컨트롤 게인에 대한 대략적인 추정값에 가깝다. 이 컨트롤 게인에 대한 최적의 값은 실제로 제어되는 시스템에 따라 이 방정식에서 다소 벗어날 수 있다. 만약 시스템이 전자적으로 제어된다면, 이 게인은 컴퓨터를 통해 온라인으로 조정될 수 있지만, 보통 방정식 (3.169)에서 크게 벗어나지 않을 정도로 작다.

3.8.7 요약

이 장에서 설명한 바와 같이, 물리적 시스템의 동적 반응은 PID 컨트롤러의 게인을 적절히 설계함으로써 조정될 수 있다. 게인을 선택하는 고전적인 방법들이 몇 가지 있는데, 이에는 극점 배치, 루트 로커스, 선형 2차 조절기를 사용한 최적화 등이 있다. 그러나 시스템의 포화 한계 때문에 게인은 물리적으로 어느 정도 제한을 받게 된다. 이러한 최적화 방법들을 더 연구하고자 하는 독자들은 제어 이론에 관한 고전적이거나 더 발전된 교과서들을 참고하길 권장한다. 또한, 오늘날 연구자들은 이보다 더 복잡한 비선형 제어 방식도 연구하고 있지만, 그 내용은 이 책에서 다루기에는 너무 복잡하다.

3.9. 결론

결론적으로, 이 장은 동적 시스템과 제어의 주제 영역과 밀접한 기본 개념을 제시하는 것을 목표로 하고 있다. 이 장 전체에서 볼 수 있듯이 1차 및 2차 동적 시스템에 대한 정보는 많이 알려져 있으므로 복잡한 시스템을 이 두 모델 중 하나로 단순화하려는 많은 노력이 기울여져 왔다. 이러한 감소는 주로 지배 방정식 내의 고차항이 매우 작은 시간 상수와 관련되어 있으므로 전체 과도 반응의 시간 동안 안전하게 무시될 수 있음을 보임으로써 이루어진다. 이 과정은 다양한 유압 제어 시스템의 동적 반응을 평가하기 위해 이 교재 전체에 걸쳐 사용될 것이다. 또한 피드백 보정의 선형 방법은 PI 및 PID 제어 구조를 사용하여 유압 제어 시스템의 전체 출력 응답을 자동화하는 7장과 8장에서 광범위하게 사용된다. 이 시스템의 목적은 액추에이터의 위치, 속도 및 노력을 제어하는 것이며, 컨트롤러 게인의 선택은 시스템의 원하는 출력 응답을 형성하는 데 사용된다.

3.10. 참고 문헌

[1] Greenwood, D. T. 1988. *Principles 01 Dynamics,* 2d ed. Prentice-Hall, Englewood Cliffs, NJ.

[2] Franklin, G. F., J. D. Powell, and A. Emami-Naeini. 1994. *Feedback Control 01 Dynamic Systems,* 3d ed. Addison-Wesley, Reading, MA.

[3] Meirovitch, L. 1986. *Elements of Vibration Analysis.* McGraw-Hill, New York.

[4] Ogata, K. 1992. *System Dynamics,* 3d ed. Prentice-Hall, Englewood Cliffs, NJ.

3.11. 과제

3.11.1 모델링

3.1 수반되는 그림에 나타난 시스템의 동역학을 설명하는 비선형 방정식 시스템을 작성하라. **노트 :** 진자, 액추에이터 및 액추에이터 챔버 내의 유체 압력(세 개의 방정식)에 대한 방정식을 작성해라.

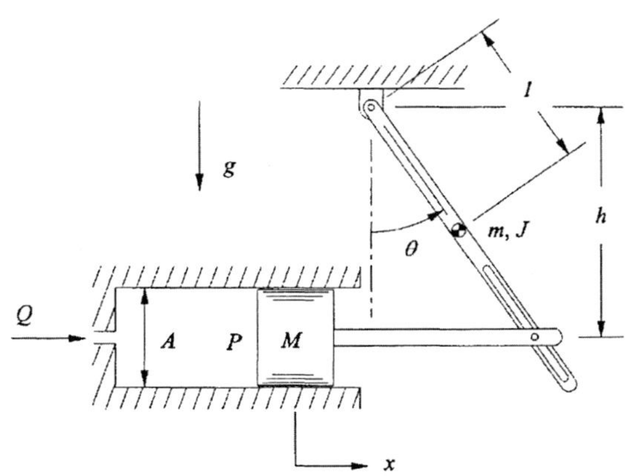

3.11.2 선형화

3.2 $x = 1$의 공칭값에 대해 다음과 같은 수학 함수를 선형화하라.

$$f(x) = x^2 + \sec(x) - \ln(x).$$

3.3 문제 3.1의 시스템 방정식을 선형화하면 진자 방정식과 액추에이터 방정식을 결합하여 방정식의 수를 세 개에서 두 개로 줄일 수 있다. 액추에이터의 유효 질량과 유효 탄성 계수 얼마인가?

3.11.3 동적 거동

3.4 첨부된 그림에 나타난 RC 회로의 커패시터 양단에 걸리는 전압 강하에 대한 지배 방정식은 다음과 같다.

$$RC\frac{dv}{dt} + v = V,$$

여기서 R은 저항, C는 커패시턴스, V는 전압 소스이다.
이 지배 방정식의 형식을 사용하여 시스템 시정수와 대역폭 주파수에 대한 표현식을 작성하라. RC 회로의 정착 시간은 얼마인가?

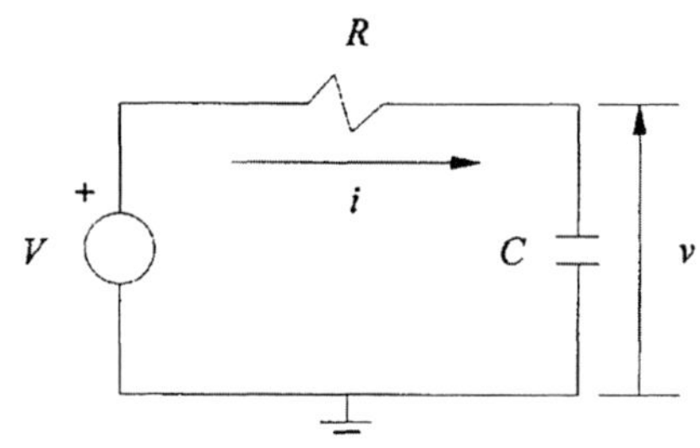

3.5 첨부된 도면에 도시 된 RLC 회로에 대한 지배 방정식은 다음과 같다.

$$C\frac{dv}{dt} = i \qquad \text{and} \qquad L\frac{di}{dt} + Ri = V - v,$$

여기서 R은 저항, C는 정전 용량, L은 인덕턴스, V는 전압 소스이다. 이 방정식을 결합하여 지배 방정식을 표현하라.
커패시터 양단의 전압 강하, 부족감쇠 고유 진동수와 감쇠비에 대한 식을 작성하라. 인덕턴스가 1 mH라고 가정하면 커패시턴스는 10 μF이고 저항은 14 Ω이며 상승 시간, 정착 시간 및 최대 첨두치를 계산한다. 시스템의 대역폭 주파수는 얼마인가?

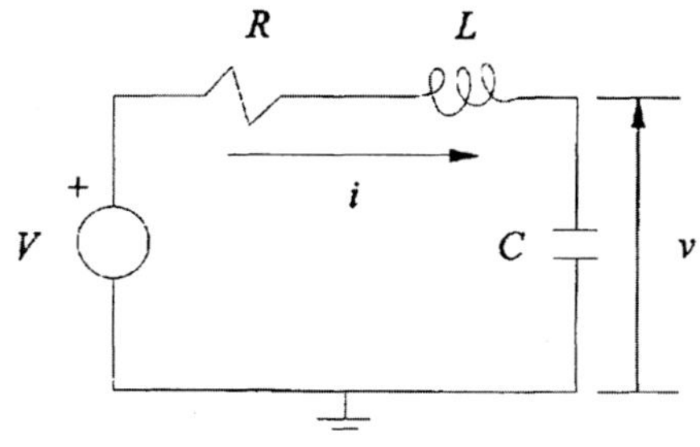

3.11.4 블록 다이어그램과 라플라스 변환

3.6 식 (3.93)의 정의를 사용하여 다음 함수의 라플라스 변환을 나타내라.

$$f(t) = \sin(\omega t).$$

표 3.1을 사용하여 답을 확인하라.

3.7 문제 3.3에 대한 선형화 된 방정식을 사용하여 인과 관계를 보여주는 시스템의 블록 다이어그램을 작성하라.

3.8 문제 3.4에 대한 블록 다이어그램을 만들어라.

3.9 문제 3.5에 대한 블록 다이어그램을 만들어라.

HYDRAULIC CONTROL SYSTEMS

PART 04

유압 제어 밸브

4.1. 서론

유압 제어 밸브는 전체 시스템의 정확한 변조 및 제어를 위해 유압 제어 시스템 내에서 일반적으로 사용된다. 밸브 제어 유압 회로 내에서, 밸브는 유압 파워 요소, 즉 펌프와 선형 또는 회전식 액추에이터인 유압 출력 장치 사이의 인터페이스를 제공한다. 이러한 회로 내에서 유압 제어 밸브는 운전자 또는 다른 자동 제어 소스로 부터 피드백을 받아 그에 따라 시스템 출력을 조정하는 장치이다. 이 피드백은 회로에 제어 가능한 출력을 제공하거나 유압 제어 회로의 전형적인 고전력 장치로 작업하는 동안 필요한 안전 기능을 제공하는 데 사용된다. 유압 제어 밸브에 대한 올바른 이해는 시스템뿐만 아니라 유압 펌프의 제어를 이해하기 위한 전제 조건이다. 그러므로 이 장에서는 다른 유압 구성 요소에 대한 논의를 앞두고 있다.

유압 제어 밸브는 연결된 유량 라인의 수에 기초하여 분류될 수 있다.
예를 들어 2방향 밸브는 하나의 입력 및 출력 라인을 가지고 있고, 3방향 밸브는 공급 라인, 출력 라인, 저장소로 돌아가는 반환 라인을 가진다. 4방향 밸브는 하나의 공급 라인, 두 개의 출력 라인 및 반환 라인을 사용한다. 이 밸브들은 구조 유형 또는 기능 유형에 따라 분류될 수 있지만, 이 서적은 성능 특성과 산업 표준에 중점을 두고 있기 때문에, 구조 유형에 따라 분류된 밸브를 살펴볼 것이다. 그럼에도 불구하고, 기능 유형 분류는 유용하며 세 가지 주요 범주로 나눌 수 있다.
밸브 유형에는 방향 제어 밸브, 유량 제어 밸브, 압력 제어 밸브가 있으며, 방향 제어 밸브는 유압 회로 내에서 스위칭 장치로 사용된다. 유량 제어 밸브는 지속적인 유량 조절과 유압 회로 내의 유량을 직접 조절하는 역할을 하며, 자동으로 피드백이 생성되면 이 밸브는 *서보 밸브*라고 불린다. 압력 제어 밸브는 유압 회로 내의 특정 압력 수준을 유지하거나 제한하는 데 사용된다.
이 장에서는 스풀 밸브, 포핏 밸브, 플래퍼 노즐 밸브 등 세 가지 밸브 구조에 대해 다루며, 이들은 각각 볼륨율 제어, 압력 제어, 유량 제어에 사용된다. 이 밸브들은 유체 흐름의 동적 및 정적 유체 모멘텀 효과를 견뎌야 하며, 각 밸브에 가해지는 유체 흐름의 힘을 이해하는 것이 중요하다. 이러한 유체 역학 특성을 이해함으로써, 기계 및 전기유압 응용 분야에서 밸브 설계와 제어에 대해 논의될 것이다.

이 장의 목표는 유압 제어 시스템의 밸브 제어와 설계를 고려할 때 참조할 수 있는 기초 자료를 제공하는 것이다. 구체적인 논의에 들어가기 전에, 우리는 먼저 일반적인 표준 밸브 유량 제어에 대한 더 넓은 주제를 고려할 것이다. 이것은 유압 제어 밸브의 모델링에 관한 논의에서 고려할 핵심 원리와 개념들을 이해하는 데 도움이 될 것이다.
이 장에서는, 특히 유압 제어 밸브의 기능과 성능 특성에 초점을 맞추고 있으며, 이는 특정 유형의 밸브들이 제어와 설계의 맥락에서 어떻게 이해되고 적용될 수 있는지에 대한 이해를 돕고자 한다. 여기서 설명하는 기본 원리들은 유압 제어 시스템의 모델링 및 설계 시 고려해야 할 중요한 부분이다.

4.2. 밸브 유체 상수

4.2.1 개요

이 장은 엔지니어가 특정 응용 프로그램에 대한 밸브를 선택하고자 할 때, 제조업체의 카탈로그를 참조하여 밸브의 정상 상태 성능을 특징짓는 곡선들을 조사하는 과정을 설명한다. 이 곡선들은 밸브의 *압력-유량 곡선*으로 알려져 있으며, 특정 응용 프로그램에 대한 밸브의 크기 조정과 선택에 매우 중요하다.

그림 4-1은 실제 상황에서 마주할 수 있는 두 가지 압력-유량 곡선을 설명한 도식을 보여주는데, 하나는 압력 제어 밸브용이고 다른 하나는 유량 제어 밸브용이다. 이 도식에서 세로축은 밸브를 통과하는 압력 강하 P를, 가로축은 체적 유량 Q를 나타낸다.

그림 4.1에서 볼 수 있듯이, 압력 제어 밸브(아마도 포펫 형 릴리프 밸브)는 밸브 전체에서 일정한 압력 강하를 유지하면서 다양한 범위의 밸브에서 작동하도록 설계되었다. 압력 제어 밸브가 작동하려는 범위는 $Q_{\max} - Q_{\min}$으로 주어진다.

이 범위에서 압력-유량 곡선은 가능한 한 평탄하게 유지되어야 하며, 밸브의 제어 압력 레벨을 유지하기 위함이다.

이 곡선이 평탄할수록, 압력 제어 밸브의 성능이 더 좋다는 것을 의미한다. 또한, 그림 4-1에는 유량 제어 밸브(대부분 스풀 - 밸브 구조일 것임)에 대한 압력-유량 곡선이 표시되어 있다. 이 밸브는 $P_{\max} - P_{\min}$으로 주어진 압력 범위에서 작동하도록 되어 있다. 이 범위에서 압력 곡선은 밸브의 제어 된 유량을 유지하기 위해 가능한 한 수직이 되도록 설계되었다. 이 곡선이 수직에 가까울수록 유량 제어 밸브의 성능이 더 좋다는 것을 의미한다.

그림 4.1과 유사한 형태로 제공되는 제조업체의 데이터는 출력 흐름의 변화 대 밸브의 압력 강하 변화와 관련된 밸브의 정상 상태 작동 조건을 설정하는 데 중요하다. 그러나 이 곡선은 밸브의 작동 성능을 특성화하는 데 필요한 모든 도움을 제공하지는 못한다. 밸브의 전체 작동 성능을 고려하기 위해서는 밸브 변위에 대한 흐름 변화와 관련된 정보가 필요하다.

이러한 밸브 특성은 선형화된 유동 방정식의 계수에 포착된다.

그러므로 우리는 어떤 계수의 밸브에 대해서도 이 계수들을 다음 서브 섹션에 제시할 것이다. 이 장의 나머지 부분에서, 이 계수는 유압 제어 밸브의 정상 및 과도현상을 설명하는 데 사용된다.

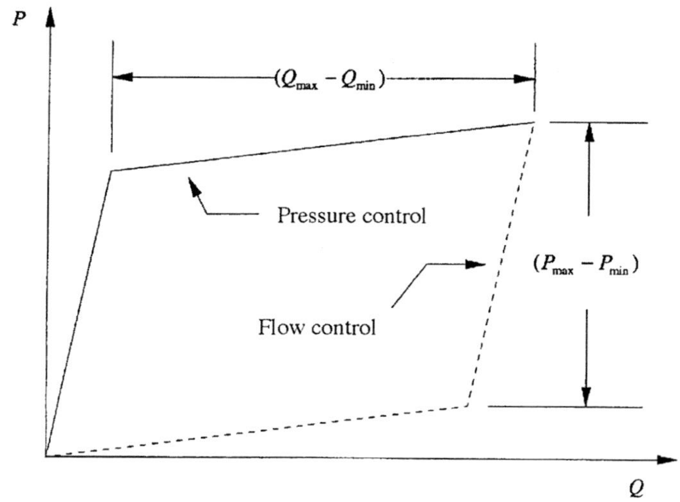

그림 4-1
두 밸브 유형에 대한 압력 흐름 곡선

4.2.2 선형화된 흐름 방정식

제어 밸브를 통해 용적 유량을 모델링하는 데 사용할 수 있는 최상의 방정식은 2장의 식 (2.60)에 제시된 고전적인 오리피스 방정식이다. 이 방정식은 Bernoulli 원리를 기반으로 한다. 높은 레이놀즈 수는 유동을 특징짓고 유동은 일정하고 비압축성이다. 클래식 오리피스 방정식에서 점성 효과가 배출 계수에 포착되고 유체 운동량과 유체 압력 효과만 명시적으로 모델링된다. 오리피스 방정식은 편의상 다음과 같이 다시 작성된다.

$$Q = AC_d\sqrt{\frac{2}{\rho}P}, \tag{4.1}$$

여기서 A는 밸브의 배출 유량 영역, C_d는 실험적으로 결정되어야하는 배출 계수, P는 유체 밀도, P는 밸브의 압력 강하량이다. 이 방정식에서 밸브 작동과 관련하여 변하는 매개 변수는 배출 영역 A와 밸브를 가로지르는 압력 강하 P이다. 식 (4.1)을 선형화하기 위한 3장의 3.3절에 설명된 테일러 급수 전개 방법을 사용하여 선형화된 오리피스 방정식을 다음과 같이 쓸 수 있다.

$$Q = Q_o + \left.\frac{\partial Q}{\partial x}\right|_o (x - x_o) + \left.\frac{\partial Q}{\partial P}\right|_o (P - P_o), \tag{4.2}$$

여기서 X는 배출 영역을 변경하는 밸브의 일반 변위이고, 아래 첨자 0은 밸브의 공칭 작동 조건을 나타낸다.

식 (4.2)를 적용하려면, 밸브의 실제 작동 조건이 정격 작동 조건과 너무 많이 달라져서는 안 된다. 밸브의 정격 작동 위치가 $x_o = 0$으로 주어졌다고 가정하면 선형화된 유량 방정식은 다음과 같이 나타낼 수 있다.

$$Q = \tfrac{1}{2}Q_o + K_q x + K_c P, \tag{4.3}$$

여기에

$$K_q \equiv \left.\frac{\partial Q}{\partial A}\frac{\partial A}{\partial x}\right|_o = C_d \sqrt{\frac{2}{\rho}P}\left.\frac{\partial A}{\partial x}\right|_o \quad \text{and} \quad K_c \equiv \left.\frac{\partial Q}{\partial P}\right|_o = \left.\frac{AC_d}{\sqrt{2\rho P}}\right|_o. \tag{4.4}$$

식 (4.3)에서 Q_o는 $x = 0$이고 $P = P_o$인 경우의 밸브의 정격 유량이다. 식 (4.4)의 정의는 유량 게인과 압력 흐름 계수로 각각 알려져 있다. 밸브의 압력 감도는

$$K_p \equiv \left.\frac{\partial P}{\partial x}\right|_o = \left.\frac{\partial Q/\partial x}{\partial Q/\partial P}\right|_o = \frac{K_q}{K_c} = \left.\frac{2P}{A}\frac{\partial A}{\partial x}\right|_o. \tag{4.5}$$

유량 게인과 압력 감도는 면적 구배의 부호에 따라 양수 또는 음수일 수 있다. 또한 압력 흐름 계수는 그림 4.1의 압력 흐름 곡선에 표시된 기본 매개 변수이다.

이상적인 유량 제어 밸브의 경우 압력 흐름 계수는 0이어야 한다. 이상적인 압력 제어 밸브의 경우 압력 흐름 계수는 무한대여야 한다. 계수 K_q, K_c는 K_p *밸브 계수*로 알려져 있으며 밸브의 스태디 스테이트 특성을 결정하고 밸브의 안정성, 주파수 응답 및 기타 동적 특성을 결정하는 데 매우 중요하다.

후속 장에서 볼 수 있듯이 이 계수는 유압 제어 시스템의 동적 성능에 결정적인 영향을 미치므로 이 텍스트의 일반적인 주제 다음 하위 절에서 이러한 계수는 유압 제어 시스템 내에서 발생할 수 있는 세 가지 유로 또는 포팅 형상에 대해 평가된다.

4.2.3 밸브 포팅 형상

식 (4.4)와 식 (4.5)에서 볼 수 있듯이 밸브 계수는 유로 영역 A의 기하학적 구조에 크게 의존한다. 이 장에서 우리는 직사각형, 원형, 삼각형 기하학적 형상에 의한 세 가지 경우에 대한 밸브 계수의 수식을 제시할 것이다. 이 세 가지 기하학적 사례가 그림 4.2에 나와 있다.

이 그림에서 각 기하학적 케이스의 크로스 해치 영역은 밸브 포트의 열린 영역을 나타낸다. 밸브의 열린 거리는 그림에서 치수 ξ로 표시된다. 일반적으로 밸브가 열리는 만큼의 거리는 밸브가 움직이는 실제 거리와 정확히 일치할 필요는 없다. 때때로 밸브의 개방 거리는 밸브의 일부가 서로 겹치지 않는 "언더랩"상태에 의해 조정될 수 있다.

이 경우, 밸브의 개방 거리는 다음과 같이 주어진다.

$$\xi = x + u, \tag{4.6}$$

여기서 x는 밸브 변위, u는 밸브의 고정 언더 랩 치수이다. 이 부분은 중심에 매우 중요한 역할을 하는 밸브와 밸브의 중심이 열려 있는 경우에 대해 다룰 때, 나중에 좀 더 상세하게 설명할 것이다. 그림 4-2에 나와 있는 다른 모든 치수는 임의적이다.

그림 4.2에 표시된 직사각형 기하학의 경우 면적 속성은 다음과 같이 주어진다.

$$A = h\xi \qquad \text{and} \qquad \frac{\partial A}{\partial x} = h. \tag{4.7}$$

이 결과를 식 (4.4) 및 (4.5)로 대입하면 직사각형 포팅 형상의 밸브 계수는

$$\mathrm{K}_q = hC_d\sqrt{\frac{2}{\rho}P_o}, \qquad \mathrm{K}_c = \frac{uhC_d}{\sqrt{2\rho P_o}}, \qquad \mathrm{K}_p = \frac{2P_o}{u}. \tag{4.8}$$

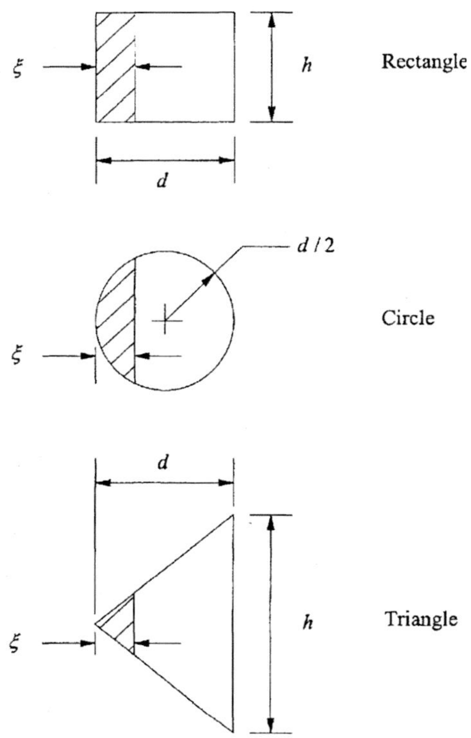

그림 4-2
포팅 형상

유사하게, 미적분의 방법은 순환 포팅 형상에 대한 면적 특성이 다음에 의해 주어진다는 것을 보여주는 데 사용될 수 있다.

$$A = \frac{\pi}{8}d^2 + \left(\xi - \frac{d}{2}\right)\sqrt{(d-\xi)\xi} + \frac{d^2}{4}\arcsin\left(2\frac{\xi}{d} - 1\right) \quad \text{and}$$
$$\frac{\partial A}{\partial x} = 2\sqrt{(d-\xi)\xi}. \tag{4.9}$$

이 결과를 식 (4.4)와 식 (4.5)로 대입하면 원형 포팅 기하학의 밸브 계수는 다음과 같이 나타낼 수 있다.

$$K_q = C_d\sqrt{\frac{8(d-u)u}{\rho}P_o}, \qquad K_c = \frac{A_oC_d}{\sqrt{2\rho P_o}}, \qquad K_p = \frac{4P_o}{A_o}\sqrt{(d-u)u}, \tag{4.10}$$

A_o는 $\xi = u$에서 식 (4.9)를 평가하여 결정된다. 그림 4.2에 표시된 삼각형 형상의 경우 영역 특성은

$$A = \frac{1}{2}\frac{h}{d}\xi^2 \quad \text{and} \quad \frac{\partial A}{\partial x} = \frac{h}{d}\xi. \tag{4.11}$$

이 결과를 식 (4.4)와 식 (4.5)로 대입하면, 삼각 포팅 지오메트리의 밸브 계수는 다음과 같이 나타낼 수 있다.

$$K_q = \frac{h}{d}uC_d\sqrt{\frac{2}{\rho}P_o}, \qquad K_c = \frac{h}{d}u^2\frac{C_d}{\sqrt{8\rho P_o}}, \qquad K_p = \frac{4P_o}{u}. \tag{4.12}$$

그림 4.2에 표시된 세 가지 형상의 면적 및 면적 구배 플롯을 비교하는 것은 흥미롭다.
이 비교는 그림 4.3에 표시되어 있다. 여기서 굵은 실선은 직사각형 형상의 영역 특성을 나타내고 점선은 원형 형상의 영역 특성을 나타내고 밝은 실선은 삼각형 형상의 영역 특성을 나타낸다. 영역 플롯은 직사각형 형상이 원형 기하학에 대한 합리적인 근사를 제공한다는 것을 보여준다. 밸브 개방의 함수로서 변화하는 약간 S 자형의 곡선이다.
밸브 개방의 첫 번째 절반의 경우 직사각형 영역이 동일한 최대 유동 면적을 갖는 원형 유로와 비교할 때 더 큰 압력-흐름 계수를 생성할 것이다. 삼각형 형상은 항상 그림 4.2에 표시된 세 가지 형상의 최소 압력 흐름 계수를 생성한다. 그림 4.3의 아래쪽 절반은 세 가지 다른 형상에 대한 면적 구배가 광범위한 밸브 개방 범위에서 크게 다르다는 것을 보여준다. 밸브의 크래킹 위치에서의 직사각형 형상에 대해 0이 아닌 유량 이득 특성을 결정하는 영역 기울기가 있다는 것을 독자는 알 수 있다. 즉, $\xi = 0$일 때이다.

제조하는 입장에서 보면, 원형 드릴링 형태는 표준 드릴을 사용해서 가공하기 때문에 가장 제작하기 간단하다.
사각형이나 삼각형의 포트 형태는 교차하는 모서리가 날카로워 제작이 조금 더 복잡하다. 하지만 최근 제조 기술에서는 이런 날카로운 모서리를 만드는 일이 점차 일반적인 작업이 되고 있어, 관련 공정도 발전하고 다양화되고 있다.
방전 가공(EDM)은 복잡한 형태를 만드는 데 가장 흔히 쓰이는 방법이다. 분석적으로 보면, 밸브 계수를 계산하는 수식이 복잡해져서 원형 형상이 그다지 매력적이지 않을 수 있다. 분석을 더 간단하게 하기 위해, 우리는 사각형 형태를 더 일반적인 원형 형상의 좋은 근사치로 사용한다. 이 접근 방식은 중심에 집중된 밸브 디자인에 있어서도 유용한 값을 제공한다.

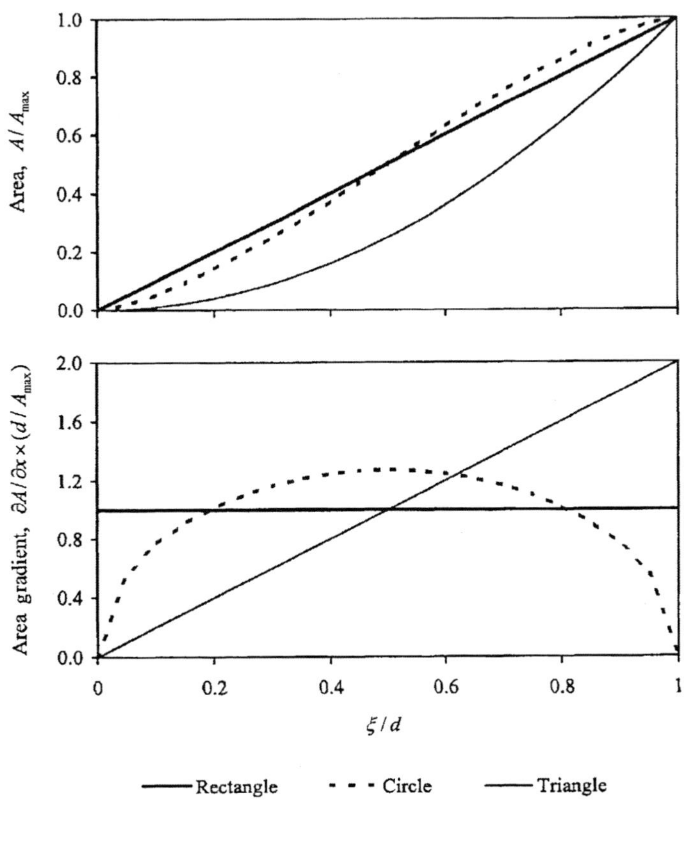

그림 4-3

그림 4.2에 표시된 형상의 영역 속성

4.2.4 요약

이 장에서 밸브 계수는 세 가지 다른 포팅 형상에 대해 정의되고 평가된다.

앞서 언급했듯이, 이러한 계수들은 다양한 밸브 구조와 유압 제어 시스템의 성능을 설명하는 방정식을 개발하는 데 있어서 다음 장들과 분석에서 널리 사용된다. 또한, 다음 장에서 유압 제어 밸브의 효율성을 설명하는데 있어 이 계수들이 매우 유용하다.

4.3. 투 포트 스풀 밸브

4.3.1 개요

우리는 스풀 밸브에 대한 논의를 가장 간단한 형태인 2 포트 스풀 밸브로 시작해보자. 이 밸브는 몇 가지 기본적인 스풀 밸브 특성을 설명하는 데 유용하다. 유압 제어 시스템 내에서 자주 사용되지는 않지만, 때때로 더 흔한 포핏 밸브와 비슷한 방식으로 압력-릴리프 밸브로 사용된다. 이 포핏 밸브에 대해서는 나중에 자세히 다룰 예정이다.

그림 4-4에 나타난 2 포트 스풀 밸브는 두 개의 유로를 가지고 있다. 공급 라인은 P_s 수준으로 압축되어 있고, 반환 라인은 P_r 수준으로 압축된다. 밸브를 열기 위해서, 스풀은 양의 x 방향으로 움직여서 그림 4-4에서 Q_r 기호로 표시된 체적 유량을 가능하게 한다. 식 (4.3)에서 볼 수 있듯이, 밸브를 통한 체적 유량은 간단한 수식을 통해 주어진다.

$$Q = \frac{1}{2}Q_o + K_q x + K_c P, \tag{4.13}$$

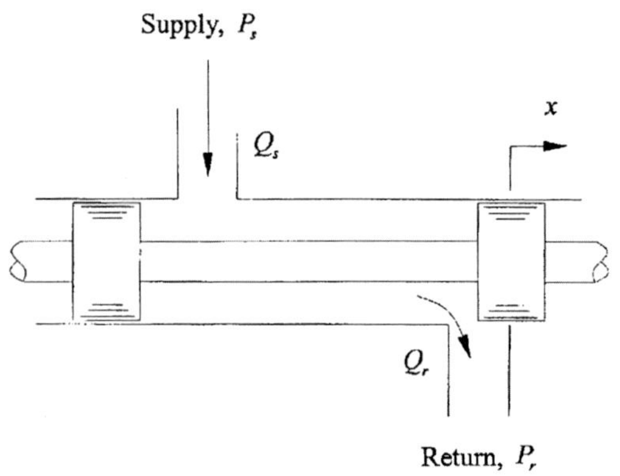

그림 4-4
투 포트 스풀 밸브

여기서 Q_{ro}는 정상 작동 조건에서 밸브를 통과하는 정격 유량이며 K_q 및 K_c는 일반적으로 식 (4.4)에서 정의된 유량 게인 및 압력 흐름 계수이다.
독자는 저역 유량이 $x=0$이고 공급 및 복귀 압력이 밸브 계수가 결정된 정격값에 있을 때 결정된다는 것을 상기해 보자.
식 (4.13)을 보면 밸브 변위 x가 증가하고 압력 강하$(P_s - P_r)$가 증가함에 따라 밸브를 통과하는 유량이 증가함을 알 수 있다.
정격 속도 율 Q_{ro}는 $x=0$ 일 때 존재할 수 있는 2 포트 밸브의 포트 개방으로 인한 것이다.

4.3.2 효율

2 포트 스풀 밸브의 효율은 공급된 입력 전력에 대한 유용한 출력 전력의 비율을 계산하여 결정된다. 2장의 2.8절에서 2 포트 스풀 밸브에 공급되는 유압 동력은 다음과 같이 주어진다.

$$\dot{W}_s = P_s Q_s, \tag{4.14}$$

유용한 출력 전력은

$$\dot{W}_o = P_r Q_r. \tag{4.15}$$

이 두 가지 결과를 사용하여 투 포트 스풀 밸브의 전체 효율은

$$\eta = \frac{\dot{W}_o}{\dot{W}_s} = \frac{P_r Q_r}{P_s Q_s} = \eta_p \eta_v, \tag{4.16}$$

여기서 밸브의 압력 효율은

$$\eta_p = \frac{P_r}{P_s}, \tag{4.17}$$

밸브의 체적 효율은

$$\eta_v = \frac{Q_r}{Q_s}. \tag{4.18}$$

비압축성 흐름과 내부 누설이 없는 밸브의 경우, 귀환 유량 Q_r과 공급 유량 Q_s는 동일하므로 밸브의 용적 효율이 1이 된다.
이 경우, 밸브의 전체 효율은 다음 식에 의해 주어진다.

$$\eta = \eta_p = \frac{P_r}{P_s}. \tag{4.19}$$

이 결과로부터 우리는 밸브 전체에 걸쳐 큰 압력 강하가 매우 비효율적인 밸브를 생성하고, 많은 열이 스로틀 링 효과의 결과로 생성된다는 것을 알 수 있다. 이 압력 강하에서 발생하는 열의 양은 2장의 2.8절에서 논의되었으며, 여기서 유체 온도는 밸브에서 1 MPa의 압력 강하마다 0.56℃가 증가하는 것으로 나타났다. 이러한 열 발생은 유압 시스템이 대용량 냉각 시스템을 장기간 동안 계속 작동시킬 필요가 있는 이유 중 하나다.

4.3.3 유체력

개요

그림 4.4에 나타난 2 포트 스풀 밸브용 작동 장치를 설계하기 위해서는 그림 4.4에 나와 있는 2 포트 스풀 밸브를 잘 이해해야 한다.
힘을 극복해야만 밸브를 움직일 수 있다. 그림 4.4를 보면 알 수 없지만 상당한 유체 힘이 밸브에 가해진다. 이것은 유체 모멘텀이 밸브로 들어가고 빠져나가기 때문이다.
이 서브 섹션은 2 포트 스풀 밸브에 대한 기본 유동 방정식을 유도하는 데 사용된다. 그러나 이 기본 유동 방정식은 3 포트 및 4 포트 밸브에 대한 유체 모멘텀 효과를 설명하기 위해 이 장의 다음 절에서 광범위하게 사용된다. 바꿔 말하면, 모든 스풀 형 밸브와 밀접한 관련이 있으며 이러한 밸브에 적합한 제어 장치를 설계하기 위해서는 잘 이해해야 한다.

그림 4.5는 2 포트 스풀 밸브 내에서 고려해야 할 제어 볼륨의 개략도를 보여준다. 이 도면에 도시 된 바와 같이, 유체는 유입구 영역(A_i)을 통해 상부로부터 제어 볼륨으로 들어가고, 배출 영역(A)을 통해 우측의 제어 볼륨을 빠져나간다. 제어 볼륨의 전체 길이는 L_v에 의해 주어지지만, 치수 L은 밸브의 축 중심선, 즉 $\hat{\mathbf{i}}$ 방향과 합리적으로 평행하게 흐르는 제어 체적 내의 유체를 나타낸다. 배출 포트는 치수 d로 표시되고 밸브 개방은 치수 ξ로 표시된다. 독자는 식 (4.6)에서 밸브의 가능한 언더 랩 치수와 실제 스풀 변위 x가 포함되어 있음을 상기한다.
제어 볼륨 개략도에 표시된 바와 같이, 제어 볼륨을 통한 체적 유량은 Q 기호로 표시된다. 유체는 음의 방향으로 제어 볼륨에 들어가고 각도 치수로 표시된 제트 각도 방향으로 제어 볼륨에서 나온다($\hat{\mathbf{j}}$). 이 제트 각에 대한 분석 식은 나중에 제시할 것이다.
유체의 운동량 효과에는 외력이 필요하다.
정적 평형에 대한 제어 볼륨에 가해지는 힘은 그림 4.4에 구성 요소 F_x 및 F_y로 표시된다. 힘(F_y)은 스풀을 둘러싸는 밸브 하우징에 의해 제어 볼륨상에 가해진다.
밸브를 축 방향으로 이동시키기 위해 극복해야 하는 힘에 대한 논의를 위해 수직 방향의 힘 F_y은 우리에게 별로 관심이 없으며 분석을 완료하는 방법으로만 여기에 제시될 것이다.
힘(F_x)은 스풀 자체에 의해 제어 볼륨에 가해진다. 이와 같이, 그림 4.5와 같이 스풀에는 동일하고 반대되는 힘이 가해진다.
이 축 방향의 힘은 *스풀 밸브의 유동력*으로 알려져 있으며, 이는 현재 논의 중인 주제이다.

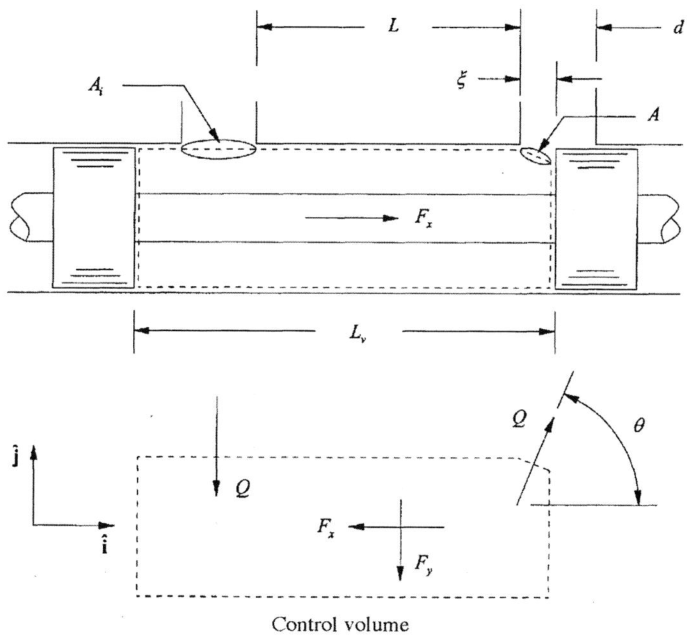

그림 4-5
스풀 밸브의 유동력을 계산하기 위한 체적 제어

▌분석

2장의 2.2.5절에 제시된 Reynolds 수송 정리로부터, 그림 4.5에 나타난 검사체적에 대한 유체 운동량의 보존은 다음 식으로 주어진다.

$$\mathbf{F} = \frac{\partial}{\partial t}\int_{cv} \rho \mathbf{u}\, dV + \int_{cs} \rho \mathbf{u}(\mathbf{u} \cdot \hat{\mathbf{n}})\, dA, \tag{4.20}$$

여기서 F는 제어 체적에 작용하는 벡터 힘, ρ는 유체 밀도, u는 유체 속도 벡터, 그리고는 검사체적 표면에서 정상적으로 바깥쪽으로 향하는 단위 벡터이다. 제어 볼륨에 작용하는 유체 힘은 그림 4.5에 나와 있으며 다음과 같이 쓸 수 있다.

$$\mathbf{F} = -F_x \hat{\mathbf{i}} - F_y \hat{\mathbf{j}}. \tag{4.21}$$

식 (4.20)의 체적 적분은 검사 체적 자체 내의 유체 운동량 효과를 설명한다. 검사 체적 내에 존재하는 중요한 유체 운동량은 길이 L로 표시된 그림 4.5의 영역에서 발생한다.
이 경우 내부 유체 운동량 효과는 다음과 같이 쓸 수 있다.

$$\frac{\partial}{\partial t}\int_{cv} \rho \mathbf{u}\, dV = \rho L \frac{\partial Q}{\partial t}\,\hat{\mathbf{i}}. \tag{4.22}$$

식 (4.20)의 면적 적분은 검사 체적에 들어가고 나가는 운동량 효과를 설명한다. 이 운동량 효과에 대한 표현식은 다음과 같다.

$$\int_{cs} \rho \mathbf{u}(\mathbf{u}\cdot\hat{\mathbf{n}})\, dA = \rho \frac{Q^2}{A}\cos(\theta)\,\hat{\mathbf{i}} + \left[\rho \frac{Q^2}{A_i} + \rho \frac{Q^2}{A}\sin(\theta)\right]\hat{\mathbf{j}}. \tag{4.23}$$

식 (4.21)~(4.23)을 식 (4.20)에 대입하면 운동량 보존을 설명하는 다음 스칼라 방정식이 산출된다.

$$F_x = -\rho L \frac{\partial Q}{\partial t} - \rho \frac{Q^2}{A}\cos(\theta), \tag{4.24}$$

그리고

$$F_y = -\rho \frac{Q^2}{A_i} - \rho \frac{Q^2}{A}\sin(\theta). \tag{4.25}$$

이전에 언급했듯이, 이 서브 섹션은 제어 적용을 위해 극복되어야 하는 스풀 밸브에 작용하는 힘이기 때문에 힘 F_x에만 관련된다. 힘 F_y는 더 이상 고려되지 않는다.

이 시점에서 다음과 같은 형태로 밸브에 작용하는 유동력을 기록하는 것이 편리하다.

$$F_x = -F_t - F_s. \tag{4.26}$$

여기에는

$$F_t = \rho L \frac{\partial Q}{\partial t} \quad \text{and} \quad F_s = \rho \frac{Q^2}{A}\cos(\theta). \tag{4.27}$$

이 방정식으로부터 정상 유체력 F_s는 항상 밸브를 폐쇄하는 방식으로 작용한다는 것이 명백해야 하며, 과도 유체력 F_t는 ($\partial Q/\ \partial t$)의 부호에 따라 밸브를 열거 나 닫을 때 작용할 수 있다. 과도 유체력은 식 (4.13)의 시간 미분을 취하고 그 결과를 식 (4.27)로 대체함으로써 보다 명확하게 기록될 수 있다. 이 결과는 다음과 같이 주어진다.

$$F_t = \rho L \mathrm{K}_q \dot{x} + \rho L \mathrm{K}_c \dot{P}, \tag{4.28}$$

여기서 점 표기법은 시간에 대한 미분을 나타내며 P는 스풀 밸브의 계량 대를 가로 지르는 압력 강하를 나타낸다.

참고: 그림 4.4의 투 포트 스풀 밸브의 경우 $P = P_s - P_r$이다. 정상 유체력은 식 (4.1)을 식 (4.27)에 대입하여보다 명확하게 작성하여

$$F_s = 2APC_d^2 \cos(\theta). \tag{4.29}$$

방정식은 방전 면적과 압력의 동시 변화로 인해 비선형적 특성을 나타낸다. 독자는 방전 지역이 다양하다는 것을 기억할 것이다. 밸브 변위 3장의 3.3절에 설명된 테일러 급수 전개를 사용하면 식 (4.29)가 다음과 같이 선형화될 수 있다.

$$F_s = F_{s_o} + \left.\frac{\partial F_s}{\partial x}\right|_o (x - x_o) + \left.\frac{\partial F_s}{\partial P}\right|_o (P - P_o), \tag{4.30}$$

여기서 x는 밸브 변위이고 아래 첨자 0은 밸브의 공칭 작동 조건을 나타낸다. 다시 이 방정식은 실제 작동 조건이 정격 작동 조건에서 너무 벗어나지 않는 한 유효하다. $x_o = 0$으로 설정하면

$$F_s = \mathrm{K}_{f_q} x + \mathrm{K}_{f_c} P, \tag{4.31}$$

여기에

$$\mathrm{K}_{f_q} \equiv \left.\frac{\partial F_s}{\partial A}\frac{\partial A}{\partial x}\right|_o = 2PC_d^2 \cos(\theta) \left.\frac{\partial A}{\partial x}\right|_o \quad \text{and} \quad \mathrm{K}_{f_c} \equiv \left.\frac{\partial F_s}{\partial P}\right|_o = 2AC_d^2 \cos(\theta)|_o. \tag{4.32}$$

이 정의와 결과는 각각 *유동-힘 게인*과 *역류-유동력 계수*로 알려져 있다.
이 두 계수는 다음과 같이 압력 감도를 통해 서로 관계가 있음을 알 수 있다.

$$\mathrm{K}_p = \frac{\mathrm{K}_q}{\mathrm{K}_c} = 2\frac{\mathrm{K}_{f_q}}{\mathrm{K}_{f_c}}, \tag{4.33}$$

여기서 압력 감도는 식 (4.5)에서 정의된다. 식 (4.28)과 식 (4.31)을 식 (4.26)으로 대입하면 다음과 같은 식 또는 총 유체력이 산출된다.

$$F_x = -\rho L \mathrm{K}_q \dot{x} - \rho L \mathrm{K}_c \dot{P} - \mathrm{K}_{f_q} x - \mathrm{K}_{f_c} P. \tag{4.34}$$

이 결과는 그림 4.4와 4.5에서 보여진 것과 유사한 2 포트 스풀 밸브의 단일 랜드를 가로 질러 유체를 계측함으로써 발생하는 유동력에 대한 근본적인 이해를 하게 한다. 식 (4.34)와 같이, 스풀 밸브를 움직이기 위해 극복해야만 하는 과도기 및 지속적인 강제력 조건이 있다. 이 결과는 일반적으로 이 장에서 설명하는 모든 스풀 밸브에 적용된다. 그러나 이것이 끝나기 전에 2 포트

스풀 밸브 구성의 다양한 배치로 인한 방향 종속성을 고려하는 것이 유용할 것이다.

방향 의존성

위의 분석은 그림 4-5에 나타난 설정을 바탕으로 수행되었다. 이 설정은 밸브의 조절 지점(metering land)의 왼쪽에서 유체가 밸브를 벗어나 흐르는 모습을 보여준다. 이를 "meter-out 조건"이라고 하며, 조절 지점의 왼쪽에서 적용된다. 하지만 이것이 2 포트 밸브에 가능한 유일한 설정은 아니다. 예를 들어, 조절 지점의 왼쪽에 "meter-in 조건"을 가질 수도 있으며, 이 경우에는 유체가 밸브 안으로 들어오는 것을 의미한다. 이 경우, 밸브에 작용하는 순간적인 유체 힘은 방향이 바뀌지만, 정상 상태에서의 유체 힘은 같은 방향을 유지한다. 조절 지점의 왼쪽에 대한 "meter-out"과 "meter-in" 조건은 그림 4-6에서 보여지고 있으며, 조절 지점의 왼쪽에 대한 유체 힘은 다음과 같이 표현된다:

$$F_x = \begin{cases} -\rho L \mathrm{K}_q \dot{x} - \rho L \mathrm{K}_c \dot{P} - \mathrm{K}_{f_q} x - \mathrm{K}_{f_c} P & \text{meter-out} \\ \rho L \mathrm{K}_q \dot{x} + \rho L \mathrm{K}_c \dot{P} - \mathrm{K}_{f_q} x - \mathrm{K}_{f_c} P & \text{meter-in} \end{cases}. \tag{4.35}$$

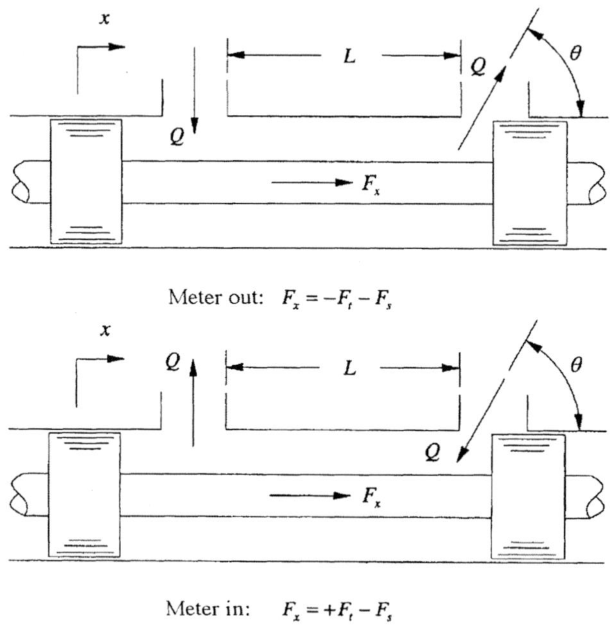

그림 4-6
토지의 왼쪽에 계량에서 흐르는 힘

여기서, 밸브의 조절 지점을 기준으로 유체가 흐르는 방향에 따라 적용되는 수식이 다르다. 마찬가지로 조절 지점의 오른쪽에서도 "meter-out"과 "meter-in'"조건이 존재할 수 있다. 이 조건

하에서, 순간적이고 정상 상태의 유체력 성분 모두의 부호가 바뀌지만, 정상 유체력은 여전히 밸브를 닫으려는 방향으로 작용한다. 이 조건들은 그림 4-7에서 보여진다. 조절 지점의 오른쪽에 대한 유체력은 다음과 같이 주어진다:

$$F_x = \begin{cases} \rho L K_q \dot{x} + \rho L K_c \dot{P} + K_{f_q} x + K_{f_c} P & \text{meter-out} \\ -\rho L K_q \dot{x} - \rho L K_c \dot{P} + K_{f_q} x + K_{f_c} P & \text{meter-in} \end{cases}. \tag{4.36}$$

이 결과를 사용하기 전에 밸브의 면적 구배에 따라 유량 게인 K_q와 유 체력 게인 K_{fq}가 부호로 표시되어야 한다. 식 (4.4) 및 (4.32)를 참조하라.

계량 대원의 좌측에서 미터링되는 유량(즉, 그림 4.4 그림 4.6)에 대해, 이들 계수는 양의 값을 갖는다. 오른쪽에서 계량되는 유량의 경우(즉, 그림 4.7) 이러한 계수는 음수이다.

이 기호 규칙은 앞의 그림에서와 같이 오른쪽으로의 밸브 변위에 기초한다. 이 계산을 통해 계량 대를 가로 지르는 압력 강하 P가 양수이며 결코 기호를 변경해서는 안 된다는 점에 유의해야 한다.

제트 각

기본 유동장 방정식의 개발을 통해, 유체 흐름의 제트 각은 기호 θ로 나타냈다(그림 4.5~4.7).

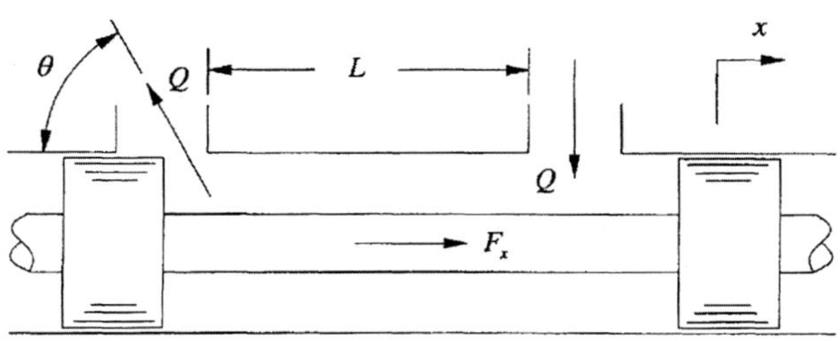

Meter out: $F_x = +F_t + F_s$

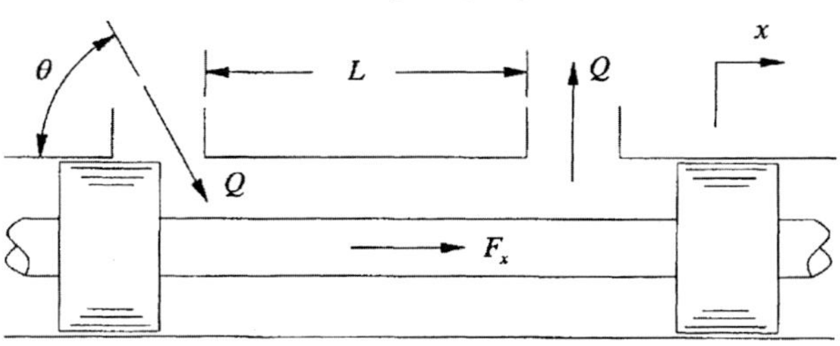

Meter in: $F_x = -F_t + F_s$

그림 4-7
토지의 오른쪽에 계량에서 흐름 힘

식 (4.32)에서 볼 수 있듯이, 제트 각은 정상 유체력 항을 계산하는 데 사용되는 계수인 유체력 게인 K_{fq} 및 압력-유체력 계수 K_{fc}를 결정하는 데 필요한 부분이다. 유체 통로 단면이 직사각형이고 h가 ξ에 비해 크다면(그림 4.2 참조), 흐름은 2차원으로 간주 될 수 있으며 라플라스 방정식을 풀면 제트 각 (θ)을 결정할 수 있다. 이 해결책은 리하르트 폰 미제스(Richard von Mises, 1883-1953)에 의해 개발되었으며, 본 문서에서는 추가적인 변형 없이 다음과 같이 나타난다.

$$\frac{\xi}{c_r}=\frac{1+\dfrac{\pi}{2}\sin(\theta)-\ln\left[\tan\left(\dfrac{\pi-\theta}{2}\right)\right]\cos(\theta)}{1+\dfrac{\pi}{2}\cos(\theta)+\ln\left[\tan\left(\dfrac{\pi/2-\theta}{2}\right)\right]\sin(\theta)}, \tag{4.37}$$

여기서 ξ는 밸브 개도이고, cc_r은 밸브와 밸브 하우징 사이의 반경 방향 클리어런스이다. 이 결과를 토대로, 제트 각도의 플롯과 제트 각도의 코사인이 그림 4.8에 제시되었다. 이 그림에서 제트 각은 21°에서 69°사이에서 변하고 대부분의 밸브 개구에서 69°는 이 매개 변수에 대한 우수한 추정치라는 것을 알 수 있다. 매우 작은 밸브 개 구단에서만 제트 각의 많은 변화를 볼 수 있으며, 이러한 조건에서 제트 각은 더 큰 개방 조건에서보다 약 2~3배 작을 수 있다.

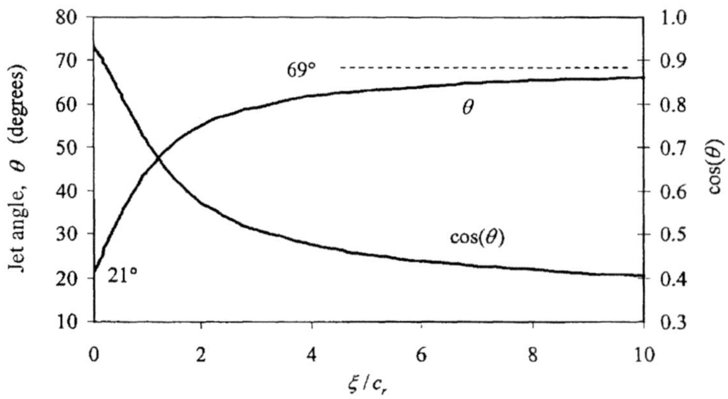

그림 4-8
스풀 밸브 제트 각

사례 연구

그림 4.4와 비슷한 양방향 밸브는 측량지의 왼쪽에 있는 밸브에서 유량을 측정하는 데 사용된다. 직사각형 포팅은 밸브에 사용되며, 여기서 포트 높이는 3 mm이고 밸브의 언더 랩 치수는 $u=3/4$ mm이다. 스풀과 밸브 하우징 사이의 레이디 얼 클리어런스는 15 μm이고 밸브 포트 사이의 길이는 50 mm이다. 밸브의 정격 압력 강하는 20 MPa이다. 0.62의 배출 계수와 $\rho=850$

kg/m³의 유체 밀도를 사용하여 밸브에 가해진 공칭 정상 상태 유체력을 계산하라. 정격 정상 상태 유체력을 즉시 상쇄하기 위해 발생해야 하는 압력 상승 속도는 얼마인가?

식 (4.34)는 2 포트 스풀 밸브에 작용하는 유체력을 계산하는 데 사용되는 기본 방정식이다. 이 방정식은 밸브 계수에 따라 다르므로 먼저 밸브 계수를 계산하는 것이 유용하다. 식 (4.4) 및 (4.32)로부터, 이 문제의 직사각형 포팅 형상에 대한 밸브 계수는 다음과 같이 주어진다.

$$
\begin{aligned}
\mathrm{K}_q &= hC_d\sqrt{\frac{2}{\rho}P_o} = 3\ \mathrm{mm}\times 0.62\sqrt{\frac{2}{850\ \mathrm{kg/m^3}}}\times 20\ \mathrm{MPa} = 0.4035\ \mathrm{m^2/s},\\
\mathrm{K}_c &= \frac{uhC_d}{\sqrt{2\rho P_o}} = \frac{0.75\ \mathrm{mm}\times 3\ \mathrm{mm}\times 0.62}{\sqrt{2\times 850\ \mathrm{kg/m^3}\times 20\ \mathrm{MPa}}} = 7.565\times 10^{-12}\ \mathrm{m^3/(Pa\ s)},\\
\mathrm{K}_{f_q} &= 2P_oC_d^2\cos(\theta)h = 2\times 20\ \mathrm{MPa}\times 0.62^2\times\cos(69°)\times 3\ \mathrm{mm}\\
&= 16{,}531\ \mathrm{N/m},\\
\mathrm{K}_{f_c} &= 2uhC_d^2\cos(\theta) = 2\times 0.75\ \mathrm{mm}\times 3\ \mathrm{mm}\times 0.62^2\times\cos(69°)\\
&= 6.2\times 10^{-7}\ \mathrm{m^2}.
\end{aligned}
$$

식 (4.34)로부터, $x = 0$ 일 때의 nominal 정상 상태 유체력은 다음과 같이 주어진다.

$$F_x = -\mathrm{K}_{f_c}P_o = -6.2\times 10^{-7}\ \mathrm{m^2}\times 20\ \mathrm{MPa} = -12.4\ \mathrm{N}.$$

또한 식 (4.34)로부터 이 힘을 제거하는 압력 상승률 효과는 다음과 같이 주어진다.

$$
\begin{aligned}
\dot{P} &= -\frac{\mathrm{K}_{f_c}P_o}{\rho L\mathrm{K}_c} = -\frac{12.4\ \mathrm{N}}{850\ \mathrm{kg/m^3}\times 50\ \mathrm{mm}\times 7.565\times 10^{-12}\ \mathrm{m^3/(Pa\ s)}}\\
&= -38.57\ \mathrm{MPa/ms}.
\end{aligned}
$$

유압 시스템 내에서 이러한 유형의 압력 변화는 드문 일이 아니며, 일시적인 압력 과도 효과는 정상 상태의 유체력 순서대로 발생할 수 있다.

요약

이 하위 절의 목적은 2 포트 스풀 밸브에서 작용하는 정상 상태 및 일시적인 유체력에 대한 선형화된 표현을 유도하는 것이다.

식 (4.35) 및 (4.36)에 의해 도시 된 바와 같이, 이들 식은 밸브 계수, 계량된 흐름의 방향 및 축 좌표계에 대해 사용되는 측량 토지의 측면에 의존한다.

이 하위 절에 제시된 작업은 3 포트 및 4 포트 스풀 밸브에서도 작용하는 유체력을 고려할 때 기본적인 것이다. 따라서, 이 하위 절은 후속적인 강제력 토론을 위해 크게 의존할 것이다.

4.3.4 압력 완화 밸브

개요

앞서 언급했듯이, 2 포트 스풀 밸브는 가끔 유압 제어 시스템 내에서 압력 해제 역할을 하며 시스템의 나머지 부분에 대한 안전을 제공하기 위해 사용된다.

그림 4.9는 이 기능에 사용되는 2 포트 스풀 밸브의 개략도를 보여준다. 이 그림에서 기본 유압 제어 시스템은 상단에 압축 가능한 유체 볼륨으로 표시된다. 이 압축 가능한 유체 체적은 일반적으로 유압 회로의 고압 라인 내의 유체 체적이다. 압축 가능한 유체 부분에서 필요한 유량, 즉 이 부분에서 줄여야 할 정격 유량은 그림 4.9에 기호 Q_o로 표시된다. 2 포트 릴리프 밸브를 통과하는 압축성 유체 체적을 나가는 체적 유량은 기호 Q로 표시된다.

유체의 체적 탄성률은 β로 주어지고 유체 체적의 순간 압력은 P로 주어지며 압축성 물질의 체적 유체는 V로 표시된다. 그림 4-9에 나타난 2방향 밸브는 단면적 A가 있는데, 이 단면적은 왼쪽에서 유체 부피 P의 압력으로, 오른쪽에서는 반환 라인 P_r의 압력으로 압축된다.

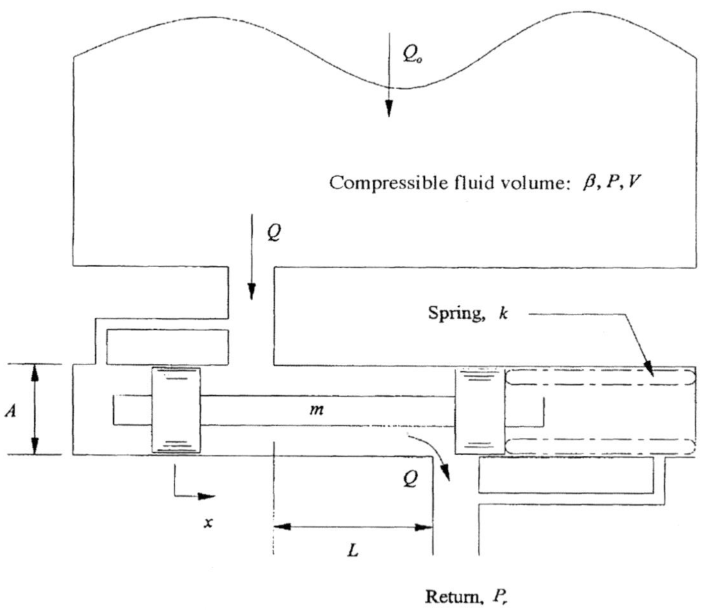

그림 4-9
투 포트 스풀 형 압력 릴리프 밸브의 개략도

일반적으로 반환 압력은 유압 제어 시스템의 저장소 내의 압력을 의미하며, 그래서 P_r은 영(0) 게이지 압력으로 간주된다. 그림 4-9에서 보여지는 2 포트 스풀 밸브는 m이라는 기호로 표시된 질량을 가지고 있다. 스프링이 스풀 밸브에 작용하여 그것을 음의 x 방향으로 힘을 가한다. 비압축성 유체 영역은 스풀 밸브 환형의 L이라는 감쇠 길이로 표시된다. 압축 가능한 유체 부피 내의 압력이 증가하면, 2포트 스풀 밸브는 해소 흐름 Q를 용이하게 하기 위해 오른쪽으로 밀려난다. 이 릴리프 흐름은 그 다음에 압축 가능한 유체 부피 내의 유체 압력을 줄이거나 조절하여, 유압 제어 시스템 내 다른 구성 요소들에 대한 안전 기능을 제공한다. 이로써 기본적인 릴리프 밸브 기능이 수행된다.

▌분석

그림 4.9에서 보여지는 2 포트 스풀 형태의 압력 릴리프 밸브 분석은 이 장치의 주된 제어 목표를 두고 시작된다. 바로 압축 가능한 유체 부분 내의 압력을 조절하는 것이다.
이 압력은 2장의 식 (2.122)에 제시된 표준 압력 상승률 방정식을 사용하여 모델링할 수 있다. 그림 4.9에 표시된 배열의 경우 이 방정식은 다음과 같이 쓸 수 있다.

$$\frac{V}{\beta}\dot{P} = Q_o - Q, \tag{4.38}$$

V는 압축성 유체의 부피, β는 유체 체적 탄성율, P는 압축 가능한 유체의 순간 압력을 나타낸다. Q_0는 2 포트 밸브에 의해 압력 완화될 공칭 유량이고, Q는 순간 유량을 나타내며, 밸브의 과도기 응답 동안 이 밸브의 유량은 정격 유량과 약간 차이가 날 수 있다. 2 포트 스풀 밸브를 통해 선형화된 순간 유량은 다음과 같다.

$$Q = \tfrac{1}{2}Q_o + \mathrm{K}_q x + \mathrm{K}_c P, \tag{4.39}$$

여기서 x는 정격 위치에서 2 포트 스풀 밸브의 변위, K_q는 유량 게인, K_c는 압력 - 유량 계수입니다. 이러한 흐름 계수 정의는 식 (4.4)에 주어진다. 시스템의 공칭 또는 정상 작동 조건에서 식 (4.39)을 사용하여 밸브를 통과하는 정격 유량이

$$Q_o = 2\mathrm{K}_c P_o, \tag{4.40}$$

P_o는 밸브의 정격 릴리프 압력이다. 즉, 밸브는 이 압력에서 릴리프 흐름 Q_o를 제공하도록 설계된다.
식 (4.38)에서 (4.40)까지, 그림 4.9에서 볼 수 있는 유체의 압축 가능한 체적에 대한 방정식은 다음과 같다.

$$\frac{V}{\beta}\dot{P} + \mathrm{K}_c(P - P_o) = -\mathrm{K}_q x. \tag{4.41}$$

분명히, 압축 가능한 제체적 제어 내의 유체 압력을 조정하기 위한 입력은 밸브 변위 x이다. 밸

브 변위는 다음 단원에서 모델링된다.

스풀 밸브의 힘을 합하여 밸브의 선형 운동량 변화 시간과 같게 설정하면 다음식이 성립된다. 그림 4.9에 표시된 2 포트 스풀 밸브의 축 방향 동작을 제어하기 위해 작성된다.

$$m\ddot{x} + c\dot{x} + kx = AP + F_x - F_o, \tag{4.42}$$

여기서 m은 스풀 밸브의 질량, c는 점성 항력 계수, k는 스풀 밸브 스프링 율, A는 스풀의 단면적, F_o는 $x=0$ 일 때 스프링에 의해 밸브에 작용하는 정격 힘 또는 예압 F_x는 밸브에 축 방향으로 작용하는 유체력이다.

2 포트 스풀 밸브의 유체력은 식 (4.34)와 같다.

이 결과를 식 (4.42)로 대입하면 2 포트 스풀 밸브의 동역학에 대해 다음식이 산출된다.

$$m\dot{x} + (c + \rho L \mathrm{K}_q)\dot{x} + (k + \mathrm{K}_{f_q})x = (A - \mathrm{K}_{f_c})(P - P_o) - \rho L \mathrm{K}_c \dot{P}, \tag{4.43}$$

여기서 K_{fq}와 K_{fc}는 식 (4.32)에서 유량-힘 게인과 식 (4.32)에서 정의된 압력-유체력 계수이다. 이 결과에서 밸브에 작용하는 정격 탄성력은 다음과 같이 주어진다.

$$F_o = (A - \mathrm{K}_{f_c})P_o. \tag{4.44}$$

요약하면 식 (4.41)과 (4.43)은 그림 4.9에 나타난 2 포트 스풀 형 압력 릴리프 밸브의 동역학을 설명하는 게빙 방정식으로 제시된다.

이 방정식은 압력과 스풀 밸브 변위가 시간에 따라 변하는 3차 시스템을 포함한다. 다음 단락에서는 정상 상태의 관점에서 본 시스템의 초기 설계를 고려한 다음 밸브의 안정성을 평가한다.

$$Q_o = A_o C_d \sqrt{\frac{2}{\rho} P_o}, \tag{4.45}$$

이는 밸브의 정상 상태 작동 조건에서 적용된 고전적인 오리피스 방정식이다. 직사각형 유로의 경우, $A_o = uh$, 여기에서 u는 밸브의 공칭 개구부이고, h는 통로 높이이다. 그림 4.2를 참조하라. $u = h/4$라고 하면, 식 (4.45)에서는 밸브의 직사각형 포팅 구조를 다음과 같은 방식으로 나타낼 수 있다.

$$u = \sqrt{\frac{Q_o}{4C_d\sqrt{\frac{2}{\rho}P_o}}} \quad \text{and} \quad h = 4u. \tag{4.46}$$

이 치수는 밸브 포트의 초기 크기 조정에 유용하다.

지정해야 하는 또 다른 설계 변수는 밸브의 정격 작동 상태에서 요구되는 스프링 예압 F_o이다.

이 사양은 밸브의 단면적, 압력 - 힘 계수 및 밸브의 정격 작동 압력의 함수로서 식 (4.44)에 나와 있다. 이 힘은 탄성율과 스프링 전체의 힘을 곱한 것과 같다. 이는 밸브가 정격 작동 조건에서 어떻게 움직이는지를 나타낸다. 따라서 밸브의 탄성율은 다음과 같이 설계되어야 한다.

$$k = \frac{(A - \mathrm{K}_{fc})P_o}{\delta}, \tag{4.47}$$

여기서 δ은 공칭 작동 조건에서 스프링의 총 처짐이다.

참고 : 밸브 $\mathrm{K}_{fc}P_o$의 정상 상태에서의 힘은 밸브를 닫으려고 탄성을 돕기 위해 탄성 속도 요구사항을 줄이는 역할을 한다.

▍안정성

아마도 압력 릴리프 밸브를 사용할 때 가장 큰 도전 중 하나는 밸브의 안정성 문제일 것이다. 대다수의 압력 릴리프 밸브가 실제로 사용될 때는 상당히 불안정할 수 있다. 이 불안정성 때문에 종종 사용자가 듣기에 불편한 소음이 발생할 수 있다.

일반적으로 릴리프 밸브가 간헐적으로만 작동하도록 설계되어 있기 때문에 릴리프 밸브 불안정성은 유압 시스템에서 용인되며 밸브가 불안정하더라도 시스템이 과압 상태가 되지 않도록 평균 릴리프 효과를 제공한다. 불안정한 릴리프 밸브에 의해 생성되는 자극적인 소음과 함께, 또 다른 단점은 불안정한 릴리프 밸브가 안정되도록 설계된 경우보다 빨리 마모되는 경향이 있다는 것이다. 이 마모는 밸브 내에서 하드 스톱에 대한 반복주기 및 계속적인 마찰로 인해 발생한다.

따라서, 릴리프 밸브의 불리한 특성을 피하기 위해, 밸브를 안정하게 하는 것이 바람직하다. 다음 단락에서 릴리프 밸브의 안정성 분석은 Routh-Hurwitz 안정성 기준을 기반으로 개발되었다.

앞에서 언급했듯이, 식 (4.41)과 (4.43)은 그림 4.9에 표시된 압력 완화 밸브의 동역학을 나타내는 미분 방정식 세 번째 세트를 구성한다. 라플라스 변환 또는 상태 공간 방법을 사용하면 이 시스템의 특성 방정식은 다음과 같이 나타낼 수 있다.

$$a_o s^3 + a_1 s^2 + a_2 s + a_3 = 0, \tag{4.48}$$

여기에

$$\begin{aligned} a_o &= \frac{V}{\beta} m \\ a_1 &= \frac{V}{\beta}(c + \rho L \mathrm{K}_q) + m\mathrm{K}_c \\ a_2 &= \frac{V}{\beta}(k + \mathrm{K}_{fq}) + c\mathrm{K}_c \\ a_3 &= (k + \mathrm{K}_{fq})\mathrm{K}_c + (A - \mathrm{K}_{fc})\mathrm{K}_q. \end{aligned} \tag{4.49}$$

3장에서는 3차 시스템에 대한 Routh-Hurwitz 안정성 기준에 대해 논의하였으며 선형 3차 시스템이 식 (4.49)에 열거된 모든 계수는 양의 값을 가질 필요가 있다.

$$a_1 a_2 > a_o a_3. \tag{4.50}$$

식 (4.49)의 각 계수가 항상 양수이기 때문에, 식 (4.50)만이 만족되는 유일한 안정성 요구 사항이다. 점성 감쇠 계수 c를 무시함으로써 식 (4.49)를 식 (4.50)에 대입하면 그림 4.9와 같은 릴리프 밸브에 대해 다음과 같은 안정성 기준을 얻을 수 있다.

$$\frac{L\rho}{m}\frac{V}{\beta}\frac{(k + \mathrm{K}_{f_q})}{(A - \mathrm{K}_{f_c})} > 1. \tag{4.51}$$

이 기준에서, 시스템의 탄성 부분인, 즉 압축 가능한 유체와 스프링의 에너지 저장 능력은 안정성을 확보하기 위해 충분히 커야 한다는 것을 알 수 있다. 밸브의 관성이나 밸브에 가해지는 힘이 커질 경우 시스템의 불안정한 경향이 나타난다.

연구 사례

앞의 사례 연구에서 양방향 밸브는 그림 4.9와 비슷한 배치 내에서 압력 릴리프 밸브로 사용되어야한다. 이전의 사례 연구에서 우리는 이 릴리프 밸브 어플리케이션에 다음 파라미터가 적용된다고 언급했다.

$$h = 3 \text{ mm}, \quad u = 0.75 \text{ mm}, \quad L = 50 \text{ mm},$$
$$P = 20 \text{ MPa}, \quad C_d = 0.62, \quad \rho = 850 \text{ kg/m}^3,$$
$$\mathrm{K}_{f_q} = 16.5 \text{ N/mm}, \quad \text{and} \quad \mathrm{K}_{f_c} = 0.62 \text{ mm}^2.$$

밸브는 8 mm 보어에 맞도록 설계되었다. 그러므로 단면적은 $A = 50.27 \text{ mm}^2$로 주어진다. 이 때 밸브의 질량은 0.021 kg이고, 유체 체적 탄성률은 0.8 GPa이고, 압축성 유체의 체적은 0.001 m^3이다. 이 밸브의 정격 유량을 계산하라. 정격 작동 상태에서 총 스프링 처짐이 12 mm라고 가정하면 릴리프 기능을 20 MPa에서 작동하는 데 필요한 밸브 스프링 속도를 계산한다. 이 밸브가 안정적인가 아닌가?

밸브의 저역 유량은 식 (4.45)에 표시된 고전 오리피스 방정식을 사용하여 계산할 수 있다. 이 방정식을 이 문제의 직사각형 포팅 형상과 함께 사용하면 정격 유량이 다음과 같이 나타낼 수 있다.

$$Q_o = uhC_d\sqrt{\frac{2}{\rho}P_o} = 0.75 \text{ mm} \times 3 \text{ mm} \times 0.62\sqrt{\frac{2}{850 \text{ kg/m}^3} \times 20 \text{ MPa}}$$
$$= 18.16 \text{ liters/min.}$$

식 (4.47)으로부터 밸브에 요구되는 탄성율은 다음과 같다.

$$k = \frac{(A - K_{fc})P_o}{\delta} = \frac{(50.27\ \text{mm}^2 - 0.62\ \text{mm}^2) \times 20\ \text{MPa}}{12\ \text{mm}}$$
$$= 82.74\ \text{N/mm}.$$

이 탄성율에 기초하여 식 (4.51)의 안정성 기준을 평가할 수 있다. 이 방정식의 좌변은 다음과 같이 주어진다.

$$\frac{L\rho}{m}\frac{V}{\beta}\frac{(k + K_{fq})}{(A - K_{fc})} = \frac{50\ \text{mm} \times 850\ \text{kg/m}^3}{0.021\ \text{kg}} \times \frac{0.001\ \text{m}^3}{0.8\ \text{GPa}}$$
$$\times \frac{(82.74\ \text{N/mm} + 16.53\ \text{N/mm})}{(50.27\ \text{mm}^2 - 0.62\ \text{mm}^2)} = 4.97$$

이 결과가 1보다 커지므로 압력 완화 밸브가 안정적이다.

▎요약

이 하위 절에서 그림 4-9의 2 포트 스풀형 압력 릴리프 밸브에 대해 분석하고 설계했으며, 정상 작동 시 불안정성의 가능성에 대해서도 점검했다. 이 밸브는 4.6.4절에서 논의될 포핏형 압력 릴리프 밸브와 많은 공통점이 있으므로, 이전의 분석도 그 문제에 대해 매우 관련이 있다.

4.3.5 요약

이 절의 결론으로, 단순한 2 포트 스풀 밸브에 대한 분석은 이후 절에서 다룰 보다 복잡한 스풀 밸브의 해석을 위한 토대를 마련한다. 특히 4.3.3절에서 논의된 유체력에 대한 분석은 3 포트 및 4 포트 스풀 밸브에 발생하는 순 유체력을 분석하는데 참조될 것이며, 이는 여러 조절 통로가 동시에 작용하는 언더랩 및 크리티컬 랩 밸브 구조의 영향을 고려함으로써 이루어진다.

4.4. 쓰리 포트 스풀 밸브

4.4.1 개요

우리는 스풀 밸브에 대한 고려에서 단순한 2 포트 밸브에서 약간 더 복잡한 3 포트 밸브로 이동한다. 3 포트 스풀 밸브는 압력 제어식 변위 펌프의 제어 밸브로 자주 사용된다. 전체 시스템 출력을 달성하기 위해 단일 로드 선형 액추에이터를 사용하는 유압 시스템에 대한 독립 제어 밸브로도 사용된다. 이 응용 프로그램은 다음 장에서 설명한다.

쓰리 포트 밸브는 그림 4.10에 세 개의 그림과 같이 표시되어 있다. 공급 라인은 P_s에 의해 주어진 레벨로 가압되고 귀환 라인은 레벨 P_r로 가압된다. 부하 선은 부하 압력 P_u로 특징되어진 제어 밸브의 작동 포트를 나타낸다. 로드 포트로 직접 들어가기 위해 스풀은 x 축 방향으로 양방향으로 움직이며, 따라서 그림 4.10에 도시된 하중 체적 유량을 기호 Q_u로 한다. 그림 4.10에는 공급 기호 및 반환 기호가 각각 Q_s 및 Q_r기호로 표시되어 있다. 비압축성 유체의 경우 그림 4.10에서 부하 용적 유량이 다음과 같이 나타난다.

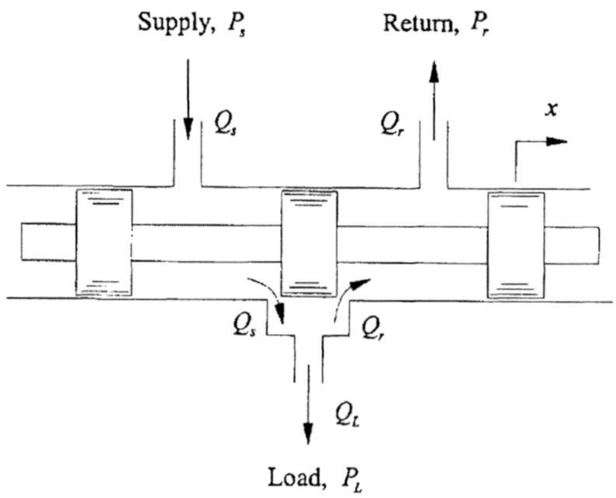

그림 4-10
쓰리 포트 스풀 밸브

$$Q_L = Q_s - Q_r. \tag{4.52}$$

식 (4.3)의 일반적인 형태로부터, 공급 및 복귀 부피 유량은 다음 식으로 주어진다는 것을 알 수 있다.

$$\begin{aligned} Q_s &= \tfrac{1}{2}Q_{s_o} + K_{q_s}x + K_{c_s}(P_s - P_L) \\ Q_r &= \tfrac{1}{2}Q_{r_o} + K_{q_r}x + K_{c_r}(P_L - P_r), \end{aligned} \tag{4.53}$$

여기서 Q_{so} 및 Q_{ro}는 정상 작동 조건에서 밸브를 통과하는 공칭 유량이며 K_{qs} 및 K_{qr}은 유량 게인이고 K_{cs} 및 K_{cr}는 일반적으로 식 (4.4)에서 정의된 압력 흐름 계수이다. 독자는 $x = 0$일 때와 공급 및 귀환 압력이 밸브 계수가 결정된 정격값에 있을 때 정격 유량이 결정된다는 것을 기억해야 한다.

또한, 귀환 라인 (K_{qr})에 대한 유동 게인은 식 (4.4)의 정의에 따라 음수라는 점에 유의해야 한다.

이것은 밸브의 양의 변위에 따라 귀환 라인 유량 영역이 감소한다는 사실에서 기인한다.
그림 4.10에 표시된 밸브의 정상 상태 정상 상태에서 밸브의 변위는 $x = 0$으로 주어지며 하중 흐름 Q_L도 0이다. 이 nominal 조건은

$$P_{L_o} = \tfrac{1}{2}P_{s_o} \quad \text{and} \quad P_r = 0, \tag{4.54}$$

여기서 P_{Lo} 및 P_{so}는 각각 공칭 부하 및 공급 압력이다.
이러한 공칭 압력 조건에서,

$$Q_{s_o} = Q_{r_o} = Q_o, \quad \mathrm{K}_{q_s} = \mathrm{K}_q, \quad \mathrm{K}_{q_r} = -\mathrm{K}_q, \quad \text{and} \quad \mathrm{K}_{c_s} = \mathrm{K}_{c_r} = \mathrm{K}_c, \tag{4.55}$$

여기서 K_q와 K_c는 전체 밸브에 대한 유량 게인과 압력 - 유량 계수이다. 방정식 (4.52) 및 (4.53)과 함께 이 결과를 사용하면 하중 흐름이 다음과 같이 나타낼 수 있다.

$$Q_L = 2\mathrm{K}_q x - 2\mathrm{K}_c(P_L - P_s/2). \tag{4.56}$$

이 방정식으로부터 밸브 변위 x가 증가함에 따라 하중 흐름이 증가하지만 압력 강하 $(P_L - P_s/2)$가 증가함에 따라 하중 흐름이 감소하는 것을 볼 수 있다. 분명히, 밸브의 정격 조건에서 하중 흐름은 이전에 설명한 것처럼 사라진다.
그림 4-10은 세 포트 스풀 밸브를 보여주며, 이 밸브는 유체 흐름을 조절하는 부위인 "미터링 랜드"에 언더랩 구조를 채택하고 있다. 언더랩 구조란, 미터링 랜드가 유체 통로를 완전히 막지 않는 형태를 의미하며, 이를 통해 유체의 흐름을 더 세밀하게 조절할 수 있다. 하지만 이 설계가 유량 조절에 유일한 요소는 아니라는 점을 이해하는 것이 중요하다.
유압 제어 밸브의 섹션에서 논의되는 것처럼, 미터링 랜드의 설계가 달라짐에 따라 유체의 흐름이 어떻게 변하는지를 예측하는 방정식에도 영향을 준다. 실제로 다양한 설계 옵션이 가능하며, 그림 4-11에서는 이러한 미터링 랜드의 세 가지 다른 설계 옵션을 보여준다.
이 그림에 표시된 상단 구성은 그림 4.10에 표시된 언더 랩 구성이며, 이는 또한 식 (4.56)의 흐름 결과를 생성하는 데 사용된다. 밸브가 중심 위치에 있을 때, 즉 $x = 0$인 경우 로드 포트가 공급 라인과 귀환 라인 모두에 대칭으로 열려 있기 때문에 이러한 언더 랩된 형상은 일반적으로 *오픈 센터 설계*라고 한다. 치수 u는 이 정격 개구를 나타낸다. 일반적으로 *언더 랩된 치수*라고 한다. 오픈 센터 설계의 경우, 밸브는 $-u < x < u$로 주어진 변위 체제 내에서 작동하도록 설계되었다. 그림 4.11의 중간 구성은 언더 랩된 치수 u가 사라지는 상단 구성의 특별한 경우를 보여준다. 이 상태는 밸브가 중심 위치에 있을 때 공급 포트와 귀환 라인 모두에서 로드 포트가 차단되어 있기 때문에 임계 센터 설계로 알려져 있다.

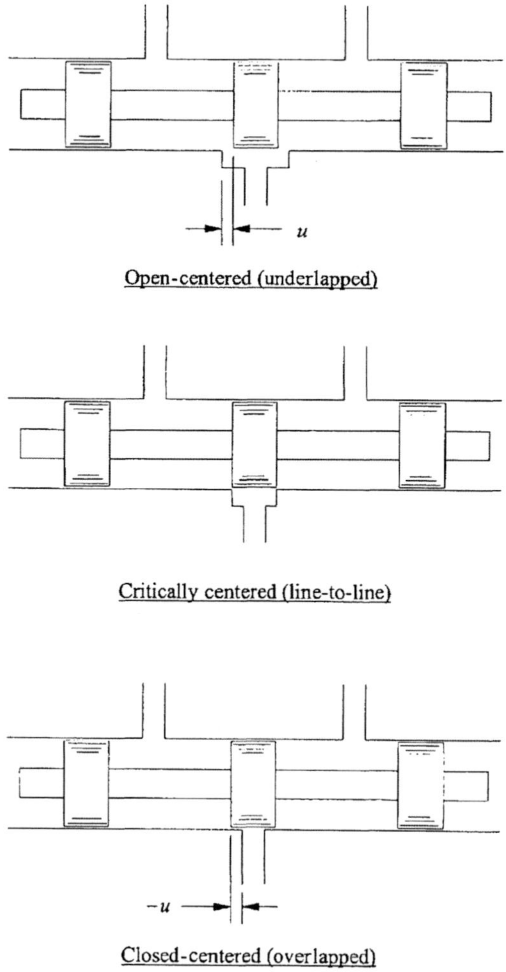

그림 4-11
3 포트 스풀 밸브의 형상 포팅

독자가 그림 4.11에서 볼 수 있듯이 비례 중심 밸브가 어느 방향으로든 약간 움직이면 반대쪽 선이 막혀있는 동안 로드 포트가 공급 라인 또는 복귀 라인으로 열린다. 계량 대지의 가장자리가 비판적으로 설치된 설계에서 포트 형상의 가장자리와 일치하기 때문에, 이 구성을 위한 포팅은 흔히 *회선 간 포팅(line-to-line porting)* 이라고 한다.

그림 4.11에서 아래쪽에 나타난 구조를 "닫힌 중심 구조"라고 한다. 이 디자인은 "오버랩 포팅" 이라고도 불리는데, 그 이유는 실제로 조절 통로가 겹치는 영역이 마이너스를 가지기 때문이다. 이 구성은 조절 포트의 가장자리가 조절 랜드와 겹치는 것을 의미한다. 닫힌 중심 디자인에서는 모든 유체 흐름이 밸브를 통과하여 로드 포트로 들어가거나 나오기 전에 밸브가 일정 거리만큼

이동해야 한다.

이 초기 움직임을 "밸브 불감대"라고 부르는데, 이는 유압 제어 밸브에서 바람직하지 않은 성질이다. 그래서 이 논의에서는 폐쇄된 상태의 밸브는 고려 대상에서 배제한다.

이전에 언급 한 바와 같이, 오픈 센터 밸브 설계에 대한 하중 흐름은 식 (4.56)에 나와 있다. 임계 중심 밸브의 경우, 로드 포트는 밸브를 양의 x 방향으로 움직여 이루어진다. 이 경우 로드 흐름은 $Q_L = \mathrm{K}_{qs}x$로 주어지며 밸브가 음의 x 방향으로 이동하면 로드 흐름은 $Q_L = \mathrm{K}_{qs}x$로 주어진다. K_{qr}과 x는 모두 음수이다. **참고 :** 이 경우 $x = 0$ 일 때 포트의 차단 상태로 인해 정격 유량 및 압력 유량 계수는 0이다. 실제로 포팅 형상이 직사각형인 경우에만 유량 게인 K_{qs} 및 K_{qr}이 0이 아니다. 4.2.3절의 valve 계수 및 포팅 구조에 대한 설명을 참조하라. 식 (4.54)의 공칭 압력 조건이 충족되면 밸브는 밸브 변위에 대해 대칭적으로 동작하며 밸브 유량 게인은 $\mathrm{K}_q = K_{qs} = K_{qr}$를 사용하여 계산된다. 이 경우 부하 흐름을 다음과 같이 설명할 수 있다.

$$Q_L = \mathrm{K}_q x. \tag{4.57}$$

이 결과에서 정격 압력 효과는 사라지고 하중 흐름은 밸브 변위 x에 비례한다. 방정식 (4.57)의 임계 센터 결과는 개방 중심 구성으로 인해 압력 효과가 유지된 식 (4.56)의 오픈 센터 결과와 비교되어야 한다.

4.4.2 효율

3 포트 스풀 밸브의 효율은 공급된 입력 전력에 대한 유용한 출력 전력의 비율을 계산하여 결정된다. 그림 4.10에 표시된 3 포트 밸브의 경우, 밸브로 공급되는 유압 동력은

$$\dot{W}_s = P_s Q_s, \tag{4.58}$$

유용한 출력 전력은

$$\dot{W}_o = P_L Q_L. \tag{4.59}$$

이 두 가지 결과를 사용하여 3 포트 스풀 밸브의 전체 효율은

$$\eta = \frac{\dot{W}_o}{\dot{W}_s} = \frac{P_L Q_L}{P_s Q_s} = \eta_p \eta_v, \tag{4.60}$$

여기서 밸브의 압력 효율은

$$\eta_p = \frac{P_L}{P_s}, \tag{4.61}$$

밸브의 체적 효율은

$$\eta_v = \frac{Q_L}{Q_s}. \tag{4.62}$$

식 (4.53)과 (4.55)를 사용하면 개방 중심 3 포트 스풀 밸브로의 공급 유량은 다음과 같이 나타낼 수 있다.

$$Q_s = K_q x - K_c(P_L - 3P_s/2), \tag{4.63}$$

명목 공급량은 $Q_o = K_c P_s$로 인식되었다.
식 (4.56)에이 결과를 사용하면 밸브의 체적 효율은 다음과 같이 나타낼 수 있다.

$$\eta_v = \frac{2K_q x - 2K_c(P_L - P_s/2)}{K_q x - K_c(P_L - 3P_s/2)}. \tag{4.64}$$

밸브의 정격 작동 조건에 가까운 이 결과의 1차 테일러 시리즈 확장은 개방 중심의 3 포트 밸브의 체적 효율이 다음과 같이 근사화될 수 있음을 보여준다.

$$\eta_v = 1 + 2\frac{K_p}{P_s}x - 2\frac{P_L}{P_s}, \tag{4.65}$$

여기서 K_p는 식 (4.5)에서 주어진 밸브의 압력 감도이다. 이 식에서, $x = 0$이고 $P_L = P_s/2$ 인 공칭 작동 조건에서 밸브의 체적 효율이 0임을 알 수 있다. 이 상태에서 하중 흐름이 0이기 때문에 밸브에서 유용한 출력 전력이 없기 때문이다. 그러나 밸브가 양의 x 방향으로 움직이면 밸브의 용적 효율이 증가한다.
직사각형 유동의 경우, 식 (4.8)은 오픈 센터 3 포트 밸브의 압력 감도가 $K_p = P_s/u$로 주어짐을 보여주기 위해 사용될 수 있다. 여기서 u는 그림 4.11에 표시된 언더 랩된 치수이다.
식 (4.65)에이 결과를 사용하면 직사각형 포트를 사용하는 개방형 3 포트 밸브의 체적 효율이

$$\eta_v = 1 + 2\frac{x}{u} - 2\frac{P_L}{P_s}. \tag{4.66}$$

식 (4.60), (4.61) 및 (4.66)에서 개방 중심 삼 방향 밸브의 전체 효율은

$$\eta = \eta_p \eta_v = \frac{P_L}{P_s}\left(1 + 2\frac{x}{u} - 2\frac{P_L}{P_s}\right) \tag{4.67}$$

위 식은 직사각형 포트 형상을 위한 것이다. 이 결과는 밸브의 정격 작동 조건에서 사라진다. 그러나, 밸브가 사용될 때, 전체 효율성은 0이 아니다. 예를 들어, 부하 압력이 정격 작동 조건 인

$P_L = P_s/2$로 유지되고 밸브가 $x = u/4$만큼 변위 될 때 밸브의 전체 효율은 $\eta = 0.25$로 주어지며 이는 유압 제어 밸브 유압 시스템 내에서 큰 에너지 손실을 야기한다.

3 포트 밸브가 $u = 0$에 의해 주어진 언더 랩핑된 치수를 갖는 결정 센터 설계인 경우, 효율 문제는 그 자체로 전체 효율이 다음과 같이 주어진 2 포트 밸브 문제로 감소한다.

$$\eta = \eta_p = \frac{P_L}{P_s}. \tag{4.68}$$

투 포트 밸브의 효율성에 대해서는 4.3.2 절을 참조하라. 이 밸브의 정격 작동 상태에서 효율은 50%로 증가했으며, 이것은 임계센터 설계를 사용하여 얻을 수 있는 효율 향상을 보여준다.

4.4.3 유체력

그림 4-10에 나타난 3 포트 스풀 밸브는 계량 대의 좌우 양쪽에서 동시에 유량을 조절하는 것을 보여준다. 이러한 동시 조절 기능은 밸브의 중앙 개방 설계에서 비롯되며, 이는 양쪽 방향에서의 유체 흐름에 의한 힘을 만들어낸다. 이 경우, 스풀 밸브에 작용하는 유체 흐름의 힘은 다음과 같이 표현된다:

$$F_x = F_{x_s} + F_{x_r}, \tag{4.69}$$

여기서 유체력(F_{xs})은 미터링 랜드의 왼쪽에서 밸브 밖으로 계량되는 유량에서 발생하고, 반면에, 유체력(F_{xr})은 미터링 랜드의 오른쪽에서 밸브 안으로 계량되는 유량에서 발생한다. 식 (4.35) 및 (4.36)의 일반적인 형태를 사용하면 계량 대지의 각 측면에서 밸브에 작용하는 유체력은

$$\begin{aligned} F_{x_s} &= -\rho L \mathrm{K}_{q_s}\dot{x} - \rho L \mathrm{K}_{c_s}(\dot{P}_s - \dot{P}_L) - \mathrm{K}_{f_{qs}}x - \mathrm{K}_{f_{cs}}(P_s - P_L), \\ F_{x_r} &= -\rho L \mathrm{K}_{q_r}\dot{x} - \rho L \mathrm{K}_{c_r}(\dot{P}_L - \dot{P}_r) + \mathrm{K}_{f_{qr}}x + \mathrm{K}_{f_{cr}}(P_L - P_r), \end{aligned} \tag{4.70}$$

여기서 P_L은 로드 포트의 유체 압력, P_s는 공급 포트의 유체 압력, P_r은 리툴 포트의 유체 압력이다. **참고:** 이 결과에서 감쇠 길이 L은 밸브의 양 측면에 대해 동일하다고 가정한다.
그림 4.5를 참조하라. 이 방정식의 첨자에 표시된 바와 같이, 선형화된 유량 및 유체력 계수는 일반적으로 계량 대지의 각 면에 존재하는 정격 압력 강하에 따라 서로 다르다. 식 (4.54)의 공칭 조건을 사용하면, 이 계수는 다음 식에 의해 주어진다.

$$\begin{aligned} &\mathrm{K}_{q_s} = \mathrm{K}_q, \quad \mathrm{K}_{c_s} = \mathrm{K}_c, \quad \mathrm{K}_{f_{qs}} = \mathrm{K}_{f_q}, \quad \mathrm{K}_{f_{cs}} = \mathrm{K}_{f_c}, \\ &\mathrm{K}_{q_r} = -\mathrm{K}_q, \quad \mathrm{K}_{c_r} = \mathrm{K}_c, \quad \mathrm{K}_{f_{qr}} = -\mathrm{K}_{f_q}, \quad \mathrm{K}_{f_{cr}} = \mathrm{K}_{f_c}, \end{aligned} \tag{4.71}$$

K_q, K_c, K_{qf} 및 K_{fc}는 식 (4.4) 및 (4.32)에서 정의된다.
이 결과를 식 (4.69)와 함께 사용하면 밸브에 작용하는 총 축 방향 유체력은 다음과 같이 나타낼 수 있다.

$$F_x = -\rho L K_c \dot{P}_s - 2K_{f_q}x + 2K_{f_c}(P_L - P_s/2), \tag{4.72}$$

여기서, 귀환 압력 P_r은 일정하고 0인 것으로 가정한다. 이 결과는 그림 4.10의 3 포트 스풀 밸브가 과도 및 정상 유체력에 영향을 받기 쉽지만 정격 유체력은 밸브의 정상 상태 조건에서 0이 된다.

임계 중심 3 포트 밸브의 경우 언더 랩 된 치수는 $u=0$으로 주어지며 스풀 밸브의 양의 변위에 대해서는 유체력 F_{xr}이 0이 된다.
스풀 밸브의 음의 변위에 대해, 유체력 F_{xs}는 사라진다. 따라서 임계센터의 3 포트 밸브 설계의 경우 밸브에 작용하는 총 유체력은

$$F_x = \begin{cases} -\rho L K_q \dot{x} - K_{f_q}x & x > 0 \\ 0 & x = 0. \\ \rho L K_q \dot{x} - K_{f_q}x & x < 0 \end{cases} \tag{4.73}$$

이 결과에서 식 (4.54)의 정격 조건이 가정되었으며, 압력 중심 계수 K_c 및 압력 흐름 계수 K_{fc}는 임계센터 설계로 인해 사라졌다.
독자는 직사각형 포팅 기하 구조가 사용되는 경우에만 임계센터 밸브 설계에 대해 K_q 및 K_{fq}가 0이 아님을 상기하라. 식 (4.73)은 임계센터의 3 포트 스풀 밸브를 사용할 때 발생할 수 있는 어려움을 나타낸다. 즉, 유체 방정식의 감쇠 항 $\rho L K_q \dot{x}$는 실제로 밸브의 음수 변위에 대해 양수이다.
이 양의 부호는 불안정한 경향이 있는 밸브의 에너지 입력을 나타낸다.
따라서, 이 용어가 다른 감쇠에 의해 극복될 수 없다면 3 포트 밸브가 임계센터 밸브 구성으로 사용되는 것은 권장하지 않는다.
식 (4.72)으로부터, 개방센터 밸브 설계에 대해 이러한 안정성 문제가 존재하지 않음을 알 수 있다.
마지막으로, 그림 4.10에서 공급 라인과 복귀 라인이 바뀌면, 식 (4.72) 기호가 변경된다. 마찬가지로, 임계 센터 밸브 설계의 경우, 식 (4.73)의 과도 효과는 부호를 변경한다. 임계 센터 밸브 설계에 대한 댐핑 항의 부호 변화는, 이전 단락에서 언급된 안정성 문제를 제거하지 않는다는 점을 주목하라. - 이것은 단지 안정성 문제를 밸브의 양의 변위 측으로 옮기는 것뿐이다.
따라서, 그림 4-10에서 공급 라인과 회수 라인이 전환되더라도, 임계 센터 3 포트 밸브의 제한된 사용에 대한 권장사항은 그대로이다.

4.4.4 유체 역학 밸브

이 하위 절에서는 오픈 센터의 3 포트 스풀 밸브의 일반적인 설계 구성을 제시한다. 이 구성은 그림 4.12에 나와 있으며 유압식 3 포트 스풀 밸브로 알려져 있다. 이름 역학은 밸브를 옮기는 데 사용되는 작동 방법을 의미한다. 특히 유압 유체는 밸브의 기계 요소를 직접 작동시키는 데 사용된다. 그림 4.12에서 볼 수 있듯이, 밸브 자체는 위의 하위 절에서 3 포트 밸브에 권장 된 것과 같이 언더 래핑된 포팅을 사용하여 그림 4.10과 동일하다. 스풀의 좌측은 공급 압력 P_s에 의해 가압되고, 스풀의 우측은 바이어스 압력 P_b에 의해 가압된다. 이 바이어스 압력은 유압 시스템의 제어 적용에 의해 제공되고, 원하는 부하 유동(Q_L)을 생성할 수 있다.

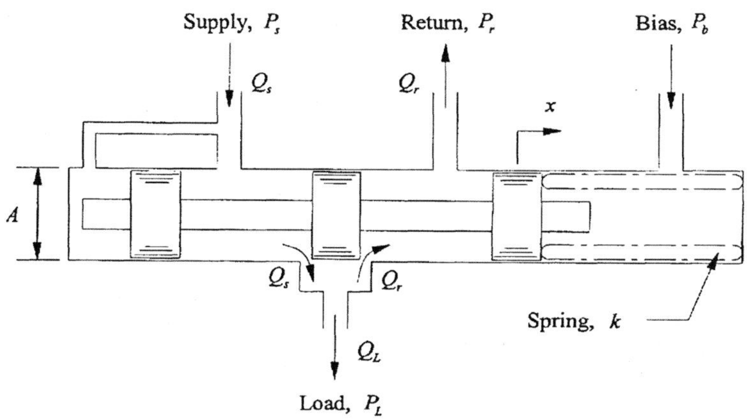

그림 4-12
유압식 3 포트 스풀 밸브

그림 4.12에서는 스풀의 오른쪽에 스프링이 작용하여 스풀을 음의 x 방향으로 가압하는 것을 볼 수 있다. 스프링에 정격 예압을 설정하면 정격 밸브 상태에서 $x = 0$이 되도록 밸브의 널 위치가 조정된다.

스프링은 또한 밸브 위치 x와 바이어스 압력 P_b 사이의 정상적인 유체력과 함께 비례 관계를 제공한다. 이 비례 관계는 다음 분석에 표시된다.

그림 4.12의 3 포트 오픈 센터 스풀 밸브의 경우 스풀에 작용하는 스프링 및 압력은 일반적으로 밸브의 과도 운동으로 인한 선형 운동량 및 점성 마찰 효과보다 훨씬 크다.

또한, 밸브는 오픈 센터 형이기 때문에, 이 밸브 구조에 대한 안정성에 대한 의의가 없으며 밸브의 과도 상태가 이 설계의 대부분의 적용도 중요치 않다. 특히 3 포트 스풀 밸브를 사용하여 비교적 느리게 움직이는 장치를 작동시키는 경우에 특히 그러하다. 이 경우 3 포트 밸브의 과도 특성은 시스템의 전반적인 동역학에 거의 기여하지 않으며 밸브는 밸브 변위 자체에 대한 지속적인 고려를 사용하여 모델링될 수 있다. 그림 4.12에 나와 있는 스풀 밸브의 힘을 합하여 0으로 설정하면 스풀 밸브의 지배 방정식은 다음과 같다.

$$kx = A(P_s - P_b) + F_x - F_o, \tag{4.74}$$

여기서 k는 스프링 율, A는 밸브의 단면적, F_x는 밸브에 작용하는 유체력, F_o는 밸브에 작용하는 스프링 력 판독기는 밸브에 작용하는 정격 유체력이 0이라는 것을 식 (4.72)에서 상기할 것이다. 또한 공급 압력과 바이어스 압력 사이의 정격 압력 차를 지정하는 것이 일반적이다. 이 정격 압력 차는 *마진 압력*으로 알려져 있으며 $P_m = (P_s - P_b)_o$로 주어지며, 여기서 첨자 0은 정격 압력 조건을 나타낸다. 밸브의 정격 작동 상태에서 식 (4.74)를 사용하여

$$F_o = AP_m, \tag{4.75}$$

여기서 P_m은 방금 언급된 마진 압이다. 식 (4.72)와 식 (4.75)를 식 (4.74)에 대입하면 밸브 변위가

$$x = \frac{A}{(k + 2K_{fq})}(P_s - P_b - P_m) + \frac{2K_{fc}}{(k + 2K_{fq})}(P_L - P_s/2), \tag{4.76}$$

유량 - 힘 방정식에서 압력 과다 항은 평상시 작은 크기 때문에 무시된다. 식 (4.76)에서 공급 압력과 바이어스 압력($P_s - P_b$) 간의 차이는 스풀 밸브의 변위를 조정하는 데 사용되며 밸브 설계의 입력으로 간주될 수 있다.

또한 식 (4.76)은 부하 압력 P_L의 영향이다. 이 압력 효과는 일반적으로 바람직하지 않지만 P_L이 공칭 부하 압력 $P_{so}/2$에서 매우 멀리 벗어날 경우 크기가 상당하다. 이러한 의미에서 부하 압력은 외란으로 간주될 수 있다. 넓은 범위의 작동 조건에서 정확한 밸브 위치를 원할 경우 보상해야 할 수도 있다.

연구 사례

그림 4.12와 유사한 오픈 센터의 유압식 삼 방향 밸브가 하중 감지 가변 용량 형 펌프의 제어 밸브로 사용된다.

밸브의 공급 압력은 40 MPa이며 공칭 부하 압력은 20 MPa이다.

밸브 포팅은 직사각형이며 높이는 3 mm이고 언더 랩 치수는 0.75 mm이다. 유 체력 게인은 $K_{fg} = 16,531$ N/m으로 주어지며 압력 - 유체력 계수는 $K_{fg} = 6.20 \times 10^{-7}/m^2$이다. 스풀 밸브의 보어 직경은 8 mm이며, 단면적 $A = 50.27\ mm^2$ • 밸브 스프링 속도는 67 N/mm이고 설계의 마진 압력은 2 MPa이다. 부하 압력이 20 MPa로 유지되면 공급 압력에서 바이어스 압력을 뺀 값이 마진 압력의 2 배인 경우 스풀 위치의 변화를 계산한다.

마찬가지로 공급 압력에서 바이어스 압력을 뺀 값이 마진 압력과 같으면 부하 압력이 30 MPa 일 때 스풀 위치의 변화를 계산한다.

이 계산은 식 (4.76)을 기반으로 한다. 첫 번째 계산의 경우, 스풀 위치의 변화는 20 MPa의 정격 부하 압력에서 사라지기 때문에 이 방정식에서 두 번째 항을 무시함으로써 결정될 수 있다. 그러므로

$$x = \frac{A}{(k + 2K_{f_q})}(2P_m - P_m)$$

$$= \frac{50.27\ \text{mm}^2}{(67\ \text{N/mm} + 2 \times 16.531\ \text{N/mm})}(2\ \text{MPa}) = 1\ \text{mm}.$$

이 결과를 통해 우리는 공급 압력에서 마진 압력만큼 뺀 값이 밸브의 오버랩되지 않은 부분을 얼마나 채울 수 있는지 알 수 있다. 이를 채우는 것을 줄이기 위해서는, 스프링의 강도를 높이거나 스풀 밸브의 구멍 크기를 줄일 수 있다.

스풀 밸브 위치에 대한 부하 압력의 효과를 계산하려면, 식 (4.76)의 두 번째 항은 다음과 같이 나타난다.

$$x = \frac{2K_{f_c}}{(k + 2K_{f_q})}(P_L - P_s/2)$$

$$= \frac{2 \times 0.62\ \text{mm}^2}{(67\ \text{N/mm} + 2 \times 16.531\ \text{N/mm})}(10\ \text{MPa}) = 0.124\ \text{mm}.$$

부하 압력에 10 MPa의 변화가 생기면, 이것은 스풀 밸브의 위치를 중요하게 조정하게 된다. 이 조정은 0.75mm의 언더랩 치수에 비해 큰 영향을 준다. 밸브의 이러한 외란은 유체의 압력을 나타내는 방정식의 안정된 상태 부분에 의해 발생한다.

4.4.5 요약

이 섹션에서는 3 포트 스풀 밸브가 제시되고 논의되었다.

특히, 임계센터의 3 포트 밸브는 밸브에 작용하는 일시적인 유체력으로 인하여 불안정성에 대한 강한 가능성을 나타낸다는 것이 주목되어왔다.

그러므로, 이러한 문제에 영향을 덜 받는 오픈 센터 구조를 가진 3 포트 밸브를 사용하는 것이 더 바람직하다. 이 부분에서는 유체의 정상적인 힘이 밸브의 위치에 중대한 영향을 줄 수 있다는 것을 보여주기 위해 3 포트 역상 밸브를 예로 들었다. 특히, 유체 힘 내의 압력 요소는 밸브에 외란을 일으킬 수 있다.

만약 3 포트 밸브를 정확하게 제어해야 하는 상태라면, 그림 4.12에 나와 있는 단순한 유체 역학 밸브보다는 더 정교하게 설계된 밸브가 필요하다. 이는 유체의 흐름에 영향을 주는 외란 효과를

효과적으로 대응하기 위함이다.

4.5. 4 포트 스풀 밸브

4.5.1 개요

이제는 유압 회로용 bread-and-butter 흐름 제어 밸브인 4 포트 스풀 밸브를 고려해야 한다. 다음 장에서 볼 수 있듯이 이 밸브는 가변 용량 형 펌프의 변위를 조정하기 위한 제어 밸브로 사용된다. 그러나 더 중요한 것은, 이 밸브가 종종 유압 시스템의 주요 제어 밸브로 사용된다는 점이다. 이는 밸브가 회로 내 작동 장치로의 유체 흐름과 시스템 내 작업 장치에서 나오는 유체 흐름을 동시에 조절하기 때문이다. 4 포트 스풀 밸브의 이러한 적용은 7장에서 상세히 논의될 것이다.

4 포트 스풀 밸브는 그림 4.13에 네 개의 유로가 표시되어 있다.

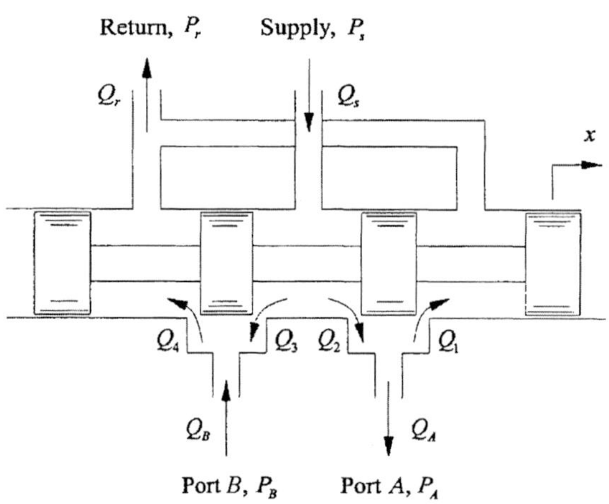

그림 4-13
4 포트 스풀 밸브

공급 라인은 레벨 P_s로 가압되고 회수 라인은 레벨 P_r로 가압된다. 4 포트 밸브의 경우 두 개의 포트가 로드로 또는 로드로부터 멀어지는 방향을 지시하는데 사용된다. 이 포트는 그림 4.13에 포트 A와 포트 B로 표시되며 P_A와 P_B로 표시된 레벨로 각각 가압된다.

포트 A로의 흐름을 유도하기 위해 스풀 밸브는 양의 x 방향으로 이동하여 용적 유량 Q_A를 용이하게 한다. 이 동일한 운동에 대해 밸브 포트 B가 귀환 라인에 개방되어 체적 유량 Q_B를 용이하게 한다. 공급 흐름 및 귀환 흐름은 그림 4.13에 기호 Q_s 및 Q_r로 각각 표시된다. 비압축성 유체의 경우, 그림 4.13에서 볼 수 있듯이 포트 A와 B의 체적 유량은 각각

$$Q_A = Q_2 - Q_1 \qquad \text{and} \qquad Q_B = Q_4 - Q_3, \tag{4.77}$$

$Q_1 \sim Q_4$는 밸브의 각 계량 대를 가로 지르는 체적 유량이다. 식 (4.3)의 일반적인 형태로부터, 이들 유속은 다음 식으로 주어진다는 것을 알 수 있다.

$$\begin{aligned} Q_1 &= \tfrac{1}{2}Q_{1_o} + \mathrm{K}_{q1}\,x + \mathrm{K}_{c1}(P_A - P_r) \\ Q_2 &= \tfrac{1}{2}Q_{2_o} + \mathrm{K}_{q2}\,x + \mathrm{K}_{c2}(P_s - P_A) \\ Q_3 &= \tfrac{1}{2}Q_{3_o} + \mathrm{K}_{q3}\,x + \mathrm{K}_{c3}(P_s - P_B) \\ Q_4 &= \tfrac{1}{2}Q_{4_o} + \mathrm{K}_{q4}\,x + \mathrm{K}_{c4}(P_B - P_r), \end{aligned} \tag{4.78}$$

여기서 Q_{1o}에서 Q_{4o}은 정상 작동 조건에서 밸브를 통과하는 정격 유량이며 K_{q1}에서 K_{q4}는 유량 게인이고 K_{c1}에서 K_{c4}는 식 (4.4)에서 일반적으로 정의된 압력 흐름 계수이다. 독자는 $x = 0$이고 공급 및 귀환 압력이 밸브 계수가 결정된 정격값에 있을 때 정격 유량이 결정된다는 것을 상기하다.

또한, 유량 이득 K_{q1}과 K_{q3}은 식 (4.4)의 정의에 따라 음수라는 것을 알아야 한다. 이것은 계량 대 1 및 3에서의 유동 면적이 밸브의 양의 변위에 따라 감소한다는 사실로부터 기인한다.

그림 4.10에 나와 있는 밸브의 정격 정상 상태 조건에서, 밸브는 $x = 0$으로 주어지고, 포트 A와 B로의 용적 유량도 0이다. 이 명목상의 조건은

$$P_{A_o} = P_{B_o} = \tfrac{1}{2}P_{s_o} \qquad \text{and} \qquad P_r = 0, \tag{4.79}$$

여기서 P_{Ao}와 P_{Bo}는 포트 A와 B의 정격 압력이고P_{so}는 정격 공급 압력이다. 이러한 정격 압력 조건에서,

$$\begin{gathered} Q_{1_o} = Q_{2_o} = Q_{3_o} = Q_{4_o} = Q_o, \\ \mathrm{K}_{q1} = -\mathrm{K}_q, \qquad \mathrm{K}_{q2} = \mathrm{K}_q, \qquad \mathrm{K}_{q3} = -\mathrm{K}_q, \qquad \mathrm{K}_{q4} = \mathrm{K}_q, \\ \mathrm{K}_{c1} = \mathrm{K}_{c2} = \mathrm{K}_{c3} = \mathrm{K}_{c4} = \mathrm{K}_c, \end{gathered} \tag{4.80}$$

여기서 K_q와 K_c는 밸브 전체에 대한 유량 이득과 압력 - 유량 계수이다. 식 (4.77)과 식 (4.78)에서 이 결과를 사용하면 그림 4.13에 표시된 포트 흐름이 다음과 같이 나타낼 수 있다.

$$Q_A = 2K_q x - 2K_c(P_A - P_s/2)$$
$$Q_B = 2K_q x + 2K_c(P_B - P_s/2). \tag{4.81}$$

참고 : 그림 4.13에서 이 화살표의 방향이 화살표로 표시된다. 이 방정식으로부터 볼 때 포트 밸브가 밸브로 증가한다는 것을 알 수 있다.

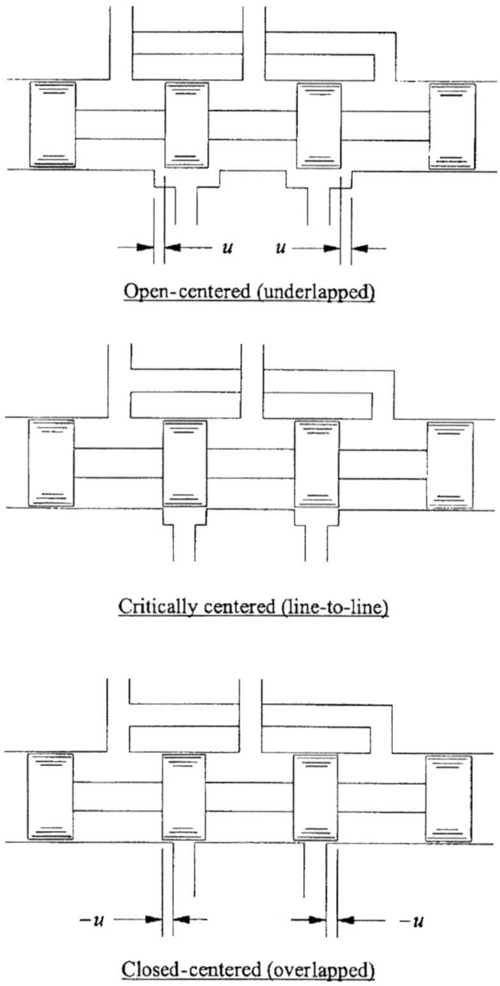

그림 4-14

4 포트 스풀 밸브의 포팅 형상

변위 x는 증가할 것이며, 압력의 변화에 따라 달라질 것이다. 정확히 말해서, 밸브가 정격 조건에 있을 때, 앞서 설명한 것처럼 포트를 통한 흐름은 사라진다. 그림 4.13에서는 계량을 위한 특별한 바닥 형상을 가진 4 포트 스풀 밸브를 보여준다. 즉, 이것은 밸브에 대한 유일하게 가능한 설계가 아니라, 계량 영역의 설계가 바뀌면 식 (4.81)에 따른 유량 결과도 달라질 것이다.

그림 4.14는 4 포트 스풀 밸브의 미터링 랜드에 대한 세 가지 가능한 설계 조건을 보여준다. 이 그림에 표시된 상단 구성은 그림 4.13에 표시된 언더 랩핑 구성으로 식 (4.81)의 흐름 결과를 생성하는데도 사용되었다. 다시 말해, *언더 랩 구조*는 밸브가 중심 위치에 있을 때, 즉 변위가 $x = 0$일 때 공급 포트와 귀환 라인이 대칭적으로 열려 있는 상태를 만든다. 이 때문에 이러한 설계는 흔히 오픈 센터 설계라고 불린다. 여기서 치수 u는 정격 개통이라고 명명된다. 언더 랩 된 치수 개방 중심 설계의 경우, 밸브는 $-u < x < u$로 주어진 변위 체제 내에서 작동하도록 설계되었다.

그림 4.14의 중간 구성은 언더랩 치수 u가 없어져 상단 구성에 도달하는 특별한 상태를 보여준다. 플로우 포트의 중요한 역할로 인해, 이 상황은 *임계센터 디자인*으로 알려져 있다. 밸브가 중앙 위치에 있을 때, 공급 라인과 귀환 라인 모두가 차단되는 상태이다.

독자가 그림 4.14에서 볼 수 있듯이 비례 센터 밸브가 어느 방향으로든 약간 움직이면 밸브의 공급 라인 또는 귀환 라인으로 흐름 포트가 열리고 반대 라인은 차단된다.

측량 랜드의 에지가 임계 중심 설계에서 포트 형상의 에지와 일치하기 때문에 이 구성을 위한 이식은 종종 *라인 간 변환*이라고도 한다.

그림 4.14의 하단 구성을 *클로즈드 센터 구성*이라고 한다. 언더 랩된 치수 u가 실제로는 음수이기 때문에 이 디자인의 이식을 *오버랩 포팅*이라고 한다. 이 구성은 계량 포트의 가장자리와 겹치는 계량 대를 설명한다. 클로즈드 센터 디자인은 흐름이 흐름 포트로 들어오거나 나가기 전에 밸브가 거리 u만큼 이동해야 한다. 이 초기 운동은 밸브 불감대(deadband)라고 불리며, 일반적으로 유압 제어 밸브에 바람직하지 못한 특징이다. 따라서 이 장에서는 클로즈드 4 포트 밸브를 고려하지 않을 것이다.

앞에서 언급했듯이, 오픈 4 포트 밸브 설계에 대한 하중은 식 (4.81)에 나타난다. 임계 중심 밸브의 경우 포트 A로의 흐름은 밸브를 양의 x 방향으로 움직여 이루어진다. 이 경우, 포트 A와 포트 B의 흐름은 각각 $Q_A = \mathrm{K}_{q2}x$와 $Q_B = \mathrm{K}_{q4}x$로 표시된다. 밸브가 음의 x 방향으로 움직인 경우, 포트 A 및 포트 B로의 유동은 각각 $Q_A = -\mathrm{K}_{q1}x$ 및 $Q_B = -\mathrm{K}_{q3}x$로 주어지며, 여기서 K_{q1}, K_{q3} 및 x는 음수이다. **참고 :** 이 경우 $x = 0$ 일 때 포트의 차단 상태로 인해 정격 유량 및 압력 흐름 계수는 0이다.

실제로, 포팅 형상이 직사각형인 경우에만 유량 게인 K_{q1}에서 K_{q4}는 0이 아니다. 4.2.3 절의 밸브 계수 및 이식 포팅에 대한 설명을 참조하라. 식 (4.79)의 정격 압력 조건이 충족되면 밸브는 밸브 변위에 대해 대칭으로 동작하며 밸브 유량 게인은 $\mathrm{K}_q = -\mathrm{K}_{q1} = K_{q2} =- K_{q3} = K_{q4}$를 사용하여 계산된다. 이 경우 포트 흐름은 다음과 같이 주어진다.

$$Q_A = Q_B = K_q x \tag{4.82}$$

이 흐름의 양의 방향은 그림 4.13의 화살표로 표시된다. 이 결과에서 정격 압력 효과는 사라졌으며 포트 흐름은 밸브 변위 x에 비례하여 유지된다. 식 (4.82)의 비판적 중심 결과는 방정식 (4.81)의 개방 중심 결과와 비교되어야 하며, 오픈 센터 구성으로 인해 압력 효과가 유지된다.

4.5.2 효율

4 포트 스풀 밸브의 효율은 공급된 입력 전력에 대한 유용한 출력 전력의 비율을 계산하여 결정된다. 그림 4.13에 표시된 4 포트 밸브의 경우, 공급된 유압 밸브의 동력은 다음 식에 의해 주어진다.

$$\dot{W}_s = P_s Q_s, \tag{4.83}$$

포트 A를 통한 유용한 출력 전력은

$$\dot{W}_o = P_A Q_A. \tag{4.84}$$

이 두 가지 결과를 사용하여 4 포트 스풀 밸브의 전체 효율은

$$\eta = \frac{\dot{W}_o}{\dot{W}_s} = \frac{P_A Q_A}{P_s Q_s} = \eta_p \eta_v, \tag{4.85}$$

여기서 밸브의 압력 효율은

$$\eta_p = \frac{P_A}{P_s}, \tag{4.86}$$

밸브의 체적 효율은

$$\eta_v = \frac{Q_A}{Q_s}. \tag{4.87}$$

그림 4.13에서 4 포트 유압 밸브로의 공급 유량은 $Q_s = Q_2 + Q_3$에 의해 주어진다는 것을 알 수 있다. 식 (4.78)을 사용하면 이 결과는 다음과 같이 명시적으로 표시된다.

$$Q_s = K_c(3P_s - P_A - P_B), \tag{4.88}$$

정격 공급은 유량이 $Q_o = K_c P_s$인 것으로 인식된다.
식 (4.81)에 이 결과를 사용하면 4 포트 밸브의 체적 효율은 다음과 같이 나타낼 수 있다.

$$\eta_v = \frac{2K_q x - 2K_c(P_A - P_s/2)}{K_c(3P_s - P_A - P_B)}. \tag{4.89}$$

밸브의 정격 작동 조건 근처에서 이 결과를 1차 테일러 급수 전개하면 오픈 센터 웨이브의 체적 효율은 다음과 같이 근사화될 수 있다.

$$\eta_v = \frac{1}{2} + \frac{K_p}{P_s}x - \frac{P_A}{P_s}, \tag{4.90}$$

여기서 K_p는 식 (4.5)에서 주어진 밸브의 압력 감도이다. 이 용적 효율은 추가 계량 대지로 인해 오픈 중심 3 포트 밸브의 절반에 해당한다. 이 식에서 $x = 0$ 및 $P_A = P_s/2$인 정격 작동 조건에서 밸브의 체적 효율이 0임을 알 수 있다. 다시 말하지만, 이는 로드 유량이 이 상태에서 0이기 때문에 밸브에서 유용한 출력 전력이 없게 된다. 그러나 밸브가 양의 x 방향으로 움직이면 체적 효율이 증가한다.

직사각형의 경우에 유로(flow passage) 식 (4.8)은 오픈 중심 4 방향 밸브의 압력 감도가 $K_p = P_s/u$로 주어짐을 보여 주기 위해 사용될 수 있다. 여기서 u는 그림 4.14에 표시된 언더랩 된 치수이다. 식 (4.90)과 함께 이 결과를 사용하여, 직사각형 포트를 사용하는 개방형 4 포트 밸브의 체적 효율은 다음 식에 의해 주어진다.

$$\eta_v = \frac{1}{2} + \frac{x}{u} - \frac{P_A}{P_s}. \tag{4.91}$$

식 (4.85), 식 (4.86) 및 식 (4.91)에서, 오픈 중심 4 방향 밸브의 전체 효율은

$$\eta = \eta_p \eta_v = \frac{P_A}{P_s}\left(\frac{1}{2} + \frac{x}{u} - \frac{P_A}{P_s}\right) \tag{4.92}$$

이것은 직사각형 포트 형상을 위한 식이다. 이 결과는 밸브의 정격 작동 조건에서 사라진다. 그러나, 밸브가 사용될 때, 전반적인 효율성은 0이 아니다. 예를 들어, 포트 A 압력이 정격 작동 조건 $P_A = P_s/2$에서 재연하고, 밸브가 $x = u/4$만큼 변위 될 때, 밸브의 전체 효율은 $\eta = 0.125$로 주어지며, 이는 유압 제어 밸브가 유압 시스템 내에서 큰 에너지 손실을 발생시킨다는 것을 다시 한 번 보여준다.

4 포트 밸브가 $u = 0$에 의해 주어진 언더 랩핑된 치수를 갖는 임계 센터 설계인 경우, 효율 문제는 전체 효율이 다음과 같이 주어진 2 포트 밸브 문제로 감소한다.

$$\eta = \eta_p = \frac{P_A}{P_s}. \tag{4.93}$$

2 포트 밸브의 효율성에 대해서는 4.3.2절을 참조하라. 이 밸브의 정격 작동 상태에서 효율은 50%로 증가했으며, 이것은 임계센터 설계를 사용하여 얻을 수 있는 효율 향상을 보여준다.

4.5.3 유체력

그림 4.13의 4 방향 스풀 밸브는 두 개의 계량 대원의 왼쪽과 오른쪽을 동시에 측정하는 유체를 보여준다. 이 경우, 스풀 밸브에 작용하는 힘은 다음 식에 의해 주어진다.

$$F_x = F_{x_1} + F_{x_2} + F_{x_3} + F_{x_4}, \tag{4.94}$$

여기서 숫자 아래 첨자는 그림 4.13에 표시된 각 유속과 관련된 유동력을 나타낸다. 식 (4.35) 및 (4.36)의 일반적인 형태를 사용하여 측량 토지의 각 측면에서 밸브에 작용하는 유동력은

$$\begin{aligned} F_{x_1} &= -\rho L \mathrm{K}_{q1}\dot{x} - \rho L \mathrm{K}_{c_1}(\dot{P}_A - \dot{P}_r) + \mathrm{K}_{f_{q1}}x + \mathrm{K}_{f_{c1}}(P_A - P_r), \\ F_{x_2} &= -\rho L \mathrm{K}_{q2}\dot{x} - \rho L \mathrm{K}_{c_2}(\dot{P}_s - \dot{P}_A) - \mathrm{K}_{f_{q2}}x - \mathrm{K}_{f_{c2}}(P_s - P_A), \\ F_{x_3} &= \rho L \mathrm{K}_{q3}\dot{x} + \rho L \mathrm{K}_{c_3}(\dot{P}_s - \dot{P}_B) + \mathrm{K}_{f_{q3}}x + \mathrm{K}_{f_{c3}}(P_s - P_B), \\ F_{x_4} &= \rho L \mathrm{K}_{q4}\dot{x} + \rho L \mathrm{K}_{c_4}(\dot{P}_B - \dot{P}_r) - \mathrm{K}_{f_{q4}}x - \mathrm{K}_{f_{c4}}(P_B - P_r), \end{aligned} \tag{4.95}$$

여기서 P_A는 포트 A의 유체 압력, P_B는 포트 B의 유체 압력, P_s는 공급 포트의 유체 압력, P_r은 귀환 포트의 유체 압력이다. **참고 :** 이 결과에서 감쇠 길이 L은 밸브의 양 측면에서 동일하다고 가정한다. 그림 4.5를 참조하라.

이 방정식에서 수치 첨자로 나타난 선형 계수는 대부분의 경우 계량 영역의 각 면에서 발생하는 정격 압력 감소에 따라 달라진다. 식 (4.79)에 나타난 기준 조건을 사용하면, 이 계수는 다음과 같이 계산된다.

$$\begin{aligned} &\mathrm{K}_{q1} = -\mathrm{K}_q, \quad &&\mathrm{K}_{c_1} = \mathrm{K}_c, \quad &&\mathrm{K}_{f_{q1}} = -\mathrm{K}_{f_q}, \quad &&\mathrm{K}_{f_{c1}} = \mathrm{K}_{f_c}, \\ &\mathrm{K}_{q2} = \mathrm{K}_q, &&\mathrm{K}_{c_2} = \mathrm{K}_c, &&\mathrm{K}_{f_{q2}} = \mathrm{K}_{f_q}, &&\mathrm{K}_{f_{c2}} = \mathrm{K}_{f_c}, \\ &\mathrm{K}_{q3} = -\mathrm{K}_q, &&\mathrm{K}_{c_3} = \mathrm{K}_c, &&\mathrm{K}_{f_{q3}} = -\mathrm{K}_{f_q}, &&\mathrm{K}_{f_{c3}} = \mathrm{K}_{f_c}, \\ &\mathrm{K}_{q4} = \mathrm{K}_q, &&\mathrm{K}_{c_4} = \mathrm{K}_c, &&\mathrm{K}_{f_{q4}} = \mathrm{K}_{f_q}, &&\mathrm{K}_{f_{c4}} = \mathrm{K}_{f_c}, \end{aligned} \tag{4.96}$$

여기서 K_p, K_c, K_{fq}및 K_{fc}는 식 (4.4) 및 (4.32)에서 정의된다.

식 (4.94)에 이러한 결과를 사용하면 4 포트 스풀 밸브에 작용하는 총 축 방향 유체력은 다음과 같이 나타낼 수 있다.

$$F_x = -4\mathrm{K}_{f_q}x + 2\mathrm{K}_{f_c}(P_A - P_B). \tag{4.97}$$

이 결과는 그림 4.13의 4 포트 스풀 밸브가 식 (4.79)에 주어진 정격 작동 조건 근처에서 과다 유체력에 영향을 받지 않음을 보여준다. 또한 이 결과로부터 밸브의 정상 상태 조건에서 정격 유체력이 사라지는 것을 볼 수 있다.

임계센터의 4 포트 밸브의 경우 언더 랩 치수는 $u = 0$으로 주어지며 스풀 밸브의 양의 변위에 대해 유체력 F_{x1} 및 F_{x3}이 사라진다. 스풀 밸브의 음의 변위의 경우, 유체력 F_{x2} 및 F_{x4}가 사라진다. 따라서 임계센터의 4 포트 밸브 설계의 경우 밸브에 작용하는 총 유체력은 다음과 같다.

$$F_x = -2\mathrm{K}_{f_q}x \tag{4.98}$$

밸브의 양의 변위와 음의 변위 모두를 고려한 이 결과는, 방정식 (4.79)에 나타난 기준 조건들을 기반으로 한다. 여기에서 압력 중심 계수(K_c)와 압력 흐름 계수(K_{fc})는 임계센터 설계로에 더 이상 고려하지 않는다.

독자는 직사각형 포팅 형상이 사용되는 경우에만 임계센터의 밸브 설계에 대해 K_{fq}가 0이 아님을 상기한다. 방정식 (4.98)은 모든 과도 조건이 사라지고 불안정성에 대한 잠재력이 더 이상 존재하지 않는다는 점에서 식 (4.73)에 제시된 임계 센터 3 포트 밸브의 유체력 결과와 다르다. 이것은 임계센터의 3 포트와 4 포트 스풀 밸브의 큰 차이점 중 하나를 보여준다. 즉, 4 포트 스풀 밸브의 경우, 오픈 밸브 설계를 꼭 따를 필요가 없다는 점을 의미한다. 다른 말로 하면, 개방 중심 그리고 임계센터의 밸브 설계는 불안정성을 유발할 염려 없이 4 포트 스풀 밸브에 안전하게 사용될 수 있다.

마지막으로 그림 4.13에서 공급 라인과 귀환 라인이 바뀌면 식 (4.97)의 정상 압력 항이 부호가 바뀌는 것을 언급해야 한다. 이 라인의 스위칭은 평형에 압력 항이 없기 때문에 임계센터의 밸브 설계의 유체력에는 영향을 미치지 않는다.

4.5.4 2단 전자 유압 밸브

개요

유압 시스템에 대한 가장 유연한 제어 방법을 구현하기 위해서는, 시스템을 전자적 입력과 피드백 제어가 가능한 방식으로 연결해야 한다. 이러한 연결은 보통 2단 전자 유압식 제어 밸브를 통해 수행된다. 첫 번째 단계의 밸브는 전기로 작동되며, 이는 다시 유압 시스템 내의 주요 밸브인 두 번째 단계 밸브를 제어한다. 대부분의 전동 액추에이터는 그 크기에 비해 충분한 힘을 내어 주 밸브를 직접 제어하는 것이 어렵다. 주 밸브를 작동시키기 위해 필요한 반대쪽의 스프링과 유체력을 극복하기 위해서는 더 많은 힘이 필요하다. 이러한 이유로 두 단계로 작동하는 밸브가 필요하다. 여기서 우리는 특별히 솔레노이드로 작동되는 두 단계 전자 유압식 밸브의 특징을 살펴볼 것이다.

그림 4.15는 솔레노이드로 작동하는 2단 전자 유압 밸브의 개요를 보여준다. 이 밸브는 4 포트 스풀 밸브를 주요 또는 두 번째 단계로 사용하여, 포트 A와 B를 통해 유압 제어 시스템으로 유체의 흐름을 제공한다.

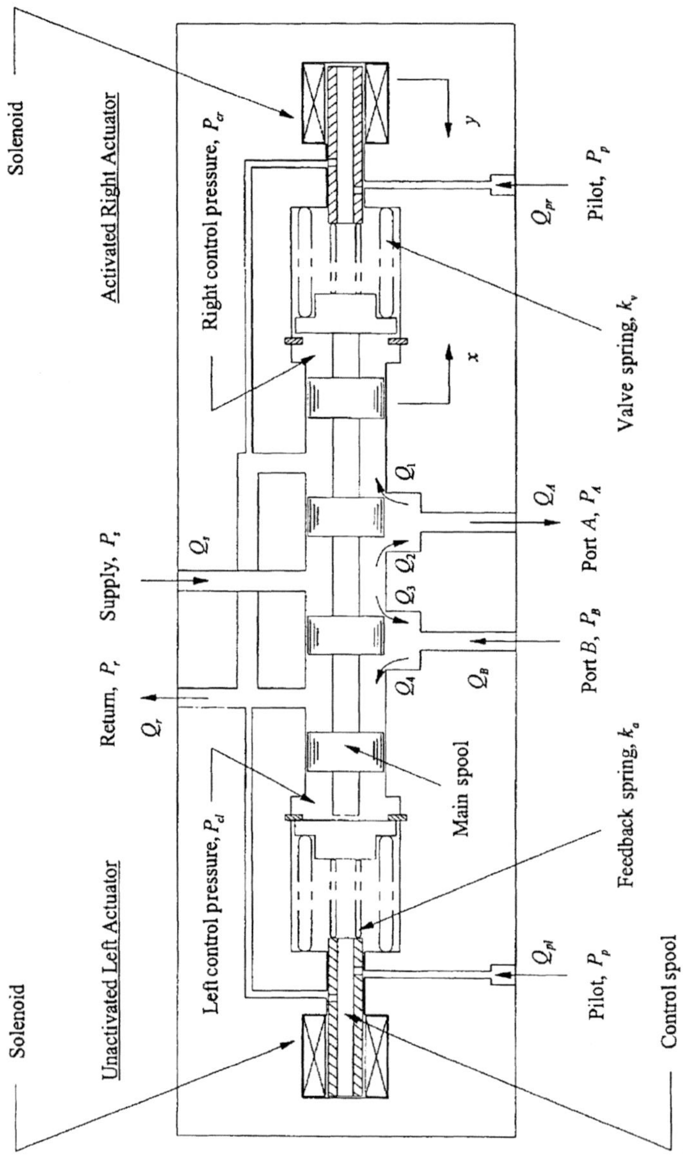

그림 4-15
솔레노이드 작동식 2단 전자 유압식 밸브 개략도

주의 깊게 살펴보면 이 두 번째 단계 밸브가 그림 4.13에 표시된 4 포트 스풀 밸브와 동일하다는 것을 알 수 있다.

밸브에 공급되는 압력은 그림 4.15에 기호 P_s로 표시되어 있는 반면에 귀환압력은 P_r로 표시된다. 포트 A 및 B를 통한 유속은 각각 기호 Q_A 및 Q_B로 표시된다. 4 포트 밸브가 포트 A로 흐름을 유도하기 위해, 밸브의 첫 번째 작동 단계에 의해 $+\ x$방향으로 움직여야 한다. 그림 4.15에서 주 스풀은 작동 위치에 표시되며, 밸브 변위는 $x \neq 0$으로 표시된다.

이는 훨씬 작은 솔레노이드 작동 제어 스풀에 의해 구동되는 첫 번째 작동 단계의 작동 원리를 설명하는 데 도움이 된다.

그림 4.15에서 볼 수 있듯이, 2단 제어 밸브의 메인 스풀은 좌우 액추에이터의 적절한 기능에 의해 제어된다. 이 전자 유압식 액추에이터는 밸브의 두 번째 또는 주요 단계를 작동시키는 용도로 사용되기 때문에 2단 제어 밸브의 첫 번째 단계로 알려져 있다.

그림 4.15의 왼쪽과 오른쪽 액추에이터는 솔레노이드 작동식 제어 스풀, 주 밸브 스프링 k_v, 제어 스풀 k_a에 대한 더 가벼운 피드백 스프링 및 스냅 링이 있는 스프링 리테이너(그림 4.17 및 4.18에서보다 명확하게 나타남).

제 1 단계의 작동은 좌측 액추에이터 및 우측 액추에이터에 파일럿 압력 P_p 및 유량 Q_{pl}및 Q_{pr}을 공급하는 보조 유압 전원을 필요로 한다. 일반적으로 이 보조 동력원은 매우 낮은 압력(~2 MPa)에서 작동하므로 이 보조 동력원과 관련된 에너지 손실은 주 스풀 밸브의 동력 전달과 비교할 때 중요하지 않다.

메인 스풀 밸브가 중립 위치에 있을 때, $x = 0$이고, 밸브의 왼쪽과 오른쪽이 스프링 리테이너에 닿아 있다. 이 중립 위치에서, 좌우측 제어 압력(P_{cl} 및 P_{cr})은 모두 파일럿 압력의 절반의 레벨 $P_p/2$로 가압되고, 주 스풀 밸브에 작용하는 유체력은 0이다. 즉, 밸브는 완벽하게 중심에 놓여 있다.

명목상의 위치에서 이 상태를 변경시키는 힘이 없다. 주 스풀 밸브를 오른쪽으로 움직이게 하기 위해 오른쪽 솔레노이드가 작동하여 오른쪽 제어 스풀을 왼쪽으로 움직인다. 제어 스풀의 동작은 그림 4.15에 기호 y로 표시된다. 오른쪽 컨트롤 스풀을 왼쪽으로 움직이면 오른쪽 파일럿 공급이 컨트롤 스풀에 의해 막히고, 오른쪽 컨트롤 압력 P_{cr}은 소량의 유량을 귀환 라인으로 미터링하여 감소한다. 이 작업 동안 그림 4.15에 표시된 왼쪽 액추에이터는 비활성 상태로 남아 있으므로, 좌측 제어 압력(P_{cl})은 여전히 파일럿 소스(P)의 레벨의 절반으로 가압된다. 이제 왼쪽과 오른쪽 사이에 압력 차이가 있다. 주 스풀 밸브의 오른쪽 측면에는 주 밸브를 오른쪽으로 움직이는 힘이 있다. 이러한 운동을 달성하기 위해, 압력 차 $P_{cl} - P_{cr}$은 우측 스프링 리테이너에 의해 유지되는 스프링 팩상의 예압을 견디기 위해서 중요하다.

일단이 예압이 극복되면, 밸브는 오른쪽으로 이동하고 유체 흐름을 포트 A와 포트 B로 유도한다.

이것은 물론 밸브 어셈블리의 전반적인 목표이다. 밸브가 오른쪽으로 움직이면 밸브 고정 장치와 제어 스풀 사이의 피드백 스프링이 압축되어 솔레노이드에 의해 제어 스풀에 작용하는 전자기력을 방해한다. 제어 스풀의 힘이 완벽하게 균형을 이루면 제어 스풀이 중단된다.

좌측으로의 그 운동 및 우측 제어 압력(P_{cr})은 파일럿 압력의 절반($P_p/2$)보다 낮은 레벨로 유지된다. 이 상태에서 주 스풀의 힘은 압력, 탄성력 및 정상 상태 유체력의 조합에 의해 균형을 이룬다. 그림 4.15에서 밸브가 양의 x 방향으로 작동할 때 주 스풀의 왼쪽에 탄성력이 작용하지 않는다는 것을 알아야 한다. 이것은 밸브의 중립 위치 설정에 중요한 요소인 스프링 유지 장치 때문이다. 그림 4.16은 스풀 밸브 변위의 개략도를 오른쪽과 왼쪽 사이의 입력 전류의 차이의 함수로 보여준다. 솔레노이드 밸브 변위와 입력 전류 사이에 존재하는 선형성은 종종이 밸브를 *비례 제어*로 설명하는 데 사용된다.

밸브 출력은 입력에 비례한다. 다음의 논의에서, 솔레노이드 작동식 2단 전자 유압식 제어 밸브는 더 자세히 분석되었다. 이 분석은 밸브의 설계 지침을 수립하고 밸브의 동적 응답을 예측하는 데 유용하다.

분석

그림 4.15에 표시된 전자 유압 밸브의 분석은 주 스풀 밸브의 운동 방정식을 고려하여 시작된다. 4.4.4절의 3 포트 밸브에 대한 논의와 유사하게, 4 포트 밸브의 선형 운동량 및 점성 감쇠 효과는 좌우 액추에이터에 의해 밸브에 작용하는 압력 및 탄성력과 비교할 때 무시할 수 있는 것으로 간주된다.

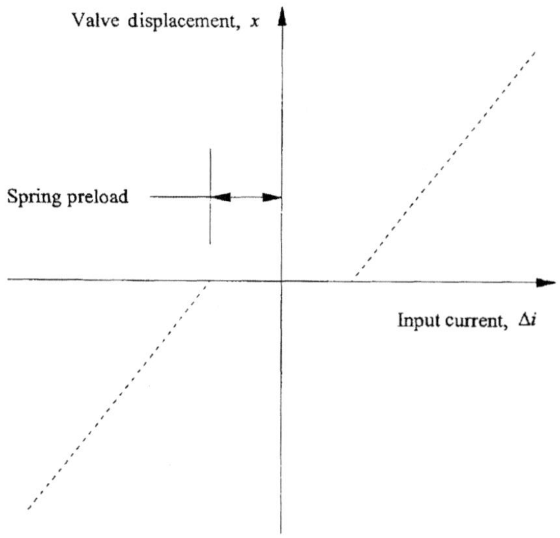

그림 4-16
밸브 변위 대 입력 전류

그러므로 주 스풀 밸브의 지배 방정식은 다음과 같다.

$$0 = F_x + F_{al} - F_{ar}, \tag{4.99}$$

여기서 F_x는 밸브에 작용하는 유체력이고, F_{al} 및 F_{ar}는 각각 왼쪽 및 오른쪽 작동 힘이다. **참고:** 밸브에 작용하는 유체력은 스풀 밸브가 오픈 센터인지 또는 임계센터인지 여부에 따라 식 (4.97) 또는 식 (4.98)에 의해 제공된다. 작용력 F_{al}과 F_{ar}는 다음 단락에서 논의될 것이다.

그림 4.17은 스풀 밸브가 양의 x 방향으로 작은 거리로 변위되었을 때 왼쪽 액츄에이터의 개략도를 보여준다.

이 도면에서 제어 스풀은 이제 솔레노이드 뼈대로 표시된다. 이 파트는 두 가지 기능을 수행하기 때문이다. 그림 4.17에서 스풀 밸브가 스프링 리테이너에 닿지 않는 것을 볼 수 있다. 따라서 스풀 밸브의 왼쪽에는 탄성력이 작용하지 않는다. 이 경우, 스풀 밸브의 좌측에 가압력만이 존재하며, 이 힘은

$$F_{al} = AP_{cl}, \tag{4.100}$$

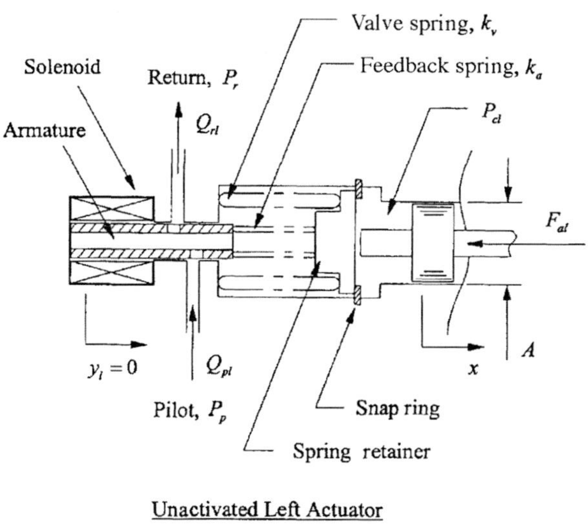

그림 4-17
그림 4-15의 왼쪽 액추에이터

여기서 A는 스풀 밸브의 가압 영역이며, P_{cl}는 왼쪽 제어 압력이다. 스풀의 왼쪽에 있는 유체의 부피가 극도로 작으면 왼쪽 컨트롤 압력과 관련된 과다 압력이 매우 빠르며 이 분석을 위해 무시될 수 있다.

이러한 비압축성 유동 조건 하에서,

$$0 = Q_{pl} - Q_{rl} - A\dot{x}, \tag{4.101}$$

여기서 Q_{pl}은 파일럿 공급 장치에서 왼쪽 액추에이터로 유입되는 유체의 체적 유량이며 Q_{rl}은 왼쪽 액추에이터에서 귀환 라인으로 유입되는 체적 유량이다. 안정된 밸브 작동을 위해, 이 두 유량은 동일하다.

왼쪽 액추에이터의 정격 작동 압력은

$$P_{cl_o} = \tfrac{1}{2}P_{p_o} \qquad \text{and} \qquad P_r = 0, \tag{4.102}$$

여기서 P_{po}는 정격 파일럿 압력이며, 왼쪽 액추에이터의 내부 및 외부의 선형 체적 유량은 다음과 같이 나타낼 수 있다.

$$Q_{pl} = \tfrac{1}{2}Q_o + \mathrm{K}_{c_a}(P_p - P_{cl}) \qquad \text{and} \qquad Q_{rl} = \tfrac{1}{2}Q_o + \mathrm{K}_{c_a}P_{cl}. \tag{4.103}$$

이 결과에서 메인 스풀 밸브가 오른쪽으로 이동할 때, 왼쪽의 컨트롤 스풀은 움직이지 않는 것으로 확인되었다. 그러므로 거기에 이 방정식에서는 제어 스풀 변위 항이 없다. 식 (4.103)에서 왼쪽 액추에이터를 통과하는 정격 유량은 Q_o로 주어지며, K_c는 식 (4.4)에서 일반적으로 정의된 제어 스풀 압력 흐름 계수이다. 식 (4.103)을 식 (4.101)로 대체하고 항을 재정렬하면 왼쪽 컨트롤 압력에 대해 다음과 같은 식이 산출된다.

$$P_{cl} = \frac{P_p}{2} - \frac{A}{2\mathrm{K}_{c_a}}\dot{x}. \tag{4.104}$$

이 결과를 통해 정격 제어 압력은 파일럿 압력의 절반으로 주어지지만 메인 스풀 밸브의 운동은 일시적인 방식으로 좌측 제어 압력을 감소시키는 역할을 한다.

식 (4.104)을 식 (4.100)으로 대체하면 그림 4.15에 표시된 주 스풀 밸브에 작용하는 왼쪽 액추에이터 힘에 대한 다음식이 산출된다.

$$F_{al} = A\frac{P_p}{2} - \frac{A^2}{2\mathrm{K}_{c_a}}\dot{x}. \tag{4.105}$$

왼손 액추에이터 힘이 결정되었으므로, 우리는 오른쪽 액추에이터 힘 F_{ar}에 대한 식을 개발해야 한다. 그림 4.18은 스풀 밸브가 양의 x 방향으로 작은 거리로 변위되었을 때 오른쪽 액추에이터의 개략도를 보여준다.

이 그림에서 스풀 밸브는 스프링 팩 예압을 극복하기 위해 스프링 리테이너에 대해 충분한 힘을 가했음을 알 수 있다.

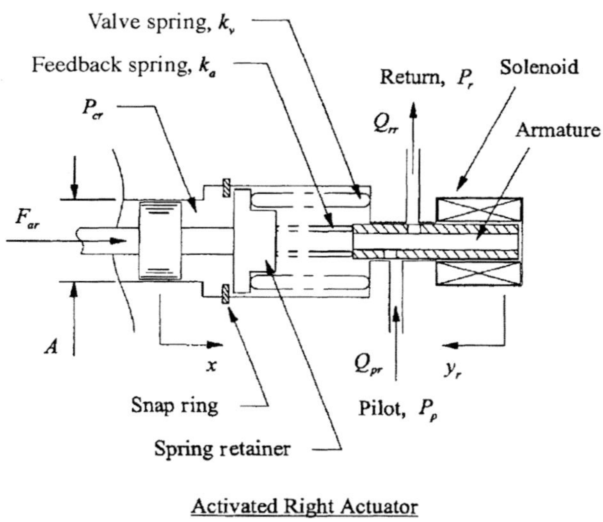

그림 4-18

그림 4-15의 오른쪽 액추에이터

이 경우, 밸브에 압력 및 탄성력이 가해지며 오른쪽 액추에이터 힘을 설명하기 위해 다음 식을 쓸 수 있다.

$$F_{ar} = AP_{cr} + \underbrace{k_v x + F_{v_o}}_{\text{Valve spring}} + \underbrace{k_a(x + y_r) + F_{a_o}}_{\text{Feedback spring}}, \tag{4.106}$$

여기서 P_{cr}은 우측 제어 압력, k_v는 주 밸브 스프링의 스프링 계수, F_{vo}는 주 밸브 스프링의 조립 된 예압이며, k_a는 피드백 스프링의 탄성 계수이며, F_{ao}는 피드백 스프링. 스풀의 오른쪽에 있는 유체의 양이 극히 적기 때문에 왼쪽 컨트롤과 관련된 압력 과다 현상이다.

이 분석의 목적을 위해 왼쪽 컨트롤 압력과 관련된 과도 압력이 무시 될 수 있다. 이러한 비압축성 조건 하에서,

$$0 = Q_{pr} - Q_{rr} + A\dot{x}, \tag{4.107}$$

여기서 Q_{pr}은 파일럿 공급 장치에서 오른쪽 액추에이터로 들어가는 유체의 체적 유량이고 Q_{rr}은 오른쪽 액추에이터에서 리턴 라인으로 들어가는 체적 유량이다. 오른쪽 액추에이터의 다음 장격 작동 조건을 사용한다.

$$P_{cr_o} = \tfrac{1}{2}P_{p_o}, \qquad P_r = 0, \qquad \text{and} \qquad y_{r_o} = 0, \tag{4.108}$$

여기서 P_{cro}는 오른쪽 액추에이터의 정격 제어 압력이고, Y_{ro}는 오른쪽 컨트롤 스풀의 정격 변위이며, 오른쪽 액추에이터의 내부 및 외부의 선형 체적 유량은 다음과 같이 나타낼 수 있다.

$$Q_{pl} = \tfrac{1}{2}Q_o - K_{q_a}y_r + K_{c_a}(P_p - P_{cr}) \quad \text{and}$$
$$Q_{rl} = \tfrac{1}{2}Q_o + K_{q_a}y_r + K_{c_a}P_{cr}. \tag{4.109}$$

이 결과에서 오른쪽 액추에이터를 통과하는 정격 유량은 Q_o로 주어지며 K_{qa}와 K_{ca}는 제어 스풀 효율과 식 (4.4)에서 일반적으로 정의된 압력 유량 계수이다. 식 (4.109)를 식 (4.107)에 대입하고 항을 재정렬하면 오른쪽 제어 압력에 대한 다음식이 쓰여질 수 있다.

$$P_{cr} = \frac{P_p}{2} + \frac{A}{2K_{c_a}}\dot{x} - K_{p_a}y_r, \tag{4.110}$$

여기서 K_{pa}는 제어 스풀의 압력 감도이며, 일반적으로 식 (4.5)에서 정의된다. 이 결과를 통해 정격 제어 압력은 파일럿 압력의 절반으로 주어지지만 메인 스풀 밸브의 운동은 일시적인 방식으로 우측 제어 압력을 증가시키는 역할을 한다.
또한, 제어 스풀의 변위는 우측 제어 압력을 감소시키는 역할을 하는데, 이것은 물론 제 1 단계 밸브의 목적이다. 식 (4.110)을 식 (4.106)에 대입하면 그림 4.15에 표시된 주 스풀 밸브에 작용하는 오른쪽 액추에이터 힘에 대한 다음식이 산출된다.

$$F_{ar} = A\frac{P_p}{2} + \frac{A^2}{2K_{c_a}}\dot{x} + (k_v + k_a)\,x - (AK_{p_a} - k_a)y_r + (F_{v_o} + F_{a_o}). \tag{4.111}$$

식 (4.111)의 결과를 사용하려면 오른쪽 컨트롤 스풀 Y_r의 움직임을 오른쪽 솔레노이드의 입력 전류와 관련시키는 식을 작성해야 한다.
그림 4.18에서 제어 스풀은 솔레노이드의 아마추어이기도 하다.
아마추어에 작용하는 선형 운동량과 점성 드래그 효과를 무시하고, 인덕턴스와 운동으로 인한 유도 전자기력을 무시한다. 아마추어 변위에 대한 일정한 방정식은

$$y_r = \frac{\alpha}{k_a}i - \frac{F_{a_o}}{k_a} - x, \tag{4.112}$$

여기서 α는 솔레노이드의 자기 결합 계수이다. 이 결과에서 뼈대에 작용하는 유동력은 전기자 제어 스풀의 구조가 이러한 유동 세력을 거부하는 상당히 좋은 작업이기 때문에 무시되었다.

그림 4.15에 표시된 솔레노이드 작동 2단 전자 유압 밸브의 분석을 요약하면, 앞의 방정식은 밸브의 동역학을 1차 시스템으로 설명하기 위해 조립된다. 우리가 임계 중심 밸브를 두 번째 단계에 사용한다고 가정하면 식 (4.98), (4.105), (4.111) 및 (4.112)를 식 (4.99)에 대입하면 다음 식

을 얻을 수 있다.

$$\frac{A^2}{K_{c_a}}\dot{x} + (k_v + 2K_{f_q} + AK_{p_a})\,x = \frac{AK_{p_a}\alpha}{k_a}(i - i_o), \tag{4.113}$$

여기서 스프링 팩의 예압을 극복하기 위해 요구되는 입력 전류는

$$i_o = \frac{F_{a_o}}{\alpha}\left[1 + \frac{k_a}{AK_{p_a}}\left(\frac{F_{v_o}}{F_{a_o}} + 1\right)\right]. \tag{4.114}$$

식 (4.113)에서 $AK_{pa}/k_a \gg 1$로 가정되었다. 이 결과는 그림 4.15에 제시된 2단 전자 유압식 제어 밸브의 안정된 과도 특성을 설명하기 위해 다음 단락에서 사용된다.

▌반응 특성

그림 4.15에 제시된 2단 전자 유압 밸브의 정상 및 과도 응답 특성을 고려하기 위해 식 (4.113)에 제시된 운동 방정식을 다음과 같이 다시 쓰는 것이 편리하다.

$$\tau\dot{x} + x = \psi(i - i_o), \tag{4.115}$$

여기에

$$\tau = \frac{A}{K_{q_a}\left(\dfrac{k_v + 2K_{f_q}}{AK_{p_a}} + 1\right)} \quad \text{and} \quad \psi = \frac{\alpha}{k_a\left(\dfrac{k_v + 2K_{f_q}}{AK_{p_a}} + 1\right)}. \tag{4.116}$$

이 방정식의 모든 매개 변수는 이전에 정의되었다. 이 결과에서 기호 τ는 시스템의 과다 응답에 대한 시간 상수를 나타내고,
기호 ψ는 정상 상태 응답에 대한 비례 상수를 나타낸다. **주:** ψ는 그림 4.16에 표시된 선의 기울기이다. 대부분의 밸브 설계에서

$$\frac{k_v + 2K_{f_q}}{AK_{p_a}} << 1 \tag{4.117}$$

이는 시상수와 비례 상수가 다음 근사치로 축소될 수 있음을 의미한다.

$$\tau \approx \frac{A}{K_{qa}} \qquad \text{and} \qquad \psi \approx \frac{\alpha}{k_a}. \tag{4.118}$$

이 간단한 결과는 초기 설계 목적 및 전반적인 밸브 응답의 근접 추정에 사용될 수 있다.
일반적으로, 작은 시정수가 정착 시간을 줄이고 밸브의 주파수 응답을 증가시키기 위해 필요하다.

식 (4.118)로부터 작은 단면적 A와 큰 유동 이득이 액추에이터 K_{qa}는 가장 작은 시간 상수를 제공한다.
액추에이터의 유량 게인을 증가시키려면, 액추에이터로 유입되는 유체의 경로 크기를 더 크게 해야 한다. 그러나 이 경로 크기를 얼마나 확장할 수 있는지에는 물리적인 제한이 있다.

일정한 관점에서 밸브의 비례 상수는 가능한 최대 입력 전류에 대해 최대 밸브 변위 $x_{\max}$가 주어지도록 크기를 조정해야 한다. 이 설계 요구 사항은 다음과 같이 작성할 수 있다.

$$\psi = \frac{x_{\max}}{(i_{\max} - i_o)}, \tag{4.119}$$

i_o는 식 (4.114)에서 주어진다. 식 (4.118)에서 밸브의 최대 작동 범위를 증가시키려면 솔레노이드 α의 자기 결합 계수를 증가시켜야 하고 피드백 스프링 k_a의 탄성 계수를 낮춰야 한다는 것을 알 수 있다.
α를 증가시키면 솔레노이드의 전체 크기가 커지므로 이 매개 변수의 크기에 대한 실질적인 제한이 있다. 그림 4.15에 표시된 2단 전자 유압식 밸브를 설계할 때 이러한 모든 제한 사항을 고려해야 한다.

연구 사례

그림 4.15와 유사한 솔레노이드 작동식 2단 전자 유압식 밸브는 임계센터의 4 포트 밸브인 주 무대 스풀 밸브의 직경이 15 mm인 것으로 설계되었다. 액추에이터를 제어하는 컨트롤 스풀의 전기자는 한 변의 길이가 2 mm인 정사각형 통로를 사용하며, 배출 계수는 0.62이다. 작동유의 밀도는 850 kg/m^3 이다. 밸브를 작동시키는 데 사용되는 파일럿 압력은 2.1 MPa이다.
피드백 스프링의 스프링 속도는 10 N/mm이고 솔레노이드의 자기 결합 계수는 30 N/A이다. 밸브에 대한 시간 상수 τ와 비례 상수 ψ를 계산하라. 이 계산을 기반으로 밸브의 안정화 시간과 주파수 응답을 추정하라. 또한, 메인 스테이지 밸브의 변위를 계산할 때는 2의 값을 사용하라. 1개의 솔레노이드에 전류 A가 인가된다. 스프링 팩의 예하 중을 극복하는 데 필요한 초기 전류량은 1A이다

시간 상수 및 비례 상수는 식 (4.118)에 표시된다. 시정수를 계산하기 위해 제어 장치의 유량 게인 스풀을 결정해야 한다. 사각 유로 구조를 사용하면, 제어 스플에 대한 유동 게인은 식 (4.8)

에서 다음과 같이 계산될 수 있다.

$$K_{q_a} = hC_d\sqrt{\frac{2}{\rho}\frac{P_p}{2}} = 2\ \text{mm} \times 0.62 \times \sqrt{\frac{2.1\ \text{MPa}}{850\ \text{kg/m}^3}} = 6.16 \times 10^{-2}\ \text{m}^2/\text{s}.$$

문제 설명에서 주어진 15 mm 보어 직경에서 단면적은 $A = 176.71\ \text{mm}^2$로 계산될 수 있다. 앞의 계산에 이 숫자를 사용하면 전자 유압 밸브의 시정수는

$$\tau = \frac{A}{K_{q_a}} = \frac{176.71\ \text{mm}^2}{6.16 \times 10^{-2}\ \text{m}^2/\text{s}} = 2.87\ \text{ms}.$$

밸브의 비례 상수는 주어진 문제 설명에서 직접 계산할 수 있다.

$$\psi = \frac{\alpha}{k_a} = \frac{30\ \text{N/A}}{10\ \text{N/mm}} = 3\ \text{mm/A}.$$

이러한 계산에 기초하여, 밸브의 동적 및 정상 상태 특성이 결정될 수 있다.
특히 1차 시스템의 안정 시간은 시정 수 τ의 4배로 정의됩니다. 그러므로, 안정화 시간은 $t_s =$ 11.48 ms로 주어진다.
1차 시스템의 주파수 응답 또는 대역폭은 시간 상수에 대해 1로 정의된다.
따라서 주파수 응답은 $\omega_{bw} = 348.4$ rad/s=55 Hz이다. 최대 스풀 변위는 식 (4.119)로부터 계산될 수 있는데, 여기서 문제 전류는 초기 전류 $i_o = 1\,A$이다. 이 결과는 다음과 같다.

$$x_{\max} = \psi(i_{\max} - i_o) = 3\ \text{mm/A} \times (2\ \text{A} - 1\ \text{A}) = 3\ \text{mm}.$$

이 결과는 그림 4.16과 비슷한 커브에서 얻을 수 있는 최대 스풀 변위이다.

요약

이 서브 섹션에서는 그림 4.15의 2단 전자 유압 밸브가 분석되었으며 동적 및 정상 상태 응답 특성이 모두 논의되었다. 이 밸브의 응답 특성 1차 시상수와 밸브 변위와 입력 전류 사이에 존재하는 비례 상수에 의존한다. 결국, 이 두 양은 식 (4.118)에 나와 있는 상당히 단순한 표현식으로 가깝게 근사화될 수 있다. 이 방정식에서는 주 스풀 밸브의 가압 면적, 제어 스풀의 유량 게인, 솔레노이드의 자기 결합 계수 및 피드백 스프링의 스프링 율이라는 네 가지 매개 변수만 보여준다. 이러한 표현이 밸브의 응답 특성을 평가하는 데 사용될 수 있지만 전체 밸브 기능을 달성하려면 다른 설계 매개 변수를 신중하게 지정해야 한다. 이러한 다른 설계 매개 변수는 이 서브 섹션의 논의에서 언급된다.

4.5.5 요약

이 섹션에서는 4 포트 스풀 밸브의 성능 특성을 고려한다.
이 섹션에서 볼 수 있듯이 4 포트 스풀 밸브는 2 포트 및 3 포트 밸브와 비교하여 독특하다. 모든 일시적인 유체력을 거부하고 밸브를 닫으려고 일정한 유체력을 유지하기 때문이다.
이것은 4 포트 밸브가 3 포트 중립 스풀 밸브처럼 불안정성을 겪지 않는다는 것을 의미한다.
유압 시스템 내에서 유량 제어에 사용되는 기본 밸브인 4 포트 스풀 밸브는 종종 그림 4.15에 표시된 전자 유압 장치를 사용하여 포장된다.
이러한 배열은 밸브를 작동 시키는데 사용되는 파일럿 압력 및 파일럿 흐름을 공급하기 위한 보조 유압 동력원을 필요로 한다. 그러나 이 밸브의 전자 제어와 관련된 유연성은 보조 파일럿 공급과 관련하여 발생하는 전력 손실을 포함하여 이 설계 내에서 발생할 수 있는 다른 단점보다 훨씬 큽니다.
4 포트 스풀 밸브의 적용은 7장에서 제시되고 논의될 것이다.

4.6. 포펫 밸브

4.6.1 개요

4.3 절에서 릴리프 밸브 응용을 위해 유압 회로 내에서 때때로 사용되는 2 포트 스풀 밸브의 설계를 고려하였다. 이 섹션에서는 릴리프 타입 기능, 즉 2 포트 포펫 밸브에 사용되는 보다 일반적인 밸브 구조를 살펴보겠다. 이 절에서 볼 수 있듯이, 2 포트 스풀 밸브와 2 포트 포펫 밸브 사이에는 많은 동적 및 정상 상태 유사성이 있다. 그러나 포펫 밸브는 스풀 밸브 설계에 비해 몇 가지 장점을 가지고 있다. 이러한 이점은 다음과 같이 나열될 수 있다.

1. 포펫 밸브는 닫혀있을 때 새는 것이 아니어야 한다.
2. 포펫 밸브는 정밀 가공이 필요하지 않으며 마모에 대비할 수 있어야 한다.
3. 포펫 밸브는 자체 세척 기능을 갖추고 있어 오염 입자에 민감하지 않아야 한다.

이러한 이유로 포펫 밸브는 유압 회로에서 안전을 제공하기 위해 널리 사용되며, 압력 릴리프 기능을 갖추고 있어 거의 모든 고전력 시스템에 광범위하게 사용된다.
또한 회로의 다른 가지 내에서 릴리프 기능을 제공하기 위해 단일 유압 시스템 내에서 여러 개의 포펫 밸브를 사용하는 경우는 드문 일이 아니다. 이러한 밸브는 간헐적으로 사용되지만, 작동 시에 일반적으로 발생하는 소음이 주요 단점으로 나타난다. 이 소음은 고전적인 포핏 밸브의 불안정성에 기인한다. 이 개념은 다음 절에서 다루게 될 것이다.

다음 단락에서는 2 포트 포펫 밸브의 유량 특성에 대해 설명한다.

2 포트 포펫 밸브는 그림 4.19에 두 개의 그림이 표시되어 있다. 이 도면에서, 공급 라인은 레벨 P_s로 가압되도록 도시되어있다.

귀환 라인은 레벨 P_r로 가압 된 것으로 표시된다. 포펫 밸브를 열려면 포펫이 포 펫트 시트에서 x축 방향으로 멀어지고, 식 (4.1)에서 포펫 밸브를 통한 용적 유량은 식 (4.19)에 의해 주어진다.

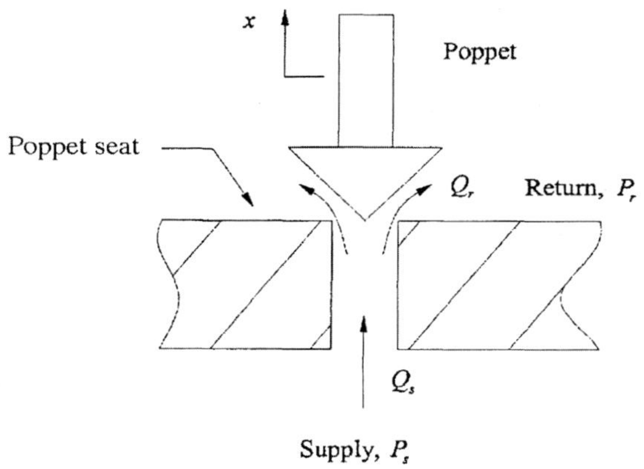

그림 4-19

2 포트 포펫 밸브

$$Q_r = \tfrac{1}{2}Q_{r_o} + K_q x + K_c(P_s - P_r), \tag{4.120}$$

여기서 Q_{ro}는 정상 작동 조건에서 포핏 밸브를 통과하는 정격 유량이며 K_q 및 K_c는 일반적으로 식 (4.4)에서 정의된 유량 이득 및 압력 - 유량 계수이다. 독자는 $x = 0$이고 공급 및 귀환 압력이 밸브 계수가 결정된 정격값에 있을 때 정격 유량이 결정된다는 것을 상기한다.

식 (4.120)으로부터 밸브 변위 x가 증가하고 압력 강하 $(P_s - P_r)$가 증가함에 따라 밸브를 통과하는 유속이 증가하는 것을 볼 수 있다.

참고 : 포펫 밸브의 공칭 평가의 경우, 밸브는 밸브를 통과하는 정상 상태 흐름에 의해 결정되는 밸브의 입구와 함께 작동하는 것으로 가정한다. 이 정상 상태 유속은 Q_{ro}기호로 식 (4.120)에 표시되며 밸브 변위 x는 이 정격 개구와 관련하여 측정된다.

식 (4.120)의 밸브 계수는 포펫 밸브의 토출 면적 특성에 따라 달라진다. 그림 4.20은 포펫 밸브의 개략도를 보여준다.

방전 영역은 밸브의 관련 기하학적 특징과 관련되기 때문에, 이 도식에서 A는 점선으로 표시된 밸브의 토출 면적, ξ는 포펫의 수직 방향 열린 거리, θ는 포핏 밸브 각, D는 포펫 밸브의 직경 입구 영역으로 나타낸다. 방전 영역 A는 원뿔의 표면적이다. 미적분의 방법을 사용하면, 이 영역은 다음과 같이 주어진다.

$$A = \pi[D \sin(\theta)\ \xi - \cos(\theta) \sin^2(\theta)\ \xi^2]. \tag{4.121}$$

ξ가 작다고 가정하면 이 영역에 대한 선형 근사값은 다음과 같다.

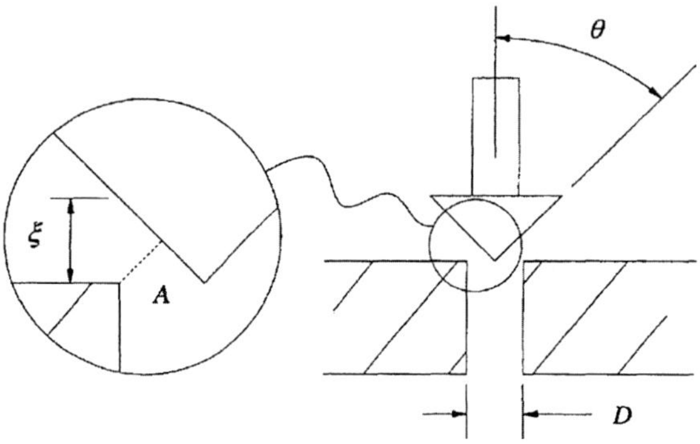

그림 4-20
포뱃 밸브 영역 형상

$$A = \pi D \sin(\theta)\ \xi. \tag{4.122}$$

u는 밸브의 정격 열림 위치이고 x는 이 정격 위치로부터의 밸브 변위이다. 식 (4.122)를 식 (4.4)와 함께 사용하여 식 (4.120)은 다음과 같이 주어진다.

$$K_q = \pi D \sin(\theta)\ C_d \sqrt{\frac{2}{\rho}\, P_{s_o}} \quad \text{and} \quad K_c = \frac{\pi D \sin(\theta)\ u C_d}{\sqrt{2\rho P_{s_o}}}, \tag{4.123}$$

여기서 P_{so}는 밸브에 대한 정격 공급 압력이고 정격 귀환 압력 P_r은 0으로 가정된다. **참고 :** 포펫 각도 θ는 표준 밸브 계수에 결정적인 영향을 준다.

4.6.2 효율

그림 4.19에 표시된 포펫 밸브는 2 포트 밸브이기 때문에 효율 특성은 4.3.2절에 제시된 2 포트스풀 밸브 설계와 동일하다. 즉, 식 (4.19)에 따르면, 포펫 밸브의 효율은 다음 식에 의해 주어진다.

$$\eta = \frac{P_r}{P_s}, \tag{4.124}$$

여기서, P_r은 귀환 압력이며, P_s는 공급 압력이다. 감압 유형의 기능으로 작동하는 포펫 밸브의 경우 유체가 시스템 저장소로 배출되어 복구되지 않으므로 릴리프 밸브의 출력이 완전히 손실된다는 점에 유의해야 한다.

시스템 저장소의 압력은 유압 시스템의 다른 모든 압력을 측정하는 기준 압력이다. 따라서 귀환 압력 P_r은 제로 게이지 압력과 같고, 식 (4.124)에 따라 포펫 밸브의 효율은 0이다. 이는 포펫 릴리프 밸브에 대한 모든 입력 전력이 유압 시스템의 냉각 메커니즘에 의해 발산되어야 하는 열에 영향을 미친다는 것을 의미한다. 2장의 특정 열에 대한 설명에서 릴리프 밸브를 가로질러 40 MPa의 압력 강하에 대해 유체 릴리프 밸브를 가로지르면 온도가 20℃ 올라간다. 많은 양의 유량이 릴리프 밸브를 초과할 때, 유압 회로에는 실질적인 냉각 메커니즘이 필요하다. 이는 운영적인 측면뿐만 아니라 전체 시스템의 초기 비용 분석에서도 고려되어야 한다. 분명히, 압력 릴리프 밸브는 비용을 추가로 발생시키지 않으면서도 유압 회로에 필수적인 요소로서 안전을 제공한다.

4.6.3 유체력

양방향 포펫 밸브에 작용하는 유체 힘은 그림 4.21에 나타난 점선 제어 볼륨에 레이놀즈 전달 정리를 적용하여 결정할 수 있다. 이 발전은 2포트 스풀 밸브에 대한 식 (4.20)~(4.34)에 제시된 것과 매우 유사한다. 따라서 이 분석은 여기에서 반복하지 않을 것이다. 오히려, 이 분석의 유체력의 결과는 다음과 같이 간단하게 나타낼 수 있다.

$$F_x = -\rho L \mathrm{K}_q \dot{x} - \rho L \mathrm{K}_c \dot{P}_s - \mathrm{K}_{f_q} x + (A - \mathrm{K}_{f_c}) P_s, \tag{4.125}$$

여기서 P는 유체 밀도, L은 그림 4.21에 표시된 감쇠 길이, K_q와 K_c는 식 (4.123)에서 주어진 밸브 계수이며, A는 그림 4.21에 표시된 입구의 단면적이며 K_{fq}, K_{fc}는 식 (4.32)에서 일반적으로 정의된 유체력 이득 및 압력-유체력 계수이다. **주:** 이 결과에서, 그림 4.21의 제어 볼륨으로 들어가는 유체 운동량은 제어 볼륨을 나가는 운동량과 비교하여 작은 크기로 인해 무시되었다. 또한 그림 4.21에서 흐름 힘 F_x는 제어 볼륨에 작용하는 반력으로 표시되는 반면, 식 (4.125)는 이 힘이 포펫에 적용될 때(동일하고 반대인) 설명한다.

식 (4.32)와 함께 식 (4.122)을 사용하여, 2 포트 포펫 밸브의 유 동력 이득과 압력-유체력 계수는

$$\mathrm{K}_{f_q} = 2\pi D \sin(\theta) P_o C_d^2 \cos(\theta) \quad \text{and} \quad \mathrm{K}_{f_c} = 2\pi D \sin(\theta) u C_d^2 \cos(\theta), \tag{4.126}$$

여기서 D는 그림 4.21에 표시된 컨트롤 볼륨의 직경이다.

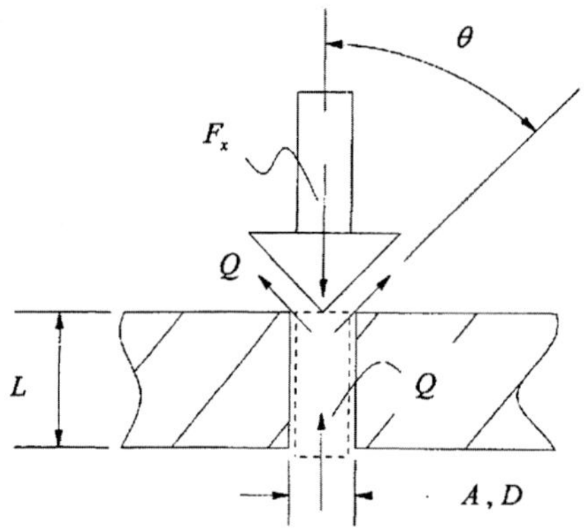

그림 4-21
포펫 유량 및 제어량

이 결과에서 포펫 밸브를 나가는 흐름의 제트 각도는 포펫 밸브 자체의 가공 각도와 같다고 간주된다(그림 4.20 및 4.21 비교).

이는 포펫 밸브에 작용하는 정상 상태의 유동력에 대해 합리적인 결과를 산출하는 데 사용될 수 있는 제트 각의 첫 번째 근사치이다 [1].

식 (4.125)에서 포펫 밸브는 과도 및 정상 유동 효과에 쉽게 영향을 받는다. 이 방정식의 첫 번째 과도 항은 효과적인 감쇠 효과를 나타낸다. 이는 밸브의 안정성을 향상시킨다. 두 번째 과도 항은 갑작스러운 압력 변화에 따른 외란 효과를 나타낸다. 식 (4.125)에서 볼 수 있듯이, 정상 변위 항은 밸브를 닫는 역할을 하며, 일정한 압력 항은 밸브를 여는 역할을 한다.

참고 : 안정 압력은 공급 압력이 너무 커지면 밸브를 열 때 사용되는 강제 입력이며, 따라서 포펫 밸브가 주로 제공되는 안전 기능을 담당한다.

4.6.4 압력 완화 밸브

개요

앞에서 설명한대로, 양방향 포펫 밸브는 유압 제어 시스템 내에서 압력을 완화하고 시스템의 안전을 보장하는 역할을 한다. 그림 4.22는 이러한 기능을 수행하는 양방향 포펫 밸브의 개략도를 보여준다. 이 그림에서 기본 유압 제어 시스템은 아래쪽에 표시된 압축 가능한 유체 볼륨으로 나타난다. 이런 압축 가능한 유체 체적은 일반적으로 유압 회로의 고압 라인 내의 유체 체적을 나타낸다. 완화가 필요한 압축 가능한 유체 체적의 공칭 유량은 그림 4.22에서 기호 Q_o로 표시된다. 포펫 밸브를 통해 밖으로 빠져나가는 용적 유량은 기호 Q로 표시된다.

유체의 유체 체적 탄성 계수는 β로 주어지고, 유체 체적의 순간 압력은 P로 주어지며, 압축성 유체의 체적은 V로 주어진다. 릴리프 밸브의 배출 챔버는 P_r에 의해 주어진 레벨로 가압되는 귀환 포트이다. 일반적으로 귀환 압력은 유압 제어 시스템 저장소 내부의 압력이므로 P_r은 제로 게이지 압력, 포펫 밸브는 그림 4.22에서 기호 m으로 표시된 질량을 갖는다.
스프링이 포펫 밸브에 작용하여 음의 x 방향으로 힘을 가한다.
비압축성 유체 영역은 포펫 밸브의 입구 영역에 의해 표시되며 감쇠 길이 L로 지정된다.

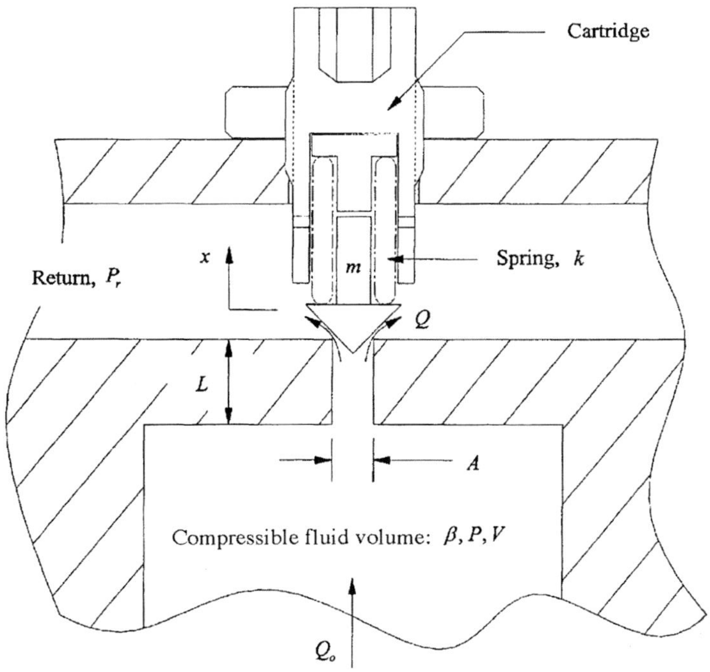

그림 4-22
2 포트 포펫 형 압력 릴리프 밸브의 개략도

압축 가능한 유체 체적 내의 압력이 증가하면, 포펫 밸브가 위로 이동하여 릴리프 흐름 Q가 용이해진다.
이 릴리프 흐름은 압축 가능한 유체 체적 내의 유체 압력을 감소시키거나 제어하여 유압 제어 시스템 내의 다른 구성 요소에 대한 안전 기능을 제공한다. 그림 4.22에 표시된 조절식 카트리지는 포펫 스프링의 예압을 변경하는 데 사용된다.

분석

포펫형 릴리프 밸브의 분석은 4.3.4절에서 논의된 스풀 형 릴리프 밸브의 분석과 유사하다.
여기서, 압축성 유체 부피 내의 유체 압력에 대한 동적 방정식은

$$\frac{V}{\beta}\dot{P} + K_c(P - P_o) = -K_q x, \tag{4.127}$$

V는 유체 체적, β는 유체 체적 탄성 계수, K_c 및 K_q는 포핏 밸브 유동 계수, P_o는 유체 체적의 정격 압력이다.

이 방정식은 그림 4.22에 표시된 포펫 형 릴리프 밸브의 압력 과다 특성 모델링에 사용할 수 있는 방정식과 동일한 방정식이다.

그러나 이 방정식을 사용할 때, 스풀 밸브 계수보다는 식 (4.123)의 포펫 밸브 계수가 사용되는 것이 중요하다.

분명히 식 (4.127)에서 압축성 유체 체적 내의 유체 압력을 조정하기 위한 입력은 포펫 밸브 변위 x입니다. 포펫 밸브 변위는 다음 단락에서 모델링된다.

그림 4.22의 포펫에 가해진 힘을 합하여 포 펫의 선형 운동량의 시간 변화율과 같게 설정하면 다음 식포펫 밸브의 x 방향으로의 수직 운동을 제어하기 위해 쓰여질 수 있다.

$$m\ddot{x} + kx = F_x - F_o, \tag{4.128}$$

여기서 m은 포핏 밸브의 질량, k는 포펫 밸브 탄성 계수, F_o는 $x = 0$일 때 스프링에 의해 포펫에 작용하는 정격 힘 또는 예압이며, k는 포펫에 수직 방향으로 작용하는 유체력이다.

포펫 밸브의 유체 힘은 식 (4.125)와 같다.

참고 : 식 (4.128)에서 점성 감쇠 효과는 그림 4.22의 설계에서 무시할 수 있기 때문에 모델에서 제외한다.

식 (4.125)를 식 (4.128)에 대입하면 포펫 밸브의 동역학에 대한 다음식이 산출된다.

$$m\ddot{x} + \rho L K_q \dot{x} + (k + K_{fq})x = (A - K_{fc})(P - P_o) - \rho L K_c \dot{P}, \tag{4.129}$$

여기서 K_{fq}와 K_{fc}는 포 펫트 밸브에 대한 식 (4.126)에서 정의된 유 체력 게인과 압력-유체력 계수이다.

이 결과에서 정상 상태 조건에서 밸브에 작용하는 정격 탄성력은 다음과 같이 주어진다.

$$F_o = (A - K_{fc})P_o. \tag{4.130}$$

요약하면 식 (4.127)과 식 (4.129)는 그림 4.22에 나타난 2 포트 포펫 형 압력 완화 밸브의 동역학을 설명하는 지배 방정식으로 제시된다. 독자는 이 방정식이 점성 감쇠를 제외하고는 4.3.4절에 제시된 2 포트 스풀 형 릴리프 밸브의 방정식과 본질적으로 동일함을 알 수 있다.

이는 그림 4.22의 포 펫트 밸브 설계에서 무시되었다.

2 포트 포펫 밸브 설계와 2 포트 스풀 밸브 설계 간의 주요 차이점은 해석의 유동 및 유동 계수

내에 묻혀 있다. 포펫 밸브 설계의 경우 이 매개 변수를 계산할 때 식 (4.123) 및 (4.126)을 사용해야한다.

디자인

그림 4.22에서 볼 수 있는 포펫 형 릴리프 밸브 설계에 대한 우리의 주된 목적은 밸브의 정상 상태 또는 정격 개도를 결정하는 것이다. 이 양이 결정되면 포펫 밸브의 유량 및 유량 계수를 계산하는 데 사용할 수 있다.

밸브의 정격 개도를 결정하기 위해 포펫 밸브를 통한 정상 유량은 고전 오리피스 방정식에 의해 충족되어야 한다는 것을 알고 있다.

$$Q_o = A_o C_d \sqrt{\frac{2}{\rho} P_o}. \tag{4.131}$$

포펫 밸브 유동 영역은 일반적으로 식 (4.122)에 설명되어 있다. 정격 밸브 개방의 경우, 이 영역은 $A_o = \pi D \ \sin(\theta)u$로 표시되며, 여기서 u는 밸브의 정격 개구부이며 다른 매개 변수는 그림 4.20과 같다. 식 (4.13 1)과 함께 이 결과를 사용하면 정격 유량 Q와 정격 압력 강하 P_o에 대한 밸브의 정격 개도는 다음과 같이 나타낼 수 있다.

$$u = \frac{Q_o}{\pi D \ \sin(\theta) C_d \sqrt{\frac{2}{\rho} P_o}}. \tag{4.132}$$

이 결과를 사용하여 식 (4.123) 및 (4.126)의 밸브 계수를 결정할 수 있다.

지정해야하는 또 다른 설계 변수는 밸브의 정격 작동 상태에서 요구되는 스프링 예압 F_o이다. 이 규격은 밸브의 단면적, 압력 - 유체력 계수 및 밸브의 정격 작동 압력의 함수로서 식 (4.130)에 나와 있다. 이 힘은 탄성 속도와 밸브의 정격 작동 상태에서의 총 탄성 편향을 곱한 것과 동일하다. 따라서 밸브의 스프링 계수는 다음과 같이 설계되어야 한다.

$$k = \frac{(A - \mathrm{K}_{fc})P_o}{\delta}, \tag{4.133}$$

여기서 δ은 정격 작동 조건에서 스프링의 총 처짐량이다.

참고 : 밸브 $\mathrm{K}_{fc}P_o$의 정상 상태 유동력은 밸브를 닫으려고 스프링을 보조하기 위해 스프링력 요구 사항을 줄이는 역할을 한다.

안정

앞서 언급했듯이 4.3.4절에 설명된 스풀 형 릴리프 밸브의 동적 방정식은 점성 감쇠 효과를 제외하고 이 하위 절에서 설명한 포펫 형 릴리프 밸브의 동적 방정식과 동일하다. 독자는 밸브의 안정성 기준을 생성하기 위해 점성 감쇠 효과가 4.3.4절에서 무시되었다는 것을 기억하라.
따라서 이 안정성 기준은 완벽하다.
그림 4.22에 표시된 포펫 형 릴리프 밸브에 유효하다. 이 안정성 기준은 식 (4.51)에 제시되어 있으며 편의를 위해 다음과 같이 재작성된다.

$$\frac{L\rho}{m}\frac{V}{\beta}\frac{(k + \mathrm{K}_{f_q})}{(A - \mathrm{K}_{f_c})} > 1. \tag{4.134}$$

이 기준으로부터, 시스템의 탄성 부재, 즉 압축성 유체 및 스프링의 에너지 저장 용량은 안정성을 보장하기에 충분히 커야 함을 알 수 있다. 밸브의 관성 또는 밸브에 대한 입력이 커지면 시스템의 불안정성이 실현된다.

연구 사례

그림 4.22와 유사한 포펫 형 릴리프 밸브는 유압 회로 내의 최대 압력을 20 MPa로 제한하는 동시에 제로 게이지 압력에서 리저버로 18 ℓ/min의 유량을 배출하도록 사용된다. 그림 4.21에 표시된 다음 매개 변수가 이 문제에 적용된다. $D=4$ mm, $L=25$ mm 및 $\theta=45$도° 이 기하학에서 포펫 유로의 단면적은 $A=12.57$ mm^2 임을 알 수 있다. 밸브의 배출 계수는 0.62이며 유체 밀도는 850 kg/m^{3}이다. 밸브의 질량은 0.015 kg이고, 유체 체적 탄성 계수는 0.8 GPa이며, 압축성 유체의 체적은 0.001 m^3 이다.
정격 작동 조건에서 총 스프링 처짐이 10 mm이라고 가정한다.
릴리프 기능을 작동하는 데 필요한 밸브 스프링 속도를 20 MPa로 계산하라. 이 밸브가 안정적인가 아닌가?

이 문제에서 제기된 질문에 답하기 위해 식 (4.126)의 유체력 밸브 계수를 먼저 평가해야 한다. 식 (4.132)을 사용하면 이 설계의 공칭 밸브 개방은 $u=0.25$ mm임을 알 수 있다. 따라서, 유동력 밸브 계수는

$$\begin{aligned}\mathrm{K}_{f_q} &= 2\pi D\sin(\theta)P_oC_d^2\cos(\theta) = \pi\times 4\ \mathrm{mm}\times 20\ \mathrm{MPa}\times 0.62^2\\ &= 96.61\ \mathrm{N/mm}\\ \mathrm{K}_{f_c} &= 2\pi D\sin(\theta)uC_d^2\cos(\theta) = \pi\times 4\ \mathrm{mm}\times 0.25\ \mathrm{mm}\times 0.62^2\\ &= 1.208\ \mathrm{mm}^2.\end{aligned}$$

식 (4.133)과 방금 계산된 압력 - 유체력 계수를 사용하여, 이 설계에 필요한 탄성 계수는

$$k = \frac{(A - K_{fc})P_o}{\delta} = \frac{(12.57\ \text{mm}^2 - 1.208\ \text{mm}^2)20\ \text{MPa}}{10\ \text{mm}} = 22.72\ \text{N/mm}.$$

밸브의 안정성을 검토하기 위해 식 (4.134)의 안정성 기준이 평가된다. 이 방정식의 왼쪽은 다음과 같이 계산될 수 있다.

$$\frac{L\rho}{m}\frac{V}{\beta}\frac{(k + K_{fq})}{(A - K_{fc})} = \frac{25\ \text{mm} \times 850\ \text{kg/m}^3}{0.015\ \text{kg}}\frac{0.001\ \text{m}^3}{0.8\ \text{GPa}}$$

$$\times \frac{(22.72\ \text{N/mm} + 96.61\ \text{N/mm})}{(12.57\ \text{mm}^2 - 1.208\ \text{mm}^2)} = 18.6.$$

이 결과가 1보다 커지기 때문에 포펫 밸브가 안정적이다.

▌요약

이 소절에서는 그림 4-22에 나와 있는 포핏(poppet)-타입의 안전 밸브의 안정된 상태와 동적 특성에 대해 검토했다. 아마도 이 분석에서 가장 중요한 부분은 4.3.4절에서 논의된 2 포트 스풀 밸브와 공유된 안정성 기준일 것이다. 이 결과는 식 (4.134)에 제시되었고, 앞선 사례 연구에서 예로 들어 사용되었다. 이 사례 연구에서, 포핏 밸브는 안정적으로 보였지만, 포핏 밸브의 안정성 기준이 실제로 항상 만족되는 것은 아니며, 결과적으로 많은 포핏 밸브들이 작동할 때 많은 소음을 내는 것으로 나타났다. 이러한 불안정한 작동은 포핏이 단단한 정지 지점 사이를 왕복하면서 충돌하는 한계 사이클(limit cycle)로 특징지어진다.

포펫 밸브 설계에서 많은 경우 밸브가 불안정하게 작동하지만, 이들의 작동 주파수는 대개 1000 Hz 정도이다. 이는 유압 시스템 내의 다른 부품들이 이러한 불안정성에 적응하지 못할 정도이다. 그래서 불안정한 포핏 밸브의 릴리프 기능은 대체로 평균적으로 이루어지며, 불안정한 밸브는 유압 회로가 작동하는 동안 보통 정상적으로 닫힌다. 이러한 이유로, 이것은 다양한 용도에 이용된다. 그럼에도 불구하고, 불안정한 밸브는 안정한 밸브보다 훨씬 빨리 마모된다는 점을 언급해야하며, 따라서 식 (4.134)의 안정성 기준을 충족시키기 위해 노이즈 및 기계 설계 관점 모두에서 매우 바람직하다.

4.6.5 요약

이 절에서는 2 포트 포펫 밸브 구조를 고려했다. 이전에 언급한 대로, 이러한 밸브 설계는 전체 시스템에 안전 기능을 제공하기 위해 유압 회로 내에서 널리 사용되는 압력 릴리프 밸브이다. 많은 유압 회로에서는 이러한 밸브를 여러 개 사용할 수 있다. 압력 릴리프 밸브로서 포펫 밸브는

온-오프 모드에서 간헐적으로 사용되며 4.5절에서 논의된 4 포트 스풀 밸브가 제어 할 수 있게 유량을 제어할 수는 없다. 그렇더라도 4.6.1절에 언급된 스풀 밸브보다 포핏 밸브의 장점 실제적이고 포펫 밸브 구조 개발에 많은 동기를 부여했다. 4 포트 스풀 밸브가 유체 흐름을 제어 가능하게 측정하는 데 사용될 수 있다. 이 작업의 과제는 포펫 밸브의 작동 모드에 있으며 전체 작동 범위에서 안정성을 보장한다. 이러한 문제들은 쉽게 해결되지 않기 때문에 유량 제어 밸브는 현재로서는 실제로 나타날 수 있는 연구 과제로 남아 있다. 그 동안 포펫 밸브가 주로 압력 제거 장치로서 기능할 것으로 예상된다.

4.7. 플레퍼 노즐 밸브

4.7.1 개요

두 포트 플래퍼 노즐 밸브는 일반적으로 독립 밸브로는 거의 사용되지 않는다. 보통 플래퍼 노즐 밸브는 제어된 압력이 주 유량 제어 밸브에 공급되는 2단 전기 유압 밸브의 제 1단으로 사용된다. 이는 더 큰 유압 시스템을 적용하기 위한 목적이다. 이 절에서는 플래퍼 노즐 밸브에 대한 응용 분야로 2단 전기 유압 밸브를 고려할 것이지만, 이 응용 분야를 논의하기 전에 플래퍼 노즐 밸브에 대한 몇 가지 기본 개념을 제시하고 논의해야 한다.

2 포트 플래퍼 노즐 밸브는 그림 4.23에 두 개의 유동 라인이 있다. 이 도면에서, 제어 라인은 레벨 P_c로 가압되고 리턴 라인은 레벨 P_r으로 가압되는 것으로 도시된다. 이 밸브는 그림 4.23과 같이 플래퍼 각도 ψ를 변경하여 리턴 흐름 Q_r을 용이하게 한다.

플래퍼는 노즐의 중심선으로부터 거리 r만큼 떨어진 피벗 점을 중심으로 선회하는 기계식 장치이다. 유량 Apper를 양의 방향으로 회전시키면 밸브가 열리고 밸브를 통과하는 용적 유량이 증가한다. 플래퍼를 음의 방향으로 회전시키면 밸브가 닫히고 밸브를 통과하는 용적 유량이 감소한다.

그림 4.23에서 노즐 직경은 기호 d로 표시된다.

식 (4.3)의 표준 형태를 사용하면, 플래퍼 노즐 밸브를 통과하는 직선화된 용적 유량은 식은 다음과 같다.

$$Q_r = \tfrac{1}{2}Q_{r_o} + \mathrm{K}_q r\varphi + \mathrm{K}_c(P_c - P_r), \tag{4.135}$$

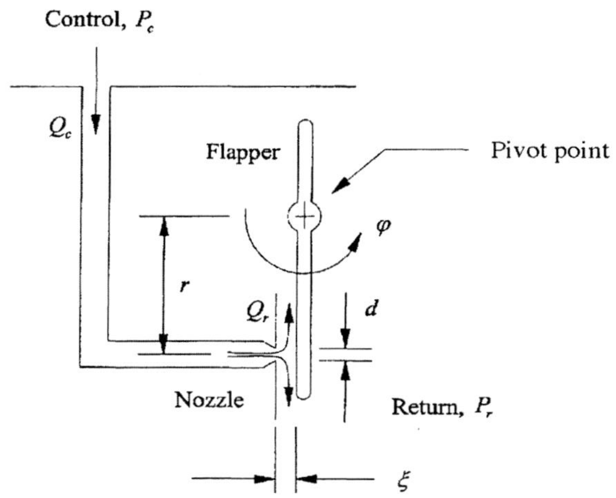

그림 4-23
2 포트 플래퍼 노즐 밸브

여기서 Q_{ro}는 정상 작동 조건에서의 플래퍼 노즐 밸브를 통한 정격 유량이며, K_q및 K_c는 일반적으로 식 (4.4)에서 정의된 유량 게인 및 압력 계수이다. 이 결과에서 그림 4.23에 표시된 플래퍼 노즐 밸브의 개방은 $\xi = u + x$로 주어지며, 여기서 x는 φ의 작은 값에 대해 $r\varphi$로 취해지고, u는 밸브의 공칭 개구이다. 독자는 공칭 유량 Q_{ro}가 결정된다는 것을 상기할 것이다
$\varphi = 0$이고 제어 및 귀환 압력이 밸브 계수가 결정된 정격값에 있을 때. 식 (4.135)로부터 밸브 변위 φ가 증가하고 압력 강하 $(P_c - P_r)$가 증가함에 따라 밸브를 통한 유속이 증가하는 것을 볼 수 있다.
식 (4.135)의 유량 계수는 노즐의 토출 면적에 따라 달라진다. 플래퍼 노즐 밸브의 경우 밸브의 제한된 흐름 영역이 노즐 영역이 아니라 커튼 영역이다. 그림 4.23에서 커튼 영역은 다음과 같이 나타낼 수 있다

$$A = \pi d \xi, \tag{4.136}$$

여기서 ξ는 커튼 높이이고 d는 노즐을 나타낸다. 다시 말하면, $\xi = u + x$라고 하면, 식 (4.435)와 식 (4.136)은 식 (4.135)의 유동 계수가 다음과 같이 주어진다는 것을 보여주는 데 사용될 수 있다.

$$K_q = \pi d C_d \sqrt{\frac{2}{\rho} P_{c_o}} \quad \text{and} \quad K_c = \frac{\pi d u C_d}{\sqrt{2\rho P_{c_o}}}, \tag{4.137}$$

여기서 P_{co}는 밸브에 대한 정격 제어 압력이며 밸브 Pr에 대한 정격 귀환 압력은 0으로 가정된다. 실제로, 밸브 u의 정격 개도는 10분의 1 mm 정도이며 [2], 이는 커튼 영역이 제한 유량 영역이며

플래퍼가 작동 중에 매우 소량 회전함을 보다 분명하게 보여준다.

4.7.2 효율

앞서 언급했듯이, 플래퍼 노즐 밸브의 전형적인 사용은 2단 전기 유압 밸브의 1단으로서 역할을 하는 것이다. 1단을 운영하기 위한 전력은 2단에서 전달되는 전력에 비해 무시할 수 있기 때문에, 플래퍼 노즐 밸브의 효율성 문제는 거의 논의되지 않는다. 어떤 경우에든, 그림 4-23에 표시된 플래퍼 노즐 밸브는 양방향 밸브이며, 그 전체 효율성은 반환 압력과 제어 압력의 비율에 의해 단순하게 주어진다:

$$\eta = \frac{P_r}{P_c}. \tag{4.138}$$

귀환 압력(P_r)은 보통 0이기 때문에, 플래퍼 노즐 밸브의 효율도 0이다. 이는 이 밸브가 전력을 전달하는 데 사용되지 않는다는 것을 의미한다. 대신, 이 밸브는 다른 밸브의 제어 신호를 생성하는 데 사용된다. 따라서, 이 밸브를 작동시키는 데 사용되는 에너지는 전체 유압 시스템에서 누설되는 부수적인 유체의 유출에서 비롯된다.

4.7.3 유체력

그림 4.24는 단일 노즐이 있는 플래퍼 노즐 밸브의 개략도이다.
이 그림의 오른쪽은 플래퍼에 작용하는 유동력을 연구하는 데 사용되는 점선 제어 볼륨이 있는 노즐의 확대도이다. 제어 체적을 통한 용적 유량은 기호 Q로 표시된다. 노즐 길이는 그림 4.24에서 치수 L로 표시되고 노즐 직경은 d로 표시된다. 그림 4.24에서 치수 x는 플래퍼의 선형 변위를 나타내는 반면, u는 밸브의 정격 개방 치수이다.
앞서 언급했듯이, 플래퍼를 그 피봇 포인트를 중심으로 회전시킴으로써, 개방 영역은 노즐을 통한 유속을 변경하기 위해 효과적으로 변경된다.

Reynolds 수송 정리를 사용하면 그림 4.24에서 볼 수 있는 파선 제어 볼륨에 대한 유체 운동량의 보존은 다음과 같이 된다.

$$\mathbf{F} = \frac{\partial}{\partial t}\int_{cv} \rho \mathbf{u}\, dV + \int_{cs} \rho \mathbf{u}(\mathbf{u} \cdot \hat{\mathbf{n}})\, dA, \tag{4.139}$$

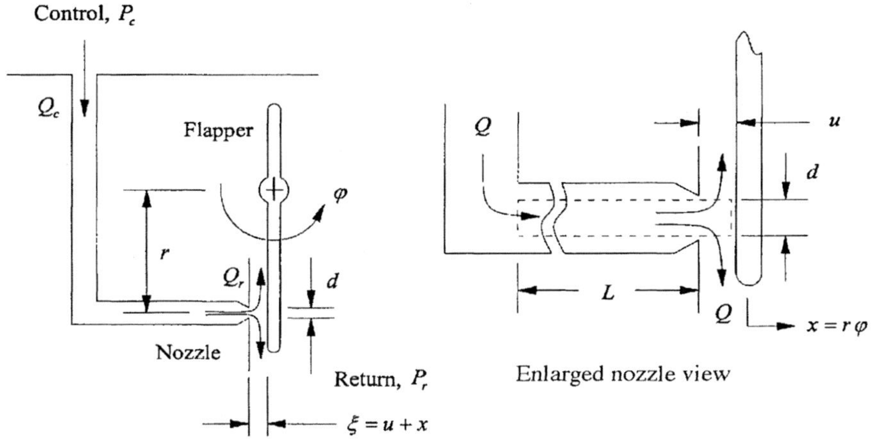

그림 4-24

2 포트 플래퍼 노즐 밸브의 유량 제어 볼륨

여기서 F는 제어 체적에 작용하는 벡터 힘, ρ는 유체 밀도, u는 유체 속도 벡터, 그리고는 제어 체적 표면에서 정상적으로 바깥쪽으로 향하는 단위 벡터이다. 제어 볼륨에 작용하는 힘은

$$\mathbf{F} = (A_n P_c - F_x)\hat{\mathbf{i}}, \tag{4.140}$$

여기서 F_x는 플래퍼에 작용하는 수평 유동력, A_n은 노즐의 중심선에 대한 유동장의 대칭성으로 인해 $\pi d^2/4$로 주어진 노즐의 단면적이며 수직 유동력 성분은 사라진다. 식 (4.139)의 체적 적분은 제어 체적 자체 내의 유체 운동량 효과를 설명한다. 이 경우 내부 유체 운동량 효과는 다음과 같이 쓸 수 있다.

$$\frac{\partial}{\partial t}\int_{cv} \rho \mathbf{u}\, dV = \rho L \frac{\partial Q}{\partial t}\hat{\mathbf{i}}. \tag{4.141}$$

식 (4.139)의 면적 적분은 제어 볼륨에 들어가고 나가는 운동량 효과를 설명한다. 이 운동량 효과에 대한 표현식은 다음과 같다.

$$\int_{cs} \rho \mathbf{u}(\mathbf{u} \cdot \hat{\mathbf{n}})\, dA = -\rho \frac{Q^2}{A_n}\hat{\mathbf{i}} \tag{4.142}$$

수평 방향에서 제어 체적을 떠나는 유체 운동량은 플래퍼의 방해로 인해 0이고, 수직 성분은 대칭으로 인해 서로 상쇄된다. 식 (4.142)에서 $A_n = \pi d^2/4$ 식 (4.140)~(4.142)을 식 (4.139)에 대입하면 플래퍼에 수평 방향으로 작용하는 유체 운동량에 대한 다음 스칼라 방정식이 산출된다.

$$F_x = -\rho L \frac{\partial Q}{\partial t} + \rho \frac{Q^2}{A_n} + A_n P_c. \tag{4.143}$$

스풀 밸브의 경우와 마찬가지로 플래퍼에 작용하는 유동력을 다음과 같은 형태로 표현하는 것이 편리하다.

$$F_x = -F_t + F_s. \tag{4.144}$$

여기서 F_t는 과도 유동력이며, F_s는 정상 유동력이다. 이 두 양은 다음에 의해 주어진다.

$$F_t = \rho L \frac{\partial Q}{\partial t} \quad \text{and} \quad F_s = \rho \frac{Q^2}{A_n} + A_n P_c. \tag{4.145}$$

방정식으로부터 정상 유동력 F_s는 항상 밸브를 여는 방식으로 작용하는 반면, 과도 유동력 F_t는 밸브의 열림 또는 닫힘의 작용에 따라 $\partial Q/\partial t$과도 유동력은 식 (4.135)를 시간으로 미분하여 식 (4.145)로 대체함으로써 더 명확하게 작성될 수 있다.
이 결과는 다음과 같이 주어진다.

$$F_t = \rho L \mathrm{K}_q r \dot{\varphi} + \rho L \mathrm{K}_c \dot{P}_c, \tag{4.146}$$

점 표기법은 시간에 대한 미분을 나타내며, 유량 게인 K_q 및 압력 - 유량 계수 K_c는 식 (4.137)에 주어진다.
이 결과에서, 리턴 압력 P_r은 상수라고 가정했다.
정상 유동력은 식 (4.1)의 고전 오리피스 방정식을 식 (4.145)로 대체하여 보다 명확하게 표현될 수 있다.

$$F_s = \frac{2A^2 P_c C_d^2}{A_n} + A_n P_c. \tag{4.147}$$

여기서 A는 식 (4.136)에 주어진 플래퍼 노즐 밸브의 커튼 면적이며, P_c는 그림 4.24에 표시된 제어 압력이다.
참고 : 이 결과에서 귀환 압력은 0으로 가정한다.
이 방정식은 방전 영역(A) 및 제어 압력(P_c)의 동시 변동으로 인해 비선형이다. 테일러(Taylor) 급수 방법을 사용하면 식 (4.147)을 다음과 같이 선형화할 수 있다.

$$F_s = \mathrm{K}_{f_q} r \varphi + (A_n + \mathrm{K}_{f_c}) P_c, \tag{4.148}$$

여기서, K_{fq}와 K_{fc}는 다음 식에 의해 주어진 유동장 게인과 압력 - 유동력 계수이다.

$$K_{f_q} = 16\pi u P_{c_o} C_d^2 \quad \text{and} \quad K_{f_c} = 8\pi u^2 C_d^2, \tag{4.149}$$

P_{co}는 밸브의 정격 제어 압력이다. 대입 수학 식 (4.146) 및 (4.148) (4.144)가 그림 4.24에 도시된 노즐의 중심선을 따라 플래퍼에 작용하는 유동 부대 다음 식을 생성한다.

$$F_x = -\rho L K_q r\dot{\varphi} - \rho L K_c \dot{P}_c + K_{f_q} r\varphi + (A_n + K_{f_c})P_c. \tag{4.150}$$

이 결과로부터, 플래퍼 φ의 각속도와 관련된 일시적인 유동력은 안정화되는 반면, 플래퍼 φ의 각 위치와 관련된 정상적인 유동력은 불안정하다는 것을 알 수 있다.

식 (4.150)은 그림 4.23에 표시된 단일 노즐 플래퍼 노즐 밸브의 플래퍼에 작용하는 유동력을 나타낸다.

실제로, 플래퍼 노즐 밸브는 일반적으로 플래퍼의 양 측면에 두 개의 일치하는 노즐을 각각 하나씩 사용하기 때문에, 이중 노즐을 가진 밸브 구성은 드물게 나타난다. 그래서 이 밸브의 구성은 일반적으로 그림 4.25에 나타난 것과 같다. 식 (4.150)을 만들 때 사용된 분석과 유사한 방법을 사용하면, 이중 노즐 밸브의 플래퍼에 작용하는 총 유체 힘을 다음과 같이 계산할 수 있다.

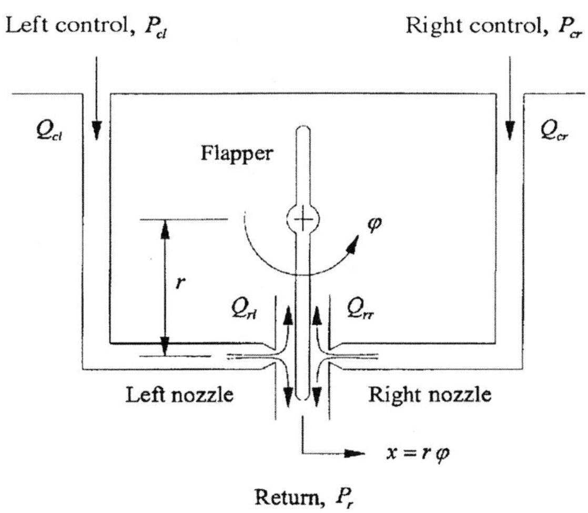

그림 4-25
더블 플래퍼 노즐 밸브

$$F_x = -2\rho L K_q r\dot{\varphi} - \rho L K_c(\dot{P}_{cl} - \dot{P}_{cr}) + 2K_{f_q} r\varphi + (A_n + K_{f_c})(P_{cl} - P_{cr}), \tag{4.151}$$

여기서 P_c는 왼쪽 제어 압력이고 P_{cr}은 오른쪽 제어 압력이다.

이 결과에서, 유동 계수와 유동 계수는 각각 식 (4.137)과 (4.149)에 주어진다.

또한, 정격 동작에서 왼쪽 및 오른쪽 컨트롤 압력은 동일하다고 가정한다. 이 압력 가정은 밸브 계수가 양쪽에서 동일하게 적용되도록 한다. 이 결과로부터, 플래퍼 φ의 각 속도와 관련된 전체 과도 유동력은 안정화되는 반면, 플래퍼 φ의 각 위치와 관련된 전체 정상 유동력은 불안정하다는 것을 알 수 있다. 이러한 각도 위치 항의 불안정화 효과는 플래퍼 노즐 밸브에 대한 밸브 안정성을 회복하기 위한 스프링기구의 사용을 요구할 것이다. 식 (4.151)의 유동력 결과는 이 장의 다음 하위 섹션에서 2단 전자 유압 밸브를 모델링하는 데 사용된다.

4.7.4 2단 전자 유압 밸브

개요

4.5.4 절에서 솔레노이드로 작동되는 2단 전자 유압 밸브가 제시되었다. 앞의 하위 절에서는 이러한 전자 유압 밸브가 유연한 제어 구조를 달성하는 데 사용된다는 점이 언급되었다. 이는 시스템을 폐쇄형 루프 피드백 제어가 가능한 전자 입력과 호환시킴으로써 유압 시스템에 적합하다는 것을 의미한다.

이 하위 절에서 또 다른 유형의 전자 유압 밸브, 즉 첫 번째 단계에 대해 플래퍼 노즐 밸브를 사용하는 토크 모터 작동 밸브가 제공된다. 이 밸브의 제 1단계 또는 주 단계는 4.5절에 제시된 표준 4 포트 스풀 밸브이다. 합리적인 크기의 전기 액추에이터는 반대쪽의 스프링 및 유동력을 극복하기 위해 메인 밸브에 충분한 힘을 가할 수 없으므로 이 2단계 작동 방식이 필요하다.

그림 4.26은 토크 모터로 작동되는 2단 전자 유압식 밸브의 개략도를 보여준다. 이 밸브는 포트 A와 B를 통해 유압 시스템에 흐름을 공급하기 위한 밸브의 두 번째 또는 주요 단계로 4 포트 스풀 밸브를 사용한다.

주의 깊게 살펴보면 공급기와 회수기 포트가 전환되었다는 것을 제외하면 이 두 번째 단계 밸브는 그림 4.13에 표시된 4 방향 스풀 밸브와 동일함을 알 수 있다.

압력 흐름량 만이 개방 중심 설계에 따른 기호 변경 때문에, 이러한 포트를 전환하는 것은 4 포트 스풀 밸브의 동적 특성에는 거의 영향을 주지 않는다는 점을 독자는 기억해야 한다. 밸브에 대한 공급 압력은 그림 4.26에 기호 P_s로 표시되어 있는 반면 귀환 압력은 P_r로 표시된다. 포트 A 및 B를 통한 유속은 각각 기호 Q_A 및 Q_B로 표시된다.

사방 밸브가 포트 A로 흐름을 유도하기 위해서는 밸브의 첫 번째 작동 단계에 의해 x 방향으로 2 포트로 움직여야 한다. 그림 4.26에서 메인 스풀은 작동된 위치에 보여지고, 여기서 밸브 변위는 $x \neq 0$로 주어진다. 이것은 토크 모터로 작동되는 플래퍼 노즐 밸브에 의해 구동되는 두 번째 작동 단계의 작동 원리를 설명하기 위해 수행된다.

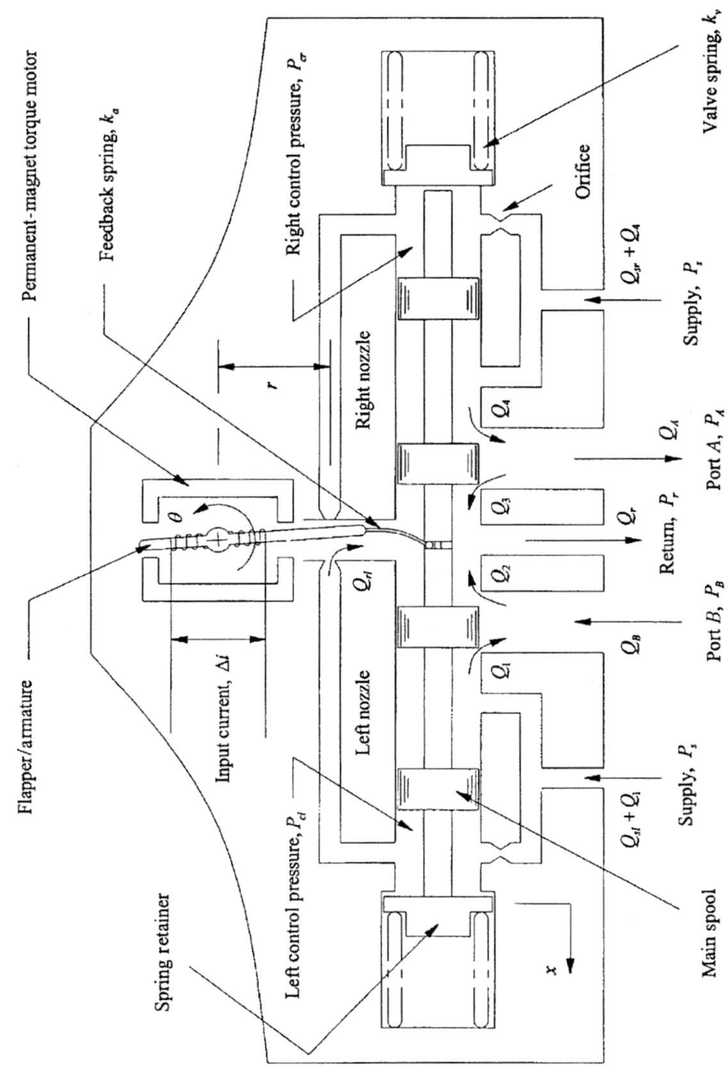

그림 4-26
토크 모터 작동 식 2 단 전자 유압식 밸브 개략도

그림 4-26에서 볼 수 있듯이, 2단 제어 밸브의 메인 스풀은 오른쪽과 왼쪽 제어 압력을 적절하게 조절함으로써 제어된다. 이 플래퍼 노즐 밸브는 1단을 작동시키는 역할을 한다. 그림 4-26에서 설명하듯이, 2단 전기 유압 밸브는 동일한 공급 압력 P s를 사용하는데, 이는 대략 2 MPa의 낮은 압력이다. 이 낮은 공급 압력은 메인 스풀 밸브가 전력을 전달하는 밸브가 아니라 제어를 위한 밸브라는 것을 나타낸다. 예를 들어, 그림 4-26의 두 단계 전기 유압 밸브는 축 피스톤 펌프의 배치를 통제하는 데 사용되며, 이 펌프는 더 큰 유압 시스템에 주 유량을 공급하는 역할을 한다. 그림 4-26의 전기 유압 밸브에 대한 공급 압력은 보조 유압 파워 소스에 의해 제공되는데, 이는 전

체 유압 시스템의 전력 공급에 비해 매우 낮은 에너지를 사용한다.

메인 스풀 밸브에 대한 이러한 낮은 공급 압력은 전체 밸브 패키지가 동력 전달 밸브가 아니라 오히려 다른 동력 전달 유압 장치를 제어하는데 사용됨을 나타낸다. 예를 들어 그림 4.26의 2단 전자 유압식 밸브는 축 방향 피스톤 펌프의 변위를 제어하는 데 사용되며, 이 펌프는 대형 유압 시스템의 주 흐름을 공급하는 역할을 한다.

그림 4.26에 표시된 전자 유압 밸브의 공급 압력은 일반적으로 전체 유압 시스템의 동력 전달과 비교할 때 매우 적은 양의 에너지를 방출하는 보조 유압 공급 장치에 의해 제공된다.

메인 스풀 밸브가 중립 위치 $x = 0$에 있을 때, 밸브의 왼쪽과 오른쪽이 스프링 리테이너에 닿아 있다. 이 중립 위치에서, 좌우측 제어 압력(P_{cl} 및 P_{cr})은 공급 압력($P_s/2$)의 절반의 레벨로 가압되고, 주 스풀 밸브에 작용하는 유동력은 0이다.

다시 말해, 밸브는 이 상태를 변경하는 힘이 없는 정격 위치에서 완벽하게 중앙에 위치한다.

주 스풀 밸브를 왼쪽 양의 x 방향)으로 움직이려면, 플래퍼 노즐 밸브의 플래퍼를 오른쪽 방향으로 회전시켜 오른쪽 노즐을 막고 왼쪽 노즐을 연다.

우측 노즐을 차단함으로써, 우측 제어 압력(P_{cr})은 $P_s/2$보다 큰 레벨로 증가된다. 좌측 노즐을 동시에 개방함으로써, 좌측 제어 압력(P_{cl})은 $P_s/2$ 미만의 레벨로 감소된다. 이제 메인 스풀 밸브의 왼쪽과 오른쪽 사이에 압력 차가 존재하므로 힘이 존재한다.

주 밸브를 왼쪽으로 이동시키려는 운동을 달성하기 위해, 이러한 운동을 달성하기 위해, 압력 차 P_{cr}-P_{cl}은 좌측 스프링 리테이너에 의해 유지되는 스프링 팩상의 예압을 극복하기에 충분히 중요하다.

일단이 예압이 극복되면, 밸브는 왼쪽으로 이동하여 유체 흐름을 포트 A로 그리고 포트 B에서 유도한다. 이것은 물론 전체적인 목표이다. **참고 :** 주 스풀 밸브가 움직이는 동안, 스프링 고정장치로 인해 오른쪽 스프링이 주 스풀에 작용하지 않는다. 두 번째 단계 밸브가 왼쪽으로 움직이면, 그림 4.26에 표시된 피드백 스프링 K_a가 전체 밸브 설계를 안정화시키는 역할을 하는 플래퍼에 복원력을 가한다. 이 안정화 효과는 다음 분석에서 설명될 것이다.

그림 4-26에 나타난 것처럼, 플래퍼 노즐 밸브의 플래퍼는 영구 자석 토크 모터의 회전자에도 연결되어 있고, 이 모터는 밸브를 작동시키기 위해 플래퍼/회전자에 토크를 가한다.

이 비례 관계는 그림 4.16과 비슷한 메인 스풀 밸브 x의 변위와 토크 모터 Δi에 대한 입력 전류 간의 선형 관계를 제공한다. 밸브 변위와 입력 전류 사이에 존재하는 선형성은 이 밸브를 비례 제어 밸브로 설명하는 데 사용된다. 즉, 출력 변위(x)는 입력 전류(Δi)에 비례한다.

다음의 논의에서, 그림 4.26의 토크-모터 작동식 2단 전자 유압식 제어 밸브가 더 자세히 분석될 것이다. 이 분석은 밸브의 설계 지침을 수립하고 밸브의 동적 응답을 예측하는 데 사용된다.

▎분석

그림 4.6에 표시된 전자 유압 밸브의 분석은 주 스풀 밸브의 운동 방정식을 고려하여 시작된다. 4.5.4절의 2단 전자 유압 밸브의 분석과 유사하게, 4 방향 밸브의 선형 운동량 및 점성 감쇠 효과는 좌우 액추에이터에 의해 밸브에 작용하는 압력 및 탄성력과 비교할 때 무시할 수 있는 것으로 간주된다. 그러므로 주 스풀 밸브의 지배 방정식은 다음과 같다.

$$0 = F_x + F_{ar} - F_{al}, \tag{4.152}$$

여기서 F_x는 밸브에 작용하는 유동력이고, F_{al} 및 F_{ar}는 각각 왼쪽 및 오른쪽 작동 힘이다.

참고 : 밸브에 작용하는 유동력은 스풀 밸브가 오픈 센터인지 또는 임계 센터인지에 따라 식 (4.97) 또는 식 (4.98)에 의해 주어진다. 식 (4.152)에서, 플래퍼와 주 스풀 사이의 피드백 탄성력은 이 방정식의 다른 항들과 비교할 때 무시할 수 있는 것으로 간주된다. 따라서 피드백 스프링 효과는 이 단계에서 제외된다. 작용력 F_{al}과 F_{ar}는 다음 단락에서 논의될 것이다.

그림 4.27은 스풀 밸브가 양의 x 방향으로 작은 거리로 변위되었을 때 오른쪽 액추에이터의 개략도를 보여준다.

이 그림에서 스풀 밸브가 스프링 리테이너에 닿지 않는 것을 볼 수 있다. 따라서 스풀 밸브의 오른쪽에 탄성력이 가해지지 않습니다. 이 경우, 스풀 밸브의 우측에 가압력 만이 존재하며, 이 힘은

$$F_{ar} = AP_{cr}, \tag{4.153}$$

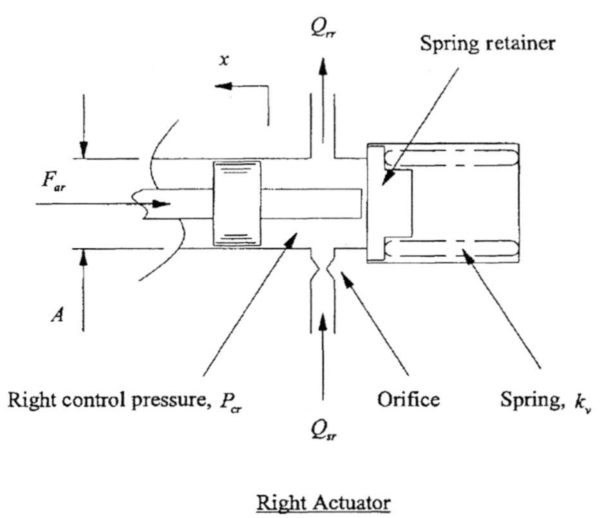

그림 4-27

그림 4-26의 오른쪽 액추에이터

여기서 A는 스풀 밸브의 가압 영역이며 P_{cr}은 오른쪽 제어 압력이다. 스풀의 오른쪽에 있는 유체의 양은 극히 적기 때문에 오른쪽 컨트롤 압력과 관련된 과도 압력은 매우 빠르며 이 분석을 위해 무시한다. 이러한 비압축성 조건 하에서,

$$0 = Q_{sr} - Q_{rr} - A\dot{x}, \tag{4.154}$$

여기서 Q_{sr}은 공급 라인에서 오른쪽 액추에이터로 들어가는 유체의 체적 유량이며, Q_{rr}은 오른쪽 액추에이터에서 나온 플래퍼 노즐 밸브를 통과하는 리턴 라인으로 들어가는 체적 유량이다. 안정된 밸브 작동을 위해, 이 두 유량은 동일하다. 우측 액추에이터의 정격 작동 압력은 다음과 같이 주어진다.

$$P_{cr_o} = \tfrac{1}{2}P_{s_o} \qquad \text{and} \qquad P_r = 0, \tag{4.155}$$

여기서 P_{so}는 정격 공급 압력이며, 오른쪽 액추에이터 안팎의 선형 체적 유량은 다음과 같다.

$$Q_{sr} = \tfrac{1}{2}Q_o + \mathrm{K}_{c_a}(P_s - P_{cr}) \qquad \text{and} \qquad Q_{rr} = \tfrac{1}{2}Q_o - \mathrm{K}_{q_a}r\varphi + \mathrm{K}_{c_a}P_{cr}. \tag{4.156}$$

이 결과에서, Q_o는 액추에이터를 통과하는 정격 유량이고, K_{ca}는 액추에이터 오리피스 및 플래퍼 노즐 밸브에 대해 동일하게 설계된 압력 흐름 계수이고, K_{qa}는 플래퍼 노즐 밸브에 대한 유동 이득이고, P는 플래퍼의 각 변위이다.
식 (4.156)을 식 (4.154)에 대입하고 항을 재정렬하면 오른쪽 제어 압력에 대해 다음식이 산출된다.

$$P_{cr} = \frac{P_s}{2} + \frac{\mathrm{K}_{p_a}r}{2}\varphi - \frac{A}{2\mathrm{K}_{c_a}}\dot{x}, \tag{4.157}$$

K_{pa}는 $\mathrm{K}_{qa}/\mathrm{K}_{ca}$에 의해 주어진 플래퍼 노즐 밸브의 압력 감도이다. 이 결과로부터, 공칭 제어 압력은 공급 압력의 절반으로 주어지지만, 플래퍼의 각 위치의 조정은 우측 제어 압력을 증가 또는 감소시키는데 사용될 수 있다.
참고 : 식 (4.157)에서 주 스풀 밸브의 선형 속도는 오른쪽 제어 압력을 일시적으로 변경함으로써 밸브에 원하는 감쇠 효과를 만들어낸다. 식 (4.157)을 식 (4.153)에 대입하면 그림 4.26에 표시된 메인 스풀 밸브에 작용하는 오른쪽 액추에이터 힘에 대한 다음식이 산출된다.

$$F_{ar} = A\frac{P_s}{2} + \frac{A\mathrm{K}_{p_a}r}{2}\varphi - \frac{A^2}{2\mathrm{K}_{c_a}}\dot{x}. \tag{4.158}$$

오른쪽 액추에이터 힘이 결정되었으므로 왼쪽 액추에이터 힘 F_{al}에 대한 식을 개발해야한다. 그림 4.28은 스풀 밸브가 양의 x 방향으로 작은 거리로 변위되었을 때 왼쪽 액추에이터의 개략도를 보여준다.

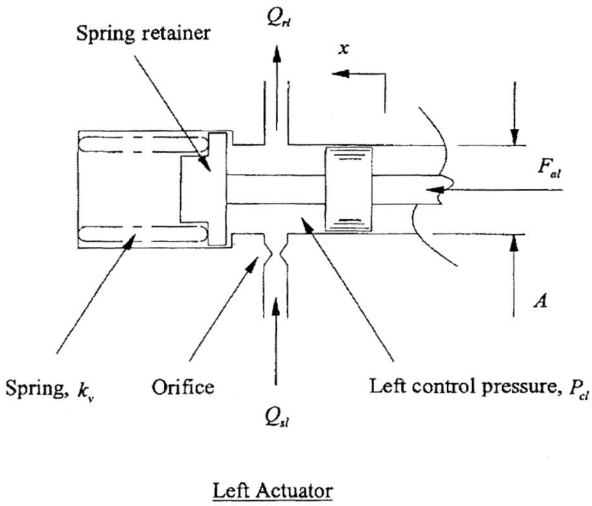

그림 4-28

그림 4-26의 왼쪽 액추에이터

이 그림에서 스풀 밸브는 스프링 팩 예압을 극복하기 위해 스프링 리테이너에 대해 충분한 힘을 가했음을 알 수 있다. 이 경우, 밸브에 가압력 및 탄성력이 가해지며 왼쪽 액추에이터 힘을 설명하기 위해 다음 식을 사용할 수 있다.

$$F_{al} = AP_{cl} + k_v x + F_{v_o}, \tag{4.159}$$

여기서, P_{cl}은 좌측 제어 압력, k_v는 주 밸브 스프링의 탄성 계수, F_{vo}는 메인 밸브 스프링의 조립 된 프리로드이다. 스풀의 왼쪽에 있는 유체의 양이 극히 적기 때문에 이 분석을 위해 왼쪽 컨트롤 압력과 관련된 압력 과다 현상이 무시된다.

이러한 비압축성 유동 조건 하에서,

$$0 = Q_{sl} - Q_{rl} + A\dot{x}, \tag{4.160}$$

여기서 Q_{sl}은 공급 라인에서 좌측 액추에이터로 들어가는 유체의 체적 유량이고, Q_{rl}은 왼쪽에서 나온 액의 체적 유량이다.

액추에이터를 플래퍼 노즐 밸브를 통해 다시 라인에 연결한다. 왼쪽 액추에이터의 다음과 같은 정격 작동 조건을 사용한다.

$$P_{cl_o} = \tfrac{1}{2}P_{s_o} \qquad \text{and} \qquad P_r = 0, \tag{4.161}$$

여기서 P_{clo}는 좌측 액추에이터의 정격 제어 압력이며, 왼쪽 액추에이터의 내부 및 외부의 선형 체적 유량은 다음과 같이 나타낼 수 있다.

$$Q_{sl} = \tfrac{1}{2}Q_o + K_{c_a}(P_s - P_{cl}) \qquad \text{and} \qquad Q_{rl} = \tfrac{1}{2}Q_o + K_{q_a} r\varphi + K_{c_a} P_{cl}. \tag{4.162}$$

이 결과에서 왼쪽 액추에이터를 통과하는 정격 유량은 Q_o로 주어지며 K_{qa}와 K_{ca}는 식 (4.137)에서 일반적으로 정의된 플래퍼 노즐 밸브 유량 게인과 압력 흐름 계수이다. 식 (4.162)를 식 (4.160)에 대입하고 항을 재정렬하면 왼쪽 컨트롤 압력에 대한 다음식이 쓰여질 수 있다.

$$P_{cl} = \frac{P_s}{2} - \frac{K_{p_a} r}{2}\varphi + \frac{A}{2K_{c_a}}\dot{x}, \tag{4.163}$$

플래퍼의 각도 위치의 조정이 왼손 제어 압력을 증가 또는 감소시키는데 사용될 수 있는 반면 정격 제어 압력은 공급 압력의 절반에 의해 주어지는 것을 볼 수 있다.

주: 식 (4.163)에서 주 스풀 밸브의 선형 속도는 왼손 제어 압력을 일시적으로 변경하여 밸브에 바람직한 감쇠 효과를 만들어낸다. 식 (4.163)을 식 (4.159)에 대입하면 그림 4.26에 표시된 주 스풀 밸브에 작용하는 왼쪽 액추에이터 힘에 대한 다음식이 산출된다.

$$F_{al} = A\frac{P_s}{2} - \frac{AK_{p_a} r}{2}\varphi + \frac{A^2}{2K_{c_a}}\dot{x} + k_v x + F_{v_o}. \tag{4.164}$$

이 시점에서 지금까지 두 개의 전자 유압식 밸브의 운동 방정식을 요약하는 것이 유용하다. 주 스풀 밸브가 임계 센터 형이라고 가정하면 식 (4.98), (4.158) 및 (4.164)를 식 (4.152)와 함께 사용하여

$$\frac{A^2}{K_{c_a}}\dot{x} + (k_v + 2K_{f_q})\,x = AK_{p_a} r\varphi - F_{v_o}, \tag{4.165}$$

여기서 K_{fq}는 식 (4.32)에서 일반적으로 정의된 주 스풀 밸브의 유동 게인이다. 이 결과를 사용하려면 표현식을 작성해야 한다.

이는 플래퍼 φ의 각 운동을 토크 모터의 입력 전류와 관련 있다. 이 관계는 다음 단락에서 자세히 다룰 것이다.

플래퍼 노즐 밸브에 대한 점성 감쇠 및 각운동량의 시간 변화율을 무시함으로써, 정적 방정식이 플래퍼에서 시행된다. 이 결과는 다음과 같이 주어진다.

$$0 = \underbrace{K_t\Delta i + K_m\varphi}_{\text{Torque motor}} + F_x r - T_a - k_t\varphi, \tag{4.166}$$

여기서 K_t는 토크 모터의 토크 상수, K_m은 자기 스프링 상수, F_x는 플래퍼에 가해지는 유동력,

T_a는 토크 모터가 플래퍼에 가하는 토크, K_f는 피드백 스프링에 의해 플래퍼에 가해지는 힘, 그리고 K_s는 플래퍼 노즐 밸브의 피봇 포인트에 있을 수 있는 비틀림 스프링의 스프링 상수를 의미한다. 주의해야 할 점은 이 비틀림 스프링이 앞선 그림 어디에도 명시적으로 표시되어 있지 않으며, 플래퍼 피봇 지점에서 탄성 혹은 반탄성 접속을 통해 발생할 수 있다. 이는 잘 윤활된 핀 조인트와 대비되는 부분이다. 토크 모터 상수 K_t와 K_m은 토크 모터 제조업체에 의해 엔지니어에게 제공될 수 있는 잘 알려진 수치들이며, 이전 문헌에도 잘 기술되어 있어 본 장에서는 길게 다루지 않겠다. 우리의 논의를 위해 언급할 필요가 있는 것은 토크 모터의 자기 스프링 상수 K_m이 플래퍼의 팔에 불안정한 효과를 준다는 것이다. 그래서 플래퍼의 피봇 연결 부분에 있는 비틀림 스프링의 스프링 상수는 보통 자기 스프링 효과를 상쇄하도록 설계되어 있다

참고 : 그림 4.29는 전자동력 밸브의 플래퍼와 메인 스테이지 스풀 사이에 존재하는 피드백 스프링의 개략도를 보여준다. 피드백 스프링의 길이는 l로 나타내며, 스프링의 지름은 d_w로 표시되어 있지만(그림 4.29에는 나타나 있지 않다). 스프링의 수직 방향 변형은 z로, 스프링을 따라 거리는 s 좌표로 표현된다. 스프링과 메인 스풀 밸브 사이의 반력은 그림 4.29에서 F라는 기호로 나타난다. 고전 강재의 변형 방정식을 사용하여 보의 변형을 평가함으로써, 피드백 스프링의 힘과 변형 특성을 결정할 수 있다. 변형 방정식은 다음과 같이 주어진다.

$$\frac{d^2z}{ds^2} = \frac{M}{EI}, \tag{4.167}$$

여기서 M은 스프링의 내부 굽힘 모멘트, E는 스프링의 탄성 계수, I은 스프링의 두 번째 영역 관성 모멘트 $\pi d_w^4/64$에 의해 주어진다. 이 방정식에 대한 해답은 다음과 같다.

$$z = -\frac{Fl^3}{3EI}, \tag{4.168}$$

여기서, 전술 한 바와 같이, F는 스프링 팁과 메인 스풀 밸브 사이의 반응력이다. 기하학에서 이 변형은 다음과 같이 주어진다.

$$z = -x - R\varphi, \tag{4.169}$$

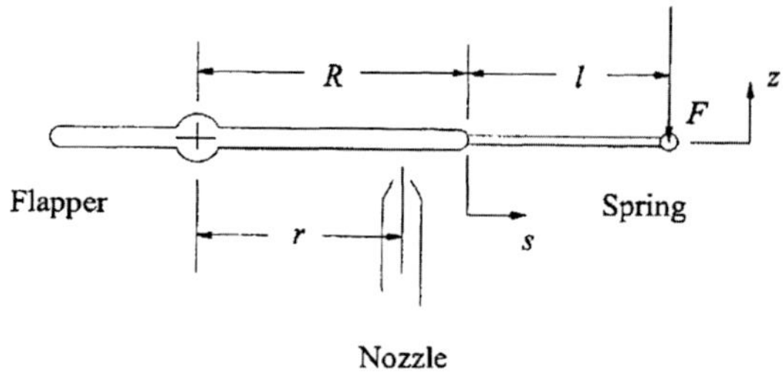

그림 4-29
플래퍼 및 피드백 스프링 형상

여기서 R은 플래퍼 끝에서부터 피봇 점까지의 거리, φ는 플래퍼의 각 위치, x는 메인 스풀 밸브의 변위이다. 식 (4.168) 및 (4.169)을 사용하면 스프링과 스풀 밸브 사이의 반력이

$$F = k_a(x + R\varphi), \tag{4.170}$$

피드백 스프링의 스프링 속도는

$$k_a = \frac{3EI}{l^3}. \tag{4.171}$$

이 힘에 의해 플래퍼에 작용하는 대항 토크는

$$T_a = F(R + l) = k_a(R + l)(x + R\varphi). \tag{4.172}$$

이 결과는 토크 모터 i의 입력 전류와 플래퍼 φ의 각 위치 사이의 선형 관계를 결정하기 위해 식 (4.166)과 함께 사용된다.

식 (4.157), (4.163) 및 (4.172)의 식 (4.151)의 꾸준한 형태를 사용하면 식 (4.166)을 다음과 같이 더 명확하게 쓸 수 있다.

$$k_{\text{eff}}\varphi = \frac{\mathrm{K}_t}{r^2}\Delta i - \frac{k_a(R + l)}{r^2}x + \frac{(A_n + \mathrm{K}_{fca})A}{\mathrm{K}_{c_a} r}\dot{x}, \tag{4.173}$$

플래퍼에 대한 유효 스프링 상수에 의해 주어진다.

$$k_{\text{eff}} = A_n \mathrm{K}_{p_a} + \frac{k_a(R + l)R}{r^2} + \frac{(k_t - \mathrm{K}_m)}{r^2} - \mathrm{K}_{f_{qa}}. \tag{4.174}$$

이 결과를 도출하기 위해, $\mathrm{K_{fqa}} = \mathrm{K_{fca}K_{pa}}$ 식 (4.173)은 양의 입력 전류 i가 양의 각도 방향으로 플래퍼를 변위 시키려고 하는 플래퍼에 양의 토크를 가하는 것을 보여준다.

이 방정식의 두 번째 항은 피드백 스프링이 메인 스풀 밸브가 양의 x 방향으로 움직일 때 플래퍼를 원래 위치로 복원하려 한다는 것을 나타낸다. 마지막으로, 스풀 밸브(i)의 선형 속도는 좌측 노즐의 압력 상승과 우측 노즐의 압력 강하를 일으키며, 이 압력 차이는 밸브의 불안정성을 초래하려는 일시적인 압력 강하를 발생시킨다. 이 효과는 후속 논의에서 더 자세히 관찰될 것이다. 결과적으로, 방정식 (4.174)에 제시된 탄성 계수에 해당하는 모든 항들은 중요성을 지닐 수 있는데, 이는 각 항들이 보여주는 값이 일관적으로 작지만 시스템의 동작에 영향을 주므로 단순히 무시하고 제외할 수 없다는 의미이다. 독자는 토크 모터가 때로 $(k_t - \mathrm{K_m}) = 0$이 되도록 설계될 것임을 상기시키며, 이 경우 식 (4.174)의 이 항은 사라질 것이다.

식 (4.165)와 (4.173)을 결합함으로써, 그림 4.26의 2단 전자 유압 밸브의 지배 방정식은 다음과 같이 쓸 수 있다.

$$\frac{A}{\mathrm{K}_{q_a}}\left(1 - \frac{A_n\mathrm{K}_{p_a} + \mathrm{K}_{f_{qa}}}{k_{\mathrm{eff}}}\right)\dot{x} + \left[\frac{(k_v + 2\mathrm{K}_{f_q})}{A\mathrm{K}_{p_a}} + \frac{k_a(R + l)}{k_{\mathrm{eff}}r}\right]x = \frac{\mathrm{K}_t}{k_{\mathrm{eff}}r}(\Delta i - \Delta i_o) \tag{4.175}$$

주 밸브 스프링 예압 F_{vo}를 극복하기 위해 필요한 입력 전류는

$$\Delta i_o = \frac{F_{v_o}k_{\mathrm{eff}}r}{\mathrm{K}_tA\mathrm{K}_{p_a}}. \tag{4.176}$$

이 결과로부터, 밸브에 대한 안정성 기준이 결정될 수 있다. 이 안정 기준은 속도 항의 선도 계수를 식 (4.175)의 좌변은 양수가 된다. 식 (4.175)를 사용하여, 이 안정성 기준은 다음과 같이 주어진다.

$$\frac{k_{\mathrm{eff}}}{A_n\mathrm{K}_{p_a} + \mathrm{K}_{f_{qa}}} > 1, \tag{4.177}$$

여기서 플래퍼 노즐 밸브 k_{eff}에 대한 유효 스프링 상수는 식 (4.174)에 주어진다. 식 (4.175)의 다른 모든 계수는 정의에 의해 양의 값을 갖는다. 식 (4.177)에 대한 빠른 연구는 밸브가 엄격하게 안정화되는 경우 피드백 스프링 또는 비틀림 스프링의 형태로 약간의 강성이 피셔에 추가되어야 함을 보여준다.

반응 특성

그림 4.26에 제시된 2 단 전자 유압식 밸브의 정상 및 과도 응답 특성을 고려하기 위해 식 (4.175)에 제시된 운동 방정식을 다음과 같이 다시 쓰는 것이 편리하다.

$$\tau\dot{x} + x = \psi(\Delta i - \Delta i_o), \tag{4.178}$$

여기에

$$\tau = \frac{A}{K_{q_a}}\left(1 - \frac{A_n K_{p_a} + K_{f_{qa}}}{k_{\text{eff}}}\right)\left[\frac{(k_v + 2K_{f_q})}{AK_{p_a}} + \frac{k_a(R + l)}{k_{\text{eff}} r}\right]^{-1} \tag{4.179}$$

그리고

$$\psi = \frac{K_t}{k_{\text{eff}} r}\left[\frac{(k_v + 2K_{f_q})}{AK_{p_a}} + \frac{k_a\,(R + l)}{k_{\text{eff}} r}\right]^{-1}.$$

이 방정식의 모든 매개 변수는 이전에 정의되었다. 이 결과에서 기호 τ는 시스템의 과도 응답에 대한 시간 상수를 나타내지만 기호 ψ는 다음과 같은 비례 상수를 나타내기도 한다.

정상 상태 응답. **주:** ψ는 그림 4.16에 표시된 선의 기울기다. 안타깝게도, 방정식 (4.179)는 절 4.5.4에서 언급된 솔레노이드를 이용한 전자 유압식 밸브와 마찬가지로 간단히 단순화할 수 없다. 이 방정식에서는 밸브의 시상수와 비례 상수를 계산할 때도 영향을 미치는 모든 변수들이 중요하다. 그래서 밸브의 작동 특성을 파악하고 계산할 때는 방정식의 모든 항목을 세심하게 고려해야한다.

앞서 언급했듯이, 작은 시정수가 정착 시간을 줄이고 밸브의 주파수 응답을 증가시키는 데 필요하다. 플래퍼 노즐 밸브의 불안정화 경향 때문에, 그 시상수는 매우 작아지는 경향이 있고, 밸브의 응답 시간은 매우 빠르다. 4.5.4절의 전자 유압 밸브와 유사하게, 식 (4.179)는 노즐 K_{qa}에 대한 더 작은 단면적 A와 더 큰 유량 게인이 가장 작은 시간 상수를 제공한다는 것을 보여준다.

일정한 관점에서 밸브의 비례 상수는 가능한 최대 입력 전류인 $i_{\max}$에 대해 최대 밸브 변위 $\Delta i_{\max}$를 갖도록 크기가 지정되어야 한다. 이 설계 요구 사항은 다음과 같이 작성할 수 있다.

$$\psi = \frac{x_{\max}}{(\Delta i_{\max} - \Delta i_o)}, \tag{4.180}$$

Δi_o는 식 (4.176)에 제공된다. 식 (4.179)에서 밸브의 최대 작동 범위를 늘리려면 모터 K_t의 토크 상수를 늘려야 하고 유효 스프링 율 k_{dff}를 줄여야 한다는 것을 알 수 있다. K_t를 증가시킴으로써 토크 모터의 전체 크기가 커지고 k_{dff}를 줄이면 불안정성이 생길 수 있다.

밸브 디자인. 다시 한 번, 그림 4.26에 표시된 2단 전자 유압식 밸브를 설계 할 때 이 두 매개 변수 간의 균형을 고려해야 한다.

요약

이 하위 절은 그림 4.26에 나타난 2단 전자 유압 밸브를 연구하기 위해 사용되었다. 이 밸브는 전체 유압 시스템에 다량의 동력을 전달하는 데 사용되는 유압 장치의 제어 기능을 제공하기 위해 자주 사용된다. 그러나 이 밸브는 일반적으로 다량의 동력 자체를 전달하는 데 사용되지 않는다. 앞서 언급한 바와 같이, 플래퍼 노즐 밸브는 주로 가변 배치 펌프의 이동을 조절하는 데 사용된다. 이런 밸브들은 그림 4-15에서 본 두 솔레노이드 디자인에 비해 구조적으로 잘 조립되어 있긴 하지만, 설계와 안정성 면에서는 더 복잡하고 불확실한 부분이 있다. 많은 플래퍼 노즐 밸브가 비록 불안정할 수 있지만, 플래퍼가 일정한 주기로 노즐 사이를 오가면서도 사용자에게 충분히 좋은 평균적인 성능을 낼 수 있도록 만들어졌다. 이 밸브들은 불안정할지라도 많은 전력을 사용하지 않으므로 작동 중에 과도한 소음을 일으키지 않는다. 하지만, 이 불안정성 때문에 사용 중에는 플래퍼가 마모되는 것을 종종 놓칠 수 있다. 따라서 마모를 덜 받으며 일정한 성능을 유지하는 안정된 밸브를 사용하는 것이 더욱 바람직하다.

4.7.5 요약

이 섹션은 플래퍼 노즐 밸브의 특성을 연구하는 데 사용되었다. 적용을 위해, 플래퍼 노즐 밸브는 그림 4.26과 같이 2단 전자 유압식 제어 밸브 내의 첫 번째 단계로 가장 많이 사용된다. 플래퍼 노즐 밸브를 적절하게 설계하려면 토크 모터, 노즐 흐름 력 및 제어되는 주 스풀 밸브 사이의 상호 작용에 대한 철저한 이해가 필요하다. 이 절은 이러한 이슈들을 모아서 식 (4.178)에 제시하기 위해 사용되었다. 이 결과는 그림 4.26과 유사한 플래퍼 노즐 밸브를 설계할 때 참조해야 한다.

4.8. 결론

이 장에서는 스풀 밸브, 포핏 밸브 및 플래퍼 노즐 밸브의 성능 특성을 설명하는 게빙 방정식을 제시한다. 이 장은 재료 범위를 철저히 다루지는 않았지만 공통 밸브 구성을 분석하고 이 장에서 다루지 않은 독특한 밸브 설계에 유사한 방법을 적용하기 위한 기초를 제공한다.

이 장에서 가장 중요하게 다뤄지는 개념은, 밸브의 기계적 부품에 작용하는 유체의 흐름력을 계산하기 위해 레이놀즈 수송 정리를 반복해서 사용하는 것이다.

유압 제어 밸브를 움직이기 위해 꼭 넘어야 하는 장벽 중 하나가 유체가 밸브 부품에 가하는 힘이다. 이 힘을 이해하는 것은 밸브가 제대로 동작하도록 설계하는 데 필수적이다. 유압 제어 밸브는 기본 유압 시스템과 보조 유압 시스템을 관리하는 데 사용되기 때문에, 이 장에서 배운 내용은 사용 설명서의 다음 부분에서도 자주 언급될 것이다.

4.9. 참고 문헌

[1] Stone, J. A. 1960. Discharge coefficients and steady-state flow forces for hydraulic poppet valves. *ASME Journal of Basic Engineering.* (March):144-154.

[2] Anderson, W. R. 1988. *Controlling Electrohydraulic Systems.* Marcel Dekker, New York.

[3] Merritt, H. E. 1967. *Hydraulic Control Systems.* John Wiley & Sons, New York.

[4] Lin, S. J., and A. Akers. 1991. Dynamic analysis of a flapper nozzle valve. ASME *Journal of Dynamic Systems, Measurement, and Control* 113:163-167.

4.10. 과제

4.10.1 밸브 유량 계수

4.1 직사각형 유로를 통과하는 고정 된 정격 유량의 경우, 밸브의 최대 개도를 1/10, 1/4, 1/2, 3/4 및 9/10으로 주어지는 공칭 개구가 있는 밸브의 유량 게인을 결정하라.

4.2 원형 및 삼각형 유동 통로에 대해 문제 4.1을 반복하라.

4.3 밸브를 통과하는 고정 된 정격 유량의 경우 직사각형, 원형 및 삼각형 유로에 대한 압력 흐름 계수는 얼마인가?

4.10.2 스풀 밸브

4.4 2 포트 스풀 밸브는 3×3 mm 사각형의 유로를 사용하여 4 리터/분의 유속을 사용하여 40 MPa에서 압력 라인을 완화한다. 밸브에서 나가는 유체의 분사 각도는 68°이다. 유체 밀도는 850 kg/m^3 이고 밸브의 배출 계수는 0.62이다. 밸브의 정격 압력 - 유량 계수를 계산하라. 밸브의 공칭 입구는 무엇인가? 얼마나 많은 전력이 이 밸브에서 손실되는가?

4.5 문제 4.4의 양방향 스풀 밸브는 그림 4.9의 구성과 유사한 압력 방출 밸브로 사용된다. 스풀 질량은 0.01 kg, 스풀 보어 직경은 6 mm, 스프링은 공칭 작동 모드에서 10 mm 압축되고

감쇠 길이는 25 mm, 유체 체적 탄성률은 1 GPa, 압축 가능한 유체 체적은 5×10^{-4} m^3. 양방향 스풀 밸브가 안정적인가? 그 이유는 무엇인가?

4.6 그림 4.12와 유사한 3- 방향 스풀 밸브는 3×3 mm 사각형의 유로를 사용합니다. 스풀의 질량은 0.0151kg, 점성 항력 계수는 1.1562 Ns/m, 기계식 스프링 속도는 42 N/mm이다. 분사 각을 60°, 토출 계수를 0.62, 유체 밀도를 850 kg/m^3라고 가정한다. 밸브에 공급되는 압력은 10 MPa이다. 언더 랩 된 0.4mm의 개방 중심 밸브의 고유 진동수, 감쇠비, 상승 시간, 첨두치 및 정착 시간을 계산한다. 포트 사이의 길이는 10 mm이다. 이 밸브는 부하 외란에 민감한가? 그 이유는 무엇인가?

4.7 임계 중심 밸브에 대해 문제 4.6을 반복하라. 그림 4.12의 공급 포트와 리턴 포트를 전환할 때의 영향은 무엇인가?

4.8 그림 4.13과 유사한 4 방 밸브 형 밸브는 3×3 mm 사각형의 유로를 사용한다. 스풀 밸브의 질량은 0.0156 kg, 점성 항력 계수는 1.307 (N s)/m이며 기계식 스프링 율은 65 N/mm 이다. 분사 각을 65°로하고, 토출 계수를 0.62로하고, 유체 밀도를 850 kg/m^3으로 가정한다. 밸브에 공급되는 압력은 20 MPa이다. 언더 랩된 0.5 mm의 개방 센터 밸브의 고유 진동수, 감쇠비, 상승 시간, 최대 첨두치 및 정착 시간을 계산한다.

4.9 중요 센터 밸브에 대해 문제 4.8을 반복하라.

4.10 문제 4.9의 사방 밸브는 그림 4.15에 표시된 것과 유사한 두 개의 전자 유압 밸브의 주요 단계로 사용된다. 메인 스테이지는 직경 10 mm로 설계되었다. 액추에이터 용 스풀 /전기자는 정사각형 통로를 사용한다. 1×1 mm이고 배출 계수는 0.62이다. 밸브를 작동시키는 데 사용되는 파일럿 압력은 2.1 MPa이다. 피드백 스프링의 스프링 속도는 7 N /mm 이고 솔레노이드의 자기 결합 계수는 25 N/A이다. 밸브의 시정수 t와 비례 상수 ψ을 계산하고, 이러한 계산을 바탕으로 밸브의 정착 시간과 주파수 응답을 추정하라. 1.5A의 전류가 한 솔레노이드에 적용될 때 주 스테이지 밸브의 변위를 계산하라. 스프링 팩의 예압을 극복하기 위한 초기 전류량은 0.75A이다.

4.10.3 포펫 밸브

4.11 유압 포펫 밸브는 유압 회로 내의 고압 스파이크를 완화하는 데 사용된다. 릴리프 밸브를 통한 압력 강하는 6000 psi이다. 유압 유체의 예상 온도 상승은 얼마인가?

4.12 포펫 밸브는 그림 4.22와 유사하게 설계되어 4 리터/분의 유량을 사용하여 40 MPa에서 압력 라인을 완화한다. 포펫 밸브로의 입구 통로의 직경은 2 mm이고 유체의 분사 각도는 45° 이다. 유체 밀도는 850 kg/m^{3}이고 밸브의 배출 계수는 0.62이다. 공칭 압력 흐름 계수 계산 밸브에 밸브의 공칭 입구는 무엇인가? 이 정상 상태 작동 조건을 달성하기 위해 밸브의 스프링 선하중은 얼마나 되어야 하는가? 이 릴리프 밸브를 통해 손실되는 전력은 얼마인가?

4.13 문제 4.12의 포펫 덩어리는 0.01 kg이고, 스프링은 공칭 작동 모드에서 10 mm 압축되고 댐핑 길이는 25 mm이며, 유체 체적 탄성률은 1 GPa이고, 압축성 유체 체적은 5×10^{-4} m^{3}이다. 포펫 밸브가 안정적인가? 그 이유는 무엇인가?

4.10.4 플래퍼 노즐 밸브

4.14 플래퍼 노즐 밸브는 플래퍼 피벗 점으로부터 19 mm 떨어진 노즐을 사용한다. 노즐 직경은 3.65 mm이고 플래퍼와 노즐 사이의 공칭 갭은 0.375 mm이다. 파일럿 압력 공급은 2.1 MPa, 유체 밀도는 850 kg/m^{3}이며 노즐의 배출 계수는 0.62이다. 밸브의 유량 이득 및 압력 - 유량 계수를 계산하라. 동일한 정보를 사용하여 유 동력 게인과 압력 - 유동력 계수를 계산하라.

4.15 문제 4.14의 플래퍼 노즐 밸브는 그림 4.26과 비슷한 2단 전자 유압식 밸브의 첫 번째 단계로 사용된다. 2단 스풀 직경은 12.7 mm이고 스풀 밸브는 3.425 N/mm의 힘 게인을 가진다. 스풀 - 밸브 스프링 속도는 500 N의 조립 된 예하 중을 사용하여 50 N/mm이다. 스풀과 플래퍼 사이에는 2 mm 직경 피드백 와이어가 사용되며 치수 1=25.4 및 $R=23$ mm이다. 치수는 그림 4.29에 나와 있다). 피아퍼는 토크 모터의 자기 스프링 속도를 완벽하게 취소하는 비틀림 스프링을 사용한다. 토크 모터의 토크 상수는 120 (N m)/A입니다. 유효 스프링 상수는 메인 스풀 밸브의 스프링 예압을 이겨내기 위해 필요한 초기 전류와 플래퍼에 가해야 하는 힘을 나타내는 값이다.

4.16 문제 4.15에 나와 있는 2단 전자 유압 밸브에 대해, 밸브의 시정수와 대역폭을 계산하라. 입력 전류와 메인 스테이지 스풀 밸브의 출력 변위 사이에 존재하는 정상 상태 비례 상수는 무엇인가? 60 mA의 전류가 토크 모터에 적용된다고 가정할 때, 스풀 밸브는 얼마나 이동할까?

PART 05

유압 펌프

5.1. 서론

유압 펌프는 유압 제어 시스템의 동력원이다. 유압 펌프의 주요 작업은 회전하는 샤프트의 동력을 유체 동력으로 변환하는 것이다. 이 작업에는 두 가지 유형의 펌프가 사용될 수 있다:

(1) 유체 역학 비 정변 위 펌프 및

(2) 정 유압식 정변 위 펌프

비양정배출 펌프는 터빈이나 팬으로 제작되며, 일반적으로 높은 유체 누설로 인해 비효율적이다. 이들은 대량의 유체를 퍼내는 펌핑 작업에는 적합하지만 고압을 필요로 하는 고성능 유압 제어 시스템에는 적합하지 않다. 반면, 양정배출 펌프는 유체의 일정한 양을 배출하는 장치를 사용하여 제작된다. 이 펌프는 작동 압력에 따라 이름이 붙여졌으며, 그래서 양정배출 펌프라고 불린다. 이들 펌프는 훨씬 높은 효율을 가지고 있어 유압 제어 시스템에 적합하다. 이러한 이유로 이 장은 양정배출 펌프만을 다룰 것이다.

이 장의 서두에는 유압 펌프 유형에 대한 개요와 함께 시작될 것이며, 이 서론에서는 각 펌프 유형에 대한 전형적인 응용 사례와 잘 알려진 장단점이 언급될 것이다. 그 다음 양정배출 펌프의 효율성이 표준 정의와 함께 고려될 것이며, 효율성 측정의 불확실성에 대해서도 논의될 것이다. 양정배출 펌프의 동적 거동을 고려할 때, 유동 리플은 종종 고려되어야 하므로, 기어 펌프에 관련하여 펌프의 유동 리플에 대해서도 논의될 것이다.

5.1.2 정역학 펌프 유형

개요

이 하위 절에서는 유압 제어 시스템 내에서 흔히 사용되는 양정배출 펌프들에 대한 간략한 조사를 제시할 것이다. 앞서 언급한 것처럼, 이 소절에서 논의되는 펌프들은 양정배출 타입에 속하는데, 이는 펌프가 특정한 양의 유체를 기계 작동 압력과 관계없이 배출한다는 것을 의미한다. 다음 단락들에서 많은 펌프 디자인들이 이 작업을 수행하는 데 사용될 수 있으며, 각각의 디자인은 그 자신의 장단점을 가진다. 비교될 수 있는 항목 목록에는 비용, 소음, 작동 범위, 효율성 및 제어가 포함된다.

기어 펌프

그림 5-1은 기어 펌프를 통한 단면도를 보여준다. 대부분의 실제 기어 펌프 디자인처럼, 이 그림은 유체를 배출하는데 사용되는 두 개의 동일한 기어가 담겨 있는 전형적인 기어 펌프를 보여준다. 이 기어들은 토출 포트와 흡입 포트를 분리하는 밀폐된 내압 하우징 안에 들어있다. 외부 샤프트가 구동 기어(그림 5-1에서 보여지지 않음)에 연결되어 있으며, 다른 기어는 내부 샤프트와 베어링에 의해 지지된다. 그림 5-1에 표시된 기어 펌프는 기어 형상이 외부에 있기 때문에 보다 정확하게 *외부 기어 펌프(external gear pump)*로 식별된다.

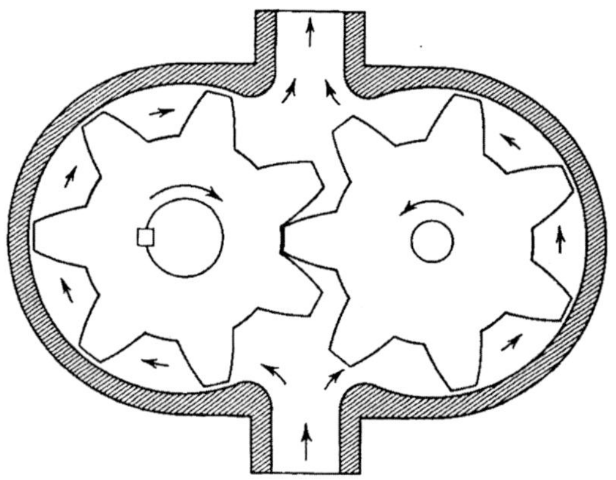

그림 5-1

외장 기어 펌프의 단면도(John Wiley & Sons, Inc. [2])

내부 기어 형상을 사용하는 기어 펌프도 있으나, 이것은 외부 기어 형상보다 드물게 사용된다.

기어 펌프의 작동을 고려할 때, 펌프 중심을 통해 유체 흐름이 발생한다고 생각하기 쉽다. 즉, 맞물린 기어 형상을 통해 흐른다고 생각하는 것이다. 하지만 그림 5-1에서 보여지듯이, 실제로는 그렇게 되지 않다. 기어 펌프에서 유체 흐름을 생성하기 위해, 유체는 흡입측 기어의 각 치아 간격에서 외부를 돌아 펌프의 배출측으로 운반된다. 기어 치아가 맞물리면, 맞물리는 치아에 의해 각 치아 간격에서 유체가 짜내어져 펌프의 배출 라인으로 이동한다. 흡입측에서는 기어 치아가 맞물림에서 벗어나면서 유체가 역류하여 각 치아 간격의 맞물리는 치아들이 이제 그 공간을 비우게 된다. 이 역류는 펌프 하우징으로 유체를 흡입측 포트를 통해 펌프로 끌어당기며, 이 과정은 펌프의 회전마다 반복되어, 펌프 속도에 비례하여 유체를 이동시킨다.

기어 펌프는 다른 양정배출 펌프에 비해 두 가지 주요한 영역에서 장점을 보여준다: (1) 기어 펌프는 구입하기에 비용이 적게 들고, (2) 기어 펌프에는 움직이는 부품이 두 개뿐이어서 이 설계가 매우 신뢰성이 높다. 기어 펌프의 단점은 다음과 같다: (1) 기어 펌프는 일반적으로 중간 압력 수준(21 MPa까지)에서 작동한다, (2) 효율성은 일반적으로 낮은 편이며(효율 범위 80%와 90% 사이), (3) 기어 펌프는 상당히 큰 소음을 발생시킬 수 있다(70dB에서 80dB 사이), 그리고 (4) 기어 펌프는 고정 배출량 장치이다, 즉 유일하게 조절할 수 있는 변수는 구동 기어의 속도이다. 기어 펌프는 일반적으로 저렴하고 효율성이 낮은 시스템에 사용된다. 이들은 종종 비용이 적은 오일 펌프로 사용되거나, 큰 변위를 요구하지 않는 상황에 사용된다, 예를 들면 물 공급(유리창 세정기 용수로 사용되는 경우도 있음) 또는 자동차 응용분야에서 사용된다. 기어 펌프와 그들의 흐름 특성은 5.3절에서 논의될 것이다.

제로터 펌프

그림 5.2는 제로터 펌프의 단면도를 보여준다.

그림 5-2는 제로터 펌프의 단면도를 보여준다. 그림에서 보는 바와 같이, 이 펌프는 내부 요소와 외부 요소로 구성되어 있으며, 둘 다 고정된 배출구와 흡입구에 비해 동일한 방향으로 회전한다. 점선으로 표시된 바와 같이, 내부 요소가 외부 요소보다 약간 빠르게 회전하기 때문에, 내부 요소는 항상 외부 요소와 미끄러지는 접촉을 유지하며 밀폐된 유체 주머니를 형성한다. 유체가 흡입구를 통해 들어가면 내부 및 외부 요소 사이의 밀폐된 공간이 커짐에 따라 증가하고, 배출구를 통해 유체가 나가면 내부 및 외부 요소 사이의 밀폐된 공간이 감소함에 따라 감소한다. 그림 5-2는 두 개의 치아가 밀폐된 유체 주머니를 정의함으로써 제로터 펌프의 기능을 추적함으로써 그 기능을 설명한다. 제로터 펌프의 디자인은 실제로 스마트하며, 유체를 배출하기 위한 간단하지 않은 메커니즘을 가지고 있다.

제로터 디자인의 장점은 표준 기어 펌프와 유사하다: (1) 비용이 적게 드는 디자인이고, (2) 움직이는 부분이 몇 개 없어 매우 신뢰성이 높다. 제로터 디자인의 단점도 기어 펌프와 유사하다: (1) 제로터 펌프 작동 압력은 일반적으로 낮다. 약 7MPa), (2) 제로터 펌프 작동 효율은 낮다(60%에서 80%), 그리고 (3) 제로터 펌프는 고정 배출량 펌프이다. 이는 배출 흐름을 펌프 샤프트의 입력 속도를 조절함으로써만 제어할 수 있다는 것을 의미한다. 제로터 펌프는 유압 제어 시스템에 파일럿 압력을 공급하는 충전 펌프로 종종 사용되며, 유압 전송을 위한 보충 유량을 제공하는 데 사용된다.

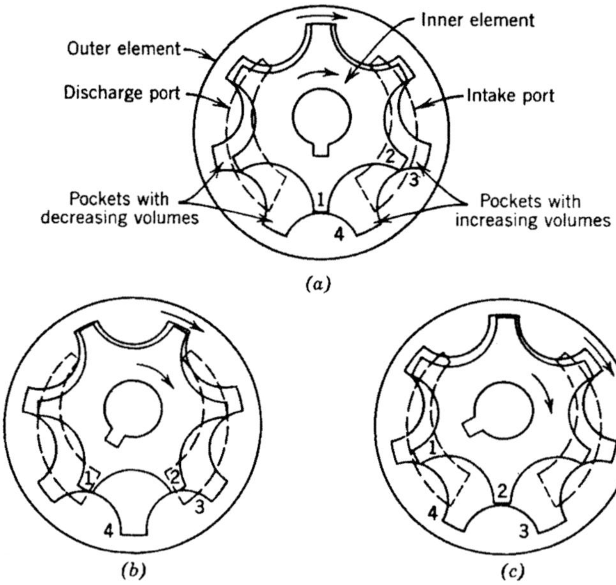

그림 5-2

제로 터 펌프의 횡단면도(Courtesy of John Wiley & Sons, Inc. 낌.)

베인 펌프

그림 5-3은 베인 펌프의 단면도를 보여준다. 이 그림에서 보이듯이, 베인 펌프는 내부 로터, 하우징, 그리고 베인이라 불리는 스프링으로 장전된 요소들로 구성된다. 베인은 로터 안에 있으며, 로터는 하우징 중심으로부터 이심거리 e만큼 상쇄된다. 로터가 고정된 하우징에 대해 회전할 때, 베인은 자체의 관성에 의해 바깥쪽으로 튕겨 나간다. 스프링은 베인을 하우징에 밀착시키는데도 사용되며, 때때로 동일한 목적을 위해 베인에 배출 압력을 제공하기도 한다. 베인이 하우징의 흡입구를 지날 때, 베인과 로터 및 하우징 사이의 공간이 증가하여 펌프로 유체를 빨아들인다. 베인이 하우징의 배출구를 지날 때, 베인과 로터 및 하우징 사이의 공간이 감소하여 펌프에서 유체를 밀어낸다. 그림 5-3에서 보면 펌프의 작동이 이심거리 e에 달려 있음을 알 수 있다. 이 거리가 0이면 펌프는 유체를 이동시키지 않을 것이다. 베인 펌프는 때때로 이심거리를 조절할 수 있는 메커니즘을 사용하여 가변 배출량 펌프로 만들어진다. 보통 이 이심거리는 고정된 치수이며, 베인 펌프는 고정 배출량 기계로 설계된다.

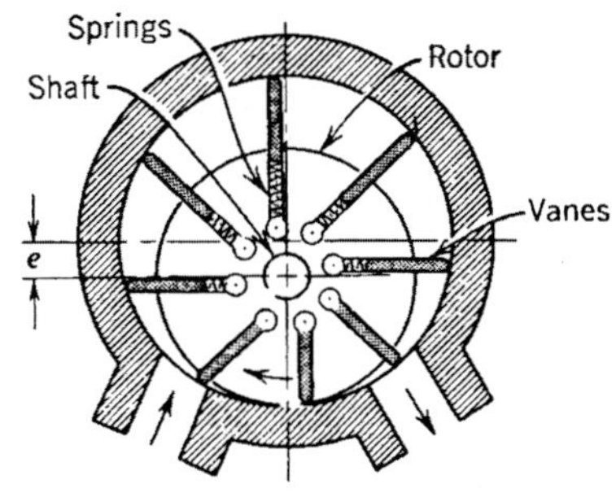

그림 5-3

베인 펌프의 단면도(Couπ'esy of John W ley & Sons, Inc. [2].)

베인 펌프는 다음과 같은 장점이 있다: (1) 베인 펌프는 비교적 저렴하다, (2) 베인 펌프는 부품이 적어 매우 신뢰성이 높고, (3) 베인 펌프는 베인 마모에 대해 자가 조정이 가능하다. 이 디자인의 단점은 다음과 같다: (1) 베인 펌프 작동 압력은 일반적으로 낮다(21 MPa까지), (2) 베인 펌프 작동 효율은 낮다(70%에서 80%), 그리고 (3) 베인 펌프는 보통 고정 배출량 펌프이다. 즉, 배출 흐름은 펌프 샤프트의 입력 속도를 조절함으로써만 제어할 수 있다. 베인 펌프는 보통 자동차 응용분야에서 유압 동력을 제공하거나 파워 스티어링 시스템에 사용된다.

레이디 얼 피스톤 펌프

그림 5-4는 래디얼-피스톤 펌프의 단면도를 보여준다. 이 펌프는 실린더 블록 내부에 래디얼 방식으로 배열된 피스톤들로 구성되어 있다. 흡입구와 배출구는 실린더 블록의 중앙에 위치한다. 이 펌프는 베인 펌프와 공통적인 특징을 가지고 있는데, 그것은 로터 중심선과 실린더 블록 중심선 사이의 차이로 보여지는 이심거리에 의존한다는 점이다. 로터가 회전함에 따라, 피스톤들은 로터의 프로필을 따라 움직이면서, 그로 인해 펌프의 흡입측으로 유체를 빨아들이고 배출측에서 유체를 밀어낸다. 이심거리를 변화시키는 것으로, 이 펌프는 가변 배출량 장치로 만들 수 있다. 그러나, 래디얼 펌프는 보통 고정된 이심거리를 가진 고정 배출량 디자인이다.

래디얼 피스톤 펌프의 장점은 다음과 같다: (1) 래디얼 피스톤 펌프는 일반적으로 높은 효율을 나타낸다(85%에서 98%), (2) 래디얼 피스톤 펌프는 높은 압력에서 작동할 수 있다 42 MPa까지), (3) 래디얼 피스톤 펌프는 낮은 시작 토크를 가지고 있어서, 모터로서 역방향 작동 시 좋은 회전 작동 장치가 된다. (4) 래디얼 피스톤 펌프는 본질적으로 짧고 평평하여, 공간 제한이 심한 응용분야에 적합하다. 래디얼 피스톤 펌프의 단점은 다음과 같다: (1) 상당히 비싼 펌프로(기계 당 $1000에서 $5000), 그리고 (2) 일반적으로 고정 배출량 장치로, 흐름율은 샤프트 속도를 변화시켜 조절해야 한다. 이들 펌프는 높은 효율과 낮은 시작 토크로 인해 종종 유압 전송의 출력 모터로서 역방향 작동 모드에서 사용된다.

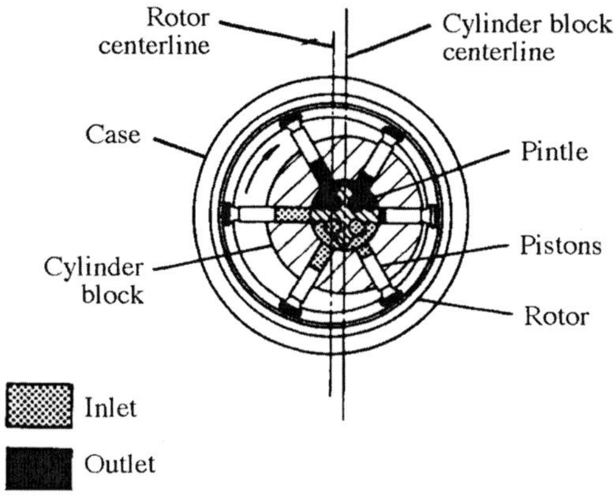

그림 5-4
래디얼 피스톤 펌프의 단면도(Courtesy of John Wiley & Sons, Inc. [2])

축 방향 피스톤 사축 펌프

그림 5-5는 스워시 플레이트 축 방향 피스톤 펌프를 보여준다. 이 그림에서 보는 바와 같이, 펌프는 여러 피스톤을 가지고 있으며, 이들은 원통형 블록 내에 있는 원형 배열 속에 샤프트 중심선 주위 동등한 간격으로 위치한다. 그림 5-5에 보이는 바와 같이, 실린더 블록 스프링의 압축된 힘을 사용하여 포트 플레이트를 통해 엔진 오일의 얇은 막이 실린더 블록과 포트 플레이트를 분리하는데, 이는 일반 작동 조건에서 유압을 부과한다. 실린더 블록은 샤프트와 평행하게 돌아가는 일련의 스플라인을 통해 포트 플레이트에 연결된다. 볼-앤-소켓 조인트는 각 피스톤의 기저부를 슬리퍼에 연결한다. 슬리퍼 자체는 스워시 플레이트에 유지되어 있으며, 스워시 플레이트에는 표시되지 않은(그림 5-5 참조) 리테이너에 의해 적당한 접촉을 유지한다. 사판 각도(α)는 일반적으로 펌프의 가변-변위를 생성하기 위해 시간에 따라 변할 수 있다. 전체 기계는 유압 유체로 채워진 하우징 내에 있다.

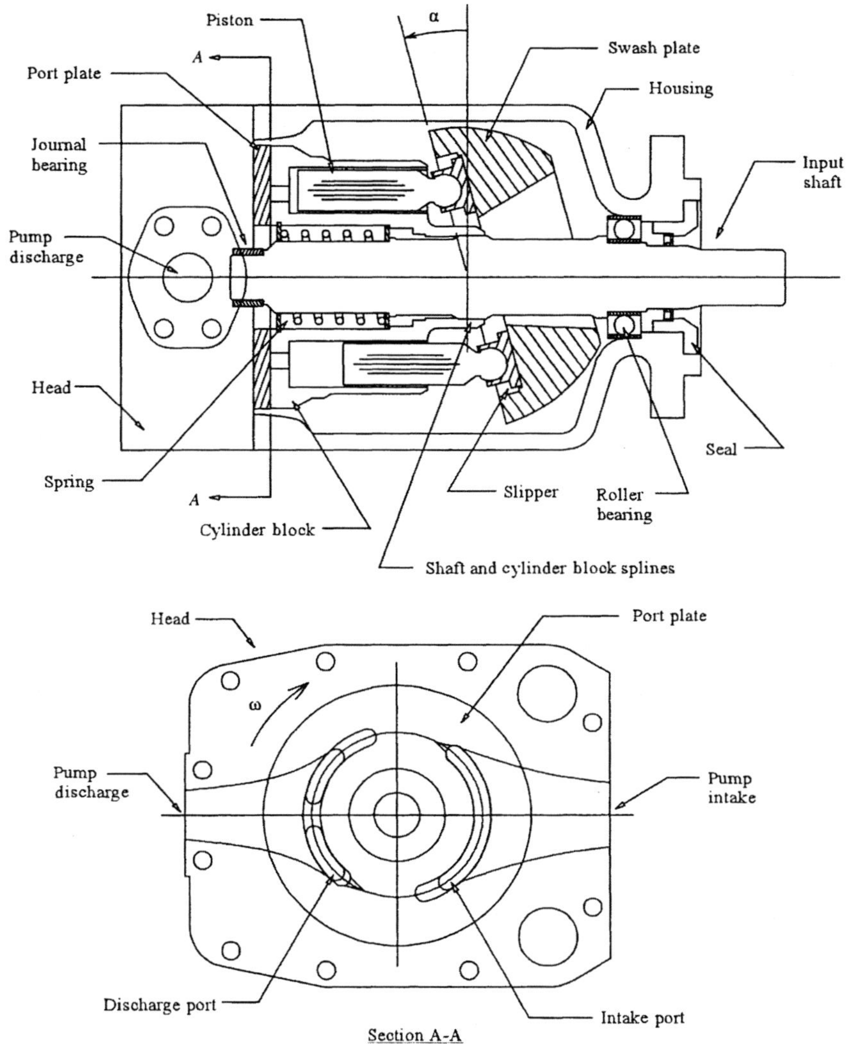

그림 5-5

축 방향 피스톤 스왓츠 플레이트 펌프의 단면도

포트 플레이트가 헤드에 대해 고정 된 위치에 유지되는 동안 샤프트 및 실린더 블록은 샤프트 중심선을 중심으로 일정한 각속도 ω로 회전한다. 독자는 샤프트와 실린더 블록이 샤프트에 평행한 스플라인 세트를 통해 연결되어 있음을 상기해야 한다.

이 회전하는 동안에, 각 피스톤은 순차적으로 포트 플레이트의 흡입구와 배출구를 통과한다. 슬리퍼가 스와시 플레이트의 경사진 표면을 따라 유지되기 때문에 피스톤은 진동하며 움직임을 갖게 된다. 피스톤이 실린더 블록 내에서 흡입구를 지날 때, 피스톤은 실린더에서 빠져나와 유체를 피스톤 챔버로 빨아들인다. 피스톤이 배출구를 통과할 때는 실린더 블록 안으로 들어가면서 챔버 밖으로 유체를 밀어낸다. 이 과정은 실린더 블록이 한 바퀴 돌 때마다 반복되어 유체가 이동하는 주된 작업이 된다. 펌프에서의 흡입과 배출 흐름은 헤드 부품을 통해 분배되며, 이 헤드는 유압 시스템의 다른 부분으로 유체를 이동시키는 매니폴드 역할을 한다.

스왑 플레이트 축 피스톤 펌프는 유압 제어 시스템에서 가장 흔히 사용되는 펌프이다. 이 펌프들을 사용하는 장점은 다음과 같다: (1) 스왑 플레이트 축 피스톤 펌프는 매우 높은 효율(85%에서 95%)을 자랑한다, (2) 스왑 플레이트 축 피스톤 펌프는 높은 압력(42 MPa까지)에서 운용될 수 있다, 그리고 (3) 스왑 플레이트 축 피스톤 펌프는 변위 조절이 용이하여, 스왑 플레이트 각도를 조절함으로써 펌프의 흐름량을 제어할 수 있다. 이는 펌프 샤프트 속도와 독립적으로 배출량을 제어할 수 있음을 의미한다. 스왑 플레이트 축 피스톤 펌프의 단점은 다음과 같다: (1) 스왑 플레이트 펌프는 상당히 비싸다는 점(기계당 1,000달러에서 5,000달러), 그리고 (2) 이 펌프의 구조가 앞서 언급된 펌프들보다 복잡하여 신뢰성이 떨어진다. 이러한 복잡성은 신뢰성이 낮아짐을 의미한다. 스왑 플레이트 축 피스톤 펌프가 사용되는 전형적인 응용 분야는 다음과 같다: 유압 전송 시스템, 디젤 엔진용 연료 펌프, 로봇용 펌프, 지구 이동 장비, 농업 장비, 그리고 항공기 비행 제어 시스템 등이다. 스왑 플레이트 축 피스톤 펌프에 대해서는 5.4절에서 더 자세히 다룰 예정이다.

축 피스톤 구부러진 축 펌프

그림 5.6은 구부러진 축 방향 피스톤 펌프를 보여준다. 이 그림에서 볼 수 있듯이 실린더 블록은 구동축에 각도를 이루고 있고 피스톤들은 연결봉을 통해 구동축에 연결되어 있다.

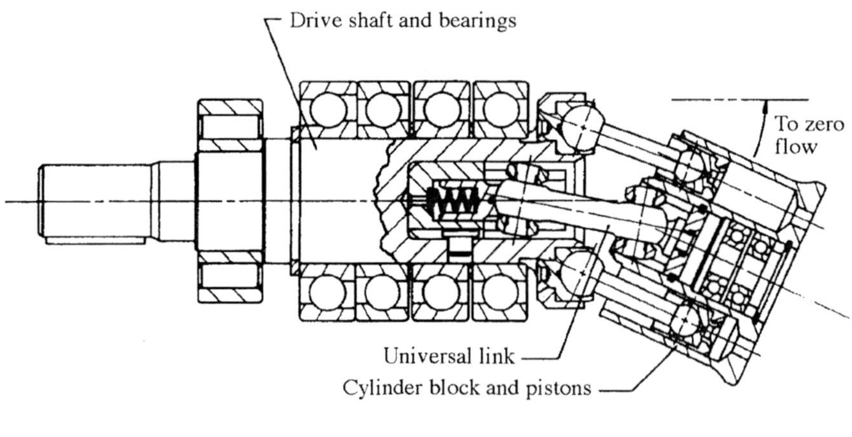

그림 5-6

축 피스톤 구부림 축 펌프의 단면도(Courtesy of Marcel Dekker [1]).

유니버설 조인트는 모든 스러스트 하중이 커넥팅로드 자체에 의해 전달되기 때문에 이 링크의 측면 하중만 허용된다. 피스톤이 샤프트와 함께 실린더 블록의 상부 위치를 향해 움직일 때, 유체는 펌프의 흡기 포트를 통해 피스톤 챔버로 흡입된다.
피스톤이 실린더 블록의 바닥 위치를 향해 움직일 때, 유체는 펌프의 배출 포트를 통해 피스톤 챔버 밖으로 밀어 낸다. 포트는 사판 축 피스톤 펌프 설계와 비슷한 포트 플레이트로 분리된다(그림 5.5 참조).
실린더 블록에 대한 경사각을 변화시킴으로써, 펌프의 변위가 또한 변화될 수 있다. 그림 5-5에 나와 있는 스와시 - 플레이트 펌프의 경우 최대 스와시 - 플레이트 각도는 약 21°이다.
그림 5.6에 표시된 구부러진 축 펌프의 경우, 달성될 수 있는 최대 실린더 블록 각도는 약 45° 이다. 이 최대 각도 변화는 스와시 플레이트 설계에 비해 구부러진 축 설계에서 더 큰 변위를 만들어낸다. 하지만, 이렇게 큰 변위를 얻기 위한 대가는 보통 움직이는 부품이 더 많고 복잡한 구부러진 축 피스톤 펌프에서 더 높은 비용과 더 낮은 신뢰성으로 나타난다.
구부러진 축 방향 피스톤 펌프의 장점은 다음과 같다.
(1) 구부러진 축 디자인은 높은 효율 (85% ~ 98%), (2) 구부러진 축 디자인 설계는 고압 (최대 42 MPa)에서 작동 할 수 있으며, (3) 구부러진 축 디자인이 가장 높은 수준의 변동성을 나타내므로 그 출력 흐름은 실린더 블록의 각도를 변경함으로써 간단히 조정될 수 있고, (4) 벤드 축 디자인은 매우 낮은 시동 토크 요구 사항을 나타내며, 이는 펌프의 역방향 모드에서 작동하는 모터에 적합하게 만든다. 이 특성은 레이디 얼 피스톤 펌프와 공통적이다.
굽힘 축 축 피스톤 펌프의 단점은 다음과 같다.
(1) 가장 비싼 펌프(기계 당 2000 ~ 7000 달러)이며, (2) 가장 복잡한 펌프 설계로 일부 경쟁 업체에 비해 신뢰성이 낮다. 벤딩 축의 축 방향 피스톤 펌프는 스와시 플레이트 축 피스톤 펌프만큼 널리 사용되지는 않지만 높은 가변성과 낮은 시동 토크 특성으로 인해 모터로 가장 많이 사용된다. 벤드 축 모터로 얻을 수 있는 최대 속도 비율은 사판 모터의 최대 속도 비율이 3 : 1인 것과 비교하여 5 : 1이다.

요약

이 부분에서는 유압 펌프 기술에 대한 간단한 개요를 다루었다. 독자는 유체를 이동시키기 위해 사용되는 다양한 기계적 변형들을 살펴보며 그 수와 다양성에 놀랄 수 있다. 하지만, 여기서 모든 기계적 형태를 다루지는 않았다. 대신, 오늘날 시장에서 널리 사용되고 있는 가장 일반적인 기계들에 초점을 맞췄다. 평소보다 드문 기계 유형에 대해 더 알고 싶다면 다른 참고 자료들을 확인해 보시기 바란다 [1, 2].

5.1.3 요약

이 장에서는 다양한 종류의 유압 펌프와 그들이 가진 독특한 장단점을 소개했다. 다음 장에서는 유압 펌프의 효율성을 평가하는 데 필요한 모델링과 측정 방법에 대해 다룰 예정이다. 특히, 현재 유압 제어 시스템에서 흔히 사용되는 기어 펌프와 축 방향 피스톤 펌프에 대한 논의가 이어질 것이다. 또한, 변위를 조절할 수 있는 스와시 플레이트 펌프의 제어 방법에 특별한 주목을 기울일 것이다. 이 부분에서는 압력 조절 및 변위 조절이 가능한 펌프에 대해서도 살펴볼 것이다.

5.2. 펌프 효율

5.2.1 개요

이전에 언급했듯이, 유압 펌프의 주요 역할은 회전하는 기계 축의 동력을 유체의 동력으로 바꾸는 것이다. 이 변환 과정은 앞서 설명한 여러 기계를 통해 이루어진다. 하지만 이러한 기계들 중 어느 것도 완벽한 효율을 가진 것은 없다. 변환 과정에서 에너지의 일부를 잃게 되는데, 이는 주로 동력 전달 경로에서의 손실과 기계 내부의 마찰 또는 누수로 인한 유체 흐름으로 인해 발생한다. 이번 장에서는 펌프의 효율성을 정의하고, 모델링하고, 측정하는 방법에 대해 탐구할 것이다.

5.2.2 효율 정의

그림 5.7은 일반적인 유압 펌프에 유입 및 유출되는 동력을 개략적으로 나타낸 것이다. 이 도식에서는 그림 5.7에 나와 있지 않은 외부 구동 장치에 의해 회전축을 통해 펌프에 전원이 공급된다. 샤프트가 회전함에 따라 펌프는 유체를 입구 측으로 끌어 들여 유체를 배출 측에서 밀어낸다. 샤프트에 대한 입력 파워는 샤프트 토크와 회전 속도 $T\omega$의 표준 공식을 기반으로 계산된다.
또한 펌프의 흡입 포트에 있을 수 있는 압력으로 인입구의 펌프로도 동력이 전달된다. 이 동력은 유압 전력에 대한 표준 공식에 의해 설명되며, 이는 압력과 부피 유량 P_iQ_i로 주어진다.
마찬가지로 펌프의 배출 동력은 P_dQ_d로 주어지며, P_d는 토출 압력이고, Q_d는 토출 체적 유량이다. 그림 5.7에서, 전력은 또한 내부 누설의 형태로 펌프에서 누출되는 것으로 나타난다. 이 전력 손실은 P_lQ_l로 계산된다. 여기서 P_l는 누설 경로를 가로지르는 압력 강하이고, Q_l는 누설 체적 유량이다. 마지막으로, 동력은 또한 열을 발산하는 형태로 펌프를 떠난다. 이 열 분산은 그림 5.7에서 점선으로 표시된 제어 볼륨을 나가는 구불구불한 선에 의해 표시된다.

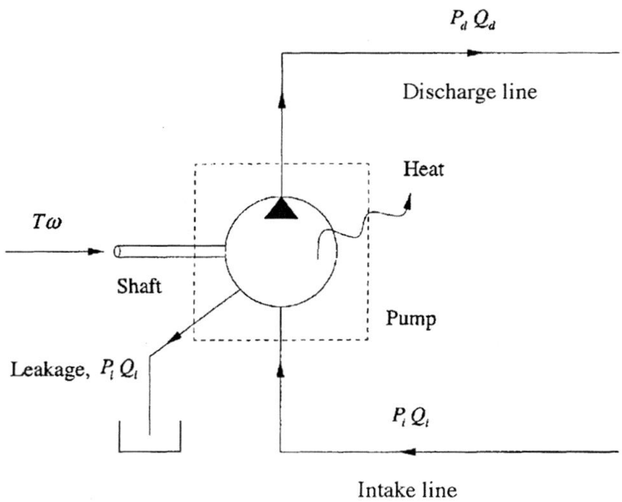

그림 5-7

펌프 안팎으로 흐르는 동력의 도식

전체 펌프 효율은 공급된 입력 전력 대비 유용한 출력 전력의 비율로 정의된다. 그림 5.7에 나와 있는 전력 흐름을 기반으로 할 때, 이 효율성은 수학적으로 다음과 같이 표현될 수 있다.

$$\eta = \frac{P_d Q_d}{T\omega}, \tag{5.1}$$

여기서 P_d는 펌프의 토출 압력, Q_d는 펌프의 토출구에서 측정된 체적 유량, T는 펌프 샤프트의 입력 토크, ω는 펌프 샤프트의 각속도이다.

펌프 V_d의 체적 변위를 사용하여 전체 효율을 체적 효율과 토크 효율이라는 두 가지 구성 요소로 분리할 수 있다. 이 분리는

$$\eta = \eta_t \eta_v, \tag{5.2}$$

여기서 토크 효율은

$$\eta_t = \frac{V_d P_d}{T}, \tag{5.3}$$

체적 효율이

$$\eta_v = \frac{Q_d}{V_d \omega}. \tag{5.4}$$

식 (5.3)과 (5.4)에서 체적 변위는 라디안 당 부피 단위로 주어진다. 1회 전당 체적 변위는

$V_D = 2\pi V_d$이다.

식 (5.3)에 표시된 토크 효율은 유체 전단 및 내부 마찰로 인한 전력 손실을 설명하는 데 사용된다. 식 (5.4)에 나타난 체적 효율은 내부 누설 및 압축성으로 인한 전력 손실을 설명하는 데 사용된다.

5.2.3 펌프 효율 모델링

그림 5.8은 무 차원 그룹 $\mu\omega/P$에 대해 플롯 된 펌프 효율의 전형적인 그래프를 보여준다. μ는 유체 점도, ω는 각축 속도, P는 펌프 양단의 압력 강하다.

펌프 효율을 어느 정도 정확도로 모델링하기 위한 많은 시도가 있었으며, 이 작업에 대한 좋은 요약은 문헌 [3]에서 찾아볼 수 있다. 현재로서는 펌프 효율 특성을 사전에 정확하게 예측할 방법이 없어 보이므로, 모델링 과정에서 여전히 실험 계수가 필요하다. 펌프 효율 용어는 물리적 표현으로 묶어서 다음과 같이 모델링될 수 있다:

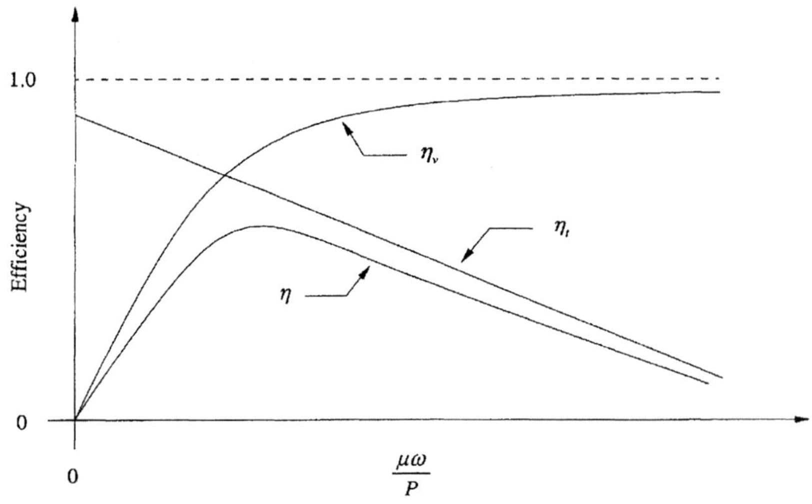

그림 5-8
일반적인 펌프 효율 곡선

$$\eta_v = 1 - C_l \frac{P}{\mu\omega} - C_t \sqrt{\frac{P}{\mu\omega}}, \tag{5.5}$$

그리고

$$\eta_t = 1 - C_s - C_c \frac{\mu\omega}{P} - C_h \sqrt{\frac{\mu\omega}{P}}, \tag{5.6}$$

여기서 C_1은 유체 압축 효과와 저 레이놀즈 수 누설을 차지하고 C_t는 높은 레이놀즈 수 누설을 설명하며, C_s는 토크 손실 시작을 설명하고, C_c는 펌프 내의 부하에 비례하는 쿨롱 마찰 토크 손실을 설명하고, C_h는 유체 전단에 의한 유체 역학 토크 손실을 설명한다. 다시 말하지만, 이 모든 계수는 실험을 통해 결정되어야 하며 펌프 효율을 모델링 하기 위해 식 (5.5)와 식 (5.6)으로 대체되어야 한다.

이러한 계수의 결정은 다음과 같은 최소 제곱 검정을 사용하여 가장 잘 이루어진다.

식 (5.5)와 (5.6)은 무 차원 그룹 $\mu\omega/P$에 대한 특정 값에 해당하는 실제 효율성을 결정하기 위해 사용된 실험 데이터 포인트가 충분히 많다.

식 (5.5)와 식 (5.6)은 최소 제곱 분석을 위한 올바른 방정식이다.

방금 언급 한 바와 같이 이 실험을 위해서는 실험값이 필요하다. 그러므로 펌프 효율의 측정은 다음 하위 절에서 논의될 것이다.

5.2.4 펌프 효율 측정

개요

펌프 효율의 주제는 처음에 나타날 수 있는 것보다 더 중요한다. 독자는 유압 제어 시스템이 유리한 동적 응답을 생성하면서 많은 양의 전력을 전달할 때 틈새를 발견한다는 것을 상기하게 될 것이다. 많은 양의 전력이 이 시스템들에 의해 전송되기 때문에, 효율성의 작은 퍼센트 변화는 많은 양의 전력이 절약되거나 손실되는 것과 일치한다. 비용에 민감한 환경 내에서 효율성의 이러한 작은 변화는 중요한 경제적 요인으로 해석된다.

결과적으로, 시장 내에서 2~5%의 보고된 효율 차이를 토대로 유압 펌프의 판매가 이루어지거나 파손되는 것을 보는 것은 드문 일이 아니다. 문제는 다음과 같다. 유압 펌프의 효율을 이 정확도로 정기적으로 측정 할 수 있는가? 이 하위 절은 이 문제를 고려하여 부분적으로 작성되었다.

불확실도 분석

펌프의 효율 측정과 관련된 불확실성을 고려하기 위해서는 *불확실성*의 정의가 필요하다. 이 정의는 다음과 같이 주어진다.

$$\varepsilon = \frac{\eta' - \eta}{\eta'}, \tag{5.7}$$

여기서 η'는 측정된 효율값이고, η는 엄밀히 말하면 알 수 없는 실제 효율을 나타낸다.
이 논의 전체에서, 프라이밍 된 표기법은 측정 된 양을 나타내고, 프라이밍 되지 않은 변수는 정확한 양 또는 실제 양을 나타낸다.
측정의 불확실성이 적다고 가정하면 압력, 유량, 토크 및 속도의 측정값에 대해 테일러 급수 전개를 식 (5.7)로 쓸 수 있다. 이 표현식은

$$\begin{aligned}\varepsilon = &\left(\frac{\partial\varepsilon}{\partial P_d}\right)'(P_d - P_d') + \left(\frac{\partial\varepsilon}{\partial Q_d}\right)'(Q_d - Q_d') + \left(\frac{\partial\varepsilon}{\partial T}\right)'(T - T') \\ &+ \left(\frac{\partial\varepsilon}{\partial\omega}\right)'(\omega - \omega').\end{aligned} \tag{5.8}$$

식 (5.1)에 주어진 전체 효율의 정의를 사용하면,

$$\begin{aligned}&\left(\frac{\partial\varepsilon}{\partial P_d}\right)' = -\frac{1}{P_d'}, \quad \left(\frac{\partial\varepsilon}{\partial Q_d}\right)' = -\frac{1}{Q_d'}, \quad \left(\frac{\partial\varepsilon}{\partial T}\right)' = \frac{1}{T'}, \\ &\left(\frac{\partial\varepsilon}{\partial\omega}\right)' = \frac{1}{\omega'}.\end{aligned} \tag{5.9}$$

이 결과를 식 (5.8)에 대입하면 펌프의 전체 효율을 측정하는 것과 관련된 불확실성에 대한 다음 식이 산출된다.

$$\varepsilon = -\frac{(P_d - P_d')}{P_d'} - \frac{(Q_d - Q_d')}{Q_d'} + \frac{(T - T')}{T'} + \frac{(\omega - \omega')}{\omega'}. \tag{5.10}$$

유사하게, 토크 효율의 측정과 관련된 불확실성은 다음과 같이 주어진다.

$$\varepsilon_t = -\frac{(P_d - P_d')}{P_d'} + \frac{(T - T')}{T'} - \frac{(V_d - V_d')}{V_d'}, \tag{5.11}$$

체적 효율의 측정과 관련된 불확실성은

$$\varepsilon_v = -\frac{(Q_d - Q_d')}{Q_d'} + \frac{(\omega - \omega')}{\omega'} + \frac{(V_d - V_d')}{V_d'}. \tag{5.12}$$

식 (5.10)에서 (5.12)까지를 사용하면

$$\varepsilon = \varepsilon_t + \varepsilon_v. \tag{5.13}$$

펌프의 효율을 측정하는 데 사용되는 계측기의 정확도는 측정의 불확실성을 결정하는 결정 요인이다. 거의 모든 측정 장치에서 측정의 정확도 계측기의 전체 눈금의 백분율로 모델링할 수 있다 [4]. 즉, 실제 값과 측정된 값의 최대 편차는 다음과 같이 모델링될 수 있다.

$$\begin{aligned}(P_d - P'_d) &= \pm\xi_p P_{\max},\\ (Q_d - Q'_d) &= \pm\xi_q Q_{\max},\\ (T - T') &= \pm\xi_t T_{\max},\\ (\omega - \omega') &= \pm\xi_s \omega_{\max},\\ (V_d - V'_d) &= \pm\xi_v V_{\max},\end{aligned} \tag{5.14}$$

여기서 계측기의 정확도 값은 기호 ξ로 표시되며 계측기의 전체 눈금은 *최대* 첨자로 표시된다.
노트 : 이 계측기 매개 변수는 계측기 제조업체 또는 사전 지식의 다른 출처에 의해 제공된다. 식 (5.14)를 식 (5.10) ~ (5.12)에 대입하면 전체 효율과 토크 및 체적 효율의 측정에 대해 다음과 같은 불확실성이 발생한다.

$$\begin{aligned}\varepsilon &= \pm\left(\xi_p \frac{P_{\max}}{P'_d} + \xi_q \frac{Q_{\max}}{Q'_d} + \xi_t \frac{T_{\max}}{T'} + \xi_s \frac{\omega_{\max}}{\omega'}\right),\\ \varepsilon_t &= \pm\left(\xi_p \frac{P_{\max}}{P'_d} + \xi_t \frac{T_{\max}}{T'} + \xi_v \frac{V_{\max}}{V'_d}\right),\\ \varepsilon_v &= \pm\left(\xi_q \frac{Q_{\max}}{Q'_d} + \xi_s \frac{\omega_{\max}}{\omega'} + \xi_v \frac{V_{\max}}{V'_d}\right).\end{aligned} \tag{5.15}$$

분명히 측정의 불확실성은 매우 정확한 계측(ξ의 작은 값)을 사용하고 계측기의 최대 측정 기능에 매우 근접한 측정을 사용하여 최소화할 수 있다.
예를 들어, 만약 측정 장비가 그 최대 성능의 절반 수준에서 사용되고 있다면, 이로 인한 측정의 불확실성은 장비의 본래 성능을 사용할 때보다 두 배로 늘어날 수 있다. 당연히, 측정값이 더 작아지면 이 문제는 더욱 심해진다. 이러한 불확실성은 효율을 측정하기 위해 사용된 계측기의 정확도에 크게 의존한다. 압력 측정의 경우, 스트레인 게이지 변환기를 사용하는 것이 일반적이다. 정확도 범위는 전체 판독 값의 0.5%이다. 즉, 압력 측정의 경우 $\xi_q = 0.005$이다. 펌프의 고압 측에서 체적 유량 측정을 수행하여 펌프 전력을 결정해야 한다. 일반적으로 터빈 계기는 일반적으로 21 MPa 이상의 압력에서 작동할 수 없기 때문에 센서에 대한 이러한 고압 요건은 양의 변위 유량계의 사용을 요구한다. 포지티브 변위 유량계는 일반적으로 풀 스케일 판독 값의 ±0.5%의 정확도 범위로 체적 유량을 측정 할 수 있다. 즉 체적 유량 측정의 경우 $\xi_q = 0.005$이다. 토크 미터의 정확도 범위는 일반적으로 다음과 같다. 전체 눈금의 ±0.25 이므로 $\xi_t 0.0025$이다.
샤프트 속도 측정은 홀 효과 센서로 펄스 카운팅을 사용하여 매우 정확하게 할 수 있다.

이 측정의 정확도는 샤프트의 1회전 당 펄스 수와 함께 증가하는 경향이 있다. Doebelin에 따르면 홀 효과 센서는 다음과 같은 범위 내에서 샤프트 속도를 측정 할 수 있다 [4]. 전체 스케일 판독 값의 ±0.06%이고 이는 본질적으로 무시할만한 오차이다. Doebelin이 보고한 정확도에서, 우리는 $\xi_s = 0.00006$이라고 결론지었다. 이 번호를 계산할 때 기계 도면이 사용 가능할지라도 펌프의 실제 체적 변위는 절대적으로 확실하지 않다.

이러한 불확실성의 주된 이유는 제조 공정 및 부하가 걸리는 경우의 부정확성 때문이다. 금액은 불확실성은 펌프마다 다르며, 이 불확실성의 합리적인 근사치는 최대 펌프 변위의 0.5%입니다. 그러나 이 비율은 압력에 따라 증가할 수도 있다.

불확도의 양은 펌프마다 다르지만, 이것에 대한 불확실도 근사값은 최대 펌프 공간의 ±0.5%이다. 또한, 압력에 따라 백분율이 증가 할 수 있다. 첫 번째 계산의 경우 $\xi_v = 0.005$라고 가정하는 것이 합리적이다. 고정 용량 펌프의 경우 $V_{\max}/V_d' = 1$입니다. 가변 용량 펌프의 경우 이 비율은 1보다 커질 수 있으며 이는 측정의 불확실성을 증가시킨다.

위의 분석을 식 (5.7)의 일반적인 형태와 함께 사용하면 효율 측정의 신뢰 구간은 다음과 같이 쓸 수 있다.

$$\begin{aligned} &\eta'(1-\varepsilon) < \eta < \eta'(1+\varepsilon), \\ &\eta_t'(1-\varepsilon_t) < \eta_t < \eta_t'(1+\varepsilon_t), \\ &\eta_v'(1-\varepsilon_v) < \eta_v < \eta_v'(1+\varepsilon_v), \end{aligned} \tag{5.16}$$

다시 말하면, 프라이밍 된 표기법은 측정된 값을 나타내고, 프라이밍되지 않은 표기법은 실제 값 또는 참값을 나타낸다. ε, ε_t 및 ε_v에 대한 불확실도 값은 식 (5.15)를 사용하여 결정된다.

연구 사례

실험실 내에서 엔지니어는 펌프의 토출 압력, 토출 유량, 샤프트 속도 및 샤프트 토크를 측정하고 식 (5.3) 및 (5.4)의 계산에서 용적 및 토크 효율이 모두 95%라고 결론지었다. 측정에 사용된 모든 계기는 최대 용량의 절반으로 사용되었으므로 $P_{\max}/P_d' = T_{\max}/T' = Q_{\max}/Q_d' = 2$입니다. 실험에 사용된 계측의 정확도는 $\xi_P = 0.005$, $\xi_t = 0.0025$, $\xi_q = 0.005$이다.

당신은 펌프의 속도와 용적 변위가 완벽하게 알려져 있다고 가정해야 한다. 즉, $\xi_s = \xi_v = 0$이다. 이들 수를 사용하여, 효율 측정의 불확실도를 계산하라. 효율 측정의 신뢰 구간은 얼마인가?

효율 측정의 불확실도는 식 (5.15)로부터 다음과 같이 계산될 수 있다.

$$\varepsilon = \pm\left(\xi_p \frac{P_{\max}}{P'_d} + \xi_q \frac{Q_{\max}}{Q'_d} + \xi_t \frac{T_{\max}}{T'} + \xi_s \frac{\omega_{\max}}{\omega'}\right)$$
$$= \pm(0.005 \times 2 + 0.005 \times 2 + 0.0025 \times 2 + 0) = \pm 2.5\%,$$
$$\varepsilon_t = \pm\left(\xi_p \frac{P_{\max}}{P'_d} + \xi_t \frac{T_{\max}}{T'} + \xi_v \frac{V_{\max}}{V'_d}\right)$$
$$= \pm(0.005 \times 2 + 0.0025 \times 2 + 0) = \pm 1.5\%,$$
$$\varepsilon_v = \pm\left(\xi_q \frac{Q_{\max}}{Q'_d} + \xi_s \frac{\omega_{\max}}{\omega'} + \xi_v \frac{V_{\max}}{V'_d}\right)$$
$$= \pm(0.005 \times 2 + 0 + 0) = \pm 1.0\%.$$

식 (5.16)에 이러한 결과를 사용하여 효율 측정의 신뢰 구간을 계산할 수 있다. 전체 효율 측정의 경우, 신뢰 구간은

$$\eta'(1 - \varepsilon) < \eta < \eta'(1 + \varepsilon)$$
$$90.25\% \times (1 - 0.025) < \eta < 90.25\% \times (1 + 0.025)$$
$$87.99\% < \eta < 92.51\%.$$

유사하게, 토크 및 용적 효율에 대해, 신뢰 구간은

$$\eta'_t(1 - \varepsilon_t) < \eta_t < \eta'_t(1 + \varepsilon_t)$$
$$95\% \times (1 - 0.015) < \eta_t < 95\% \times (1 + 0.015)$$
$$93.58\% < \eta_t < 96.43\%,$$

그리고

$$\eta'_v(1 - \varepsilon_v) < \eta_v < \eta'_v(1 + \varepsilon_v)$$
$$95\% \times (1 - 0.01) < \eta_v < 95\% \times (1 + 0.01)$$
$$94.05\% < \eta_v < 95.95\%.$$

이 펌프 측정의 전체 효율에 대한 신뢰 구간은 약 4.5%이며, 우리의 효율성 측정치가 얼마나 많은지를 보여준다.

요약

위의 사례 연구에서 볼 수 있듯이 일반적인 펌프 효율 측정은 대부분의 최종 사용자가 믿는 신뢰 범위가 아니다.
따라서 식 (5.16)에서 정의된 신뢰 구간을 사용하여 측정된 효율을 보고하는 것이 좋다.

5.2.5 요약

이 절은 펌프 효율성에 대해 논의하기 위해 사용되었다. 이 절에서 펌프 효율성 문제는 중요한데, 펌프는 일반적으로 대량의 전력을 전달하는 데 사용되기 때문이다. 펌프의 효율성은 펌프의 운영 조건이 넓은 범위에 걸쳐 다양하기 때문에, 방정식 (5.5)와 (5.6)에 제시된 형태를 사용하여 모델링하는 것이 유용하다. 이 형태는 실험 계수를 평가하기 위한 최소제곱법에 잘 부합한다. 또한, 펌프 효율성 측정은 측정에 사용된 계기의 정확도와 계기의 전체 스케일 대비 측정 범위에 따라 불확실성을 내포하고 있다는 것이 입증되었다. 마지막으로, 이 절에서의 효율성 논의는 특정 펌프 구조에 의존하지 않으며 기어 펌프, 베인 펌프, 피스톤 펌프 등 모든 유형의 펌프에 적용될 수 있다는 점에 유의해야 한다.

5.3. 기어 펌프

5.3.1 개요

기어 펌프의 기본 구조 및 작동 원리는 5.1절에서 논의되었다.
이 소개 섹션에서는 기어 펌프가 대형 유압 시스템의 저렴한 보조 전원으로 널리 사용되는 것으로 나타낸다. 이 용량에서 기어 펌프는 널리 사용되는 펌프 구조 중 하나 인 경향이 있으므로 이 장의 단원에서는 기어 펌프에 대해 설명할 것이다. 이 절에서는 기본적으로 기어 펌프의 유량 특성에 대해 설명하고자 한다.
그림 5.9는 기어 펌프의 단면도를 보여준다. 이 그림은 두 개의 동일한 기어가 서로 맞물리는 것을 보여주는데 두 기어 모두 15개의 나선형이 있습니다. 기어 이의 수는 중요한 설계 변수이며 일반적으로 기호 N으로 이어지는 분석에서 나타낸다.

그림 5.9의 왼쪽 기어가 구동 기어이고 오른쪽 기어가 종 동 기어이다. 두 기어는 ω에 의해 주어진 각속도로 반대 방향으로 회전한다.
기어가 회전함에 따라 유체는 하우징 형상과 기어 자체에 의해 정의된 이빨 공간 내의 기어 외부를 따라 운반된다. 이 기능은 Q_i에 의해 주어진 체적 유량에서 흡입 측의 펌프로 유체를 흡입하고, Q_d에 의해 주어진 용적 유량으로 배출 측에서 펌프 밖으로 유체를 배출한다.
그림 5.9에서 기어의 바깥쪽 반지름은 *부록 반지름*으로 알려져 있으며, *피치 반경*은 기호 r_p로 표시된다. 이 그림에서 치수 1은 기어의 순간 메쉬 길이를 나타내며 다음 하위 섹션에서 더 자세히 설명하고 설명한다.

5.3.2 펌프 유체 성질

그림 5.9의 기어 펌프가 나타난 것처럼 간단하게, 배출 유량의 분석은 그리 쉽지 않다. 사실, 기어 펌프의 순간 유량을 설명하기 위한 기본 방정식은 기어의 이빨의 형상이다 [5]. 결국이 분석은 펌프의 순시 유량에 대한 다음 방정식은 이와 같다.

$$Q_d = w(r_a^2 - r_p^2 - l^2)\omega, \tag{5.17}$$

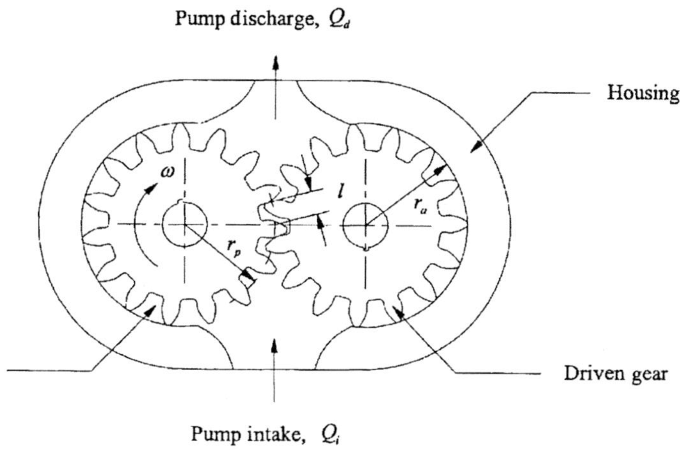

그림 5-9

기어 펌프 형상

여기서 w는 지면으로의 기어 치의면 폭, r_a는 반지름, r_p는 피치 반경, l은 그림 5.9의 순간 맞물림 길이, ω는 펌프 샤프트의 각속도이다.

독자가 이 방정식 및 그림 5.9에서 볼 수 있듯이 순간 메쉬 길이 l은 펌프의 반복적인 유량 맥동을 초래하는 변화하는 파라미터이다. 이 매개 변수가 사라지면 이 매개 변수는 다음과 같이 근사해진다.

$$l = l_s - \theta r_p \cos(\alpha) \qquad \text{for} \quad 0 < \theta < 2\,\pi/N, \tag{5.18}$$

시작 메시 길이에 의해 주어진다.

$$l_s = \sqrt{r_a^2 - r_p^2 \cos^2(\alpha)} - r_p \sin(\alpha). \tag{5.19}$$

시작 메시 길이 l_s는 두 개의 톱니가 처음으로 기어 메쉬 내에서 접촉할 때 식별된다.

식 (5.18)에서 θ는 기어 펌프의 각 회전이고, α는 기어 세트의 가압 각이며, 보통 12 ~ 24°사이이며, N은 단일 기어의 총 톱니 수이다.

$\theta = 2\pi/N$을 equal로 놓음으로써 식 (5.18)은 다른 치아 세트가 서로 접촉하기 전의 최종 메쉬 길이가 다음과 같이 주어진다는 것을 나타낼 수 있다.

$$l_f = l_s - \frac{2\pi r_p \cos(\alpha)}{N} \tag{5.20}$$

시작 메시 길이 l_s는 식 (5.19)에 주어진다. 가장 실용적인 기어 펌프 설계의 경우 최종 메쉬 길이 l_f는 음수이다.

기어 펌프의 평균 배출 유량을 계산하려면 식 (5.17)의 적분 평균을 취한다. 이 결과는 다음과 같이 주어진다.

$$\overline{Q} = \frac{1}{(l_s - l_f)} \int_{l_f}^{l_s} w(r_a^2 - r_p^2 - l^2)\ \omega\ dl = V_d \omega, \tag{5.21}$$

여기서 V_d는 펌프의 체적 변위이다. 식 (5.21)의 적분을 평가하면 기어 펌프의 용적 변위가 다음과 같이 주어진다.

$$V_d = w(r_a^2 - r_p^2 - k^2), \tag{5.22}$$

여기에

$$k^2 = \frac{1}{3}\left[\frac{\pi r_p \cos(\alpha)}{N}\right]^2 + \left[\frac{\pi r_p \cos(\alpha)}{N} - l_s\right]^2. \tag{5.23}$$

이 방정식에 대해, 시작 메쉬 길이 l_s는 식 (5.19)에 주어진다. 최종 메쉬 길이 l이 0보다 작은 것으로 가정하면, 메쉬 길이 l_f가 0일 때 최대 순시 펌프 유동이 발생한다는 것을 식 (5.17)로부터 알 수 있다. 또한 시작 메쉬 길이의 크기가 최종 메쉬 길이의 크기보다 크다고 가정하면 두 개의 펌프 톱니가 접촉할 때 메쉬의 시작 위치에서 최소 순간 펌프 흐름이 발생한다.

이 두 조건을 사용하여, 유동 맥동 진폭의 크기는

$$\Delta Q = w l_s^2 \omega. \tag{5.24}$$

분명히, 기어 펌프의 유량 맥동 진폭은 시작 메쉬 길이 l_s의 크기를 줄임으로써 감소될 수 있다.

식 (5.24)에 설명된 유량 맥동 진폭은 기어 펌프 유량 변동의 척도이다. 일반적으로 유량 맥동 진폭의 큰 값은 바람직하지 않은 진동 및 소음 문제에 해당한다.

따라서, 식 (5.19)로부터 시작 메쉬 길이 l_s를 최소화함으로써 이 양을 최소화하는 것이 유리하다.

평균 체적 변위에 영향을 미치지 않으면서 출발 길이를 최소화하는 방법을 정확히 알 수 없다. (5.22)에 나타난 펌프의 식 (5.22)와 같다. 그림 5.9의 펌프 설계에 대한 미국 기어 제조 협회 (AGMA)의 권고 사항을 따르는 경우 부록의 반경은 다음 공식에 따라 피치 반경과 관련된다.

$$r_a = \frac{(2 + N)}{N} r_p, \tag{5.25}$$

여기서 N은 단일 기어의 총 톱니 수이다. 식 (5.21)과 (5.24)에서 이 결과를 사용하여 평균 펌프 유량 Q에 대한 유량 매공 진폭 ΔQ의 비율을 주어진 기어 치 수 N과 지정된 압력 각 α에 대해 계산할 수 있다. 이 계산은 21°의 압력 각에 대해 그림 5.10에 그래픽으로 표시된다. 이 그림에서 두 가지를 확인할 수 있다. (1) 유체 멕동 진폭이 평균 유속의 상당 비율이고 (2) 기어이 개수가 증가하면 유체 맥동 진폭이 감소한다. 그림 5.10에는 표시되지 않았지만 압력 각도가 클수록 펌프의 유체 맥동 진폭이 감소하는 경향이 있다.

✿ 이 권장 사항은 기어 변속기용이며 기어 펌프 설계자는 이러한 권장 사항에 의해 제약받지 않는다고 언급해야 한다.

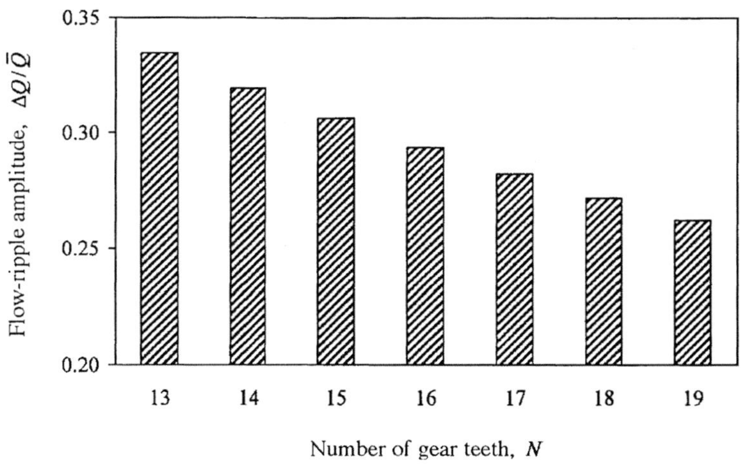

그림 5-10

기어 펌프의 유체 맥동 진폭 a = 21°

연구 사례

13 - 톱니 기어 펌프는 16 mm의 피치 반경, 19 mm의 어 덴덤 반경 및 21°의 압력 각으로 제조된다. 종이의 이 두께는 30 mm이다. 기어 펌프의 체적 변위를 계산하라. 또한 1800 rpm의 입력 속도에 대해 펌프의 평균 유량과 공기 흐름 진폭을 계산하라.

시작 메쉬 길이는 이 문제에서 요청된 두 계산의 필수 부분이다. 식 (5.19)를 사용하여, 이 계산은

$$\begin{aligned} l_s &= \sqrt{r_a^2 - r_p^2 \cos^2(\alpha)} - r_p \sin(\alpha) \\ &= \sqrt{(19\text{ mm})^2 - [16\text{ mm} \times \cos(21°)]^2} \\ &\quad - 16\text{ mm} \times \sin(21°) = 6\text{ mm}. \end{aligned}$$

이 결과를 식 (5.23)과 함께 사용하면 $k^2 = 10\text{ mm}^2$ 일 수 있다. 식 (5.22)로부터 펌프의 용적 변위는 다음과 같이 계산될 수 있다.

$$\begin{aligned} V_d &= w(r_a^2 - r_p^2 - k^2) = 30\text{ mm} \times [(19\text{ mm})^2 - (16\text{ mm})^2 - 10\text{ mm}^2] \\ &= 2.85\text{ cm}^3/\text{rad} = 17.91\text{ cm}^3/\text{rev}. \end{aligned}$$

이 펌프의 평균 유속은 식 (5.21)에 의해 주어진다. 1800 rpm의 입력 속도에서, 이 결과는

$$\overline{Q} = V_d \omega = 17.91\text{ cm}^3/\text{rev} \times 1800\text{ rpm} = 32.24\text{ liters/min}.$$

식 (5.24)는 유량 맥동 진폭을 계산하는 데 사용될 수 있다.

$$\Delta Q = w l_s^2 \omega = 30\text{ mm} \times (6\text{ mm})^2 \times 1800\text{ rpm} = 12.21\text{ liters/min}.$$

이 결과로부터 이 펌프의 유량-맥동 진폭은 평균 유량의 거의 38%라는 것을 알 수 있다.
참고: 이 펌프는 식 (5.25)의 AGMA 권장 사항에 따라 설계되지 않았으므로 유체 맥동의 진폭은 예상보다 약간 높다.

5.3.3 펌프 제어

식 (5.21)에서 볼 수 있듯이 기어 펌프의 평균 출력은 평균 부피 변위와 펌프 축의 각 입력 속도를 곱해서 구한다. 이 결과는 다음과 같이 나타난다.

$$\overline{Q} = V_d \omega, \tag{5.26}$$

체적 변위 V_d는 식 (5.22)에 주어진다. 펌프의 체적 변위가 맞물림 기어의 기하학적 구조에 의해 결정되는 일정한 값이기 때문에 이 펌프를 고정 변위 펌프를 작동시키고 펌프 샤프트의 모든 회전에 대해 고정된 양의 유체를 이동시킨다. 따라서 이 기계에서 사용할 수 있는 유일한 제어 옵션은 펌프 입력 속도 ω의 조정이다. 가변 속도 원동기를 사용하여 펌프를 구동하는 경우 이 제어 기능을 구현하기 어렵지 않다. 다른 한편, 기어 펌프가 대형 유압 시스템에 대한 보조 전원으

로 사용되는 경우 일반적으로 일정 속도로 구동되며 릴리프 밸브를 사용하여 즉시 필요하지 않은 과도한 유체 흐름을 제어한다. 다시 말해, 기어 펌프는 적용 분야에 따라 제어 모드와 비 제어 모드 모두에서 사용될 수 있다.

5.3.4 요약

이 절에서는 외부 기어 펌프의 이상적인 유량 특성에 대해 설명하고 이 기계에 사용할 수 있는 제어 옵션에 대해 언급했다.
그림 5.10에서 볼 수 있듯이 기어 펌프는 큰 유량 변화를 나타낸다.
맞물림 기어의 형상으로 인한 펌프는 전형적으로 유사한 크기의 다른 용적식 펌프보다 더 큰 소음 및 진동 문제를 나타낸다. 기어 펌프는 고정 용량식 기계이므로 출력 유량은 입력 속도에 비례한다.
따라서 이 기계에서 사용할 수 있는 유일한 제어 옵션은 펌프의 입력 속도를 제어하는 것이다. 펌프 속도 제어 장치는 유압식 액추에이터의 출력을 제어하기 위해 고정 용량 변속기 펌프와 함께 사용되는 경우가 있으며 이 배열에 대해서는 8장에서 설명한다.

5.4. 축 피스톤 스와시 플레이트 펌프

5.4.1 개요

축 피스톤 스왑 플레이트 펌프의 기본 구조와 작동 원리는 5.1절에서 논의되었다. 해당 소개 섹션에서 이 펌프 유형이 유압 제어 시스템에 대한 저렴한 보조 전원 공급원으로 자주 사용되는 이유 중 하나는, 스왑 플레이트 방식의 펌프가 유압 제어 시스템에서 주요 전원 공급을 담당하기 때문이다. 이러한 펌프는 조절 메커니즘을 통해 쉽게 조정할 수 있는 가변 변위 구성으로 흔히 제작된다. 이 기계의 인기로 인해, 이 장의 전체 절이 축 피스톤 스왑 플레이트 펌프에 할애되었으며, 이 섹션에서는 펌프 흐름 특성 및 다양한 제어 설계에 대해 논의할 예정이다.
그림 5.11은 축 피스톤 스왑 플레이트 펌프의 단면도를 보여준다. 이 그림은 펌프의 펌핑 요소를 나타내며, 펌프 포트 플레이트의 평면도도 보여준다. 펌프의 중요한 특징은 그림에서 피스톤의 단면적 A_p, 피스톤 피치 반경 r_p, 스왑 플레이트 각도 α, 그리고 펌프의 각속도 ω를 통해 식별된다.

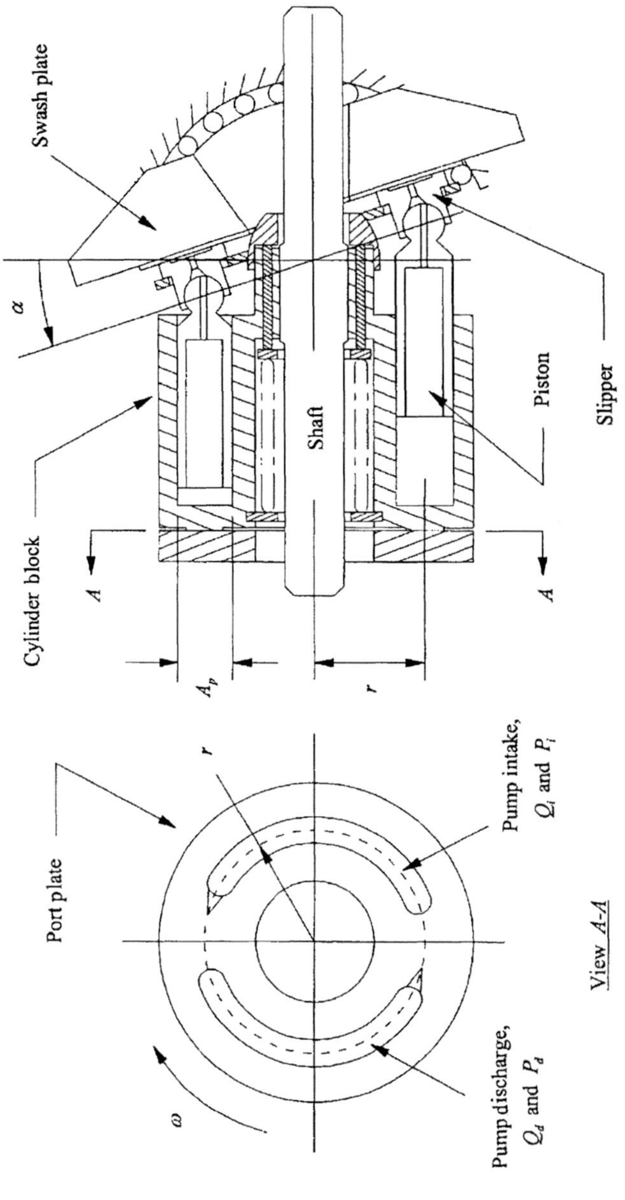

그림 5-11

축 방향 피스톤 스와시-플레이트 펌프 형상

독자는 5.1절에서 피스톤이 배출 포트를 통과 할 때 실린더 블록으로 진행하여 유체를 펌프 밖으로 밀어 낸다는 것을 기억하라. 피스톤이 흡기 포트를 지나감에 따라 실린더 블록에서 빠져 나와 펌프로 유체가 유입된다. 스와시-플레이트 각도(α)를 변화시킴으로써, 피스톤 스트로크의 크기가 변경되고, 그에 따라 펌프에 대한 가변 유체 변위가 생성된다. 펌프 내의 총 피스톤 수는 그림

5.11에 명시적으로 표시되어 있지 않다. 그러나 이 정수량은 기호 N으로 이어지는 분석에 기록된다. 대부분의 펌프의 경우 피스톤 수는 아홉 개이다. 그러나 때때로 일곱 개의 피스톤이 사용된다. 펌프 설계 내에서 홀수 개의 피스톤을 사용하는 이유는 아래의 하위 절에서 명백해질 것이다.

5.4.2 펌프 흐름 특성

축 방향 피스톤 펌프의 토출 유동 특성은 두 펌프가 대략적으로 유동 맥동 진폭으로 설명 할 수 있는 진동 맥동을 나타냄에 있어 기어 펌프의 토출 유동 특성과 유사하다.

축 방향 피스톤 펌프의 유량 맥동 특성은 이전 문헌 [6]에서 설명되었는데, 여기서 단일 피스톤, 예를 들어 n 피스톤의 토출 유량은 다음과 같이 주어진다.

$$Q_n = A_p r \tan(\alpha)\omega \sin(\theta_n), \tag{5.27}$$

여기서 A_p는 단일 피스톤의 단면적, r은 피스톤 피치 반경, α는 펌프 사판 각, ω는 펌프 샤프트의 각속도, θ_n는 n번째 피스톤의 각 위치이다. 샤프트 중심선은 피스톤이 실린더 블록에서 멀리 당겨질 때까지 하사 점에 대해 측정된다. 피스톤은 펌프 축의 중심에 대해 원형 배열로 균등하게 배치되므로 n 피스톤의 각도 위치는 다음과 같이 나타낼 수 있다.

$$\theta_n = \theta_1 + \frac{2\pi}{N}(n-1), \tag{5.28}$$

$$Q_d = A_p r \tan(\alpha)\omega \sum_{n=1}^{n'} \sin(\theta_n), \tag{5.29}$$

여기서 n'은 그림 5.11에 표시된 펌프의 배출 포트 위에 순간적으로 위치한 피스톤의 총 수이다. 다수의 삼각함수 공식을 이용하여 식 (5.28)과 (5.29)를 사용하면,

$$Q_d = \begin{cases} A_p r \tan(\alpha)\omega \dfrac{1}{2}\csc\left(\dfrac{\pi}{2N}\right)\cos\left(\theta_1 - \dfrac{\pi}{2N}\right) & 0 < \theta_1 < \dfrac{\pi}{N} \quad \text{odd pistons} \\ A_p r \tan(\alpha)\omega \csc\left(\dfrac{\pi}{N}\right)\cos\left(\theta_1 - \dfrac{\pi}{N}\right) & 0 < \theta_1 < \dfrac{2\pi}{N} \quad \text{even pistons} \end{cases} . \tag{5.30}$$

이 결과를 사용하여 순시 유량의 적분 평균을 취하여 펌프의 평균 유속에 대한 식을 산출할 수 있다.

식 (5.30)의 짝수 피스톤 식을 사용하면 평균 유속은

$$\overline{Q} = \frac{N}{2\pi}\int_0^{2\pi/N} A_p r \tan(\alpha)\omega \csc\left(\frac{\pi}{N}\right)\cos\left(\theta_1 - \frac{\pi}{N}\right) d\theta_1 = V_d\omega, \tag{5.31}$$

여기서 V_d는 펌프의 체적 변위이다. 식 (5.31)의 적분을 전개함으로써 체적 변위는

$$V_d = \frac{NA_p r \tan(\alpha)}{\pi}. \tag{5.32}$$

참고 : 이 동일한 결과는 식 (5.30)의 홀수 피스톤 결과의 적분 평균을 취함으로써 생성되었을 수도 있다. 축 방향 피스톤 펌프의 체적 변위가 사판 각도 α에 의존한다는 것을 알아야 한다. 이 매개 변수를 온라인으로 조정하면 펌프의 용적 변위가 가변적으로 되며 이 펌프 구성을 사용하면 가장 매력적인 특징 중 하나이다. 식 (5.32)는 라디안 당 펌프의 체적 변위를 나타낸다. 1 회전당 체적 변위를 계산하려면 이 방정식에 2π를 곱해야 한다. 식 (5.30)을 사용하면($\theta_1 = 0$ 일 때) 펌프의 최소 순시 유량이 계산되고, (θ_1이 각 계산의 허용 범위의 절반인 경우 최대 순간 유량이 계산됨을 알 수 있다. 이 두 가지 조건을 사용하여, 홀수 또는 짝수 피스톤을 사용하는 축 방향 피스톤 스워시 - 플레이트 펌프의 유량 맥동 진폭의 크기는 다음과 같다.

$$\Delta Q = \begin{cases} A_p r \tan(\alpha)\omega \dfrac{1}{2} \tan\left(\dfrac{\pi}{4N}\right) & \text{odd pistons} \\ A_p r \tan(\alpha)\omega \tan\left(\dfrac{\pi}{2N}\right) & \text{even pistons} \end{cases}. \tag{5.33}$$

이 결과는 다음 단락에서 논의된다.

식 (5.33)에 설명된 유량 맥동 진폭은 축 방향 피스톤 펌프 유량 변동의 척도이다.
일반적으로 큰 값의 유량 맥동 진폭은 바람직하지 않은 진동 및 소음 문제에 해당한다. 따라서 이 양을 가능한 한 최소화하는 것이 바람직하다. 검사에 의해 식 (5.33)은 홀수 피스톤을 갖는 유사한 크기의 피스톤과 비교하여 짝수 개의 피스톤을 갖는 축 피스톤 펌프에 대해 일반적으로 유량 맥동 진폭이 더 크다는 것을 나타내는 데 사용될 수 있다.
이러한 이유로, 홀수 피스톤의 펌프는 거의 축 방향 피스톤 펌프 산업 내에서만 사용된다.
그림 5.12는 피스톤 펌프의 유량 맥동 진폭을 표시한 막대 그래프로, 평균 용적 유량으로 나누어져 있다. 이 그래프는 우리가 방금 언급한 내용, 즉 펌프에서 발생하는 유량의 변동성을 시각적으로 보여주고 있다.
명시적으로 표시되거나 이 절에서 논의되지는 않았지만 홀수 피스톤을 사용하는 피스톤 펌프의 유량 맥동 주파수는 피스톤 통과 주파수의 2배이며 반면에 짝수 개의 피스톤을 사용하는 펌프의 유량 맥동 주파수는 피스톤은 피스톤 통과 주파수와 동일하다.
그림 5.10과 그림 5.12를 비교하면 축 피스톤 기계의 유량 맥동 진폭이 기어 펌프의 경우보다 훨씬 적음을 알 수 있다.

그림 5-12

축 방향 피스톤 펌프 유량 맥동 진폭

5.4.3 압력 - 제어 펌프

개요

이 하위 절에서 우리는 압력 제어 펌프의 매우 중요한 주제를 고려하기를 원한다. 이 주제는 유압 제어 시스템에 중요하다. 압력 제어 펌프는 유압 제어 시스템이 다른 제어 기술과 경쟁력을 유지하는 데 필요한 효율성을 향상시키기 때문이다.

압력 제어 펌프는 일반적으로 축 방향 피스톤 스와시 플레이트 설계이므로 이것의 내용은 이 장에서 다루고 있다.

그림 5.13은 고성능 유압 제어 시스템에 전원을 공급하는 데 사용되는 일반적인 압력 제어 펌프의 개략도이다.

이 그림의 오른쪽에 표시된 것처럼 제어 가능한 펌프는 축 방향 피스톤 스와시 플레이트 기계이다. 스와시 플레이트 자체는 크래들 베어링 시스템에 포함되어있어 스매시 플레이트는 종이에 수직인 축을 중심으로 회전한다.

사판의 회전각은 기호 α로 표시된다. 사판의 제어 시스템은 하단의 바이어스 액추에이터와 상단의 제어식 액추에이터의 두 액추에이터로 그림 5.13에 나와 있다. 바이어스 액추에이터는 펌프(P_d)의 토출 압력까지 개방되어 있고, 펌프를 스트로크하게 하기 위해 사용되는 바이어스 스프링과 평행하게 배열된다. 이 액추에이터는 일반적으로 그림 5.13에 표시된 펌핑 토크의 파괴 압력 영향을 기호 T로 극복하기 위해 사용됩니다. 펌프 상부 근처의 제어 액추에이터는 바이어스 작동기보다 크며 제어 압력 P_c에 비례하는 힘으로 펌프를 파괴하는 데 사용된다. 그림 5.13의

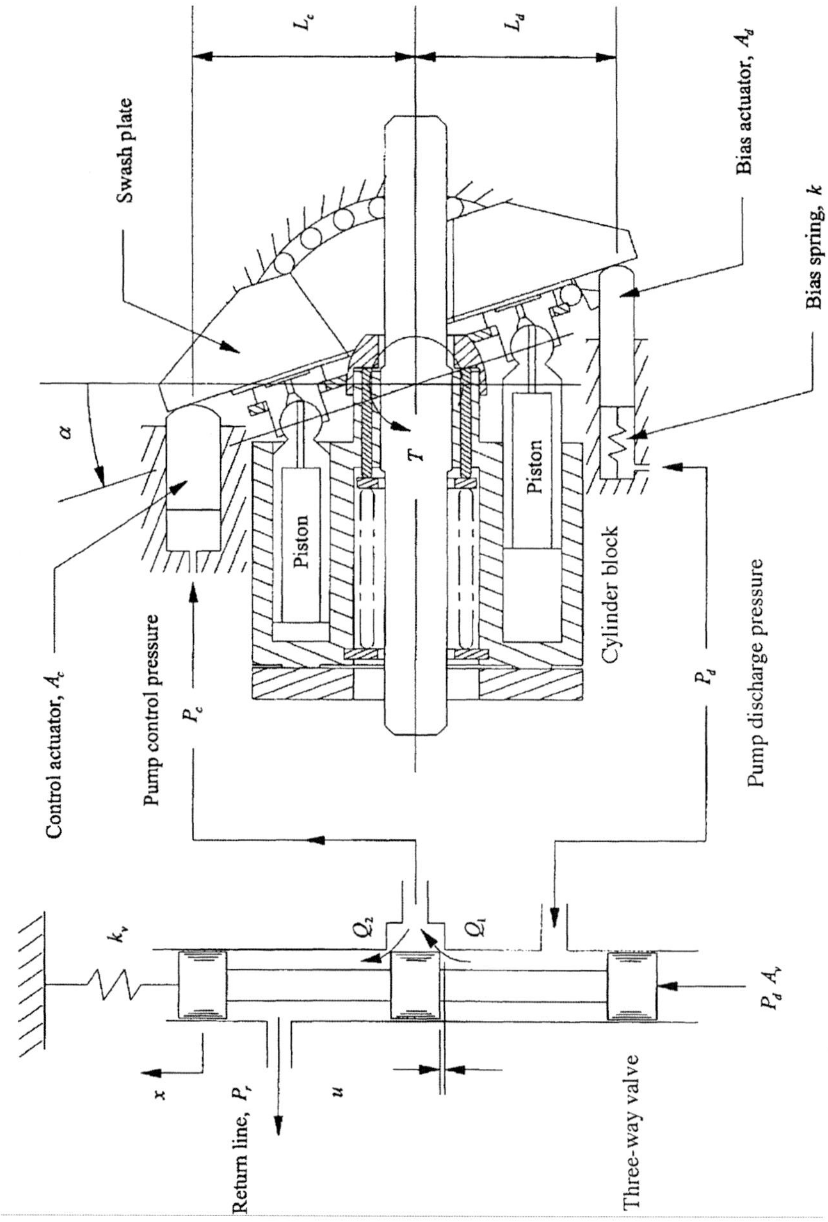

그림 5-13

압력 제어형 축 방향 피스톤 스-플레이트 펌프 개략도

왼쪽에 표시된 것처럼 제어 압력 P_c는 4장의 그림 4.12에 표시된 3 포트 밸브와 유사한 개방 중심의 3방향 유압 기계식 밸브로 조절된다.

펌프는 압력 제어 펌프이므로 제어 밸브의 유압 신호에는 밸브의 아래쪽에 표시된 펌프 배출 압력 P_d가 포함된다. 밸브를 작동시키기 위해, 배출 압력은 밸브(A_v)의 단면적에 작용하여 밸브를 양의 x 방향으로 가압한다. 이 힘이 밸브 스프링의 예압을 극복할 때, 삼 방향 밸브는 널 위치에서 멀어지고 제어 압력 P_c가 증가하여 펌프를 파괴한다. 펌프를 파괴함으로써, 토출 압력(P_d)은 부하 저항 펌프의 다운 스트림은 변경되지 않았다. 이것이 일어날 때, 토출 압력은 원하는 값에 도달하고, 밸브-펌프 시스템은 안정된 작동 점을 찾는다. 그러면 펌프의 제어 목적이 만족된다. 다음 단락에서 이 시스템을 더 자세히 분석하고 논의할 것이다.

꾸준한 분석 및 펌프 설계

그림 5.13에 표시된 펌프의 동적 분석을 수행하기 전에 펌프를 제어하는 데 사용되는 기본 작동 시스템을 설계하는 것이 중요하다.
대부분의 설계 문제와 마찬가지로 이 작업은 사판의 정상 상태 작동 조건을 고려하여 수행된다. 그림 5.13의 스와시-플레이트 피봇 포인트에 대한 모멘트를 합산하여 0으로 설정하면

$$0 = T + F_d L_d - F_c L_c, \tag{5.34}$$

여기서, T는 펌프의 펌핑 요소에 의해 사판에 유도된 순 토크이고, F_d는 바이어스 액추에이터에 의해 사판에 작용하는 힘이고, F_c는 제어 액추에이터에 의해 사판에 작용하는 힘이며, L_d 및 L_c는 그림 5.13에 표시된 각 액추에이터의 모멘트 암이다.

사판 토크 T는 지난 20년 동안 상당한 연구 주제였다 [7-9]. 이 양은 실제로 평가하기가 복잡하다. 그러나 이 토크에 대한 매우 좋은 근사는 다음과 같이 주어진다.

$$T = C_i \alpha - C_p(P_d - P_i), \tag{5.35}$$

여기에

$$C_i = \frac{NM_p r^2 \omega^2}{2} \quad \text{and} \quad C_p = \frac{NA_p r\gamma}{2\pi}. \tag{5.36}$$

이 식에서, N은 펌프 내의 총 피스톤 수, M_p는 단일 피스톤 슬리퍼 어셈블리의 질량, r은 그림 5.11에 표시된 피스톤 피치 반경, ω는 펌프 샤프트의 각속도, α는 펌프 사판 각도, A_p는 그림 5.11에 표시된 단일 피스톤의 단면적, P_d 및 P_j는 각각 펌프의 토출 압력 및 흡입 압력, r은 압력 캐리 오버 각도 포트 플레이트는 곧 논의될 것이다. 식 (5.35)의 첫 번째 항은 그물 효과를 갖는 각각의 피스톤-슬리퍼 조립체가 스워시 플레이트를 움직이는 동안 겪는 왕복 운동의 관성 효과를 나타낸다. 하지만 기계가 높은 작동 압력 하에 있을 때, 이 항은 펌프의 포트 플레이트에서 발생하는 비대칭 압력 분포로 인해 생기는 사이드 로드 토크를 설명하는 식 (5.35)의 두 번째 항

에 비해 상대적으로 작다. 이 비대칭 압력 분포는 *압력 캐리 오버 각도*로 정량화되며, 이는 그림 5.14에도 나와 있다.

그림 5.14에서 표시된 압력 프로파일은 단일 피스톤이 포트 플레이트의 포트를 통과할 때 느껴지는 유체 압력을 나타내기 위해 사용된다.

이 도식으로부터 각 피스톤은 흡기 또는 배출 포트 바로 위를 통과할 때 일정한 압력을 받고 포트 플레이트상의 천이 슬롯 위로 지나갈 때 압력의 변화를 겪는 것을 볼 수 있다. 이 전이는 그림 5.14에서 기호 r로 표시된 평균 각도 거리를 통해 이루어지며 일반적으로 포트 플레이트의 압력 차 각도와 관련된다. 압력 이탈 각은 기계의 작동 압력 $P_d - P_i$ 및 펌프 ω의 회전 속도에 따라 달라지며 이러한 양이 증가함에 따라 증가하는 경향이 있다.

압력 캐리 오버 각도는 포트 플레이트 형상에 크게 의존하며 포트 플레이트 전이 슬롯의 특성을 변경하여 특히 모양을 지정할 수 있다 [10].

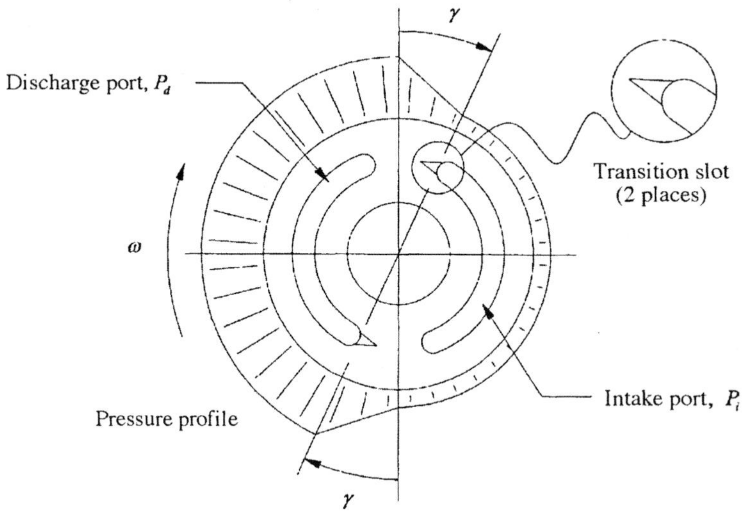

그림 5-14

포트 플레이트 압력 프로파일

초기 설계 목적을 위해 압력 캐리 오버 각도를 펌프의 지배적인 작동 상태를 설명하는 상수로 고려하는 것이 유용하다. 실용적인 펌프 설계를 위해, 압력 캐리 오버 각도에 대한 합리적인 범위는 다음과 같이 주어진다.

$$10 \text{ degrees} < \gamma < 24 \text{ degrees} \tag{5.37}$$

포트 플레이트 디자인에 따라 다르다. 식 (5.36)의 경우, γ은 라디안으로 지정해야 한다.

스워시 - 플레이트 토크(T)가 정량화되었으므로, 바이어스 액추에이터 및 펌프의 제어 액추에이터에 의해 사판에 가해진 힘을 고려할 필요가 있다. 그림 5.13을 살펴보면, 바이어스 액추에이터에 의해 사판에 작용하는 선형화된 힘은 다음과 같이 주어진다.

$$F_d = A_d P_d + \underbrace{F_o - kL_d\alpha,}_{\text{Bias spring force}} \tag{5.38}$$

여기서 A_c는 그림 5.13에 표시된 제어 액추에이터의 단면적이며, P_c는 삼 방향 제어 밸브에 의해 제어된 압력이다.

$$F_c = A_c P_c, \tag{5.39}$$

이 시점에서, 식 (5.34)의 안정된 결과에 나타난 노력의 모든 양이 확인되었다. 식 (5.35), (5.38) 및 (5.39)를 식 (5.34)에 대입하면 사판에 작용하는 모멘트에 대한 다음 방정식이 작성될 수 있다.

$$A_c L_c P_c - (A_d L_d - C_p) P_d = (C_i - kL_d^2)\alpha + F_o L_d, \tag{5.40}$$

여기서 펌프(P_j)의 흡기 압력은 압력 제어 펌프에 대한 공통 입구 조건인 제로로 가정되었다. 펌프의 적당한 작동 압력에 대해 식 (5.40)의 왼쪽편은 오른쪽보다 훨씬 크다.
이것은 바이어스 스프링으로부터의 힘 및 피스톤의 왕복 관성이 액추에이터의 압력 항 및 사판 토크(T)의 스트로크 감소 효과와 비교할 때 무시할 수 있음을 의미한다.
펌프가 충분히 높은 압력에서 작동할 때, 식 (5.40)의 우변은 무시 될 수 있고, 사판 모멘트 방정식은 다음 결과로 더 감소 될 수 있다.

$$P_c = \frac{(A_d L_d - C_p)}{A_c L_c} P_d. \tag{5.41}$$

이 결과는 펌프의 주어진 토출 압력에 대해 제어 압력이 필요한지 여부를 알려준다. 제어 압력은 개방 중심의 3 포트 밸브에 의해 제공되고 밸브로의 공급 압력은 펌프의 배출 압력이기 때문에, 밸브 설계 관점에서 제어 압력을 설계하여 배출 압력의 절반에 해당하는 것이 도움이 된다. 이 설계 조건은 다음과 같이 요약될 수 있다.

$$\frac{1}{2} = \frac{(A_d L_d - C_p)}{A_c L_c} \quad \text{and} \quad P_c = \tfrac{1}{2} P_d. \tag{5.42}$$

C_p는 압력 캐리 오버 각도 γ의 함수이기 때문에 이 설계 조건은 펌프의 지배적인 작동 조건에서 충족되어야 한다. 다음의 동적 해석에서, 식 (5.42)는 그림 5.13에 나타난 압력 제어 펌프의 정격 작동 조건 근처에서 만족된다고 가정한다.

동적 분석 및 펌프 반응

그림 5.13에 나타난 압력 제어 펌프의 동적 작동을 고려하기 위해 다음과 같이 시작한다.
즉, 펌프(P)의 토출 압(P_d)을 고려하여 조정한다. 펌프 배출 압력에 대한 계산 공식은 2장의 2.6.3절에 제시된 표준 압력 상승 속도 방정식을 사용하여 도출된다. 이 방정식은 배출 라인의 유체가 약간 압축 가능하고 배출 라인의 유입 및 유출이 순간적으로 다를 수 있다고 가정한다. 그림 5.13의 펌프 적용의 경우 배출 압력은 다음과 같이 모델링할 수 있다.

$$\frac{V}{\beta}\dot{P}_d + \mathrm{K}P_d = Q - Q_{\mathrm{sys}}, \tag{5.43}$$

여기서 V는 배출 라인의 유체 부피, β는 배출 라인의 유효 체적 탄성률, K는 펌프의 누설 계수, Q는 펌프에서 배출 라인으로의 용적 유량, Q_{sys}는 하류 측 유압 시스템에 의해 배출 라인에서 배출되는 용적 유량이다. 펌프의 정상 상태 작동 조건에서 식 (5.43)을 사용하면

$$Q_{\mathrm{sys}} = Q_o - \mathrm{K}P_{d_o}, \tag{5.44}$$

여기서 Q_o는 펌프의 공칭 유량이며, P_{do}는 정격 배출 압력이다. 이 결과를 식 (5.43)으로 대입하면 펌프의 토출 압력에 대한 지배 방정식이 생성된다.

$$\frac{V}{\beta}\dot{P}_d + \mathrm{K}(P_d - P_{d_o}) = Q - Q_o. \tag{5.45}$$

압력 제어 펌프는 일반적으로 입력 샤프트의 고정 회전 속도를 사용하여 작동하기 때문에 다음과 같이 표시될 수 있다.

$$Q - Q_o = G_p(\alpha - \alpha_o), \tag{5.46}$$

여기서 G_p는 펌프 게인이며,

$$G_p = \frac{NA_p r\omega}{\pi}. \tag{5.47}$$

이 방정식의 매개 변수는 이전에 정의되었다. 식 (5.46)은 사판 각도 α의 작은 값에 대해 선형화되었으며, α_o는 펌프의 정격 사판이라는 점에 유의해야 한다.
식 (5.45) 및 (5.46)을 사용하여 펌프 배출 압력에 대한 지배 방정식은 다음과 같이 나타낼 수 있다.

$$\frac{V}{\beta}\dot{P}_d + \mathrm{K}(P_d - P_{d_o}) = G_p(\alpha - \alpha_o). \tag{5.48}$$

이 식으로부터 스와시 플레이트 각도(α)의 조정이 토출 압력 P_d)을 조절할 수 있음이 분명하다. 다음 단락에서 스와시 플레이트 각의 동역학을 고려한다.

스왑 플레이트의 각운동량이 시간에 따라 변화하는 비율이 스왑 플레이트에 작용하는 힘에 비하여 매우 작으므로, 모델링할 때 스왑 플레이트의 보다 복잡한 동작인 2차 동역학 요소는 무시해도 모델의 정확성에 큰 영향을 주지 않는다. 게다가, 그림 5.13의 제어 액추에이터 내 유체 부피가 매우 작기 때문에, 이 제어 압력의 순간적인 효과 또한 안전하게 무시될 수 있다. 따라서 그림 5.13을 통해, 비압축성 유체에 대한 질량 보존 법칙을 사용하여 다음과 같이 나타낼 수 있다.

$$0 = Q_1 - Q_2 + A_c L_c \dot{\alpha}, \tag{5.49}$$

여기서 Q_1과 Q_2는 삼 방향 밸브의 용적 유량이고 다른 매개 변수는 그림 5.13과 같다.
제 4장의 열린 센터 3포트 변연 분석으로부터 볼 때,

$$Q_1 - Q_2 = 2\mathrm{K}_q x, \tag{5.50}$$

여기서 K_q는 밸브 유량 게인이고, x는 그림 5.13에 표시된 밸브 변위이다.
주: 이 결과는 방정식 (5.42)의 설계 조건이 만족되었고 제어 압력 P_c가 토출 압력 P_d의 절반이라고 가정했다. 식 (5.49) 및 (5.50)에서 방정식 사판의 동역학은 다음과 같이 쓸 수 있다.

$$\dot{\alpha} = -\frac{2\mathrm{K}_q}{A_c L_c} x. \tag{5.51}$$

이 결과로부터, 제어 밸브(x)의 양의 변위가 사판 각도(α)를 감소시키는데 사용될 수 있음을 알 수 있다. 다음 단락에서 밸브 변위에 대한 표현이 나타난다.
그림 5.13에서 볼 수 있듯이, 밸브는 펌프의 토출 압력에 의해 x 축 방향으로 힘이 가해지고, 반면에 밸브는 밸브 스프링에 의해 음의 x 방향으로 강제된다. 또한, 독자들은 4장에서 언급된 바와 같이 3 포트 밸브가 일시적인 유동력과 지속적인 유동력에 노출된다는 사실을 기억할 것이다. 일정한 유체력은 밸브를 닫는 경향이 있지만, 일시적인 유체력은 부호에 따라 어느 방향으로든 작동 할 수 있다. 밸브의 선형 운동량과 점성 항력이이 힘들에 비해 작기 때문에 3 포트 스풀 밸브에 대한 움직임의 등식은 다음과 같이 쓸 수 있다.

$$k_v x = A_v P_d + F_x - F_{v_o}, \tag{5.52}$$

여기서, k_v는 밸브 스프링의 속도, A_v는 스풀 밸브의 단면적, F_x는 밸브에 작용하는 유동력이고, k_{v_o}는 $x=0$ 일 때 밸브에 작용하는 밸브 스프링 예압이다. 식 (4.72), 개방형 중앙에 놓인 3 포트 밸브에 작용하는 정상 유동력은 다음과 같이 쓸 수 있다.

$$F_x = -2K_{fq}x, \tag{5.53}$$

여기서 다시 식 (5.42)의 설계 조건을 가정한다. 이 방정식에서 K_{fq}는 밸브의 유 동력 게인이다. 밸브의 공칭 작동 조건에서 식 (5.52)를 사용하여 밸브 스프링의 예압이 다음과 같이 나타난다.

$$F_{v_o} = A_v P_{d_o}, \tag{5.54}$$

여기서 P_{do}는 펌프의 공칭 또는 원하는 작동 압력이다. 식 (5.53)과 식 (5.54)를 식 (5.52)에 대입하면 3 포트 스풀 밸브에 다음 운동 방정식이 생성된다.

$$x = \frac{A_v}{(k_v + 2K_{f_q})}(P_d - P_{d_o}). \tag{5.55}$$

이 방정식은 배출 압력에서 감지된 오차를 기반으로 스풀 밸브의 위치를 조정하는 방식을 설명하고 있다.

식 (5.48), (5.51) 및 (5.55)를 사용하면 그림 5.13의 압력 제어 펌프의 동적 방정식을 다음과 같이 요약할 수 있다.

$$\dot{P}_d = -\frac{\beta K}{V}(P_d - P_{d_o}) + \frac{\beta G_p}{V}(\alpha - \alpha_o) \quad \text{and}$$
$$\dot{\alpha} = -\frac{2K_q A_v}{A_c L_c(k_v + 2K_{f_q})}(P_d - P_{d_o}). \tag{5.56}$$

이 방정식으로부터, 동적 시스템의 특성 방정식은 상태 - 공간 방법 또는 라플라스 변환을 사용하여 작성될 수 있다. 이 결과는 다음과 같이 주어진다.

$$a_o s^2 + a_1 s + a_2 = 0, \tag{5.57}$$

여기서 계수는

$$a_0 = \frac{V}{\beta}, \quad a_1 = K, \quad \text{and} \quad a_2 = \frac{2K_q A_v G_p}{A_c L_c(k_v + 2K_{f_q})}. \tag{5.58}$$

특성 방정식으로부터 압력 제어 펌프의 비감쇠 고유 진동수와 감쇠비는 다음과 같이 쓸 수 있다.

$$\omega_n = \sqrt{\frac{2K_q A_v G_p \beta}{A_c L_c(k_v + 2K_{f_q})V}} \quad \text{and} \quad \zeta = \frac{K}{2}\sqrt{\frac{A_c L_c(k_v + 2K_{f_q})\beta}{2K_q A_v G_p V}}. \tag{5.59}$$

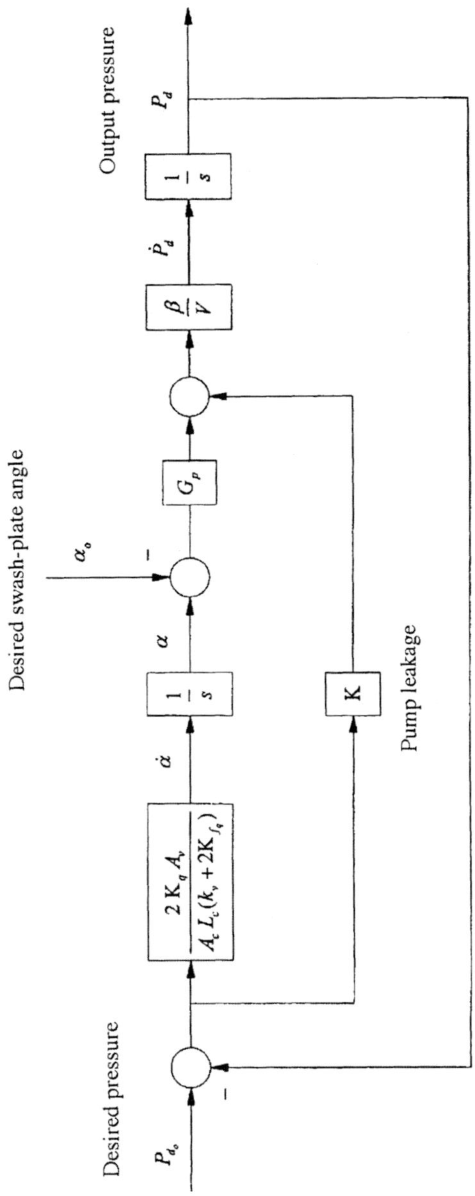

그림 5-15

그림 5-13의 압력 제어 펌프의 블록 다이어그램

이 결과는 압력 제어 펌프 설계에서 예상되는 상승 시간, 안정 시간 및 최대 첨두치를 계산하는 데 사용될 수 있다. 그림 5.15는 이 시스템의 블록 다이어그램을 보여준다. 이 다이어그램에서, 원하는 사판 각은 펌프에서 필요한 유량의 양을 결정하며, 이 파라미터의 갑작스런 변화는 압력 제어 시스템에 대한 외란으로 간주될 수 있다.

▌연구 사례

그림 5.13과 유사한 압력 제어 펌프는 45 cm^3/rev의 최대 변위를 위해 설계되었다. 펌프의 원하는 토출 압력은 20 MPa이고 펌프 샤프트 속도는 1800 rpm이다.

이 정보로부터 펌프 이득은 $G_p = 4.15 \times 10^{-3}$ m^3/s로 계산될 수 있다. 제어 액추에이터의 단면적은 3.76 cm^2 이며 이 액추에이터의 모멘트 암은 6.75 cm입니다. 펌프의 누설 계수는 다음과 같다. $3.38 \times 10^{-12} m^3$/(Pa s)이고 유효 유체 체적 탄성률은 0.8 GPa, 토출량은 1 리터이다. 3 포트 제어 밸브는 0.19 m^2/s의 유량 게인과 5.76 N/mm의 유량 게인을 가진다. 밸브의 스프링 속도는 56.55 N/mm이고 밸브의 단면적은 28.27 mm^2이다. 이 시스템의 비감쇠 고유 진동수와 감쇠비를 계산하라. 이 시스템이 오버 슛을 보일 것으로 기대하는가? 과도 응답 중 발진은 무엇인가? 그 이유는 무엇인가? 이 시스템의 대역폭 주파수는 얼마인가? 시스템 상승 시간, 안정 시간 및 최대 첨두치는 무엇인가? 시스템의 고유 진동수 및 감쇠비는 식 (5.59)를 사용하여 결정할 수 있다. 이 문제의 경우 이 매개 변수는 다음과 같이 계산된다.

$$\omega_n = \sqrt{\frac{2K_q A_v G_p \beta}{A_c L_c (k_v + 2K_{fq}) V}}$$

$$= \sqrt{\frac{2 \times 0.19 \text{ m}^2/\text{s} \times 28.27 \text{ mm}^2 \times 4.15 \times 10^{-3} \text{ m}^3/\text{s} \times 0.8 \text{ GPa}}{3.76 \text{ cm}^2 \times 6.75 \text{ cm} \times (56.55 + 2 \times 5.76)\text{N/mm} \times 1 \text{ liter}}}$$

$$= 142.87 \text{ rad/s} = 22.74 \text{ Hz}$$

$$\zeta = \frac{K}{2}\sqrt{\frac{A_c L_c (k_v + 2K_{fq})\beta}{2K_q A_v G_p V}} = \frac{3.38 \times 10^{-12} \text{ m}^3/(\text{Pa s})}{2}$$

$$\times \sqrt{\frac{3.76 \text{ cm}^2 \times 6.75 \text{ cm} \times (56.55 + 2 \times 5.76)\text{N/mm} \times 0.8 \text{ GPa}}{2 \times 0.19 \text{ m}^2/\text{s} \times 28.27 \text{ mm}^2 \times 4.15 \times 10^{-3} \text{ m}^3/\text{s} \times 1 \text{ liter}}}$$

$$= 0.01.$$

감쇠비가 1보다 작기 때문에 압력 제어 펌프는 과도 응답 중에 진동 및 오버 슛을 나타난다. 3장에서 펌프 응답의 대역폭 주파수는 다음과 같이 계산될 수 있다.

$$\omega_{bw} = \omega_n \frac{2 + \sqrt{2 - 8\zeta^2}}{2 + 8\zeta^2} = 22.74 \text{ Hz} \times \frac{2 + \sqrt{2 - 8 \times 0.01^2}}{2 + 8 \times 0.01^2} = 38.8 \text{ Hz}.$$

또한 3장에서 상승 시간, 안정 시간 및 첨두치는 다음과 같이 계산할 수 있다.

$$t_r = \frac{\pi - \arctan(\sqrt{1-\zeta^2}/\zeta)}{\omega_n\sqrt{1-\zeta^2}} = \frac{\pi - \arctan(\sqrt{1-0.01^2}/0.01)}{142.87\text{ rad/s} \times \sqrt{1-0.01^2}} = 11\text{ ms}$$

$$t_s = \frac{4}{\zeta\omega_n} = \frac{4}{0.01 \times 142.87\text{ rad/s}} = 3\text{ s}$$

$$M_p = \exp\left(\frac{-\pi\zeta}{\sqrt{1-\zeta^2}}\right) \times 100\% = \exp\left(\frac{-\pi \times 0.01}{\sqrt{1-0.01^2}}\right) \times 100\% = 97\%.$$

이 숫자들은 전형적인 압력 제어 펌프 반응을 나타낸다. 안정 시간과 최고점을 줄이기 위해서는 펌프의 누설을 늘려 감쇠율을 증가시킬 수 있다.

요약

이 하위 절에서는 그림 5.13의 압력 제어 펌프의 설계 및 제어가 고려된다.

이 기계의 작동 시스템을 위한 가이드 라인은 식 (5.42)에 제시되어 있으며, 여기서 제어 압력은 펌프 배출 압력의 정확히 절반으로 설계된다. 이 결과는 바이어스 스프링 및 왕복 관성 효과를 압력 효과와 비교하여 무시할 수 있도록 펌프가 충분히 큰 압력에서 작동한다고 가정한다. 식 (5.42)를 만족시키기 위해 포트 플레이트는 펌프의 주된 작동점에 적합한 압력 전복 각을 제공하도록 설계되어야 한다. 포트 플레이트 디자인은 이 텍스트의 범위를 벗어난다. 그러나 독자는 이전 주제 [10]을 참조하여 이 주제에 대해보다 폭넓게 고려할 수 있다. 그림 5.13에 나타난 제어 시스템의 동역학을 고려하면, 이 시스템은 식 (5.59)에서 주어진 고유 진동수와 감쇠비를 가진 저감쇠 2차 시스템으로 특징지어진다. 이 방정식에서 알 수 있듯이 감쇠비는 펌프 누설 계수 K에 비례하며 동적 응답의 최대 퍼센트 오버 슈트 및 안정 시간을 줄이는 경향이 있다.

많은 응용 분야에서 동적 응답 특성을 향상시키기 위해 압력 제어 펌프의 시스템에 누설이 추가된다. 이 누출은 펌프 응답을 보다 유리하게 만드는 경향이 있지만 기계의 전체 작동 효율도 감소시킨다. 따라서 주어진 응용 분야에 적합한 압력 제어 펌프를 제공하기 위해서는 효율과 동적 응답 사이의 적절한 균형을 찾아야 한다.

5.4.4 변위 제어 펌프

개요

이 서브 섹션에서 우리는 변위 제어 펌프의 중요한 주제를 고려하기를 원한다. 이 주제는 유압 제어 시스템에 중요한다. 왜냐하면 변위 제어 펌프는 중간 밸브를 사용하지 않고 유압 액추에이터를 직접 제어 할 수 있는 방법을 제공하기 때문이다.

중간 밸브는 항상 유압 제어 시스템의 에너지 소모이기 때문에 변위 제어 펌프는 효율을 향상시키는 수단을 제공한다.

변위 제어 펌프에 의해 직접 제어되는 시스템은 8장에서 상세히 논의될 것이다. 변위 제어 펌프는 일반적으로 축 방향 피스톤 스와시 플레이트 설계로 되어 있으므로 이 펌프에 대한 설명이 이 절에 포함된다.

그림 5.16은 고성능 유압 제어 시스템에 전원을 공급하는 데 사용되는 변위 제어 펌프의 개략도이다. 이 그림의 오른쪽에 표시된 것처럼 제어할 펌프는 축 방향 피스톤 스팬 형 기계이다. 스와시 플레이트 자체는 크래들지지 시스템에 의해 포함되며, 이 시스템은 용지에 수직인 축을 갖는 스와시 플레이트 피봇에 대해 단일 자유도를 허용한다. 사판의 회전각은 기호 α로 표시되며 이 펌프 설계의 대칭성으로 인해 스와시 플레이트 각은 양 또는 음일 수 있다. 양의 스와시 - 판 앵글은 한 펌프 포트에서 유체를 펌핑하는 반면, 음의 스와시 - 플레이트 앵글은 다른 펌프 포트에서 유체를 펌핑한다.

유체를 양방향으로 펌핑하는 이 기능은 변위 제어 펌프의 중요한 특징이다. 사판의 제어 시스템은 그림의 상단과 하단에 두 개의 동일한 액추에이터로 그림 5.16에 나와 있다. 각 액추에이터에는 스프링 압축 액추에이터에만 힘을 가하는 캡처 된 스프링이 장착되어 있다. 그림 5.16에서 볼 수 있듯이, 양의 스와시 플레이트 각도는 상단 액추에이터 스프링을 압축하는 경향이 있는 반면 하단 스프링은 캡처되고 비활성 상태로 유지된다. 네거티브 사판 앵글은 하단 스프링을 압축하여 상단 스프링을 비활성 상태로 유지하는 경향이 있다. 각 액추에이터 내의 유체 압력은 그림 5.16의 왼쪽에 표시된 4 포트 스풀 밸브로 제어된다. 이 스풀 밸브는 펌프의 흡입구 측을 충전하기 위해 일반적으로 사용되는 보조 압력 원에 의해 공급된다. 이 공급 압력 / 펌프 입구 압력은 충전 압력으로 알려져 있으며 기호 P_c로 그림 5.16에 표시되어 있다.

밸브(P_r)로부터의 귀환 압력은 일반적으로 게이지 값이 0인 저장 기 압력이다. 4 포트 밸브에서 작동 시스템으로의 흐름을 제공하는 밸브 포트는 그림 5.16에 표시된 것처럼 링키지를 통해 발생하는 사판 각도 피드백을 기준으로 x_s 만큼 위아래로 슬라이드 한다. 이 링키지는 전형적인 4 바 링키지이며, 4 판, 링크, 슬라이딩 포트 및 지면을 포함하는 멤버가 있다. 링키지 피드백은 밸브에 대한 스와시 플레이트 각도 에러 신호를 생성하는 데 사용된다. 이 신호는 나중에 논의된다. 4 포트 밸브를 양의 x 방향으로 움직이면 유체가 하단 액추에이터로 흘러 들어가고 그림 5.16의 상단 액추에이터에서 유출된다. 이 기능을 사용하여 펌프를 포지티브 스트로크로 설정하여 펌프에서 양의 유량을 생성할 수 있다. 4 포트 밸브를 음의 x 방향으로 움직이면 액체가 상단 작동기로 흐르고 하단 액추에이터 밖으로 흐르게 된다. 이 기능을 사용하여 펌프를 음의 스트로크로 설정하여 펌프에서 음의 유량을 생성 할 수 있다. 사 방향 밸브가 어느 방향으로든 움직이면 펌프는 피드백 링키지를 통해 반응하여 슬라이딩 포트를 스풀 밸브 위치와 일치하는 위치로 이동시킨다.

이것이 발생하면 펌프에 대한 에러 신호가 사라지고 펌프의 안정된 작동 상태가 달성된다. 다음 단락에서, 배수량을 제어하는 펌프를 더 자세히 분석하고 논의할 것이다.

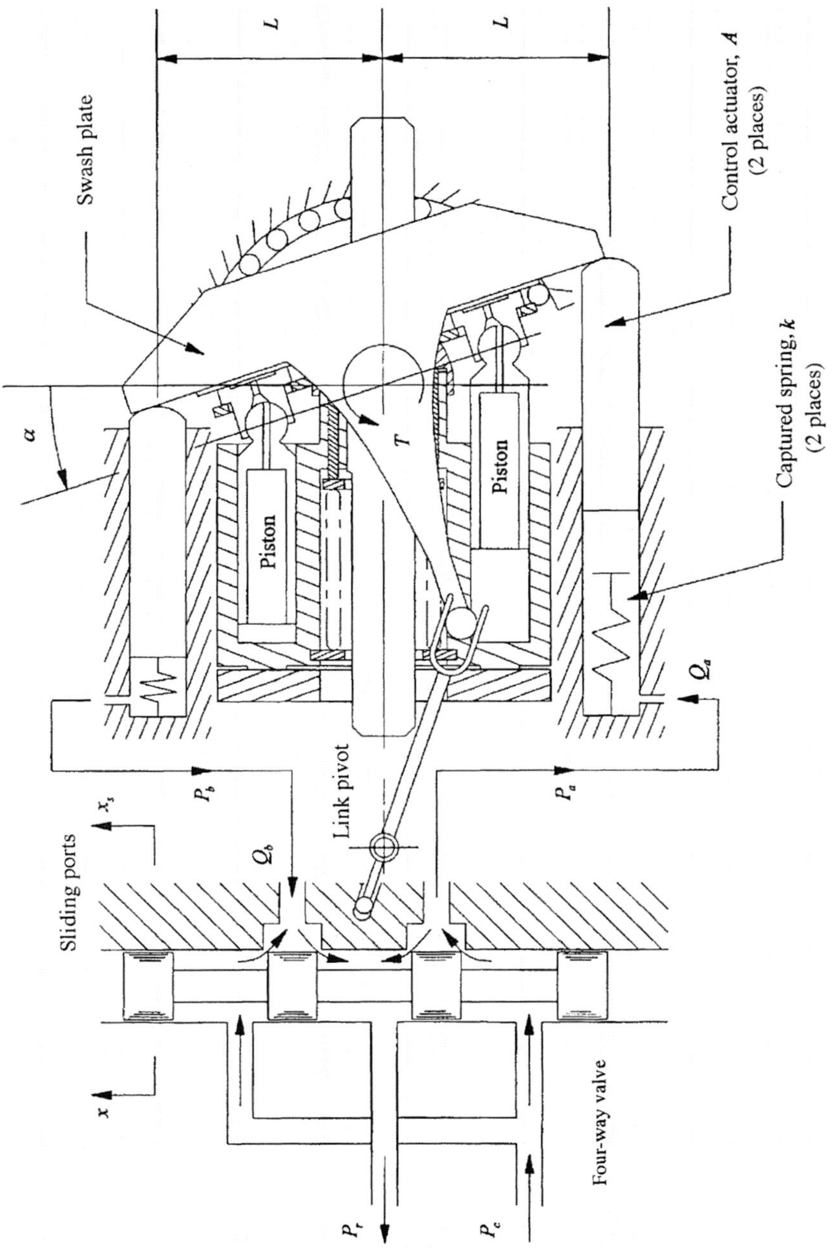

그림 5-16

변위 제어식 축 방향 피스톤 스와시-플레이트 펌프 개략도

꾸준한 분석 및 펌프 설계

그림 5.16에 표시된 펌프의 동적 분석을 수행하기 전에 펌프를 제어하는 데 사용되는 기본 작동 시스템을 설계하는 것이 중요하다. 대부분의 설계 문제와 마찬가지로 이 작업은 정상 상태 작동을 고려하여 수행된다.

그림 5.16의 스와시 - 플레이트 피봇 점에 대한 모멘트를 계산하고 이를 0과 동일하게 설정하면 그 점을 알 수 있다.

$$0 = T + F_a L - F_b L, \tag{5.60}$$

여기서 T는 펌프의 펌핑 요소에 의해 스와시 플레이트에 유도된 순 토크, F_a는 그림 5.16의 하단 액추에이터에 의해 스워시 플레이트에 가해지는 힘, F_b는 상단에 의해 스와시 플레이트에 가해지는 힘 그림 5.16의 액추에이터, L은이 그림에 표시된 각 액추에이터의 모멘트 암이다.

스와시 플레이트 토크 T는 식 (5.35)에서 (5.37)까지 제시되고 논의되었다. 이 결과는 변위 제어식 펌프 분석을 위해 식 (5.60)에서 사용되거나 대체 가능하다. 그림 5.16을 살펴보면, 하부 액추에이터에 의해 사판에 작용하는 힘은 다음과 같이 주어진다.

$$F_a = AP_a, \tag{5.61}$$

여기서 A는 액추에이터의 단면적이며, P_a는 십자형 제어 밸브에 의해 제공되는 하단 액추에이터 내의 원추형 압력이다. 유사하게, 그림 5.16에서 상단 액추에이터에 의해 사판에 작용하는 선형화된 힘은

$$F_b = AP_b + \underbrace{F_o + kL\alpha}_{\text{Spring force}}, \tag{5.62}$$

여기서, A는 다시 액추에이터의 단면적이며, P_b는 4 포트 제어 밸브에 의해 제공되는 상부 액추에이터 내의 유체 압력이며, F_o는 $\alpha = 0$ 일 때 포획된 스프링에 조립된 예압이며, k는 포획 된 스프링의 속도이다.

이 시점에서, 식 (5.60)의 안정된 결과에 나타난 노력의 모든 양이 확인되었다. 식 (5.35), (5.61) 및 (5.62)를 식 (5.60)에 대입하면 사판에 작용하는 모멘트에 대한 다음 방정식이 작성될 수 있다.

$$C_p(P_d - P_c) - AL(P_a - P_b) = (C_i - kL^2)\alpha - F_o L, \tag{5.63}$$

여기서 펌프(P_i)의 흡입 압력은 시스템(P_c)의 충전 압력과 동일하게 설정된다. 펌프의 합리적인 작동 압력에 대해 방정식 (5.63)의 좌변은 오른쪽보다 훨씬 크다. 이것은 포획된 스프링의 힘과 피스톤의 왕복 관성이 액추에이터의 압력 항 및 스와시 플레이트 토크 T 의 스트로크 감소 효과

와 비교할 때 무시할 수 있음을 의미한다. 펌프가 충분히 높은 압력에서 작동한다고 가정하면 식 (5.63)의 우변은 무시될 수 있으며 변위 제어 펌프의 사판 - 플레이트 모멘트 방정식은 다음 결과로 더 감소한다.

$$(P_a - P_b) = \frac{C_p}{AL}(P_d - P_c). \tag{5.64}$$

이 결과는 액추에이터 압력의 차이가 펌프의 주어진 토출 압력에 필요하다는 것을 알려준다. 이 방정식은 펌프의 모든 고압 작동 조건에 대해 충족되어야 하며 적절히 사용될 수 있다. 제품 AL에 표시된 액추에이터 시스템의 크기를 결정하라.

동적 분석 및 펌프 반응

변위 제어 펌프의 동적 응답을 분석하기 위해 제어 액츠 에이터 안팎의 유량을 고려하여 시작한다. 이 유속은 그림 5.16에 기호 Q_a 및 Q_b로 표시된다. 4 포트 제어 밸브와 펌프 작동 시스템 사이의 유체의 체적이 작기 때문에 각 액추에이터의 압력 과다 현상은 무시될 수 있으며,

$$Q_a = Q_b = AL\dot{\alpha}, \tag{5.65}$$

여기서 이러한 유속에 대한 양수 부호 규칙은 그림 5.16의 방향 화살표로 표시된다. 이 그림의 4 포트 밸브가 표시된다.
충전 압력(P_c)에 의해 주어진 공급 압력을 갖는 오픈 센터의 밸브가 된다. 각 액추에이터의 정격 압력이 차지 압력의 절반이라고 가정하면 4 포트 밸브의 선형화된 유량 분석을 사용하여 액추에이터의 내부 및 외부의 체적 유량이

$$\begin{aligned} Q_a &= 2K_q(x - x_s) - 2K_c(P_a - P_c/2) \\ Q_b &= 2K_q(x - x_s) + 2K_c(P_b - P_c/2), \end{aligned} \tag{5.66}$$

K_q는 압력 이득, K_c는 압력 흐름 계수, x는 스풀의 절대 변위, x_s는 그림 5.16에 표시된 슬라이딩 포트의 절대 변위치다. 그림 5.16에 표시된 피드백 링크의 형상을 사용하면

$$x_s = G_c\alpha, \tag{5.67}$$

여기서 G_u는 제어 게인이며, 스와시 - 플레이트 각의 작은 각이 가정된다. 방정식 (5.64) ~ (5.67)의 결과를 사용하여, 스와시 판의 동적 운동 방정식은 다음과 같이 쓸 수 있다.

$$\frac{AL}{2K_q}\dot{\alpha} + G_c\alpha = x - \frac{C_p}{ALK_p}(P_d - P_c), \tag{5.68}$$

여기서 K_p는 4 포트 제어 밸브의 압력 감도입니다. 압력이 너무 높아서 사방 밸브의 압력 감도가 높아서 식 (5.68)의 오른쪽에 있는 압력 항은 다른 항에 비해 매우 작다. 이 용어를 무시함으로써, 사판의 운동 방정식은 다음과 같이 쓸 수 있다.

$$\tau\dot{\alpha} + \alpha = \psi x, \tag{5.69}$$

스와시 각도와 스풀 위치 사이의 시정 수 및 비례 상수는 각각 다음과 같이 주어진다.

$$\tau = \frac{AL}{2K_q G_c} \quad \text{and} \quad \psi = \frac{1}{G_c}. \tag{5.70}$$

빠른 응답과 고주파 대역폭을 위해서는 시정 수 τ를 가능한 작게 만드는 것이 바람직하다. 식 (5.70)로 부터, 작은 유속은 고 유량 게인 밸브와 높은 제어 게인 G_c를 가진 작은 액추에이터를 사용함으로써 달성될 수 있음을 알 수 있다. 일정한 관점에서, 비례 상수 또는 제어 게인은 설계되어야 한다. 스와시 최대 각도와 최대 스풀 변위를 맞춰라.

연구 사례

그림 5.16과 비슷한 변위 제어 펌프는 75 cm^3의 최대 용적 변위로 설계되었다. 액추에이터 면적은 18.38 cm^2, 액추에이터 모멘트 암은 8 cm이다.
피드백 링키지는 0.167 mm/degree의 슬라이딩 포트 형상에 대한 제어 게인을 제공한다. 4 포트 스풀 밸브의 유량 게인은 0.0616 m^2/s이다.

펌프의 동적 응답을 평가하려면 시스템 시정수, 안정 시간 및 대역폭 주파수를 계산하라. 변위 제어 펌프의 시간 상수는 식 (5.70)에 나와 있으며 문제 문으로부터 다음과 같이 계산할 수 있다.

$$\tau = \frac{AL}{2K_q G_c} = \frac{18.38\ \text{cm}^2 \times 8\ \text{cm}}{2 \times 0.0616\ \text{m}^2/\text{s} \times 0.167\ \text{mm/degree}} = 125\ \text{ms}.$$

이 계산으로부터 1차 응답에 대한 안정화 시간은 0.5 초이고 대역폭 주파수는 1.27 Hz라고 결정될 수 있다. 이는 그림 5.16에 표시된 것과 유사한 변위 제어 펌프의 일반적인 응답 특성이다.

요약

이 분석에서는 스왑 플레이트의 각속도 변화율과 점성 감쇠를 무시한다. 이는 스왑 플레이트에 작용하는 힘들이 무시할 만큼 작기 때문이다. 게다가, 변위 제어 펌프의 경우 배출 압력의 변화가 미치는 영향도 미미하여 배출 압력 변동에 대한 분석이 필요하지 않았다. 한마디로 변위 제어 펌프의 반응은 매우 좋은데, 이는 초과 상승이나 진동 없이 1차 거동을 보이기 때문이다. 또한, 변위 제어 펌프의 정상 상태 오차는 시간이 무한대에 접근함에 따라 사라진다. 마지막으로, 그림

5.16에 있는 스풀 밸브의 위치는 보통 그림 4.26의 4장에서 보여준 것과 유사한 2단 전자 유압 밸브를 이용해 제어된다. 이를 통해 펌프의 변위를 전자적으로 제어할 수 있어, 고급 응용 분야에 이 펌프를 적용할 때 유연한 제어 구조를 가능하게 한다.

5.4.5 요약

이 절에서는 축형 피스톤 스워시 플레이트 펌프의 유량 및 제어 특성에 대해 논의한다. 이 절에서, 축 방향 피스톤 펌프는 기어 펌프와 비교할 때 더 낮은 진폭 맥동을 나타내며, 홀수 피스톤을 갖는 축 방향 피스톤 펌프는 짝수 피스톤을 갖는 펌프보다 낮은 맥동 맥동을 보임을 보인다. 이러한 이유로, 축 방향 피스톤 펌프는 일반적으로 홀수 개의 피스톤으로 설계된다. 이 섹션에서는 스와시 플레이트 타입의 펌프 제어에 대해서도 설명한다. 특히, 압력 제어 펌프는 정상 상태 조건에 도달하기 전에 오버 슛 및 진동을 발생시키는 2차 특성을 나타내는 것으로 나타났다.
다른 한편으로, 이 장에서 변위 제어 펌프는 일반적으로 오버 슛과 진동이 없는 1차 시스템이지만, 이 펌프들은 시스템 시정수에 의해 결정되는 속도로 원하는 작동 지점에 점근적으로 접근한다.

5.5. 결론

결론적으로 이 장은 유압 제어 시스템 내에서 사용할 수 있는 유압 펌프 기술을 독자에게 알리기 위해 작성되었다. 이 장의 소개 부분에서 볼 수 있듯이 유압 제어 시스템에 유압 동력을 공급하는 데 사용할 수 있는 몇 가지 기계 유형이 있다. 이 장의 후속 절에서 언급했듯이 이 분야를 지배하는 두 가지 펌프 유형은 기어 펌프 및 스와시 플레이트 축 피스톤 펌프이다. 기어 펌프는 일반적으로 많은 펌프 변동성이 필요하지 않으며 작동 압력이 비교적 낮은(20 MPa 미만) 곳에서는 저형성 용도에 사용된다.
다른 한편으로, 축 방향 - 피스톤 스 워시 - 플레이트 펌프는 압력 또는 변위 제어 및 / 또는 작동 압력이 훨씬 더 높은 곳이 바람직 할 수 있다.
이 장에서는 이러한 기계의 효율성에 대해 논의하고 기어 펌프 및 축 피스톤 펌프의 흐름 맥동 특성을 제시했다. 이 기계에 대한 일반적인 제어 문제도 방문했다. 펌프 제어의 이러한 측면은 펌프 제어 시스템과 펌프 제어 유압 시스템 모두에 유압을 공급하는 데 사용되는 7장과 8장에서보다 철저하게 사용된다.

5.6. 참고 문헌

[1] Lambeck, R. P. 1983. *Hydraulic Pumps and Motors: Selection and Application for Hydraulic Power Control Systems.* Marcel Dekker, New York.

[2] Merrit, H. E. 1967. *Hydraulic Control Systems.* John Wiley & Sons, New York.

[3] Shi X., and N. D. Manring. 2001. A torque efficiency model for an axial-piston, swash-plate type hydrostatic pump. In: *Power Transmission and Motion Control* (PTMC 2001), ed. by C. R. Burrows and K. A. Edge. Antony Rowe, Ltd., Great Britain, pp. 3-20.

[4] Doebelin, E. O. 1990. *Measurement Systems: Application and Design,* 4th ed. McGraw-Hill, New York.

[5] Manring, N. D., and S. B. Kasaragadda. 2003. The theoretical flow ripple of an external gear pump. *ASME Journal of Dynamic Systems, Measurement, and Control* 125:396-404.

[6] Manring, N. D. 2000. The discharge flow ripple of an axial piston swash-plate type hydrostatic pump. *ASME Journal of Dynamic Systems, Measurement, and Control* 122:263-268.

[7] Zeiger, G., and A. Akers. 1985. Torque on the swashplate of an axial piston pump. *ASME Journal of Dynamic Systems, Measurement, and Control* 107:220-226.

[8] Manring, N. D., and R. E. Johnson. 1996. Modeling and designing a variable displacement open-loop pump. *ASME Journal of Dynamic Systems, Measurement, and Control* 118:267-271.

[9] Manring, N. D. 1999. The control and containment forces on the swash plate of an axial piston pump. *ASME Journal of Dynamic Systems, Measurement, and Control* 121:599-605.

[10] Manring, N. D. 2003. Valve-plate design for an axial piston pump operating at low displacements (technical brief). *ASME Journα 1 of Mechanical Design* 125: 200-205.

5.7. 과제

5.7.1 펌프 효율

5.1 기어 펌프는 19 cm^3/rev로 변위 되도록 설계되었다. 펌프가 14 MPa에서 작동할 때 토크 효율은 92%로 측정된다. 펌프의 입력 토크는 얼마인가?

5.2 축 방향 피스톤 펌프는 100 cm^3/rev로 변위 되도록 설계되었다. 이 펌프가 1800 rpm에서 작동하는 동안 다음 부피 효율이 측정되었다.

Pressure	η_v
2 MPa	0.99
20 MPa	0.95
40 MPa	0.91

이 데이터로부터 펌프의 누설 계수를 계산하라.

5.3 축 방향 피스톤 펌프의 전체 효율은 토크, 속도, 압력 및 체적 유량을 측정하여 0.89로 계산된다. 측정 장비는 모두 풀 스케일 판독 값의 절반으로 사용된다. 토크와 압력 측정은 풀 스케일 판독값의 ±1.5% 내에서 정확하지만 유량 측정값은 풀 스케일 판독 값의 ±3.0% 내에서 정확하다. 속도 판독 값은 거의 완벽한 정확도로 알려져 있다. 측정의 전반적인 불확실성은 무엇인가? 펌프 효율 수치의 신뢰 구간은 얼마인가?

5.4 실험실에서 다음과 같은 펌프 측정을 수행했다. 배출 압력은 3000 psi이고, 유량은 20.36 gal/min이고, 입력 속도는 1800 rpm이며 샤프트의 토크는 1382 in. 펌프의 체적 변위는 2.75 in.^{3}/rev이다. 펌프의 전체, 체적 및 토크 효율은 얼마인가?

5.5 각 계측기의 정확도와 관련하여 계측기 제조업체로부터 다음 정보가 제공된다.

Instrument Description	Full-Scale Measurement Capability	Accuracy (as a Percentage of Full-Scale Readings)
Pressure measurement	6000 psi	1.5%
Flow measurement	30 gal/min	2.5%
Torque measurement	5000 in. lbf	1.5%
Speed measurement	10000 rpm	0.0%

앞의 문제의 데이터를 사용하여 전반적인 효율 측정과 관련된 불확실성의 범위는 얼마인가? 효율성 신뢰 구간이란 무엇인가?

5.7.2 기어 펌프

5.6 기어 펌프는 17개의 톱니와 20°의 압력 각으로 설계되었습니다. 피치 반경은 1.6 cm이고 부록 반경은 1.86 cm이다. 평균 체적 변위가 15 cm^3/rev인 펌프를 만들기 위해 필요한 톱니 폭을 계산하라. 이것은 1800 rpm의 입력 속도에 대해이 기계의 평균 부피 유량. 이 작동 조건에서의 유량 맥동의 크기는 얼마인가?

5.7 문제 5.6의 결과를 얻으려면 치아 수를 13개로 변경하고 나머지는 모두 동일하게 유지하십시오. 펌프의 체적 변위는 어떻게 되었는가? 그것이 위 또는 아래로 갔는가? 유량 맥동 진폭은 어떻게 되었는가?

5.7.3 축 방향 피스톤 스와시 플레이트 펌프

5.8 축 방향 피스톤 펌프는 7개의 피스톤과 최대 스와시 플레이트 각도 18°를 사용한다. 피치 반경은 2.55 cm이고 각 피스톤의 직경은 1.66 cm이다. 1회 전당 펌프의 체적 변위를 계산한다. 펌프 속도가 2000 rpm이라고 가정할 때 이 펌프의 평균 용적 유량 및 유량 유동의 진폭은 얼마인가? 이 작동 속도에서 펌프 이득 G_p는 얼마인가?

5.9 축 방향 피스톤 펌프는 9개의 피스톤과 최대 스와시 플레이트 각도 18°를 사용한다. 피치 반경은 2.78 cm이고 각 피스톤의 직경은 1.40 cm이다. 1회 전당 펌프의 체적 변위를 계산한다. 펌프 속도가 2000 rpm이라고 가정할 때 이 펌프의 평균 용적 유량 및 유량 맥동의 진폭은 얼마인가? 이 문제는 이전 문제와 어떻게 비교되는가?

5.10 압력 제어 펌프는 길이가 2m이고 내부 직경이 25.4 mm인 배출 호스를 사용한다. 유효 유체 체적 탄성률은 다음과 같다. 0.82 GPa. 0.5 초의 안정 시간을 달성하기 위해 펌프에 필요한 누설 계수를 계산하라.

5.11 압력 보상 스와시 플레이트 축 피스톤 펌프는 최대 215 cm^3/rev로 변위 되도록 설계되었다. 펌프는 일반적으로 20 MPa의 작동 압력으로 1800 rpm으로 작동한다. 스와시 최대 각도는 18°이다. 펌프의 토출 호스는 길이 2 m, 내경 25.4 mm이고 유체 체적 탄성률은 0.8 GPa이다. 이 펌프의 제어 액추에이터는 직경이 35 mm이고 스와시 플레이트의 피벗 점으로부터 75 mm 떨어져 있다. 이 펌프의 삼 포트 제어 밸브는 직경 6 mm이고 밸브 스프링 속도는 56.55 N/mm이다. 밸브의 유량 게인은 0.19 m^2/s이고 유량 게인은 5.76 N/mm이다. 0.05의 감쇠 비율을 달성하기 위해 펌프에 필요한 누수 계수를 계산하라. 이

시스템의 상승 시간, 정착 시간, 최대 첨두치 및 대역폭 주파수는 무엇인가?

5.12 변위 제어식 스와시 플레이트 축 피스톤 펌프는 최대 100 cm^3/rev로 변위 되도록 설계되었다. 제어 액추에이터는 직경 5.3 cm이고 스와시 플레이트의 피벗 지점에서 8.8 cm 떨어져 있다. 펌프를 제어하기 위해 3×3 mm 사각형 포팅이 있는 4 포트 밸브가 사용된다. 2 MPa의 공급 압력은 보조 펌프를 통해 밸브에 제공된다. 0.5 초의 안정 시간을 생성할 펌프의 요구 제어 게인을 계산한다. 최대 스워시 - 플레이트 각이 18°라고 가정할 때, 이 게인에 기초하여, 밸브 스풀의 최대 변위는 얼마인가?

PART 06

유압 액추에이터

6.1. 소개

이 장에서는 유압 제어 시스템의 출력 장치를 고려한다.

우리가 *액추에이터*라고 부르는 이 장치는 주어진 애플리케이션의 외부 부하 시스템에 힘과 움직임을 전달하는 메커니즘이다. 이 장에서는 *선형 액추에이터*와 *회전형 액추에이터*의 두 가지 액추에이터 유형을 고려한다. 선형 액추에이터는 종종 *유압 실린더* 또는 *램*으로 불리는 반면 회전형 액추에이터는 일반적으로 *유압 모터*라고 한다. 이름에서 알 수 있듯이 선형 액추에이터는 병진 운동을 생성하는 데 사용되는 반면 회전식 액추에이터는 회전 운동을 생성하는 데 사용된다. 이 두 기능은 유압 제어 시스템에 널리 사용된다. 이 장에서는 선형 액추에이터와 회전형 액추에이터의 두 가지 액추에이터 유형을 고려한다. 선형 액추에이터는 종종 유압 실린더 또는 램으로 불리는 반면 회전형 액추에이터는 일반적으로 유압 모터라고 한다.

이름에서 알 수 있듯이 선형 액추에이터는 병진 운동을 생성하는 데 사용되는 반면 회전식 액추에이터는 회전 운동을 생성하는 데 사용된다. 이 두 기능은 유압 제어 시스템에 널리 사용된다. 이 장에서는 기계 성능을 고려하여 각 액추에이터 유형의 기본 구성을 설명한다.

독자는 다른 제어 시스템에 비해 유압 제어 시스템을 사용하는 주된 이점은 유압 장치에 의해 나타나는 높은 관성 비(inertian-inertia ratio)임을 상기하게 될 것이다.

유압 액추에이터의 관성 효과는 이들에 의해 생성되는 힘에 비해 작기 때문에 장치에서 유압 액추에이터의 동력은 이 장에서 고려되지 않을 것이다.

오히려 유압 제어 시스템의 출력 동역학은 전체 시스템이 조립되고 부하 역학이 상당 부분을 차지할 때 고려된다.

이러한 동적인 고려 사항은 7장과 8장에 제시될 것이다. 이 장에서는 선형 액추에이터와 회전 액추에이터의 출력 노력과 변위 특성을 준 안정적 관점에서 논의하는 것으로 충분할 것이다. 이 장의 결과는 유압 구성 요소의 시스템을 구축하고 일상적인 실습에 사용되는 적절한 유압 제어 시스템을 설계하는 데 유용하다.

6.2. 액추에이터 유형

6.2.1 선형 액추에이터

그림 6.1은 일반적으로 유압 제어 시스템의 병진 출력 동작을 생성하는 데 사용되는 선형 액추에이터의 단면도를 보여준다.

이 액추에이터의 기본 구조는 간단한 피스톤 - 실린더 장치로 설명된다. 그러나 이 기계의 만족스러운 성능을 보장하기 위해서는 특정 기계요소가 실제로 필요하다. 이러한 기계요소에는 씰, 볼트, 용접 조인트, 플러그, 베어링, 스레드로드 및 특수 가공된 엔드 캡과 하우징이 포함된다. 이러한 요소 중 일부는 그림 6.1에 나와 있다. 이 그림에서 선형 액추에이터의 두 끝 캡은 밀봉된 원통형 튜브로 서로 연결되어 있다.

이 엔드 캡은 "포트 A"및 "포트 B"라고 표시된 유압 포트로 가공된다.

그림 6.1 각 엔드 캡 내에는 피스톤 행정의 양 끝단에 유체 쿠션을 생성하는 데 사용되는 기계 가공 형상이 있다. 이 형상 주 유로를 포트에 연결하고 유체가 쿠션 제한을 통과하는 대체 경로를 제공하는 메커니즘을 포함한다. 선형 액추에이터 내의 피스톤은 베어링 - 밀봉 장치에 의해 지지되고 볼트 체결 헤드에 의해 수용되는 변위 로드에 부착된다.

유압 제어 시스템의 부하 장치는 로드 연결 지점에서 로드에 연결된다.

선형 액추에이터의 작동은 포트 A로 유체를 밀어 넣음으로써 이루어지며, 그러면 포트 A가 피스톤로드 어셈블리를 오른쪽으로 움직이도록 한다. 피스톤이 오른쪽으로 움직이면 유체는 포트 B에서 유압 시스템의 복귀 측으로 밀어 넣어진다. 로드가 오른쪽으로 최대 변위에 가까워지면

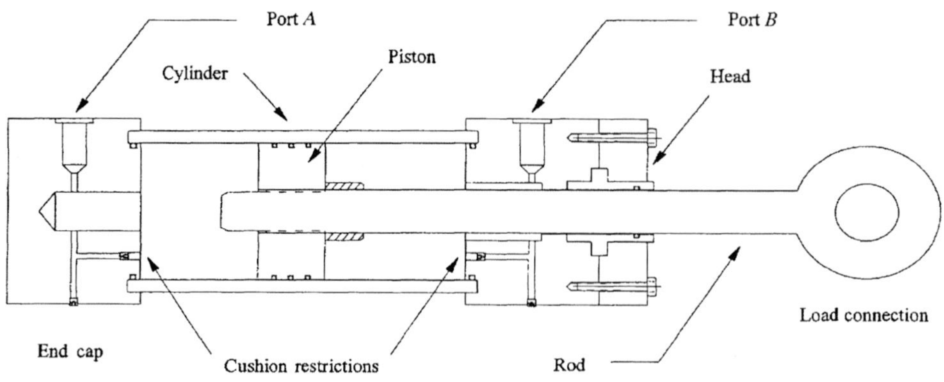

그림 6-1
선형 액추에이터 형상

피스톤에 부착된 크로스 해치 쿠션 형상이 왼쪽 끝 캡의 환형 형상으로 들어가고 주 유로를 포트 *B*에 막는다.

그러면 실린더에서 배출되는 유체는 그림 6.1에 표시된 쿠션 제한기를 통과해야 하며, 그러면 피스톤 행정 끝 부분에서 피스톤의 이동 속도가 느려진다. 선형 액추에이터의 역 동작은 유체를 포트 *B*로 밀어 넣음으로써 피스톤로드 조립체가 왼쪽으로 움직이게 한다. 유체는 포트 *A*를 빠져나오고, 스트로크 종단 근처의 주행 속도는 앞서 설명한 모션의 경우와 마찬가지로 지연된다.
주의 : 왼쪽으로 움직이는 경우 크로스 해칭된 형상은 주 포트 통로용 플러그를 제공하지 않는다. 오히려, 피스톤까지의 로드연장은 쿠션 효과에 대한 이러한 자극을 제공한다.

그림 6.1은 복동 단일 로드 구성으로 설계된 선형 액추에이터를 보여준다. 그림 6.1의 설계는 포트 *A* 또는 포트 *B*를 통과하는 유체 흐름의 방향에 따라 좌우 방향으로 힘을 가할 수 있기 때문에 이중 작용으로 간주된다. 그림 6.1은 하나의 로드와 헤드엔드만 가지고 있기 때문에 단일 로드 설계로 간주된다.
액추에이터 이것을 말하면 선형 액추에이터의 여러 구성이 존재한다는 점에 유의해야 한다.
그림 6.2는 네 가지 일반적인 디자인의 개략적인 구성을 보여준다. 복동, 단일로드, 복동 더블로드, 단동 형 그리고 단동 형 스프링 - 리턴 튼이 있다.
그림 6.2의 회로도는 이 네 가지 설계의 차이점을 충분히 설명한다.
선형 액추에이터 설계의 다양한 문제를 고려한 실제 텍스트가 존재한다는 점에 유의해야 한다. 이 텍스트는 이 장의 참조 절에 나열되어 있다 [1-3].

6.2.2 회전형 액추에이터

회전형 액추에이터는 유압 제어 시스템의 회전 출력을 생성하는 데 사용된다.
따라서, 이러한 장치는 역방향 모드에서 작동하는 유압 펌프로 간주될 수 있다. 펌프는 회전 샤프트 동력을 유체 동력으로 변환하지만 회전형 액추에이터는 정반대의 역할을 한다. 즉, 유체 동력을 회전 샤프트 동력으로 변환한다. 회전형 액추에이터는 일반적으로 유압으로 불린다.
모터이며 제 5장의 유압 펌프에 표시된 것과 동일한 기본 구성을 사용하여 구성된다.
이 구성을 여기에 표현하는 대신 독자는 그림 5.1에서 5.6으로 이동한다.
펌프와 모터 사이의 기능적 차이는 이 기계의 기계적 샤프트를 고려하면 이해할 수 있다. 기계식 샤프트가 엔진, 전기 모터 또는 부하 소스에 의해 구동되는 경우 기계는 유체 흐름을 생성하며 *펌프*라고 한다.
기계식 샤프트가 유압 부하를 구동할 때 유체는 기계에 제공되며 이를 *모터* 또는 *회전형 액추에이터*라고 한다. 특정 응용 분야에서 회전식 액추에이터 펌프 및 모터 링 기능을 간헐적으로 수행 하는 데 사용될 수 있다. 그러나 이러한 기계는 일반적으로 주어진 제어 시스템에 대해 지배적인 펌핑 모드 또는 지배적인 액추에이터 모드로 적용된다.

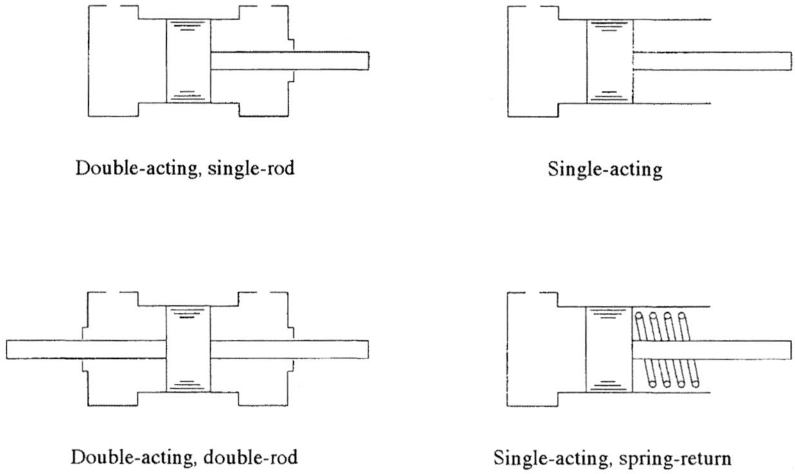

그림 6-2
선형 액추에이터 구성

회전형 액추에이터로 작동할 때 특정 응용 프로그램에서 이러한 컴퓨터 중 특별한 것을 사용하는 것이 좋다. 예를 들어 그림 5.1~ 5.4는 각각 기어 모터, 제로 터 모터, 베인 모터 및 래디얼 피스톤 모터를 나타낸다. 이러한 장치는 일반적으로 샤프트의 각 회전마다 고정된 체적의 유체를 보내거나 받도록 설계되었다. 이는 고정 또는 변위 모터의 출력 속도가 장치에 공급되는 유체의 양 또는 더 크지 않고 조정될 수 없음을 의미한다. 다른 한편, 그림 5.5와 그림 5.6은 스와시 플레이트형 모터와 구부러진 축형 모터를 보여준다. 이러한 장치는 일반적으로 주어진 유체 입력에 대한 샤프트 회전량을 결정하는 조정 가능한 구성을 사용하여 설계된다. 다시 말해, 가변 용량 형 모터의 출력 속도는 장치에 공급되는 유체의 크거나 작은 볼륨 없이 조정될 수 있다. 모터의 체적 유량을 변화시키지 않고 모터의 출력 속도를 변화시키는 능력은 매우 특징이다. 이 때 많은 유압 제어 어플리케이션에서 중요하다.

유압 회전형 액추에이터는 제로 속도 조건에서 높은 샤프트 토크를 유지하는 능력을 나타낸다. 이 기능이 가치가 있는 어플리케이션에서 샤프트 모션을 시작하는 데 필요한 토크(즉 시동 토크)는 종종 기계의 중요한 성능 특성이다. 일반적으로 그림 5.4의 레이디 얼 피스톤 모터 또는 그림 5.6의 구부러진 축 피스톤 모터를 사용할 때 최고 시동 토크가 관찰된다. 따라서 이러한 모터는 시동 토크 특성이 중요 할 때 선호됩니다. 일반적으로, 피스톤 형 모터는 기어 형 또는 베인 형 모터보다 높은 작동 효율을 나타내는 경향이 있다. 이러한 효율성의 이점은 기계의 전체 작동 범위에서 관찰할 수 있다.

6.3. 선형 액추에이터

6.3.1 개요

이 섹션에서는 선형 액추에이터의 성능 특성에 대해 설명한다.
이러한 특성에는 액추에이터 효율과 액추에이터의 준 정상 작동 및 기능을 고려해야 한다. 그림 6.1에 제시된 복동 단일로드 액추에이터 설계는 다른 선형 액추에이터를 설명하기 위해 일반화될 수 있으므로 이 설계는 이 절에 대한 고려 사항의 기초가 될 것이다.
여기에 제시된 정보를 사용하여, 더 큰 유압 제어 시스템의 작동은 이 텍스트의 다음 장에서 수행될 것이다.

6.3.2 효율

그림 6.3은 선형 액추에이터의 전원 분배를 나타낸 것이다. 이 그림은 유압 P_A가 압력 P_A와 부피 유량 Q_A의 곱인 포트 A를 통해 시스템에 전달되는 것을 보여준다. 피스톤로드 어셈블리가 오른쪽으로 움직이면 전원은 압력 P_B와 부피 유량 Q_B의 곱인 포트 B를 통해 액추에이터 시스템에서 배출된다. 그림 6.3은 시스템 내에서 점성 전단 및 쿨롱 마찰의 결과로 대기에 열이 손실된다는 것을 보여준다. 선형 액추에이터의 유용한 출력은 액추에이터 힘 F와 피스톤-로드 속도 v의 곱으로서 그림 6.3에 나와 있다.

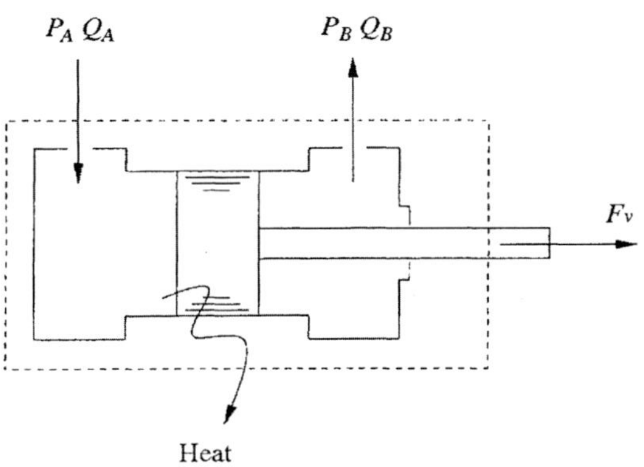

그림 6-3
선형 액추에이터의 전원 흐름도

$$\eta = \frac{Fv}{P_A Q_A}, \tag{6.1}$$

선형 액추에이터의 전체 효율은 유용한 출력 전력과 공급된 입력 전력의 비율로 정의된다. 그림 6.3에서 볼 수 있듯이, 공급된 입력 전력은 액추에이터에 전달되는 유압 전력이며, 유용한 출력 전력은 병진 피스톤 및 로드에 의해 전달되는 전력이다. 이 경우 전체 액추에이터 효율은

$$\eta = \eta_v \eta_f, \tag{6.2}$$

여기서 체적 효율은

$$\eta_v = \frac{A_A v}{Q_A}, \tag{6.3}$$

힘 효율은 다음과 같이 주어진다.

$$\eta_f = \frac{F}{P_A A_A}. \tag{6.4}$$

일반적으로 액추에이터의 체적 효율은 유체 압축 및 피스톤을 지나가는 누설로 인해 단일체보다 작다. 힘 효율은 쿨롱 마찰과 점성 전단에 의해 단일체보다 작을 것이다. 그림 6.3의 액추에이터가 역방향으로 작동하는 경우, 식 (6.3) 및 (6.4)의 아래 첨자 A는 액추에이터의 B면에 공급되는 입력 전력을 나타내기 위해 B로 변경되어야 한다. 또한, 이 방정식의 힘과 속도는 절대적인 의미로 고려되어야 한다.

선형 액추에이터의 체적 효율은 일반적으로 속도에 따라 증가하고 압력에 따라 감소하는 반면, 힘 효율은 속도에 따라 감소하고 압력에 따라 증가한다. 그림 6.4는 무 차원 그룹 $\mu v/(PL)$의 함수로서 액추에이터 효율의 개략도를 보여준다. 여기서 μ는 유체 점도, v는 액추에이터 속도, P는 액추에이터의 유체 압력 L은 액추에이터 스트로크의 길이다.

참고 : 이 회로도는 그림 5.8에 나와 있는 펌프 효율 설계도와 매우 유사하므로 식 (5.5) 및 (5.6)과 유사한 방정식을 사용하여 모델링할 수 있다.

6.3.3 액추에이터 기능

전술한 바와 같이, 선형 액추에이터의 기능은 유압 동력을 선형 기계력으로 변환하는 것이다. 움직이는 액추에이터 부품의 운동량 효과는 액추에이터에 의해 생성되는 힘에 비해 작기 때문에 액추에이터의 압력 과다 현상이 액추에이터 부하의 동역학보다 훨씬 빠르게 발생하기 때문에 액추에이터의 전력 변환은 이것은 시간에 따라 변하는 양의 대부분이 무시 될 수 있는 준 안정적 과정이다.

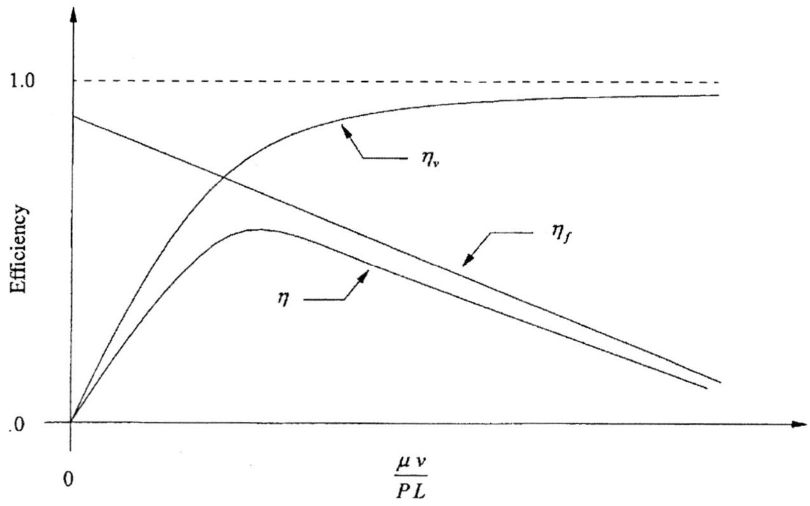

그림 6-4
일반적이 선형 엑추에이터 효율 곡선

그림 6.5는 단일로드 선형 액추에이터의 양의 출력 동작을 설명하기 위해 제공된다. 이 도면에서, 액추에이터의 변위 및 속도는 각각 기호 y 및 v로 도시된다. 이 그림에는 액추에이터에 적용된 하중이 기호 F로 표시되어 있고 측면 A와 B가 도면에 표시되어 있다. 그림 6.5에서 측면 A의 유체 압력은 P_A로 주어지며 측면 B의 유체 압력은 P_B로 표시된다. 측면 A의 압력 영역은 이 그림에서 기호 A_A로 표시되는 반면 측면 B의 압력 영역은 A_B로 표시된다.

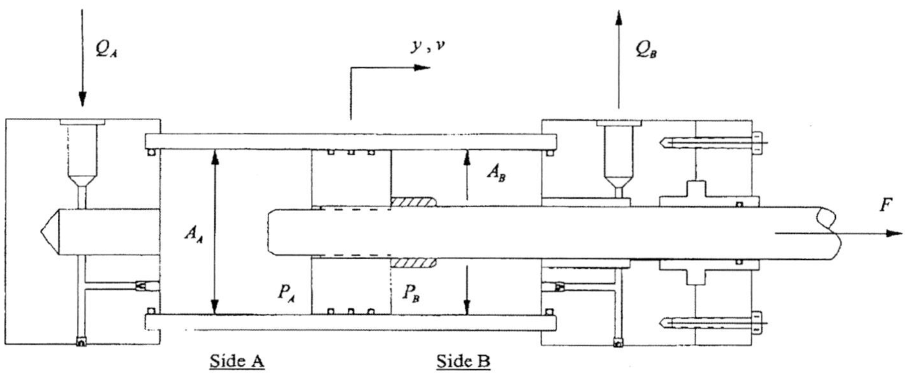

그림 6-5
선형 액추에이터의 작동

참고: A_A와 A_B는 액추에이터가 단일로드 설계이기 때문에 다른 것이다. 액추에이터가 동일한 크기의 로드를 사용하는 이중로드 설계인 경우 액추에이터 영역은 동일하다. 측면 A와 B로의 용적 유량은 그림 6.5에 기호 Q_A로 표시되고 측면 A는 이 그림에서 기호 A_A로 표시되는 반면 측면 B의 압력 영역은 A_B로 표시된다.

참고: A_A와 A_B는 액추에이터가 단일로드 설계이기 때문에 다른 것이다.

액추에이터가 이중로드 설계인 경우, 동일한 크기의 로드를 사용하면 액추에이터 영역이 동일해진다. 측면 A와 B로의 용적 유량은 그림 6.5에 각각 기호 Q_A와 Q_B로 표시된다. 이 유속은 액추에이터 Q_B에 대해 양의 변위 및 속도를 각각 생성하기 때문에 긍정적인 의미로 표시된다. 이 유속은 액추에이터의 양의 변위 및 속도를 생성하기 때문에 긍정적인 의미로 표시된다.

액추에이터의 운동량 효과가 무시된 그림 6.5의 준 안정 가정을 사용하면 액추에이터에 적용되는 힘은 다음과 같이 나타낼 수 있다.

$$F = -(A_A P_A - A_B P_B)\eta_f, \tag{6.5}$$

여기서 η_f는 액추에이터의 힘 효율이다.

참고: 이 방정식은 부호가 다르며 적용 하중에 대한 액추에이터 압력을 양수 또는 음수로 나타내는 데 사용할 수 있다. 유사하게, 그림 6.5에 나타난 액추에이터의 속도는 다음과 같이 계산될 수 있다.

$$v = \frac{Q_A}{A_A}\eta_v = \frac{Q_B}{A_B}\eta_v, \tag{6.6}$$

여기서 η_v는 액추에이터의 체적 효율이다. 이 방정식에도 부호 의존성이 있다. 그림 6.5의 흐름 화살표가 반대 방향을 가리킬 때 유속 항의 음수 부호를 적용해야 한다. 선형 액추에이터의 순간 변위 y를 결정하기 위해, 식 (6.6)의 적분은 시간에 대해 취해야 한다. 유압 제어 시스템을 설계할 때 선형 액추에이터 및 그 전원 공급 장치는 시스템의 출력 요구 사항을 생성하도록 설계되어야 한다.

일반적으로 이러한 출력 요구 사항은 힘과 힘의 관점에서 주어지며, 이는 액추에이터의 부하 용량과 이 부하가 적용되는 속도가 적용에 적합해야 함을 의미한다. 부하 요구 사항과 액추에이터 크기는 식 (6.5)를 사용하여 적절히 정합 될 수 있지만, 액추에이터 전원 공급 장치의 필요한 유량은 식 (6.6)을 사용하여 결정될 수 있다. 다음 연구 사례에서 이 점을 설명한다.

연구 사례

자동차 정비소에서 사용되는 차량 리프트를 작동시키기 위해 네 개의 유압 액추에이터가 사용된다.

각 액추에이터는 2000 lbf의 무게를 12 ft/min의 속도로 들어 올릴 수 있도록 설계되어야 한다. 각 액추에이터에 공급할 수 있는 최대 압력은 3000 psi이며, 힘의 효율성과 체적 효율성은 각각 0.95와 0.97로 주어진다. 액추에이터가 더블로드 설계인 경우, 각 액추에이터에 필요한 최소 가압 면적과 유압 전원 급원으로부터 필요한 관련 체적 유량을 지정하라. 이 응용에 의해 소비될 최대 출력은 얼마인가?

$$A = \frac{F}{(P_A - P_B)\eta_f} = \frac{2000\ \text{lbf}}{3000\ \text{psi} \times 0.95} = 0.70\ \text{in.}^2.$$

로드 직경이 실린더 직경의 75%라고 가정하면, 선형 액추에이터의 로드 및 실린더 직경은 각각 1.07 in 및 1.43 in로 표시된다. 식 (6.6)은 선형 액추에이터에 의해 요구되는 체적 유량이

$$Q = \frac{Av}{\eta_v} = \frac{0.70\ \text{in.}^2 \times 12\ \text{ft/min}}{0.97} = 0.45\ \text{gal/min}.$$

이 응용에 의해 요구되는 최대 수력은 다음과 같이 주어진다.

$$\Pi = 4 \times P_{\max} \times Q = 4 \times 3000\ \text{psi} \times 0.45\ \text{gal/min} = 3.1\ \text{hp},$$

여기서 4에 의한 곱셈은 이 시스템에 대한 4개의 액추에이터의 존재에 기인한다. **참고 :** 이것은 액추에이터에서 필요한 전력량이다. 제어 밸브를 사용하여 이 흐름을 유도하는 경우 전체 시스템의 실제 전원 공급원이 더 커야 가능하다.

6.3.4 요약

요약하면, 이 장에서는 선형 액추에이터의 성능 특성을 설명했다. 이 장에서 보여준 것처럼, 액추에이터의 성능은 응용 요구사항과 액추에이터 디자인의 효율 특성에 의존한다. 이 정보를 통해 액추에이터의 크기와 액추에이터에 공급되는 전원을 설계하거나 지정할 수 있다. 이 설계는 선형 운동량이 거의 없고 액추에이터 내부의 압력이 빠르게 변하기 때문에, 준정상 해석을 사용하여 설명된다. 이 정보는 다음 장에서 더 자세히 다루어질 것이다.

6.4. 회전형 액추에이터

6.4.1 개요

이 절에서는 회전 액추에이터의 성능 특성에 대해 논의할 것이다. 이러한 특성은 액추에이터의 효율성과 준정상 운전 및 기능을 고려할 것이다. 앞서 언급한 대로, 회전 액추에이터는 펌프 기술과 일반적으로 공통된 여러 구성으로 설계될 수 있다. 이러한 구성은 5장의 소개적인 설명에서 보여졌다. 다음 논의에서는 회전 액추에이터를 일반적으로 이러한 기계 중 하나로 고려하며, 발표된 내용은 모든 기계 유형에 동일하게 적용될 것이다. 여기서 제시된 정보를 사용하여 본 텍스트의 후속 장에서는 대형 유압 제어 시스템의 회전 액추에이션을 수행할 것이다.

6.4.2 효율

5장의 5.2절에서 유압 펌프의 효율에 대해 상세하게 논의했다. 회전형 액추에이터(유압 모터)의 효율 방정식은 유압 펌프의 효율 방정식과 유사하며 펌프 효율 측정에 대한 논의는 유압 모터의 효율 측정에도 적용된다. 이러한 유사성으로 인해, 유압 모터에 대한 매우 기본적인 효율 방정식만이 여기서 제시된다.
이 주제에 대한 더 자세한 설명은 5장의 5.2절을 참조하라.

그림 6.6은 일반적인 유압 모터의 내부 및 외부에서의 전원 공급을 개략적으로 보여준다. 이 회로도에서, 모터에 전원이 공급된다.
흡기 라인(P_iQ_i)에 공급되는 반면, 모터의 유용한 출력은 샤프트 동력($T\omega$)으로 도시된다. 배출 라인은 유압 회로로 다시 전력을 반환하는 반면 모터의 내부 누출은 전력 손실을 발생시킨다. 그림 6.6에 나타낸 모터는 흡입 압력이 토출 압력보다 높고 샤프트에 의해 전달되는 것과 달리 샤프트에 전달되는 점이 그림 5.7의 펌프와 다르다.
전체 모터 효율은 제공된 입력 전력으로 나눈 유용한 출력 전력으로 정의된다. 그림 6.6에서 나타난 전력 흐름을 기반으로 하면, 이 정의는 수학적으로 다음과 같이 표현될 수 있다.

$$\eta = \frac{T\omega}{P_iQ_i}, \tag{6.7}$$

여기서 T는 모터 축의 출력 토크, ω는 축의 각속도, P_i는 모터의 입력 압력, Q_i는 모터의 체적 유량이다.

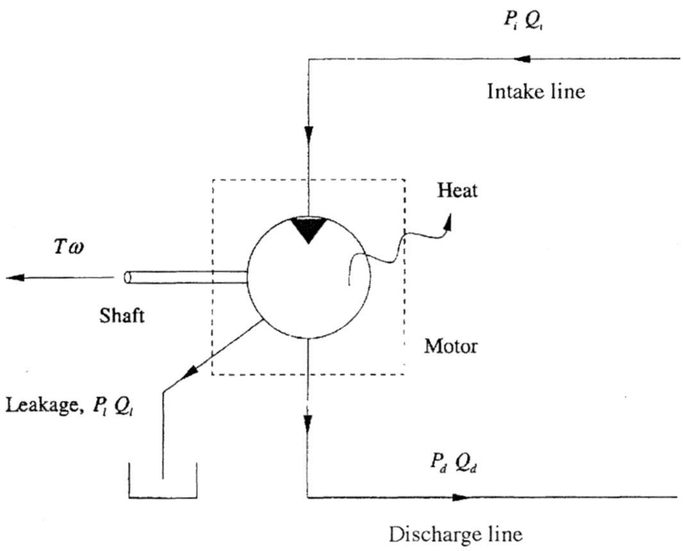

그림 6-6

회전형 액추에이터의 전원 흐름도

모터 V_d의 용적 변위를 사용하여 전체 효율을 체적 효율과 토크 효율이라는 두 가지 구성 요소로 분리 할 수 있다. 이 분리는

$$\eta = \eta_t \eta_v, \tag{6.8}$$

여기서 토크 효율은

$$\eta_t = \frac{T}{V_d P_i}, \tag{6.9}$$

체적 효율이

$$\eta_v = \frac{V_d \omega}{Q_i}. \tag{6.10}$$

식 (6.9) 및 (6.10)에서 체적 변위는 라디안 당 부피 단위로 주어진다. 1회 전당 체적 변위는 $VD = 2\pi V_d$로 주어진다. 식 (6.9)의 토크 효율은 마찰로 인해 손실되는 전력을 설명하는 데 유용하지만 체적 효율은 누출로 인한 전력 손실을 설명하는 데 사용된다.

참고 : 식 (5.3)과 식 (5.4)에 표시된 유압 펌프의 효율 방정식은 식 (6.9)와 (6.10)에 표시된 모터의 효율 방정식의 역수이다.

회전형 액추에이터의 효율 특성은 유압 펌프의 효율 특성과 유사하게 나타나며 그림 5.8의 일반적인 형태를 사용하여 그래픽으로 표시할 수 있다. 여기에서 효율은 무 차원 그룹 $\mu\omega/P$에 대해 플롯된다. 이 무 차원 그룹에서 μ는 유체 점도, ω는 출력축의 각속도이고, P는 회전형 액추에이터를 가로지르는 압력 강하이다. 이 무 차원 그룹은 펌프 효율 곡선과 공통이므로 로터리 액추에이터의 효율은 5장의 식 (5.5) 및 (5.6)을 사용하여 모델링할 수 있다. 그러나 참고는 순서대로이다.

기계가 작동 모드와 반대되는 펌핑 모드에서 작동할 때. 따라서 모터로 작동하는 기계의 효율 측정은 기계는 액추에이터로 작동하고 펌핑 효율은 동일한 기계에 대해 동등한 작동 효율로 사용되어서는 안 된다.

6.4.3 액추에이터 기능

선형 액추에이터와 마찬가지로 회전식 액추에이터 내의 회전 부품의 운동량은 이 부품에 의해 생성된 토크와 비교할 때 무시할 수 있다.

따라서 액추에이터 기능은 운동량 효과가 무시되는 준정적 가정을 사용하여 고려한다. 이러한 가정은 회전형 액추에이터 샤프트의 출력 토크가

$$T = -V_d(P_A - P_B)\eta_t, \tag{6.11}$$

여기서 V_d는 액추에이터의 용적 변위, $P_A - P_B$는 액추에이터를 통한 압력 강하, η_t는 기계의 토크 효율이다.

이 방정식은 부호에 의존하며 양 또는 음의 적용 하중에 대한 액추에이터 압력을 나타내는 데 사용할 수 있다.

마찬가지로 회전형 액추에이터의 각속도는 다음 방정식을 사용하여 계산할 수 있다.

$$\omega = \frac{Q}{V_d}\eta_v, \tag{6.12}$$

여기서 Q는 액추에이터로 들어가는 체적 유량이고, η_v는 액추에이터의 체적 효율이다.

회전형 액추에이터의 순간 변위를 결정하기 위해서는 식 (6.12)의 적분을 시간에 대해 수행해야 한다. 유압 제어 시스템을 설계할 때 회전형 액추에이터 및 그 전원 공급 장치는 시스템의 출력 요구 사항을 생성하도록 설계되어야 한다.

일반적으로 이러한 출력 요구 사항은 힘과 힘의 관점에서 주어지며, 이는 액추에이터의 부하 용량과 이 부하가 적용되는 속도가 적용에 적합해야 함을 의미한다. 부하 조건과 회전형 액추에이터의 크기는 식 (6.11)을 사용하여 적절히 정합될 수 있지만 액추에이터 전원 공급 장치의 요구 유량은 식 (6.12)를 사용하여 결정될 수 있다.

연구 사례

회전형 액추에이터는 반경 1 m의 풀리를 사용하여 45 kg의 가반 하중을 들어 올리는 공장용 호이스트를 작동시키는 데 사용된다. 페이로드의 속도는 1 m/s이고 액추에이터 작동에 사용 가능한 압력은 42 MPa이다. 체적 및 토크 효율이 모두 0.95인 경우 회전식 액추에이터의 필요한 체적 변위와 액추에이터에 공급되어야 하는 체적 유량을 계산하라.
이 시스템의 출력 목표를 달성하려면 액추에이터에 얼마만큼의 전력을 공급해야 하는가?

문제에서 주어진 정보를 토대로 회전형 액추에이터에 작용하는 부하 토크는 다음과 같이 계산할 수 있다. $T = 45\ \text{kg} \times 9.81\ \text{m/s}^2 \times 1\ \text{m} = 441.45\ \text{Nm}$. 식 (6.11)과 함께 이 계산을 사용하면 회전형 액추에이터의 필요한 용적 변위는

$$V_d = \frac{T}{(P_A - P_B)\eta_t} = \frac{441.45\ \text{N m}}{42\ \text{MPa} \times 0.95} = 11\ \text{cm}^3/\text{rad} = 69.5\ \text{cm}^3/\text{rev}.$$

페이로드가 1m/s의 속도로 움직여야 하기 때문에, 액추에이터의 각속도는 약 10 rpm과 같은 1 rad/s로 주어져야 한다는 것을 알 수 있다. 식 (6.12)을 사용하면, 액추에이터의 필요한 체적 유량은 다음과 같이 계산된다.

$$Q = \frac{V_d \omega}{\eta_v} = \frac{69.5\ \text{cm}^3/\text{rev} \times 10\ \text{rev/min}}{0.95} = 0.73\ \text{liters/min}.$$

액추에이터에 전달되어야 하는 동력의 양은 다음 식에 의해 주어진다.

$$\Pi = 42\ \text{MPa} \times 0.73\ \text{liters/min} = 512\ \text{W},$$

이는 약 7개의 전구를 작동시키는 것과 같다.

6.4.4 요약

요약하면, 이 장에서는 회전형 액추에이터의 성능을 설명하고 있다. 선형 액추에이터와 비슷하게, 회전형 액추에이터의 성능은 사용되는 분야의 요구조건과 액추에이터의 설계 효율성에 의존한다. 이러한 정보를 바탕으로, 회전형 액추에이터의 크기와 전원 공급은 액추에이터로의 유체 공급 시 운동량이 크게 기여하지 않고 압력 변화가 빠르게 반응하는 점을 고려하여 준안정적 분석을 통해 설계하거나 정한다. 회전형 액추에이터는 양쪽 방향으로 작동할 때 대칭성을 가진다는 점이 단일 로드 선형 액추에이터와 다르다, 이 점이 더블 로드 선형 액추에이터와 유사하다. 이 정보는 다음 장에서 더 많이 활용될 예정이다.

6.5. 결론

결론적으로 이 장에서는 선형 액추에이터와 회전형 액추에이터의 두 가지 유형의 유압 액추에이터의 성능 특성을 설명하고 모델링했다. 두 경우 모두, 각 장치의 작동 효율은 유용한 출력 전력을 공급된 입력 전력으로 나눈 것으로 설명했다.

이 분석에서는, 에너지가 소모되는 현상들을 크게 두 가지로 나누어 봤다. 하나는 유체가 새거나 압축되어 부피가 줄어드는 것으로 인한 손실이고, 다른 하나는 쿨롱 마찰이나 점성에 의해 물체를 움직이는데 필요한 힘이 줄어드는 것으로 인한 손실이다.

이러한 압축은 압축성 효과를 제외하고는 자연 대류 또는 강제 대류 방법을 사용하여 소산되어야 하는 열을 발생시키는 것으로 나타났다. 액추에이터의 효율 특성을 고려한 것 외에도, 액추에이터 유형에 대한 노력 및 속도의 성능 특성이 제시되었다. 이러한 특성은 액추에이터 크기 및 액추에이터에 공급되는 유압 전력을 기반으로 한다. 이 장에서는 필요한 액추에이터 크기와 전원 공급을 결정하기 위한 계산이 제시되었다. 이러한 설계 방법은 다음 장에서 더 광범위하게 사용된다.

6.6. 참고 문헌

[1] Yeaple, F. D. 1996. *Fluid Power Design Handbook,* 3d ed. Marcel Dekker, New York.

[2] Wolansky W. D., J. Nagohosian, and R. W. Henke. 1986. *Fundamentals of Fluid Power.* Waveland Press, Prospect Heights, IL.

[3] Kokernak R. P. 1999. *Fluid Power Technology,* 2d ed. Prentice-Hall, Upper Saddle River, NJ.

6.7. 과제

6.7.1 선형 액추에이터

6.1 단일로드 이중 작용 선형 액추에이터에 대한 실험실 측정이 수행되었다. 액추에이터의 입력

압력과 유량은 각각 3000 psi와 38 gal/mi로 표시된다. 출력 힘은 4000 lbf에서 측정되며 출력 속도는 100 in/s이다. 선형 액추에이터의 전체 효율을 계산하라.

6.2 문제 6.1에서 선형 액추에이터의 가압 면적이 1.43 in.^{2} 인 경우, 액추에이터의 체적 및 토크 효율은 얼마인가?

6.3 이중로드, 복동 선형 액추에이터는 하중에 4500 N을 가하는 데 사용된다. 이 하중을 생성할 때 액추에이터의 각 측면에서의 유체 압력은 각각 21과 7 MPa로 주어진다. 액추에이터의 힘 효율은 90%이다. 지정된 하중을 생성하기 위해 액추에이터의 필요한 가압 영역을 계산하라. 로드 직경이 피스톤 직경의 80% 이면이 액추에이터의 로드 및 피스톤 직경을 계산하라.

6.4 문제 6.3의 액추에이터의 용적 효율이 98%인 경우 선형 속도 1.5 m/s에서 액추에이터에 필요한 용적 유량은 얼마인가?

6.7.2 회전형 액추에이터

6.5 실험실 측정은 40 MPa 및 1800 rpm에서 작동하는 회전형 액추에이터에 대해 수행되었다. 출력 샤프트의 토크는 350 Nm이며, 입력 용적 유량은 112 리터/분이다. 작동기의 전체 효율을 계산하라.

6.6 문제 6.5의 회전형 액추에이터의 체적 변위가 60cm^3/rev라고 가정하면, 기계의 체적 및 토크 효율을 계산하라.

6.7 회전형 액추에이터는 3000 psi 압력 소스를 사용하여 3000 in. lbf의 토크를 발생시키는 데 사용된다. 액추에이터의 토크 효율은 92%이다. 액추에이터의 필요한 체적 변위를 계산하라.

6.8 문제 6.7의 액추에이터가 1800 rpm에서 작동하는 경우, 액추에이터의 체적 효율이 96%라고 가정할 때 액추에이터에 필요한 공급 유량을 계산하라.

PART 07

밸브 제어 유압 시스템

HYDRAULIC CONTROL SYSTEMS

7.1.
소개

이 장에서는 밸브 제어 유압 시스템의 분석, 설계 및 제어에 대해 살펴보겠다. 이 시스템은 유용한 출력을 생성하는 데 사용되는 액추에이터로 또는 액추에이터에서 사용 가능한 유압 동력을 유도하기 위해 제어 밸브를 사용한다. 밸브를 이용한 유압 시스템 제어가 펌프 제어 방식에 비해 특별한 장점을 제공한다는 것은 널리 알려져 있다. 이러한 장점은 다음과 같이 나타난다.

1. 밸브 제어 시스템의 응답 특성은 종종 액추에이터와 밸브 사이에 존재하는 다량의 압축성 유체를 제거함으로써 향상될 수 있다. 이는 가능한 한 액추에이터에 밸브를 위치시킴으로써 이루어진다.
2. 반응 특성이 주어진 적용에 결정적이지 않은 경우 밸브 제어 시스템을 배치하여 출력 액추에이터 근처에서 시스템의 부피를 줄일 수 있다. 이 이점은 유압 동력 공급 장치와 제어 밸브를 액추에이터에서 멀리 떨어뜨리고 유압 전송 라인을 사용하여 액추에이터를 밸브에 연결함으로써 얻을 수 있다. 이러한 배치는 일반적으로 제어 밸브가 운전실에 있고 유압 액추에이터가 붐, 스틱 및 버킷 위로 멀리 떨어져 있는 유압 굴삭기에서 볼 수 있다.
3. 밸브 제어식 액추에이터를 사용하는 또 다른 장점은 단일 유압 전원 공급 장치로 여러 개의 작동 시스템에 전원을 공급할 수 있다는 것이다. 즉, 다중 제어 밸브는 단일 유압 펌프에 의해 공급되는 동일한 압력 공급원을 이용할 수 있다. 이러한 배치는 여러 가지 기구가 하나의 고압 레일을 각 설비의 동력원으로 사용하여 가동되는 모바일 및 산업용 유압 시스템에 매우 일반적이다.

펌프 제어 시스템에 비해 이러한 장점이 있지만 밸브 제어 유압 시스템에는 몇 가지 단점이 있다. 이러한 단점은 다음과 같이 나타난다.

1. 밸브 제어 시스템은 일반적으로 펌프 제어 시스템보다 효율적이지 않다. 밸브 제어 시스템의 비효율은 (a) 대기 상태에서 일정 수준의 가용 압력을 유지하기 위해 지속적으로 작동하고 (b) 제어 밸브에서 요구되는 압력 강하가 시스템의 전반적인 효율을 감소시킨다.
2. 밸브 제어 시스템의 효율이 낮기 때문에 많은 열이 발생하게 된다. 이를 위해서 충분한 열교환기를 필요로 한다.
3. 마지막으로, 밸브 제어 시스템의 특성상 추가적인 하드웨어가 필요하다. 즉 시스템을 작동

시키기 위한 밸브 그 자체이다. 밸브의 복잡성과 사용하는 유압 전원 공급 장치에 따라, 추가 하드웨어는 시스템 비용을 늘릴 수 있다.

펌프 제어 시스템과는 달리 밸브 제어 유압 시스템을 사용하기로 결정할 때 이러한 모든 장단점을 서로 비교해야 한다.

다음의 논의에서, 밸브 제어 시스템은 전술 한 이점 중 하나 이상에 기초하여 선택되었다. 밸브 제어 유압 시스템의 주제는 선형 액추에이터(유압 피스톤 및 실린더)와 회전형 액추에이터(유압 모터)의 제어 사이에서 가장 쉽게 구분된다. 선형 액추에이터 시스템은 병진 운동을 사용하고 선형 힘 출력을 제공하는 장치를 구현하는 데 일반적으로 사용된다. 선형 액추에이터 시스템은 이중 및 단일 로드 액추에이터뿐만 아니라 4 포트 및 3 포트 밸브를 사용하여 설계 및 제작될 수 있습니다. 이러한 시스템의 적용 예는 산업용 로봇, 기구 시스템 (**예 :** 농기계)을 사용하는 이동 차량 및 우주 항공 산업을 위한 비행 표면 제어 장치를 포함한다. 회전 작동 시스템은 일반적으로 회전 샤프트를 구동하는 데 사용되며 회전식 토크 출력을 생성한다. 회전 구동 시스템을 위한 적용 예는 시멘트 믹서의 드럼 회전, 제조 환경에서의 가공 선반의 작동 또는 전함상의 총포탑의 회전 위치 제어를 포함한다. 이러한 응용 사례들은 유압 제어 시스템의 사용 범위가 얼마나 다양한지 보여준다. 유압 제어 시스템은 큰 힘을 필요로 하고, 큰 노력 대 관성 비율을 통해 강력한 동적 반응을 달성해야 하는 고출력 응용 분야에서 그 진가를 발휘한다.

다음 토론에서는 세 가지 밸브 제어 유압 시스템이 제시된다 : 4 포트 밸브 제어 선형 액추에이터, 3 포트 밸브 제어식 선형 액추에이터 및 4 포트 밸브 제어식 회전형 액추에이터가 있다.

각 유압 제어 시스템은 분석되어 출력 부하의 동적 거동을 제어하는 동작 방정식을 결정한다. 일단 지배 방정식이 수립되면, 수력 학적 설계 시스템은 지배 방정식의 정상 상태 형태를 사용하여 평가될 것이다.

마지막으로, 이 장의 각 절에서는 각 유압 시스템에 사용될 수 있는 다양한 제어 구조에 대해 설명한다.

이러한 제어 구조는 밸브 제어 시스템의 위치, 속도 및 힘 또는 토크 제어를 달성하기 위해 구현되는 전형적인 비례 - 적분 미분(PID) 제어기다.

7.2.
선형 액추에이터의 4 포트 밸브 제어

7.2.1 기술

이 장에서는 4 포트 밸브로 제어되는 단일 로드 선형 액추에이터를 소개한다. 이 시스템은 유압 제어 분야에서 기본적인 시스템으로 잘 알려진 이 액추에이터는 우리 연구의 기초를 마련해주는 사례이다. 그림 7.1에 나타난 바와 같이, 이 시스템은 표준 4 포트 밸브를 사용하여 액추에이터의 출력 특성을 제어한다. 이 그림에서 액추에이터는 단일 로드에 의해 무게가 가해진 하중과 연결된다. 이 하중은 외부에서 가해지며 F로 나타낸다. 하중의 질량, 스프링 상수, 그리고 점성 마찰 계수는 각각 m, c, k로 표시된다. 선형 액추에이터는 단일 로드로 구성되어 있으며, 이는 하중과 액추에이터 피스톤 양쪽에 연결된다. 단일로드 설계로 인해 피스톤 A_A 상단의 가압 영역은 피스톤 A_B 하단의 가압 영역보다 크다. 하지만, 뒤이어 진행되는 분석에서는 더블 로드 설계를 고려하여 이 두 면적을 같게 설정할 수 있다. 액추에이터 안팎으로 유압유가 흐르는 체적은 선형 액추에이터 왼쪽에 표시된 4 포트 제어 밸브로 제어된다. 이 밸브는 치수 u로 주어진 스풀에 언더 랩 된 치수를 갖는 대칭 개방 중심 설계로 구성되는 것으로 보여진다. 스풀 밸브(x)의 변위는 상 방향으로 플러스가 되도록 도시되어 있다. 밸브가 양의 x 방향으로 이동함에 따라 흐름은 액추에이터의 측면 A로 향하게 되며, 흐름은 측면 B에서 액추에이터를 나가기 위한 흐름이 필요하다.

이 2개의 체적 유량은 그림 7.1에 기호 Q_A와 Q_B로 각각 표시된다. 밸브 제어 시스템에 적절한 유압 동력원을 제공하기 위해 그림 7.1은 고정 변위 펌프는 4 포트 제어 밸브로 이어지는 공급 라인에 일정한 부피 유량을 제공한다.

이 펌프는 체적 변위 V_p에 따라 크기가 결정되고 외부 속도 전원(그림 7.1에 표시되지 않음)에 의해 각속도 ω로 구동된다. 펌프의 배출 라인의 압력은 원하는 공급 압력 P_s로 설정된 고압 릴리프 밸브를 사용하여 제어된다. 이 장의 소개에서 언급했듯이 이 대기 압력 소스는 다음과 같은 밸브 제어 시스템의 단점을 초래한다. 시스템이 아무런 유용한 작업을 하지 않을 때에도 전체 시스템에 지속적으로 에너지가 유출된다는 것을 의미한다.

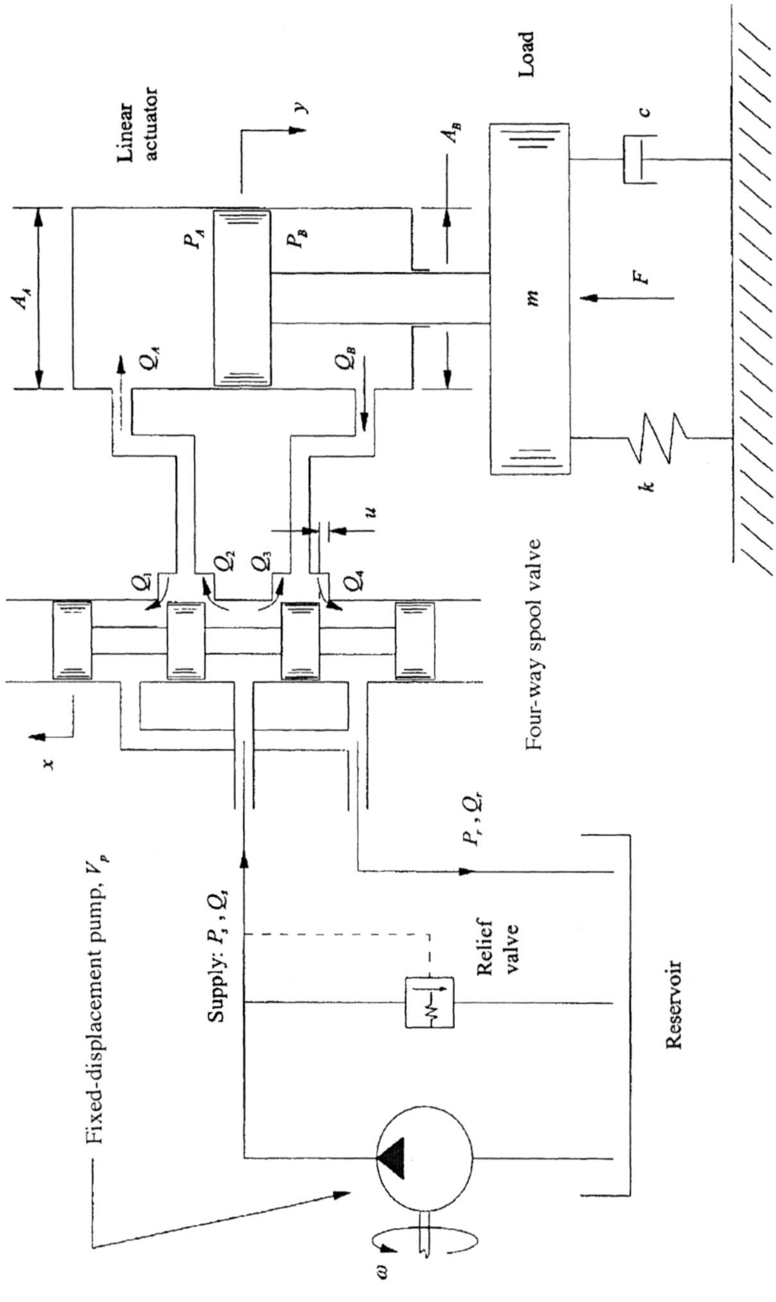

그림 7-1

포트 밸브 제어 액추에이터의 개략도

7.2.2 분석

부하 분석

그림 7.1에 나타난 시스템의 분석은 하중부터 시작한다. 시스템의 작업 목표를 정의하는 것이 바로 하중이기 때문에, 하중의 동력학적 특성이 관찰 가능한 결과물로 나타난다. 하중에 대한 운동 방정식을 유도할 때, 액추에이터 자체의 관성은 실제 액추에이터가 생성하는 힘에 비해 상대적으로 작아 무시하게 된다. 유압 시스템을 사용하는 주요 이점 중 하나가 바로 이 높은 힘 대 관성 비율에 있음을 독자분들은 기억할 것이다. 액추에이터와 하중의 점성에 의한 마찰 효과를 그림 7.1에 표시된 대시포트로 집약시킴으로써, 하중의 운동 방정식을 다음과 같이 표현할 수 있다.

$$m\ddot{y} + c\dot{y} + ky = \eta_{a_f}(A_A P_A - A_B P_B) - F - F_o, \tag{7.1}$$

여기서 P_A와 P_B는 각각 액추에이터의 A와 B면의 유체 압력이고 η_{a_f}는 액추에이터의 힘 효율이며 F_o는 y가 0일 때 액추에이터에 적용되는 정격 스프링 또는 바이어스 하중이다. 시스템의 공칭 정상 상태 작동 조건에서 다음과 같은 설계 조건이 적용된다.

$$y = 0, \qquad P_A = P_B = P_s/2, \qquad \text{and} \qquad F = 0. \tag{7.2}$$

이러한 조건 하에서, 식 (7.1)의 안정된 형태로부터 하중에 의해 액추에이터에 가해지는 공칭 힘은 다음과 같이 나타낼 수 있다.

$$F_o = \eta_{a_f}(A_A - A_B)P_s/2. \tag{7.3}$$

이 결과를 다시 식 (7.1)에 대입하면 부하의 출력 역학을 설명하는 다음 방정식이 생성된다.

$$m\ddot{y} + c\dot{y} + ky = \eta_{a_f}[A_A(P_A - P_s/2) - A_B(P_B - P_s/2)] - F. \tag{7.4}$$

이 결과로부터 액추에이터 압력 P_A와 P_B가 하중의 위치를 조정하는 데 필요한 입력임을 알 수 있다. 이러한 압력은 액추에이터 자체의 유동 및 부피 변화에 기인하며 다음 단락에서 논의된다.

압력 분석

액추에이터의 A면과 B면의 유체 압력을 분석하기 위해 유체 압축성으로 인해 발생하는 압력 과다 현상은 무시할 수 있다고 가정한다. 이 가정은 밸브와 액추에이터 사이의 전송 라인이 매우 짧은 시스템 설계에 특히 유효하다. 즉, 작은 양의 유체가 액추에이터의 양측에 존재한다. 압력 과다 효과의 누락은 부하 역학이 압력 역학 자체보다 훨씬 느린 시스템에서도 유효하다. 하중 역학은 일반적으로 초 범위에서 발생하고 압력 역학은 일반적으로 밀리 초 범위에서 발생하기 때문에, 일반적으로 전체 시스템의 시간 변화를 위해 압력의 시간 변화를 무시하는 것이 안전하다. 밸브와 액추에이터 사이의 긴 전송 라인이 사용되거나 유체 내에 포획된 공기가 많아서 유체의 부피 탄성률이 감소하는 설계 및 운영 조건에서는 액추에이터 양쪽의 압력 상태를 일시적으로 분석할 필요가 있을 수 있다. 또한, 액추에이터 역학이 매우 빠른 경우에도 해당될 수 있다. 현재로서는 이러한 경우가 아니라고 가정하고 더 일반적인 시스템 조건이 문제를 설명한다고 가정한다. 이러한 가정을 바탕으로 6장의 체적 효율성 결과를 사용하여 그림 7.1에 표시된 액추에이터로의 유체 유량을 설명할 수 있다. 이러한 결과는 다음과 같다.

$$Q_A = \frac{A_A}{\eta_{a_v}}\dot{y} \quad \text{and} \quad Q_B = \frac{A_B}{\eta_{a_v}}\dot{y}, \tag{7.5}$$

Q_A와 Q_B는 각각 액추에이터 내부 및 외부의 부피율이며, η_{a_v}는 액추에이터의 체적 효율이다. **주:** 이 결과에서 $A_A \approx A_B$는 다음 분석에 유용함을 증명하는 단순화라고 가정한다. 그림 7.1의 4 포트 스풀 밸브에 표시된 속도에서 볼 때,

$$Q_A = Q_2 - Q_1 \quad \text{and} \quad Q_B = Q_4 - Q_3. \tag{7.6}$$

4장의 밸브 분석에서 4 포트 스풀 밸브의 계량 대를 지나가는 유체에 대한 선형화 된 유량 방정식은 다음과 같다.

$$\begin{aligned} Q_1 &= \mathrm{K}_c P_s/2 - \mathrm{K}_q x + \mathrm{K}_c(P_A - P_r), \\ Q_2 &= \mathrm{K}_c P_s/2 + \mathrm{K}_q x + \mathrm{K}_c(P_s - P_A), \\ Q_3 &= \mathrm{K}_c P_s/2 - \mathrm{K}_q x + \mathrm{K}_c(P_s - P_B), \\ Q_4 &= \mathrm{K}_c P_s/2 + \mathrm{K}_q x + \mathrm{K}_c(P_B - P_r), \end{aligned} \tag{7.7}$$

여기서 $\mathrm{K}_c P_s$는 시스템의 정상 작동 조건에서 각 미터링 랜드를 통과하는 정격 속도이며, K_q 및 K_c는 각각 밸브의 게인 및 압력 계수이다. 이 밸브 계수들이 각 미터링 랜드마다 같은 크기를 갖는다는 사실을 기억하는 것이 중요하다. 그 이유는 각 미터링 랜드에서 발생하는 압력 강하가 공급 압력의 절반, 즉 P_s로 설정되어 있기 때문이다. 밸브 흐름 방정식의 선형화를 위해 또 다른 압력 강하를 가정하면 식 (7.7)의 각 유량 식에 대해 밸브 계수가 달라지며 뒤 따르는 분석은 훨씬 더 복잡해진다. 이러한 유량 계수에 대한보다 자세한 설명은 4장을 참조하라. 식 (7.7)을 식 (7.6)으로 대체함으로써, 액추에이터 내부 및 외부의 체적 유량은 다음과 같이 표현된다.

$$\begin{aligned} Q_A &= 2\mathrm{K}_q x - 2\mathrm{K}_c(P_A - P_s/2), \\ Q_B &= 2\mathrm{K}_q x + 2\mathrm{K}_c(P_B - P_s/2), \end{aligned} \tag{7.8}$$

여기서 귀환 압력 $P_r = 0$입니다. 이 결과를 식 (7.5)와 함께 사용하면 선형 액추에이터의 양 측면에서 작동 압력에 대한 다음 방정식을 작성할 수 있다.

$$
\begin{aligned}
P_A - P_s/2 &= \mathrm{K}_p x - \frac{A_A}{2\mathrm{K}_c \eta_{a_v}} \dot{y}, \\
P_B - P_s/2 &= -\mathrm{K}_p x + \frac{A_B}{2\mathrm{K}_c \eta_{a_v}} \dot{y},
\end{aligned}
\tag{7.9}
$$

여기서 $\mathrm{K_p}$는 압력 게인 계수 K_q/K_c에 대한 유량 게인의 비율로 주어지는 밸브의 압력 감도이다. 식 (7.9)로 부터 선형 액추에이터의 측면 A에서의 유체 압력은 스풀 밸브를 양의 x 방향으로 움직여 증가하고 액추에이터의 측면 B에서의 유체 압력은 동일한 스풀 밸브에 의해 감소함을 알 수 있다.

다음 단락의 요약에서 볼 수 있듯이, 스풀 밸브의 운동에 의한 유체 압력의 조정은 그림 7.1에 나와 있는 하중의 출력 운동을 조정하는 메커니즘이다.

참고 : 식 (7.9)는 선형 유체 압력에 대한 속도 의존성도 고려해야 한다. 이후에 보여 지듯이, 이 특징은 시스템에 바람직한 감쇠 특성을 가져온다.

▎분석 요약

그림 7.1에 나와 있는 선형 작동 시스템의 분석을 요약하면 식 (7.9)를 식 (7.4)로 대체하여 시스템에 대한 다음 운동 방정식을 생성한다.

$$
m\ddot{y} + \left(c + \frac{A_A^2 + A_B^2}{2\mathrm{K}_c}\right)\dot{y} + ky = \eta_{a_f}(A_A + A_B)\mathrm{K}_p x - F. \tag{7.10}
$$

이 결과에서 $\eta_{a_f}/\eta_{a_v} \approx 1$로 가정되었다. 식 (7.10)에서 선형 액추에이터와 4 포트 스풀 밸브의 기계 설계가 유압 제어 시스템의 전반적인 동력에 결정적인 영향을 미치는 것을 볼 수 있다. 특히 식 (7.10)을 보면 이러한 설계 변수가 시스템의 효과적인 감쇠를 형성하고 스풀 밸브의 입력 운동과 하중의 출력 운동 사이에 적절한 게인 관계를 제공하는 데 도움이 된다는 것을 알 수 있다. 이 장의 다음 하위 절은 정상 상태의 관점에서 시스템의 만족스러운 결과를 얻기 위해 지정해야 하는 기계 설계 매개 변수를 고려하는 데 사용된다.

7.2.3 설계

액추에이터 설계

그림 7.1에 표시된 유압 제어 시스템의 기계 설계를 고려할 때 예상되는 부하 요구 사항에 따라 선형 액추에이터의 크기를 조정하는 것이 가장 좋다. 일반적으로 주어진 적용에 대해 작동 하중력이 알려져 있으며 지정된 작동 압력에 대해 이 하중을 발생시키기 위해 액추에이터 내에서 필요한 가압 영역을 결정하는 데 사용할 수 있다. 오른손을 고려하면 식 (7.4)의 측면에서, 단일로드 액추에이터에 의해 생성 된 정상 작동 힘은 다음과 같이 주어진다.

$$F = \eta_{af}[A_A(P_A - P_s/2) - A_B(P_B - P_s/2)], \tag{7.11}$$

여기서 A_A와 A_B는 액추에이터의 측면 A와 B에서 설계된 가압 영역이며, η_{af}는 액추에이터의 힘 효율이며 P_A와 P_B는 액추에이터의 각 측면에서의 유체 압력이다.
응용 분야에서 지정된 작동 힘에는 시스템에 과도한 힘의 여유를 제공하기 위해 전체 공급 압력보다 낮은 유체 압력을 선형 액추에이터에서 사용하는 것이 일반적이다. 작동 힘 조건에서의 전형적인 설계 사양은 다음과 같다.

$$F = F_w, \qquad P_A = \tfrac{3}{4}P_s, \qquad \text{and} \qquad P_B = \tfrac{1}{4}P_s, \tag{7.12}$$

여기서 F_w는 유압 제어 시스템의 작동 힘이며, P_s는 유압 제어 밸브의 공급 압력이다. 이 조건을 식 (7.11)에 대입하면 그림 7.1에 나와 있는 선형 액추에이터의 가압 영역 크기를 결정하는 다음과 같은 방정식이 생성된다.

$$A_A + A_B = 4\frac{F_w}{\eta_{af}P_s}. \tag{7.13}$$

식 (7.3)으로부터

$$A_A - A_B = 2\frac{F_o}{\eta_{af}P_s}, \tag{7.14}$$

여기서 F_o는 $y=0$ 인 경우의 공칭 바이어스 힘이며 $P_A = P_B = P_2/2$입니다. 식 (7.13) 및 (7.14)에 대한 동시 해결 방안을 사용하여

$$A_A = \frac{2F_w + F_o}{\eta_{af}P_s} \qquad \text{and} \qquad A_B = \frac{2F_w - F_o}{\eta_{af}P_s}. \tag{7.15}$$

분명히, 이중로드 선형 액추에이터가 설계에 사용되면

$$A_A = A_B = \frac{2F_w}{\eta_{a_f} P_s}. \tag{7.16}$$

이러한 결과는 주어진 공급 압력에 대해 충분한 작동 힘을 제공하는 선형 액추에이터를 설계하거나 선택하는 데 사용될 수 있다. 선형 액추에이터를 설계할 때 다른 설계 고려 사항도 고려해야 한다. 예를 들어 액추에이터의 스트로크 또는 피스톤 이동 거리가 적용에 충분해야 한다. 내부 기계 및 외부 누설을 최소화하기 위해 사용해야 하는 밀봉 메커니즘과 액추에이터 내부에 존재할 수 있는 허용 압력 용기 응력에 대한 다른 기계 설계 측면도 고려해야 한다.
불행하게도, 이 기계 설계 주제는 이 텍스트의 범위를 벗어나며, 독자는 이 주제에 대한보다 자세한 설명을 제공할 수 있는 다른 텍스트를 참고해야 한다 [1, 2].

밸브 설계

액추에이터가 제어 응용 분야에 필요한 작업 힘을 생성하도록 설계되면 다음 단계는 선형 액추에이터에 충분한 유량 및 압력 특성을 제공하는 제어 밸브를 설계하는 것이다. 이러한 특성은 밸브에 적절한 유량 게인 K_q 및 압력 흐름 계수 K_c를 지정하여 설계된다. 독자는 압력 감도 K_p가 단순히 이 두 양의 비율임을 상기하게 된다. 식 (7.9)의 첫 번째 방정식은 설계에 필요한 밸브 계수를 지정하는 데 유용하다. 이 방정식은 유동 게인 및 압력 - 유동 계수의 관점에서 주어진다.

$$K_c(P_A - P_s/2) = K_q x - \frac{A_A}{2\eta_{a_v}}\dot{y}, \tag{7.17}$$

여기서 $\dot{y}$는 하중의 속도이다. 적절한 밸브 계수를 지정하기 위해 일반적으로 2가지 작동 조건, 즉 (1) 정상 작동 상태 및 (2) 액추에이터의 안정된 무부하 속도가 고려되어야 한다.
이 두 조건 모두에 대해 오픈 센터 밸브의 변위는 일반적으로 그림 7.1에 표시된 언더랩 밸브 치수 u의 4분의 1이다.
이 값은 밸브 유량 방정식이 선형화된 Null 위치 근처에서 밸브가 계속 작동하고 시스템 설계에 과도한 마진을 제공하기 때문에 이 크기의 특정 작동 밸브 변위가 유용하다.
유압 제어 시스템의 정상 작동 조건에 대해 다음 파라미터를 사용함으로써

$$x = \tfrac{1}{4}u,\ P_A = \tfrac{3}{4}P_s, \quad \text{and} \quad \dot{y} = 0, \tag{7.18}$$

식 (7.17)은 설계의 작업 사양을 만족시키는 다음 방정식을 작성하는 데 사용될 수 있다.

$$K_c P_s = K_q u. \tag{7.19}$$

유사하게, 유압 제어 시스템의 무부하 속도 조건을 식별하기 위해 다음 파라미터를 사용함으로써

$$x = \tfrac{1}{4}u, \qquad P_A = \tfrac{1}{2}P_s, \qquad \text{and} \qquad \dot{y} = v_o, \tag{7.20}$$

v_o는 하중 외란력 F가 0일 때 지정되는 무부하 속도이며 식 (7.17)은 설계의 무부하 속도 요구 사항을 만족시키는 다음 식을 쓰는 데 사용될 수 있다.

$$0 = \mathrm{K}_q u - \frac{2A_A}{\eta_{a_v}} v_o. \tag{7.21}$$

식 (7.19) 및 식 (7.21)의 동시 솔루션은 각각 밸브 유량 게인, 압력 유량 계수 및 압력 감도에 대한 다음 사양을 산출한다.

$$\mathrm{K}_q = \frac{2A_A v_o}{u\eta_{a_v}}, \qquad \mathrm{K}_c = \frac{2A_A v_o}{P_s \eta_{a_v}}, \qquad \text{and} \qquad \mathrm{K}_p = \frac{\mathrm{K}_q}{\mathrm{K}_c} = \frac{P_s}{u}. \tag{7.22}$$

4장에서 밸브 계수는 밸브를 설계하는 데 사용되는 유로의 모양에 크게 의존하는 것으로 나타났다. 직사각형 유로가 설계에 사용되면, 유량 게인 및 압력 - 유량 계수는 다음 식으로 나타낼 수 있다.

$$\mathrm{K}_q = hC_d\sqrt{\frac{P_s}{\rho}} \qquad \text{and} \qquad \mathrm{K}_c = \frac{uhC_d}{\sqrt{\rho P_s}}, \tag{7.23}$$

여기서 h는 직사각형 유로의 높이, C_d는 유로의 배출 계수, ρ는 유체 밀도이다. 식 (7.23)의 밸브 계수를 식 (7.22)에 주어진 것과 동일시함으로써, 밸브의 정격 개방 면적은 다음과 같이 주어진다.

$$uh = \frac{2A_A v_o}{C_d\sqrt{P_s/\rho}\,\eta_{a_v}}. \tag{7.24}$$

오픈 센터 밸브의 언더랩 치수가 유로의 높이의 4 분의 1이라고 가정하면 밸브의 다음과 같은 설계 특성이 나타난다.

$$u = \sqrt{\frac{A_A v_o}{2C_d\sqrt{P_s/\rho}\,\eta_{a_v}}} \qquad \text{and} \qquad h = 4u. \tag{7.25}$$

결과로부터, 액추에이터 영역 A_A 및 무부하 속도 요구량 v_o가 커질수록 밸브 크기도 그에 따라 증가해야 한다는 것을 알 수 있다.

따라서 밸브는 유압 제어 시스템의 전반적인 설계 목표를 충족시키기 위해 부하 요구 사항과 일치해야 한다.

우리가 밸브 디자인을 고려할 때 지금까지는 액추에이터가 제대로 작동하기 위해 필요한 표준 유량 계수와 적당한 크기의 유체 통로에만 초점을 맞췄다. 밸브의 실제 구조와 밸브를 작동시키는 방법에 대한 논의는 여기에 포함되지 않았다. 이러한 설계 요소들을 더 깊게 알아보고 싶다면, 4장에 있는 보다 상세한 밸브 분석을 참고하면 된다.

펌프 설계

선형 액추에이터와 제어 밸브가 설계되었으므로 유압 제어 시스템에 전원을 공급하는 데 사용할 유압 펌프를 지정해야 한다.

그림 7.1에서 볼 수 있듯이 이 펌프는 펌프 축 ω의 각도 입력 속도에 비례하는 체적 유량을 생성하는 고정 용량 펌프이다.

펌프 자체 내에는 펌프 체적 효율 η_{pv}을 감소시키는 결과가 있다. 그림 7.1에 표시된 릴리프 밸브가 닫혀 있다고 가정하면, 4 포트 제어 밸브는

$$Q_s = \eta_{p_v} V_p \omega, \tag{7.26}$$

여기서 V_p는 회전 단위당 펌프의 체적 변위이고, η_{pv}는 펌프의 체적 효율이다. 그림 7.1에서 공급 흐름은 4 포트 스풀 밸브의 계량 대 2와 3을 교차하는 용적 유량의 합과 같아야 한다는 것을 알 수 있다.

식 (7.7)을 사용하면, 이 공급 흐름은 다음과 같이 주어진다.

$$Q_s = Q_2 + Q_3 = 3\mathrm{K}_c P_s - \mathrm{K}_c(P_A + P_B). \tag{7.27}$$

식 (7.9)로 부터 다음과 같은 것을 알 수 있다.

$$P_A + P_B = P_s - \frac{(A_A - A_B)}{2\mathrm{K}_c \eta_{a_v}} \dot{y}. \tag{7.28}$$

식 (7.28)을 식 (7.27)에 대입하면 밸브에 제공된 용적 유량에 대해 다음 결과를 작성할 수 있다.

$$Q_s = 2\mathrm{K}_c P_s + \frac{(A_A - A_B)}{2\eta_{a_v}} \dot{y}. \tag{7.29}$$

마지막으로 식 (7.29)를 식 (7.26)으로 대체하면 공급 펌프의 필요한 용적 변위가 다음과 같이 나타낼 수 있다.

$$V_p = \frac{2K_c P_s}{\eta_{p_v}\omega} + \frac{(A_A - A_B)v_o}{2\eta_{p_v}\eta_{a_v}\omega}, \tag{7.30}$$

여기서 $\dot{y}$는 시스템 v_o에 대한 무부하 속도 요건으로 대체된다.

이 논의는 유압 제어 시스템의 펌프 크기 결정에 초점을 맞춘 것이다. 그림 7.1에 나타난 시스템 요구 사항에 따라 적절한 펌프 크기가 결정되었지만, 그 구체적인 구성은 언급되지 않았다. 실제로 사용되는 펌프는 기어 펌프일 수도 있고, 축 방향 피스톤 펌프일 수도 있으며, 식 (7.30)에 나와 있는 체적 변위 요구 사항을 만족하는 다양한 종류의 펌프일 수 있다.

보통 펌프의 종류는 필요한 공급 압력에 따라 선택되며, 이는 시스템과 펌프의 원하는 작동 효율성에 영향을 준다. 5장에서 언급한 바와 같이, 축 방향 피스톤 펌프는 높은 압력에서 운영될 때 더 높은 효율을 제공하는 경향이 있지만, 동시에 제어 시스템의 초기 설치 비용을 증가시킬 수도 있다. 따라서, 제어 시스템 설계에 적합한 펌프 유형을 선택할 때 이러한 여러 측면을 모두 고려해야 한다.

입력 전원 설계

그림 7.1에 표시된 유압 제어 시스템을 작동하는 데 필요한 입력 전력은 표준 전력 방정식

$$\Pi = \frac{V_p \omega P_s}{\eta_p}, \tag{7.31}$$

여기서 η_p는 용적 및 토크 효율 값의 곱으로 주어지는 펌프의 전체 효율이다. $\eta_p = \eta_{pl}\ \eta_{pv}$분명히 비효율적인 펌프를 사용하면 이 시스템의 입력 전력 요구량이 증가한다. 이 입력 전력 요구 사항은 체적 효율이 요구되는 펌프 변위 V_p를 증가시키는 경향이 있으므로 펌프의 체적 효율에 특히 민감하다. 식 (7.31)의 다른 매개 변수는 다음과 같이 유압 제어 시스템의 특정 기능 요구 사항에 따라 결정된다.

연구 사례

그림 7.1과 같은 시스템의 설계 방법을 설명하기 위해 다음과 같은 사례 연구를 고려할 것이다. 쓰레기 트럭에는 4 포트 밸브 제어 이중로드 선형 액추에이터로 구동되는 쓰레기 압축기가 장착되어 있다. 즉 $A_A = A_B$쓰레기 압축기는 10 kN과 동일한 압축력을 생성할 것으로 예상된다. 액추에이터의 무부하 속도는 150 mm/s로 지정되며 액추에이터의 스트로크는 ±300 mm이다. 선형 액추에이터의 힘 및 체적 효율은 각각 92% 및 96%이다. 제어 시스템에 유체 동력을 공급하는 유압 펌프는 일대일 속도 비율을 사용하여 쓰레기 트럭의 주 엔진에 연결된다. 쓰레기 다짐 작업 중에 트럭 엔진은 2000 rpm에서 작동한다. 공급 라인 릴리프 밸브의 압력 설정은 20 MPa이고 공

급 펌프의 토크 및 부피 효율은 각각 96% 및 92%이다.
이 제어 시스템의 액추에이터 크기, 밸브 계수 및 펌프의 용적 변위를 지정해야 한다. 또한 제어 시스템을 작동하기 위해 쓰레기 트럭 엔진에 필요한 동력과 토크의 양을 확인하라.
이 설계 문제에 대한 해결책은 쓰레기 압축 시스템의 작업 부하 요구 사항을 충족시키는 액추에이터 크기를 지정하는 것에서 시작된다.
이중로드 액추에이터의 경우, 식 (7.16)을 사용하여

$$A_A = A_B = \frac{2F_w}{\eta_{a_f} P_s} = \frac{2 \times 10 \text{ kN}}{0.92 \times 20 \text{ MPa}} = 1.087 \times 10^{-3}\text{m}^2.$$

로드 직경이 피스톤 직경의 4분의 3이라고 가정하면 로드 직경은 42.18 mm이고 피스톤 직경은 56.24 mm이다. 액추에이터의 스트로크는 문제 설명에 ±300 mm로 표시된다. 액추에이터가 설계되었으므로 그림 7.1에 표시된 십자형 제어 밸브의 밸브 계수를 지정하는 쪽으로 이동한다. 이 계수는 밸브의 포팅 형상에 따라 다르다.
직사각형 포트의 경우, 밑변 치수 u와 포트 높이 h는 식 (7.25)에 나와 있다.
만약 우리가 배출 계수 밸브가 $C_d = 0.62$로 주어지며 유체 밀도가 $\rho = 850 \text{ kg/m}^3$으로 주어지면, $u = 0.94$ mm 및 $h = 3.78$ mm인 직사각형 유동 통로의 포팅 치수를 계산하기 위해 식 (7.25)를 사용할 수 있다. 이 결과는 계산된 액추에이터 영역 $A_A = 1.087 \times 10^{-3}\text{m}^2$ 와 문제 $v_o = 0.15$ m/s 에 명시된 무부하 속도 요구 사항을 기반으로 한다. 식 (7.22)와 함께 이 결과를 사용하면 밸브 계수는

$$K_q = \frac{2A_A v_o}{u\eta_{a_v}} = \frac{2 \times 1.087 \times 10^{-3} \text{ m}^2 \times 0.15 \text{ m/s}}{0.94 \text{ mm} \times 0.96} = 0.359 \text{ m}^2/\text{s}$$

$$K_c = \frac{2A_A v_o}{P_s \eta_{a_v}} = \frac{2 \times 1.087 \times 10^{-3} \text{ m}^2 \times 0.15 \text{ m/s}}{20 \text{ MPa} \times 0.96}$$

$$= 1.70 \times 10^{-11} \text{ m}^3/\text{Pa s}$$

$$K_p = \frac{K_q}{K_c} = \frac{P_s}{u} = \frac{20 \text{ MPa}}{0.94 \text{ mm}} = 2.12 \times 10^{10} \text{ Pa/m}.$$

이 방정식은 스풀 밸브의 필요한 특성을 나타낸다. 밸브의 작동 메커니즘에 관해서는 아직 아무것도 말하지 않았다. 그러나 쓰레기 트럭 응용 분야의 경우 수동 레버를 사용하여 밸브를 움직일 수 있다.
액추에이터와 밸브가 설계되었으므로 공급 펌프의 체적 변위를 지정해야 한다. 이 명세는 식 (7.30)에 의해 정의된다.
이 결과를 사용하여 펌프의 지정된 용적 변위를 다음과 같이 계산할 수 있다.

$$V_p = \frac{2K_c P_s}{\eta_{p_v}\omega} = \frac{2 \times 1.70 \times 10^{-11} \text{m}^3/(\text{Pa s}) \times 20 \text{ MPa}}{0.92 \times 2000 \text{ rpm}} = 22 \text{ cm}^3/\text{rev}.$$

참고 : 이 결과에서 이중로드 액추에이터 설계로 인해 무부하 속도 항이 사라진다.
마지막으로, 청소 차량의 엔진에서 요구되는 동력량을 평가해야 한다. 이 힘은 식 (7.31)에 의해 결정되며 다음과 같이 계산된다.

$$\Pi = \frac{V_p \omega P_s}{\eta_p} = \frac{22 \text{ cm}^3/\text{rev} \times 2000 \text{ rpm} \times 20 \text{ MPa}}{0.96 \times 0.92} = 16.72 \text{ kW}.$$

독자는 전체 효율 η_p가 문제 정의에 명시된 토크 및 체적 효율의 곱이라는 것을 상기한다. 펌프에 대한 입력 토크가 입력 파워를 샤프트 속도로 나눈 값과 같다고 인식하면 입력 토크 요구 사항은 다음과 같이 계산된다.

$$T = \frac{\Pi}{\omega} = \frac{16.72 \text{ kW}}{2000 \text{ rpm}} = 79.8 \text{ N m}.$$

이 응용 프로그램의 경우 쓰레기 수거통 엔진은 2000 rpm의 지정된 회전 속도에서 이 양의 토크를 생성할 수 있어야 한다.

디자인 요약

이 하위 절에서는 그림 7.1에 표시된 4 포트 밸브 제어 단일로드 선형 액추에이터의 정상 상태 설계 특성을 고려했다.
이전에 언급했듯이 이 시스템은 유압 제어 산업 전반에서 사용되는 경우 매우 일반적이다. 다양한 용도로 이 시스템의 부하 또는 부하력 자체의 역학적 성질을 제어하는데 사용될 수 있다. 다음 하위 절에서 이러한 다양한 응용 프로그램에 대한 표준 제어 설계를 고려한다.

7.2.4 제어

위치 조정

이전에 언급했듯이 그림 7.1에 표시된 4 포트 밸브 제어 선형 액추에이터는 여러 가지 제어 목표를 달성하는 데 전통적으로 사용된다.
이 제어 시스템의 더 보편적인 목적 중 하나는 액추에이터의 궤도 범위 내에서 미리 정해진 위치에 부하를 정확하게 위치시키는 것이다.
일반적으로 이 제어 기능은 액추에이터의 천천히 움직이는 조건 하에서 수행하는 것이 요구된다.

이때, 이 제어 문제에 대한 시스템 설명은 고속 작동 중에 중요한 과도 기여를 무시할 수 있다. 이 경우, 식 (7.10)은 관성 및 점성 감쇠의 과도 조건을 무시하여 제어 시스템을 설명하는 데 사용될 수 있다. 이 결과는 다음과 같이 주어진다.

$$ky = \eta_{af}(A_A + A_B)\mathrm{K}_p x - F, \tag{7.32}$$

여기서 K_p는 제어 밸브의 압력 감도, η_{af}는 액추에이터의 힘 효율이며, 식 (7.32)의 다른 매개 변수는 그림 7.1과 같다.

표준 비례 적분 (PI) 제어기를 사용하면 4 포트 스풀 밸브의 변위에 대한 제어 법칙은 다음과 같이 쓸 수 있다.

$$x = \mathrm{K}_e(y_d - y) + \mathrm{K}_i \int (y_d - y)\, dt, \tag{7.33}$$

K_e는 비례 게인, K_i는 적분 게인, y_d는 부하의 원하는 위치이다.

식 (7.33)에서 정의된 제어 법칙을 적용하는 가장 실용적인 방법은 피드백 정보를 읽고 밸브 액추에이터에 적절한 출력 신호를 생성할 수 있는 마이크로프로세서와 결합 된 4 포트 스풀 밸브에 전자 유압식 위치 제어 장치를 사용하는 것이다.

이 응용 분야에서 사용될 수 있는 일반적인 전자 유압 밸브는 4장의 그림 4.15에 나와 있다. 제어 루프에서 마이크로프로세서를 사용하는 방법에 대한 자세한 내용은 이 문제를 다루는 실용적인 텍스트를 참조하라 [3,4]. 그림 7.2는 식 (7.32) 및 (7.33)에 설명된 위치 제어의 블록 다이어그램을 보여준다.

그림 7.1에 도시된 시스템의 위치 제어가 조절 제어 문제이고, 하중력 F 및 부하 y_d의 원하는 위치가 상수라고 가정하면, 식 (7.32) 및 (7.33)은 제어 시스템에 대해 다음 운동 방정식을 쓰도록 차별화되고 결합되어야 한다.

$$\tau \dot{y} + y = y_d. \tag{7.34}$$

이 방정식에서, 시스템 시정수는

$$\tau = \frac{1}{\mathrm{K}_i}\left[\frac{k}{\eta_{af}(A_A + A_B)\mathrm{K}_p} + \mathrm{K}_e\right]. \tag{7.35}$$

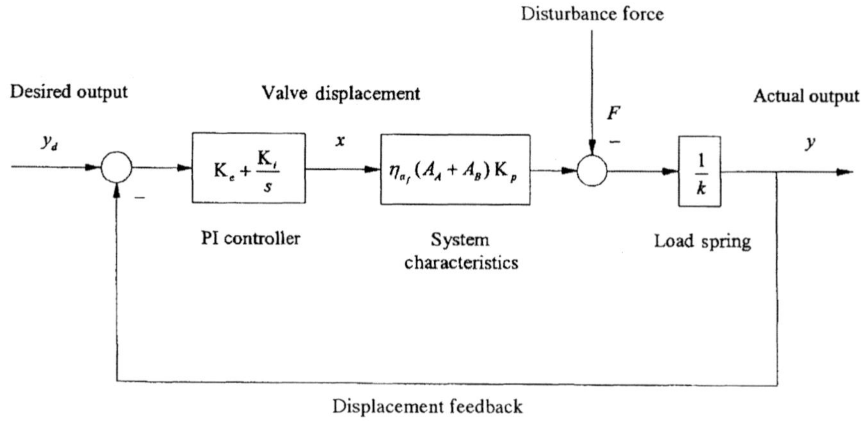

그림 7-2
4 포트 밸브 제어 선형 액추에이터의 위치 제어

독자는 오버 슈트 또는 진동을 나타내지 않고 적시에 부하의 원하는 위치에 점근적으로 접근하는 1차 시스템의 설명으로서 식 (7.34)을 기억하라.
시간이 무한대로 갈수록 이 시스템의 정상 상태 오류가 사라지며, 이는 PI 컨트롤러의 통합 구성요소를 사용함으로써 얻게 되는 주된 이점이다.
1차 시스템의 안정 시간은 $t_s = 4\tau$이다.

위치 제어 문제에 대한 설계 목표는 1차 주문을 형성하는 것이다.
시스템에 대한 적절한 시정수를 설계하여 응답을 얻는다. 비례 및 적분 제어 게인을 적절하게 선택함으로써 제어 시스템 출력의 원하는 정착 시간에 따라 이 시정수를 증가 또는 감소시킬 수 있다. 비록 식 (7.34)에 나타난 1차 제어 시스템이 간단해 보일 수 있지만, 이 시스템의 장점은 반응이 천천히 움직이는 장치를 기반으로 한다는 것이다. 만약 원하는 안정 시간을 너무 짧게 설정한다면, 복잡한 역학적 요소들이 더 중요해지고, 시스템의 반응을 제대로 다루기 위해서는 더 세밀한 분석이 필요하게 된다.

속도 제어

그림 7.1에 표시된 시스템의 또 다른 공통 제어 목표는 속도 제어이다. 이 목적은 응용 분야에 의해 규정된 원하는 속도에 기초하여 하중에 대한 특정 출력 속도를 확립하고자 한다.
이 목표는 일반적으로 로드 스프링을 포함하지 않는 로드 시스템에 대해 수행된다. 따라서, 그림 7.1에 도시된 스프링을 무시함으로써, 즉 $k = 0$으로 설정함으로써, 속도 제어 시스템에 대한 운동 방정식은 식 (7.10)의 일반적인 형태를 사용하여 기술될 수 있다. 이 결과는 다음과 같이 주어진다.

$$m\dot{v} + \left(c + \frac{A_A^2 + A_B^2}{2K_c}\right) v = \eta_{af}(A_A + A_B)K_p x - F, \tag{7.36}$$

여기서 v는 부하의 순간 속도이다. 다시, K_c 및 K_p는 4 포트 제어의 압력 흐름 계수 및 압력 감도이다. η_{af}는 액추에이터의 힘 효율이다. 식 (7.36)의 다른 모든 매개 변수가 그림 7.1에 나와 있다. 속도 제어 목표의 경우 스풀 밸브에 대해 다음과 같은 제어 법칙을 사용하여 전체 비례 - 적분 미분(PID) 컨트롤러를 선택한다.

$$x = K_e(v_d - v) + K_i \int (v_d - v)\, dt + K_d \frac{d}{dt}(v_d - v), \tag{7.37}$$

K_e는 비례 게인, K_i는 적분 게인, K_d는 미분 게인, v_d는 부하의 원하는 속도이다. 다시, 식 (7.37)에서 정의된 제어 법칙을 적용하는 가장 실용적인 방법은 4 포트 스풀 밸브에 전자 유압식 위치 제어를 사용하는 것이다

피드백 정보를 판독할 수 있는 마이크로프로세서와 밸브 액추에이터에 대한 적절한 출력 신호이다. 그림 7.3은 식 (7.36)과 식 (7.37)에 설명된 속도 제어의 블록 다이어그램을 보여준다.

그림 7.1에 도시된 시스템의 속도 제어가 조절 제어 문제이고 하중력 F 및 하중 v_d의 원하는 속도가 상수라고 가정하면, 식 (7.36) 및 (7.37)은 모두 구별될 수 있다. 제어 시스템에 대한 다음 운동 방정식을 작성하기 위해 결합된다.

$$\ddot{v} + 2\zeta\omega_n\dot{v} + \omega_n^2 v = \omega_n^2 v_d, \tag{7.38}$$

비감쇠 고유 진동수와 감쇠비는 각각 다음과 같이 주어진다.

$$\omega_n = \sqrt{\frac{K_i}{\dfrac{m}{\eta_{af}(A_A + A_B)K_p} + K_d}} \quad \text{and}$$

$$\zeta = \frac{\left[\dfrac{c}{\eta_{af}(A_A + A_B)K_p} + \dfrac{A_A^2 + A_B^2}{2\eta_{af}(A_A + A_B)K_q} + K_e\right]}{2\sqrt{K_i\left[\dfrac{m}{\eta_{af}(A_A + A_B)K_p} + K_d\right]}}. \tag{7.39}$$

독자는 식 (7.38)을 시간에 따라 정상 상태에 도달하기 전에 오버 슈트 및 발진을 나타낼 수 있는 2차 시스템의 설명으로 학습할 것이다.

오버 슈트 및 진동이 관찰되는지 여부는 감쇠비 ζ이 1보다 작거나 큰지 여부에 따라 달라진다. 감쇠 비율이 1보다 작으면, 시스템은 미약 한 시스템이며, 출력은 정상 상태 조건에 도달하기 전에 오버 슈트 및 발진으로 특징을 갖는다. 반대로 감쇠 비율이 1보다 클 경우, 시스템은 과도 감쇠

시스템이며, 출력은 오버 슛 또는 진동 없이 점진적으로 정상 상태 조건에 접근하는 1차 시스템과 매우 흡사하다.

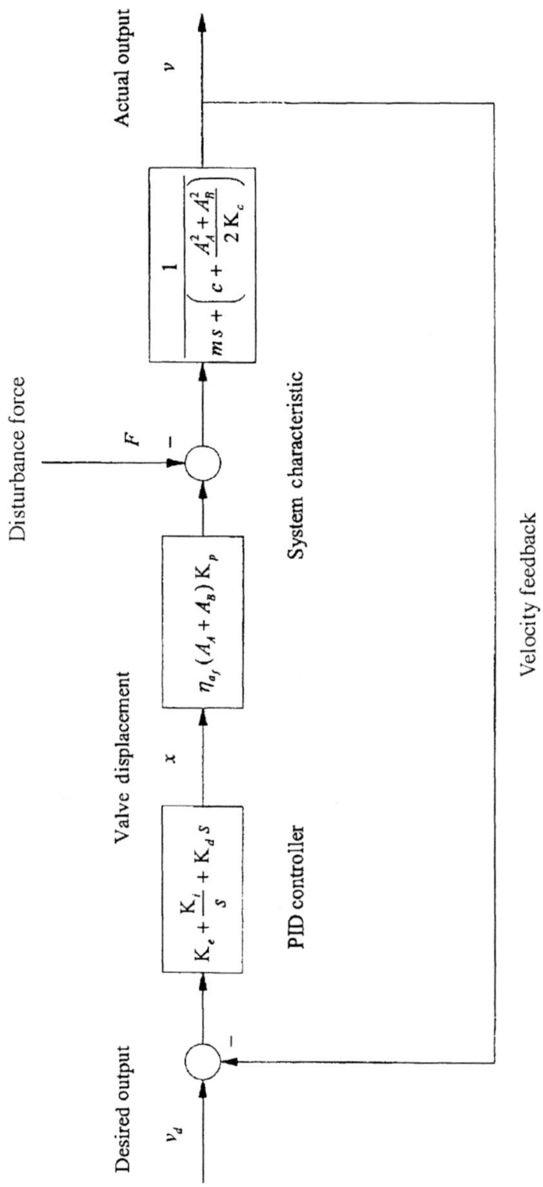

그림 7-3

4방 밸브 제어 선형 액추에이터의 속도 제어

제어 시스템이 미달 적 다양성이라고 가정하면 상승 시간, 안정 시간 및 최대 첨두치는 3장의 정의에 따라 계산할 수 있다. 안정화 시간은 $t_s = 4/(\omega_n \zeta)$.

속도 제어 문제의 설계 목표는 시스템에 적절한 비 감쇠 고유 진동수와 감쇠비를 설계하여 2차 응답을 형성하는 것이다. 비례, 적분 및 미분 제어 게인을 적절히 선택함으로써 제어 시스템의 감쇠비 고유 진동수와 감쇠비를 적절하게 조정할 수 있다.

방정식 (7.39)를 보면 비례 게인은 시스템의 효과적인 감쇠를 조정하는 반면, 적분과 미분 게인은 효과적인 스프링 비율과 시스템 질량을 조정하는 데 사용된다. 만약 미분 게인을 고려하지 않는다면, 즉 PI 제어를 전체 PID 제어 대신 사용한다면, 방정식 (7.39)에서 시스템의 무감쇠 자연 주파수는 적분 게인 K_i만으로 조정될 수 있음을 알 수 있다. 감쇠된 자연 주파수는 미감쇠 2차 시스템의 상승 시간에 대한 주요 지표이다. 원하는 자연 주파수를 얻은 후, PI 제어가 적용된 시스템의 감쇠비는 비례 게인 K_e를 조정함으로써 조절될 수 있다. 감쇠비는 최대 퍼센트 오버슈트에 대한 유일한 원인이다. 이 연속적인 방법으로 PI 제어기를 조정하는 것은 매우 편리하며, 그 주요 장점 중 하나로 3장에서 언급되었다.

강제 제어

마지막으로, 그림 7.1에 표시된 유압 제어 시스템에 대해 때때로 사용되는 다른 제어 목표가 강제 제어이다.

힘 제어 시스템은 일반적으로 하중 스프링이 없는 속도 제어 시스템과 매우 비슷하게 구성되며, 그들은 종종 응용 분야의 즉각적인 요구에 따라 속도와 힘 제어 사이를 전환한다. 또한 힘 제어 시스템은 일반적으로 응용 분야에 저항하려는 모든 것에 하중 힘을 점진적으로 적용하기 위해 느린 동작으로 작동된다. 이러한 느린 동작 조건에서 시스템의 부하 관성 및 점성 감쇠 효과는 모델링 프로세스의 정확성을 희생시키지 않고 안전하게 무시할 수 있다.

식 (7.10)의 등가면이 0인 경우, 다음 식을 힘 제어 시스템에 적용된 하중력을 설명하는 데 사용할 수 있다.

$$F = \eta_{af}(A_A + A_B)K_p x. \tag{7.40}$$

표준 비례 적분(PI) 제어기를 사용하면 4 포트 스풀 밸브의 변위 제어는 다음과 같이 나타낼 수 있다.

$$x = K_e(F_d - F) + K_i \int (F_d - F)\, dt, \tag{7.41}$$

K_e는 비례 게인, K_i는 적분 게인, F_d는 부하에 가해질 원하는 힘이다. 대부분의 응용분야에서, 순간 하중력 F는 A면과 B면의 유체 압력을 감지하여 측정된다. (7.11)에 따라 하중 힘을 계산하

는 단계를 포함한다.

다시 말하지만, 이러한 기능을 수행하려면 마이크로프로세서가 필요하며 4 포트 스풀 밸브의 전자 유압 제어 장치를 사용하여 식 (7.41)의 제어를 강화해야 한다. 그림 7.4는 식 (7.40)과 (7.41)에 설명된 힘 제어의 블록 다이어그램을 보여준다.

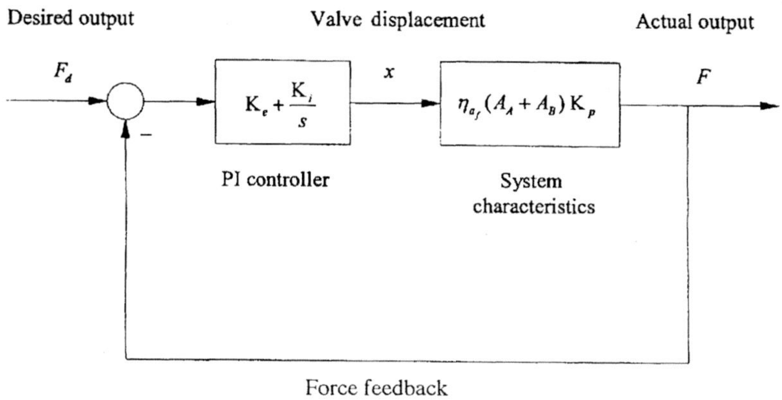

그림 7-4

포트 밸브 제어 선형 액추에이터를 강제 제어한다.

그림 7.1에 도시 된 시스템의 힘 제어가 조절 제어 문제이고 원하는 하중력 F_d가 상수라고 가정하면, 식 (7.40) 및 (7.41)은 모두 차동될 수 있다. 힘 제어 시스템에 대한 다음의 동적 방정식을 작성하기 위해 결합된다.

$$\tau\dot{F} + F = F_d, \tag{7.42}$$

여기서 시스템 시간 상수에 의해 주어진다.

$$\tau = \frac{1}{K_i}\left[\frac{1}{\eta_{a_f}(A_A + A_B)K_p} + K_e\right]. \tag{7.43}$$

다시, 독자는 오버 슈트 또는 진동을 나타내지 않고 시간에 원하는 하중력 F_d에 점근적으로 접근하는 1차 시스템의 설명으로서 식 (7.42)을 인식할 것이다. 이 시스템의 동적 유사성은 이전에 논의된 위치 제어 시스템과 비교되어야 한다.

힘 제어 문제에 대한 설계 목표는 시스템의 적절한 시상수를 설계하여 1차 응답을 형성하는 것이다. 비례 및 적분 제어 게인을 적절하게 선택함으로써 제어 시스템 출력의 원하는 정착 시간에 따라 이 시간 상수를 증가 또는 감소시킬 수 있다. 다시 한 번, 독자는 선형 액추에이터가 천천히 움직인다는 가정에 기초하여 식 (7.42)의 1차 제어 시스템이 설계되었음을 상기시킨다. 실제로 원하는 경우 이 시스템에 대한 응답 시간이 너무 짧아지면 모델링 프로세스에서 무시된 고차 동역학이 더욱 중요 해지고 관찰된 결과가 만족스럽지 않을 수 있다. 이러한 조건 하에서 만족스러운 응답 특성을 보장하기 위해서는 시스템의 정교한 분석이 필요하다.

연구 사례

그림 7.1에 나와 있는 선형 작동 시스템에 대해 설명된 힘 제어 목표를 설명하기 위해 이전 서브 섹션에서 제시된 사례 연구를 확장한다.

독자는 이 사례 연구가 10 - KN 압축력을 생성하는 기능상의 요구 사항이 있는 이동식 쓰레기 트럭에 사용되는 쓰레기 압축 시스템과 관련이 있음을 기억하라. 이 요구 사항과 150 mm/s의 명시된 무부하 속도 요구 사항에 따라 유압 제어 시스템은 액추에이터의 가압 면적이 $A_A = A_B = 1.087 \times 10^{-3} m^2$ 가 되도록 설계되었다. 또한, 4 포트 제어 밸브는 2.12×10^{10} Pa/m으로 설계되었고 밑바닥의 밸브 치수는 $u = 0.94$ mm로 주어졌다. 이러한 설계값에 따라 압력 제어 시스템에 12초의 안정 시간을 제공하는 PI 컨트롤러에 대한 적절한 제어 게인을 선택해야 한다.

이 문제에 대한 해결책은 1차 제어 시스템의 안정 시간이 $t_s = 4\tau$에 의해 주어지며, 여기서 시간 상수 7은 식 (7.43)에 주어진다. 우리가 비례 게인을 설계하면

$$K_e = \frac{4}{5}\frac{x_{max}}{F_{max}} = \frac{4}{5}\frac{u/2}{F_w} = \frac{4}{5}\frac{0.94 \text{ mm}/2}{10 \text{ kN}} = 3.76 \times 10^{-8} \text{ m/N},$$

이 시스템에 필요한 적분 게인은 다음과 같이 결정될 수 있다.

$$\begin{aligned} K_i &= \frac{4}{t_s}\left[\frac{1}{\eta_{f_a}(A_A + A_B)K_p} + K_e\right] = \frac{4}{12 \text{ s}} \\ &\times \left(\frac{1}{0.92 \times 2.17 \times 10^{-3}\text{m}^2 \times 2.12\text{E}+10 \text{ Pa/m}} + 3.76 \times 10^{-8} \text{ m/N}\right) \\ &= 2.04 \times 10^{-8} \text{ m/N s}. \end{aligned}$$

이 예에서 보듯이 시스템 설계 파라미터는 포스 제어의 동적 응답에 중요한 영향을 미친다. 이 파라미터는 지정된 적절한 비례 게인의 스케일에 있는 동적 공헌을 생성하기 때문이다.

제어 요약

이 절에서는 일반적으로 그림 7.1에 표시된 4 포트 밸브 제어 선형 액추에이터를 사용하여 수행되는 세 가지 제어 목표를 고려했다. 이러한 목표에는 위치 제어, 속도 제어 및 힘 제어 모두 표준 PID 컨트롤러의 형식을 사용했다. 위치 제어 및 힘 제어를 위해, 현실적인 작동 모드에 대한

제어 문제를 단순화하기 위해 중요한 느린 속도 가정이 사용되었다.
이러한 제어 전략에 대한 느린 속도 가정으로 인해 독자는 이러한 제어 목표에서 거의 발생하지 않는 고속 응용분야에 이러한 컨트롤러를 사용하는 것에 대해 주의해야 한다. 이러한 고속 조건에서 고차 동역학은 스스로를 나타내는 경향이 있으며 바람직한 시스템 출력보다 적게 생성될 수 있다.

7.2.5 요약

이 섹션에서는 그림 7.1의 4 방 밸브 제어 선형 액추에이터가 분석, 설계 및 제어되었다. 이 연구 전체에 걸쳐 제어 시스템의 작동과 관련하여 특정 속도 조건이 가정되었다는 점에 유의해야 한다. 예를 들어, 7.2.2절의 지배 시스템 방정식을 개발하는 동안 과다 압력 영향은 하중 역학의 전반적인 처리 시간과 관련하여 매우 빠르게 발생했다는 가정 때문에 무시되었다. 실제로 이것이 사실이 아니라면 제어 시스템의 고차원 모델이 필요하다. 시스템의 관련 압력 역학을 포착하라.
그러나 이 상황은 매우 드문 전문 응용 분야에서만 발생하며 여기에 제시된 분석은 시스템의 일반적인 응용 프로그램 및 일반적인 응용 분야에 충분하다고 간주된다. 7.2.3절에서는 밸브 제어 선형 액추에이터의 설계 방법을 제시했다. 이 설계 방법은 시스템의 안정적인 출력 목표를 고려하여 시작한 다음 이러한 목표를 달성하는 데 필요한 유압 구성 요소를 식별하기 위해 역으로 작동한다.
이 하위 절에서 볼 수 있듯이 액추에이터, 밸브 및 펌프는 설계상 밀접하게 연결되어 있으며 시스템의 전반적인 성능 목표를 충족시키려는 경우 이러한 구성 요소의 적절한 사양이 중요하다. 마지막으로 7.2.4절에서 구동 시스템의 동적 제어 목표를 제시했다. 이러한 목표는 응용 프로그램에 따라 다르다. 그러나 일반적으로 위치 제어, 속도 제어 또는 힘 제어로 구성된다. 이러한 제어 목표를 고려할 때 제어 법칙은 전자 유압 제어 밸브와 제어 매개 변수를 충분히 감지 한 마이크로프로세서를 사용하여 구현할 수 있다고 가정했다.
이러한 응용 분야에 사용될 수 있는 일반적인 전자 유압 제어 밸브는 4장의 4.5.4절에 제시되어 있다. 제어 설계 내에서 마이크로프로세서를 구현하는 것에 대한 정보는 독자가 이 주제를 다루는 실용적인 텍스트로 언급된다 [3,4].

7.3. 선형 액추에이터의 3단 밸브 제어

7.3.1 기술

이 절에서는 그림 7-5에 나타난 3 포트 밸브로 제어되는 단일 로드 선형 액추에이터를 소개한다. 이 시스템은 그림 7.1에 표시된 4 포트 밸브로 제어되는 선형 액추에이터와 많은 공통점이 있지만, 몇 가지 차이점도 있다. 두 액추에이터 모두 위치, 속도, 힘을 제어할 수 있지만, 제어하는 기계적 접근 방식이 약간 다르다. 독자는 4 포트 밸브로 제어되는 선형 액추에이터는 양쪽 면의 유체 압력을 조절하여 제어되었음을 기억할 것이다. 하지만 3 포트 밸브 디자인에서는 유체 압력이 A면에서만 제어되고 B면의 압력은 시스템 공급 압력 P_s에 의해 일정하게 유지된다. 이 제어 모드는 3 포트 밸브가 단일 로드 선형 액추에이터와 함께 사용될 것을 요구하는데, 이는 더블 로드 선형 액추에이터가 하중에 맞서 액추에이터를 움직이는 데 필요한 충분한 힘을 발생시키지 못하기 때문이다. 다시 한번, 그림 7.1에 나타난 선형 액추에이터는 액추에이터 내의 압력이 가해진 면적을 서로 같게 설정함으로써 더블 막대 액추에이터로 일반화할 수 있었다는 것을 독자는 기억할 것이다. 이는 3 포트 밸브로 제어되는 시스템에는 적용될 수 없으므로, 그림 7.5의 시스템은 더블 로드 설계로 일반화될 수 없다.

그림 7.5에 표시된 유압 시스템은 표준 3 포트 스풀 밸브를 사용하여 단일로드 선형 액추에이터의 출력 특성을 제어한다. 이 그림에서 액추에이터에 의해 이동되는 하중은 F로 주어진 하중 방해력을 갖는 단일 질량 스프링 댐퍼 시스템으로 표시된다.

하중의 질량, 스프링 율 및 점성 항력 계수는 기호 m, c 및 k로 각각 그림 7.5에 표시된다.

액추에이터는 로드 및 액추에이터 피스톤 모두에 연결된 단일로드를 사용하여 구성되는 것으로 나타난다. 단일로드 설계로 인해 피스톤 A_A의 상단에 있는 가압 영역이 피스톤 A_B의 바닥에 있는 가압 영역보다 크다. 액추에이터의 측면 A로 흐르는 유압 유체의 체적 유량은 3 축 밸브로 제어된다. 선형 액추에이터의 왼쪽에 표시된 2 포트 제어 밸브이다. 이 밸브는 치수 u에 의해 주어진 스풀에 언더 랩된 치수의 대칭 오픈 센터 설계로 구성되는 것으로 보여진다.

스풀 밸브(x)의 변위는 상 방향으로 플러스가 되도록 도시되어 있다.

밸브가 양의 x 방향으로 움직이면 흐름은 액추에이터의 측면 A로 보내지며 액추에이터에서 나오는 흐름이 액추에이터에서 빠져 나와야 한다.

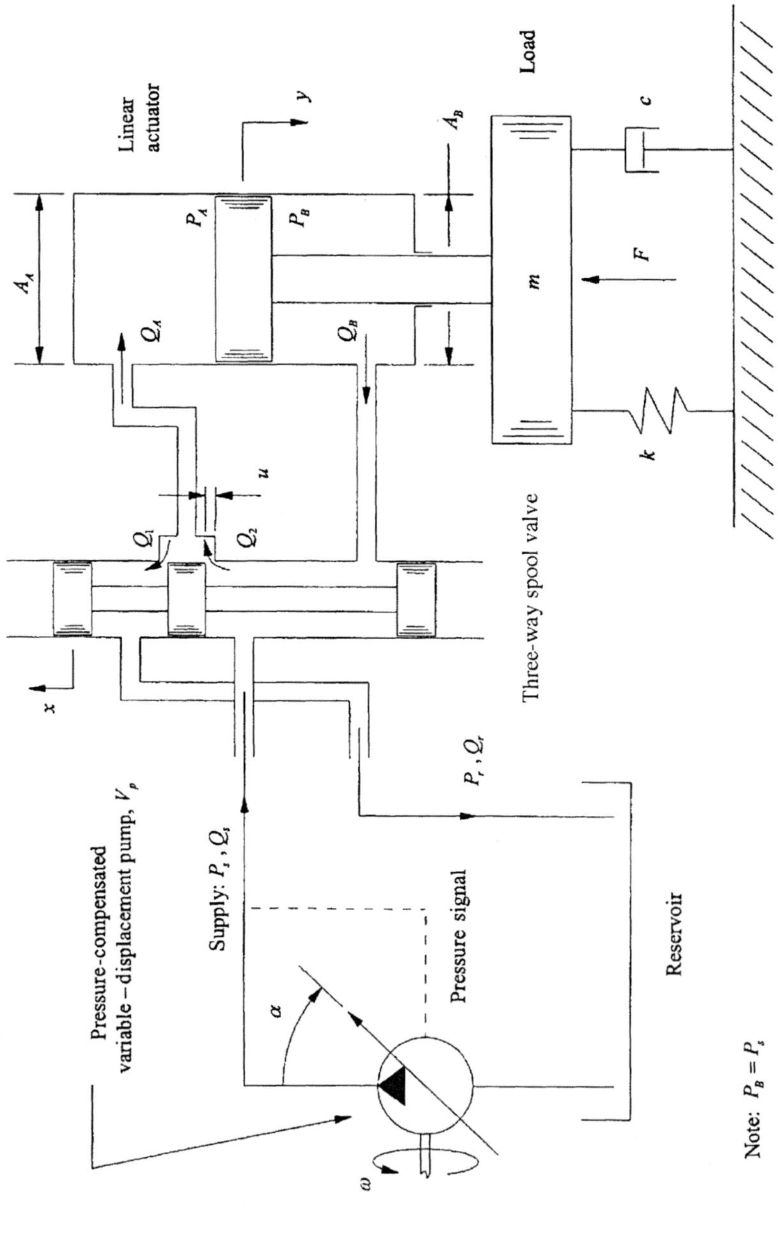

그림 7-5

포트 밸브 제어 선형 액추에이터의 개략도

이 두 개의 체적 유량은 그림 7.5에 각각 기호 Q_A와 Q_B로 표시된다. 유압 동력을 제공하기 위해 그림 7.5는 밸브 제어 시스템의 소스에 충분한 체적 유량을 제공하는 가변식 변위 펌프를 보여준다. 시스템에 대한 소정의 공급 압력을 유지하도록 공급 라인을 제어한다.

다시 말하면, 공급 펌프의 변위는 압력 보상에 의해 제어된다.
제 5장에서 제시되고 논의된 것과 유사한 설계이다.
회전 단위당 최대 펌프 변위는 기호 V_p로 표시되는 반면 그림 7.5에 표시된 기호 α는 펌프의 스와시 - 플레이트 앵글로 낮은 유량의 요구가 필요할 때 용적 변위를 줄이기 위해 사용된다. 시스템 펌프는 그림 7.1에 도시되지 않은 외부 전원에 의해 각속도 ω로 구동된다.

7.3.2 분석

부하 분석

3 포트 밸브로 제어되는 선형 액추에이터의 분석은 부하의 출력 역학을 고려하여 시작된다. 이러한 동역학은 액추에이터 동역학이 사소한 관성 효과로 인해 매우 작거나 매우 빠르기 때문에 액추에이터 자체의 동역학보다 더 바람직하다.
액추에이터를 작동시키는데 사용되는 유압 유체의 거의 비압축성 특성 때문이다. 그림 7.5와 그림 7.1을 간단히 비교하면 3 포트 및 4 포트 밸브 제어 시스템에 대한 로드 및 선형 액추에이터의 기본 구성이 동일하다는 것을 알 수 있다. 따라서 식 (7.1)은 그림 7.5에서 보여준 3 포트 밸브 제어 시스템의 부하 동역학을 설명하는 데 사용될 수 있다. 이 방정식은 편의상 다음과 같이 다시 작성되었다.

$$m\ddot{y} + c\dot{y} + ky = \eta_{af}(A_A P_A - A_B P_B) - F - F_o, \tag{7.44}$$

여기서 P_A와 P_B는 각각 액추에이터의 A와 B 측면에서의 유체 압력이며, η_{af}는 액추에이터의 포스 효율이며 F_o는 y가 0일 때 액추에이터에 적용되는 공칭 스프링 또는 바이어스 부하이다.
시스템의 정격 정상 상태 작동 조건에서 다음과 같은 설계 조건이 적용된다.

$$y = 0, \qquad P_A = P_s/2, \qquad P_B = P_s, \qquad \text{and} \qquad F = 0. \tag{7.45}$$

이러한 조건 하에서, 식 (7.44)의 안정된 형태로부터 부하에 의해 액추에이터에 가해진 공칭 힘은 다음과 같이 주어진다.

$$F_o = \eta_{af}\left(A_A \frac{P_s}{2} - A_B P_s\right). \tag{7.46}$$

이 결과를 다시 식 (7.44)로 대입하면 부하의 출력 역학을 설명하는 다음 방정식이 생성된다.

$$m\ddot{y} + c\dot{y} + ky = \eta_{af}[A_A(P_A - P_s/2) - A_B(P_B - P_s)] - F. \tag{7.47}$$

식 (7.47)로부터 압력 P_A와 P_B는 하중의 출력 역학을 조정하는 데 필요한 입력임을 알 수 있다.

이 압력은 액추에이터 자체의 유량 및 부피 측정 조건에 따라 달라지며 다음 단락에서 고려된다.

압력 분석

앞서 언급했듯이 대부분의 응용 분야에서 액추에이터 내의 유체 압력의 일시적인 동작은 부하 자체의 일시적인 동작과 비교하여 매우 빠르다.
다시 말하지만, 제어 밸브와 액추에이터를 연결하는 긴 파이프를 가진 시스템이나 공기가 많이 섞인 유체를 사용하는 시스템은 예외이다. 현재 상황에서는 이런 경우가 일반적이지 않다고 보고, 우리는 더 표준적인 시스템 상황을 문제 설명에 적용한다고 가정하겠다. 이러한 가정을 사용하여, 우리는 비압축성 유체에 대해 액추에이터의 A 면으로의 체적 유량이

$$Q_A = \frac{A_A}{\eta_{a_v}} \dot{y}, \tag{7.48}$$

여기서 η_{av}는 액추에이터의 체적 효율이다. 그림 7.5의 3 포트 스풀 밸브에 표시된 용적 유량에서 볼 때,

$$Q_A = Q_2 - Q_1. \tag{7.49}$$

이 방정식에 식 (7.7)을 사용하면 액추에이터의 측면 A 로의 유량은 다음과 같이 나타낼 수 있다.

$$Q_A = 2\mathrm{K}_q x - 2\mathrm{K}_c(P_A - P_s/2), \tag{7.50}$$

여기서 K_q와 K_c는 밸브의 유량 게인과 압력 - 유량 계수이다.
식 (7.48)에이 결과를 사용하면 선형 액추에이터의 측면 A 에서 작동 압력에 대한 다음 방정식을 작성할 수 있다.

$$P_A - P_s/2 = \mathrm{K}_p x - \frac{A_A}{2\mathrm{K}_c \eta_{a_v}} \dot{y}, \tag{7.51}$$

여기서 K_p는 압력 게인 계수 K_q/K_c에 대한 유량 게인의 비율로 주어지는 밸브의 압력 감도이다. 이 결과는 식 (7.9)에 제시된 결과와 동일하다.

그림 7.5에 표시된 3 포트 밸브 제어 시스템의 경우 선형 액추에이터의 B면에 대한 유체 압력은

$$P_B = P_s. \tag{7.52}$$

참고 : B면의 이 압력 특성은 그림 7.5 및 7.1에 표시된 3 포트 및 4 포트 밸브 설계 간의 주요 차이점이다.

식 (7.51)로부터 선형 액추에이터의 A면에서의 유체 압력은 스풀 밸브를 양의 x 방향으로 움직이면 증가한다는 것을 알 수 있다.

다음 단락에서 볼 수 있듯이, 스풀 밸브의 움직임에 의한 유체 압력의 조정은 그림 7.5에 표시된 부하의 출력 운동을 조정하는 메커니즘이다.

참고 : 식 (7.51)은 유체 압력에 대한 선형 속도 의존성을 보여준다. 이후에 보여 지듯이, 이 특징은 시스템에 바람직한 감쇠 특성을 가져온다.

$$m\ddot{y} + \left(c + \frac{A_A^2}{2\mathrm{K}_c}\right)\dot{y} + ky = \eta_{a_f} A_A \mathrm{K}_p x - F, \tag{7.53}$$

이 공식으로부터 선형 액추에이터와 3 포트 스풀 밸브의 기계적 설계가 유압 제어의 전반적인 동역학에 결정적인 영향을 미친다는 것을 알 수 있다.

특히 식 (7.53)을 통해 이러한 설계 변수가 시스템의 효과적인 감쇠를 형성하고 스풀 밸브의 입력 운동과 하중의 출력 운동 사이에 적절한 게인 관계를 제공하는 데 도움이 된다는 것을 알 수 있다. 또한 이 결과는 공급 압력 P_s가 매우 잘 제어되고 다이내믹이 전체 시스템 성능에 미치는 영향이 거의 없다는 것을 전제로 한다는 것을 기억하는 것이 중요하다. 다음 하위 절에서는 정상 상태의 관점에서 시스템의 만족스러운 출력을 얻기 위해 지정해야 하는 기계 설계 매개 변수를 고려한다.

7.3.3 설계

액추에이터 설계

모든 유압 시스템 설계 작업과 마찬가지로, 최종 사용자가 지정한 출력 기능을 수행하는 장치이기 때문에 먼저 액추에이터 설계를 고려해야 한다. 즉, 그림 7.5에 표시된 선형 액추에이터는 시스템의 예상 부하 요구 사항에 따라 설계되어야 한다. 일반적으로 주어진 용도에 대해 작동 하중력이 알려져 있으며 지정된 작동 압력에 대해 이 하중을 발생시키기 위해 액추에이터 내에서 필요한 압력 영역을 결정하는 데 사용할 수 있다. 식 (7.47)의 우변을 고려하면, 단일로드 액추에이터에 의해 생성되는 정상 작동 힘은 다음과 같이 주어진다.

$$F = \eta_{a_f}[A_A(P_A - P_s/2) - A_B(P_B - P_s)], \tag{7.54}$$

여기서 A_A와 A_B는 액추에이터의 측면 A와 B에서 설계된 가압 영역이며 P_A와 P_B는 액추에이터의 각 측면에서의 유체 압력이다. 적용을 위해 규정된 작업 압력에서 시스템에 과도한 힘의 여유를 줄 수 있도록 선형 공급기의 측면 A에 유체 공급 압력을 전체 공급 압력보다 적게 사용하는 것이 일반적이다. 동하중에서의 전형적인 설계 사양은 다음과 같다.

$$F = F_w, \qquad P_A = \tfrac{3}{4} P_s, \qquad \text{and} \qquad P_B = P_s, \tag{7.55}$$

여기서 Fw는 유압 제어 시스템의 작동 힘이며, P_s는 유압 시스템의 공급 압력이다. 이 조건을 식 (7.54)에 대입하면 그림 7.5에 나와 있는 선형 액추에이터의 A면에 있는 가압 영역의 크기를 결정하는 다음과 같은 식이 생성된다.

$$A_A = 4\frac{F_w}{\eta_{a_f} P_s}. \tag{7.56}$$

식 (7.46)과 함께 이 결과를 사용하면 액추에이터의 B면에 있는 가압 영역은 다음과 같이 나타낼 수 있다.

$$A_B = \frac{A_A}{2} - \frac{F_o}{\eta_{a_f} P_s} = \frac{2F_w - F_o}{\eta_{a_f} P_s}, \tag{7.57}$$

여기서 F_o는 $y = 0$인 경우의 정격 바이어스 부하이다.

이러한 결과는 주어진 공급 압력에 대해 충분한 작동 힘을 제공할 선형 액추에이터를 설계하거나 선택하는 데 사용될 수 있다.

선형 액추에이터를 설계할 때 다른 설계 고려 사항도 고려해야 한다. 예를 들어 액추에이터의 스트로크도 적용에 충분해야 한다.

구동기의 조기 파손을 피하기 위해 기계 설계 고려 사항도 고려해야 한다.

다시 한 번, 독자는 이 정보에 대한 표준 기계 설계 텍스트를 참고한다 [1, 2].

밸브 설계

결국, 3 포트 밸브 제어 선형 액추에이터의 밸브 설계는 7.2.3절에서 논의된 4 포트 밸브 제어 선형 액추에이터와 동일한 기본 원리를 따른다. 방정식을 지배하는 밸브 설계에 대해 독자는 식 (7.22) 및 식 (7.25)을 참조하라.

펌프 설계

선형 액추에이터와 제어 밸브가 설계되었으므로 유압 제어 시스템에 전원을 공급하는 데 사용할 유압 펌프를 지정해야 한다.

그림 7.5에서 볼 수 있듯이 이 펌프는 펌프 샤프트의 각도 입력 속도에 비례하는 용적 유량을 생성하는 가변 펌프이다.

펌프의 순간 변위는 또한 사판각(α)에 비례한다. 따라서 3 포트 제어 밸브로의 공급 유량은 다음 식을 사용하여 설명한다.

$$Q_s = \eta_{p_v} V_p \frac{\alpha}{\alpha_{\max}} \omega, \tag{7.58}$$

여기서 V_p는 회전 단위당 펌프의 최대 용적 변위, max는 펌프의 최대 사판 각도, η_{pv}는 펌프 부피 효율이다.

참고 : 펌프의 체적 효율은 다음과 같다.

사판 각도, 시스템 압력 및 입력 속도에 따라 변경되는 것으로 알려져 있다. 그림 7.5에서 볼 수 있듯이, 공급 유량은 용적 유량 측정용 토지 2에서 용적 유량을 뺀 값과 같아야 한다.

(B)로 부터의 선형 액추에이터를 빠져 나가는 비율을 나타낸다. B 면에서의 유속이 $Q_B = A_B\ \dot{y}/\eta_{av}$와 식 (7.7) 및 (7.51)을 사용하여 주어진다는 것을 인식하면, 공급 흐름은 다음과 같이 주어진다.

$$Q_s = Q_2 - Q_B = \mathrm{K}_c P_s + \frac{(A_A/2 - A_B)}{\eta_{a_v}} \dot{y}. \tag{7.59}$$

마지막으로, 식 (7.59)를 식 (7.58)로 대체하면, 공급 펌프의 최대 요구 용적 변위는 다음과 같이 주어진다.

$$V_p = \frac{\mathrm{K}_c P_s}{\eta_{p_v}\omega} + \frac{(A_A/2 - A_B)v_o}{\eta_{p_v}\eta_{a_v}\omega}, \tag{7.60}$$

여기서 $\ddot{y}$는 시스템에 대한 무부하 속도 요건으로 대체되었고, 스와시 판 앵글 α는 최대와 동일하게 설정되었다.

지금까지 이 논의는 그림 7.5에서 보여준 유압 제어 시스템을 위한 공급 펌프의 적절한 크기 설정으로 이해되었다.

이 논의 전체에서 펌프가 사판 유형의 펌프라고 가정하고 펌프와 사판 각을 설명하기 위해 매개변수 α가 사용되었다. 그러나, 이 파라미터는 소정의 토출 압력(P_s)을 유지하는 목적으로 펌프의 용적 유량을 조절하는 임의의 변위 제어 변수를 의미하도록 일반화될 수 있다. 독자는 5장에서 베인 펌프, 레이디 얼 피스톤 펌프 및 구부러진 축 펌프를 구성하여 기계적 파라미터의 조정을 기반으로 가변 출력 흐름을 제공할 수 있음을 기억하라. 이 경우, 기호 α는 펌프의 출력 유속을 조정하는 데 사용되는 기계적 매개 변수의 조정을 간단히 설명한다.

이전에 언급했듯이 펌프 구성 유형은 일반적으로 시스템의 필요한 공급 압력과 펌프의 원하는 작동 효율에 따라 선택된다.

액시 얼 피스톤 펌프는 기어 및 베인 펌프에 비해 높은 압력에서 작동하고 높은 작동 효율을 제공한다. 그러나 이러한 성능상의 이점은 대개 사용과 함께 제어 시스템의 추가 선행 비용과 비교 검토해야 한다.

입력 전원 설계

그림 7.5에 표시된 유압 제어 시스템을 작동하는 데 필요한 최대 입력 동력을 결정하는 방정식은 이전 시스템의 것과 동일하다. 이 표현식은 식 (7.31)에 나와 있다.

연구 사례

첨부된 그림은 곡물 공급 업체로부터 고객이 구매한 곡물의 양을 측정하는 데 사용되는 곡물 분배기를 보여준다.

그림의 상단 부분은 충전 공정 중에 곡물 분배기 바로 아래에 위치한 카트를 보여준다. 그러나 곡물을 고객에게 배달하려면 카트 하단의 그림과 같이 위치를 변경해야 한다. 카트는 카트를 채우기 위치로 편향시키는 스프링에 대해 작동한다. 3 포트 밸브로 제어되는 단일로드 선형 액추에이터가 공정 전반에 카트를 위치시키는 데 사용된다.

카트는 충전 및 덤핑 위치 사이에서 15 피트의 거리를 이동해야 한다.

유압 제어 시스템에 공급되는 압력은 1000 psi이고 바이어스 스프링의 스프링 속도는 50 lbf/ft이다. 충전 위치에서, 바이어 싱 스프링은 1 피트 압축된다. 액추에이터의 힘 및 체적 효율은 각각 91% 및 97%이다.

카트의 무부하 속도 요구 사항은 20 ft/min이다. 이 문제에서 펌프의 토크 및 부피 효율은 각각 92% 및 89%이며 펌프의 샤프트 속도는 1750 rpm이다. 액추에이터의 설계 매개 변수를 지정해야 한다.

밸브 및 펌프를 사용하여 유압 제어 시스템을 구축한다. 이 시스템을 제어하는 데 사용할 수 있는 최대 마력은 얼마인가?

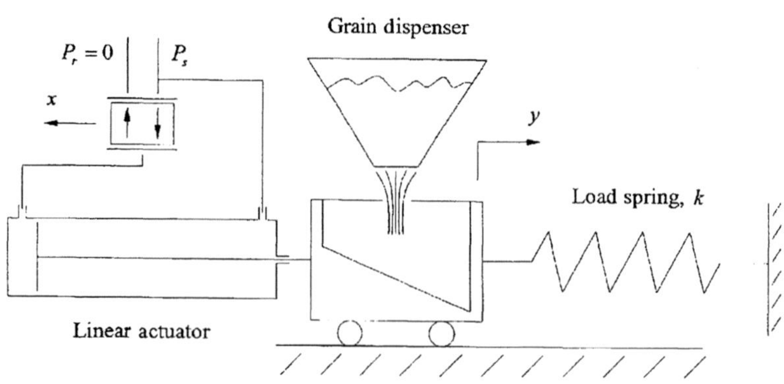

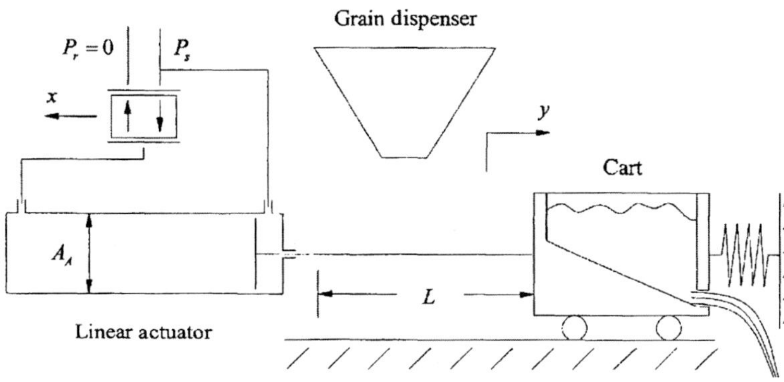

이 문제에 대한 해결책은 스프링 예압과 작업량 요구 사항에 따라 단일로드 선형 액추에이터 크기를 정하는 것으로 시작된다.

시스템의 스프링 예압은 액추에이터 스트로크의 중간 지점에서의 스프링 하중으로부터 계산된다. 이 결과는 다음과 같이 주어진다.

$$F_o = k(L_o + L/2) = 50 \text{ lbf/ft} \times (1 \text{ ft} + 7.5 \text{ ft}) = 425 \text{ lbf},$$

여기서 L_o는 초기 스프링 압축 길이이고 L은 액추에이터의 총 스트로크이다. 이 시스템의 액추에이터는 다음과 같이 계산된다.

$$F_w = k(L_o + L) = 50 \text{ lbf/ft} \times (1 \text{ ft} + 15 \text{ ft}) = 800 \text{ lbf}.$$

사용 가능한 시스템 압력에서 이 결과를 사용하면 식 (7.56) 및 (7.57)을 사용하여 선형 액추에이터의 가압 영역을 계산할 수 있다.

$$A_A = 4\frac{F_w}{\eta_{a_f} P_s} = 4 \times \frac{800 \text{ lbf}}{0.91 \times 1000 \text{ psi}} = 3.517 \text{ in.}^2$$

$$A_B = \frac{2F_w - F_o}{\eta_{a_f} P_s} = \frac{2 \times 800 \text{ lbf} - 425 \text{ lbf}}{0.91 \times 1000 \text{ psi}} = 1.291 \text{ in.}^2.$$

이 결과로부터 선형 액추에이터의 로드 및 피스톤 직경은 각각 1.68 및 2.12 인치임을 알 수 있다.
액추에이터 스트로크는 문제 문장에서 다음과 같이 주어진다(±7.5 ft.).

액추에이터가 설계되었으므로 안정적인 정상 성능을 얻기 위해 밸브 계수를 지정해야 한다. 이 계수는 밸브의 포팅 형상에 따라 달라진다.

직사각형 포트의 경우, 밑변 치수 u와 포트 높이 h는 식 (7.25)에 나와 있다.

밸브의 배출 계수가 $C_d = 0.62$이고 유체 밀도가 $\rho = 0.0307$ lbm/in.^{3}으로 주어진다고 가정하면,

식 (7.25)는 $u = 0.0574$ in 및 $h = 0.2297$ in과 같은 직사각형 유로의 포팅 치수를 계산하는 데 사용될 수 있다.

참고 : 이 계산을 할 때 파운드-질량 (lbm)에서 파운드(pb)로 변환할 때 주의해야 한다.

이 결과는 계산된 액추에이터 영역 $A_A = 3.517$ in.²와 문제 $v_o = 20$ ft/min에 명시된 무부하 속도 요구 사항을 기반으로 한다.

식 (7.22)와 함께 이 결과를 사용하면 밸브 계수는

$$\mathrm{K}_q = \frac{2A_A v_o}{u\eta_{a_v}} = \frac{2 \times 3.517\ \text{in.}^2 \times 20\ \text{ft/min}}{0.0574\ \text{in.} \times 0.97} = 505.07\ \text{in.}^2/\text{s}$$

$$\mathrm{K}_c = \frac{2A_A v_o}{P_s\eta_{a_v}} = \frac{2 \times 3.517\ \text{in.}^2 \times 20\ \text{ft/min}}{1000\ \text{psi} \times 0.97} = 0.0290\ \text{in.}^3/\text{psi s}$$

$$\mathrm{K}_p = \frac{\mathrm{K}_q}{\mathrm{K}_c} = \frac{P_s}{u} = \frac{1000\ \text{psi}}{0.0574\ \text{in.}} = 17415\ \text{psi/in..}$$

이 방정식은 스풀 밸브의 필요한 유량 특성을 설명한다. 밸브의 작동 메커니즘에 대해서는 아직 언급되지 않았지만, 곡물 분배 시스템의 경우, 위치 제어는 대체로 자동화된 기능일 것이다. 그러므로, 최종 카트 위치를 달성하기 위해 마이크로프로세서와 함께 사용될 전자유압 스풀 밸브를 사용할 것이다. 다음 소절에서는 이 시스템의 제어 전략에 대해 다룰 것이다.

이제 액추에이터와 밸브가 설계되었으므로, 공급 펌프의 최대 체적 변위를 명시해야 한다. 이 사양은 방정식 (7.60)에 의해 정해지며, 이 결과를 사용하여 정해진 펌프의 체적 변위는 다음과 같이 계산될 수 있다.

$$\begin{aligned} V_p &= \frac{\mathrm{K}_c P_s}{\eta_{p_v}\omega} + \frac{(A_A/2 - A_B)v_o}{\eta_{p_v}\eta_{a_v}\omega} \\ &= \frac{0.0290\ \text{in.}^3/(\text{psi s}) \times 1000\ \text{psi}}{0.89 \times 1750\ \text{rpm}} + \frac{(1.76\ \text{in.}^2 - 1.29\ \text{in.}^2) \times 20\ \text{ft/min}}{0.89 \times 0.97 \times 1750\ \text{rpm}} \\ &= 1.19\ \text{in.}^3/\text{rev.} \end{aligned}$$

마지막으로, 주어진 시간에 이 시스템을 작동시키는 데 필요한 최대 전력량을 평가해야한다. 이 힘은 식 (7.31)에 의해 결정되며 다음과 같이 계산된다.

$$\begin{aligned} \Pi &= \frac{V_p\omega P_s}{\eta_p} = \frac{1.19\ \text{in.}^3/\text{rev} \times 1750\ \text{rpm} \times 1000\ \text{psi}}{0.92 \times 0.89} \\ &= 6.43\ \text{hp.} \end{aligned}$$

독자는 전체 효율 η_p가 문제 성명서에 명시된 토크 및 체적 효율의 곱이라는 것을 상기할 것이다.

▌요약

이 하위 절에서는 그림 7.5에서 보여준 3 방향 밸브 제어 단일 로드 선형 액추에이터의 정상 상태 설계 특성을 고려했다. 다음 하위 절에서는 다양한 응용 프로그램이 제시되고 논의된다.

7.3.4 제어

▌위치 제어

그림 7.5에 나타난 3 포트 밸브로 제어되는 선형 액추에이터는 전통적으로 항공 제어장치와 추적 제어가 되는 공작 기계 도구 [5]와 같은 위치 제어 응용 분야에 사용된다. 일반적으로, 이 위치 제어 기능은 액추에이터의 움직임이 느릴 때 수행되기 때문에, 제어 문제를 설명할 때 고속 동작에서 나타날 수 있는 일시적인 변화를 무시하고 생략할 수 있다. 이 경우, 방정식 (7.53)을 사용하여 관성과 점성 감쇠의 일시적 항목을 무시하고 제어 시스템을 기술할 수 있다. 이 결과는 다음과 같이 제공된다.

$$ky = \eta_{a_f} A_A \mathrm{K}_p x - F, \tag{7.61}$$

여기서 K_p는 제어 밸브의 압력 감도이고, η_{af}는 액추에이터의 힘 효율이고, 식 (7.32)의 다른 매개 변수는 다음과 같다.
(그림 7.5) 표준 비례 적분 (PI) 제어기를 사용하면 3 포트 스풀 밸브의 변위에 대한 제어 법칙은 다음과 같이 쓸 수 있다.

$$x = \mathrm{K}_e(y_d - y) + \mathrm{K}_i \int (y_d - y)\, dt, \tag{7.62}$$

K_e는 비례 게인, K_i는 적분 게인, y_d는 부하의 원하는 위치이다. 4 포트 밸브 제어식 선형 액추에이터에 대한 논의에서 언급했듯이, 식 (7.62)에서 정의된 제어 법칙을 적용하는 가장 실용적인 방법은 마이크로프로세서와 결합된 3 포트 스풀 밸브에 전자 유압식 위치 제어 장치를 사용하는 것이다. 이것은 피드백 정보를 읽고 밸브 액추에이터에 대한 적절한 출력 신호를 발생시킬 수 있다. 일반적인 전기 유압 작동식 밸브가 4장에 소개되었으며, 마이크로프로세서 사용에 대한 표준 텍스트도 이용 가능하다 [3,4]. 그림 7.6은 식 (7.61)과 (7.62)로 설명되는 위치 제어의 블록 다이어그램을 보여준다.

그림 7.5에 나타난 시스템의 위치 제어가 규제 제어 문제이고 부하 힘 F와 부하 y_d의 원하는 위치가 상수라고 가정하면 식 (7.61)과 (7.62)는 모두 차별화될 수 있다. 제어 시스템에 대한 다음 운동 방정식을 작성하기 위해 결합된다.

$$\tau\dot{y} + y = y_d, \tag{7.63}$$

여기서 시스템 시간 상수에 의해 주어진다.

$$\tau = \frac{1}{K_i}\left(\frac{k}{\eta_{a_f} A_A K_p} + K_e\right). \tag{7.64}$$

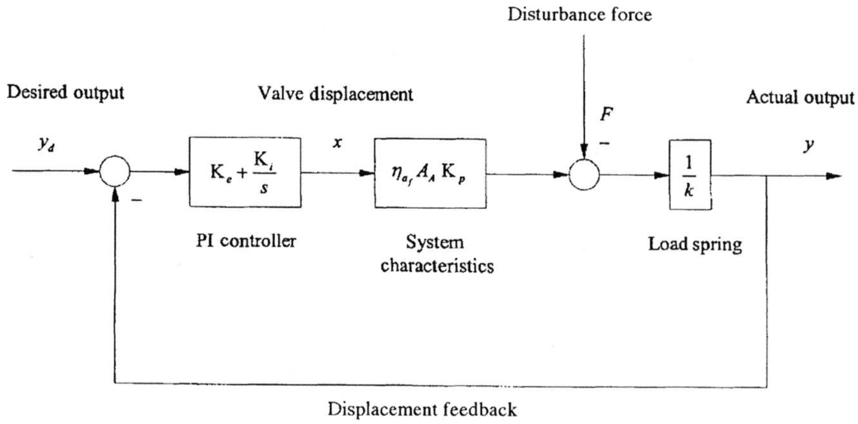

그림 7-6

3 포트 밸브 제어 선형 액추에이터의 위치 제어

참고 : 이 결과는 식 (7.35)에 표시된 4-방향 밸브 제어 시스템의 위치 제어 결과와 매우 유사하다. 다시, 독자는 오버 슈트 또는 진동을 나타내지 않고 적시에 부하의 원하는 위치에 점근적으로 접근하는 1차 시스템의 설명으로서 식 (7.63)을 학습한다.

한 번 더 말하자면, 적분 제어는 시간이 무한대에 가까워짐에 따라 이 시스템의 정상 상태 오차를 없애고 있다. 1차 시스템의 안정 시간은 $t_s = 4\tau$이다.

위치 제어 문제에 대한 설계 목표는 시스템의 적절한 시정수를 설계하여 1차 응답을 형성하는 것이다.

비례 및 적분 제어 게인을 적절하게 선택함으로써 제어 시스템 출력의 원하는 정착 시간에 따라 이 시정수를 증가 또는 감소시킬 수 있다. 여기에서 설명한 위치 제어 체계는 시스템이 관성과 점성 드래그의 영향을 무시할 정도로 느린 속도로 움직인다는 가정에 기반한다는 것을 독자에게 학습시키는 것이 중요하다. 그러나 원하는 정착 시간이 너무 짧아서 시스템 시정수가 감소하면 고차 동역학이 중요 해지고 시스템 응답을 수용하기 위해 시스템을 보다 정교하게 분석해야 한다.

연구 사례

앞의 사례 연구에서 3 포트 밸브 제어 선형 액추에이터는 분급 장치 공정에서 사용되는 카트의 위치를 제어하기 위해 설계되었다.
이 과정에서 무부하 속도 요구 사항은 20 피트 / 분으로 지정되었고 이동 거리는 15 피트였다. 액추에이터의 힘 효율은 91%였다. 로드 스프링의 스프링 속도는 50 lbf/ft이다. 제어 밸브의 압력 감도는 17415 psi/in로 계산되었고 액추에이터의 측면 A의 가압 면적은 3.517 in^2가되도록 설계되었다. 0.13×10^{-3} (단위 없음)과 같은 비례 게인을 사용하여 이 시스템의 만족스러운 성능을 달성하는 데 필요한 적분 게인을 계산하라.

이 문제에 대한 해결책은 이 시스템에 대해 "만족스러운 성과"가 무엇인지를 확인하는 것으로 시작된다. 곡물 카트가 시스템 운영자가 예상 한 시간 내에 새로운 위치로 이동하면 만족스러운 성능이 달성된다고 가정할 수 있다. 즉, 컨트롤러가 작동을 위한 적절한 안정화 시간을 보이도록 컨트롤러를 설계해야 한다. 문제 설명의 정보를 사용하여 적절한 정착 시간을 다음과 같이 계산할 수 있다.

$$t_s = \frac{L}{v_o} = \frac{15\ \text{ft}}{20\ \text{ft/min}} = 45\ \text{s},$$

여기서 L은 여행할 총 거리이며, v_o은 문제 설명문에 명시된 무부하 속도이다. 안정 시간이 네 개의 시정수와 같다고 가정하면 $\tau = 11.25$ s 라고 말할 수 있다. 식 (7.64)을 재배열하면,

$$\begin{aligned}
K_i &= \frac{1}{\tau}\left(\frac{k}{\eta_{a_f} A_A K_p} + K_e\right) \\
&= \frac{1}{11.25\ \text{s}}\left(\frac{50\ \text{lbf/ft}}{0.91 \times 3.517\ \text{in.}^2 \times 17415\ \text{psi/in.}} + 0.13 \times 10^{-3}\right) \\
&= \frac{0.0187 \times 10^{-3}}{\text{s}}.
\end{aligned}$$

따라서 충분한 변위 제어를 위해 마이크로프로세서에서 사용해야 하는 제어 이득은 $K_e = 0.13\times 10^{-3}$ 및 $K_i = 0.0187\times10^{-3}$/s이다.

수직 / 수평 제어

그림 7.5의 시스템에서 가능한 또 다른 제어 목표는 속도 제어이다. 이 목표는 부하에 대한 특정 출력 속도는 상기 응용 분야에 의해 규정되는 원하는 속도에 기초한다. 이 목적은 일반적으로 로드 스프링을 포함하지 않는 로드 시스템에 대해 수행된다. 따라서, 그림 7.5에 도시된 스프링을 무시함으로써, 즉 $k = 0$으로 설정함으로써, 속도 제어 시스템에 대한 운동 방정식은 일반적인 형

태의 방정식 (7.53)을 사용하여 기록될 수 있다. 이 결과는 다음과 같이 주어진다.

$$m\dot{v} + \left(c + \frac{A_A^2}{2\mathrm{K}_c}\right)v = \eta_{a_f} A_A \mathrm{K}_p x - F, \tag{7.65}$$

여기서 v는 부하의 순간 속도이다. 다시 K_c와 K_p는 3 포트 제어의 압력 흐름 계수와 압력 감도이다. η_{af}는 액추에이터의 힘 효율이다. 식 (7.65)의 다른 모든 매개 변수는 그림 7.5와 같다. 속도 제어 목표의 경우 스풀 밸브에 대해 다음과 같은 제어 법칙을 사용하여 전체 비례 - 적분 미분 (PID) 컨트롤러를 선택해야 한다.

$$x = \mathrm{K}_e(v_d - v) + \mathrm{K}_i \int (v_d - v)\,dt + \mathrm{K}_d \frac{d}{dt}(v_d - v), \tag{7.66}$$

K_e는 비례 게인, K_j는 적분 게인, K_d는 미분 게인, v_d는 부하의 원하는 속도이다. 다시 말하면 식 (7.66)에서 정의된 제어 법칙을 적용하는 가장 실용적인 방법은 피드백 정보를 읽을 수 있는 마이크로프로세서와 결합 된 3 포트 스풀 밸브에 전자 유압식 위치 제어 장치를 사용하는 것이다. 밸브 액추에이터에 대한 적절한 출력 신호를 생성한다. 그림 7.7은 식 (7.65)와 (7.66)에 설명된 속도 제어의 블록 다이어그램을 보여준다.

그림 7.7에 도시된 시스템의 속도 제어가 조절 제어 문제이고 하중력 F 및 하중 v_d의 원하는 속도가 상수라고 가정하면, 식 (7.65)와 식 (7.66)은 모두 차등화되고 결합되어 제어되는 시스템에 대해 다음 방정식을 작성할 수 있다.

$$\ddot{v} + 2\zeta\omega_n\dot{v} + \omega_n^2 v = \omega_n^2 v_d, \tag{7.67}$$

감쇠되지 않은 고유 진동수와 감쇠비는

$$\omega_n = \sqrt{\frac{\mathrm{K}_i}{\dfrac{m}{\eta_{a_f} A_A \mathrm{K}_p} + \mathrm{K}_d}} \quad \text{and} \quad \zeta = \frac{\left(\dfrac{c}{\eta_{a_f} A_A \mathrm{K}_p} + \dfrac{A_A}{2\eta_{a_f}\mathrm{K}_q} + \mathrm{K}_e\right)}{2\sqrt{\mathrm{K}_i\left(\dfrac{m}{\eta_{a_f} A_A \mathrm{K}_p} + \mathrm{K}_d\right)}}. \tag{7.68}$$

독자는 식 (7.67)을 시간에 따라 고정상 조건에 도달하기 전에 오버 슛과 진동을 나타낼 수 있는 2차 시스템에 대한 설명으로 기억할 것이다. 오버 슈트 및 진동이 관찰되는지 여부는 감쇠비 ζ가 1보다 작거나 큰지 여부에 따라 달라진다. 감쇠 비율이 1보다 작으면 시스템은 과소 감쇠 시스템이며 정상 상태 조건에 도달하기 전에 출력이 오버 슛과 진동으로 특징지어진다.
반대로 감쇠비가 1보다 클 경우, 시스템은 과도 감쇠 시스템이며, 출력은 오버 슛 또는 진동 없이 점진적으로 정상 상태 조건에 접근하는 1차 시스템과 매우 흡사하다.

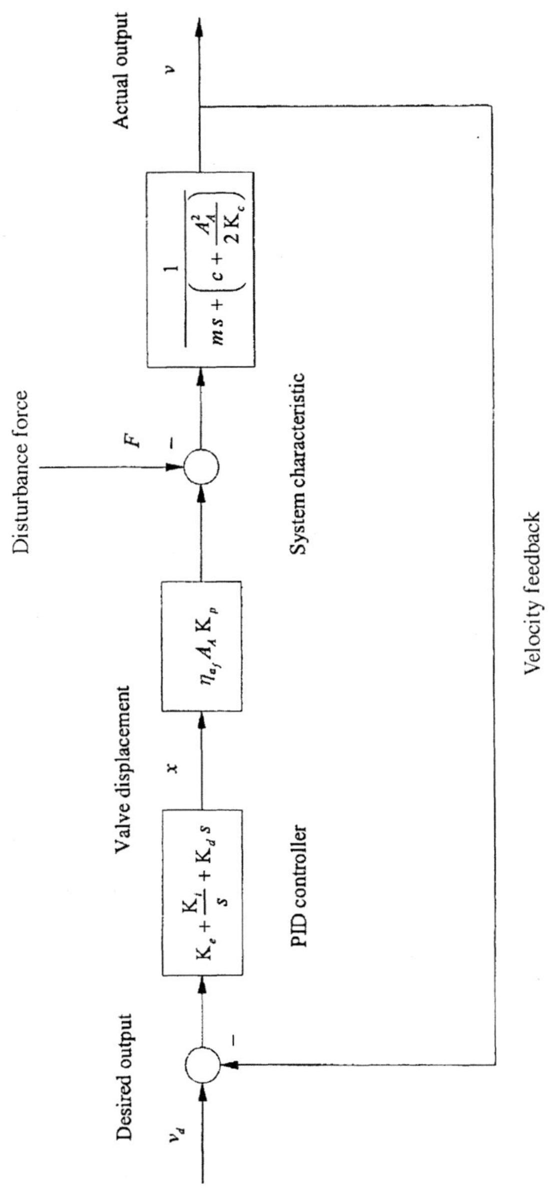

그림 7-7

3 포트 밸브 제어 선형 액추에이터의 속도 제어

제어 시스템이 미조 정종으로 가정된다면 상승 시간, 정착 시간 및 최대 첨두치는 3장의 정의에 따라 계산할 수 있다. 언더 감쇠 시스템의 정착 시간은 $t_s = 4/(\omega_{n\zeta})$이다.

속도 제어 문제에 대한 설계 목표는 시스템에 적절한 감쇠가 없는 고유 진동수와 감쇠비를 설계하여 2차 응답을 형성하는 것이다. 비례, 적분 및 미분 제어 게인을 적절하게 선택함으로써 시스템의 감쇠가 없는 고유 진동수와 감쇠비를 적절하게 조정할 수 있다.
식 (7.68)로부터 비례 게인은 시스템의 유효 감쇠에 대한 조정을 제공하는 반면, 적분 및 미분 게인은 시스템의 유효 스프링 율 및 질량을 조정하는 데 사용됨을 알 수 있다.
미분 게인이 무시되는 경우, 즉 전체 PID 제어 대신 PI 제어가 사용되는 경우, 시스템의 감쇠되지 않은 고유 진동수는 적분 게인 K_i를 단독으로 조정함으로써 조정될 수 있다는 것을 식 (7.68)로부터 알 수 있다.
독자는 감쇠가 없는 고유 진동수가 미 진동 2차 시스템의 상승 시간에 대한 주요 설명임을 상기하다. 일단 원하는 고유 진동수가 얻어지면, PI 제어 시스템의 감쇠비는 비례 게인 K_e를 조정하여 조정할 수 있다. 감쇠비는 최대 첨두치의 유일한 원인이다.
PI 컨트롤러 튜닝에 대한이 시리즈 접근법은 매우 편리하며 3장의 PID 제어에 비해 주요 장점 중 하나로 지적되었다.

강제 제어

그림 7.5에 보여 지는 유압 제어 시스템에서 때때로 사용되는 제 3의 제어 0은 강제 제어이다. 이전에 언급했듯이 힘 제어 시스템은 일반적으로 하중 스프링이 없는 속도 제어 시스템과 매우 비슷하게 구성되며, 사용되는 경우 응용 프로그램의 즉각적인 요구에 따라 속도와 힘 제어 사이를 전환한다.
또한 힘 제어 시스템은 일반적으로 응용 프로그램이 저항하려는 모든 것에 하중 힘을 점진적으로 적용하기 위해 느린 동작으로 작동된다.
이러한 느린 동작 조건에서 시스템의 부하 관성 및 점성 감쇠 효과는 모델링 프로세스의 정확성을 희생시키지 않고 안전하게 무시할 수 있다.
식 (7.53)의 왼쪽을 0으로 설정함으로써, 힘 제어 시스템에 적용된 하중력을 설명하기 위해 다음 방정식을 사용할 수 있다.

$$F = \eta_{a_f} A_A K_p x. \tag{7.69}$$

표준 비례 - 적분 (PI) 제어기를 사용하면 3 포트 스풀 밸브의 변위에 대한 제어 장치는 다음과 같이 쓸 수 있다.

$$x = K_e(F_d - F) + K_i \int (F_d - F)\, dt, \tag{7.70}$$

K_e는 비례 게인, K_i는 적분 게인, F_d는 부하에 가해질 원하는 힘이다. 대부분의 적용에서, 순간 하중력 F는 선형의 A 면에서의 유체 압력을 감지함으로써 측정된다. 식 (7.54)에 따라 하중력을 계산한다. 다시 말하지만, 이러한 기능을 수행하려면 마이크로프로세서가 필요하며, 3 포트 스풀 밸브의 전자 유압 위치 제어는 식 (7.70)의 제어 법칙을 시행하는 데 사용된다. 그림 7.8은 식

(7.69)과 (7.70)에 의해 설명된 힘 제어에 대한 블록 다이어그램을 보여준다.

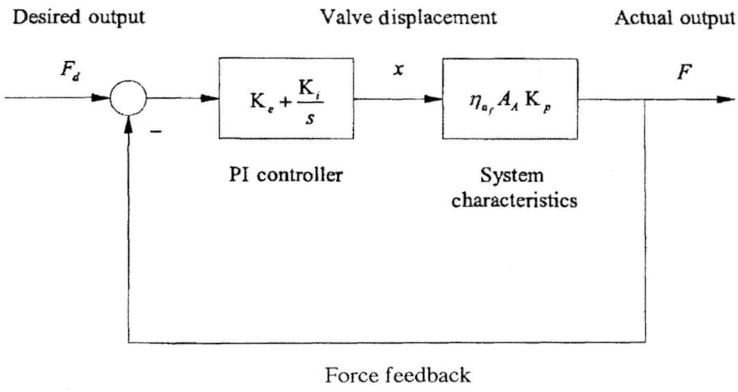

그림 7-8
3 포트 밸브 제어 선형 액추에이터의 힘 제어

그림 7.5에 도시된 시스템의 힘 제어가 조정 제어 문제이고 원하는 부하 힘(F_d)이 일정하다고 가정하면, 식 (7.69)와 식 (7.70)은 모두 차별화되고 결합되어 강제 제어 시스템에 대한 다음 동적 방정식을 작성한다.

$$\tau \dot{F} + F = F_d, \tag{7.71}$$

여기서 시스템 시간 상수에 의해 주어진다.

$$\tau = \frac{1}{K_i}\left(\frac{1}{\eta_{a_f} A_A K_p} + K_e\right). \tag{7.72}$$

다시, 독자는 오버 슈트 또는 진동을 나타내지 않고 시간에 원하는 하중력 F_d에 점근적으로 접근하는 1차 시스템의 설명으로서 식 (7.71)을 인식할 것이다. 이 시스템의 동적 유사성은 이전에 논의된 위치 제어 시스템과 비교되어야 한다.

힘 제어 문제에 대한 설계 목표는 시스템의 적절한 시상수를 설계하여 1차 응답을 형성하는 것이다. 비례 및 적분 제어 게인을 적절하게 선택함으로써 제어 시스템 출력의 원하는 정착 시간에 따라 이 시간 상수를 증가 또는 감소시킬 수 있다. 다시 한 번, 독자는 선형 액추에이터가 천천히 움직인다는 가정에 기초하여 식 (7.71)의 1차 제어 시스템이 설계되었음을 기억하라. 실제로 이 시스템에 대한 원하는 응답 시간이 너무 짧아지면 모델링 프로세스에서 배제된 고차원 역학이 더욱 중요해질 것이며, 관찰된 결과는 만족스럽지 않을 수 있다. 이러한 조건 하에서 만족스러운 응답 특성을 보장하기 위해서는 보다 정교한 시스템 분석이 필요하다.

제어 요약

이 하위 절에서는 우리는 그림 7.5에서 보여준 3 포트 밸브 제어 선형 액추에이터를 사용하여 일반적으로 수행되는 세 가지 제어 목표를 고려했다. 이러한 목표로는 위치 제어, 속도 제어 및 힘 제어가 포함되며, 이들 모두 표준 PID 컨트롤러의 형식을 채택했다. 또한 이 제어 시스템은 주로 속도 제어 또는 힘 제어와는 달리 위치 제어로 사용되었다. 위치 제어 및 힘 제어를 위해, 현실적인 작동 모드에 대한 제어 문제를 단순화하기 위해 중요한 저속 가정이 사용되었다. 이러한 제어 전략에 대한 느린 속도 가정으로 인해 독자는 이러한 제어 목표와 관련하여 발생할 수 있는 고속 응용 분야를 위해 이러한 컨트롤러를 높이는 것에 주의를 기울여야 한다.
이러한 고속 조건에서 고차 동역학은 스스로를 나타내는 경향이 있으며 바람직한 시스템 출력보다 적게 생성될 수 있다.

7.3.5 요약

제어 설계 내에서 마이크로프로세서를 구현하는 것에 대한 정보는 독자가 이 주제에 실용적인 텍스트로 다시 언급된다 [3, 4].

7.4. 회전형 액추에이터의 4 포트 밸브 제어

7.4.1 기술

이 섹션에서는 4 포트 밸브 회전형 액추에이터를 소개한다.
그림 7.9에서 볼 수 있듯이 이 시스템은 표준 4 포트 밸브를 사용하여 고정 변위 회전형 액추에이터의 출력 특성을 제어한다. 이 그림에서, 액추에이터에 의해 움직일 시스템 부하는 T로 주어지는 부하 교란 토크를 갖는 회전 질량 스프링 시스템으로 보여진다.
하중에 대한 질량 관성 모멘트, 비틀림 스프링 율 및 점성 항력 계수는 그림 7.9에 기호 J, b 및 k_t로 각각 표시된다.
회전형 액추에이터는 단위 회전 당 고정 용적 변위 V_a로 표시되며 출력 샤프트에서 회전 질량에 연결된다. 액추에이터 내부 및 외부의 유압 유체의 체적 유량은 회전형 액추에이터의 왼쪽에 표시된 4 포트 제어 밸브에 의해 제어된다. 이 밸브는 치수 u로 주어진 스풀에 언더 랩된 치수를 갖는 대칭 오픈 센터 설계로 구성되는 것으로 보여진다.
스풀 밸브(x)의 변위는 상 방향으로 플러스가 되도록 도시되어있다.

밸브가 양의 x 방향으로 움직이면 액추에이터의 측면 A로 흐름이 보내지며 흐름은 측면 B에서 액추에이터를 나가야 한다.
이 두 개의 체적 유량은 그림 7.9에 기호 Q_A와 Q_B로 각각 표시된다.
밸브 제어 시스템에 유압 동력원을 제공하기 위해 그림 7.9는 4 포트 제어 밸브로 이어지는 공급 라인에 일정한 부피 유량을 제공하는 고정 용량 펌프를 보여준다. 이 펌프는 체적 변위에 따라 크기가 결정된다.
V_p와 같고 외부 전원(그림 (7.9)에서는 각 속도 ω_p로 표시되지 않음)에 의해 구동된다. 펌프의 배출 라인의 압력은 원하는 공급 압력 P_s)으로 설정된 고압 릴리프 밸브를 사용하여 제어된다.
이 장의 소개에서 알 수 있듯이 이 대기압 공급원은 시스템이 아무런 도움이 되지 않는 경우에도 전체 시스템에 지속적으로 에너지가 유출된다는 점에서 밸브 제어 시스템의 단점을 초래한다.

7.4.2 분석

▌부하 분석

그림 7.9에 표시된 시스템 분석은 하중 역학으로 시작된다.
부하에 대한 운동 방정식을 개발할 때 회전형 액추에이터 자체의 관성은 무시된다. 액추에이터에 의해 생성되는 실제 힘보다 훨씬 작기 때문이다.
다시 한 번, 이 토크-관성 비가 높은 것은 전기 시스템과는 대조적으로 유압 시스템을 사용하는 주요 장점 중 하나라는 것을 상기할 것이다.
액추에이터와 부하의 점성 드래그 효과를 그림 7.9에 표시된 회전 대시 포트에 일괄적으로 적용하면 부하의 운동 방정식은 다음과 같이 나타낼 수 있다.

$$J\ddot{\theta} + b\dot{\theta} + k_t\theta = \eta_{a_t}V_a(P_A - P_B) - T, \tag{7.73}$$

여기서 P_A 및 P_B는 각각 액추에이터의 A 및 B면에서의 유체 압력이다. 이 방정식에서 회전식 액추에이터에 의해 부하에 작용하는 토크는 $\eta_{at}V_a(P_A - P_B)$로 주어지며, 여기서 η_{at}는 액추에이터의 토크 효율이다. 이 결과로부터 액추에이터 압력 P_A와 P_B가 하중의 위치를 조정하는 데 필요한 입력임을 알 수 있다.
이러한 압력은 액추에이터 자체 내에서 변화하는 유량 및 부피 조건에 기인하며 다음 단락에서 고려될 것이다.

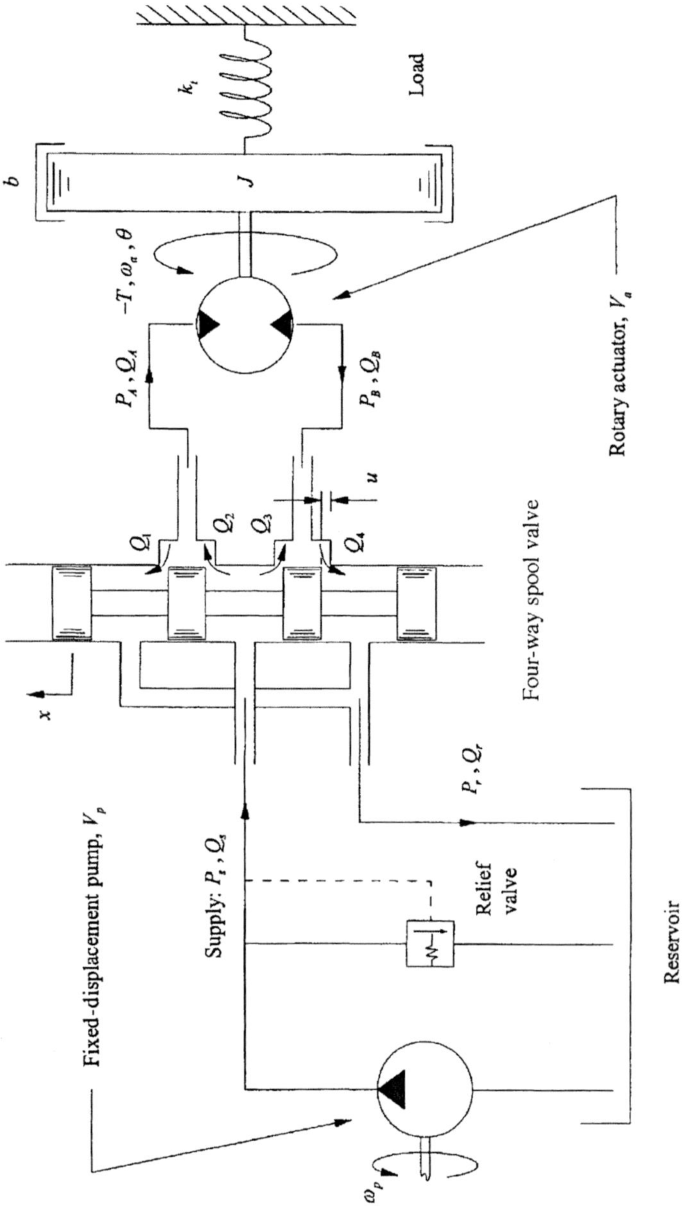

그림 7-9

4 포트 밸브 제어식 회전형 액추에이터의 개략도

압력 분석

회전식 액추에이터의 A면과 B면의 유체 압력을 분석하기 위해 유체 압축성으로 인해 발생하는 압력 과다 현상은 무시할 수 있다고 가정한다. 이 가정은 밸브와 액추에이터 사이의 전송 라인이 짧고 액추에이터의 어느 쪽에도 작은 양의 유체가 존재하는 시스템 설계에 유효하다. 과도한 압력 효과를 생략하는 것은 압력에 대한 저항이 하중 역학보다 훨씬 빠르게 작동하는 시스템에서 타당하다. 하중의 동작은 보통 몇 초 이내에 일어나고, 반면에 압력 변화는 대개 몇 밀리초 안에 일어나기 때문에, 시스템 전체의 시간적 변화에 비해서는 이런 빠른 변화들을 무시해도 괜찮다.

$$Q_A = Q_B = \frac{V_a}{\eta_{a_v}}\dot{\theta}, \tag{7.74}$$

여기서 Q_A와 Q_B는 각각 액추에이터 내부 및 외부의 체적 유량이며, η_{av}는 체적 효율이며, V_aa는 회전 단위당 액추에이터의 체적 변위이다. 식 (7.74)의 용적 효율은 A면에서 B면까지 액추에이터 내에서 발생하는 크로스 포트 누설만 고려한다는 점에 유의해야 한다.
뒤쪽의 분석을 단순화하기 위해 액추에이터의 어느 한쪽에서 저수조로 내부 누출이 무시되었다. 그림 7.9에 나타난 4 포트 밸브는 7.2.2절에서 분석한 밸브와 동일하기 때문에 액추에이터 내부 및 외부의 체적 유량은 식 (7.8)에 의해 주어진다는 것을 알 수 있다.
식 (7.74)의 결과를 사용하면, 회전식 액추에이터의 A면과 B면의 압력은

$$\begin{aligned} P_A &= \frac{P_s}{2} + \mathrm{K}_p x - \frac{V_a}{2\mathrm{K}_c\eta_{a_v}}\dot{\theta}, \\ P_B &= \frac{P_s}{2} - \mathrm{K}_p x + \frac{V_a}{2\mathrm{K}_c\eta_{a_v}}\dot{\theta}, \end{aligned} \tag{7.75}$$

여기서 K_p는 압력 게인 계수 $\mathrm{K}_q/\mathrm{K}_c$에 대한 유량 게인의 비율로 주어지는 밸브의 압력 감도이다. 식 (7.75)의 두 결과를 서로 차감하면 로터리 액추에이터에서의 압력 강하에 대한 다음식이 산출된다.

$$P_A - P_B = 2\mathrm{K}_p\, x - \frac{V_a}{\mathrm{K}_c\eta_{a_v}}\dot{\theta}. \tag{7.76}$$

식 (7.75)로부터 선형 액추에이터의 측면 A에서의 유체 압력은 스풀 밸브를 양의 x 방향으로 이동시킴으로써 증가하고 액추에이터의 측면 B에서의 유체 압력은 스풀 - 밸브와 동일하게 작동한다. 다음 단락의 요약에서 볼 수 있듯이, 스풀 밸브의 움직임에 의한 유체 압력의 조정은 그림 7.9에 표시된 하중의 출력 운동을 조정하는 메커니즘이다.
참고 : 식 (7.75)는 유체 압력에 대한 회전 속도 의존성을 보여준다. 이후에 설명하겠지만, 이 기능은 시스템에 바람직한 감쇠 특성을 가져온다.

분석 요약

그림 7.9에 표시된 회전 작동 시스템의 분석을 요약하면 식 (7.76)을 식 (7.73)으로 대체하여 시스

템에 대한 다음 운동 방정식을 생성한다.

$$J\ddot{\theta} + \left(b + \frac{V_a^2}{K_c}\right)\dot{\theta} + k_t\theta = 2\eta_{a_t}V_aK_px - T, \tag{7.77}$$

여기서 다시 $\eta_{af}/\eta_{av} \approx 1$로 가정했다. 다시 한 번, 이 식에서 회전형 액추에이터와 4 포트 스풀 밸브의 기계적 디자인은 유압 제어 시스템의 전반적인 동역학에 결정적인 영향을 미친다는 것을 알 수 있다. 특히, 식 (7.77)로부터, 이러한 설계 파라미터가 시스템의 효과적인 감쇠를 형성하고 스풀 밸브의 입력 운동과 하중의 출력 운동 사이에 적절한 게인 관계를 제공하는 것을 알 수 있다. 다음 하위 절은 정상 상태의 관점에서 시스템의 만족스러운 출력을 얻기 위해 명시되어야하는 기계 설계 파라미터를 고려하는 데 사용된다.

7.4.3 설계

▌액추에이터 설계

고정 변위 회전식 액추에이터를 고려하여 그림 7.9에 표시된 시스템의 설계를 고려한다.
일반적으로 주어진 적용에 대해 작동 부하 토크는 작동 액추에이터 압력과 함께 지정되며 액추에이터 V_a의 필요한 체적 변위를 결정하는 데 사용할 수 있다. 식 (7.73)의 우변을 고려하면 회전형 액추에이터가 생성하는 정상 작동 토크는

$$T = \eta_{a_t}V_a(P_A - P_B), \tag{7.78}$$

여기서 V_a는 액추에이터의 부피비로, η_{at}는 액추에이터의 토크 효율이며, P_A와 P_B는 액추에이터의 각 측면에서의 유체 압력이다. 적용을 위해 명시된 작동 토크에서, 전체 공급 압력보다 작은 회전 액추에이터에서 유체 압력을 사용하여 시스템에 과도한 토크 성능을 제공하는 것은 비효율적이다. 작동 토크 조건에서의 일반적인 설계 사양은 다음과 같다.

$$T = T_w, \quad P_A = \tfrac{3}{4}P_s, \quad \text{and} \quad P_B = \tfrac{1}{4}P_s, \tag{7.79}$$

여기서, Y_w는 유압 제어 시스템의 작동 토크이고, P_s는 유압 제어 밸브에 대한 공급 압력이다. 이 조건을 식 (7.78)에 대입하면 그림 7.9에 표시된 로터리 액추에이터의 필요한 용적 변위 크기를 결정하는 다음 방정식이 생성된다.

$$V_a = 2\frac{T_w}{\eta_{a_t}P_s}. \tag{7.80}$$

이 결과는 주어진 공급 압력에 대해 충분한 작동 토크를 제공할 회전형 액추에이터를 설계하

거나 선택하는 데 이용된다. 회전형 액추에이터는 단순히 반대 방향으로 작동하는 수력 펌프이므로, 사용되는 액추에이터의 유형은 기어식 기계를 축 피스톤 기계에 공급하는 범위이다.
일반적으로 액추에이터의 선택은 액추에이터 자체에 필요한 작업 능력을 기반으로 한다. 예를 들어, 시동 토크가 높으면 높은 작동 효율이 필요한 경우 최상의 액추에이터 선택은 구부러진 축의 축 피스톤 기계이다.

참고: 20 MPa를 초과하는 작동 압력에 대해 축 방향 피스톤 기계(구부러진 축 또는 사판 유형)가 일반적으로 사용되어야 한다. 반면 효율이 응용 분야에서 중요한 요소가 아니며 압력이 20 MPa 미만인 경우 기어 또는 베인 유형 액추에이터를 선택하는 것이 비용이 적게 드는 옵션이다.

밸브 설계

회전형 액추에이터가 컨트롤 응용 분야에 필요한 작업 토크를 생성하도록 설계되었으므로 다음 단계는 액추에이터에 충분한 유량 및 압력 특성을 제공하는 제어 밸브를 설계하라. 이러한 특성은 밸브에 적절한 유량 게인 K_q 및 압력 흐름 계수 K_c를 지정하여 설계된다.
식 (7.75)의 첫 번째 부분은 설계에 필요한 밸브 계수를 지정하는 데 유용하다. 이 방정식은 유동 이득 및 압력 - 유동 계수의 관점에서 명시적으로 주어진다.

$$K_c(P_A - P_s/2) = K_q x - \frac{V_a}{2\eta_{a_v}}\dot{\theta}, \tag{7.81}$$

여기서 θ는 부하의 각속도이다. 적절한 밸브 계수를 지정하기 위해 일반적으로 (1) 정상 작동 토크 조건과 (2) 액추에이터의 정상 무부하 속도의 두 가지 작동 조건이 고려된다. 이 두 가지 조건 모두에 대해 오픈 센터 밸브의 변위는 보통 그림 7.9에 표시된 언더 랩된 밸브 크기 u의 1/4이 된다. 다시 한 번, 이 크기의 특정 작동 밸브 변위는 밸브 유동 방정식이 선형화된 널 위치 근처에서 밸브가 계속 작동하도록 하고 시스템 설계에 과도한 여유를 줄 수 있다. 유압 제어 시스템의 정상 작동 조건에 대해 다음 파라미터를 사용함으로써, 즉,

$$x = \tfrac{1}{4}u, \qquad P_A = \tfrac{3}{4}P_s, \qquad \text{and} \qquad \dot{\theta} = 0, \tag{7.82}$$

식 (7.81)은 설계의 작업 사양을 만족시키는 다음 식을 작성하는 데 사용될 수 있다.

$$K_c P_s = K_q u. \tag{7.83}$$

유사하게, 유압 제어 시스템의 무부하 속도 조건을 식별하기 위해 다음 파라미터를 사용함으로써, 즉,

$$x = \tfrac{1}{4}u, \qquad P_A = \tfrac{1}{2}P_s, \qquad \text{and} \qquad \dot{\theta} = \omega_o, \tag{7.84}$$

여기서 ω_o는 부하 외란 토크 T가 0일 때 규정되는 무부하 속도이며, 식 (7.81)은 설계의 무부하

속도 요건을 만족시키는 다음 식을 쓰는 데 사용될 수 있다.

$$0 = K_q u - \frac{2V_a}{\eta_{a_v}} \omega_o. \tag{7.85}$$

식 (7.83) 및 (7.85)의 동시 솔루션은 각각 밸브 유량 게인, 압력 유량 계수 및 압력 감도에 대한 다음과 같은 사양을 생성한다.

$$K_q = \frac{2V_a\omega_o}{u\eta_{a_v}}, \qquad K_c = \frac{2V_a\omega_o}{P_s\eta_{a_v}}, \qquad \text{and} \qquad K_p = \frac{K_q}{K_c} = \frac{P_s}{u}. \tag{7.86}$$

식 (7.86)과 식 (7.22)의 비교는 A_A를 V_a로 간단히 대체하고 v_o을 ω_o로 대체함으로써 직사각형 유체 형상의 지배 방정식을 다음과 같이 나타낼 수 있다.

$$u = \sqrt{\frac{V_a\omega_o}{2C_d\sqrt{P_s/\rho}\,\eta_{a_v}}} \qquad \text{and} \qquad h = 4u. \tag{7.87}$$

이러한 결과로부터, 액추에이터 V_a 및 무부하 속도 ω_o의 체적 변위가 커짐에 따라 밸브 크기도 그에 따라 증가해야 한다는 것을 알 수 있다. 따라서 밸브는 유압 제어 시스템의 전반적인 설계 목표를 충족시키기 위해 부하 요구 사항과 일치해야 한다.

밸브 설계에 대한 지금까지 우리는 표준 유량 계수 및 액추에이터의 적절한 성능에 필요한 정격 유로 크기에 관한 문제만 다루었다. 이 토론에서는 밸브의 물리적 디자인 및 밸브 작동 수단과 관련된 문제는 고려하지 않았다. 이러한 설계 측면을 고려할 때, 독자는 4장에 제시된 보다 심층적인 밸브 분석을 참고할 수 있다.

펌프 설계

선형 액추에이터와 컨트롤 밸브가 설계되었으므로 이제는 선형 액추에이터와 컨트롤 밸브에 전원을 공급할 유압 제어 시스템 내의 유압 펌프를 지정해야 한다.

그림 7.9에서 볼 수 있듯이 이 펌프는 펌프 축의 각도 입력 속도 ω_p에 비례하는 용적 유량을 생성하는 고정 변위 펌프이다. 펌프 자체 내에는 내부 용적이 있어 펌프 체적 효율 η_{pv}가 감소한다. 그림 7.9의 릴리프 밸브가 닫혀 있다고 가정하면 십자형 제어 밸브로의 공급 유량은 다음과 같다.

$$Q_s = \eta_{p_v} V_p \omega_p, \tag{7.88}$$

여기서 V_p는 회전 단위당 펌프의 체적 변위이고, η_{pv}는 펌프의 체적 효율이다. 그림 7.9에서 공급 흐름은 4 포트 스풀 밸브의 계량 대 2와 3을 횡단하는 용적 유량의 합과 같아야 한다는 것을 알 수 있다. 식 (7.7)을 사용하면 이 공급 흐름은 다음과 같이 주어진다.

$$Q_s = Q_2 + Q_3 = 3K_cP_s - K_c(P_A + P_B). \tag{7.89}$$

식 (7.75)로부터

$$P_A + P_B = P_s \tag{7.90}$$

이는 액추에이터 속도에 대한 의존성이 전혀 나타나지 않는다. 이 결과를 식 (7.89)에 대입하면, 식 4 포트 밸브에 의해 주어진다.

$$Q_s = 2K_cP_s. \tag{7.91}$$

마지막으로, 식 (7.91)을 식 (7.88)로 대체하면, 공급 펌프의 필요한 용적 변위가 다음과 같이 주어진다는 것을 알 수 있다.

$$V_p = \frac{2K_cP_s}{\eta_{p_v}\omega_p}. \tag{7.92}$$

독자는 이것이 회전형 액추에이터의 대칭 작동으로 인한 공급 펌프의 크기 조정을 위해 지금까지 살펴본 가장 간단한 수식임을 알 수 있다.

사실, 식 (7.92)에서 액추에이터 속도 의존성이 없으므로 시스템의 과압을 피하기 위해 피크 흐름을 클리핑할 필요가 없기 때문에 이론적으로 서플라이 펌프는 회로에 병렬 릴리프 밸브 없이 사용할 수 있다. 환언하면, 오픈 센터 4 포트 밸브에 의해 제공되는 일정한 유동 저항은 식 (7.92)가 충족되면 필요한 공급 압력 (P_s)을 생성하기에 충분하다.

이 논의는 그림 7.9에서 보여준 유압 제어 시스템을 위한 공급 펌프의 적절한 크기 결정으로 이해되었다. 특정 시스템 요구 사항에 따라 펌프 크기가 시스템에 지정되었지만 펌프의 물리적 구성에 대해서는 언급된 바가 없다. 실제적으로 이 펌프는 기어 펌프이거나 축 방향 피스톤 펌프이거나 식 (7.92)에 표시된 용적 변위 요구 사항을 충족하는 모든 양의 변위 펌프일 수 있다. 일반적으로 펌프 구성 유형은 시스템의 필요한 공급 압력과 펌프의 원하는 작동 효율에 따라 선택된다.

5장에서 언급했듯이 액시얼 피스톤 펌프는 기어 및 베인형 펌프에 비해 높은 압력에서 작동하고 높은 작동 효율을 제공하는 경향이 있다.

다른 한편, 축 방향 피스톤 펌프는 제어 시스템의 초기 비용을 증가시키는 경향이 있으며, 이는 종종 사용에 대한 억제력이다.

입력 전원 설계

그림 7.9에 표시된 유압 제어 시스템을 작동하는 데 필요한 입력 전력은 표준 전력 방정식이다.

$$\Pi = \frac{V_p \omega_p P_s}{\eta_p}, \tag{7.93}$$

여기서 η_p는 체적 및 토크 효율 $\eta_p = \eta_{pt}\,\eta_{pv}$값의 곱에 의해 주어진 펌프의 전체 효율이다. 이 결과는 식 (7.31)의 결과와 본질적으로 동일하다.

연구 사례

그림 7.9에 나타난 시스템과 관련된 설계 과정을 설명하기 위해 다음 사례 연구를 고려하라. 시멘트 혼합 트럭은 평균 드럼 반경이 1 m인 혼합 드럼을 사용한다.
드럼이 완전히 장착될 때 드럼을 구동하는 데 10,000 Nm의 토크가 필요하다.
무부하 속도 드럼은 5 rpm이다. 드럼은 100 : 1의 기어비를 가진 감속 기어 세트를 통해 그림 7.9와 비슷한 4 포트 밸브 제어 회전식 액추에이터에 의해 구동된다. 회전형 액추에이터의 토크 및 부피 효율은 각각 95% 및 97%이다. 공급 펌프는 1800 rpm으로 트럭 엔진에 의해 구동되는 동안 20 MPa의 공급 압력을 제공한다. 펌프의 토크 및 체적 효율은 각각 95% 및 96%로 주어진다. 이 유압 시스템의 구성 요소를 설계하고 지정해야 한다.

이 문제에 대한 해결책은 응용 프로그램의 부하 목표를 달성하는 데 사용해야 하는 회전형 액추에이터의 크기를 고려하여 시작된다.
회전형 액추에이터가 전달해야 하는 작동 토크를 결정하기 위해 다음과 같은 기어비를 사용한다.

$$T_w = \frac{10{,}000 \text{ N m}}{100} = 100 \text{ N m}.$$

식 (7.80)에이 결과를 사용하면 회전형 액추에이터의 용적 변위가

$$V_a = 2\frac{T_w}{\eta_{a_t} P_s} = 2\frac{100 \text{ N m}}{0.95 \times 20 \text{ MPa}} = 66 \text{ cm}^3/\text{rev}.$$

액추에이터가 설계되었으므로 그림 7.9에 표시된 4 포트 제어 밸브의 밸브 계수를 지정하는 쪽으로 이동한다. 이 계수는 밸브의 포팅 형상에 따라 다르다.
직사각형 포트의 경우, 밑변 치수 u와 포트 높이 h는 식 (7.87)과 같다.
밸브에 대한 배출 계수가 $C_d = 0.62$이고 유체 밀도가 $\rho = 850$ kg/m^3 으로 주어졌다고 가정하면, 이 방정식은 직사각형 유로의 이식 치수를 계산하는 데 사용될 수 있다($u = 1.73$ mm 및 $h = 6.91$ mm이다).
이 결과는 액추에이터의 계산된 용적 변위 $V_a = 66$ cm^3/rev와 문제 $\omega_o = 100 \times 5$ rpm$=500$ rpm에 명시된 무부하 속도 요구 사항을 기반으로 한다. 여기서 100은 액추에이터 및 시멘트 믹서 드럼을 포함한다. 식 (7.86)에 이러한 결과를 사용하면 밸브 계수는 다음과 같이 계산될 수 있다.

$$K_q = \frac{2V_a\omega_o}{u\eta_{a_v}} = \frac{2 \times 66\ \text{cm}^3/\text{rev} \times 500\ \text{rpm}}{1.73\ \text{mm} \times 0.97} = 0.657\ \text{m}^2/\text{s}$$

$$K_c = \frac{2V_a\omega_o}{P_s\eta_{a_v}} = \frac{2 \times 66\ \text{cm}^3/\text{rev} \times 500\ \text{rpm}}{20\ \text{MPa} \times 0.97} = 5.68 \times 10^{-11}\ \text{m}^3/\text{Pa s}$$

$$K_p = \frac{K_q}{K_c} = \frac{P_s}{u} = \frac{20\ \text{MPa}}{1.73\ \text{mm}} = 1.16 \times 10^{10}\ \text{Pa/m}.$$

이 방정식은 스풀 밸브의 필요한 유량 특성을 설명한다. 밸브의 작동 메커니즘에 관해서는 아무것도 말하지 않았다. 그러나 속도 제어 시멘트 혼합 적용의 경우, 피드백 제어기와 전자 유압 작동 시스템을 사용하여 밸브가 움직일 가능성이 있다.

액추에이터와 밸브가 설계되었으므로 공급 펌프의 체적 변위를 지정해야 한다. 이 명세는 식 (7.92)에 의해 정의된다. 이 결과를 사용하여 펌프의 지정된 용적 변위를 다음과 같이 계산한다.

$$V_p = \frac{2K_cP_s}{\eta_{p_v}\omega_p} = \frac{2 \times 5.68 \times 10^{-11}\ \text{m}^3/(\text{Pa s}) \times 20\ \text{MPa}}{0.96 \times 1800\ \text{rpm}} = 79\ \text{cm}^3/\text{rev}.$$

마지막으로, 시멘트 혼합 트럭의 엔진에서 요구되는 동력의 양을 평가해야 한다. 이 힘은 식 (7.93)에 의해 결정되며 다음과 같이 계산된다.

$$\Pi = \frac{V_p\omega_pP_s}{\eta_p} = \frac{79\ \text{cm}^3/\text{rev} \times 1800\ \text{rpm} \times 20\ \text{MPa}}{0.95 \times 0.96} = 45.46\ \text{kW}.$$

독자는 η_p가 펌프의 전체 효율임을 기억하라.

7.4.4 제어

위치 제어

그림 7.9에 도시된 4 포트 밸브 제어식 회전형 액추에이터는 다수의 제어 목적을 달성하는데 사용될 수 있다.

이 제어 시스템의 가능한 목표 중 하나는 액추에이터의 궤적 범위 내에서 미리 정해진 각도 위치에서 하중을 정확하게 위치시키는 것이다. 이 제어 기능은 액추에이터의 천천히 움직이는 조건 하에서 수행된다. 따라서 이 제어 문제에 대한 시스템 설명은 고속 작동 중에 일반적으로 중요한 일시적인 영향을 무시할 수 있다.

이 경우, 관성 및 점성 감쇠의 과도 조건을 무시하여 제어 시스템을 설명하는 데 식 (7.77)을 사용할 수 있다. 이 결과는 다음과 같이 주어진다.

$$k_t\theta = 2\eta_{a_t} V_a \mathrm{K}_p x - T, \tag{7.94}$$

여기서, K_p는 제어 밸브의 압력 감도, η_{at}는 액추에이터의 토크 효율이며, 식 (7.94)의 다른 매개변수는 다음과 같다.

(그림 7.9). 표준 비례 적분(PI) 제어기를 사용하면 4 포트 스풀 밸브의 변위에 대한 제어 법칙은 다음과 같이 쓸 수 있다.

$$x = \mathrm{K}_e(\theta_d - \theta) + \mathrm{K}_i \int (\theta_d - \theta)\, dt, \tag{7.95}$$

여기서 K_e는 비례 게인이고, K_i는 적분 게인이며, θ_d는 원하는 게인이다.

식 (7.95)에서 정의된 제어 법칙을 적용하는 가장 실용적인 방법은 피드백 정보를 읽고 적절한 출력 신호를 생성할 수 있는 마이크로프로세서와 결합 된 4 포트 스풀 밸브 액추에이터에 전자 유압식 위치 제어 장치를 사용하는 것이다. 이 어플리케이션에 사용될 수 있는 일반적인 전자 유압 밸브는 4장의 그림 4.15에 나와 있다. 제어 장치 100p의 마이크로프로세서 사용에 대한 자세한 내용은 이 문제를 다루는 실용적인 텍스트를 참조하라 [3,4]. 그림 7.10은 식 (7.94)과 (7.95)로 설명되는 위치 제어의 블록 다이어그램을 보여준다.

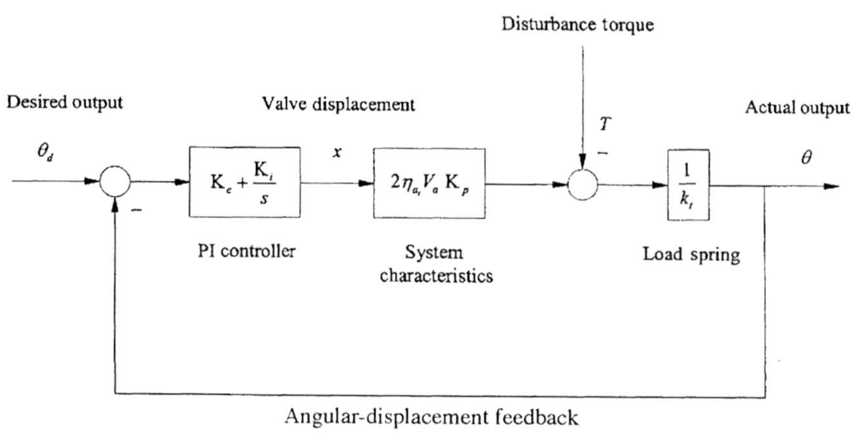

그림 7-10

4 포트 밸브 제어 회전형 액추에이터의 위치 제어

그림 7.9에 도시된 시스템의 위치 제어가 조절 제어 문제이고 부하 토크(T) 및 부하(θ_d)의 원하는 위치가 상수라고 가정하면, 식 (7.94) 및 (7.95)는 둘 다 차별화될 수 있다. 제어 시스템에 대한 다음 운동 방정식을 쓰도록 결합된다.

$$\tau\dot{\theta} + \theta = \theta_d. \tag{7.96}$$

이 방정식에서 시스템 시간 상수는

$$\tau = \frac{1}{K_i}\left(\frac{k_t}{2\eta_{a_t}V_aK_p} + K_e\right). \tag{7.97}$$

독자는 오버 슈트 또는 진동을 나타내지 않고 적시에 부하의 원하는 위치에 점근적으로 접근하는 1차 시스템의 설명으로 식 (7.96)을 학습한다. 시간이 무한대로 갈수록 이 시스템의 정상 상태 오류는 사라지고 PI 컨트롤러의 통합 구성 요소를 사용함으로써 얻을 수 있는 주요 이점이 된다. 1차 시스템의 안정 시간은 $t_s = 4\tau$이다.

위치 제어 문제에 대한 설계 목표는 시스템의 적절한 시상수를 설계하여 1차 응답을 형성하는 것이다.

비례 및 적분 제어 이득을 적절하게 선택함으로써 제어 시스템 출력의 원하는 정착 시간에 따라 이 시간 상수를 증가 또는 감소시킬 수 있다. 식 (7.96)의 1차 제어 시스템은 고도의 단순성을 보여주지만 독자는 이 시스템 응답이 천천히 움직이는 장치를 기반으로 한다는 것을 명심해야 한다. 원하는 정착 시간이 너무 짧아지면 고차 동역학이 중요 해지고 시스템 응답을 수용하기 위해 시스템을 보다 정교하게 분석해야 한다.

속도 제어

아마도 그림 7.9에 나타난 시스템의 가장 일반적인 제어 목표는 속도 제어이다. 이 목적은 어플리케이션에 의해 규정된 원하는 각속도에 기초하여 하중에 대한 특정 출력 각속도를 확립하고자 한다. 이 목적은 일반적으로 로드 스프링을 포함하지 않는 로드 시스템에 대해 수행된다.

따라서, 그림 7.9에 도시 된 스프링을 무시함으로써, 즉 $k_t = 0$로 설정함으로써, 속도 제어 시스템에 대한 운동 방정식은 식 (7.77)의 일반적인 형태를 사용하여 기록될 수 있다. 이 결과는 다음과 같이 주어진다.

$$J\dot{\omega}_a + \left(b + \frac{V_a^2}{K_c}\right)\omega_a = 2\eta_{a_t}V_aK_px - T, \tag{7.98}$$

여기서 ω_a는 부하의 순간 각속도이다. 다시, K_c와 K_p는 각각 4 포트 제어 밸브의 압력 흐름 계수와 압력 감도이고 η_{at}는 작동기의 토크 효율이다.

식 (7.98)의 다른 모든 매개 변수는 그림 7.9와 같다. 속도 제어 목표의 경우, 스풀 밸브에 대해 다음과 같은 제어 법칙을 사용하여 전체 비례 - 적분 미분(PID) 제어기를 선택한다.

$$x = K_e(\omega_d - \omega_a) + K_i\int(\omega_d - \omega_a)\,dt + K_d\frac{d}{dt}(\omega_d - \omega_a), \tag{7.99}$$

K_e는 비례 게인, K_i는 적분 이득, K_d는 미분 게인, ω_d는 부하의 원하는 각속도이다.

다시 말하면 식 (7.99)에 정의된 제어 법칙을 적용하는 가장 실용적인 방법은 피드백 정보를 읽고 밸브 액추에이터의 적절한 출력 신호를 생성할 수 있는 마이크로프로세서와 결합된 4 포트 스풀 밸브에 전자 유압식 위치 제어 장치를 사용하는 것이다.

그림 7.11은 식 (7.98)과 (7.99)로 설명된 속도 제어의 블록 다이어그램을 보여준다.

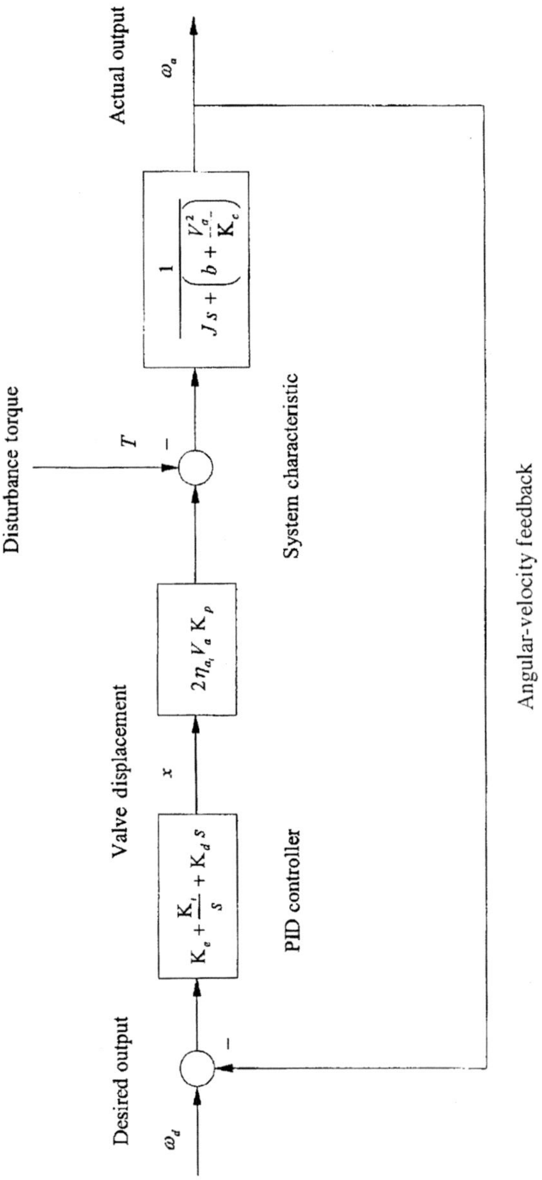

그림 7-11

4 포트 밸브 제어 회전형 액추에이터의 속도 제어.

그림 7.9에 도시된 시스템의 속도 제어가 조절 제어 문제이고 부하 토크(T) 및 부하(ω_d)의 원하는 각속도가 상수라고 가정하면, 식 (7.98) 및 (7.99) 둘 다 차별화되고 결합되어 제어되는 시스템에 대해 다음 운동 방정식을 쓸 수 있다.

$$\ddot{\omega}_a + 2\zeta\omega_n\,\dot{\omega}_a + \omega_n^2\omega_a = \omega_n^2\omega_d, \tag{7.100}$$

비 감쇠 고유 진동수와 감쇠비는 각각 다음과 같이 주어진다.

$$\omega_n = \sqrt{\frac{\mathrm{K}_i}{\dfrac{J}{2\eta_{a_t}V_a\mathrm{K}_p} + \mathrm{K}_d}} \quad \text{and} \quad \zeta = \frac{\left(\dfrac{b}{2\eta_{a_t}V_a\mathrm{K}_p} + \dfrac{V_a}{2\eta_{a_t}\mathrm{K}_q} + \mathrm{K}_e\right)}{2\sqrt{\mathrm{K}_i\left(\dfrac{J}{2\eta_{a_t}V_a\mathrm{K}_p} + \mathrm{K}_d\right)}}. \tag{7.101}$$

독자는 방정식 (7.100)을 2차 시스템의 설명으로 이해할 수 있을 것이다. 이 시스템은 안정 상태에 도달하기 전에 오버슈트와 진동을 보일 수 있다. 오버슈트와 진동이 발생하는지 여부는 감쇠비 ζ가 1보다 작거나 큰지에 따라 달라진다. 감쇠 비가 1보다 작으면 시스템은 미감쇠 상태이고, 출력은 오버슈트와 진동을 보이며 안정 상태에 이르게 된다. 반면 감쇠 비가 1보다 크면 시스템은 과감쇠 상태이고, 출력은 오버슈트나 진동 없이 점진적으로 안정 상태에 접근하는 1차 시스템처럼 보인다. 제어 시스템이 미감쇠 상태라고 가정하면, 상승 시간, 정착 시간, 그리고 최대 오버슈트 백분율은 3장에서 정의된 대로 계산될 수 있다.

각속도 제어 문제의 설계 목표는 시스템에 적절한 비 감쇠 고유 진동수와 감쇠비를 설계하여 2차 응답을 형성하는 것이다. 비례, 적분 및 미분 제어 게인을 적절하게 선택함으로써 시스템의 감쇠가 없는 고유 진동수와 감쇠비를 적절하게 조정할 수 있다.

식 (7.101)로부터 비례 게인은 시스템의 유효 감쇠에 대한 조정을 제공하는 반면, 적분 및 미분 게인은 시스템의 유효 스프링 율 및 질량을 조정하는 데 사용됨을 알 수 있다. 미분 게인이 무시되는 경우, 즉 전체 PID 제어 대신 PI 제어가 사용되는 경우, 시스템의 감쇠되지 않은 고유 진동수는 적분 게인 K_i를 조정함으로써 단독으로 조정될 수 있다는 것을 식 (7.101)로부터 알 수 있다. 독자는 감쇠되지 않은 고유 진동수가 미 진동 2차 시스템의 상승 시간의 주요 설명해주는 것으로 이해한다. 일단 원하는 고유 진동수가 얻어지면, PI 제어 시스템의 감쇠비는 비례 게인 K_e를 조정하여 조정할 수 있다. 감쇠 비율은 최대 퍼센트 오버 슈트(overshoot)의 유일한 원인이다.

PI 컨트롤러를 튜닝하는 이 시리즈 접근법은 매우 편리하며 3장의 주요 장점 중 하나이다. 그럼에도 불구하고, 제어 밸브의 기계적 한계를 포화시키지 않도록 합당한 제어 게인을 선택해야 한다.

▍연구 사례

앞의 사례 연구에서 4 포트 밸브 제어식 회전형 액추에이터가 시멘트 믹서 드럼의 출력 동력을 제어하도록 설계되었다. 이 드럼의 평균 반경은 1 m이었고 속도 감소 기어비는 100 : 1이다. 이 시스템의 설계에는 66 cm^3/rev의 용적 변위와 95%의 토크 효율 회전형 액추에이터가 필요했다. 사방 밸브는 유량 게인 0.657 m^2/s 및 압력 감도 1.16×1010 Pa/m로 설계되었다. 적재된 회전 드럼의 질량 관성 모멘트는 50,000 kg m^2 로 주어지며 시스템의 점성 감쇠는 무시할 수 있다. PID 제어 구조에서 미분 게인을 무시함으로써 고유 진동수를 계산한다. 감쇠비는 1.4×10.4 m의 비례 게인과 9.33×10^{-6}m의 적분 게인을 사용한다.

이러한 게인은 제어 밸브의 최대 이동 거리와 속도 피드백 신호의 예상 오차를 기반으로 합리적이다. 이 응답과 관련된 최대 첨두치 및 정착 시간은 얼마인가?

이 문제에 대한 해결책은 회전형 액추에이터가 관측하는 유효 질량 관성 모멘트를 계산하는 것에서 시작된다.

로터리 액추에이터의 회전 운동 에너지를 믹싱 드럼의 회전 운동 에너지와 동일시함으로써 회전형 액추에이터가 느끼는 질량 관성 모멘트는 다음과 같이 나타낼 수 있다.

$$J = \frac{50{,}000 \text{ kg m}^2}{(100)^2} = 5 \text{ kg m}^2,$$

여기서 50,000 kg m^2 는 회전 드럼의 질량 관성 모멘트이고 100은 회전식 액추에이터와 회전 드럼 사이의 기어비이다.

식 (7.101)로부터, 고유 진동수에 대한 표현은 다음과 같이 재배치되고 계산된다.

$$\begin{aligned}\omega_n &= \sqrt{\frac{2\mathrm{K}_i \eta_{a_t} V_a \mathrm{K}_p}{J}} \\ &= \sqrt{\frac{2 \times 9.33 \times 10^{-6} \text{ m} \times 0.95 \times 66 \text{ cm}^3/\text{rev} \times 1.16 \times 10^{10} \text{ Pa/m}}{5 \text{ kg m}^2}} \\ &= 0.657 \text{ rad/s} = 0.105 \text{ Hz}\end{aligned}$$

유사하게, 감쇠비에 대한 식은 다음을 산출하는 데 사용된다.

$$\begin{aligned}\zeta &= \frac{\left(\dfrac{V_a}{2\eta_{a_t}\mathrm{K}_q} + \mathrm{K}_e\right)}{2\sqrt{\dfrac{J\mathrm{K}_i}{2\eta_{a_t}V_a\mathrm{K}_p}}} = \frac{\left(\dfrac{66 \text{ cm}^3/\text{rev}}{2 \times 0.95 \times 0.657 \text{ m}^2/\text{s}} + 1.4 \times 10^{-5} \text{ m s}\right)}{2\sqrt{\dfrac{5 \text{ kg m}^2 \times 9.33 \times 10^{-6} \text{ m}}{2 \times 0.95 \times 66 \text{ cm}^3/\text{rev} \times 1.16 \times 10^{10} \text{ Pa/m}}}} \\ &= 0.7895.\end{aligned}$$

3장에 제시된 것처럼 약한 2차 시스템에 대한 상승 시간과 첨두치의 정의를 사용하면 안정 시간이 7.71 초이고 첨두치가 1.758%인 것으로 나타난다.

토크 제어

마지막으로 그림 7.9에 보이는 유압 제어 시스템에서 사용되는 토크 제어라는 다른 제어 목표도 있다. 이런 토크 제어 시스템은 보통 부하 스프링 없이 속도 제어 시스템처럼 설정되어 있으며, 필요에 따라 속도 제어와 힘 제어 사이를 바꿔가며 사용된다. 이 시스템은 대상에 점진적으로 힘을 가하는 방식으로 천천히 움직이는 것이 일반적이다. 이런 천천히 움직이는 조건에서는 시스템 내의 부하 관성과 점성 감쇠 효과를 모델링할 때 무시해도 모델의 정확성에 문제가 없다. 방정식 (7.77)의 왼쪽 항을 0으로 설정하면, 토크 제어 시스템에 적용되는 부하 토크를 설명하기 위한 방정식을 사용할 수 있다.

$$T = 2\eta_{a_t} V_a \mathrm{K}_p x. \tag{7.102}$$

표준 비례 적분(PI) 제어기를 사용하면 4 포트 스풀 밸브의 변위에 대한 제어 법칙은 다음과 같다.

$$x = \mathrm{K}_e(T_d - T) + \mathrm{K}_i \int (T_d - T)\, dt, \tag{7.103}$$

여기서 K_e는 프로 포리지 컬 게인, K_i는 적분 게인, T_d는 부하에 가해지는 목표 토크이다. 대부분의 응용 분야에서 순간 부하 토크 T는 회전형 액추에이터의 측면 A와 B에 있는 유체 압력을 감지하고 식 (7.78)에 따라 부하 토크를 계산하여 측정된다.
다시 말하지만 마이크로프로세서가 이러한 기능을 수행하는 데 필요하며 4 포트 스풀 밸브의 전자 유압 위치 제어는 식 (7.103)의 제어 법칙을 시행하는 데 사용된다. 그림 7.12는 식 (7.102) 및 (7.103)에 설명된 토크 제어의 블록 다이어그램을 보여준다.

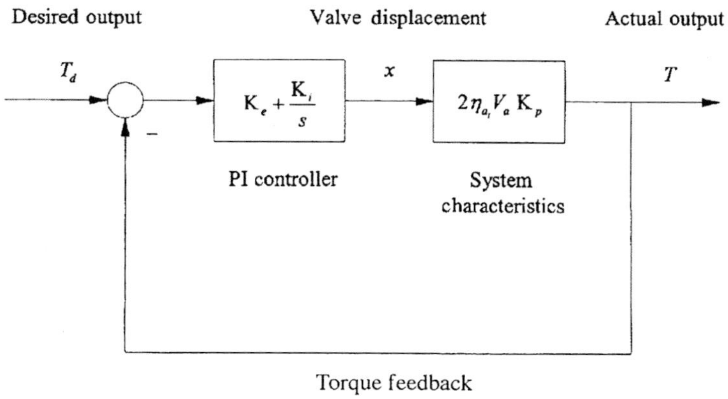

그림 7-12
4 포트 밸브 회전형 액추에이터의 토크 제어.

그림 7.9에 도시된 시스템의 토크 제어가 조절 제어 문제이고 원하는 부하 토크(T_d)가 상수라고 가정하면, 식 (7.102) 및 (7.103)은 모두 차별화되고 결합되어 기입 토크 제어 시스템에 대한 다음 동적 방정식은 다음과 같다.

$$\tau \dot{T} + T = T_d, \tag{7.104}$$

여기서 시스템 시간 상수에 의해 주어진다.

$$\tau = \frac{1}{K_i}\left(\frac{1}{2\eta_{a_t} V_a K_p} + K_e\right). \tag{7.105}$$

다시, 독자는 임의의 오버 슛 또는 진동을 나타내지 않고 원하는 부하 토크 (T)에 점근적으로 접근하는 1차 시스템의 설명으로서 식 (7.104)을 학습할 것이다. 이 시스템의 동적 유사성은 이전에 논의된 위치 제어 시스템과 비교되어야 한다.

토크 제어 문제의 설계 목표는 시스템에 적절한 시정수를 설계하여 1차 응답을 형성하는 데 있다. 비례 및 적분 제어 게인을 적절히 선택함으로써, 이 시정수는 제어 시스템의 출력이 안정되기를 원하는 시간에 따라 증가시키거나 감소시킬 수 있다. 또한, 방정식 (7.104)에 의해 설계된 1차 제어 시스템은 회전 액추에이터가 천천히 움직인다는 가정 하에 만들어졌다는 점을 독자는 기억해야 한다. 만약 이 시스템의 응답 시간이 너무 짧아진다면, 모델링 과정에서 무시되었던 고차 동역학이 더 중요해지고, 관측된 출력이 만족스럽지 않을 수 있다. 이러한 상황에서는 시스템의 만족스러운 응답 특성을 보장하기 위해 더 정교한 분석이 필요할 것이다.

제어 요약

이 하위 절에서는 그림 7.9에 표시된 4 포트 밸브 로터리 액추에이터를 사용하여 일반적으로 수행되는 세 가지 제어 목표를 고려했다. 이러한 목표로는 위치 제어, 속도 제어 및 토크 제어가 포함되며 이들 모두 표준 PID 컨트롤러의 형식을 채택했다. 위치 제어 및 토크 제어를 위해, 현실적인 작동 모드에 대한 제어 문제를 단순화하기 위해 중요한 느린 속도 가정이 사용되었다.

이 제어 전략들이 저속 상황을 기반으로 한다는 점을 감안할 때, 이런 목표로는 일반적이지 않은 고속 응용에 이 컨트롤러들을 사용하는 것에 대해 주의가 필요하다. 고속에서는 보통 간과되는 복잡한 동역학적 요소들이 드러날 수 있으며, 이는 원하는 성능이 나오지 않는 시스템의 결과를 가져올 수 있다.

7.5. 결론

이 장에서는 오늘날 실제로 널리 사용되고 있는 여러 표준 밸브 제어 유압 시스템들을 살펴보았다. 이 장이 유압 시스템에 대한 모든 내용을 담고 있는 것은 아니지만, 소개된 시스템들은 현재 존재하거나 다양한 제어 목적에 맞게 설계될 수 있는 유압 제어 시스템의 대표적인 예다. 이 장에서 소개된 시스템의 다른 응용 분야는 시스템의 효율성을 개선하고자 하는 목적을 가질 것이다. 이런 응용 분야에서는 종종 부하를 감지할 수 있는 가변 배출량 펌프를 사용하며, 이 펌프는 제어 밸브의 하류 압력을 감지하여 공급 압력을 액추에이터의 작업 압력보다 약 2 MPa 높게 조절한다. 이런 실시간 공급 압력 조정은 밸브의 계수를 지속적으로 변화시켜 시스템의 분석을 복잡하게 만든다. 그러나 시스템 전반의 효율성을 크게 향상시킬 수 있기 때문에, 이로 인한 분석 및 설계의 복잡성은 대체로 그 가치가 있다고 볼 수 있다.

7.6. 참고 문헌

[1] Norton, R. L. 2000. *Machine Design: An Integrα , ted Approach.* Prentice-Hall, Upper Saddle River, NJ.

[2] Hamrock, B. J., B. Jacobson, and S. R. Schmid. 1999. *Fundamentals of Machine Elements.* WCB/McGraw-Hill, New York.

[3] Kleman, A. 1989. *Interfacing Microprocessors in Hydraulic Systems.* Marcel Dekker, New York.

[4] Bolton, W. 1996. *Mechatronics: Electronic Control Systems in Mechanical Engineering.* Addison Wesley Longman, London.

[5] Merritt, H. E. 1967. *Hydraulic Control Systems.* John Wiley & Sons, New York.

7.7. 과제

7.7.1 선형 액츄에이터의 4 포트 밸브 제어

7.1 4 포트 밸브는 유통 창고에서화물 썰매를 작동시키는 데 사용되는 단일로드 선형 액추에이터를 제어한다. 제어 시스템은 그림 7.1과 유사하다. 엘리베이터의 최대 적재 용량은 1000 lbf이며, 자체 중량(1000 lbf)을 포함한다. 시스템의 공급 압력은 500 psi입니다. 액추에이터의 힘 효율이 93%라고 가정하면 액추에이터의 피스톤 및 로드 직경을 설계하라.

7.2 문제 7.1의 엘리베이터 설계에서 무부하 속도 사양은 4 in./s이며 액추에이터의 체적 효율은 97%이다. 제어 밸브에 직사각형 포팅 형상을 사용하여 엘리베이터 작동에 필요한 정격 포트 형상을 결정한다. 이 기하 구조와 시스템의 작동 조건으로부터 유량 게인, 압력 - 유량 계수 및 밸브의 압력 감도를 계산하라. 유체 밀도는 0.0307 lbm/in.^3이고 밸브의 배출 계수는 0.62라고 가정한다.

7.3 문제점 7.1 및 7.2의 엘리베이터 설계의 경우 펌프의 입력 속도가 1800 rpm이라고 가정할 때 공급 펌프의 필요한 용적 변위를 지정하라. 펌프의 체적 효율은 89%이다. 토크 효율이 92%라고 가정할 때 이 펌프를 작동하려면 어느 정도의 전력이 필요한가?

7.4 문제 7.1부터 7.3까지의 엘리베이터 속도는 PI 컨트롤러를 사용하여 제어되며, 이 컨트롤러는 비례 게인을 1.22×10^{-2} 초, 적분 게인을 2.04×10^{-3}(단위 없음)으로 설정하여 4 포트 스풀 밸브를 작동시킨다. 만약 엘리베이터가 10,000 lbm의 질량으로 완전히 부하되었다면, 제어 시스템의 감쇠되지 않은 자연 진동수와 감쇠비를 계산하라. 이 엘리베이터가 과도 응답과 진동을 보일 것으로 예상하는가? 당신의 대답을 설명하라.

7.7.2 단일로드 선형 액츄에이터의 3 포트 밸브 제어

7.5 그림 7.5와 유사한 3 포트 밸브 제어 선형 액추에이터는 가정 쓰레기 압축기를 작동시키는 데 사용된다. 작동기는 2 MPa의 공급 압력을 사용하여 최대 2225 N의 힘으로 쓰레기를 압축할 수 있어야 한다. 액추에이터의 정격 바이어스 부하는 0이며, 포스 효율은 90%이다. 액츄에이터의 측면 A와 B에 필요한 가압 영역을 지정하라. 이 장치에 필요한 피스톤 및 로드 지름은 무엇인가?

7.6 문제 7.5의 압축기 설계의 경우 무부하 속도 사양은 5 mm/s이고 액추에이터의 체적 효율은 87%이다. 3 포트 제어 밸브에 직사각형 포트 형상을 사용하여 압축기를 작동시키는 데 필요한 정격 포트 형상을 결정한다. 이 기하 구조와 시스템의 작동 조건으로부터 유량 게인, 압력 - 유량 계수 및 밸브의 압력 감도를 계산하라. 유체 밀도가 850 kg/m^3이고 밸브의 배출 계수가 0.62라고 가정한다.

7.7 문제 7.5 및 7.6의 압축기 설계의 경우 펌프로의 입력 속도가 500 rpm인 경우 공급 펌프의 최대 부피 변위를 지정하라. 펌프의 체적 효율은 89%이다. 토크 효율이 92%라고 가정하고 이 펌프를 작동하려면 어느 정도의 전력이 필요한가?

7.8 문제 7.5 ~ 7.7에서 쓰레기 압축기의 가해지는 힘은 3 포트 스풀을 작동시키는 PI 컨트롤러를 사용하여 제어된다. 밸브는 비례 게인 6.18×10^{-8} m/N 및 적분 게인 1.24×10^{-8} m/(N s)을 사용한다. 이러한 게인을 사용하여 시스템 시간 상수와 안정 시간을 계산하라. 쓰레기 압축기에 대한 1s 응답이 좋을 것인가? 당신의 대답을 설명하라.

7.7.3 회전형 액추에이터의 4 포트 밸브 제어

7.9 그림 7.9와 유사한 밸브 제어식 회전형 액추에이터는 100 in. lbf의 토크 저항으로 가공 선반을 작동시키는 데 사용된다. 액추에이터는 10 : 1 속도 비율의 기어 박스를 통해 선반에 연결되며 제어 시스템에 공급되는 압력은 5000 psi이다. 액추에이터의 토크 효율이 95%라고 가정하면, 1회전당 액추에이터의 필요한 체적 변위를 계산하라.

7.10 문제 7.9의 선반 설계의 경우 선반의 무부하 각속도는 8500 rpm으로 지정되고 액추에이터의 체적 효율은 96%이다. 3 포트 제어 밸브에 직사각형 포팅 형상을 사용하여 선반을 작동시키는 데 필요한 정격 포트 형상을 결정한다. 이 기하 구조와 시스템의 작동 조건으로부터 유량 게인, 압력 - 유량 계수 및 밸브의 압력 감도를 계산하라. 유체 밀도가 0.0307 $lbm/in.^3$ 이고 밸브의 배출 계수가 0.61이라고 가정한다.

7.11 문제 7.9 및 7.10의 선반 설계의 경우 펌프의 입력 속도가 1800 rpm이라고 가정하여 공급 펌프의 필요한 용적 변위를 지정하라. 펌프의 체적 효율은 95%이다. 토크 효율이 92%라고 가정할 때 이 펌프를 작동하려면 어느 정도의 전력이 필요한가? 그림 7.9의 릴리프 밸브가 시스템 설계의 필수 부품인가? 당신의 대답을 설명하라.

7.12 문제 7.9에서 7.11까지의 선반의 각속도는 비례 게인 1.42×10^{-4}in. s, 적분 게인 2.83×10^{-5}in 및 4 포트 스풀 밸브를 작동시키는 PID 컨트롤러를 사용하여 제어된다. 그리고 미분게인은 9.44×10^{-4}. s^2 이다. 선반의 회전 관성 및 점성 항력을 무시할 수 있다고 가정할 때 제어되지 않은 고유 주파수와 제어 시스템의 감쇠비를 계산한다. 이 결과로부터, 안정된 시스템의 상승 시간, 안정 시간 및 최대 백분율을 계산한다. 제어되는 시스템의 대역폭 주파수는 얼마인가?

HYDRAULIC CONTROL SYSTEMS

PART 08

펌프 제어 유압 시스템

8.1. 소개

이 장에서는 펌프 제어 유압 시스템의 분석, 설계 및 제어를 고려한다. 이러한 시스템은 유용한 출력을 생성하는 데 사용되는 액추에이터로 또는 액추에이터에서 사용 가능한 유압 동력을 유도하기 위해 제어 밸브와는 달리 펌프를 사용한다. 펌프로 제어되는 유압 시스템은 제어 밸브가 상당한 열 방출을 초래하는 압력 강하를 야기하기 때문에 밸브 제어 시스템에 비해 효율 이점을 나타낸다는 것은 잘 알려져 있다.

펌프로 제어되는 시스템은 이 밸브를 사용하지 않는다. 따라서 출력의 즉각적인 전력 요구는 전체 전력 효율을 증가시키는 전원에 의해 직접 충족된다.

하지만, 다음과 같이 펌프 제어 시스템의 단점이 있다.

1. 펌프 제어 시스템의 응답 특성은 일반적으로 출력 액추에이터에 도달하는 데 사용되는 보다 긴 송전선으로 인해 밸브 제어 시스템의 응답 특성보다 느릴 수 있다. 이것은 유동 압축의 효과이며, 이 장에서 모델화되지는 않을 것이다.
2. 방금 언급한 단점이 액추에이터에 더 가깝게 펌프를 배치하려고 시도하면 해결된다. 즉, 액추에이터 및 전원을 포함하는 펌프는 일반적으로 대부분의 적용에서 수용하기에는 너무 부피가 크다.
3. 폐회로 펌프 제어 시스템은 일반적으로 회로의 저압 라인을 보충하는 보조 유압 시스템을 필요로 한다. 여기에는 다른 펌프, 두 개의 체크 밸브 및 릴리프 밸브가 필요하다. 이 추가 하드웨어는 유압 제어 시스템의 추가비용이 든다.
4. 펌프 제어 시스템은 단일 액추에이터를 작동시키는 단일 펌프로 구성된다. 여러 개의 액추에이터는 하나의 펌프에서 생성되는 전력을 공유할 수 없기 때문에 전체 액셀러레이터 비용이 단일 액추에이터의 전체 비용에 포함되어야 한다.

간단히 말해, 펌프 제어 시스템의 효율성 이점은 밸브 제어 시스템과는 달리 펌프 제어 유압 시스템을 사용하기 전에 앞서 언급 한 몇 가지 단점에 비중을 두어야 한다. 다음의 논의에서, 펌프 제어 시스템이 제공하는 효율성 이점을 기반으로 선택되었다.

밸브 제어 시스템과 마찬가지로 펌프 제어 유압 시스템의 주제는 선형 액추에이터(유압 피스톤 및 실린더) 제어와 회전형 액추에이터(유압 모터) 제어 사이에서 가장 쉽게 구분된다. 선형 액추에이터 시스템은 병진 운동을 사용하고 선형 힘 출력을 제공하는 장치를 구현하는 데 일반적으로 사용된다.

펌프가 출력 액추에이터로 흐름을 보내고 출력 액추에이터로부터 흐름을 수신할 때 펌프가 대칭으로 작동하기 때문에 펌프 제어식 선형 액추에이터 시스템은 이중로드 선형 액추에이터에만 적합하다. 이러한 시스템의 대표적인 응용 분야로는 항공 우주 산업에서 사용되는 산업용 로봇 및 비행 표면 제어 장치가 있다. 회전 작동 시스템은 회전 샤프트를 구동하는 데 일반적으로 사용되며 회전식 토크 출력을 생성한다. 펌프로 제어되는 회전형 액추에이터는 종종 *유압식 변속기*라고 불리며, 고속도로의 토공 장비 또는 잔디 및 정원 트랙터의 동력 전달 장치 내에서 자주 사용된다. 또한 항공 산업 분야에서 다양한 비행 응용 분야에 일정한 속도의 드라이브를 제공하기 위해 사용된다. 이 애플리케이션은 매우 엄격한 동적 응답을 달성하기 위해 많은 관성 대 관성 비를 필요로 하는 고전력 애플리케이션에서 틈새를 발견하는 유압 제어 시스템의 광범위한 사용을 보여준다.

다음의 논의에서는 고정 용량 펌프 제어식 선형 액추에이터와 가변 용량 펌프 제어식 회전형 액추에이터의 두 가지 펌프 제어 유압 시스템이 제공된다.

이 두 가지 유압 제어 시스템은 다음과 같은 동작 방정식을 결정하기 위해 분석된다. 출력 부하의 동적 거동을 제어한다. 일단 지배 방정식이 수립되면, 유압 시스템의 설계는 지배 방정식의 정상 상태 형태를 사용하여 평가될 것이다. 마지막으로, 이 장의 두 절은 각 유압 시스템에 사용될 수 있는 다양한 제어 구조에 대한 설명과 함께 결론을 맺는다. 이러한 제어 구조는 위치, 속도 및 힘 또는 토크 제어를 달성하기 위해 구현되는 기존의 PID 제어기를 사용한다.

8.2. 선형 액추에이터의 고정 용량형 펌프 제어

8.2.1 서술

이 절에서는 고정 용량 펌프 제어 선형 액추에이터를 소개한다.

이 시스템은 비행 표면을 제어하기 위해 우주 산업에서 자주 사용된다. 그림 8.1에서 볼 수 있듯이 이 시스템은 속도 제어 고정 용량 펌프를 사용하여 이중로드 선형 액추에이터의 출력 특성을 제어한다. 이 그림에서 액추에이터에 의해 움직이는 하중은 F로 주어진 하중-방해력을 갖는 단일 질량-스프링-감쇠 시스템으로 표시된다. 하중에 대한 질량, 스프링 속도 및 점성 항력 계수는 그림 8.1은 각각 기호 m, c 및 k로 표시된다. 선형 액추에이터는 액추에이터의 대칭 동작을 용이하게 하는 이중로드로 구성되는 것으로 나타났다. 로드는 로드와 액추에이터 피스톤에 연결된다. 액추에이터가 이중로드 설계이기 때문에 압력 영역은 액추에이터의 양 측면에서 동일하다. 유압 액추에이터로의 유압 유체의 체적 유량은 그림 8.1의 가장 왼쪽에 표시된 펌프의 출력 흐름에 의해 제어된다.

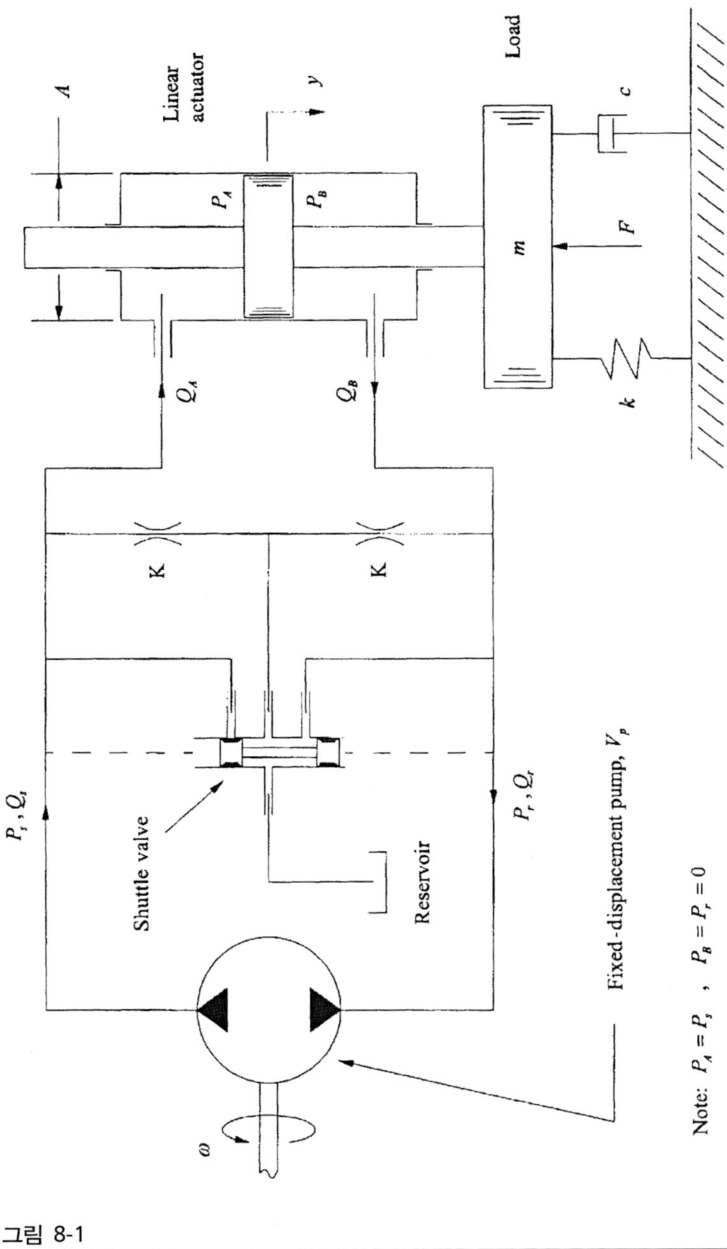

그림 8-1

고정 용량 펌프 제어식 선형 액추에이터의 개략도

이 펌프는 기호 V_p로 주어진 회전 단위당 용적 변위를 갖는 고정 용량 펌프로 구성되는 것으로 나타났다. 펌프 샤프트의 양의 각속도에 대하여, 펌프 흐름은 액추에이터의 측면 A로 보내지며, 부하가 하향 이동하여 측면 B에서 액추에이터를 나가도록 요구한다. 펌프 축의 음의 각속도에 대해 펌프 유량은 액추에이터의 측면 B로 보내지며, (A)에서 액추에이터를 나가기 위해 로드가 위쪽으로 흘러 이동한다. 액추에이터 내부 및 외부의 이 2개의 체적 유량은 그림 8.1에 기호 Q_A 및 Q_B로 각각 표시된다. 그림 8.1에서 셔틀 밸브를 사용하여 유압 제어 시스템의 10W 압력 측면을 저장소에 연결한다.

이 기능은 다음과 같은 일을 한다. (1) 회로의 저압 측을 일정한 저장소 압력, 즉 제로 게이지 압력으로 유지한다. (2) 고정 용량 펌프가 진공을 끌어들여 유체 공동화를 일으키는 것을 방지한다. (3) 그림 8.1에 나와 있지 않은 저압 라디에이터를 사용하여 귀환 유량을 냉각할 수 있다.

셔틀 밸브는 회로의 어느 쪽이 고압에 있는지에 따라 위 또는 아래로 이동한다. 그림 8.1의 점선은 셔틀 밸브를 움직이는데 사용되는 압력 신호를 나타낸다. 그림 8.1의 회로도는 누설 계수 K로 특징지어지는 유압 회로의 양 측면의 누설 경로를 보여준다. 이 낮은 레이놀즈 수의 흐름은 자연적으로 발생한다.

시스템의 고유한 내부 누설과 관련되거나, 회로의 "플러싱(flushing)" 특성을 향상시키기 위해 의도적으로 그림 8.1에 나온 펌프는 변하는 각속도 ω를 가진 축에 의해 돌아가고 있다. 이 축은 기계나 장치(그림 8.1에는 표시되지 않음)에 의해 돌아가는데, 이 기계나 장치는 사용되는 곳의 필요에 맞춰서 펌프의 속도를 조절할 수 있다. 예를 들어, 자동차의 가속 페달을 얼마나 밟느냐에 따라 속도가 달라지는 내연 기관이나, 속도를 자유롭게 조절할 수 있는 전기 모터일 수 있다. 이렇게 속도를 조절할 수 있는 기계나 장치를 고르는 건 그것이 사용될 환경에 따라 다르다. 자동차 같은 지상에서 움직이는 기계에는 보통 내연 기관을 많이 쓰고, 항공우주나 공장 같은 곳에서는 전기 모터를 사용해서 유압 장치를 움직이는 경우가 많다.

8.2.2 분석

▌부하 분석

그림 8.1에 표시된 시스템 분석은 하중으로 시작된다. 부하에 대한 운동 방정식을 개발할 때 액추에이터 자체의 관성은 무시되므로 액추에이터가 생성하는 실제 힘보다 훨씬 작다.

액추에이터와 부하의 점성 드래그 효과를 그림 8.1에 표시된 대시 포트에 일괄적으로 적용하면 부하의 운동 방정식은 다음과 같이 나타낼 수 있다.

$$m\ddot{y} + c\dot{y} + ky = \eta_{a_f} A(P_A - P_B) - F, \tag{8.1}$$

P_A와 P_B는 각각 액추에이터의 A와 B 측의 유체 압력을 나타내고, η_{af}는 액추에이터의 힘 효율이며, F는 액추에이터에 가해진 하중의 힘이다. 이 결과로부터 알 수 있듯이, 액추에이터의 압력 P_A와 P_B는 하중의 위치를 조정하는 데 필요한 입력값이다. 이 압력은 액추에이터 내부의 변화하는 유동 및 부피 조건으로부터 발생하며, 다음 단락에서 논의될 것이다.

압력 분석

액추에이터의 A면과 B면의 유체 압력을 분석하기 위해 송전선로에서 유체 압축성으로 인해 발생하는 압력 과다 현상은 무시할 수 있다고 가정한다. 이 가정은 밸브와 액추에이터 사이의 전송 라인이 매우 짧은 시스템 설계에 특히 유효하다. 즉, 작은 양의 유체가 액추에이터의 양측에 존재한다. 압력 과다 효과의 누락은 부하 역학이 압력 역학 자체보다 훨씬 느린 시스템에서도 유효하다. 압력 분석을 할 때, 액추에이터 양쪽의 유체 압력을 살펴보는데, 여기서 유체의 압축성으로 인해 생기는 압력 변화는 전송 라인에서 무시할 수 있을 정도로 작다고 가정한다. 이 가정은 액추에이터로 이어지는 파이프라인이 아주 짧아 양쪽에 소량의 유체만 존재할 때에 특히 적용된다. 하중이 움직이는 속도가 압력이 변하는 속도보다 훨씬 느린 경우에도 압력 변화를 고려하지 않아도 된다. 왜냐하면 하중의 움직임은 몇 초 동안 천천히 일어나고, 압력 변화는 밀리초 단위로 빠르게 일어나기 때문이다. 그래서 전체 시스템의 관점에서 압력의 시간에 따른 변화를 무시하는 것이 대체로 안전하다.

만약 액추에이터와 밸브 사이의 파이프라인이 길거나, 파이프라인 안에 공기가 많이 섞여 유체의 전체 탄성이 떨어지는 경우에는, 액추에이터 양쪽의 압력을 좀 더 자세히 분석해야 할 필요가 있다. 이는 액추에이터의 반응이 매우 빠른 경우에도 마찬가지이다. 그러나 지금 상황에서는 이러한 상황이 아니라고 가정하고, 일반적인 상황에서는 압력 변동이 큰 문제가 되지 않는다고 본다. 이 가정들을 바탕으로, 우리는 6장의 체적 효율 결과를 사용하여 선형 액추에이터의 A 측으로의 체적 유량률을 설명할 수 있다.

$$Q_A = \frac{A}{\eta_{a_v}} \dot{y}, \tag{8.2}$$

여기서 A는 액추에이터의 가압 면적, η_{av}는 액추에이터의 체적 효율이다. 그림 8.1에 표시된 속도에서 볼 때 액추에이터 속도는 다음과 같이 주어진다.

$$Q_A = Q_s - \mathrm{K}P_A \tag{8.3}$$

되는 공급 유량이다. 이 공급 흐름은 다음과 같이 수학적으로 설명된다.

$$Q_s = \eta_{p_v} V_p \omega, \tag{8.4}$$

여기서 η_{pv}는 펌프의 체적 효율, V_p는 체적 변위 ω는 펌프의 순시 축 속도이다. 방정식 (8.2) ~ (8.4)의 결과를 사용하여, 액추에이터의 측면 A에서의 유체 압력은 다음과 같이 나타낼 수 있다.

$$P_A = \frac{\eta_{p_v} V_p}{\mathrm{K}} \omega - \frac{A}{\eta_{a_v} \mathrm{K}} \dot{y}. \tag{8.5}$$

앞서 언급했듯이 그림 8.1의 셔틀 밸브는 유압 회로의 저압 측을 저장소에 연결하는 데 사용된다. 그러므로 선형 액추에이터의 B면의 압력은

$$P_B = P_r = 0, \tag{8.6}$$

여기서 P_r은 제로 게이지 압력으로 간주되는 저장소의 유체 압력이다.

참고: 식 (8.5)는 펌프 속도와 측면 A의 유체 압력에 대한 액추에이터 속도 의존성을 보여준다. 펌프 속도 항의 조정은 동적 하중 방정식에 제어 입력을 제공하는 데 사용되지만 선속도 항은 시스템에 바람직한 감쇠 특성을 제공하는 데 유용하다.

분석 요약

그림 8.1에 나와 있는 선형 작동 시스템의 분석을 요약하면 식 (8.5)와 식 (8.6)을 식 (8.1)로 대체하여 시스템에 대한 다음 운동 방정식을 생성한다.

$$m\ddot{y} + \left(c + \frac{\eta_{a_f}}{\eta_{a_v}}\frac{A^2}{\mathrm{K}}\right)\dot{y} + ky = \frac{\eta_{a_f}\eta_{p_v}V_pA}{\mathrm{K}}\omega - F. \tag{8.7}$$

식 (8.7)로부터 선형 액추에이터의 기계적 설계와 펌프의 볼륨 변위가 유압 제어 시스템의 전반적인 동역학에 결정적인 영향을 미친다는 것을 알 수 있다. 특히, 식 (8.7)을 보면 이러한 설계 변수가 시스템의 효과적인 감쇠를 형성하고 펌프의 입력 속도와 하중의 출력 운동 사이에 적절한 게인 관계를 제공하는 데 도움이 된다는 것을 알 수 있다.

다음 하위 절은 정상 상태의 관점에서 시스템의 만족스러운 출력을 얻기 위해 지정해야 하는 기계 설계 매개 변수를 고려하는 데 사용된다.

8.2.3 설계

액추에이터 설계

그림 8.1에 표시된 유압 제어 시스템의 기계 설계를 고려할 때 예상되는 부하 요구 사항에 따라 선형 액추에이터의 크기를 조정해야 한다. 일반적으로 주어진 응용의 경우 최대 작동 하중은 시스템의 최대 작동 압력과 함께 알려진다. 선형 액추에이터의 가압 영역을 설계하기 위해 이 두 양을 식 (8.1)의 안정된 형태와 함께 사용할 수 있다. 식 (8.1)의 안정된 형태는 다음과 같다.

$$F = \eta_{a_f}A(P_A - P_B), \tag{8.8}$$

여기서 A는 액추에이터의 설계 압력 영역, η_{af}는 액추에이터의 힘 효율, $P_A - P_B$는 액추에이

터를 통한 유체 압력 강하이다.

적용을 위해 명시된 작업력에서 선형 액추에이터의 A면에 대한 유체 압력은 완전 공급 압력에 의해 주어지며 펌프와 액추에이터 사이에 압력 강하를 발생시키는 중간 밸브가 없기 때문이다. 이 경우, 노동력 조건에서의 설계 사양은 다음과 같이 주어진다.

$$F = F_w, \qquad P_A = P_s, \qquad \text{and} \qquad P_B = 0, \tag{8.9}$$

여기서 F_w는 유압 제어 시스템의 작동 힘이며, P_s는 작동 상태에서 지정된 공급 압력이다. 이러한 조건을 식 (8.8)에 대입하면 그림 8.1에 나와 있는 선형 액추에이터의 가압 영역 크기를 결정하는 다음과 같은 식이 생성된다.

$$A = \frac{F_w}{\eta_{a_f} P_s}. \tag{8.10}$$

이러한 결과는 주어진 공급 압력에 대해 충분한 작동 힘을 제공할 선형 액추에이터를 설계하거나 선택하는 데 사용될 수 있다. 선형 액추에이터를 설계할 때 다른 설계 고려 사항도 고려해야 한다. 예를 들어 액추에이터의 스트로크 또는 피스톤 이동 거리가 적용에 충분해야 한다. 액추에이터 내부의 압력과 누출을 최소화하기 위해 필요한 밀봉 메커니즘 등, 압력 용기에 대한 추가적인 기계 설계 측면도 고려되어야 한다. 이 내용은 현재 텍스트의 범위를 벗어나므로 관련된 다른 책을 참고하시기 바란다 [1,2].

펌프 설계

선형 액추에이터가 설계되었으므로 유압 제어 시스템에 전원을 공급하는 데 사용할 유압 펌프를 지정할 시기이다.

그림 8.1에서 볼 수 있듯이 이 펌프는 펌프 축 ω의 각도 입력 속도에 비례하는 용적 유체 속도를 생성하는 고정 용량 펌프이다.

펌프의 필요한 용적 변위의 크기를 결정하기 위해 선형 액추에이터에 대한 무부하 속도 요구 사항을 지정하고 이 속도 요구 사항을 달성 할 수 있도록 펌프 크기를 결정하는 것이 일반적이다. 무부하의 경우 P_A를 0으로 설정하면 식 (8.5)를 사용하여 펌프의 용적 변위가

$$V_p = \frac{Av_o}{\omega}, \tag{8.11}$$

여기서 v_o는 시스템에 대한 지정된 무부하 속도이며 펌프 및 작동기의 용적 효율은 시스템의 무부하 조건에 대해 1과 같게 설정된다. 식 (8.11)에서, A는 설계된 ω는 문제에서 규정된 무부하 조건에서 펌프의 각속도이다. **참고 :** 이것은 최대 펌프 속도일 가능성이 크다.

지금까지 이 논의는 그림 8.1에서 보여준 유압 제어 시스템을 위한 공급 펌프의 적절한 크기 설정으로 이루어졌다. 특정 시스템 요구 사항에 따라 펌프 크기가 시스템에 지정되었지만 펌프의 물리적 구성에 대해서는 언급된 바가 없다.

실제적으로 이 펌프는 기어 펌프, 축 피스톤 펌프 또는 식 (8.11)에 표시된 체적 변위 요구 사항을 충족하는 모든 양의 변위 펌프일 수 있다. 일반적으로 펌프 구성 유형은 시스템의 필요한 공급 압력과 펌프의 원하는 작동 효율에 따라 선택된다. 5장에서 설명한 것처럼 축 방향 피스톤 펌프는 기어 및 베인형 펌프에 비해 높은 압력에서 작동하고 높은 작동 효율을 제공하는 경향이 있다. 반면, 축 방향 피스톤 펌프는 제어 시스템의 초기 비용을 증가시키는 경향이 있다. 독자가 알고 있듯이 그림 8.1에 표시된 제어 시스템 설계에 사용될 펌프 구성 유형을 선택할 때 이러한 모든 사항을 고려해야 한다.

입력 전원 설계

그림 8.1에 표시된 유압 제어 시스템을 작동하는 데 필요한 입력 전력은 표준 전력과 같다.

$$\Pi = \frac{V_p \omega P_s}{\eta_p}, \tag{8.12}$$

여기서 η_p는 체적 및 토크 효율값의 곱에 의해 주어진 펌프의 전체 효율 $\eta_p = \eta_{pt}\,\eta_{pv}$ 및 ω와 P_s는 펌프의 순간 작동 속도와 압력이다. 그림 8.1에 표시된 유압 제어 시스템을 작동하는 데 필요한 최대 출력을 결정하려면 식 (8.12)을 응용 프로그램에서 발생할 수 있는 최대 작동 속도와 압력 조합으로 평가해야 한다.

분명히 비효율적인 펌프를 사용하면 이 시스템의 입력 전력 요구 사항이 높아진다. 식 (8.12)의 다른 매개 변수는 앞에서 설명한 바와 같이 유압 제어 시스템의 지정된 기능 요구 사항에 의해 결정된다.

연구 사례

그림 8.1에 표시된 유압 제어 시스템의 설계를 설명하기 위해 다음 사례 연구를 고려할 것이다. 항공기 응용은 그림 8.1과 유사한 전자 유압식 액추에이터를 사용하여 항공기 날개에 제어 필트를 배치한다.

플랩의 바람 저항은 액추에이터가 -6에서 $+6$ in.까지 총 이동 거리가 12 in인 경우 선형으로 하중을 0에서 20000 lbf까지 증가시킨다. 액추에이터의 무부하 속도 요구 사항은 6 in이다. 1초이고 액추에이터의 힘 및 용적 효율은 각각 98% 및 97%이다. 유압 시스템의 최대 작동 압력은 3400 psi이며 최대 펌프 속도는 16,000 rpm이다. 펌프의 토크 및 부피 효율은 각각 95% 및 94%이다. 시스템의 만족스러운 성능을 달성하려면 이 시스템의 유압 구성 요소를 설계해야 한다.

이 시스템의 설계는 액추에이터로 시작된다. 식 (8.10)의 결과를 사용하여 액추에이터의 가압 면적은

$$A = \frac{F_w}{\eta_{a_f} P_s} = \frac{20{,}000 \text{ lbf}}{0.98 \times 3400 \text{ psi}} = 6.0 \text{ in.}^2.$$

로드 직경이 1 인치라고 가정하면 피스톤 직경은 2.94 인치로 계산될 수 있다. 이 액추에이터의 스트로크는 다음과 같다(±6 in).

액추에이터가 시스템의 최대 부하 요구 사항을 처리하도록 설계된 경우 액추에이터가 시스템의 무부하 속도 요구 사항을 충족할 만큼 충분히 빠르게 응답 할 수 있도록 펌프의 체적 변위를 지정해야 한다. 식 (8.11)은 다음과 같이 필요한 펌프 변위를 계산하는 데 사용될 수 있다.

$$V_p = \frac{Av_o}{\omega} = \frac{6 \text{ in.}^2 \times 6 \text{ in./sec}}{16{,}000 \text{ rpm}} = 0.135 \text{ in.}^3/\text{rev},$$

그것은 16,000 rpm의 높은 회전 속도에 의해서만 가능하게 된 아주 작은 펌프이다. 3400 psi의 작동 압력에서, 이 펌프는 대부분 피스톤형 펌프이다.

응용 분야에 대한 최대 전력 요구 사항은 식 (8.12)를 사용하여 결정할 수 있다. 이 결과는 다음과 같이 주어진다.

$$\Pi = \frac{V_p \omega P_s}{\eta_p} = \frac{0.135 \text{ in.}^3/\text{rev} \times 16{,}000 \text{ rpm} \times 3400 \text{ psi}}{0.95 \times 0.94} = 20.7 \text{ hp}.$$

독자는 총 펌프 효율 η_p가 펌프의 용적 및 토크 효율의 곱에 의해 주어진다는 것을 기억하라.

디자인 요약

이 하위 절에서는 그림 8.1에 나타난 고정 용량 펌프로 제어되는 이중로드 선형 액추에이터의 정상 상태 설계 특성을 고려했다. 이전에 언급했듯이 이 시스템은 일반적으로 사용된다.
비행 표면의 위치 제어를 위한 항공 우주 산업 분야가 있다. 그러나, 다양한 적용에서, 이 시스템은 또한 하중의 출력 속도 또는 하중 힘 자체를 제어하는데 사용될 수 있다. 다음 하위 절에서는 이러한 다양한 응용 분야에 대한 표준 제어 설계가 기존 PID 제어 단원을 사용하여 고려된다.

8.2.4 제어

위치 제어

전술한 바와 같이, 그림 8.1에 도시 된 고정 - 변위 펌프 제어 선형 액추에이터는 통상적으로 다

수의 제어 목적을 달성하는데 사용된다. 이 제어 시스템의 더 보편적인 목표 중 하나는 액추에이터의 궤적 범위 내에서 미리 정해진 위치에 정확하게 로드를 위치시키는 것이다. 일반적으로 이 제어 기능은 액추에이터의 느리게 움직이는 조건 하에서 수행된다. 그러므로, 이 제어 문제에 대한 설비 기술은 안전하게 과도 상태를 무시할 수 있다. 기여도는 일반적으로 고속 작업 중에 중요하다.

이 경우, 식 (8.7)은 관성 및 점성 감쇠의 과도 조건을 무시하여 제어 시스템을 설명하는 데 사용될 수 있다. 이 결과는 다음과 같이 주어진다.

$$ky = \frac{\eta_{a_f}\eta_{p_v}V_pA}{\mathrm{K}}\omega - F, \tag{8.13}$$

여기서 η_{af}는 액추에이터의 힘 효율, η_{pv}는 펌프의 용적 효율이며, 식 (8.13)의 다른 매개 변수는 그림 8.1과 같다. 표준 비례 적분(PI) 제어기를 사용하면 고정 용량 펌프의 각속도에 대한 제어 법칙은 다음과 같이 나타낼 수 있다.

$$\omega = \mathrm{K}_e(y_d - y) + \mathrm{K}_i\int(y_d - y)\,dt, \tag{8.14}$$

K_e는 비례 게인, K_i는 적분 게인, y_d는 부하의 원하는 위치이다. 식 (8.14)는 피드백 정보를 읽고 속도 제어를 위한 적절한 출력 신호를 생성할 수 있는 마이크로프로세서와 결합된 이 시스템의 전원에 속도 제어 원동기를 사용하여 시행해야 한다.

기계 시스템과 마이크로프로세서의 인터페이스를 다루는 실용적인 텍스트는 이 장의 참고 자료에 나와 있다. 그림 8.2는 식 (8.13)과 (8.14)로 설명되는 위치 제어의 블록 다이어그램을 보여준다.

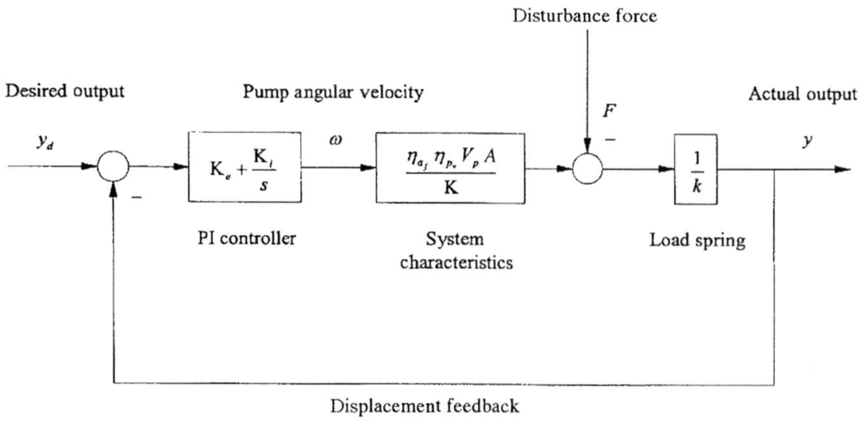

그림 8-2

고정 용량 펌프 제어 선형 액추에이터의 위치 제어

그림 8.1에 표시된 시스템의 위치 제어가 규정 제어 문제이고 부하 힘 F와 원하는 경우, 하중 y_d의 위치는 상수이며, 식 (8.13) 및 (8.14)는 제어 시스템에 대해 다음 운동 방정식을 쓰도록 차별화되고 결합될 수 있다.

$$\tau \dot{y} + y = y_d. \tag{8.15}$$

이 방정식에서, 시스템 시정수는 다음에 의해 주어진다.

$$\tau = \frac{1}{\mathrm{K}_i}\left(\frac{k\mathrm{K}}{\eta_{a_f}\eta_{p_v}AV_p} + \mathrm{K}_e\right). \tag{8.16}$$

독자는 오버 슈트 또는 진동을 나타내지 않고 적시에 부하의 원하는 위치에 접근하는 1차 시스템의 설명을 통해 식 (8.15)을 이해할 것이다.

시간이 무한대로 갈수록 이 시스템의 정상 상태 오류는 사라지고 PI 컨트롤러의 통합 구성 요소를 사용함으로써 얻을 수 있는 주요 이점이 된다. 1차 시스템의 안정 시간은 $t_s = 4\tau$이다.

위치 제어 문제에 대한 설계 목표는 시스템의 적절한 시정수를 설계하여 1차 응답을 형성하는 것이다. 비례 및 적분 제어 게인을 적절하게 선택함으로써 제어 시스템 출력의 원하는 정착 시간에 따라 이 시간 상수를 증가 또는 감소시킬 수 있다. 식 (8.15)의 1차 제어 시스템은 고도의 단순성을 나타내지만, 독자는 이 시스템 응답이 천천히 움직이는 장치를 기반으로 한다는 것을 명심해야 한다.

원하는 정착 시간이 너무 짧아지면 고차 동역학이 중요해지고 시스템 응답을 수용하기 위해 시스템을 보다 정교하게 분석해야 한다.

연구 사례

앞의 사례 연구에서, 그림 8.1과 비슷한 전자 유압식 액추에이터가 항공기 날개에 제어 플랩을 배치하는 데 사용되는 항공기 응용 분야가 제시되었다.

그 적용에서 플랩의 바람 저항은 액추에이터가 총 주행 거리 12 인치에서 -6에서 $+6$ 인치로 확장됨에 따라 플랩의 풍속이 0에서 20,000 lbf까지 선형 적으로 증가했다. 액추에이터의 무부하 속도 요구 사항은 6 in./sec이고 액추에이터는 98%의 힘 효율을 나타냈다. 최대 펌프 속도는 16,000 rpm이다. 펌프의 체적 효율은 94%이다. 이 시스템의 설계에서 액추에이터의 가압 면적은 6.0 in^2로 결정되었고 펌프의 용적 변위는 0.135 $\mathrm{in.}^3$/rev로 지정되었다. 유압 루프의 각 측면에 대한 누설 계수는 1.283×10^{-3} $\mathrm{in.}^3$/(psi s)이다. 표준 PI 컨트롤러를 사용하여 액추에이터의 위치 제어를 실현하면 실제 비례 및 적분 제어 게인을 사용하여 제어 시스템의 안정 시간을 계산할 수 있다.

이 문제에 대한 해결책은 1차 제어 시스템의 안정 시간이 $t_s = 4\tau$로 주어지며, 여기서 시정 수

τ는 식 (8.16)에 나와 있다.

3장에서 우리는 현실적인 비례 및 적분 제어 게인을 다음과 같이 얻을 수 있음을 알게 되었다.

$$\mathrm{K}_e = \frac{4}{5}\frac{\omega_{\max}}{y_{\max}} = \frac{4}{5}\frac{16{,}000 \text{ rpm}}{12 \text{ in.}} = 17.78 \text{ rev/(in sec)},$$

$$\mathrm{K}_i = \frac{2\mathrm{K}_e}{t_s} = \frac{2 \times (1067 \text{ rpm/in.})}{2 \text{ sec}} = 17.78 \text{ rev/(in sec}^2\text{)},$$

이 지점에서 정착 시간 t_s는 실제 정착 시간의 추정치일 뿐이다.

제어 시스템의 또 다른 중요한 특징은 하중 스프링 율이다. 문제 내용에서, 우리는 이 양이 다음과 같음을 안다.

$$k = \frac{\Delta F}{\Delta y} = \frac{20{,}000 \text{ lbf}}{12 \text{ in.}} = 1667 \text{ lbf/in.}$$

식 (8.16)에서, 우리는 시스템 시간 상수가

$$\begin{aligned}\tau &= \frac{1}{\mathrm{K}_i}\left(\frac{k\mathrm{K}}{\eta_{a_f}\eta_{p_v}AV_p} + \mathrm{K}_e\right) = \frac{1}{17.78 \text{ rev/(in. sec}^2\text{)}} \\ &\quad \times \left[\frac{1667 \text{ lbf/in.} \times 1.283 \times 10^{-3} \text{ in.}^3\text{/(psi sec)}}{0.98 \times 0.94 \times 6.0 \text{ in.}^2 \times 0.135 \text{ in.}^3\text{/rev}} \right. \\ &\quad \left. + 17.78 \text{ rev/(in. sec)}\right] = 1.15 \text{ sec.}\end{aligned}$$

실제 정착 시간은 네 개의 시정수와 같다. 그러므로 $t_s = 4.6$ 초, 이 예제에서 볼 수 있듯이 시스템 설계 매개 변수는 시간 상수에 15% 만 영향을 주기 때문에 제어 시스템의 동적 응답은 제어 게인 선택에 의해 좌우된다. 시스템 파라미터의 불확실성과 변화는 전반적인 시스템 응답에 미미한 영향을 미치기 때문에 컨트롤 게인 선택의 우세는 보다 강력한 제어 설계를 제공한다.

속도 제어

그림 8.1에 표시된 시스템의 또 다른 가능한 제어 목표는 속도 제어이다. 이 목적은 응용 분야에 의해 규정된 원하는 속도에 기초하여 하중에 대한 특정 출력 속도를 확립하고자 한다. 이 목적은 일반적으로 로드 스프링을 포함하지 않는 로드 시스템에 대해 수행된다. 따라서, 그림 8.1에 도시된 스프링을 무시함으로써, 즉 $k = 0$으로 설정함으로써, 속도 제어 시스템에 대한 운동 방정식은 식 (8.7)의 일반적인 형태를 사용하여 기록될 수 있다. 이 결과는 다음과 같이 주어진다.

$$m\dot{v} + \left(c + \frac{\eta_{a_f}}{\eta_{a_v}}\frac{A^2}{\mathrm{K}}\right)v = \frac{\eta_{a_f}\eta_{p_v}V_p}{\mathrm{K}}\,\omega - F, \tag{8.17}$$

여기서 v는 부하의 순간 속도이다. 다시, η_{af}는 액추에이터의 힘 효율이며, η_{pv}는 펌프의 체적 효율이다. 식 (8.17)의 다른 모든 매개 변수는 그림 8.1과 같다.

속도 제어 목표의 경우 고정 용량 펌프에 입력되는 각속도에 대한 다음 제어 흐름을 갖춘 전체 비례 - 적분 미분(PID) 컨트롤러를 선택한다.

$$\omega = \mathrm{K}_e(v_d - v) + \mathrm{K}_i\int(v_d - v)\,dt + \mathrm{K}_d\frac{d}{dt}(v_d - v), \tag{8.18}$$

K_e는 비례 게인, K_i는 적분 게인, K_d는 미분 게인, v_d는 부하의 원하는 속도이다.

다시 말하면, 식 (8.18)의 제어 법칙을 적용하는 가장 실질적인 방법은 피드백 정보를 읽고 속도 제어를 위한 적절한 출력 신호를 생성할 수 있는 마이크로프로세서와 결합된 이 시스템의 전원에 속도 제어 원동기를 사용하는 것이다. 그림 8.3은 식 (8.17)과 식 (8.17)에 설명된 속도 제어의 블록 다이어그램을 보여준다(식 (8.18)).

그림 8.1에 도시된 시스템의 속도 제어가 조절 제어 문제이고 부하력 F 및 부하 v_d의 원하는 속도가 상수라고 가정하면, 식 (8.17)과 식 (8.18)은 차등화되고 결합되어 제어되는 시스템에 대해 다음 운동 방정식을 쓸 수 있다.

$$\ddot{v} + 2\zeta\omega_n\dot{v} + \omega_n^2 v = \omega_n^2 v_d, \tag{8.19}$$

비 감쇠 고유 진동수와 감쇠비는 각각 다음과 같이 주어진다.

$$\omega_n = \sqrt{\frac{\mathrm{K}_i}{\dfrac{m\mathrm{K}}{\eta_{a_f}\eta_{p_v}AV_p} + \mathrm{K}_d}} \quad \text{and} \quad \zeta = \frac{\left(c + \dfrac{\eta_{a_f}}{\eta_{a_v}}\dfrac{A^2}{\mathrm{K}} + \dfrac{\eta_{a_f}\eta_{p_v}AV_p}{\mathrm{K}}\mathrm{K}_e\right)}{2\left(m + \dfrac{\eta_{a_f}\eta_{p_v}AV_p}{\mathrm{K}}\mathrm{K}_d\right)\omega_n}. \tag{8.20}$$

독자는 방정식 (8.19)을 시간에서 고정상 조건에 도달하기 전에 오버 슛 및 진동을 나타낼 수 있는 2차 시스템의 설명으로 인식할 것이다. 오버 슈트 및 진동이 관찰되는지 여부는 감쇠비 ζ가 1보다 작거나 큰지 여부에 따라 달라진다.

감쇠비가 1보다 작으면 시스템은 과소 감쇠 시스템이며 정상 상태 조건에 도달하기 전에 출력이 오버 슛과 진동으로 특징지어진다.

반대로 감쇠비가 1보다 클 경우, 시스템은 과도 감쇠 시스템이며, 출력은 오버 슛 또는 진동 없이 점진적으로 정상 상태 조건에 접근하는 1차 시스템과 매우 흡사하다. 제어 시스템이 미달적 다양성이라고 가정하면 상승 시간, 안정 시간 및 첨두치는 3장의 정의에 따라 계산할 수 있다.

속도 제어 문제에 대한 설계 목표는 시스템에 적절한 비 감쇠 고유 진동수와 감쇠비를 설계하여 2차 응답을 형성하는 것이다. 비례, 적분 및 미분 제어 게인을 적절하게 선택함으로써 시스템의 감쇠가 없는 고유 진동수와 감쇠비를 적절하게 조정할 수 있다.

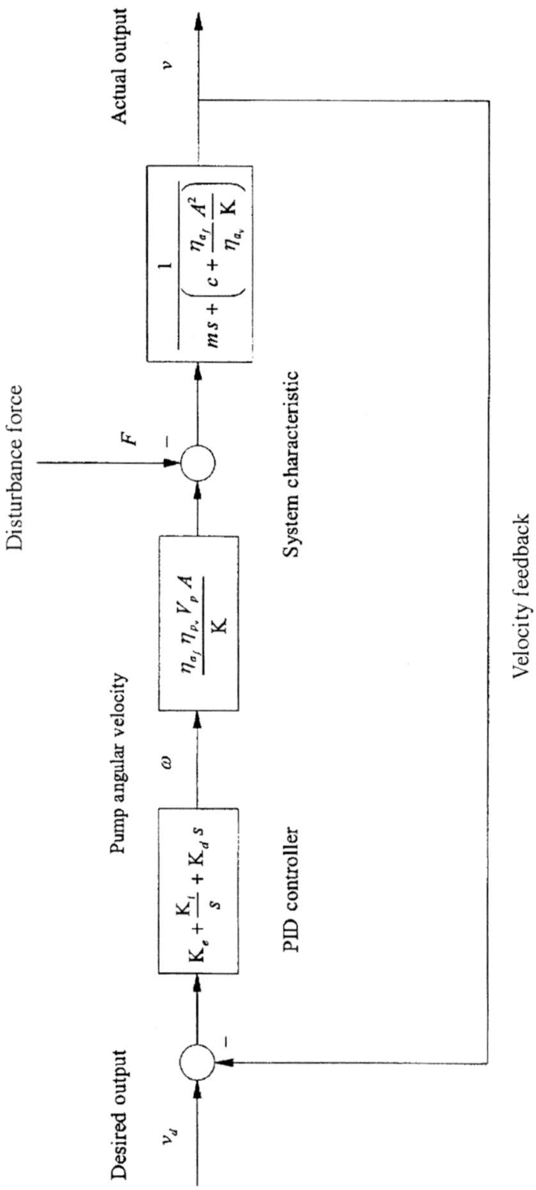

그림 8-3
고정 용량 펌프 제어 선형 액추에이터의 속도 제어

식 (8.20)에서 비례 게인은 시스템의 유효 감쇠에 대한 조정을 제공하는 반면, 적분 및 미분 게인은 시스템의 유효 스프링 율 및 질량을 조정하는 데 사용됨을 알 수 있다. 미분 이득이 무시되는 경우, 즉 전체 PID 제어 대신 PI 제어가 사용되는 경우, 시스템의 감쇠되지 않은 고유 진동수는 적분 게인 K_i를 조정함으로써 단독으로 조정될 수 있다는 것을 식 (8.20)으로부터 알 수 있다. 독자는 감쇠가 없는 고유 진동수가 미진동 2차 시스템의 상승 시간에 대한 주요 설명임을 상기한다. 원하는 고유 진동수를 얻은 후에는 PI 제어 시스템의 감쇠비를 비례 게인 K_e를 조정하여 조정할 수 있다. 감쇠 비율은 첨두치의 유일한 원인이다. PI 컨트롤러 튜닝에 대한이 일련의 접근법은 매우 편리하며 3장의 이 컨트롤러의 주요 장점 중 하나이다.

강제 제어

마지막으로 그림 8.1에 표시된 유압 제어 시스템에 대해 때때로 사용되는 또 다른 제어 목표는 강제 제어이다.

힘 제어 시스템은 일반적으로 하중 스프링이 없는 속도 제어 시스템과 매우 비슷하게 구성되며 사용되는 경우 응용 프로그램의 즉각적인 요구에 따라 속도와 힘 제어 사이를 전환한다.

또한, 힘 제어 시스템은 일반적으로 응용 프로그램이 저항하려고 하는 대상에 점차적으로 하중력을 적용하기 위해 느린 동작으로 작동된다.

이러한 느린 동작 조건에서 시스템의 부하 관성 및 점성 감쇠 효과는 모델링 프로세스의 정확성을 희생시키지 않고 안전하게 무시할 수 있다. 식 (8.7)의 좌변을 0으로 설정하면, 힘 제어 시스템에 적용된 하중력을 설명하는 데 다음 방정식을 사용할 수 있다.

$$F = \frac{\eta_{a_f}\eta_{p_v}V_pA}{\mathrm{K}}\,\omega. \tag{8.21}$$

표준 비례 적분(PI) 컨트롤러를 사용하면 펌프 샤프트의 각속도 제어는 다음과 같이 나타낼 수 있다.

$$\omega = \mathrm{K}_e(F_d - F) + \mathrm{K}_i\int (F_d - F)\,dt, \tag{8.22}$$

K_e는 비례 게인이고, K_i는 적분 게인이고, F_d는 부하에 가해질 원하는 힘이다. 대부분의 어플리케이션에서, 순간 하중력 F는 A면과 B면의 유체 압력을 감지하여 측정된다. (8.8)에 따라 하중력을 계산하는 단계를 포함한다.

다시 말하지만, 마이크로프로세서는 식 (8.22)의 제어 법칙을 시행하는 데 사용될 펌프의 변속 드라이브와 함께 이러한 기능을 수행하는 데 필요하다. 그림 8.4는 식 (8.21)과 (8.22)에 설명된 힘 제어의 블록 다이어그램을 보여준다.

그림 8.1에 표시된 시스템의 힘 제어가 조절 제어 문제이고 원하는 부하 힘 F_d가 상수라고 가정하면, 식 (8.21)과 식 (8.22)는 모두 차별화되고 결합되어 강제 제어 시스템에 대한 다음 동적 방정식을 작성할 수 있다.

$$\tau\dot{F} + F = F_d, \tag{8.23}$$

여기서 시스템 시간 상수에 의해 주어진다.

$$\tau = \frac{1}{\mathrm{K}_i}\left(\frac{\mathrm{K}}{\eta_{a_f}\eta_{p_v}AV_p} + \mathrm{K}_e\right). \tag{8.24}$$

다시, 독자는 임의의 오버 슛 또는 진동을 나타내지 않고 원하는 하중력 F에 점근적으로 접근하는 1차 시스템의 설명으로서 식 (8.23)을 인식할 것이다. 이 시스템의 동적 유사성은 이전에 논의된 위치 제어 시스템과 비교되어야 한다.

힘 제어 문제에 대한 설계 목표는 시스템의 적절한 시상수를 설계하여 1차 응답을 형성하는 것이다. 비례 및 적분 제어 게인을 적절하게 선택함으로써 제어 시스템 출력의 원하는 정착 시간에 따라 이 시정수를 증가 또는 감소시킬 수 있다.

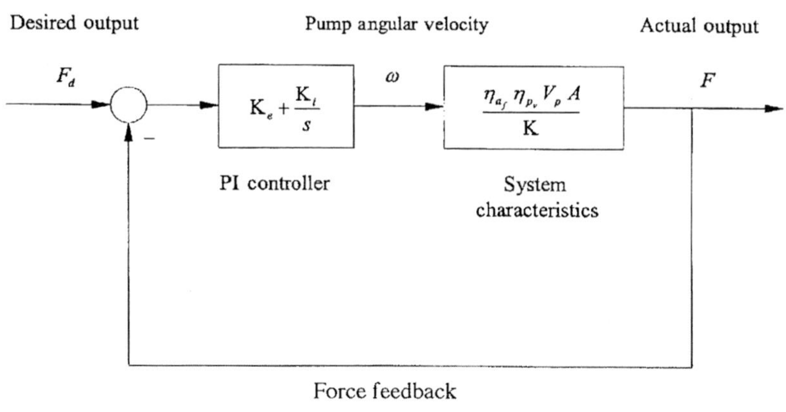

그림 8-4
고정 용량 펌프 제어식 선형 액추에이터의 강제 제어

다시 말하면, 독자는 식 (8.23)의 1차 제어 시스템이 선형 액추에이터가 천천히 움직인다는 가정에 기초하여 설계되었음을 기억하라.
실제로 시스템의 응답 시간이 너무 짧아지면 고차 동역학이 무시되고, 그 결과로 원하는 결과가 나오지 않을 수 있다. 이런 경우에는 더 정교한 시스템 분석이 필요하며, 만족스러운 응답 특성을 보장하기 위해 더 신중한 접근이 필요하다.

제어 요약

이 절에서는 그림 8.1에 나와 있는 고정 용량 펌프식 선형 액추에이터를 사용하여 수행할 수 있는 세 가지 제어 목표를 고려했다.
이러한 목표로는 위치 제어, 속도 제어 및 힘 제어가 포함되며, 이들 모두 표준 PID 컨트롤러의 형식을 채택했다. 위치 제어 및 힘 제어를 위해, 실질적인 작동 모드에 대한 제어 문제를 단순화하기 위해 중요한 저속 가정이 사용되었다.
이러한 제어 전략에 대한 느린 속도의 가정으로 인해 독자는 이러한 제어 목표와 관련하여 발생할 수 있는 고속 응용 분야에 이러한 제어를 사용하는 것에 대해 주의를 기울인다. 이러한 고속 조건에서는 고차 동역학이 나타나기 쉽고 바람직한 시스템 출력보다 적게 생성될 수 있다.

8.2.5 요약

이 절에서는 그림 8.1의 고정배기 펌프 제어 선형 액추에이터를 분석, 설계 및 제어를 살펴보았다. 이 연구 동안 제어 시스템의 작동에 대한 특정 속도 조건이 가정되었음을 유의해야 한다. 예를 들어, 8.2.2절에서 압력 변동 효과는 전체 프로세스 시간에 비해 매우 빠르게 발생한다는 가정하에 무시되었다. 그러나 이러한 조건이 실제로는 그렇지 않을 경우, 시스템의 관련 압력 역학을 포착하기 위해 더 높은 수준의 제어 시스템 모델이 필요할 수 있다. 이러한 상황은 매우 드물며 특수한 응용에만 해당된다. 여기서 제시된 분석은 전통적이고 일반적인 시스템 응용에 충분하다고 여겨진다. 8.2.3절에서는 펌프 제어 선형 액추에이터의 설계 방법론을 소개했다. 이 설계 방법은 시스템의 안정된 출력 목표를 고려한 후, 이러한 목표를 달성하기 위해 필요한 시스템 구성 요소를 식별하는 과정을 거친다. 이 하위 절에서 액추에이터와 펌프의 설계가 밀접하게 연결되어 있으며, 이러한 구성 요소를 적절하게 명시하는 것은 시스템의 전반적인 성능 목표를 만족시키기 위해 중요하다. 마지막으로, 8.2.4절에서는 액추에이터 시스템의 동적 제어 목표를 제시했다. 이러한 목표는 응용 분야에 따라 다양하지만 일반적으로 위치 제어, 속도 제어 또는 힘 제어로 구성된다. 이러한 제어 목표를 고려할 때, 제어법이 고정배기 펌프에 속도 제어 입력을 사용하고 제어된 매개 변수의 충분한 감지를 위해 마이크로프로세서를 사용할 것으로 가정되었다. 제어 설계 내에서 마이크로프로세서를 구현하는 방법에 대한 정보는 이 분야의 실용적인 텍스트를 참조하시기 바란다.

8.3. 회전 액추에이터의 가변 – 변위 펌프 제어

8.3.1 서술

이 섹션에서는 가변 용량 펌프 제어식 회전형 액추에이터를 소개한다. 이 시스템은 표준 변속기를 사용하지 않고 작업 차량을 추진하기 위한 오프로드(off-highway) 모바일 장비 산업에서 자주 사용된다. 이러한 적용 내에서 이 제어 시스템은 종종 *연속 가변 수력식 변속기*라고도 하며, 보다 일반적인 언어에서는 이 시스템을 단순히 *히스테트(hystat)*라고 부른다.

그림 8.5에서 볼 수 있듯이 이 시스템은 가변 변위 펌프를 사용하여 고정 변위 회전형 액추에이터의 출력 특성을 제어한다.

이 그림에서 액추에이터로 움직일 부하는 T로 주어지는 부하 교란 토크를 갖는 단일 질량 스프링 - 댐퍼 시스템으로 표시된다.

하중의 질량, 스프링 율 및 점성 드래그 계수는 그림 8.5에 기호 J, k_t 및 b로 각각 표시된다. 회전형 액추에이터는 기호 V_a로 표시된 단위 회전 당 용적 변위를 갖는 고정 변위 유형으로 표시된다. 액추에이터로 들어가는 유압 유체의 부피 유량은 그림 8.5의 맨 왼쪽과 같이 표시된 가변 변위 펌프의 출력 흐름에 의해 제어된다.

이 펌프는 기호 V_p로 주어진 회전 단위당 최대 체적 변위를 갖는 가변 위치 펌프로 구성되며, 일반적으로 ω_p에 의해 주어진 고정 입력 속도로 작동한다. 펌프의 가변 변위는 사판 각(α)을 변경함으로써 달성된다. 이러한 설계에서, 사판 각은 유압 회로를 통해 흐르는 방향에 따라 양 또는 음이 되어야 한다.

사판 각이 부호를 변경하면, 그것은 중심을 지나치고, 흐름의 방향이 역전되었다고 한다.

양 사판 각도의 경우, 펌프 흐름은 액추에이터의 A면으로 향하게 되고, 그 결과 액추에이터의 양측 각도 방향으로 회전하고 B면에서 액추에이터를 나가기 위해 흐름이 요구된다. 음 사판 각도의 경우 펌프 흐름은 액추에이터의 표면으로 향하게 되고, 표면에서 액추에이터를 빠져 나가려면 하중이 음의 각도 방향으로 움직여야 한다.

액추에이터 내부 및 외부의 이 두 개의 체적 유량은 그림 8.5에 각각 기호 Q_A 및 Q_B로 표시된다. 그림 8.5에서, 회로의 양측에서 오리피스 흐름 통로는 기호 K로 주어진 유량 계수로 표시된다. 이러한 유체 통로는 본질적으로 시스템 내에 존재한다.

그러나 그것들은 또한 목적을 위해 의도적으로 설계될 수 있다.

냉각 및 여과를 위해 유체 흐름을 저장소로 향하게 한다.

참고 : 쿨러 필터는 그림 8.5에 나와 있지 않다.

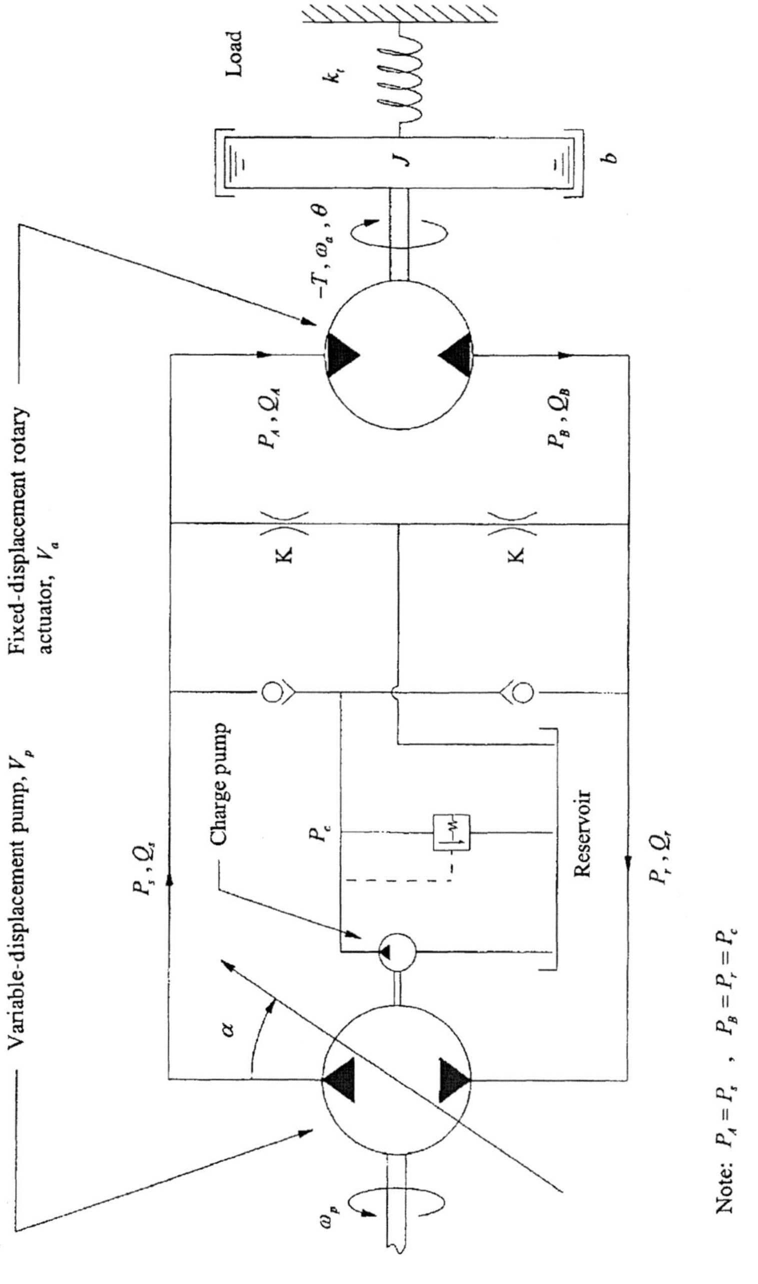

그림 8-5

가변 용량 펌프 제어 로터리 액추에이터의 개략도

그림 8.5에 표시된 것은 제어 시스템의 저압 측을 가압하고 때로는 가변 용량 펌프 제어용 보조 압력 소스를 제공하는 데 사용되는 차지 펌프 회로이다. 차지 펌프 자체는 주 펌프 유입구에 보충 흐름을 제공하기 위해 릴리프 밸브와 함께 사용되는 고정 변위 펌프(일반적으로 기어 펌프 또는 제로 터 펌프)이다. 릴리프 밸브(P_c)의 압력 설정은 일반적으로 약 2 MPa인 반면, 유압 회로의 고압 측은 종종이 양의 10배를 초과하는 압력에서 작동한다.
그림 8.5의 볼 및 원뿔 기호로 표시된 체크 밸브는 충전 회로에서 고압 측을 차단하고 충전 회로에 저압 측을 여는 데 사용된다.
이 기능은 저압 측이 항상 P_c에 의해 주어진 일정한 압력으로 유지되고 사판 각도 α를 빠르게 변경하는 동안 펌프 캐비테이션을 방지한다.

8.3.2 분석

부하 분석

평소와 같이, 그림 8.5에 표시된 시스템 분석은 하중으로 시작된다. 하중에 대한 운동 방정식을 개발할 때 액추에이터 자체의 각도 관성은 액추에이터가 생성하는 실제 토크보다 훨씬 작기 때문에 무시할 것이다. 액추에이터와 부하의 점성 드래그 효과를 회전 대시 포트에 집중함으로써 그림 8.5의 하중에 대한 운동 방정식은 다음과 같이 쓸 수 있다.

$$J\ddot{\theta} + b\dot{\theta} + k_t\theta = \eta_{a_t} V_a (P_A - P_B) - T, \tag{8.25}$$

여기서 P_A와 P_B는 각각 액추에이터의 A와 B 측면에서의 유체 압력이며, η_{at}는 액추에이터의 토크 효율이며, T는 액추에이터에 가해지는 하중이다. 이 결과로부터 액추에이터 압력 P_A와 P_B가 하중의 위치를 조정하는 데 필요한 입력임을 알 수 있다.
이러한 압력은 액추에이터 자체 내에서 변화하는 유량 및 부피 조건에 기인하며 다음 단락에서 고려될 것이다.

압력 측정

액추에이터의 양면, A와 B에 미치는 유체 압력을 분석할 때, 전송 라인의 유체 압축성으로 인한 압력 변동은 무시할 수 있을 만큼 작다고 가정한다. 이는 특히 펌프와 액추에이터를 연결하는 파이프라인이 짧아 유체의 양이 적을 때 타당한 가정이다. 또한, 부하에 의한 동역학 변화가 압력 변화보다 훨씬 느릴 때, 이 압력 변동을 고려하지 않아도 된다. 보통 부하 동역학은 몇 초 동안 발생하고 압력 변화는 몇 밀리초 내에 일어나므로, 시스템 전체의 변화에 더 중점을 두고 압력 변화는 무시해도 된다고 볼 수 있다. 하지만 펌프와 액추에이터 사이의 파이프라인이 길거나, 유체 내에 많은 공기가 포함되어 유체의 전체 탄성이 감소하는 경우, 또는 액추에이터의 반응이 매우 빠른 경우에는 양쪽의 압력에 대한 상세한 분석이 필요할 수 있다. 그러나 일반적인 조건에서는 이런 상세한 분석이 필요 없다. 이러한 가정을 사용하여, 우리는 회전 액추에이터의 A쪽으로 유입되는 체적 유량을 설명하기 위해 6장의 체적 효율성 결과를 사용할 수 있다.

$$Q_A = \frac{V_a}{\eta_{a_v}}\dot{\theta}, \tag{8.26}$$

여기서 V_a는 액추에이터의 체적 변위이고, η_{av}는 액추에이터의 체적 효율이다. 그림 8.5에 표시된 유량에서 액추에이터의 비율은 다음과 같이 주어진다.

$$Q_A = Q_s - \mathrm{K}P_A \tag{8.27}$$

비압축성 유체의 경우. 이 방정식에서 K는 낮은 레이놀즈 수 누설 계수이고, Q_s는 펌프에서 공급되는 공급 유량이다. 이 공급 흐름은 다음과 같이 수학적으로 설명된다.

$$Q_s = \frac{\eta_{p_v} V_p \omega_p}{\alpha_{\max}}\alpha, \tag{8.28}$$

여기서 η_{pv}는 펌프의 체적 효율, V_p는 회전 단위당 펌프의 최대 체적 변위, ω_p는 순간적 펌프의 샤프트 속도이며, $\alpha_{\max}$는 펌프의 최대 사판 각이다.

방정식 (8.26) ~ (8.28)의 결과를 사용하여 액추에이터의 측면 A에 대한 유체 압력은 다음과 같이 수학적으로 설명할 수 있다.

$$P_A = \frac{\eta_{p_v} V_p \omega_p}{\mathrm{K}\alpha_{\max}}\alpha - \frac{V_a}{\eta_{a_v}\mathrm{K}}\dot{\theta}. \tag{8.29}$$

앞서 언급했듯이 그림 8.5의 체크 밸브는 유압 회로의 저압 측을 충전 회로에 연결하는 데 사용된다. 그러므로 선형 액추에이터의 B면의 압력은

$$P_B = P_r = P_c, \tag{8.30}$$

여기서 P_c는 충전 회로의 유체 압력이며 일반적으로 약 2MPa이다.

참고 : 식 (8.29)는 펌프의 사판 각도와 A 측의 유체 압력에 대한 액추에이터 속도 의존성을 보여준다.

후속하여 보여 지듯이, 펌프 사판 각도의 조정은 동적 하중 방정식에 제어 입력을 제공하는 데 사용되는 반면 각속도 항은 시스템에 바람직한 감쇠 특성을 제공하는 데 유용하다.

분석 요약.

그림 8.5에 나타난 선형 작동 시스템의 분석을 요약하면 시스템에 대해 다음과 같은 운동 방정식을 산출하기 위해 식 (8.29) 및 (8.30)을 수식 (8.25)로 대체할 것이다.

$$J\ddot{\theta} + \left(b + \frac{\eta_{a_t}}{\eta_{a_v}}\frac{V_a^2}{\mathrm{K}}\right)\dot{\theta} + k_t\theta = \frac{\eta_{a_t}\eta_{p_v}V_aV_p\omega_p}{\mathrm{K}\alpha_{\max}}\alpha - \eta_{a_t}V_aP_c - T. \tag{8.31}$$

식 (8.31)로부터 회전형 액추에이터의 기계적 설계와 펌프의 체적 변위가 유압 제어 시스템의 전반적인 동역학에 결정적인 영향을 미친다는 것을 알 수 있다.
특히 식 (8.31)에서 볼 수 있듯이 이러한 설계 매개 변수는 시스템의 효과적인 감쇠와 펌프의 입력 속도와 하중의 출력 운동 사이에 적절한 게인 관계를 제공한다.
다음 서브 섹션은 정상 상태의 관점에서 시스템의 만족스러운 출력을 달성하기 위해 지정되어야 하는 기계 설계 매개 변수를 고려하는 데 사용된다.

8.3.3 Design

액추에이터 설계

그림 8.5에 나타난 유압 제어 시스템의 기계적 설계를 고려할 때, 예상되는 부하 요구에 맞게 로터리 액추에이터의 크기를 결정하는 것이 필요하다. 일반적으로, 특정 응용에서 시스템의 최대 작동 토크와 최대 작동 압력이 이미 알려져 있다. 이 두 가지 정보를 함께 사용하여 로터리 액추에이터의 고정된 용적 배기량을 설계할 수 있다. 식(8.25)의 안정된 형태는 다음과 같이 주어진다.

$$T = \eta_{a_t}V_a(P_A - P_B), \tag{8.32}$$

V_a는 액추에이터의 설계된 체적 변위, η_{at}는 액추에이터의 토크 효율, $P_A - P_B$는 액추에이터를 가로지르는 유체 압력 강하이다. 적용에 지정된 작동 토크에서 펌프와 액추에이터 사이에 압력 강하가 발생하는 중간 밸브가 없기 때문에 A 액추에이터의 유체 압력은 전체 공급 압력으로 주어진다. 이 경우 작동 토크 조건에서의 설계 사양은

$$T = T_w, \qquad P_A = P_s, \qquad \text{and} \qquad P_B = P_c, \tag{8.33}$$

여기서 T_w는 유압 제어 시스템의 작동 토크, P_s는 작동 상태에서 규정된 공급 압력, P_c는 개방형 체크 밸브에 의해 B측에 연결된 충전 압력이다.
이러한 조건을 식 (8.32)에 대입하면 그림 8.5에 표시된 회전형 액추에이터의 체적 변위 크기를 결정하는 다음 방정식이 생성된다.

$$V_a = \frac{T_w}{\eta_{a_t}(P_s - P_c)}. \tag{8.34}$$

결과는 주어진 공급 압력에 대해 충분한 작동 토크를 제공하는 회전형 액추에이터를 설계하거나 선택하는 데 사용될 수 있다. 회전형 액추에이터는 단순히 역방향으로 작동하는 유압 펌프이므로 사용되는 액추에이터 유형은 기어형 기계에서 축 피스톤 기계까지 다양하다.
일반적으로 액추에이터의 선택은 액추에이터 자체에서 필요한 성능을 기반으로 한다.
예를 들어 시동 토크가 높으면 높은 작동 효율이 필요한 경우 최상의 액추에이터 선택은 굴곡 축 축 피스톤 기계이다.
참고 : 일반적으로 20 MPa를 초과하는 작동 압력에는 축 방향 피스톤 기계(구부러진 축 또는 사판 유형)를 사용해야 한다.
반면에 효율이 응용 분야에서 중요한 요소가 아니며 압력이 20 MPa 미만인 경우 덜 저렴한 옵션은 기어형 또는 베인형 액추에이터를 선택하는 것이다.

▌펌프 설계

회전형 액추에이터가 설계되었으므로 유압 제어 시스템에 전원을 공급하는 데 사용할 유압 펌프를 지정해야 한다.
그림 8.5에서 볼 수 있듯이 이 펌프는 사판에 비례 한 체적 유량을 생산하는 가변 용량 펌프이다 (펌프의 각도 α). 이 시스템에서 펌프의 입력 속도는 일정한 값 ω_p로 유지된다.
참고 : 이 문제의 사판 각은 변위에 대해 수행되는 모든 유형의 조정을 설명하는 데 사용된다. 일반적으로 사판 타입의 기계를 기술하기 위해 제한되지는 않는다. 스워시 - 플레이트 머신은 가변 용량 펌프가 사용되는 어플리케이션을 지배하기 때문에 조정 파라미터 α는 여기서 *사판 각* 이라고 부른다. 대부분의 응용 프로그램. 펌프의 최대 용적 변위를 결정하기 위해 회전형 액추에이터의 무부하 속도 요구 사항을 지정하고 이 속도 요구 사항을 달성하는 방식으로 펌프의 크기를 정하는 것이 일반적이다. 무부하의 경우 P_A를 0으로 설정하면 식 (8.29)를 사용하여 펌프의 용적 변위가

$$V_p = \frac{\omega_o}{\omega_p} V_a, \tag{8.35}$$

여기서 ω_o는 시스템에 대한 지정된 무부하 속도이며 펌프 및 작동기의 용적 효율 η_{pv} 및 η_{av}는 시스템의 무부하 조건에 대한 단위로 설정된다. 식 (8.35)에서, V_a는 설계된 방정식 (8.34)에 주어진 액추에이터의 체적 변위, 그리고 ω_p는 (8.34)에 지정된 무부하 상태에서 펌프의 각속도이다. 식 (8.35)로부터 변속기 ω_o/ω_p의 무부하 속도 비 또는 변속비와 동일한 액추에이터 용적 변위 $V_p : V_a$에 대한 펌프 체적 변위의 비율을 볼 수 있다.

지금까지 이 논의는 그림 8.5에서 보여준 유압 제어 시스템을 위한 공급 펌프의 적절한 크기 설정으로 이루어진다. 특정 시스템 요구 사항에 따라 펌프 크기가 시스템에 지정되었지만 펌프의 물리적 구성에 대해서는 언급된 바가 없다.

펌프는 가변 변위 형이기 때문에 축 방향 피스톤 사판 유형의 펌프일 가능성이 크다. 그럼에도 불구하고, 기계의 내부 파라미터의 조정을 기반으로 변위를 변화시키도록 구성된 모든 용적식 펌프일 수 있다.

예를 들어, 가변 이심률을 갖는 베인 펌프 또는 래디얼 피스톤 펌프가 사용될 수 있다.

일반적으로 펌프 구성 유형은 시스템의 필요한 공급 압력과 펌프의 원하는 작동 효율에 따라 선택된다. 5장에서 언급했듯이 축 방향 피스톤 펌프는 더 높은 위치에서 작동하는 경향이 있다.

기어 및 베인 펌프에 비해 더 높은 작동 효율을 제공한다. 반면, 축 방향 피스톤 펌프는 제어 시스템의 초기 비용을 증가시키는 경향이 있다. 독자가 알고 있듯이 제어 시스템 설계에 사용될 펌프 구성 유형을 선택할 때 이러한 모든 사항을 고려해야 한다.

입력 전원 설계

그림 8.5에서 보여 지는 유압 제어 시스템을 작동시키기 위해 요구되는 입력 동력은 표준 동력 장치는 다음과 같다.

$$\Pi = \frac{V_p \omega_p (P_s - P_c)}{\eta_p} + \frac{V_c \omega_p P_c}{\eta_c}, \tag{8.36}$$

여기서 η_p는 용적 및 토크 효율 값의 곱에 의해 주어지는 주 펌프의 전체 효율이다. $\eta_p = \eta_{pt}\eta_{pv}$ 이고 ω_p와 P_s는 펌프의 순간 작동 속도와 압력이다. 식 (8.36)에서 시스템의 충전 압력은 P_c로 주어지고 오른쪽의 두 번째 항은 충전 회로를 작동시키는데 필요한 전력을 나타낸다. 그림 8.5와 같이 차지 펌프는 관통 구동축을 사용하여 메인 펌프에 직접 연결된다. 이러한 배열은 전하 펌프가 주 펌프와 동일한 각속도로 작동할 것을 요구한다.

식 (8.36)에서, η_c는 전하 펌프의 전체 효율이다. 그림 8.5에 나타난 유압 제어 시스템을 작동하는 데 필요한 최대 출력을 결정하려면 식 (8.36)을 최대로 계산해야 한다.
이것은 응용 프로그램에서 발생할 수 있는 작동 속도와 압력의 조합이다.
분명히 비효율적인 펌프를 사용하면 이 시스템의 입력 전력 요구 사항이 높아진다. 식 (8.36)의 다른 매개 변수는 이전 논의에서 언급한 것처럼 유압 제어 시스템의 지정된 기능 요구 사항에 의해 결정된다.

연구 사례

트랙 형 차량에는 그림 8.5와 같이 두 개의 독립적인 펌프 회전형 액추에이터가 장착되는 것이 일반적이다.
이 두 개의 독립적인 유압 시스템은 *이중 경로 유압 전송*으로 알려져 있다. 첨부된 그림은 전형적인 트랙형 트랙터에 대한 이러한 배치를 보여준다. 이 차량의 조향은 한 트랙이 다른 트랙에 대해 다른 각속도로 회전하도록 하여 달성된다. 직선 주행의 경우 두 트랙이 같은 속도로 회전한다.

그림에 보이는 트랙 형 차량의 총 질량은 24,100 kg이다.
가장 심한 작동 중에 각 트랙에 전달되어야 하는 토크는 72,000 Nm이다. 이 토크는 60 : 1의 최종 구동 장치 비율을 통해 작동하는 회전형 액추에이터에 의해 생성된다. 이 기어비는 그림에서 기호 m_{FD}로 표시된다. 모터의 최대 무부하 각속도는 1800 rpm이다. 이는 각 펌프를 1 : 1의 기어비로 구동하는 엔진 각속도이기도 하다. 트랙 허브의 반경은 0.381 m이다.
회전형 액추에이터의 토크 및 부피 효율은 각각 95% 및 96%이며, 이는 각 펌프에 사용되는 동일한 효율 수치이다. 유압 회로의 최대 작동 압력은 42 MPa이고 충전 압력은 2 MPa이다.
이 응용 분야에 필요한 펌프 및 액추에이터 크기를 결정하라. 피크 작동 상태에서 충전 회로로 인한 전력 손실을 무시하면서 엔진에서 얼마나 많은 전력이 요구되는가? 최대값은 얼마인가? 이 조건에서 차량의 지상 속도는 얼마인가? 각 회전형 액추에이터 회로의 누설 계수는 5×10^{-11} $m^3/(Pa\ s)$라고 가정한다.

이 문제에 대한 해결책은 액추에이터의 크기를 조정하여 각 트랙에 필요한 토크 용량을 처리하는 것으로 시작된다. 문제의 진술에서 이 토크는 다음과 같이 주어진다.

$$T_w = \frac{72{,}000\ \text{N m}}{m_{FD}} = \frac{72{,}000\ \text{N m}}{60} = 1200\ \text{N m}.$$

이 결과를 사용하면 식 (8.34)를 사용하여 다음과 같이 액추에이터의 크기를 조정할 수 있다.

$$V_a = \frac{T_w}{\eta_{a_t}(P_s - P_c)} = \frac{1200\ \text{N m}}{0.95 \times (42\ \text{MPa} - 2\ \text{MPa})}$$
$$= 3.158 \times 10^{-5}\ \text{m}^3/\text{rad} \approx 200\ \text{cm}^3/\text{rev}.$$

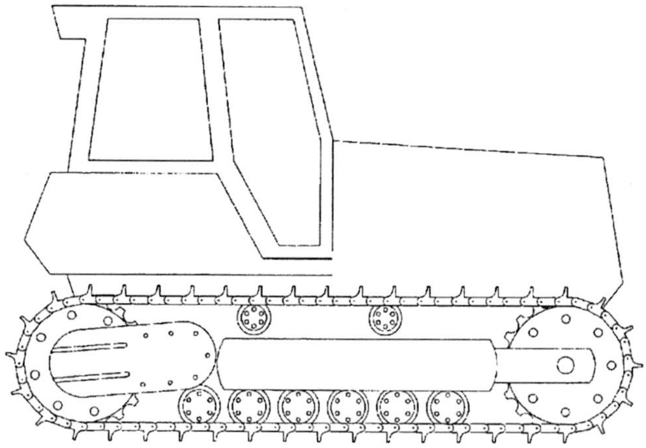

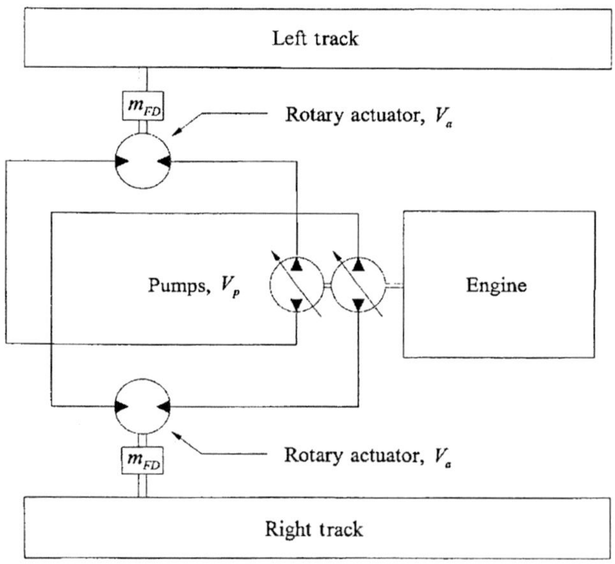

액추에이터의 무부하 속도 요건은 펌프 및 엔진의 각속도와 같기 때문에 식 (8.35)를 사용하여 펌프의 최대 용적 변위가 작동기의 변위와 동일한 변위로 주어짐을 보여준다. 즉, $V_p = V_a = 200$ cm^3/rev. 충전 회로 요구 사항을 고려하지 않고 2개의 회전식 구동 시스템을 작동하는 데 필요한 동력은 다음과 같이 식 (8.36)에서 결정될 수 있다.

$$\Pi = 2 \times \frac{V_p \omega_p (P_s - P_c)}{\eta_p} = 2 \times \frac{200 \text{ cm}^3/\text{rev} \times 1800 \text{ rpm} \times 40 \text{ MPa}}{0.95 \times 0.96}$$
$$= 526.3 \text{ kW},$$

그것은 700 hp 조금 넘는다. 완전히 로드된 상태에서 최대지면 속도는 회로의 유체 압력이 42

MPa 일 때 액추에이터의 각속도를 평가하여 결정할 수 있다. 방정식을 재정렬하면 식 (8.29), 이 각속도는

$$\begin{aligned}\omega_a &= \frac{\eta_{a_v}\eta_{p_v}V_p}{V_a}\,\omega_p - \frac{\eta_{a_v}\mathrm{K}}{V_a}P_A \\ &= \frac{0.96 \times 0.96 \times 200\ \mathrm{cm^3/rev}}{200\ \mathrm{cm^3/rev}} \times 1800\ \mathrm{rpm} \\ &\quad - \frac{0.96 \times 5 \times 10^{-11}\ \mathrm{m^3/(Pa\ s)}}{200\ \mathrm{cm^3/rev}} \times 42\ \mathrm{MPa} \\ &= 1{,}659\ \mathrm{rpm} - 605\ \mathrm{rpm} = 1054\ \mathrm{rpm}.\end{aligned}$$

이 결과에서 액추에이터의 최대 속도 출력을 달성하기 위해 펌프의 사판 각도가 최대값과 동일하게 설정되었다. 이 조건 하에서의 지상 속도는

$$v = \frac{\omega_a}{m_{FD}}R = \frac{1054\ \mathrm{rpm}}{60} \times 0.381\ \mathrm{m} = 2.52\ \mathrm{km/h},$$

여기서 R은 트랙 허브의 반경이다. 작동의 고압 조건은 달성할 수 있는 최대지면 속도를 거의 35% 줄였다.

요약

이 소절에서는 그림 8-5에 나타난 가변 용량 펌프로 제어되는 회전 액추에이터의 정상 상태 설계 특성을 고려했다. 앞서 언급했듯이, 이 시스템은 다양한 오프로드 이동 수단의 추진 기능에 주로 사용되지만, 경우에 따라서는 부하의 위치나 심지어 부하 토크 자체를 제어하는 데에도 사용될 수 있다. 다음 소절에서는 이러한 다양한 용도에 대한 표준 제어 설계가 전통적인 PID 제어 구조를 사용하여 고려될 것이다.

8.3.4 제어

위치 제어

이전에 언급했듯이, 그림 8.5에 표시된 가변 용량, 펌프 제어식 회전형 액추에이터를 사용하여 여러 가지 제어 목표를 달성할 수 있다.
이 시스템의 한 가지 제어 목표는 액추에이터의 궤적 범위 내에서 미리 정해진 위치에 하중을 정확하게 위치시키는 것이다. 전형적으로, 이 제어 기능은 액추에이터의 천천히 움직이는 조건 하에서 수행된다. 따라서 이 제어 절차에 대한 시스템 설명은 고속 작동 중에 일반적으로 중요한

일시적인 영향을 무시할 수 있다.

이 경우, 식 (8.31)은 관성 및 점성 감쇠의 과도 조건을 무시하여 제어 시스템을 설명하는 데 사용될 수 있다. 이 결과는 다음과 같이 주어진다.

$$k_t\theta = \frac{\eta_{a_t}\eta_{p_v}V_aV_p\omega_p}{K\alpha_{max}}\alpha - \eta_{a_t}V_aP_c - T, \tag{8.37}$$

여기서 η_{at}는 액추에이터의 힘 효율, η_{Pv}는 펌프의 용적 효율이며, 식 (8.37)의 다른 매개 변수는 그림 8.5와 같다. 표준 비례 - 적분 (PI) 제어기를 사용하여, 가변 용량 형 펌프의 사판 각에 대한 제어 법칙은 다음과 같이 쓸 수 있다.

$$\alpha = K_e(\theta_d - \theta) + K_i\int(\theta_d - \theta)\,dt, \tag{8.38}$$

K_e는 비례 게인, K_i는 적분 게인, θ_d는 부하의 원하는 각 위치이다. 방정식 (8.38)을 실행하기 위해서는, 피드백 정보를 읽고 변위 제어에 필요한 적절한 출력 신호를 생성할 수 있는 마이크로프로세서와 함께 작동하는 전기 유압식 변위 제어 펌프가 필요하다. 이러한 유형의 펌프는 5장의 5.4.4 절에서 자세히 설명되어 있다. 마이크로프로세서와 기계 시스템의 연결에 관한 실제적인 정보는 이 장의 참고 문헌에서 찾을 수 있다. 그림 8-6은 방정식 (8.37)과 (8.38)로 설명되는 위치 제어의 구성을 도식화한 블록 다이어그램을 보여준다.

만약 그림 8-5에서 보여진 시스템의 위치 제어를 규제하는 문제로 가정하고, 부하 토크(T)와 부하의 원하는 위치(θ_d)가 일정하다면, 방정식 (8.37)과 (8.38)을 미분하여 결합함으로써, 제어되는 시스템의 운동을 설명하는 방정식을 다음과 같이 작성할 수 있다:

$$\tau\dot{y} + y = y_d. \tag{8.39}$$

이 방정식에서 시스템 시정수는

$$\tau = \frac{1}{K_i}\left(\frac{k_tK\alpha_{max}}{\eta_{a_t}\eta_{p_v}V_aV_p\omega_p} + K_e\right). \tag{8.40}$$

방정식 (8.39)는 일차 시스템에 대한 설명을 나타낸다. 이 시스템은 부하가 목표 위치에 도달하는 과정에서 과도한 반응이나 진동 없이 점진적으로 그 위치에 근접한다. 시간이 흐를수록 이 시스템의 지속되는 오차는 사라지게 되며, 이는 PI 컨트롤러의 적분 부분을 사용하는 가장 큰 이점이다. 일차 시스템이 안정된 상태에 도달하는 데 필요한 시간은 $t_s = 4\tau$로 계산된다.

위치 제어 문제에서 우리의 목표는 시스템의 시정수를 조절함으로써, 반응 과정을 원하는 대로 만드는 것이다. 적절한 비율과 적분의 조절 게인을 선택함으로써, 시스템이 안정된 상태에 도달하는 시정수를 늘리거나 줄일 수 있다.

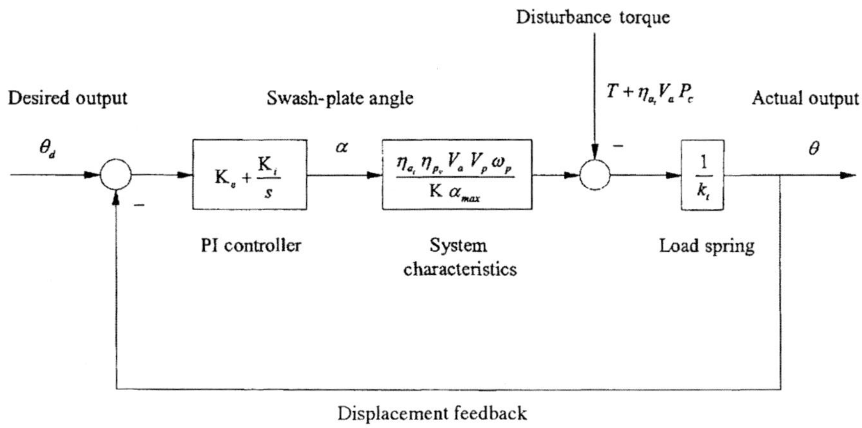

그림 8-6

가변 용량 펌프로 제어되는 회전형 액추에이터의 위치 제어

방정식 (8.39)에 나오는 일차 제어 시스템은 간단해 보이지만, 독자는 이 반응이 동작이 느린 기기를 기준으로 하고 있다는 점을 기억해야 한다. 만약 기기가 빠르게 안정되어야 한다면, 복잡한 동역학이 영향을 미치기 시작할 것이고, 시스템이 제대로 반응하는지 확인하기 위해서는 더 복잡한 분석이 필요하게 된다.

속도 제어

그림 8.5에 표시된 시스템에 대한보다 일반적인 제어 목표는 각속도 제어이다. 이 목표는 응용분야에 부합한 각속도를 기준으로 하여, 부하에 적합한 특정 출력 각속도를 정하고자 하는 것이다. 이 목적은 일반적으로 로드 스프링을 포함하지 않는 로드 시스템에 대해 수행된다. 따라서, 그림 8.5에 도시 된 스프링을 무시함으로써, 즉 $k_t = 0$으로 설정함으로써, 속도 제어 시스템에 대한 운동 방정식은 식 (8.31)의 일반적인 형태를 사용하여 기록될 수 있다. 이 결과는 다음과 같이 주어진다.

$$J\dot{\omega}_a + \left(b + \frac{\eta_{a_t}}{\eta_{a_v}}\frac{V_a^2}{K}\right)\omega_a = \frac{\eta_{a_t}\eta_{p_v}V_aV_p\omega_p}{K\alpha_{\max}}\alpha - \eta_{a_t}V_aP_c - T, \tag{8.41}$$

여기서 ω_a는 부하의 순간 각속도이다. 다시, η_{at}는 액추에이터의 토크 효율, η_{av}는 액추에이터의 체적 효율, η_{pv}는 펌프의 체적 효율이다. 식 (8.41)의 다른 모든 파라미터는 그림 8.5에 나와 있다. 제어 목표 변수 가변 용량 펌프의 사판 각도에 대한 다음 제어 범위의 전체 비례 - 적분 미분

(PID) 컨트롤러를 선택한다.

$$\alpha = \mathrm{K}_e(\omega_d - \omega_a) + \mathrm{K}_i \int (\omega_d - \omega_a)\, dt + \mathrm{K}_d \frac{d}{dt}(\omega_d - \omega_a), \tag{8.42}$$

K_e는 비례 게인, K_i는 적분 게인, K_d는 미분 게인, ω_d는 부하의 원하는 속도이다. 다시 말하면 식 (8.18)의 제어 법칙을 적용하는 가장 실용적인 방법은 피드백 정보를 읽고 변위 제어를 위한 적절한 출력 신호를 생성할 수 있는 마이크로프로세서와 결합 된 전자 유압식 변위 제어 펌프를 사용하는 것이다. 일반적인 변위 제어 펌프는 5장의 5.4.4절에 제시되어 있다. 그림 8.7은 5장의 5.4.4절에 나와 있다.

(8.41) 및 (8.42)에 의해 기술된 각속도 제어에 대해 수학식 8을 사용한다.

그림 8.5에 도시 된 시스템의 속도 제어가 조절 제어 문제이고 부하 토크(T) 및 부하(ω_d)의 원하는 속도가 상수라고 가정하면, 식 (8.41) 및 (8.42) 둘 다 미분되어 결합되어 속도 제어 시스템에 대한 다음 운동 방정식을 쓸 수 있다.

$$\ddot{\omega}_a + 2\zeta\omega_n\dot{\omega}_a + \omega_n^2\omega_a = \omega_n^2\omega_d, \tag{8.43}$$

비 감쇠 고유 진동수와 감쇠비는 각각 다음과 같이 주어진다.

$$\omega_n = \sqrt{\frac{\mathrm{K}_i}{\dfrac{J\mathrm{K}\alpha_{\max}}{\eta_{a_t}\eta_{p_v}V_aV_p\omega_p} + \mathrm{K}_d}} \quad \text{and}$$

$$\zeta = \frac{\left(\dfrac{b\mathrm{K}\alpha_{\max}}{\eta_{a_t}\eta_{p_v}V_aV_p\omega_p} + \dfrac{V_a\alpha_{\max}}{\eta_{a_v}\eta_{p_v}V_p\omega_p} + \mathrm{K}_e\right)}{2\sqrt{\mathrm{K}_i\left(\dfrac{J\mathrm{K}\,\alpha_{\max}}{\eta_{a_t}\eta_{p_v}V_aV_p\omega_p} + \mathrm{K}_d\right)}}. \tag{8.44}$$

독자는 방정식 (8.43)을 보고 이것이 빠르게 반응하며 때로는 목표 지점을 넘나들 수 있는 2차 시스템을 설명한다는 것을 안다. 시스템이 목표에 도달하기 전에 오버 슈트 및 진동이 발생하는 여부는 감쇠비(ζ) 값에 달려 있다. 감쇠비가 1보다 작으면, 시스템은 반응이 오버 슈트 및 진동이 발생하는 특징을 지닌다. 그러나 감쇠비가 1보다 크다면, 시스템은 오버 슈트나 진동이 발생하지 않고 안정된 상태에 접근하는 1차 시스템처럼 보일 것이다. 만약 제어 시스템이 과소감쇠 종류라고 가정된다면, 상승 시간, 안정 시간, 최대 과대조절 비율 등은 3장에 정의된 바에 따라 계산될 수 있다.

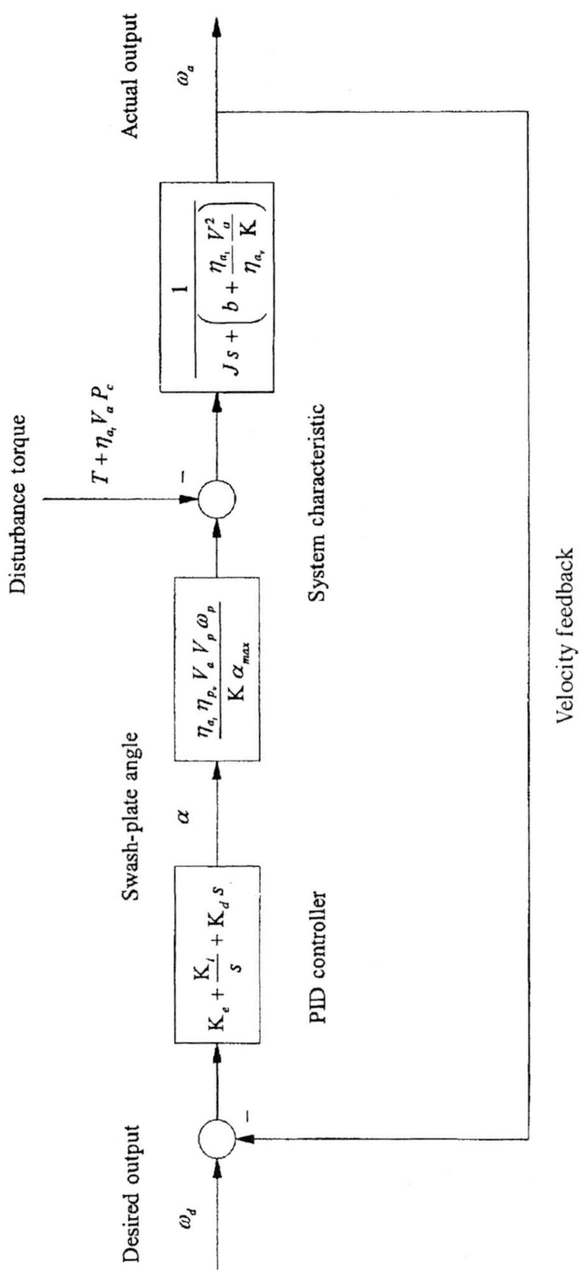

그림 8-7

가변 용량 형 펌프 회전형 액추에이터의 속도 제어

식 (8.44)로부터 비례 게인은 시스템의 유효 감쇠에 대한 조정을 제공하는 반면, 적분 및 미분 게인은 시스템의 유효 스프링 율 및 질량을 조정하는 데 사용됨을 알 수 있다. 미분 이득이 무시되는 경우, 즉 전체 PID 제어 대신 PI 제어가 사용되는 경우, 식 (8.44)로부터 시스템의 비 감쇠 고유 진동수는 적분 게인 기 조정만으로 조정할 수 있다. 독자는 감쇠되지 않은 고유 진동수가 미진동 2차 시스템의 상승 시간에 대한 기본 설명임을 상기한다. 원하는 고유 진동수를 얻은 후에는 PI 제어 시스템의 감쇠비를 비례 게인 K_e를 조정하여 조정할 수 있다.

감쇠 비율은 최대 퍼센트 오버 슈트(overshoot)의 유일한 원인이다. PI 컨트롤러 튜닝에 대한이 일련의 접근 방식은 매우 편리하며 3장의 컨트롤러의 주요 이점 중 하나였다.

연구 사례

앞의 사례 연구에서 그림 8.5의 제어 시스템과 유사한 유압식 변속기가 24,100 kg 트랙형 차량의 추진 기능을 수행하도록 설계되었다. 이 설계에서 펌프 및 회전형 액추에이터는 200 cm^3/rev로 주어진 체적 변위로 지정되었으며 펌프의 일정 샤프트 속도는 1800 rpm이다.

펌프와 액추에이터의 용적 및 토크 효율은 각각 96%와 95%로 지정되었다.

회로의 누설 계수는 5×10^{-11} m^3/(Pa s)이었다. 액추에이터와 트랙 사이의 최종 드라이브의 기어비는 60 : 1로 지정되었으며 트랙 허브의 반경은 0.381 m이다. 펌프의 최대 경사판 각도는 18°였다. $K_e=1.33\times10^{-3}$ s 및 $K_i=0.67\times10^{-3}$ (단위 없음)인 PI 컨트롤러를 사용하여 속도 제어 시스템의 비 감쇠 고유 진동수와 감쇠비를 계산하라. 어떻게 해야 하는가? 이 시스템이 작동할 것으로 생각하는가?

이 문제에 대한 해결책은 속도 제어가 시스템의 유효 질량 관성 모멘트에 의존한다는 것을 인식함으로써 시작된다.

이 양은 트랙 자체의 회전 운동 에너지를 무시하고 변속기의 회전 운동 에너지를 트랙형 차량의 병진 운동 에너지와 동일시함으로써 대략적으로 결정될 수 있다. 이 식은 다음과 같다.

$$\frac{1}{2}J\omega_a^2=\frac{1}{2}\left(\frac{M}{2}\right)v^2,$$

여기서 M은 차량의 총 질량 (이 질량의 절반 만 단일 트랙의 계산에 사용됨)이고, v는 병진 지상 속도이다.

지면 속도는 노 슬립 이동 속도에 대한 다음 식으로 주어진다. 즉,

$$v=\frac{\omega_a}{m_{FD}}R,$$

여기서 m_{FD}는 최종 드라이브의 기어비이고, R은 트랙 허브 반경이며, 로터리 액추에이터가 느끼는 질량 관성 모멘트는 다음과 같다.

$$J = \frac{M}{2}\left(\frac{R}{m_{FD}}\right)^2 = \frac{24{,}100\ \text{kg}}{2}\left(\frac{0.381\ \text{m}}{60}\right)^2 = 0.486\ \text{kg m}^2.$$

식 (8.44)를 사용하면 PI 제어를 사용하는 속도 제어 시스템의 고유 진동수는 다음과 같이 나타낼 수 있다.

$$\omega_n = \sqrt{\frac{\eta_{a_t}\eta_{p_v}V_aV_p\omega_p\text{K}_i}{J\text{K}\alpha_{\max}}}$$

$$= \sqrt{\frac{0.95 \times 0.96 \times (200\ \text{cm}^3/\text{rev})^2 \times 1800\ \text{rpm} \times 0.67 \times 10^{-3}}{0.486\ \text{kg m}^2 \times 5 \times 10^{-11}\ \text{m}^3/(\text{Pa s}) \times 18\ \text{degrees}}}$$

$$= 3.9\ \text{rad/s} = 0.622\ \text{Hz}.$$

유사하게, 시스템의 감쇠비는 다음과 같이 주어진다.

$$\zeta = \frac{\left(\dfrac{V_a\alpha_{\max}}{\eta_{a_v}\eta_{p_v}V_p\omega_p} + \text{K}_e\right)}{2\sqrt{\dfrac{\text{K}_iJ\text{K}\alpha_{\max}}{\eta_{a_t}\eta_{p_v}V_aV_p\omega_p}}}$$

$$= \frac{\left(\dfrac{200\ \text{cm}^3/\text{rev} \times 18\ \text{degrees}}{0.95 \times 0.96 \times 200\ \text{cm}^3/\text{rev} \times 1800\ \text{rpm}} + 1.33 \times 10^{-3}\ \text{s}\right)}{2\sqrt{\dfrac{0.67 \times 10^{-3} \times 0.486\ \text{kg m}^2 \times 5 \times 10^{-11}\ \text{m}^3/(\text{Pa s}) \times 18\ \text{degrees}}{0.95 \times 0.96 \times (200\ \text{cm}^3/\text{rev})^2 \times 1800\ \text{rpm}}}}$$

$$= 9.22.$$

이 감쇠비는 1보다 크므로 예상 응답은 임의의 오버 슛 또는 진동을 나타내지 않고 원하는 정상 상태 속도에 점근적으로 접근하는 응답이다.

토크 제어

그림 8-5에 제시된 유압 제어 시스템에 때때로 적용되는 세 번째 제어 목적은 토크 제어이다. 이전에 언급했듯이 토크 제어 시스템은 종종 부하 스프링 없이 속도 제어 시스템과 유사하게 설정되며, 필요에 따라 속도 제어와 토크 제어 사이를 전환한다. 토크 제어 시스템은 일반적으로 느리게 움직여서, 특정 작업이나 장치가 저항해야 할 힘을 점진적으로 가하는 방식으로 설계된다. 느린 움직임 상태에서는 시스템 내의 관성과 점성 감쇠 효과를 무시해도 모델링의 정확도에 영향을 주지 않는다. 방정식 (8.31)의 좌변을 0으로 설정하면, 토크 제어 시스템에 적용되는 부하 토크를 설명하는 데 다음 방정식을 사용할 수 있다.

이러한 느린 동작 조건에서 시스템의 부하 관성 및 점성 감쇠 효과는 모델링 프로세스의 정확성을 희생시키지 않고 안전하게 무시할 수 있다. 식 (8.31)의 왼쪽을 0으로 설정하면 토크 제어 시스템에 적용되는 부하 토크를 설명하는 데 다음 방정식을 사용할 수 있다.

$$T = \frac{\eta_{a_t}\eta_{p_v}V_aV_p\omega_p}{K\alpha_{\max}}\alpha - \eta_{a_t}V_aP_c. \tag{8.45}$$

표준 비례 - 적분 (PI) 제어기를 사용하여 펌프의 사판 각에 대한 제어 장치는 다음과 같이 쓸 수 있다.

$$\alpha = K_e(T_d - T) + K_i\int(T_d - T)\,dt, \tag{8.46}$$

K_e는 비례 게인, K_i는 적분 게인, T_d는 부하에 작용하는 목표 토크이다. 대부분의 적용에서, 순간 부하 토크 T는 A의 측면 A와 B의 유체 압력을 감지함으로써 측정된다.
상기식 (8.32)에 따라 하중력을 계산하는 단계를 포함한다.
다시 말하면, 마이크로 유압식 변위 제어 펌프와 함께 이러한 기능을 수행하는 데 마이크로프로세서가 필요하다. 이 펌프는 식 (8.46)의 제어를 시행하는 데 사용된다. 그림 8.8은 식 (8.45) 및 (8.46)에 의해 설명된 토크 제어의 블록 다이어그램을 보여준다.

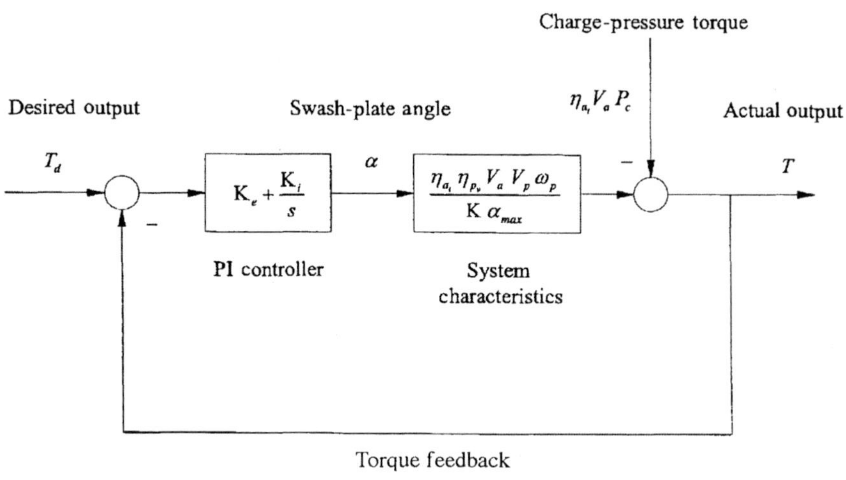

그림 8-8
가변 용량 펌프로 제어되는 회전형 액추에이터의 토크 제어

그림 8.5에 도시된 시스템의 토크 제어가 조절 제어 문제이고 원하는 부하 토크(T_d)가 상수라고 가정하면, 식 (8.45) 및 (8.46) 모두가 미분 될 수 있다. 토크 제어 시스템에 대한 다음 동적 방정식을 작성하기 위해 조합된다.

$$\tau\dot{T} + T = T_d, \tag{8.47}$$

여기서 시스템 시정수에 의해 주어진다.

$$\tau = \frac{1}{K_i}\left(\frac{K\alpha_{max}}{\eta_{a_t}\eta_{p_v}V_aV_p\omega_p} + K_e\right). \tag{8.48}$$

다시, 독자는 임의의 오버 슛 또는 진동을 나타내지 않고 원하는 부하 토크 (T)에 점근적으로 접근하는 1차 시스템의 설명으로서 식 (8.47)을 인식할 것이다.

이 시스템의 동적 유사성은 이전에 논의된 위치 제어 시스템과 비교되어야 한다.

토크 제어 문제에 대한 설계 목표는 시스템의 적절한 시정수를 설계하여 1차 응답을 형성하는 것이다.

비례 및 적분 제어 게인을 적절하게 선택함으로써 제어 시스템 출력의 원하는 정착 시간에 따라 이 시정수를 증가 또는 감소시킬 수 있다.

다시 한 번, 식 (8.47)의 1차 제어 시스템은 회전형 액추에이터가 천천히 움직인다는 가정에 기초하여 설계되었다는 것을 상기하는 독자는 상기한다.

사실, 이 시스템의 원하는 응답 시간이 너무 짧아지면 모델링 프로세스에서 무시 된 고차원 역학이 더욱 중요해질 것이며, 관찰된 결과는 만족스럽지 않을 수 있다. 이러한 조건 하에서 만족스러운 응답 특성을 보장하기 위해서는 보다 정교한 시스템 분석이 필요하다.

제어 요약

이 소절에서는 그림 8-5에 보여진 가변 용량 펌프 회전형 액추에이터를 사용하여 수행될 수 있는 세 가지 제어 목표를 고려했다. 이 목표들은 위치 제어, 속도 제어, 토크 제어를 포함하며, 모두 표준 PID 컨트롤러의 한 형태를 사용했다. 위치 제어와 토크 제어의 경우, 실제 운영 모드의 제어 문제를 단순화하기 위해 느린 속도라는 중요한 가정을 사용했다. 이러한 제어 전략 뒤에 있는 느린 속도의 가정으로 인해, 이러한 제어 목표에 직면할 수 있는 고속 응용 분야에 이 컨트롤러를 사용할 때 주의가 요구된다.

8.3.5 요약

이 절에서는 그림 8.5의 가변 변위 펌프 제어식 로터리 액추에이터를 분석, 설계 및 제어했다. 이 연구 전체에 걸쳐 제어 시스템의 작동과 관련하여 일정 속도 조건이 가정되었다는 점에 유의해야 한다. 예를 들어, 8.3.2절에서 제어 시스템 방정식을 개발할 때, 전체 과정 시간에 비해 압력 변동 효과가 매우 빠르게 일어난다는 가정 하에 이러한 효과는 무시되었다. 실제로 이 가정이 타당하지 않다면, 시스템의 관련 압력 동역학을 포착하기 위해 더 고차원의 제어 시스템 모델이 필요할 것이다. 그러나 이 상황은 매우 드물고 특수한 응용 분야에서만 발생하며, 여기에서 제시된 분석은 전통적이고 더 일반적인 시스템 응용에 충분하다고 간주된다.
8.3.3절에서는 펌프 제어 회전 액추에이터의 설계 방법론이 소개되었다. 이 설계 방법은 시스템의 안정된 출력 목표를 고려하여 시작하고, 이러한 목표를 달성하기 위해 필요한 시스템 구성 요소를 식별하기 위해 역으로 작업한다. 이 절에서 보듯이, 액추에이터와 펌프의 설계는 밀접하게 연결되어 있으며, 이러한 구성 요소의 적절한 사양을 명시하는 것이 시스템의 전체 성능 목표를 충족시키려 할 때 중요하다. 마지막으로, 8.3.4 절에서는 작동 시스템의 동적 제어 목표가 제시되었다. 이 목표들은 응용에 따라 다양하지만, 일반적으로 위치 제어, 속도 제어, 또는 토크 제어 중 하나로 구성된다. 이러한 제어 목표를 고려할 때, 우리는 제어 방식을 전기 유압식 변위 제어 펌프와 제어해야 할 요소들을 잘 감지할 수 있는 마이크로프로세서를 사용해 구현할 수 있다고 가정한다.

8.4. 결론

이 장은 오늘날 실제로 존재하는 두 가지 표준 유압 시스템, 즉 가변 배출량 펌프 제어 시스템과 고정 배출량 펌프 제어 시스템에 대해 설명하기 위해 작성되었다. 여기에 소개된 시스템들은 다양한 제어 목표를 달성하기 위해 설계된 대표적인 예시들이다. 이러한 유압 제어 시스템의 변형은 선형 액추에이터가 고정 배출량 펌프에 의해 제어되는 경우와 같이 서로 다른 구성 요소를 혼합하여 만들어진 것을 포함할 수 있으며, 이러한 시스템들은 이 장에 소개된 방법을 사용하여 분석하고 설계하며 제어할 수 있다.

이 장의 제어 관련 소절은 유압 제어 시스템을 자동화하는 데 사용될 수 있는 다양한 피드백 구조를 설명하기 위해 작성되었고, 간단한 모델을 바탕으로 한 피드백 구조에 의존하며, 시스템의 원하는 출력을 달성하기 위해 전통적인 PID 제어 방법을 사용했다. PID 제어 방법은 유압 제어 시스템에서 성공적이었다는 것이 입증되었지만, 이런 컨트롤러들은 선형적으로 기술된 시스템에 잘 맞는 선형 컨트롤러들이다. 하지만 유압 시스템과 같이 일반적으로 더 많은 비선형성을 보이는 시스템은 다루지 않았다. 이런 시스템들에서는 더 다양한 작동 조건에서 적절한 제어를 달성하기 위해 마이크로프로세서 내에서 PID 게인을 재조정하고 계획할 필요가 종종 있다. 이 장에서 다루지 않은 다른 비선형 제어 방법도 있다.

또한, 종종 컨트롤러가 사용자의 입력이 아닌 시스템의 자동 피드백에 의존하는 자동 피드백 방법을 사용하여 시스템의 최종 목표를 달성하는 것이 언급되지 않았지만 중요하다. 이런 열린 루프 제어 시스템은 반복 가능성, 즉 외부 환경 변화(예: 온도, 작동 부하 등)가 크게 변하지 않을 때 잘 작동한다. 다른 경우에는 제어 루프가 폐쇄되어 있고, 제어되는 출력과 피드백의 수동 조정을 통해 최종 목표를 달성한다.

8.5. 참고 문헌

[1] Norton, R. L. 2000. *Machine Design: An Integrated Approach.* Prentice-Hall, Upper Saddle River, NJ.

[2] Hamrock, B. J., B. Jacobson, and S. R. Schmid. 1999. *Fundamentals of Machine Elements.* WCB/McGraw-Hill, New York.

[3] Kleman, A. 1989. *Interfacing Microprocessors in Hydraulic Systems.* Marcel Dekker, New York.

[4] Bolton, W. 1996. *Mechatronics: Electronic Control Systems in Mechanical Engineering.* Addison Wesley Longman, Ltd., London.

8.6.1 선형 액추에이터의 고정 변위 펌프 제어

8.1 고정식 변위 펌프는 선형 액추에이터를 사용하는 제조 공정에서 팔레트의 위치를 제어하는데 사용된다. 시스템은 그림 8.1과 유사하다. 작동 시스템은 110 N의 예압과 1.2 N/mm의 스프링 속도로 포착된 스프링 메커니즘에 의해 중립 위치로 편향된다. 팔레트는 액추에이터에 의해 최대 거리만큼 이동된다. 1.75 MPa의 최대 압력을 사용하여 한 방향으로 300 mm. 액추에이터의 힘 효율은 91%이다. 액추에이터의 필요한 가압 면적을 계산하라. 작동기 로드 직경이 12.7 mm라고 가정하면 액추에이터 피스톤의 직경을 계산하라.

8.2 문제 8.1의 작동 시스템에 대한 무부하 속도 사양은 50 mm/s이고 최대 펌프 속도는 500 rpm이다. 이 시스템에 필요한 펌프의 체적 변위를 계산하라.

8.3 문제점 8.1 및 8.2에 설명된 작동 시스템을 작동시키는 데 필요한 최대 전력은 얼마인가?

8.4 문제 8.1 및 8.2의 위치 제어 시스템은 PI 컨트롤러를 사용하여 펌프의 입력 속도를 조정한다. 비례 게인은 0.14/mm s이고 적분 게인은 0.05/mm s^2 이다. 회로의 누설 계수가 1.5 $\times 10^{-12}$ m^3/(Pa s)라고 가정하고 이 시스템의 안정 시간을 계산한다. 귀하의 견해로는 이

것이 견고한 제어 설계인가? 당신의 대답을 설명하라.

8.6.2 회전형 액추에이터의 가변 - 변위 펌프 제어

8.5 그림 8.5와 유사한 유압 전송 장치는 창고의 컨베이어 벨트를 제어하는 데 사용된다. 액추에이터는 240 psi의 공급 압력을 사용하여 토크의 lbf에서 240. 회로의 충전 압력은 50 psi이고 액추에이터 토크 효율은 85%이다. 1회 전당 액추에이터의 필요한 체적 변위를 계산하라.

8.6 문제 8.5의 유체 역학 변속기의 경우, 액추에이터의 최대 road 각속도는 1600 rpm이다. 펌프 속도가 1500 rpm이라고 가정하면 펌프의 필요한 체적 변위를 계산한다. 토크 효율이 89%이고 체적 효율이 82%라고 가정할 때 펌프 작동에 필요한 동력은 얼마인가? 이 계산을 위해 충전 회로 전력을 무시하라.

8.7 문제 8.5 및 8.6의 컨베이어 시스템이 고장 나지 않도록 하기 위해 액추에이터의 출력 토크는 토크 제어를 사용하여 제한된다. 이 시스템에서 최대 사판 각은 14°이고 회로 누설 계수는 8.9×10^{-3}in.^{3}/(psi s)이다. 컨트롤러의 비례 게인은 10^{-3}/in 1bf이고 적분 게인은 3×10^{-4}/in 1bf이다. 이 제어 시스템에 대한 시간 상수 및 안정 시간을 계산하라. 컨트롤러의 강건성에 대해 설명하라.